山 东 省 中 等 职 业 教 育 课 程 改 革 教

化学工艺专业

化学基础

（上册）

张淑新　赵汝波　主编

山东科学技术出版社
·济南·

图书在版编目（CIP）数据

化学基础 / 张淑新，赵汝波主编 . -- 济南：山东科学技术出版社，2018.8（2024.8 重印）
ISBN 978-7-5331-9573-1

Ⅰ . ①化…　Ⅱ . ①张…　②赵…　Ⅲ . ①化学 - 高等职业教育 - 教材　Ⅳ . ① O6

中国版本图书馆 CIP 数据核字 (2018) 第 167862 号

化学基础
HUAXUE JICHU

责任编辑：赵　旭　焦　卫　宋丽群
装帧设计：孙非羽

主管单位：山东出版传媒股份有限公司
出 版 者：山东科学技术出版社
地址：济南市市中区舜耕路 517 号
邮编：250003　电话：（0531）82098088
网址：www.lkj.com.cn
电子邮件：sdkj@sdcbcm.com
发 行 者：山东科学技术出版社
地址：济南市市中区舜耕路 517 号
邮编：250003　电话：（0531）82098067
印 刷 者：志强云印（山东）智能科技有限公司
地址：济南市历下区八涧堡西路 81 号
邮编：250000　电话：（0531）68657789

规格：16 开（184 mm × 260 mm）
印张：30.25　　字数：382 千
版次：2018 年 8 月第 1 版　印次：2024 年 8 月第 4 次印刷
定价：66.00 元（上、下册）

前言

本书依据《山东省中等职业学校化学工艺专业教学指导方案》，遵循“任务引领，教、学、做一体”的思路编写。

本教材分为上、下两册，共 18 个单元。1 ~ 10 单元为上册，11 ~ 18 单元为下册。围绕教学重点，每个教学任务融理论学习和实践活动为一体，体现“学中做”和“做中学”。

每个任务包含任务描述、任务目标、任务分析、任务实施、相关知识、任务拓展、任务评价等栏目。任务描述说明完成任务的方式方法和任务的总体目标，任务目标说明完成任务以后所要达到的具体的知识和技能水平，任务分析使学生了解该任务在化学基础知识体系中的地位和作用，任务实施包括任务准备、任务过程和任务检测三个步骤，任务拓展主要引导学生用化学理论知识分析和解决具有一定难度的理论问题或者与日常生活密切相关的实际问题。任务评价包括对任务所有环节的考察，力求引导学生习得规范、安全、环保的操作方法，形成良好的工作习惯，理解并掌握相关理论知识、计算技能，提升观察和分析问题的能力。相关知识是学生在完成任务时必须了解和知道的理论和方法知识。在内容选取上，充分考虑中职学生的认知特点、职业需求和学业发展，本着“必需、够用、实用、适用”的原则，注意淡化理论、分解和降低难度、强化实践和应用、贴近生产和生活，并兼顾与高职的衔接。

化学是一门以实验为基础的科学，化学实验对于化学课程目标的全面落实具有重要作用。本教材充分体现了实验在学生培养过程中的作用，以现象明显、生动有趣的演示实验激发学生学习和探讨的兴趣，通过设计巧妙的实验任务，培养学生观察、分析和归纳的思维习惯，帮助学生充分认识物质的性质特点，理解化学原理，构建化学知识，习得操作技能，形成职业素养。

我们力求在教材层面上通过设计多样化的学习活动——阅读相关知识、化学实验操作、观察实验现象、进行基本计算，多样化的知识呈现方式——文本、图片、表格，设计不同形式的小栏目——“想一想”“小知识”“练一练”等，激发和维持学生的内在学习动机，进而达到良好的学习效果。

全书由淄博职业学院张淑新、东营市化工学校赵汝波、东营市河口区职业中等专业学校刘兆军主编，张淑新负责统稿。淄博职业学院曲园园、高凤凤，东营市化工学校孔杰、张瑞，广饶县职业中等专业学校付志刚，东营市技师学院崔树芹、房芹芹，东营市河口区职业中等专业学校张连霞、周燕，滨州职业学院苗志芳、齐建参加编写。

由于编者水平有限，时间仓促，书中难免有疏漏和不当之处，敬请读者批评指正。

编　者

目录

CONTENTS

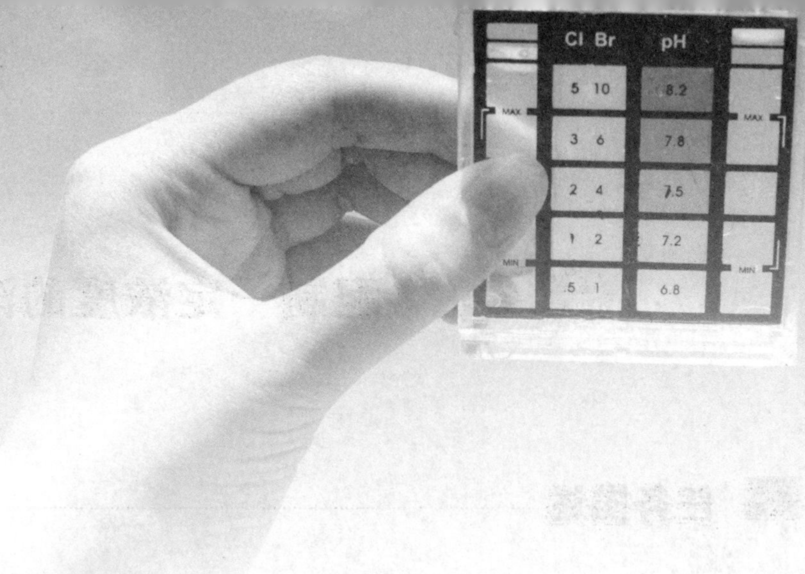

第一单元

化学基本量和化学计算

单元概述

本单元引入了物质的量这一新的物理量，建立了物质的微粒数与宏观物质的质量、气体的体积、溶液的组成之间的联系：$n_B = m_B/M_B$，$n_B = V_{0,B}/V_{m,0}$，$n_B = c_B/V$。

化学方程式是用来表达化学反应的式子，它不仅表示化学反应中各物质的变化，还体现了反应物、生成物之间的多种数量关系。利用这些数量关系可以进行化学反应过程中原料的用量、原料利用率和产品的产量、产品产率的计算。

本单元在完成各项任务的过程中，熟练掌握称量、溶解、溶液体积量取等化学实验基本操作技能，掌握溶液浓度的计算方法，能够独立完成实验室常用溶液的配制。

单元目标

- 知道物质的量与微观粒子数目间的关系，理解物质的量和阿伏伽德罗常数的意义；
- 理解摩尔质量的意义，能熟练计算分子、原子、离子和特定微粒组合的摩尔质量；
- 能熟练进行物质的量、摩尔质量与质量之间的计算；
- 理解气体标准摩尔体积的意义，并能进行气体的体积和物质的量之间的换算；
- 掌握物质的量浓度的概念、表示方法，能熟练进行有关物质的量浓度的计算；
- 能熟练利用上述计算方法进行实验室常用溶液的配制；
- 理解化学方程式的意义，并能根据化学方程式进行原料的用量、原料利用率和产品的产量、产品产率的计算。

任务一 配制一定浓度的溶液

任务描述

我们在实验室做实验时，经常会用到一些溶液，如3 mol/L的硫酸溶液，10%的碳酸钠溶液。但实验室购置的试剂通常是98%的浓硫酸和固体的碳酸钠，怎样用这些试剂配制成实验所需的溶液呢？这需要我们首先根据公式计算出溶质、溶剂的用量，然后称量固体溶质的质量或量取溶液的体积，最后根据要求配制成溶液。

任务目标

- 能利用公式正确计算出配制不同溶液所需溶质和溶剂的用量；
- 能熟练使用托盘天平称量所需固体溶质的质量，熟练使用量筒量取所需液体溶质和溶剂的体积；
- 掌握溶液的配制方法，独立完成不同浓度溶液的配制。

任务分析

质量分数、物质的量浓度是化学学习、化学实验、化学分析和化工生产过程中经常用到的溶液组成表示方法。本次任务的实施，可以将计算公式中抽象的数量关系直观化，将理论计算和实践操作相结合，帮助大家理解计算公式中各个物理量的含义。尤其像浓硫酸的有关计算中，有些同学对“浓硫酸的质量和硫酸的质量”等问题感到困惑，而溶液配制的实际操作，会使大家对“浓硫酸的质量、硫酸的质量和硫酸溶液的质量”有明确的认识。

任务实施

一、任务准备

1. 仪器和药品

仪器：托盘天平、容量瓶（100 mL）、烧杯、胶头滴管、玻璃棒、药匙、量筒等。

试剂：氯化钠、浓硫酸、浓盐酸、蒸馏水。

2. 安全环保和注意事项

（1）浓硫酸具有强腐蚀性，取用时必须戴好防护用手套；

（2）配好的溶液不要随意倾倒，可以集中在大的试剂瓶中，贴好标签，用于后续其他实验；

（3）为安全起见，实验中浓硫酸可用水样代替。

二、任务过程

1. 配制 50 g 质量分数为 10% 的氯化钠水溶液

（1）计算所需氯化钠的质量________g，水的质量________g。

（2）用托盘天平称取计算所需氯化钠，倒入烧杯中；

（3）用量筒量取计算所需的蒸馏水（水的密度按 1 g/mL 计）倒入同一烧杯中，搅拌（玻璃棒要均匀转动，不要触碰烧杯）使其溶解；

（4）将制备的氯化钠溶液倒入玻璃试剂瓶中，贴上标签备用。

2. 配制 100 mL 物质的量浓度为 3 mol/L 的硫酸溶液

（1）计算：所需浓硫酸的体积________mL（98% 的浓硫酸的密度为 1.84 g/mL）；

（2）配制：用量筒量取所需浓硫酸的体积，沿玻璃棒缓慢倒入盛有约 30 mL 蒸馏水的烧杯中，边倒边搅拌；冷却至室温后将溶液移入 100 mL 的容量瓶中，用少量蒸馏水洗涤烧杯和玻璃棒 2 ~ 3 次，洗涤液也转移入容量瓶中；再小心地加蒸馏水接近刻度线 1 ~ 2 cm 处；改用胶头滴管定容；盖好瓶塞摇匀，即得3 mol/L 的硫酸溶液。

三、任务检测

用密度为 1.19 g/mL、质量分数为 37% 的浓盐酸配制 50 mL 2 mol/L 的稀盐酸，并说明配制步骤。

相关知识

一、物质的量

原子、分子、离子和电子等微粒的质量都非常小。例如，一个 ^{12}C 原子的质量仅为 1.993×10^{-26} kg。这么小的质量难以计量，但实际上参加化学反应的不是几个原子或分子，而是亿万个原子或分子的集合体。为了方便计量这些微粒集体的数量或质量，1971 年第十四届国际计量大会（CGPM）通过增添了一种基本物理量，称为“物质的量”。

1. “物质的量”及其单位——摩尔

“物质的量”与长度（l）、质量（m）、时间（t）、温度（T）一样，是国际单位制（SI）七个基本物理量之一，是表示微观基本单元数量的基本物理量。

微观基本单元可以是分子、原子、离子、电子等粒子或其特定组合。

物质的量用符号“n”表示，通常要在 n 的右下角（或用括号形式）写明基本单元的

化学式。例如，

氢原子的物质的量记为 n_H 或 $n(H)$；

氢气分子的物质的量记为 n_{H_2} 或 $n(H_2)$；

氢离子的物质的量记为 n_{H^+} 或 $n(H^+)$；

水分子的物质的量记为 n_{H_2O} 或 $n(H_2O)$；

硫酸分子的物质的量记为 $n_{H_2SO_4}$ 或 $n(H_2SO_4)$；

用一个通式表示，即微粒 B 的物质的量记为 n_B 或 $n(B)$。

物质的量的基本单位是摩尔，符号为 mol。1971 年第十四届国际计量大会（CGPM）将摩尔定义为：摩尔是一系统的物质的量，该系统所包含的基本单元数与 0.012 kg ^{12}C 所含的碳原子数相等。

0.012 kg ^{12}C 所含碳原子的数目称为阿伏伽德罗常数，$N_A=(6.022\,136\,7\pm0.000\,003\,6)\times10^{23}/mol$，这个数的精确程度是随测量技术水平提高而提高的，通常采用 $6.02\times10^{23}/mol$。

通俗地说，“摩尔”与“打”相似，1 打是 12 的整体，而 1 摩尔表示 6.02×10^{23} 的整体。例如：

1 mol Cl，表示有 N_A 个氯原子，即 6.02×10^{23} 个氯原子；

1 mol NH_3，表示有 N_A 个氨分子，即 6.02×10^{23} 个氨分子；

1 mol Ca^{2+}，表示有 N_A 个钙离子，即 6.02×10^{23} 个钙离子；

1 mol$\left(\frac{1}{2}H_2\right)$，表示有 N_A 个$\left(\frac{1}{2}H_2\right)$，亦即有 $\frac{1}{2}N_A$ 个氢分子，即 3.01×10^{23} 个氢分子；

1 mol$(3H_2+N_2)$，表示有 N_A 个$(3H_2+N_2)$，其中含 $3N_A$ 个氢分子和 N_A 个氮分子。

在使用物质的量及其单位摩尔时，应当注意：

①摩尔是物质的量的单位，不是质量的单位。质量的单位是千克，单位符号 kg。“物质的量”是一个整体的专用名词，文字上不能分开。

②使用摩尔时，必须用粒子的符号、物质的化学式或它们的特定组合来指明基本单元。

当以摩尔为物质的量的单位时，B 物质的物质的量就是 B 物质的基本单元数目除以阿伏伽德罗常数，即：

$$n_B=\frac{N_B}{N_A} \qquad (1-1-1)$$

n_B——B 物质的物质的量，单位是摩尔，符号是 mol；

N_B——物质的基本单元数目；

N_A——阿伏伽德罗常数，mol^{-1}。

【例 1-1-1】0.5 mol H_2SO_4 含有多少个 H_2SO_4 分子？完全解离时，能解离出多少个 H^+？多少个 SO_4^{2-}？

解：

$$H_2SO_4 = 2H^+ + SO_4^{2-}$$

$n(H_2SO_4)=0.5$ mol　　$n(H^+)=0.5\ mol\times2=1$ mol　　$n(SO_4^{2-})=0.5$ mol　　$N_A=6.02\times10^{23}/mol$

所以，H_2SO_4 分子的数目为

$N(H_2SO_4) = n(H_2SO_4) \times N_A = 0.5\ mol \times 6.02 \times 10^{23}/mol = 3.01 \times 10^{23}$

H^+的数目为$N(H^+) = 1\ mol \times 6.02 \times 10^{23}/mol = 6.02 \times 10^{23}$

SO_4^{2-} 的数目和 H_2SO_4 分子的数目相等，$N(SO_4^{2-}) = 3.01 \times 10^{23}$。

小知识

创立分子学说的阿伏伽德罗

阿莫迪欧·阿伏伽德罗（Avogadro Amedeo，1776—1856），意大利物理学家、化学家。1776年8月9日生于都灵，1856年7月9日卒于都灵。1792年入都灵大学学习法学，1796年获法学博士学位。1800年起，开始研究物理学和数学，1809年任韦尔切利大学哲学教授，1820年任都灵大学数学和物理学教授，1819年当选为院士。他还担任过意大利度量衡学会会长，由于他的努力，公制在意大利得到推广。

阿伏伽德罗在化学上的重大贡献是建立分子学说。其基本论点是：①许多气体分子是由两个原子组成的，如氧气、氮气，它们绝非是单原子的；②在同温同压下，同体积的气体具有相同数目的分子。现在，大家都认识到分子论和原子论是个有机联系的整体，然而在阿伏伽德罗提出分子论后的50年里，人们的认识并非如此。原子这一概念及其理论被多数化学家所接受，关于分子的假说却遭到冷遇。

直到1860年，阿伏伽德罗的学生康尼查罗把老师的学说写成《化学哲学教程概要》的小册子，并在德国卡尔斯鲁厄欧洲化学家学术讨论会上散发，才引起著名化学家迈尔等的注意。之后，阿伏伽德罗学说才被化学界所接受。如今，阿伏伽德罗的同温同压下同体积气体具有相同数目的分子的假说已被实验证实，故这一假说被称作阿伏伽德罗定律。现在，1摩尔物质所含的分子个数已被测定为$6.022\,136\,7 \times 10^{23}$，是自然科学的重要的基本常数之一，为了纪念阿伏伽德罗的伟大功绩，被命名为阿伏伽德罗常数。

2．摩尔质量

1 mol不同物质中所含的分子、原子或离子等粒子数目是相同的，但由于不同粒子的质量不同，因此1 mol不同物质的质量也不同。我们把单位物质的量的物质所具有的质量叫作摩尔质量。

根据摩尔的定义，^{12}C原子的摩尔质量应是0.012 kg/mol，即12 g/mol。

任何物质的摩尔质量如果用g/mol做单位，在数值上等于该物质基本单元的相对原子质量或相对分子质量。例如：

$$M(Cl) = 35.45\ g/mol$$

$$M(Fe^{2+}) = 55.85\ g/mol$$

$$M(H_2O) = 18.02\ g/mol$$

对于粒子来说，电子的质量很小，当原子失去或得到电子变成离子时，电子的质量忽略不计。

练一练

1. 计算 NH_4^+ 的摩尔质量。(18 g/mol)
2. 计算硫酸分子的摩尔质量。
3. 计算氢氧化钠的摩尔质量。

3. 有关物质的量的计算

对于B物质来说，物质的质量、物质的摩尔质量和物质的量之间的关系可表示为：

$$n_B = \frac{m_B}{M_B} \qquad (1-1-2)$$

式中：n_B——B物质的物质的量，单位是摩尔，符号是mol；

m_B——B物质的质量，单位是千克或克，符号是kg或g，但通常使用的是克，符号是g；

M_B——B物质的摩尔质量，单位是千克/摩或克/摩，符号是kg/mol或g/mol，但通常使用的是g/mol，中文符号为克/摩，符号是g/mol。

物质的量就像一座桥梁一样，把难以计量的物质的微粒数目与可称量的物质的质量联系起来，给化学计算和化学研究带来了极大的方便。

【例1-1-2】计算1 000 g锌的物质的量是多少。

解：查表，$M(Zn) = 65.39$ g/mol　$m(Zn) = 1\,000$ g

$$n(Zn) = \frac{m(Zn)}{M(Zn)} = \frac{1\,000\ g}{65.39\ g/mol} = 15.29\ mol$$

答：1 000 g锌的物质的量是15.29 mol。

【例1-1-3】现有氯化钾溶液，内含KCl 15 g，试计算其中KCl的物质的量。

解：查表，$A_r(K) = 39.10$　$A_r(Cl) = 35.45$

计算摩尔质量，$M_r(KCl) = 39.10 + 35.45 = 74.55$　$M(KCl) = 74.55$ g/mol

$$n(KCl) = \frac{m(KCl)}{M(KCl)} = \frac{15\ g}{74.55\ g/mol} = 0.20\ mol$$

答：氯化钾溶液中KCl的物质的量是0.20 mol。

【例1-1-4】试计算1 mol Na_2SO_4 的质量。

$M_r(Na_2SO_4) = (2 \times 22.99) + 32.07 + (4 \times 16.00) = 142.05$

$M(Na_2SO_4) = 142.05\ g/mol$

$m(Na_2SO_4) = n(Na_2SO_4) \times M(Na_2SO_4) = 1\ mol \times 142.05\ g/mol = 142.1\ g$

答：1 mol Na_2SO_4 的质量是 142.1 g。

【例 1－1－5】已知 0.20 mol Mg^{2+} 的质量为 48.62×10^{-4} kg，试计算 Mg^{2+} 的摩尔质量。

$$M(Mg^{2+}) = \frac{m(Mg^{2+})}{n(Mg^{2+})} = \frac{48.62 \times 10^{-4}\ kg}{0.20\ mol} = 2.4 \times 10^{-3}\ kg/mol = 24.00\ g/mol$$

答：Mg^{2+} 的摩尔质量是 24.00 g/mol。

练一练

1. 计算 0.53 g Na_2CO_3 的物质的量是多少。
2. 计算 36 g H_2O 的物质的量是多少，含有多少个水分子和多少个氢原子？
3. 计算 1 mol NH_4^+ 的质量是多少。

二、气体摩尔体积

在通常的温度和压力（压强）下，物质的聚集状态主要有气态、液态和固态。气态、液态和固态物质通常称为气体、液体和固体。在化工生产和科学实验中，经常用到各种气体，例如，氧气、氢气、氮气和二氧化碳等。由于气体的密度很小、质量很轻，因此量度气体的质量不如量度它的体积方便和准确。

1. 气体摩尔体积

物质体积的大小取决于构成这种物质的粒子数目、粒子大小和粒子之间的距离三种因素。

对于固体和液体而言，当其粒子数目相同时，由于粒子之间的距离非常小（图 1－1－1），所以它们的体积主要取决于粒子本身的大小。而不同的物质，粒子大小也不同。一个铁原子和一个铝原子大小不同，一个水分子和一个硫酸分子的大小也不同。因此，1 mol不同固体或液体的体积是不同的。从表 1－1－1 中可以看出，1 mol 铝、1 mol 铁、1 mol 水和 1 mol 硫酸，尽管微粒数目相同，但体积数各不相同。

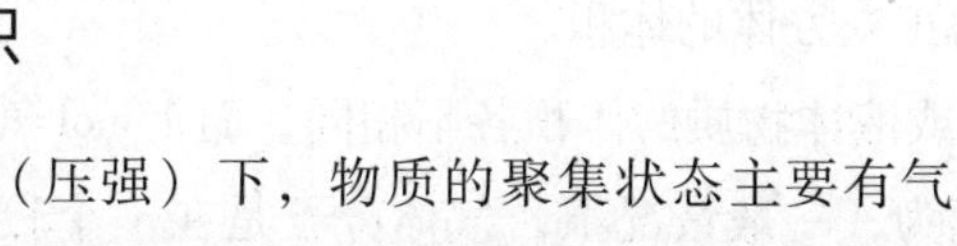

图 1－1－1　固体、液体和气体的粒子间距离比较示意图（以 I_2 为例）

表1-1-1　几种1 mol物质的体积

物质名称	体积/cm^3（20 ℃）	物质名称	体积/L（标准状况）
铝	10	氢气	22.4
铁	7.2	氧气	22.4
水	18	一氧化碳	22.4
硫酸	53.6	二氧化碳	22.3

1 mol的各种气体物质的体积是否也不同呢？

与固体和液体不同的是，气体的体积都是随着温度和压强的变化而改变的。一定量的气体，在压强一定时，温度越高，体积越大；在温度一定时，压强越大，体积越小。所以，要比较气体体积的大小，就必须在同一温度和同一压强下。

为了便于研究，规定温度为273.15 K（0 ℃）、压强为101 kPa时为标准状况。

大量实验证明，在标准状况下，1 mol任何气体所占的体积都约为22.4 L，这个体积称为气体标准摩尔体积，用符号$V_{m,0}$表示，即$V_{m,0}$=22.4 L/mol。见表1-1-1。22.4 L相当于一个边长为28.2 cm的正立方体的体积。

为什么1 mol的固体或液体物质的体积各不相同，而1 mol气体物质在标准状况下所占的体积都相同呢？这是因为，一般情况下，气体分子是在一个较大的空间里运动着的，分子间的平均距离（约4×10^{-9} m）是气体分子直径（约4×10^{-10} m）的10倍左右（图1-1-2），这样，任一种气态物质的体积就比它在液态或固态时大1 000多倍。可见，气体的体积主要取决于气体分子间的平均距离，气体分子本身的大小可以忽略不计。而液体和固体的体积主要取决于分子本身的大小。

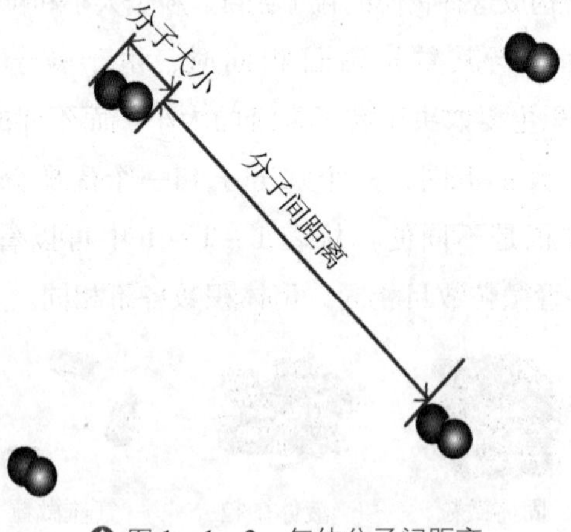

图1-1-2　气体分子间距离

由于在相同温度和压强下，不同气体分子间的平均距离基本相同，因而数目相同的气体分子所占据的体积应相同，如在标准状况下，1 mol 任何气体的体积都约为 22. 4 L。

在此基础上，我们可以总结出：同温同压下，相同体积的任何气体都含有相同数目的分子，这就是阿伏伽德罗定律。

想一想

在图 1－1－3 中，1 mol 液体 H_2O 变成了水蒸气。在这个过程中，影响物质体积大小的三个因素中，哪些没有变化，哪些是变化的？

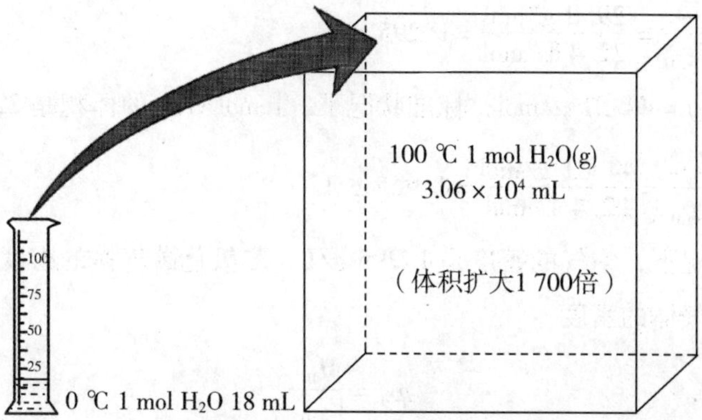

图 1－1－3　水的体积变化

在标准状况下，1 mol 任何气体的体积都约为 22. 4 L。在标准状况下，1 mol 混合气体（如 1 mol 空气）的体积也是 22. 4 L 吗？

2. 关于气体体积的计算

气体 B 在标准状况下所占的体积、物质的量与气体摩尔体积之间的关系为：

$$V_{0,\mathrm{B}} = n_{\mathrm{B}} \cdot V_{\mathrm{m},0} \qquad (1-1-3)$$

式中：$V_{\mathrm{m},0}$——气体的标准摩尔体积，单位为 m^3/ mol，常用的是 L/mol；

$V_{0,\mathrm{B}}$——标准状况下，B 气体占有的体积，单位为 m^3，常用的是 L；

n_{B}——B 物质的物质的量，mol。

【例 1－1－6】在标准状况下，2. 2 g CO_2 所占体积是多少？

解：$M(CO_2) = 44$ g/mol

$$n_{CO_2} = \frac{m_{CO_2}}{M_{CO_2}} = \frac{2.2\ \text{g}}{44\ \text{g/mol}} = 0.05\ \text{mol}$$

$$V_{CO_2} = n_{CO_2} \cdot V_{\mathrm{m},0} = 0.05\ \text{mol} \times 22.4\ \text{L/mol} = 1.12\ \text{L}$$

答：标准状况下，2. 2 g CO_2 所占体积是 1. 12 L。

【例 1-1-7】在标准状况下，11.2 L 氧气的质量等于多少？

解：$n_{O_2}=\frac{V_{0,O_2}}{V_{m,0}}=\frac{11.2\ L}{22.4\ L/mol}=0.5\ mol$

$m_{O_2}=n_{O_2}\cdot M_{O_2}=0.5\ mol\times 32\ g/mol=16\ g$

答：在标准状况下，11.2 L 氧气的质量等于 16 g。

【例 1-1-8】计算标准状况下空气和二氧化碳气体的密度。

解：①已知空气的平均相对分子质量是 29，所以 M（空气）=29.0 g/mol

已知标准状况下，1 mol 空气的体积是 22.4 L

所以：$\rho_{空气}=\frac{M_{空气}}{V_{m,0}}=\frac{29.0\ g/mol}{22.4\ L/mol}=1.295\ g/L$

②已知 $M(CO_2)=44.01\ g/mol$；标准状况下，1 mol CO_2 的体积是 22.4 L

所以：$\rho_{CO_2}=\frac{M_{CO_2}}{V_{m,0}}=\frac{44.01\ g/mol}{22.4\ L/mol}=1.965\ g/L$

答：在标准状况下，空气的密度是 1.295 g/L，二氧化碳气体的密度是 1.965 g/L。

即标准状况下气体的密度

$$\rho_0=\frac{M_B}{V_{m,0}} \tag{1-1-4}$$

式中：M_B——气体 B 的摩尔质量，单位为 g/mol

$V_{m,0}$——气体的摩尔体积，单位为 mol/L

ρ_0——标准状况下 B 气体的密度，单位为 g/L。

*【例 1-1-9】计算标准状况下 Cl_2、CH_4 对空气的相对密度。

解：已知 Cl_2、CH_4、空气的相对分子质量分别为 71、16、29，同温同压下，两种气体的相对密度等于其相对分子质量之比，即：

$$\frac{\rho_A}{\rho_B}=\frac{M_A/V_{m,0}}{M_B/V_{m,0}}=\frac{M_A}{M_B}$$

①Cl_2 对空气的相对密度：

$$\frac{\rho_{Cl_2}}{\rho_{空气}}=\frac{M_{Cl_2}}{M_{空气}}=\frac{71}{29}=2.45$$

②CH_4 对空气的相对密度：

$$\frac{\rho_{CH_4}}{\rho_{空气}}=\frac{M_{CH_4}}{M_{空气}}=\frac{16}{29}=0.552$$

答：Cl_2 对空气的相对密度为 2.45；CH_4 对空气的相对密度为 0.552。

想一想

怎样比较相同条件下不同气体的密度大小？

练一练

计算标准状况下空气、二氧化碳、氨气体的密度。

三、溶液的浓度

溶液的浓度常用质量分数来表示，如 100 g 溶液含有 20 g 氯化钠，其质量分数则表示为 0.20 或 20%。应用这种表示溶液组成的方法，可以了解和计算一定质量的溶液所含溶质的质量。但是在生产和科研中使用溶液时，量取它的体积比称取它的质量更方便。同时，当物质发生反应时，各物质的物质的量之间存在着一定的关系，而且计算物质的量的关系要比它们之间的质量关系简单。因此，如果能知道一定体积的溶液含有溶质的物质的量，将有利于进行相关的定量计算。所以，我们引入新的溶液组成表示方法——物质的量浓度。

1. 质量分数

物质 B 的质量分数，定义为物质 B 的质量 m_B 除以溶液的质量 m，符号为 w_B，则

$$w_B=\frac{m_B}{m} \qquad (1-1-5)$$

式中：w_B——溶质 B 的质量分数；

m_B——为溶质 B 的质量，单位为 g；

m——溶液的质量，单位为 g。

想一想

怎样配制溶质的质量分数是 0.9% 的生理盐水？

2. 物质的量浓度

单位体积溶液所含溶质 B 的物质的量叫作溶质 B 的物质的量浓度，用 c_B 表示。

$$c_B=\frac{n_B}{V} \qquad (1-1-6)$$

式中：n_B——溶质B的物质的量，单位为mol；

V——溶液的体积，单位为L；

c_B——B的物质的量浓度，常用单位为mol/L。

物质的量浓度的SI单位是摩每立方米，符号为mol/m^3，由于单位太大，物质的量浓度的单位常以摩每升代替，符号为mol/L。

物质的量浓度可简称为浓度，习惯称作摩尔浓度。本书采用c_B或$c(B)$表示B的浓度。

在使用物质的量浓度时，必须指明物质B的基本单元。基本单元可以是原子、分子、离子以及其他粒子，或这些粒子的特定组合，可以是实际存在的，也可以是根据需要而指定的。例如，$c(H_2SO_4)=1$ mol/L，表示每升溶液含有1 mol H_2SO_4；$c\left(\frac{1}{2}H_2SO_4\right)=1$ mol/L，表示每升溶液含有1 mol$\left(\frac{1}{2}H_2SO_4\right)$；$c(2NaOH)=1$ mol/L，表示每升溶液含有1 mol（2NaOH）。

【例1-1-10】已知10.0 L硫酸溶液内含H_2SO_4 98.09 g，试计算此溶液中H_2SO_4的浓度。

解：$n(H_2SO_4)=\frac{m(H_2SO_4)}{M(H_2SO_4)}=\frac{98.09\ g}{98.09\ g/mol}=1.0\ mol$

$$c(H_2SO_4)=\frac{n(H_2SO_4)}{V}=\frac{1.0\ mol}{10.0\ L}=0.10\ mol/L$$

答：此溶液中H_2SO_4的浓度是0.1 mol/L。

四、溶液的配制

1. 质量分数与物质的量浓度的换算

实验室常用的液体试剂，如浓盐酸、浓硫酸和浓硝酸，一般只标记密度和质量分数。例如市售浓盐酸密度为1.19 g/mL，质量分数为37%；市售浓硫酸密度为1.84 g/mL，质量分数为98%；市售硝酸密度为1.42 g/mL，质量分数为68%。但是实际工作中常常是量取液体的体积，因此我们需要知道液体试剂的物质的量浓度，方便溶液配制过程中的计算。怎样将质量分数换算成物质的量浓度呢？换算的基本原则是：一定量的同一种溶液，无论怎样表示其溶液组成，该溶液所含溶质的质量或物质的量是不变的。

【例1-1-11】现有质量分数为37%，密度为1.19 g/mL的浓盐酸。试求盐酸的物质的量浓度。

解：首先确定一定量的溶液，可以是100 mL、1 L等，也可以是1 g、100 g等。

（1）设该浓盐酸的体积为1 L，即1 000 mL。

$$m_{浓盐酸}=\rho_{浓盐酸}\cdot V_{浓盐酸}=1.19\ g/mL\times 1\ 000\ mL=1\ 190\ g$$

$$m_{HCl}=m_{浓盐酸}\cdot w_{HCl}=1\ 190\ g\times 37\%=440.3\ g$$

$$n_{HCl}=\frac{m_{HCl}}{M_{HCl}}=\frac{440.3\ g}{36.5\ g/mol}=12.06\ mol$$

$$c_{HCl}=\frac{n_{HCl}}{V}=\frac{12.06\ mol}{1\ L}=12.06\ mol/L$$

答：浓盐酸的物质的量浓度为 12.06 mol/L。

将上述计算过程中的各物理量用符号表示，则可以得出质量分数和物质的量浓度之间的换算公式：

$$c_B = \frac{1\,000 \cdot \rho \cdot w_B}{M_B} \tag{1-1-7}$$

式中：ρ——溶液的密度，单位为 g/mL；

w_B——溶质 B 的质量分数；

c_B——溶质 B 的物质的量浓度，单位为 mol/L；

M_B——溶质 B 的摩尔质量，单位为 g/mol。

（2）设该溶液的质量为 100 g，则 100 g 浓盐酸中 HCl 的物质的量浓度为：

$$n_{HCl} = \frac{100\ \text{g} \times 37\%}{36.5\ \text{g/mol}} = 1.01\ \text{mol}$$

$$V_{浓盐酸} = \frac{m_{浓盐酸}}{\rho_{浓盐酸}} = \frac{100\ \text{g}}{1.19\ \text{g/mL}} = 84.03\ \text{mL}$$

$$c_{HCl} = \frac{n_{HCl}}{V_{浓盐酸}} = \frac{1.01\ \text{mol}}{84.03\ \text{mL}/1\,000\ \text{mL} \cdot \text{L}^{-1}} = 12.02\ \text{mol/L}$$

答：浓盐酸的物质的量浓度为 12.02 mol/L。

计算过程不同导致了两种方法的结果略有差异。

2. 溶液的稀释

在溶液中加入溶剂，使溶液的浓度减小的过程叫作溶液的稀释。溶液经过稀释，只增加溶剂的量而溶质的量没有改变，即稀释前后溶液所含溶质的物质的量或质量不变。

$$n_{1,B} = n_{2,B} \quad 或 \quad c_{1,B}V_1 = c_{2,B}V_2 \tag{1-1-8}$$

式中：$n_{1,B}$、$n_{2,B}$——稀释前后溶质 B 的物质的量，单位为 mol；

$c_{1,B}$、$c_{2,B}$——稀释前后溶质 B 的物质的量浓度，单位为 mol/L；

V_1、V_2——稀释前后溶液的体积，单位为 L。

【例 1-1-12】 配制 3 L 3 mol/L 的硫酸溶液，需要 18 mol/L 的浓硫酸多少毫升？

解：　$c_1(H_2SO_4) = 18$ mol/L　　　$c_2(H_2SO_4) = 3$ mol/L

　　　$V_1 = ?$　　　　　　　　　　$V_2 = 3$ L

根据式 1-1-8，则 $c_1(H_2SO_4) \times V_1 = c_2(H_2SO_4) \times V_2$

$$18\ \text{mol/L} \times V_1 = 3\ \text{mol/L} \times 3\ \text{L} \quad V_1 = 0.5\ \text{L} = 500\ \text{mL}$$

答：需要 18 mol/L 的浓硫酸 500 mL。

【例 1-1-13】 2 mol/L 的 NaOH 溶液的密度是 1.08 g/mL，计算其质量分数。

解：由式 1-1-7 可知，

$$w(\text{NaOH}) = \frac{c(\text{NaOH}) \cdot M(\text{NaOH})}{1\,000 \cdot \rho} = \frac{2\ \text{mol/L} \times 40\ \text{g/mol}}{1\,000 \times 1.08\ \text{g/mL}} = 0.074$$

答：该氢氧化钠溶液的质量分数为 0.074。

想一想

能不能换一种方法计算上述 NaOH 溶液的质量分数？

3. 一定物质的量浓度溶液的配制

用固体药品配制一定物质的量浓度的溶液，要用到一种容积精确的仪器——容量瓶。容量瓶是细颈、梨形的平底玻璃瓶，瓶口配有磨口玻璃塞或塑料塞，且须用结实的细绳系在瓶颈上，以防止损坏或丢失。容量瓶有各种不同的规格，常用的有 50 mL、100 mL、250 mL、500 mL、1 000 mL 等，如图 1－1－4 所示。

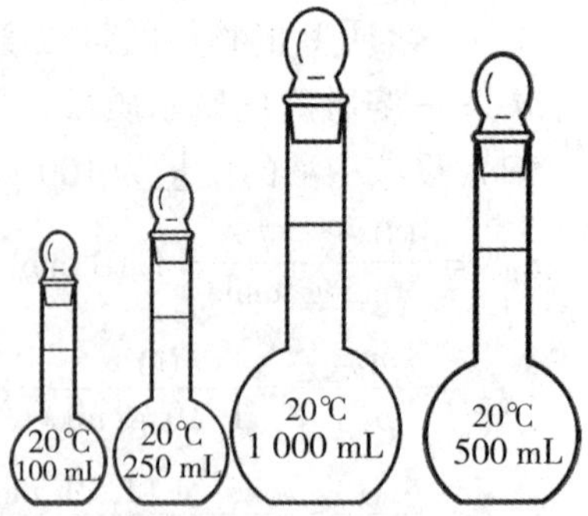

图 1－1－4　几种常用规格的容量瓶

容量瓶是用来配制一定体积物质的量浓度溶液的仪器，使用时应根据所配溶液的体积选定相应容积的容量瓶，并要检查是否漏液。检查的方法是向瓶内加入一定量的水，塞好瓶塞；用食指按住瓶塞，另一只手托住瓶底，把瓶倒立过来，观察瓶塞周围是否有水漏出或用滤纸擦拭瓶口检查，如图 1－1－5 所示。如果不漏水，将瓶立正，并将瓶塞旋转 180°后塞紧，再次倒立检验。经检验不漏水的容量瓶才能使用。

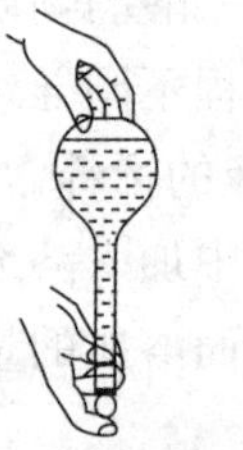
图 1－1－5　检查容量瓶是否漏水

在使用容量瓶配制溶液时，如果是固体试剂，应将称好的试剂先放入烧杯里，用适量的蒸馏水溶解后，再转移到容量瓶中。如果是液体试剂，应将所需体积的液体在烧杯中用适量蒸馏水稀释后，再转移到容量瓶中。还应特别注意的是，在溶解或稀释时一般会有明显的热量变化，需要等溶液的温度恢复到室温后才能向容量瓶中转移。容量瓶使用完毕应洗净、晾干，并在玻璃磨砂瓶塞与瓶口之间垫张纸条，以免瓶塞与瓶口粘连。由于容量瓶是精确计量一定体积溶液的仪器，并且是在 20 ℃时标定的，因此使用时不能加热，也不能注入过热的溶液，更不能用以代替试剂瓶来贮存溶液。

配制 500 mL 1 mol/L 的 NaCl 溶液，步骤如下：

（1）计算所需称取 NaCl 的质量。

$$m(\text{NaCl}) = cVM$$
$$= 1\ \text{mol/L} \times 0.5\ \text{L} \times 58.5\ \text{g/mol}$$
$$= 29.25\ \text{g}$$

（2）称量　用托盘天平称取 NaCl 固体 29.3 g，放入烧杯中。

（3）溶解　向盛有 NaCl 固体的烧杯中加入适量蒸馏水，并用玻璃棒搅拌，使 NaCl 完全溶解。

（4）转移　将已冷却至室温的烧杯中的溶液沿玻璃棒小心地注入 500 mL 的容量瓶中。应注意不能将溶液洒在容量瓶外。

（5）洗涤　用适量的蒸馏水洗涤烧杯和玻璃棒 2 ~ 3 次，将每次洗涤后的溶液都注入容量瓶中。轻轻振荡容量瓶，使其中的溶液充分混合均匀。

（6）定容　缓缓地向容量瓶中注入蒸馏水，直到液面接近刻度 1 ~ 2 cm 处时，改用胶头滴管滴加蒸馏水至溶液的凹液面最低点正好与刻度线相切。

（7）摇匀　把容量瓶用瓶塞盖好，反复上下颠倒，摇匀。这样配制出的溶液就是 500 mL 1 mol/L 的 NaCl 溶液，其配制过程如图 1－1－6 所示。

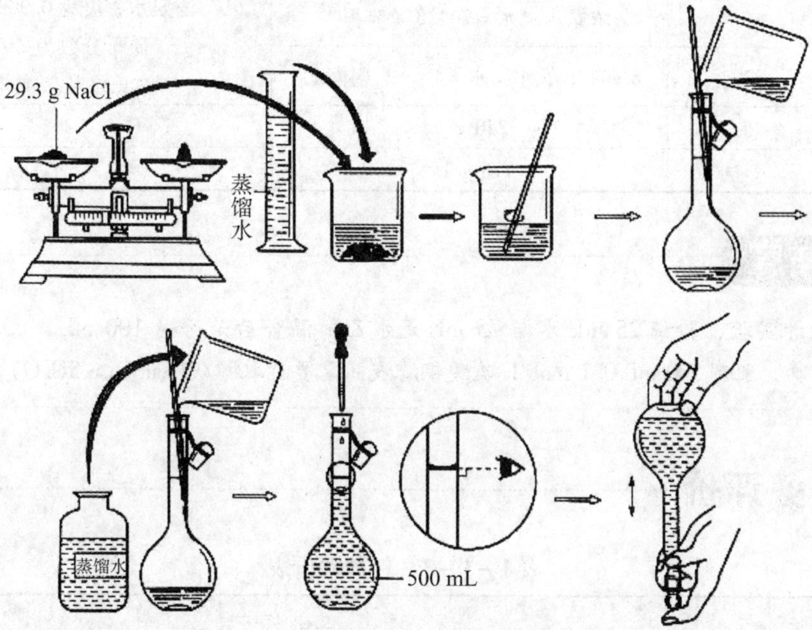

图 1－1－6　配制 500 mL 1 mol/L 的 NaCl 溶液过程示意图

实验室常用溶液的配制方法见表 1－1－2。

表 1－1－2　实验室常用溶液的配制方法

溶液	物质的量浓度 /（mol/L）	配制	备注
稀盐酸	6	浓盐酸：水 =1 ：1（体积）	市售浓盐酸密度为 1.19 g/mL 质量分数为 37% 浓度约为 12 mol/L
	2	6 mol/L 盐酸：水 =1 ：2（体积）	

续表

溶液	物质的量浓度/（mol/L）	配制	备注
稀硫酸	3	浓硫酸：水 =1 ：5（体积）	市售浓硫酸密度为 1.84 g/mL 质量分数为 98% 浓度约为 18 mol/L
	1	3 mol/L 硫酸：水 =1 ：2（体积）	
稀硝酸	6	浓硝酸：水 =5 ：7（体积）	市售硝酸密度为 1.42 g/mL 质量分数为 63% 浓度约为 14 mol/L
	2	6 mol/L 硝酸：水 =1 ：2（体积）	
稀醋酸	6	冰醋酸 350 mL 加水 650 mL	冰醋酸密度为 1.05 g/mL
	2	6 mol/L 醋酸：水 =1 ：2（体积）	
稀氨水	6	浓氨水：水 =2 ：3（体积）	浓氨水密度为 0.903 g/mL 质量分数为 28% 浓度约为 15 mol/L
	2	6 mol/L 氨水：水 =1 ：2（体积）	
氢氧化钠	6	240 g/L	
高锰酸钾	0.1	16 g/L	

任务拓展

1. 设计实验，验证 25 mL 水与 75 mL 无水乙醇混合后是否是 100 mL。
2. 计算，配制 500 mL 0.1 mol/L 硫酸铜溶液，需要称取胆矾($CuSO_4 \cdot 5H_2O$)多少克?

任务评价

表 1－1－3　任务评价表

评价项目	评价要素
溶质和溶剂用量的计算	会正确运用质量分数、物质的量浓度等基本公式进行计算，方法和结果正确
实验操作	试剂称量和取用实验操作规范
配制步骤	容量瓶检漏、溶解、搅拌、溶液转移、洗涤、容量瓶定容操作规范
结束工作	实验台台面清洁，仪器洗涤干净并放置整齐，规定时间内完成任务
安全与环保	将废液或配好的溶液倒入指定的容器等

任务二　掌握有关化学方程式的计算

任务描述

在实验室用已知质量的氧化铜和过量稀硫酸反应制备硫酸铜晶体，并称量产品质量。计算产品的理论产量、产率和原料利用率。

任务目标

- 知道化学方程式的意义，能正确书写化学方程式；
- 学会有关化学方程式的计算；
- 学会减压过滤操作。

任务分析

通过本次任务的学习，能够根据质量守恒定律了解化学方程式的意义，能够正确熟练地书写化学方程式，能够根据化学方程式正确地进行原料用量以及产品产量、产率等相关的计算。

任务实施

一、任务准备

1. 仪器和药品

仪器：托盘天平、烧杯（100 mL）、酒精灯、石棉网、铁三脚架、漏斗、蒸发皿、量筒、玻璃棒、药匙、减压抽滤装置。

试剂：氧化铜、稀硫酸（3 mol/L）。

2. 安全环保和注意事项

（1）调整酒精灯火焰和烧杯之间的距离，保持反应液微沸状态；

（2）加热反应液时必须不断搅拌，防止溶液暴沸，并戴好防护用手套。

二、任务过程

1. 用托盘天平称取氧化铜粉末 2 g，倒入 100 mL 小烧杯中，加入 18 mL 3 mol/L 的稀硫酸，微热使之溶解；

2. 继续加热至沸，仔细观察溶液的颜色变化，黑色的氧化铜逐渐消失，溶液逐渐变为蓝色；

3. 当烧杯中的氧化铜数量不再减少时，将溶液趁热过滤，滤去未反应完的氧化铜，溶液滤入干净的小烧杯，取滤液；

4. 将盛有滤液的小烧杯置于盛有冷水的大烧杯中，冷却至析出蓝色晶体；（或将盛有滤液的小烧杯静置于实验台面，待蓝色晶体析出）

5. 将晶体转移至布氏漏斗，进行减压过滤，晶体用滤纸吸去水分后置于通风处晾干，称重。

三、任务检测

1. 产品外观和产量：颜色为________，产量为________g。

2. 计算结果：理论产量为________g，产率为________，原料利用率为________。

相关知识

一、化学方程式

1. 质量守恒定律

法国化学家拉瓦锡（A. L. Lavoisier）以精确的实验和明确的叙述说明了质量守恒定律：参加化学反应的全部反应物的质量等于反应后所生成的全部生成物的质量。这是因为在化学反应中，原子不生、不灭，只是相互间结合关系发生改变，所以其质量守恒。质量守恒定律是第一个关于化学变化的基本定律。

2. 化学方程式

化学方程式是根据质量守恒定律用元素符号和化学式表示化学反应的式子，又称化学反应式，简称反应式。每一个化学方程式都是在实验基础上写出来的，是客观事实的反映，绝不能凭主观臆造。

（1）化学方程式的书写

①写出反应物和生成物的化学式，反应物和生成物之间用箭号连接。例如

$H_2SO_4 + NaOH \longrightarrow Na_2SO_4 + H_2O$

②根据质量守恒定律配平反应式。一般用观察法给各化学式配上适当的系数，使横线两边的各种元素原子的总数完全相等，反应物和生成物之间用等号连接。例如

$H_2SO_4 + 2NaOH = Na_2SO_4 + 2H_2O$

③把必要的反应条件，如加热（可用△表示）、催化剂、温度、压强、光照等注在等号的上面或下面；生成物中，如有沉淀、气体生成可用“↓”“↑”标明。例如

$$2KClO_3 \xlongequal[\triangle]{MnO_2} 2KCl + 3O_2\uparrow$$

$$4P + 5O_2 \xlongequal{燃烧} 2P_2O_5$$

（2）化学方程式的意义

化学方程式不仅表示了反应物和生成物的种类，而且还表达了它们相互反应的量的关系。这种量的关系体现在原子数或分子数、物质的量、质量及气体体积等方面。例如

	$2H_2$	+	O_2	$=\!=\!=$	$2H_2O$
①化学计量数之比	2	:	1	:	2
②物质的量之比	2	:	1	:	2
③质量之比	2×2 g	:	1×32 g	:	2×18 g
	4	:	32	:	36
④标准状况下气体的体积之比	2×22.4 L	:	1×22.4 L		

可根据需要选择以上合适的数量关系，解决实际的计算问题。

二、根据化学方程式的计算

化学方程式表示出了反应物和生成物相互间量的关系，因此在实际生产和实验中，可以根据化学方程式，从已知原料或试剂的量，计算出产品的理论量，以及为获得定量产品需用原料的理论量。

1. 原料用量和产品产量的计算

【例 1-2-1】 130 g 锌与足量的稀硫酸①作用，能生成多少克硫酸锌？

解：设生成硫酸锌的质量为 x。

$$Zn + H_2SO_4 = ZnSO_4 + H_2\uparrow$$

质量比　　65.4　　　161.4

　　　　　130 g　　　x

列出比例式　$\frac{65.4}{161.4} = \frac{130\ g}{x}$

$$x = \frac{130\ g \times 161.4}{65.4} = 320.8\ g$$

答：能生成 320.8 g 硫酸锌。

即 130 g 纯锌全部与硫酸反应，没有任何损耗时，最多可以制得 320.8 g 硫酸锌，该产量为理论产量。

【例 1-2-2】 欲制取 75 g 氧气，需要多少克氯酸钾？

解：设所需氯酸钾的质量为 x。

$$2KClO_3 \xlongequal{\triangle} 2KCl + 3O_2\uparrow$$

质量比　　2×122.5 g　　　3×32 g

　　　　　x　　　　　　75 g

① 足量的稀硫酸，说明锌能够完全反应，稀硫酸过量。

列出比例式 $\frac{2\times122.5\ g}{3\times32\ g}=\frac{x}{75\ g}$

$$x=\frac{2\times122.5\times75\ g}{3\times32}=191.4\ g$$

答：需要 191.4 g 氯酸钾。

2. 气体体积的计算

【例 1-2-3】合成 146 kg 氯化氢气体，在标准状况下，需要多少立方米的氢气和氯气？

解：设 x、y 分别代表所需氢气和氯气的物质的量，146 kg 氯化氢的物质的量为

$$n=\frac{146\ kg}{36.5\ kg/kmol}=4\ kmol$$

	H_2	+	Cl_2	$=\!=\!=$	$2HCl$
物质的量之比	1		1		2
	x		y		4 kmol

列出比例式 $\frac{1}{2}=\frac{x}{4\ kmol}$　　$\frac{1}{2}=\frac{y}{4\ kmol}$

$x=2\ kmol$　$y=2\ kmol$

则 $V_{H_2}=V_{Cl_2}=2\ kmol\times22.4\ m^3/kmol=44.8\ m^3$

3. 有关不纯物质参加化学反应的计算

化工生产中所用的很多反应物是含有杂质的矿石、废液和下脚料等。例如，生产硫酸的硫铁矿，含有 FeS_2 80% 左右；实验室用来制备 $FeSO_4$ 的废铁屑，由于沾有油污和铁锈，含 Fe 量大约为 95%。

进行化学计算时，应先将其质量换算成纯物质的质量。例如，500 kg 纯度为 70% 的软锰矿石，所含纯 MnO_2 的质量为 500 kg×70% =350 kg。

【例 1-2-4】工业上煅烧石灰石（碳酸钙）生产生石灰（氧化钙）和二氧化碳。若煅烧 5 t 含 90% 碳酸钙的石灰石，能制得多少吨氧化钙和多少立方米二氧化碳（标准状况下）？

解：5 t 石灰石含纯碳酸钙的质量为 5 t×90% =4.5 t

设所得氧化钙的质量为 x，所得二氧化碳的体积为 y。

$CaCO_3$	$\xlongequal{煅烧}$	CaO	+	$CO_2\uparrow$
100 t		56 t		22 400 m^3
4.5 t		x		y

$\frac{100\ t}{56\ t}=\frac{4.5\ t}{x}$　　$x=\frac{4.5\ t\times56\ t}{100\ t}=2.52\ t$

$\frac{100\ t}{22\ 400\ m^3}=\frac{4.5\ t}{y}$　　$y=\frac{4.5\ t\times22\ 400\ m^3}{100\ t}=1\ 008\ m^3$

答：若煅烧 5 t 含 90% 碳酸钙的石灰石，能制得 2.52 t 氧化钙和 1 008 m^3 二氧化碳。

4. 产品产率与原料利用率的计算

在利用化学反应制备化工产品的过程中，由于各种因素的影响，如反应不彻底，跑、冒、滴、漏现象的存在，产品的实际产量总是低于理论产量，二者之间的差别用产率表示；

原料的实际消耗总是高于理论用量，这种差异用原料利用率来说明。

$$产率 = \frac{实际产量}{理论产量} \times 100\%$$

$$原料利用率 = \frac{理论消耗量}{实际消耗量} \times 100\%$$

【例 1-2-5】 若例题 1-2-4 中，实际制得的氧化钙是 2.4 t，那么产品的产率是多少？

解：已知理论产量为 2.52 t，则 CaO 的产率 $= \frac{2.4\ t}{2.52\ t} \times 100\% = 95.2\%$

答：产品的产率为 95.2%。

【例 1-2-6】 用硫铁矿生产硫黄。硫铁矿中 FeS_2 含量为 84%，经隔绝空气加热，生产 1 t纯硫黄，理论上需要硫铁矿多少吨？若实际生产中用去 4.8 t，则原料的利用率是多少？

解：①设纯硫铁矿的理论用量为 x。

$$FeS_2 \xlongequal{\triangle} FeS + S$$

119.8		32.0
x		1 t

$$\frac{119.8}{32.0} = \frac{x}{1\ t} \qquad x = \frac{119.8 \times 1\ t}{32.0} = 3.74\ t$$

硫铁矿的理论用量是：$\frac{3.74\ t}{84\%} = 4.45\ t$

②计算原料的利用率：原料利用率 $= \frac{4.45\ t}{4.8\ t} \times 100\% = 92.7\%$

5. 有一种反应物过量时的计算

发生化学反应时，反应物之间是按化学方程式所确定的物质的量之比进行反应的。但不论是在实验室进行化学反应实验，还是在化工厂进行实际生产，化学反应物通常不按化学计量系数比投料。例如，实验室制备硫酸亚铁时，需要加入过量的硫酸（Fe^{2+} 在酸性较强的溶液中不易被氧化），所以产品 $FeSO_4 \cdot 7H_2O$ 的理论产量应根据铁的质量进行计算。

【例 1-2-7】 在盛有 2 g 洁净铁屑的小烧杯中加入 15 g 质量分数为 30% 的 H_2SO_4 溶液，充分反应后，最多可制得多少克 $FeSO_4 \cdot 7H_2O$？

解：设可制得 $FeSO_4 \cdot 7H_2O$ 的物质的量是 x。

$$n(Fe) = \frac{2.0\ g}{56.0\ g/mol} = 0.036\ mol$$

$$n(H_2SO_4) = \frac{15\ g \times 30\%}{98\ g/mol} = 0.046\ mol$$

$$Fe + H_2SO_4 + 7H_2O = FeSO_4 \cdot 7H_2O + H_2\uparrow$$

	Fe	H_2SO_4	$7H_2O$	$FeSO_4 \cdot 7H_2O$
理论量	1 mol	1 mol		1 mol
实际量	0.036 mol	0.046 mol		x

可以看出 H_2SO_4 过量，应该以 0.036 mol Fe 为基准计算 $FeSO_4 \cdot 7H_2O$ 的量。

$\frac{1\ \text{mol}}{1\ \text{mol}} = \frac{0.036\ \text{mol}}{x}$　　$x = 0.036\ \text{mol}$

$m(FeSO_4 \cdot 7H_2O) = 0.036\ \text{mol} \times 278\ \text{g/mol} = 10.01\ \text{g}$

答：最多可制得 10.01 g $FeSO_4 \cdot 7H_2O$。

任务拓展

铁是人类不可缺少的微量元素；正常人每天应补充 14 mg 左右的铁，其中大部分来自食物。如果全部通过服用含 $FeSO_4 \cdot 7H_2O$ 的片剂补充铁，则每天约需要服用含多少 mg $FeSO_4 \cdot 7H_2O$ 的片剂？

任务评价

表 1-2-1　任务评价表

评价项目	评价要素
称量和量取操作	熟练使用托盘天平称取原料氧化铜和产品硫酸铜晶体，熟练使用量筒量取稀硫酸的体积
化学反应控制操作	能控制化学反应时溶液的温度，使反应安全进行
常压过滤操作	过滤操作规范、正确
减压过滤操作	能使用布氏漏斗进行减压过滤，包括滤纸的铺贴、布氏漏斗的安放、产品的取出等操作
相关计算	计算方法正确，计算结果准确
结束工作	实验台台面清洁，仪器洗涤干净并放置整齐，规定时间内完成任务
安全与环保	将废液或配好的溶液倒入指定的容器等

单元小结

1. 物质的量

（1）摩尔(mol)：表示物质的量的基本单位，每摩尔物质所含的基本单元（分子、原子、离子等）数为阿伏伽德罗常数(N_A)。

（2）摩尔质量：单位物质的量的物质所具有的质量。任何物质的摩尔质量在以 g/mol 为单位时，数值上等于基本单元的相对分子质量。

（3）物质的量(n_B)、物质的摩尔质量(M_B)和物质的质量(m_B)三者之间有如下关系：

$$n_B(mol) = \frac{m_B(g)}{M_B(g \cdot mol^{-1})}$$

2. 气体摩尔体积

标准状况：温度为 273.15 K（0 ℃），压强为 1.013 25×10⁵ Pa（1 atm）。

气体摩尔体积($V_{m,0}$)：在标准状况下，单位物质的量的气体所占有的体积。常用单位是 L/mol。标准状况下，任何气体的摩尔体积都约为 22.4 L/mol。

标准状况下 B 气体的摩尔体积($V_{m,0}$)与标准状况下气体占有的体积（$V_{0,B}$常用单位为 L）和物质的量(n_B)三者之间的关系：

$$V_{0,B} = n_B \cdot V_{m,0}$$

3. 溶液组成的表示方法和计算

物质的量浓度（c）：单位体积溶液所含溶质的物质的量，常用单位为 mol/L。

$$c_B(mol/L) = \frac{n_B(mol)}{V_{溶液}(L)}$$

4. 质量分数与物质的量浓度之间的换算

同一种溶液，其浓度可以用质量分数(w_B)和物质的量浓度(c_B)来表示。二者可通过密度（ρ，g/L）来进行换算：

$$c_B = \frac{1\,000 \cdot \rho \cdot w_B}{M_B}$$

5. 有关溶液的计算

溶液稀释的关系式为：$c_{1,B}V_1 = c_{2,B}V_2$

应用上述关系式时，$c_{1,B}$、$c_{2,B}$以及 V_1 和 V_2 各自必须用同一单位。

6. 根据化学方程式的计算

根据化学方程式，可以计算反应中各物质的质量、物质的量和气体体积等。计算原则是各物质的系数之比等于物质的量之比。

根据化学方程式计算出的结果为理论值。在实际生产中，对于产品来说，实际产量总是小于理论产量；对于原料来说，实际消耗量总是大于理论消耗量。它们的关系可用产品的产率和原料利用率来表示：

$$产品的产率 = \frac{实际产量}{理论产量} \times 100\%$$

$$原料利用率 = \frac{理论消耗量}{实际消耗} \times 100\%$$

综合测试

一、填空题

1. 1 mol H_2O 含有________个水分子，________mol 氢原子，________个氢原子，____

____g 氢，________mol 氧原子，________个氧原子，________g 氧。

2．0.8 g 某元素含有 6.02×10^{22} 个原子，该元素的相对原子质量是________。

3．0.3 mol 的氧气和 0.2 mol 的臭氧（O_3），它们的质量________（填“相等”或“不相等”），所含的分子数________（填“相等”或“不相等”），物质的量之比是________，标准状况下体积之比是________。

4．1 L 氯化钠溶液，含有 NaCl 5.85 g，该溶液的物质的量浓度是________；量取该溶液 5 mL，它的物质的量浓度是________；在取出的 5 mL 溶液中，加 5 mL 水稀释后该溶液的物质的量浓度是________（忽略体积之和的变化）。

5．实验室中提供 100 g 20% 的食盐溶液、100 g 15% 的食盐溶液、足量的食盐固体和蒸馏水，要求配制 50 g 10% 的食盐溶液。请你选用上述化学试剂，设计配制方案（写出配制方案所需的化学试剂和用量）。方案一：20% 的食盐溶液________g 和________g 水。方案二：15% 的食盐溶液________g 和________g 水。方案三：________g 食盐固体和________g 水。

二、选择题（每题只有一个正确答案）

1．下列物质中，物质的量最多的是（　　）。

A．1 mol 氧气　　B．3 g 氢气

C．98 g H_2SO_4　　D．3.01×10^{23} 个 Cu 原子

2．在相同条件下，下列气体与二氧化碳质量相同时，体积也相同的是（　　）。

A．N_2O　　B．N_2　　C．SO_2　　D．CO

3．在 1 L 含有 0.1 mol/L NaCl 和 0.1 mol/L $MgCl_2$ 的溶液中，Cl^- 为（　　）。

A．1.2×10^{23} 个　　B．3.01×10^{23} 个

C．1.806×10^{23} 个　　D．6.02×10^{23} 个

4．配制 0.1 mol/L 的氢氧化钠溶液 500 mL，需称取氢氧化钠固体（　　）。

A．0.2 g　　B．2 g　　C．4 g　　D．20 g

5．若 $c\left(\frac{1}{2}H_2SO_4\right)=0.200\ 0$ mol/L，则 $c(H_2SO_4)$ 为（　　）。

A．0.100 0 mol/L　　B．0.200 0 mol/L　　C．0.400 0 mol/L　　D．0.500 0 mol/L

6．0.25 mol 氢氧化钠的质量是（　　）。

A．10 g　　B．20 g　　C．10 kg　　D．20 kg

7．在标准状况下，下列各种气体，体积最大的是（　　）。

A．11.2 L O_2　　B．1 g H_2

C．0.75 mol SO_2　　D．1.5×10^{23} 个 N_2 分子

8．标准状况下，11.2 L O_2 的质量是（　　）。

A．16 g　　B．32 g　　C．16 g/mol　　D．32 g/mol

9. 标准状况下，相同体积的 CO_2 和 O_2 的质量之比为（　　）。

A. 1 ∶ 1　　B. 11 ∶ 8　　C. 8 ∶ 11　　D. 11 ∶ 4

10. 下列物质体积为22.4 L的是（　　）。

A. 1 mol 水蒸气　　B. 273 K，1 atm 下 2 g 氢气

C. 17 g 氨气　　D. 标准状况下，80 g 三氧化硫

三、判断对错（下列说法正确的在题后括号内画"√"，错误的画"×"）

1. 71 g 氯相当于 2 mol 氯。（　　）

2. 某物质如果含有阿伏伽德罗常数个基本单元，则该物质的质量就是 1 mol。（　　）

3. 117 g NaCl 溶解在 1 L 水中，所得溶液的浓度为 2 $mol \cdot L^{-1}$。（　　）

4. 在 3 $mol \cdot L^{-1}$ 的 NaOH 溶液中取出 2 mL，其浓度仍是 3 $mol \cdot L^{-1}$。（　　）

四、计算

1. 将 10 g NaCl 溶于 100 g 水中配成溶液，计算此溶液中 NaCl 的质量分数。

2. 20 ℃时，将 350 g $ZnCl_2$ 溶于 650 g 水中，溶液的体积为 739.5 mL，求此溶液中 $ZnCl_2$ 的质量分数和物质的量浓度。

3. 将 23.045 g 乙醇溶于 0.500 0 kg 水中，形成溶液的密度为 992.0 kg/m^3，计算乙醇的物质的量浓度。

4. 已知质量分数为10%的盐酸溶液，密度为 1.047 g/mL，计算 HCl 的物质的量浓度。

5. 由 CO 和 CO_2 组成的混合气体的物质的量为 1 mol，此混合气体中氧元素的物质的量为 1.7 mol，求此混合气体中 CO 的物质的量是多少。

6. 用 Cu 与浓硫酸反应，制得 SO_2 的体积为 2.24 L（标准状况）。试计算：（1）被还原的 H_2SO_4 的物质的量。（2）把所制得的 $CuSO_4$ 配制成 500 mL 溶液，所得溶液的物质的量浓度。[$Cu + 2H_2SO_4$（浓）$\xlongequal{\triangle} CuSO_4 + SO_2\uparrow + 2H_2O$]

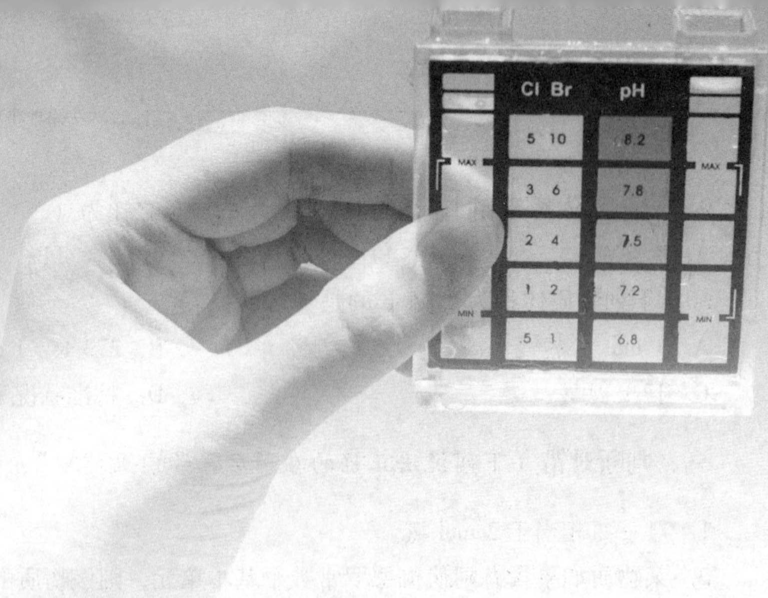

第二单元 金属元素

单元概述

本单元主要学习金属元素钠、镁、铝及其重要化合物的性质。钠、镁、铝都是活泼金属元素，化学活泼性随钠、镁、铝次序依次减弱，这可以从它们和氧气、水的反应现象体现出来。铝具有两性，既能和酸反应也能和碱反应。它们的重要化合物包括过氧化钠、氢氧化钠和碳酸钠，氧化镁、氢氧化镁和碳酸镁，氧化铝和氢氧化铝等。各自都有其独特的性质和用途。氧化铝和氢氧化铝也都具有两性，既能和酸反应也能和碱反应。

单元目标

- 掌握典型金属元素钠、镁、铝及其重要化合物的物理性质、化学性质，能熟练书写相关反应的化学方程式；
- 理解金属铝、氧化铝、氢氧化铝的两性，并能用化学反应实例说明；
- 知道钠、镁、铝及其重要化合物在日常生活和工业生产中的用途，并能简单说明应用原理；
- 熟悉钠、镁、铝的化学性质，能认识到同一周期内元素及其化合物的化学性质之间存在的递变规律；
- 初步认识什么是硬水和软水，能简单说明水的软化处理方法和原理。

任务一　认识碱金属及其重要化合物

任务描述

通过化学实验操作、观察实验现象、探究实验产物，认识并掌握金属钠及其重要化合物的物理性质和化学性质。

任务目标

- 通过切割金属钠并观察钠与氧气的反应、钠与水的反应情况，认识金属钠的物理性质和化学性质；
- 通过氧化钠和过氧化钠与水反应的情况，认识氧化钠和过氧化钠的化学性质；
- 了解氢氧化钠容易潮解的性质；
- 通过实验比较碳酸钠和碳酸氢钠的化学性质，认识二者性质的差异。

任务分析

化学工业中有三酸两碱之说，其中两碱指的是烧碱（NaOH）和纯碱（Na_2CO_3），还有四酸三碱之说，即再加上重碱（$NaHCO_3$），它们是化学工业中最基本的重要化工原料。其实，化学实验室中最常用的几种试剂也包括氢氧化钠、碳酸钠和碳酸氢钠。金属钠在许多领域也都有应用。所以，认识并掌握金属钠及其化合物的性质，是从事化工领域工作的基本要求。

任务实施

一、任务准备

1. 仪器和药品

仪器：试管、镊子、坩埚、小烧杯、漏斗、酒精灯。

试剂：金属钠、酚酞试液、氢氧化钠、碳酸钠、碳酸氢钠、稀盐酸（2 mol/L）、蒸馏水、蓝色石蕊试纸、硫酸铜溶液。

2. 安全和环保

（1）金属钠与水反应剧烈，能引起氢气燃烧，所以钠着火不能用水扑救，必须用干燥沙土或干粉灭火。

（2）过氧化钠会灼伤皮肤，使用时要注意安全。

（3）氢氧化钠对皮肤有很强的腐蚀性，沾到皮肤上时，要立即用清水冲洗，然后用2%的硼酸水洗涤。

（4）废液桶、废纸桶、干燥沙土。

二、任务过程

1. 钠的性质

（1）钠与氧气的作用及 Na_2O_2 的性质

①用镊子夹取一小块金属钠，用滤纸吸干其表面的煤油，用小刀切开，观察断面的颜色，并继续观察断面颜色的变化。

断面颜色：________。断面颜色变化：________。反应的化学方程式：____________。

②除去金属钠表面的氧化层，立即放入坩埚中加热。当金属钠开始燃烧时，停止加热。观察反应情况和产物的颜色、状态。

反应情况：________。产物的颜色和状态：________。反应的化学方程式：________。

③将上述反应产物转入干燥试管中，加入少量水（反应放热，宜将试管下部插入冷水中）。用火柴余烬检验试管口是否有 O_2 产生，滴加酚酞试液观察试管内水溶液的颜色。

火柴余烬检验试管口：____________。试管内水溶液的颜色：____________。反应的化学方程式：____。

（2）钠与水的作用

取绿豆大小金属钠，用滤纸吸干其表面的煤油，放入盛有水的小烧杯中（事先滴入1滴酚酞试液），将一合适漏斗倒扣在烧杯上。

反应现象：____。

烧杯内水溶液的颜色：________。反应的化学方程式：____________________________。

（3）氢氧化钠的性质

取一小块氢氧化钠，把它放在干燥的表面皿上，观察它的颜色及固体表面的变化。

实验现象：____。

（4）碳酸钠和碳酸氢钠的性质

①取一药匙 $NaHCO_3$ 固体于干燥的试管中，用酒精灯加热，在试管口用湿润的蓝色石

蕊试纸检验放出的气体。

实验现象：____。

反应的化学方程式：____。

用无水 Na_2CO_3 代替 $NaHCO_3$，做同样的实验，比较它们的热稳定性大小。

实验现象：____。

热稳定性大小：____。

②在两支试管中各加入一药匙 Na_2CO_3 和 $NaHCO_3$，分别向试管中滴加 2 mol/L 的稀盐酸，观察现象。

实验现象：____。

反应的化学方程式：____。

反应的化学方程式：____。

三、任务检测

1. 实验现象：实事求是，记录完整。

2. 反应的化学方程式书写正确。

3. 用小刀切一块绿豆粒大小的钠，放入硫酸铜溶液中进行实验，观察现象，解释现象，写出有关反应的化学方程式。

实验现象：____。

解释现象：____。

反应的化学方程式：____。

相关知识

碱金属

碱金属包括锂(Li)、钠(Na)、钾(K)、铷(Rb)、铯(Cs)、钫(Fr)六种金属元素，它们的氧化物的水化物都是可溶于水的碱，因此把这些元素统称为碱金属元素，它们形成的单质统称为碱金属。这里我们重点学习钠及其化合物，然后对碱金属元素的性质加以系统的比较，认识它们的通性。

一、钠

钠约占地壳总质量的2.6%，它的性质很活泼，在自然界里不能以游离态存在，只能以化合态存在。钠的化合物在自然界分布很广，主要以氯化钠的形式存在于海水、井盐、岩盐和盐湖中。钠还以硝酸钠、硫酸钠和碳酸钠的形式存在于自然界中。

1. 钠的物理性质

[演示实验2-1-1] 从煤油中取出一块钠，放在玻璃片上，用小刀切去一端的外皮，观察新切断面的颜色，并注意观察在光亮的断面上发生的变化。

金属钠很软，能用刀切割（硬度为0.4，金刚石的硬度为10）。切开外皮后，可以看到，钠是一种具有银白色金属光泽的金属。它是热和电的良导体，密度是0.97 g/cm^3，比水轻，能浮在水面上。钠的熔点为97.81 ℃，沸点为882.9 ℃。

2. 钠的化学性质

钠原子的最外电子层上只有1个电子，在化学反应中，极易失去这个电子，形成+1价阳离子。因此钠的化学性质非常活泼。

（1）钠与氧气的反应

从演示实验2-1-1可以看到，新切开的光亮的金属断面很快地变暗。这是因为钠很容易被氧化，在常温下就能与空气里的氧气反应，生成一薄层氧化钠。

$$4Na + O_2 = 2Na_2O \text{（氧化钠）}$$

[演示实验2-1-2] 取一小块金属钠，放在燃烧匙内（或石棉网上）加热，观察发生的现象。

钠受热后能在空气中着火燃烧，在纯氧中燃烧得更为剧烈，燃烧时发出黄色的火焰。在反应过程中，可以生成氧化钠，氧化钠不稳定，继续氧化生成比较稳定的过氧化钠。所以钠在空气或纯氧中燃烧生成的是过氧化钠粉末。

$$2Na + O_2 \xlongequal{\triangle} Na_2O_2 \text{（过氧化钠）}$$

（2）钠与硫等非金属的反应

钠除了与氯气、氧气直接化合外，还能与许多其他非金属直接化合。例如，钠与硫的反应非常剧烈，甚至发生爆炸，生成硫化钠。

$$2Na + S \xlongequal{\triangle} Na_2S \text{（硫化钠）}$$

（3）钠与水的反应

[演示实验2-1-3] 取1只1 L的烧杯，加入0.5 L冷水，然后用镊子取绿豆粒大小的一块钠（已切去金属表面的氧化膜），迅速用滤纸吸干金属表面的煤油后投入水中。观察钠与水反应的剧烈程度，反应完成后，在烧杯中滴入几滴酚酞试液，观察溶液颜色的变化。

可以看到，钠投入水中，浮在水面上，立即与水发生剧烈反应，并有气体产生，反应中放出的热立刻使钠熔成了一个闪亮的小球，在水面上向各个方向迅速游动，同时发出"嘶嘶"声，并逐渐缩小，最后完全消失。滴入酚酞试液后，烧杯里的溶液由无色变为红色，说明有新的物质生成。钠与水起反应生成了氢氧化钠和氢气。

$$2Na + 2H_2O = 2NaOH + H_2\uparrow$$

在上述实验中，如果取小于 1 L 的烧杯，由于钠与水的反应非常剧烈，可能把钠球和水溅出烧杯，所以最好用漏斗将烧杯罩起来。如果要检验生成的氢气，可把一支试管套在漏斗上收集（图 2－1－1）。

图 2－1－1　钠与水发生反应

由于钠很容易与空气中的氧气或水起反应，所以要使它与空气和水隔绝，妥善保存。大量的钠要密封在钢桶中单独存放，少量的钠通常保存在煤油里。由于钠的密度比煤油大，所以钠沉在煤油下面，可将钠与氧气和水隔绝。在使用金属钠时，要佩戴防护眼镜。遇钠着火时，只能用沙土或干粉灭火，绝不能用水灭火。

3. 钠的制备和用途

（1）钠的制备

工业上常采用电解熔融的氯化钠来制取金属钠。

$$2NaCl\text{（熔融）} \xlongequal{\text{电解}} 2Na + Cl_2\uparrow$$

（2）钠的用途

钠是一种强还原剂，可用于某些金属的冶炼。例如，钠可以把钛、锆、铌、钽等金属从它们的熔融卤化物里还原出来。

$$4Na + TiCl_4 \xlongequal{\triangle} 4NaCl + Ti$$

钠和汞的合金（钠汞齐）有缓慢的还原性，可用于有机合成方面的还原剂。钠和钾的合金（含 50% ~80% 的钾）在室温下呈现液态，是核反应堆的导热剂。钠还用来制取那些不能由氯化钠直接制取的钠的化合物，如过氧化钠等。钠也应用在电光源上制高压钠灯，发出的黄光射程远，透雾能力强，且对道路平面的亮度比高压水银灯高几倍。

二、钠的化合物

1. 钠的氧化物

钠的氧化物有氧化钠和过氧化钠。

（1）氧化钠

氧化钠是白色固体，属于碱性氧化物，具有碱性氧化物的通性，它能与酸起反应生成盐和水，与水起剧烈的反应生成氢氧化钠，与酸性氧化物起反应生成盐。

$$Na_2O + H_2SO_4 \xlongequal{} Na_2SO_4 + H_2O$$

$$Na_2O + H_2O \xlongequal{} 2NaOH$$

$$Na_2O + CO_2 \xlongequal{} Na_2CO_3$$

氧化钠暴露在空气中，能与空气里的二氧化碳反应，所以应密封保存。

（2）过氧化钠

过氧化钠是淡黄色的固体。

［演示实验 2－1－4］在盛有过氧化钠固体的试管中滴入水，用带火星的木条放在试管口，检验是否有氧气放出。

过氧化钠也能与水起反应，生成氢氧化钠和氧气，并放出大量的热。

$$2Na_2O_2 + 2H_2O \xlongequal{} 4NaOH + O_2\uparrow$$

过氧化钠是一种强氧化剂，具有漂白作用，可用来漂白麦秆、织物、羽毛等。过氧化钠还能与二氧化碳起反应，生成碳酸钠和氧气。

$$2Na_2O_2 + 2CO_2 \xlongequal{} 2Na_2CO_3 + O_2$$

利用这一性质，过氧化钠可用在呼吸面具上和潜水艇里吸收二氧化碳和供给氧气。

过氧化钠既能与水起反应又能与二氧化碳起反应，所以必须密封保存在干燥的地方。

2. 氢氧化钠

NaOH 是白色固体，极易吸潮，易溶于水，在溶解过程中产生大量的热，它的浓溶液对皮肤、纸张等有强烈的腐蚀性，因此又称为苛性钠、火碱或烧碱。

NaOH 是强碱，具有碱的通性，能与 CO_2、SiO_2 等酸性氧化物反应。

$$2NaOH + CO_2 \xlongequal{} Na_2CO_3 + H_2O$$

$$2NaOH + SiO_2 \xlongequal{} Na_2SiO_3 + H_2O$$

实验室盛放碱溶液的试剂瓶常用橡皮塞，就是为了防止玻璃受碱溶液的腐蚀生成具有黏性的 Na_2SiO_3，使瓶口和塞子黏结在一起。

工业上一般用电解食盐水的方法来制取氢氧化钠。

$$2NaCl + 2H_2O \xlongequal{电解} 2NaOH + Cl_2\uparrow + H_2\uparrow$$

小知识

潮 解

某些易溶于水的物质吸收空气中的水蒸气在晶体表面逐渐形成溶液或全部溶解的现象叫潮解。容易潮解的物质，如 $CaCl_2$、$MgCl_2$、$FeCl_3$、$AlCl_3$、NaOH 等无机盐或碱，常用作干燥剂，必须在密闭条件下保存。

3．几种重要的钠盐

重要的钠盐除氯化钠外，还有硫酸钠、碳酸钠和碳酸氢钠等。

（1）硫酸钠（Na_2SO_4）

硫酸钠晶体俗名芒硝，化学式为 $Na_2SO_4 \cdot 10H_2O$。硫酸钠是制造玻璃、硫化钠、造纸（制浆）等的重要原料，也用在制水玻璃、纺织、染色等工业上，在医药上用作缓泻剂。

自然界的硫酸钠主要分布在盐湖和海水里。中国沿海各地及山西、青海、内蒙古等地的咸水湖里盛产芒硝。

（2）碳酸钠和碳酸氢钠

碳酸钠（Na_2CO_3）俗名苏打，工业上叫作纯碱，是白色粉末状物质，易溶于水。碳酸钠晶体含结晶水，化学式是 $Na_2CO_3 \cdot 10H_2O$。碳酸钠晶体在空气里很容易失去结晶水，表面失去光泽而逐渐变暗，并逐渐碎裂成粉末。碳酸钠晶体失去结晶水后叫作无水碳酸钠。

碳酸氢钠（$NaHCO_3$）俗名小苏打，是一种细小的白色晶体。碳酸氢钠在水中的溶解度比碳酸钠小。

碳酸钠和碳酸氢钠都能与盐酸起反应放出二氧化碳。

$$Na_2CO_3 + 2HCl = 2NaCl + H_2O + CO_2\uparrow$$

$$NaHCO_3 + HCl = NaCl + H_2O + CO_2\uparrow$$

［演示实验 2－1－5］向盛有碳酸钠和碳酸氢钠的两支试管中分别滴入稀盐酸，比较它们放出二氧化碳的快慢程度。

实验表明，碳酸氢钠与盐酸的反应要比碳酸钠与盐酸的反应剧烈得多。

碳酸钠很稳定，碳酸氢钠却不很稳定，受热容易分解，放出二氧化碳。

$$2NaHCO_3 \overset{\triangle}{=} Na_2CO_3 + H_2O + CO_2\uparrow$$

这个反应可以用来鉴别碳酸钠和碳酸氢钠，也是工业上制备纯碱的重要反应。

碳酸钠被广泛应用于玻璃、肥皂、造纸、纺织等工业上，还用于制造其他钠的化合物。在日常生活中，碳酸钠常用作洗涤剂。碳酸氢钠在医疗上是治疗胃酸过多的一种药剂，在纺织工业上用作羊毛洗涤剂，还大量用作选矿、灭火用药剂等。

碳酸钠有天然产出的，碱性土壤里和某些盐湖里常含有碳酸钠，中国内蒙古自治区一带的盐湖里出产大量的天然碱，通常称为口碱。

小知识

人体中的钠元素

钠是人体必需的矿物质营养素。在成人体内，每千克体重约含 1 g 钠。一个人每天必须摄入一定量的氯化钠，以满足人体对钠元素的需要。如果摄取的钠盐太少，人会感到食欲不振、四肢无力，但摄入的太多，对身体健康也不利。

钠离子大部分存在于细胞外和骨骼中，它参与人体内水分的代谢，对体内的酸碱平衡、肌肉和心脏活动起着调节的作用。正常情况下，摄入过量的钠可以很快通过肾脏排出体外，肾脏对钠的排出有很强的调节作用。当一个人在发热或腹泻时易引起缺钠性脱水，那就需要输入葡萄糖溶液和0.9%的氯化钠溶液。人如果得了肾炎，就可能使机体内的钠潴留和水积聚，表现出浮肿、高血压等症状。可见，钠元素在生命活动中起着重要的作用。

三、碱金属元素

1. 碱金属元素原子结构的比较

表2－1－1列出了碱金属元素的原子结构和单质的物理性质。

表2－1－1　碱金属元素的原子结构和单质的物理性质

元素符号	元素名称	核电荷数	电子层结构	颜色和状态	密度/(g/cm^3)	熔点/℃	沸点/℃
锂	Li	3	2 1	银白色，柔软	0.534	180.5	1 347
钠	Na	11	2 8 1	银白色，柔软	0.971	97.81	882.9
钾	K	19	2 8 8 1	银白色，柔软	0.862	63.65	774
铷	Rb	37	2 8 18 8 1	银白色，柔软	1.532	38.89	688
铯	Cs	55	2 8 18 18 8 1	银白色，略带金色光泽，柔软	1.879	28.40	678.4

从表2－1－1可以看出，碱金属元素原子的最外电子层的电子数是相同的，都是1个电子，次外层都是稀有气体的稳定结构。

碱金属元素的原子，按照锂、钠、钾、铷、铯的顺序，随着核电荷数的增加，电子层数递增。因此，碱金属的原子半径随着电子层数的增多而增大。

碱金属原子在化学反应中极易失去最外层的 1 个电子，形成正 1 价阳离子。

2. 碱金属物理性质的比较

碱金属除铯略带金色光泽外，其余都呈银白色。它们都是比较柔软、有延展性、密度较小的轻金属，导热导电的性能都很强。碱金属的熔点较低，铯在气温稍高时就呈液态，它们的熔点、沸点一般随着碱金属原子电子层数的增加而降低。见表 2-1-1。

碱金属元素在自然界里都以化合态存在，它们的金属由人工制得。

3. 碱金属元素化学性质的比较

碱金属元素的原子在化学反应中都极易失去最外电子层的 1 个电子，因此它们的化学性质都很活泼。

(1) 碱金属与非金属的反应

碱金属能与大多数非金属（如氧气、卤素、硫、磷等）起反应，表现出很强的金属性。都能与氧气起反应，并生成多种氧化物。在常温时，锂在空气中缓慢氧化生成氧化锂；钠在空气中很快被氧化生成氧化钠；钾在空气中迅速被氧化生成氧化钾；铷和铯在空气中能自燃。锂在空气中燃烧时只生成氧化锂，钠在空气或纯氧中燃烧生成过氧化钠，钾、铷、铯在空气中燃烧时生成比过氧化物更复杂的氧化物。

碱金属与氧气起反应的剧烈程度以及生成过氧化物或更复杂的氧化物的趋势，都按照从锂到铯的顺序逐渐增强。

碱金属燃烧时火焰呈现出不同的颜色。例如，锂燃烧时火焰呈紫红色，钠燃烧时火焰呈黄色，钾燃烧时火焰呈紫色（透过蓝色钴玻璃），铷燃烧时火焰呈紫色。多种金属或它们的化合物在灼烧时能使火焰呈现出特殊的颜色，这在化学上叫作焰色反应。碱金属及它们的化合物都能呈现焰色反应。此外，钙、锶、钡等金属及其化合物也能呈现焰色反应（钙为砖红色，锶为洋红色，钡为黄绿色，铜为绿色等）。焰色反应常用在分析化学上鉴别这些金属元素的存在，另外还可制造各色焰火。

[演示实验 2-1-6] 把装在玻璃棒上的铂丝（也可用光洁无锈的铁丝、钨丝）放在酒精灯火焰中灼烧，等到跟原来的火焰颜色相同的时候，用铂丝蘸取碳酸钠溶液，放在火焰上就可以看到火焰呈黄色。用稀盐酸洗净铂丝，在火焰上灼烧到没有颜色（每次焰色反应前都必须将铂丝洗净、灼烧），再分别蘸取碳酸钾溶液、氯化钾溶液做实验，透过蓝色的钴玻璃观察。

钠	钾	锂	铷	钙	锶	钡	铜
黄色	紫色	紫红色	紫色	砖红色	洋红色	黄绿色	绿色

(2) 碱金属与水的反应

碱金属在常温时都能与水起反应，生成氢氧化物和氢气。

锂与水反应时比较缓慢，不熔化；钠与水能起剧烈的反应；钾与水的反应比钠与水的反应更剧烈，常使生成的氢气燃烧，并发生轻微爆炸；铷和铯遇水剧烈反应，并发生爆炸。

[演示实验2-1-7] 在1只烧杯中加入一些冷水，用镊子从煤油里取出一块金属钾，放在干燥的玻璃片上，切取绿豆粒大小的一块钾，用滤纸吸干其表面的煤油，投入烧杯的水中，迅速用玻璃片盖好（防止轻微爆炸而飞溅出液体），观察反应的剧烈程度。反应完成后，向烧杯的溶液中加入几滴酚酞试液，观察溶液颜色的变化。

可以看到，烧杯的溶液中滴入酚酞试液后，溶液的颜色由无色变为红色。钾与水起反应的化学方程式如下：

$$2K + 2H_2O \xlongequal{} 2KOH + H_2\uparrow$$

碱金属的氢氧化物易溶于水，其水溶液都呈强碱性，都能使无色酚酞试液变红色，且从氢氧化锂到氢氧化铯碱性依次增强。

少量的碱金属常贮存在煤油中。因为锂的密度最小，常浮在煤油上，所以常将锂贮存在液体石蜡中。

碱金属原子的最外电子层电子数相同，决定了碱金属具有相似的化学性质。因此，锂、钠、钾、铷、铯、钫构成一个性质相似的金属元素族，即碱金属元素。碱金属元素原子半径的不同，是造成它们性质差异的原因。在碱金属元素中，按照从锂到铯的顺序，随着原子半径的增大，原子核对最外层电子的吸引力逐渐减弱，原子失去电子的能力逐渐增强，因此它们的化学活动性依次增强。

4. 几种碱金属的用途和钾肥

(1) 几种碱金属的用途

锂用于制取化学工业的催化剂、高强度的玻璃等，还用于制取多种合金。例如，锂与铝、铜等金属制成的低密度合金，能在高温下保持较高的强度；锂和锂合金是一种理想的高能燃料；锂电池是一种高能电池；在原子能工业中，锂是制造氢弹不可缺少的原料。

钾的化合物（如硫酸钾、氯化钾等）是重要的化学肥料。

铷和铯的原子在普通光照射下，很容易失去最外电子层的1个电子，利用这一特性，把铷或铯镀在银片上制造光电管，当受光照射时，光电管中的电路就接通。铷和铯还用于制造最准确的计时器——铷、铯原子钟。1967年正式规定以铯原子钟所确定的秒为新的国际时间单位。

(2) 钾肥

在初中化学里已经学过钾肥的初步知识，知道钾肥能使农作物生长健壮，茎秆粗硬，增强对病虫害和倒伏的抵抗能力，并能促进糖分和淀粉的生成。土壤里钾的含量并不少，但大部分以钾的矿物形式存在，这些矿物难溶于水，不能被农作物吸收利用，只有在长期风化（在土壤里受到空气、水分、酸的作用）过程中，才能转化为可溶性的钾的化合物，使钾在溶液中以离子形式存在，容易被农作物吸收。因此，土壤里的钾不能满足农作物生长的需要，人们往往要施用钾肥以补充钾元素。

施用的钾肥主要是各种钾盐，例如，硫酸钾、氯化钾、碳酸钾（草木灰中富含碳酸钾）等。这些钾盐都是易溶于水而容易被农作物吸收的速效化肥。

小知识

最轻的金属——锂

锂是瑞士化学家阿尔夫维特桑于1817年在一种稀有的岩石中发现的。锂是最轻的金属，仅是同体积铝重量的五分之一。锂是生产氢弹不可缺少的原料，又可作为核聚变的燃料和冷却剂。天然锂和氢化锂是原子反应堆的屏蔽材料。氢化锂还可作气球的充氢材料。锂也可用作反应堆保护系统的控制棒。锂和锂的化合物具有燃烧温度高、速度快、火焰宽、放热量大等特点，常作高能燃料，用于火箭、飞机或潜艇上。锂能与多种元素制成合金，如铝锂、铜锂、铅锂、银锂等，用于原子能、航空、航天焊接等工业。氧化锂对玻璃和陶瓷有很大的助熔和降低膨胀系数的作用，并能延长窑龄和降低燃料消耗。在磁性材料、荧光材料、压电材料、医药生产中锂也都有独特的用途，用锂制作的锂电池和锂离子电池是现代最有前途的高能高效电池。

任务拓展

将金属钠长时间暴露在空气中，最终生成什么产物？写出有关的化学方程式。

任务评价

表2－1－2　任务评价表

评价项目	评价要素
实验操作	试剂取用和滴加等符合实验操作规范
实验原理	实验现象记录完整、解释合理、反应方程式书写正确
任务检测	方法、结果正确
结束工作	实验台台面清洁，仪器洗涤干净并放置整齐，规定时间内完成任务
安全与环保	金属钠与水的反应采取了措施防止飞溅、将废液倒入指定的废液桶等

任务二 认识碱土金属及其重要化合物

任务描述

通过化学实验操作、观察实验现象、探究实验产物，认识并掌握金属镁、钙及其重要化合物的物理性质和化学性质。

任务目标

- 通过金属镁条与氧气、镁与水的反应情况，认识金属镁的物理性质和化学活泼性；
- 了解金属镁与水反应的现象和产物，通过氢氧化镁、氢氧化钙的生成和性质实验，知道它们的溶解性和碱性；
- 通过碳酸镁和碳酸钙的生成和性质实验，知道它们的溶解性特点；
- 通过实验知道硬水和软水的区别。

任务分析

镁是活泼的金属元素，但镁的主要用途是制造各种轻合金，如铝镁合金（含10% ~30%的镁）等，金属镁为什么能在空气和水中稳定存在呢？

任务实施

一、任务准备

1．仪器和药品

仪器：试管、镊子、砂纸、酒精灯。

试剂：镁条、稀盐酸（2 mol/L）、$CaCl_2$（0.5 mol/L）、$MgCl_2$（0.5 mol/L）、NaOH（2 mol/L）、Na_2CO_3（0.5 mol/L）、肥皂水、酚酞试液、蒸馏水、自来水、天然水。

2．安全和环保

（1）镁条燃烧时发出耀眼的白光，实验时注意保护眼睛；

（2）废液桶、废纸桶、干燥沙土。

二、任务过程

1．镁的性质

（1）金属镁在空气中燃烧及 MgO 的性质

①取一小段镁条，用砂纸擦去其表面的氧化膜，用镊子夹住放在酒精灯上灼烧。

实验现象：______________________________；

反应的化学方程式：______________________________。

②将金属镁燃烧后的产物收集于试管中，实验其在水中和在 2 mol/L HCl 溶液中的溶解性。

实验现象：______________________________；

反应的化学方程式：______________________________。

（2）金属镁与水的作用

取一小段镁条，用砂纸擦去其表面的氧化膜后放入试管中，加入少量冷水，加入一滴酚酞试液，观察反应情况。然后将试管加热，观察镁条在沸水中的反应情况和溶液颜色。写出有关反应的化学方程式。

实验现象：______________________________；

化学方程式：______________________________。

2．镁、钙氢氧化物的生成和性质

在两支试管中分别加入 1 mL 0.5 mol/L $CaCl_2$、$MgCl_2$ 溶液，然后各加入 1 mL 新制的 2 mol/L NaOH 溶液，观察现象。并根据两支试管中生成沉淀的量，比较两种氢氧化物溶解度的相对大小。弃去试管中的上层清液，检验沉淀分别与 2 mol/L HCl 溶液、2 mol/L NaOH 溶液的作用。

试管 1 现象和反应的化学方程式：______________________________；

试管 2 现象和反应的化学方程式：______________________________。

3．镁、钙碳酸盐的生成和性质

在两支试管中，分别加入 1 mL 0.5 mol/L $CaCl_2$、$MgCl_2$ 溶液，然后各加入 0.5 mol/L Na_2CO_3 溶液 1 mL，观察现象。取试管中的沉淀，分别加入稀盐酸，观察现象。写出有关反应的化学方程式。

试管 1 现象和反应的化学方程式：______________________________；

试管 2 现象和反应的化学方程式：______________________________。

4. 硬水和软水

在3支试管中，分别加入蒸馏水、自来水和天然水各5 mL，然后各滴入肥皂水数滴，振荡试管，观察发生的现象。

实验现象：____。

三、任务检测

1. 实验现象：实事求是，记录完整。
2. 反应的化学方程式书写是否正确。

相关知识

碱土金属

一、镁、钙及其化合物

元素周期表中第IIA族包括铍（Be）、镁（Mg）、钙（Ca）、锶（Sr）、钡（Ba）、镭（Ra）六种金属元素，前五种统称为碱土金属。这是由于钙、锶、钡的氧化物在性质上介于碱金属氧化物（呈碱性）和氧化铝（呈土性，以前把黏土的主要成分、既难溶于水又难熔融的Al_2O_3称为土）之间，所以，这几个元素有碱土金属之称，现习惯上把铍和镁也包括在内。镭是放射性元素。表2－2－1列出了碱土金属的一些重要性质。

表2－2－1　碱土金属的一些重要性质

元素名称	元素符号	原子序数	原子最外层电子数	原子半径/($\times 10^{-10}$ m)	主要化合价	单质			
						颜色	熔点/℃	沸点/℃	密度/(g/cm^3)
铍	Be	4	2	1.11	+2	钢灰色	1 283	2 970	1.85
镁	Mg	12	2	1.60	+2	银白色	645	1 090	1.74
钙	Ca	20	2	1.97	+2	银白色	850	1 484	1.55
锶	Sr	38	2	2.15	+2	银白色	770	1 384	2.54
钡	Ba	56	2	2.17	+2	银白色	704	1 640	3.5

由表2－2－1可以看出，碱土金属元素原子的最外层上都只有2个电子，因此在化学反应中较易失去这2个电子，变成+2价阳离子，但失电子的能力不及碱金属，故化学活泼性不如碱金属。

碱土金属随着原子序数的增加，原子的电子层数递增，原子半径逐渐增大，失去电子的能力逐渐增强，金属性逐渐增强。碱土金属在熔点、沸点、密度的变化上无明显的规律性，但较碱金属高。

钙、锶、钡的挥发性盐置于无色火焰中，同碱金属一样，呈现特征的火焰颜色，如钙燃烧时火焰呈砖红色，锶燃烧时呈洋红色，钡燃烧时呈黄绿色。

1. 镁和钙

(1) 镁和钙的物理性质

镁和钙都是银白色的轻金属，镁即使在粉末状态时，仍能保持金属光泽，钙比镁稍软。镁、钙的熔点、沸点、密度见表 2-2-1。

(2) 镁和钙的化学性质

镁和钙均为活泼金属，能与非金属、水、酸等起反应。

①与氧气的反应：常温下，镁和钙在空气里都能与氧气起反应。但镁是缓慢氧化，在表面生成一层十分致密的氧化膜，可以保护内部镁不再被氧化，因此镁无须密封保存；而钙是迅速氧化，在表面形成一层疏松的氧化钙，对内部的钙没有保护作用，因此钙必须密封保存。

镁在空气里点燃可以燃烧，放出大量的热，并发出耀眼的白光。可利用镁的这种性质来制造焰火、照明弹。

$$2Mg + O_2 \xlongequal{点燃} 2MgO$$

镁不仅可以与空气中的氧气起反应，而且能够夺取氧化物中的氧。例如，燃着的镁条放入二氧化碳气体中，镁条可以继续燃烧，生成氧化镁，析出游离态的碳。

$$2Mg + CO_2 \xlongequal{点燃} 2MgO + C$$

②与卤素、硫或氮气的反应：镁、钙在一定温度下能与卤素、硫等反应生成卤化物和硫化物，且钙比镁容易发生化合反应。

$$Mg + Br_2 \xlongequal{\triangle} MgBr_2$$

$$Ca + S \xlongequal{\triangle} CaS$$

镁、钙在空气中燃烧生成氧化物的同时，还会和空气中的氮气反应，生成少量的氮化镁和氮化钙。

$$3Mg + N_2 \xlongequal{高温} Mg_3N_2$$

$$3Ca + N_2 \xlongequal{高温} Ca_3N_2$$

③与水、稀酸的反应：镁在冷水中反应缓慢，但在沸水中有较显著的反应。

$$Mg + 2H_2O \xlongequal{沸水} Mg(OH)_2 + H_2\uparrow$$

钙在冷水中就能迅速反应：

$$Ca + 2H_2O = Ca(OH)_2 + H_2\uparrow$$

镁、钙都能与稀酸反应放出氢气，并生成相应的盐。

$$Mg + H_2SO_4 = MgSO_4 + H_2\uparrow$$

$$Ca + 2HCl = CaCl_2 + H_2\uparrow$$

（3）镁和钙的用途、存在和制法

镁的主要用途是制造各种轻合金。例如，铝镁合金（含10%～30%的镁）、电子合金（含90%的镁、微量的铝、铜、锰等）。这些合金质量轻，但硬度大、韧性强、耐腐蚀，适用于飞机和汽车的制造。镁还常用作冶炼稀有金属的还原剂，制造照明弹。镁也是叶绿素中不可缺少的元素。

钙在加热时，几乎能和所有的金属氧化物起反应，将其还原为单质，所以钙主要用于高纯度金属的冶炼。钙与铅的合金可作轴承材料。钙也是植物生长的营养素之一。

镁、钙在自然界中均以化合态存在。镁的主要矿物有菱镁矿（$MgCO_3$）、白云石（$CaCO_3 \cdot MgCO_3$）、光卤石（$KCl \cdot MgCl_2 \cdot 6H_2O$），海水中也含有氯化镁。钙的主要矿物是含碳酸钙的各种矿石，如石灰石、大理石、方解石等。此外，还有石膏（$CaSO_4 \cdot 2H_2O$）、萤石（CaF_2）、磷灰石[$Ca_5F(PO_4)_3$]等。

工业上电解熔融态氯化镁或氯化钙可分别制得金属镁或金属钙。

$$MgCl_2 \xlongequal[\text{熔融}]{\text{电解}} Mg + Cl_2\uparrow$$

$$CaCl_2 \xlongequal[\text{熔融}]{\text{电解}} Ca + Cl_2\uparrow$$

2. 镁和钙的化合物

（1）氧化物

氧化镁是很轻的白色粉末状固体，工业上俗称苦土。它不溶于水，熔点高达2 800 ℃，可作耐火材料，制造坩埚、耐火砖、高温炉的内壁等。工业上通常由煅烧菱镁矿而制得：

$$MgCO_3 \xlongequal{\text{煅烧}} MgO + CO_2\uparrow$$

氧化钙是白色块状或粉末状固体，俗名生石灰，是碱性氧化物，在高温下能和二氧化硅、五氧化二磷等化合。在冶金工业中利用这两个反应，可将矿石中的硅、磷等杂质转入矿渣而除去。实验室氧化钙可用于氨的干燥和醇的脱水等。氧化钙还可作耐火和建筑材料。

$$CaO + SiO_2 \xlongequal{\text{高温}} CaSiO_3$$

$$3CaO + P_2O_5 \xlongequal{\text{高温}} Ca_3(PO_4)_2$$

（2）氢氧化物

氢氧化镁是一种微溶于水的白色粉末状固体，是中等强度的碱。医药上将氢氧化镁配成乳剂，称镁乳，用作轻泻剂。氢氧化镁也是造纸工业中的填充材料及制造牙膏和牙粉的原料。

氢氧化钙俗称消石灰或熟石灰，是一种微溶于水的白色粉末状固体，其溶解度随温度的升高而减小，它的饱和水溶液称为石灰水，是一种最便宜的强碱。在空气中能吸收 CO_2 气体。

$$Ca(OH)_2 + CO_2 = CaCO_3 + H_2O$$

氢氧化钙是重要的建筑材料，此外在化学工业上用于制取漂白粉、硬水软化剂、纯碱、改良酸性土壤及建筑工业等。

(3) 盐类

钙、镁的盐类中比较重要的有氯化物和硫酸盐。

①六水合氯化镁（$MgCl_2 \cdot 6H_2O$）是无色晶体，味苦，易溶于水，也极易吸收空气中的水分而潮解。粗制食盐在空气中容易吸湿受潮，就是因为里面含有少量的氯化镁杂质。

六水合氯化镁加热至 527 ℃以上，分解为氧化镁和氯化氢气体。

$$MgCl_2 \cdot 6H_2O \xlongequal{527\ ℃} MgO + 2HCl\uparrow + 5H_2O$$

所以仅用加热的方法得不到无水氯化镁，要得到无水氯化镁，必须在干燥的氯化氢气流中加热 $MgCl_2 \cdot 6H_2O$ 使其脱水。

氯化镁可以从光卤石($KCl \cdot MgCl_2 \cdot 6H_2O$)里提取出来，亦可从海水晒盐的母液中制得不纯的 $MgCl_2 \cdot 6H_2O$，它是生产金属镁的主要原料。

②六水合氯化钙($CaCl_2 \cdot 6H_2O$)是白色晶体，高温时可将结晶水全部脱掉，变成无水氯化钙。

无水氯化钙的吸水性很强，实验室常用它做干燥剂，消除水分。但不能用它干燥酒精和氨。因为它能与乙醇和氨发生反应，分别形成 $CaCl_2 \cdot 4C_2H_5OH$ 和 $CaCl_2 \cdot 8NH_3$。

氯化钙可用作制冷剂，氯化钙与水按 1.44 ∶ 1 的比例混合，可获得 -55℃的低温，在建筑工程上可用作防冻剂。

③七水合硫酸镁($MgSO_4 \cdot 7H_2O$)是一种无色晶体，易溶于水，味苦，在医药上常用作泻药，故又称之为泻盐。$MgSO_4 \cdot 7H_2O$ 极易脱水，在 200 ℃时就可制得无水硫酸镁。它常用于造纸、纺织工业。

④天然的硫酸钙有硬石膏($CaSO_4$)和石膏($CaSO_4 \cdot 2H_2O$)两种。石膏为无色晶体，微溶于水。当加热到 150 ℃时失去 3/4 的水而转变为熟石膏[$(CaSO_4)_2 \cdot H_2O$]。

$$2CaSO_4 \cdot 2H_2O \xrightleftharpoons{150\ ℃} (CaSO_4)_2 \cdot H_2O + 3H_2O$$

此反应是可逆的。当用水将熟石膏拌成浆状物后，它又会转变为石膏并凝固为硬块。在硬化过程中，其体积略有增大，因此可用熟石膏制造模型、塑像、粉笔和医疗用的石膏绷带。水泥厂也要用石膏来调节水泥的凝结时间。

⑤碳酸钙（$CaCO_3$）是白色固体，不溶于水，但能溶于含 CO_2 的水中，生成可溶性的碳酸氢钙。

$$CaCO_3 + H_2O + CO_2 \xlongequal{} Ca(HCO_3)_2$$

碳酸钙与碳酸氢钙的相互转化正是溶洞（图 2－2－1）与钟乳石形成的原因。自然界中的大理石、石灰石、白垩等的主要成分都是 $CaCO_3$。

图 2－2－1　溶洞

二、硬水的软化

1. 硬水

水是日常生活和工农业生产中不可缺少的物质，水质的好坏对生产和生活影响很大。各种天然水由于长期和空气、土壤、矿物质接触，都不同程度地溶有无机盐、某些有机物和气体等杂质。天然水中溶解的无机盐主要有钙、镁的酸式碳酸盐、碳酸盐、硫酸盐、氯化物、硝酸盐等。也就是说，天然水里含有 Ca^{2+}、Mg^{2+} 等阳离子和 HCO_3^-、CO_3^{2-}、SO_4^{2-}、Cl^-、NO_3^- 等阴离子。不同地区的天然水里含有离子的种类、数量不尽相同。

有的天然水里含 Ca^{2+} 和 Mg^{2+} 比较多，在这种水里加入肥皂水，就会发生沉淀。

［演示实验 2－2－1］在两支试管中，分别加入蒸馏水和天然水各 5 mL，然后各滴入肥皂水数滴，振荡试管，观察发生的现象。

通过实验，可以看到盛有蒸馏水的试管里泡沫很多，没有沉淀生成；而在盛有天然水的试管里泡沫较少，并出现絮状沉淀。这是因为蒸馏水中几乎没有 Ca^{2+}、Mg^{2+}，不生成沉淀；而天然水里 Ca^{2+} 或 Mg^{2+} 含量较多，肥皂与 Ca^{2+} 或 Mg^{2+} 起反应后，生成了不溶于水的硬脂酸钙［$(C_{17}H_{35}COO)_2Ca$］和硬脂酸镁［$(C_{17}H_{35}COO)_2Mg$］。

工业上按水中含 Ca^{2+}、Mg^{2+} 的多少，将天然水分为硬水和软水。含有较多量 Ca^{2+} 和 Mg^{2+} 的水叫硬水；含有少量或不含 Ca^{2+}、Mg^{2+} 的水叫软水。含有钙或镁的酸式碳酸盐的硬水，将其煮沸，酸式碳酸盐就会分解为不溶性的碳酸盐：

$$Ca(HCO_3)_2 \xlongequal{\triangle} CaCO_3\downarrow + CO_2\uparrow + H_2O$$

$$Mg(HCO_3)_2 \xlongequal{\triangle} MgCO_3\downarrow + CO_2\uparrow + H_2O$$

碳酸镁虽然难溶于水，但还会有少量溶解于水中，如果继续加热煮沸时，就会发生水解，转化成更难溶的氢氧化镁，这样水里的 Ca^{2+}、Mg^{2+} 就成为碳酸钙和氢氧化镁的沉淀，从水中析出。

这种含有钙、镁的酸式碳酸盐，经煮沸就能将钙、镁离子除去的水叫暂时硬水。含有 Ca^{2+}、Mg^{2+} 的硫酸盐或氯化物，用煮沸的方法不能将钙、镁离子除去的水叫永久硬水。

水的硬度是水的一种质量指标。通常把1 L水里含有10 mg CaO（或相当于10 mg CaO）称为1度（以1°表示）。水的硬度在8°以下的称为软水，在8°以上的称为硬水，硬度大于30°的是最硬水。

2. 硬水的软化

水的硬度高对生活和生产都有危害。如果洗涤用水硬度太高，不仅浪费肥皂，而且衣物也不易清洗干净。长期饮用硬度过高或过低的水都不利于人体健康。蒸汽锅炉若长期使用硬水，锅炉内壁会结有坚实的锅垢，锅垢的导热效率低，这不仅使燃料消耗量增加，而且更严重的是由于锅垢与钢铁的膨胀程度不同，致使锅垢产生裂缝，水渗入裂缝后，接触到高温的钢铁，迅速气化，局部压力骤然增大，将使锅炉变形，甚至发生爆炸。如果化工生产中使用硬水，会将Ca^{2+}、Mg^{2+}等杂质带入产品，从而影响产品的质量。因此，对硬度较高的天然水在使用之前，必须进行处理。把钙、镁等可溶性盐从水中除去的过程叫作硬水的软化。

暂时硬水可用煮沸的方法使其软化。但天然水中往往既有暂时硬性成分，又有永久硬性成分，仅用煮沸的方法是达不到软化要求的。

硬水软化的常用方法有两种：石灰纯碱法和离子交换法。

（1）石灰纯碱法

石灰纯碱法就是根据水的硬度，加入适量的石灰乳和纯碱，使其中的钙、镁的可溶性盐发生如下反应：

$$Ca(HCO_3)_2 + Ca(OH)_2 = 2CaCO_3\downarrow + 2H_2O$$

$$Mg(HCO_3)_2 + 2Ca(OH)_2 = Mg(OH)_2\downarrow + 2CaCO_3\downarrow + 2H_2O$$

$$MgSO_4 + Ca(OH)_2 = Mg(OH)_2\downarrow + CaSO_4$$

$$MgCl_2 + Ca(OH)_2 = Mg(OH)_2\downarrow + CaCl_2$$

水中所含钙、镁可溶性盐转变成难溶性盐，并以沉淀形式析出而除去。反应生成的硫酸钙、氯化钙和原来硬水中的硫酸钙、氯化钙可与纯碱反应生成碳酸钙沉淀，从而达到软化的目的。

$$CaSO_4 + Na_2CO_3 = CaCO_3\downarrow + Na_2SO_4$$

$$CaCl_2 + Na_2CO_3 = CaCO_3\downarrow + 2NaCl$$

（2）离子交换法

离子交换法是借助离子交换剂来软化硬水的一种方法。离子交换剂包括天然或人造沸石、磺化煤和离子交换树脂等物质。

在工业上常用磺化煤(NaR)做离子交换剂。磺化煤是黑色颗粒状物质，不溶于酸和碱，其中的Na^+可被Ca^{2+}、Mg^{2+}等替换。当水通过磺化煤时，硬水中的Ca^{2+}、Mg^{2+}与磺化煤的Na^+发生交换反应：

$$2NaR + Ca^{2+} = CaR_2 + 2Na^+$$

$$2NaR + Mg^{2+} \xlongequal{\quad} MgR_2 + 2Na^+$$

通过这种离子交换反应，将水中的 Ca^{2+}、Mg^{2+} 留在磺化煤上，硬水便被软化了。

当磺化煤的 Na^+ 全都被 Ca^{2+} 和 Mg^{2+} 交换后，它就失去了软化能力。此时可用 8% ~ 10% 氯化钠溶液浸泡，氯化钠中的 Na^+ 又把磺化煤上的 Ca^{2+}、Mg^{2+} 交换出来，磺化煤的软化能力得到恢复，这个过程叫作再生。

近年来，又常用离子交换树脂做离子交换剂。离子交换树脂是一种带有可交换离子的高分子化合物。带有能交换阳离子的树脂叫作阳离子交换树脂，如 $R-SO_3H$，它带有可交换的 H^+；带有能交换阴离子的树脂叫作阴离子交换树脂，如 $R-N(CH_3)_3^+OH^-$，它带有可交换的 OH^-。

当水通过阳离子交换树脂时，树脂上的 H^+ 可与水中的阳离子 Ca^{2+}、Mg^{2+} 等进行交换：

$$2R-SO_3H + Ca^{2+} \xlongequal{\quad} (R-SO_3)_2Ca + 2H^+$$

此水再进入阴离子交换树脂时，树脂上的 OH^- 可与水中的阴离子 SO_4^{2-}、Cl^-、HCO_3^- 等进行交换：$R-N(CH_3)_3^+OH^- + Cl^- \xlongequal{\quad} R-N(CH_3)_3^+Cl^- + OH^-$。

同时使用阳、阴离子交换树脂处理硬水，就可以除去水中所有的离子，这样的水称为去离子水，纯度很高，可供制药工业及某些科研上应用。

离子交换树脂使用一段时间后，就会失去交换能力，这时可以分别使用酸、碱溶液处理，使树脂再生，反复使用。

任务拓展

查阅资料，说明钟乳石的形成过程。

任务评价

表 2-2-2 任务评价表

评价项目	评价要素
实验操作	试剂取用和滴加等符合实验操作规范
实验现象	观察仔细，记录完整
反应方程式	书写正确
任务检测	方法、结果正确
结束工作	实验台台面清洁，仪器洗涤干净并放置整齐，规定时间内完成任务
安全与环保	废液倒入指定的废液桶等

任务三 认识铝及其重要化合物

任务描述

通过化学实验操作、观察实验现象，认识铝及其重要化合物的性质。

任务目标

- 认识铝、氧化铝和氢氧化铝的两性；
- 了解明矾的净水功能和原理。

任务分析

在元素周期表中，铝位于金属和非金属分界线的左侧，既有金属性又有非金属性，是典型的两性元素，其氧化物 Al_2O_3 和氢氧化物 $Al(OH)_3$ 同样具有两性，表现出与氧化钠、氧化镁、氧化钙以及氢氧化钠、氢氧化镁、氢氧化钙不同的化学性质，需要我们在实验和学习过程中加以注意并充分考虑。

任务实施

一、任务准备

1. 仪器和药品

仪器：试管、烧杯。

试剂：铝片、HCl 溶液（2 mol/L）、H_2SO_4 溶液（2 mol/L）、NaOH 溶液（6 mol/L）、$Al_2(SO_4)_3$（0.5 mol/L）、$NH_3 \cdot H_2O$（6 mol/L）、$(NH_4)_2S$ 溶液（2 mol/L）、浓硫酸、浓硝酸、pH 试纸。

2. 安全和环保

废液桶、废纸桶、通风橱。

二、任务过程

1．铝和氢氧化铝的两性

（1）取5支试管进行编号，分别加入5 mL 2 mol/L 的HCl溶液、2 mol/L 的H_2SO_4溶液、6 mol/L 的NaOH溶液、浓硫酸和浓硝酸，向5支试管中各放入一小块铝片，观察现象。写出有关反应的化学方程式。

反应现象：______________________________；

反应的化学方程式：______________、______________。

（2）在2支试管中，各加入2 mL 0.5 mol/L $Al_2(SO_4)_3$溶液，并逐滴加入6 mol/L $NH_3 \cdot H_2O$，观察白色胶状沉淀产生。然后在一支试管中滴加2 mol/L 的HCl溶液，在另一支试管中滴加2 mol/L 的NaOH溶液，观察沉淀是否溶解。写出有关反应的化学方程式。

试管1现象：______________________________；

反应的化学方程式：______________________________；

试管2现象：______________________________；

反应的化学方程式：______________________________。

想一想

实验室只准备了6 mol/L 的NaOH溶液，怎样稀释成2 mol/L 的NaOH溶液？

2．铝与水的反应

取一小块铝片，用砂纸除去其表面的氧化膜后放入试管中，加少量水，微热，观察现象。写出有关反应的化学方程式。

反应现象：______________________________；

反应的化学方程式：______________________________。

*3．铝盐的水解

（1）用pH试纸测定0.5 mol/L $Al_2(SO_4)_3$溶液的酸碱性，并加以说明。

（2）在试管中加入1 mL 0.5 mol/L $Al_2(SO_4)_3$溶液，再逐滴加入2 mol/L $(NH_4)_2S$溶液，振荡，观察现象。

反应现象：______________________________；

反应的化学方程式：______________________________。

三、任务检测

1．实验现象：实事求是，记录完整。

2. 反应的化学方程式书写是否正确。

3. 在硫酸铝溶液中逐滴加入氢氧化钠溶液，观察现象，写出相关反应的化学方程式。

相关知识

铝及其重要化合物

铝是人类继铜、铁之后，第三种被广泛应用的金属。在100多年前，铝是一种稀有的贵重金属，被称为“银色金子”，比黄金还珍贵。铝位于元素周期表的第ⅢA族，在地壳中的含量居第三位，仅次于氧和硅。由于铝是活泼金属，所以在自然界以化合态存在。含铝的主要矿物有铝土矿（$Al_2O_3 \cdot nH_2O$）、长石、云母、高岭石（土）、明矾石等。

一、铝

1. 铝的物理性质

铝是一种银白色有金属光泽的轻金属，密度为2.7 g/cm^3，熔点为660.4 ℃，沸点为2 467 ℃。它具有良好的延展性和传热、导电性。它的导电性虽是铜的60%，但铝的资源比铜丰富，又比铜质量轻，所以常用铝代替铜制造电线和高压电缆等。

2. 铝的化学性质

铝虽然不如碱金属和碱土金属活泼，但它仍然属于比较活泼的金属。铝能与氧气、卤素、硫、酸、碱等物质起反应。

(1) 铝与氧气的反应

常温下，铝在空气中，表面会迅速生成一层致密的氧化膜，这层膜可以阻止内部的铝不被氧化以及和水作用，所以铝在空气和水中均很稳定。

铝粉或铝箔放在氧气中加热，会剧烈地燃烧，放出大量的热，同时发出耀眼的白光。

$$4Al + 3O_2 \xlongequal{\triangle} 2Al_2O_3$$

(2) 铝与氯气、硫的反应

铝可以在氯气中燃烧，生成氯化铝：$2Al + 3Cl_2 \xlongequal{点燃} 2AlCl_3$

在加热条件下，铝也能与硫反应生成硫化铝：$2Al + 3S \xlongequal{\triangle} Al_2S_3$

(3) 铝与酸、碱的反应

铝是典型的两性元素。

①铝能与稀盐酸或稀硫酸反应：$2Al + 6HCl \xlongequal{} 2AlCl_3 + 3H_2\uparrow$

练一练

写出铝和稀硫酸反应的化学方程式。

但是，冷的浓硫酸或浓硝酸能使铝的表面生成致密的氧化物保护膜，保护了内层铝不再被氧化。由于铝的这种钝化现象，所以铝制容器可以用来贮存和运输浓硫酸或浓硝酸，如图 2-3-1 所示。

图 2-3-1　铝制容器贮存和运输浓硫酸和浓硝酸

②铝也能与强碱溶液反应，生成偏铝酸盐和氢气。

$$2Al + 2NaOH + 2H_2O = 2NaAlO_2 + 3H_2\uparrow$$

（4）铝与某些氧化物的反应

在一定温度下，铝能夺取比它不活泼金属氧化物中的氧，生成氧化铝，同时把该金属置换出来。反应过程中释放出来的大量热使置换出来的金属熔化，应用此种化学反应的原理，铝可以作为还原剂来冶炼其他的金属，这种冶炼金属的方法称作铝热法。

由铝粉和四氧化三铁或氧化铁粉末按一定比例组成的混合物，称为铝热剂。用助燃剂（过氧化钡、氯酸钾等）和镁条引燃发生反应后，温度可达 3 000 ℃以上，使生成的铁熔化，如图 2-3-2 所示。

$$8Al + 3Fe_3O_4 \xlongequal{高温} 4Al_2O_3 + 9Fe$$

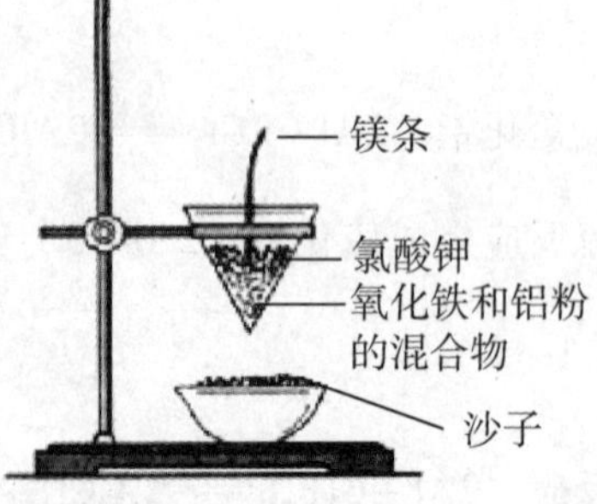

图 2-3-2　铝热反应的实验装置

工业上常用这一反应来焊接损坏了的铁轨及大截面的钢材部件。

不仅用铝粉和铁的氧化物可以做铝热剂，而且用铝粉和三氧化二铬、五氧化二钒、二氧化锰等金属氧化物混合也可以做铝热剂，工业上也常用铝热法冶炼高熔点的铬、钒、锰等金属。

$$Cr_2O_3 + 2Al \xlongequal{高温} 2Cr + Al_2O_3$$

3. 铝的用途和制法

铝除了可制作导线和电缆外，铝箔还可用来包装胶卷、糖果等，铝粉可用来冶炼高熔点的金属，或制造银色油漆、焰火等。铝最重要的用途是可以与许多种金属形成合金，如铝与镁、铜等金属形成的合金，化学稳定性好、硬度大、力学性能好，广泛用于汽车和飞机制造及宇航工业。

工业上，用纯净氧化铝为原料，采用电解的方法制铝。

$$2Al_2O_3 \xlongequal[1\ 000\ ℃]{电解} \underset{(阴极)}{4Al} + \underset{(阳极)}{3O_2\uparrow}$$

纯净氧化铝的熔点很高，且熔融态的导电能力差，因此电解时加入冰晶石（Na_3AlF_6）做助熔剂，可降低电解温度，同时增强熔融态物料的导电性，可以看作是把氧化铝溶解在熔融态的冰晶石中，然后再进行电解。

二、铝的重要化合物

1. 氧化铝(Al_2O_3)

Al_2O_3 是一种难溶于水的白色粉末状固体，是典型的两性氧化物。新制备的氧化铝既能与强酸起反应生成铝盐，又能与强碱起反应生成偏铝酸盐。

$$Al_2O_3 + 6HCl = 2AlCl_3 + 3H_2O$$

$$Al_2O_3 + 2NaOH = 2NaAlO_2 + H_2O$$

自然界存在的铝的氧化物主要是铝土矿，铝土矿又称矾土。以晶体状态存在的氧化铝称为刚玉，它的硬度仅次于金刚石，常因含有其他元素而呈现不同的颜色。例如，含微量氧化铬呈红色，称为红宝石；含微量钛、铁氧化物呈蓝色，称为蓝宝石。矾土经高温煅烧后可得人造刚玉。

经活化处理的 Al_2O_3 具有多孔性，即巨大的比表面积，吸附能力强，称为活性氧化铝，常用作实验室中的吸附剂或工业上催化剂的载体。

氧化铝是冶炼铝的原料，也是一种比较好的耐火材料，它可以用来制造耐火坩埚、耐火管和耐高温的实验仪器。刚玉常被用来做砂轮、研磨纸或研磨石等，也广泛用作精密仪器或钟表的轴承。

2. 氢氧化铝

氢氧化铝是不溶于水的白色胶状物质，能凝聚水中的悬浮物，又有吸附色素的性能，常用可溶性铝盐与氨水反应来制备氢氧化铝。

［演示实验 2－3－1］在盛有 4 mL 0.5 mol/L 硫酸铝溶液的试管里，逐滴加入 6 mol/L 的氨水，生成白色胶状氢氧化铝沉淀，继续滴加氨水，直到不再产生沉淀为止。

$$Al_2(SO_4)_3 + 6NH_3 \cdot H_2O \uparrow = 2Al(OH)_3 \downarrow + 3(NH_4)_2SO_4$$

$$Al^{3+} + 3NH_3 \cdot H_2O = Al(OH)_3 \downarrow + 3NH_4^+$$

氢氧化铝是典型的两性氢氧化物，它既能溶于强酸，也能溶于强碱，但不溶于氨水，所以用氨水和铝盐作用能使 Al^{3+} 沉淀完全。若用强碱代替氨水，则过量的碱又会使生成的 Al（$OH)_3$ 沉淀溶解。

［演示实验 2－3－2］将上述实验制备的氢氧化铝沉淀分装在 2 支试管中，向一支试管中滴加 2 mol/L 盐酸，向另一支试管中滴加 2 mol/L 氢氧化钠溶液。观察 2 支试管里发生的现象。

$$Al(OH)_3 + 3HCl = AlCl_3 + 3H_2O$$

$$Al(OH)_3 + NaOH = NaAlO_2 + 2H_2O$$

可以看出，氢氧化铝沉淀既能溶于盐酸，又能溶于氢氧化钠溶液，从而证明了氢氧化铝是两性氢氧化物。

氢氧化铝经煅烧可以得到纯净的氧化铝。氢氧化铝是胃药胃舒平等的主要成分，用于治疗胃溃疡和胃酸过多。

3. 铝盐

（1）氯化铝

常温下，氯化铝为无色晶体，工业品因含铁等杂质而呈黄色。氯化铝极易挥发，加热至180 ℃时升华，遇水强烈地水解。

从氯化铝的水溶液中只能制得六水氯化铝（$AlCl_3 \cdot 6H_2O$），这是因为六水氯化铝加热脱水时也会发生水解，结果得到氧化铝和氯化氢。所以无水氯化铝只能用干法制取，即在氯气流或氯化氢气流中熔融铝，才能制得无水氯化铝。

$$2Al + 3Cl_2 \overset{\triangle}{=} 2AlCl_3$$

氯化铝不仅易溶于水，而且溶于乙醇、乙醚等有机溶剂中而显示共价化合物的特征。无水氯化铝是有机合成和石油化工中常用的催化剂。氯化铝可水解，水解产物碱式氯化铝有很强的吸附能力，是良好的净水剂。

（2）硫酸铝

无水硫酸铝为白色粉末。常温下从水溶液中析出的无色针状晶体为$Al_2(SO_4)_3 \cdot 18H_2O$。

工业上用硫酸直接与经过适当处理的铝矾土反应，或用它中和纯氢氧化铝，都能制得硫酸铝。

$$Al_2O_3 + 3H_2SO_4 = Al_2(SO_4)_3 + 3H_2O$$

$$2Al(OH)_3 + 3H_2SO_4 = Al_2(SO_4)_3 + 6H_2O$$

在硫酸铝溶液中加入等物质的量的硫酸钾溶液，蒸发、结晶可以得到一种水合复盐，其组成是 $KAl(SO_4)_2 \cdot 12H_2O$，俗称明矾。明矾是无色晶体，易溶于水，它在水溶液中完全解离为它的组分离子。

$$KAl(SO_4)_2 \cdot 12H_2O = K^+ + Al^{3+} + 2SO_4^{2-} + 12H_2O$$

硫酸铝和明矾都能水解产生 $Al(OH)_3$ 胶体，其水溶液呈酸性。

$$Al^{3+} + 3H_2O \rightleftharpoons Al(OH)_3(胶体) + 3H^+$$

由于 $Al(OH)_3$ 有强烈的吸附性，可以吸附水里悬浮的杂质并形成沉淀，使水澄清，所以硫酸铝和明矾都可以作为净水剂。但是明矾净水只能用于除去水中的悬浮杂质，不能杀菌消毒，与氯气消毒原理不同。

想一想

向硫酸铝溶液中逐滴加入氢氧化钠溶液，观测到什么现象？解释现象，写出相关反应的化学方程式。

任务拓展

1. 比较向氢氧化钠溶液中逐滴加入硫酸铝溶液和向硫酸铝溶液中逐滴加入氢氧化钠溶液，两种实验方法的现象有何不同，说明原因。

2. 比较向稀盐酸中逐滴加入碳酸钠溶液和向碳酸钠溶液中逐滴加入稀盐酸，两种实验方法的现象有何不同，说明原因。

小知识

铝对人体的危害

近年来医学研究发现，铝对人体健康有很大的危害。人体如果摄入过量的铝元素，会影响人体对磷的吸收和能量代谢，降低生物酶的活性，因此能引起痴呆和多种疾病（胃疼、贫血、甲状腺功能降低、胃液分泌减少等）及神经细胞的死亡，还能损害心脏。当铝进入人体后，能形成牢固的、难以消化的配合物，使其毒性更大。用铝做的各种炊具虽然有许多优点，但长期使用，尤其烹调酸、碱性强的食品，铝表面的 Al_2O_3 和铝都能与酸或碱反应生成可溶性的铝盐或偏铝酸盐被人体吸收。食品在铝制器皿中放的时间过长，也会导致人食入过量铝。发酵粉中含有明矾，长期使用也会使人食入过量铝。这些都应引起我们的注意。

所以建议大家烹饪食物时使用我们传统的铁锅。

任务评价

表 2-3-1　任务评价表

评价项目	评价要素
实验操作	试剂取用和滴加等符合实验操作规范
实验现象	观察仔细，记录完整
反应方程式	书写正确
任务检测	方法、结果正确
结束工作	实验台台面清洁，仪器洗涤干净并放置整齐，规定时间内完成任务
安全与环保	废液倒入指定的废液桶等

单元小结

一、金属的物理通性

有金属光泽和延展性、导电、导热。但不同金属在密度、硬度和熔沸点等方面差别较大，这也是金属单质的特点。

二、金属单质（Na、Mg、Al）的化学性质

1. 和氯气反应

$$2Na + Cl_2 \xlongequal{点燃} 2NaCl$$（白烟）

$$Mg + Cl_2 \xlongequal{\triangle} MgCl_2$$

$$2Al + 3Cl_2 \xlongequal{\triangle} 2AlCl_3$$

2. 和氧气反应

Na 和 O_2 常温下易氧化生成氧化钠，点燃生成过氧化钠；Mg 和 Al 常温下生成致密氧化膜。

缓慢氧化：$4Na + O_2 \xlongequal{} 2Na_2O$（白色固体）

剧烈燃烧：$2Na + O_2 \xlongequal{点燃} Na_2O_2$（淡黄色固体）

3. 和水的反应

$$2Na+2H_2O\xlongequal{}2NaOH+H_2\uparrow$$

Na　　Mg　　Al →

金属活动性逐渐减弱

剧烈程度减弱↓

$$2Na+\underset{冷水}{2H_2O}\xlongequal{}2NaOH+H_2\uparrow$$

$$Mg+\underset{热水}{2H_2O}\xlongequal{\triangle}Mg(OH)_2+H_2\uparrow$$

$$2Al+\underset{沸水}{6H_2O}\xlongequal{\triangle}2Al(OH)_3+3H_2\uparrow$$

4. 和酸的反应

（1）Mg、Al 和稀盐酸、稀硫酸反应放出氢气。

（2）Al 在浓硫酸和浓硝酸中发生钝化。

5. 冶炼方法

$$2NaCl\xlongequal[熔融]{电解}2Na+Cl_2\uparrow$$

$$MgCl_2\xlongequal[熔融]{电解}Mg+Cl_2\uparrow$$

$$2Al_2O_3\xlongequal[1\ 000\ ℃]{电解}\underset{(阴极)}{4Al}+\underset{(阳极)}{3O_2\uparrow}$$

三、氧化钠和过氧化钠

名称	过氧化钠（Na_2O_2）	氧化钠（Na_2O）
氧的化合价	-1	-2
颜色和状态	淡黄色固体	白色固体
与 H_2O 反应	$2Na_2O_2+2H_2O\xlongequal{}4NaOH+O_2\uparrow$	$Na_2O+H_2O\xlongequal{}2NaOH$
与 CO_2 反应	$2Na_2O_2+2CO_2\xlongequal{}2Na_2CO_3+O_2$	$Na_2O+CO_2\xlongequal{}Na_2CO_3$
类别	过氧化物	碱性氧化物
漂白性	具有漂白性	无
用途	常作供氧剂，具有强氧化性	—

四、碳酸钠和碳酸氢钠

物质	Na_2CO_3	$NaHCO_3$
俗名	苏打、纯碱	小苏打
颜色、状态	白色粉末	细小的白色晶体
水溶性	易溶于水	能溶于水
	溶解度大小：$Na_2CO_3 > NaHCO_3$	
溶液与酚酞	变红	变红
	颜色深浅：$Na_2CO_3 > NaHCO_3$	
与盐酸反应	$Na_2CO_3 + 2HCl = 2NaCl + CO_2\uparrow + H_2O$	$NaHCO_3 + HCl = NaCl + H_2O + CO_2\uparrow$
	反应速率：$NaHCO_3 > Na_2CO_3$	
与氯化钙溶液反应	$Na_2CO_3 + CaCl_2 = CaCO_3\downarrow + 2NaCl$ $(CO_3^{2-} + Ca^{2+} = CaCO_3\downarrow)$	—
与澄清石灰水反应	$Na_2CO_3 + Ca(OH)_2 = CaCO_3\downarrow + 2NaOH$ $(CO_3^{2-} + Ca^{2+} = CaCO_3\downarrow)$	$2NaHCO_3 + Ca(OH)_2 = Na_2CO_3 + CaCO_3\downarrow + 2H_2O$ $(2HCO_3^- + 2OH^- + Ca^{2+} = CaCO_3\downarrow + 2H_2O + CO_3^{2-})$
与氢氧化钠溶液反应	—	$NaOH + NaHCO_3 = Na_2CO_3 + H_2O$ $(OH^- + HCO_3^- = CO_3^{2-} + H_2O)$
热稳定性	稳定	$2NaHCO_3 \stackrel{\triangle}{=} Na_2CO_3 + H_2O + CO_2\uparrow$
相互转化	$Na_2CO_3 \longrightarrow NaHCO_3$：$Na_2CO_3 + CO_2 + H_2O = 2NaHCO_3$ $NaHCO_3 \longrightarrow Na_2CO_3$：$2NaHCO_3 \stackrel{\triangle}{=} Na_2CO_3 + H_2O + CO_2\uparrow$ $NaOH + NaHCO_3 = Na_2CO_3 + H_2O(OH^- + HCO_3^- = CO_3^{2-} + H_2O)$	

五、氧化铝和氢氧化铝

物质	氧化铝	氢氧化铝
化学式	Al_2O_3	$Al(OH)_3$
俗名	刚玉	—
物理性质	白色粉末，不溶于水，熔点高，自然界中为无色晶体	白色固体，不溶于水
化学性质　与酸反应	$Al_2O_3 + 6HCl = 2AlCl_3 + 3H_2O$ $(Al_2O_3 + 6H^+ = 2Al^{3+} + 3H_2O)$	$Al(OH)_3 + 3HCl = AlCl_3 + 3H_2O$ $[Al(OH)_3 + 3H^+ = Al^{3+} + 3H_2O]$
化学性质　与碱反应	$Al_2O_3 + 2NaOH = 2NaAlO_2 + H_2O$ $(Al_2O_3 + 2OH^- = 2AlO_2^- + H_2O)$	$Al(OH)_3 + NaOH = NaAlO_2 + 2H_2O$ $Al(OH)_3 + OH^- = AlO_2^- + 2H_2O$
相互转化	—	$2Al(OH)_3 \stackrel{\triangle}{=} Al_2O_3 + 3H_2O$

综合测试

一、填空题

1. 碱金属包括＿＿＿＿＿＿＿＿六种元素；碱金属元素原子核外最外层只有＿＿＿＿个电子，容易＿＿＿＿电子，化合物中钠的主要化合价为＿＿＿＿。

2. 工业上有“三酸两碱”之说，其中个两碱指的是＿＿＿＿和＿＿＿＿。

3. 写出各种碱土金属的氢氧化物的分子式：＿＿＿＿、＿＿＿＿、＿＿＿＿、＿＿＿＿、＿＿＿＿。它们的碱性强弱顺序为＿＿＿＿＿＿＿＿＿＿＿＿＿＿＿＿。

4. 把燃烧着的镁条放入二氧化碳气体中，镁条会＿＿＿＿，在这个反应中，镁做＿＿＿＿剂（填“氧化”或“还原”）。

5. 钠是＿＿＿＿色金属，过氧化钠为＿＿＿＿色固体；钠的焰色反应为＿＿＿＿色；钾的焰色反应为＿＿＿＿色。

6. 镁、铝是活泼金属，但在空气中很稳定，原因是＿＿＿＿＿＿＿＿＿＿＿＿＿＿＿＿＿＿＿＿＿＿＿＿＿＿＿＿＿＿＿＿＿＿。

二、选择题

1. 在金属钾与水反应后的溶液中滴加酚酞试剂，则溶液呈（　　）。

A. 红色　　B. 蓝色　　C. 紫色　　D. 无色

2. 将4.6 g金属钠投入95.6 g水中，形成溶液的百分比浓度为（　　）。

A. 4.60%　　B. 4.59%　　C. 8.00%　　D. 7.98%

3. 下列碱的碱性最强的是（　　）。

A. $Be(OH)_2$　　B. $Mg(OH)_2$　　C. $Ca(OH)_2$　　D. $Ba(OH)_2$

4. 有一种金属在燃烧时放出耀眼的白光，可用来制取烟火、照明弹，这种金属是（　　）。

A. 钠　　B. 钾　　C. 镁　　D. 钙

5. 常温下，铝在下列溶液中不溶解的是（　　）。

A. NaOH　　B. 稀 HNO_3　　C. HCl　　D. 浓 H_2SO_4

6. 把镁铝合金溶于稀盐酸，再加入过量的浓氢氧化钠溶液，最后的结果是（　　）。

A. 合金不发生任何变化

B. 得到氯化镁、氯化铝溶液

C. 得到氢氧化镁、氢氧化铝沉淀

D. 得到氢氧化镁沉淀，合金中的铝形成偏铝酸钠存在于溶液中

7. 能直接为高空或潜水人员提供氧气的物质是（　　）。

A. Na_2O　　B. Na_2O_2　　C. $KClO_3$　　D. H_2O

8. 将一小块光亮的金属钠长期置于空气中，最后变为（　　）。

A. Na_2O　　B. Na_2O_2　　C. NaOH　　D. Na_2CO_3

9. 下列关于金属钠和水反应的说法错误的是（　　）。

A. 钠浮在水面上，因为钠的密度比水小

B. 钠熔化成小球是因为钠与水反应放热，使钠熔化，钠的熔点较低

C. 反应听到“嘶嘶”的响声，是因为反应生成 H_2

D. 向溶液中加入酚酞变红色，是因为反应中生成了碱性物质 NaOH

10. 下列气体中，可以用固体氢氧化钠进行干燥的是（　　）。

A. HCl　　B. CO_2　　C. Cl_2　　D. H_2

三、完成下列箭头所示的化学方程式

1. $Mg(HCO_3)_2 \xrightarrow{①} MgCO_3 \xrightarrow{②} MgO \xrightarrow{③} MgCl_2 \xrightarrow{④} Mg \xrightarrow{⑤} Mg(OH)_2$

2. $CaCO_3 \underset{②}{\overset{①}{\rightleftharpoons}} CaO \xrightarrow{③} CaCl_2 \xrightarrow{④} Ca \xrightarrow{⑤} Ca(OH)_2 \xrightarrow{⑥} Ca(NO_3)_2$

3. $Al_2O_3 \underset{②}{\overset{①}{\rightleftharpoons}} Al \xrightarrow{③} AlCl_3 \underset{⑤}{\overset{④}{\rightleftharpoons}} Al(OH)_3 \xrightarrow{⑥} NaAlO_2$

四、计算题

1. 把2.74 g碳酸钠和碳酸氢钠的混合物加热到质量不再变化时，剩余物质的质量为2.12 g，计算混合物中碳酸钠和碳酸氢钠的质量分数。

2. 煅烧10 t含 $CaCO_3$ 90%的石灰石，能制得多少立方米的二氧化碳气体（标况）?

3. 某种含51% Al_2O_3 的铝矾土，如果用50 000 kg这种铝矾土做原料，可炼得纯铝多少千克?

五、说明题

向一空的易拉罐中充入 CO_2 气体，充满后立即用胶布密封罐口；向罐内注入足量的 NaOH 溶液，一段时间后，易拉罐的罐壁内凹变瘪。再过一段时间后，罐壁又重新鼓起，如图2－3－3所示。说明原因。

图2－3－3　易拉罐形状变化

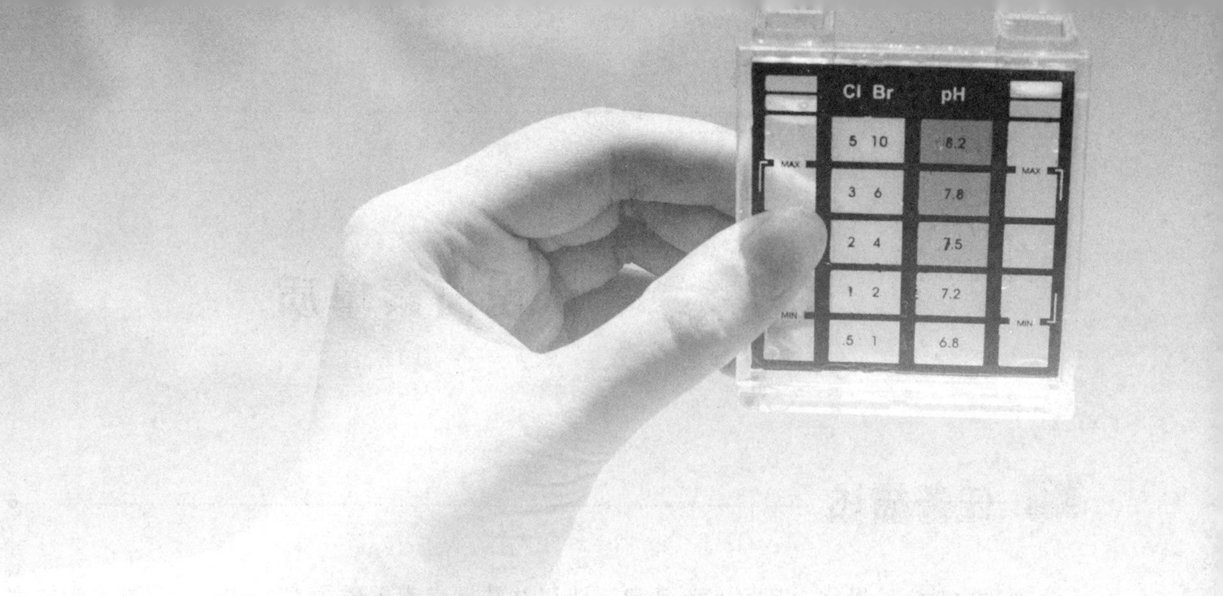

第三单元 卤族元素

单元概述

卤族元素包括氟（F）、氯（Cl）、溴（Br）、碘（I）、砹（At）五种元素，位于元素周期表中ⅦA族，统称卤素。卤族元素的单质都是双原子分子，物理性质的变化具有规律性，随着相对分子质量的增大，颜色变深，熔点、沸点和密度依次增大。卤素单质都有氧化性，氟单质的氧化性最强，但是氯单质的应用最重要，最普遍；氢卤酸具有酸的通性，其中盐酸用途最广泛；卤离子都具有一定的还原性，I^-的还原性最强；卤素的含氧酸及其盐也具有一定的氧化性。本单元的学习方式是在完成各项任务的过程中，认识卤族元素及其化合物的重要性质。

单元目标

- 掌握卤素单质的物理性质及其变化规律；
- 掌握卤素单质及其化合物的化学性质，并能通过化学实验认识卤素单质及卤离子氧化还原能力的强弱；
- 掌握卤素单质及其化合物的鉴定方法，并能在实验室进行相关操作；
- 能通过实验认识卤素含氧酸（主要是次氯酸和氯酸）及其盐的氧化性特点；
- 了解卤族元素在自然界的存在状态及其在生活、生产中的应用；
- 能利用原子核外电子的排布解释同族元素性质的变化规律。

任务一 认识卤素单质

任务描述

通过化学实验操作、观察实验现象，认识并掌握卤素单质中 Cl_2、Br_2、I_2 的主要物理性质和化学性质。

任务目标

- 通过化学实验了解卤素单质中 Cl_2、Br_2、I_2 的颜色、状态、溶解性等物理性质；
- 通过化学实验知道卤素单质中 Cl_2、Br_2、I_2 的氧化性及其强弱变化规律；
- 能用化学语言和化学方程式准确描述和解释相关实验现象；
- 通过卤族元素性质的比较，初步形成元素族的概念。

任务分析

首先，卤素是元素周期表中的第七主族元素，是非金属性最强的主族元素，所以卤素的化学性质非常活泼。其次，氯元素以氯化钠的形式大量存在于海水和岩盐中，工业上电解 NaCl 溶液制备烧碱或电解熔融的氯化钠制备金属钠，都可以得到氯气，所以氯气是一种价格低廉、容易得到的化工产品。氯气在化工生产中应用广泛，是无机化工和有机化工中常用的原料。Br_2 和 I_2 不如 Cl_2 化学性质活泼，溴和碘元素在自然界中含量也不及氯多，所以其用途不像氯那样广泛。但在精细化工产品中也多有应用。

任务实施

一、任务准备

1．仪器和药品

仪器：试管、烧杯、酒精灯、玻璃棒。

试剂：氯水、溴水、CCl_4、碘、KI(0.1 mol/L)、KBr(0.1 mol/L)、淀粉溶液、镁粉、锌粉。

2．安全和环保

废液桶、废纸桶、通风橱。

二、任务过程

1．氯、溴、碘单质的溶解性

（1）在试管中加入新配制氯水 1 mL，观察、记录颜色；再加入 0.5 mL（大约 10 滴）CCl_4，边加边振荡，观察 CCl_4 层和水层的颜色。

CCl_4 层：________________；水层：________________；

（2）在小试管中加入 0.5 mL 溴水，再加入 0.5 mL CCl_4，边加边振荡，观察 CCl_4 层和水层的颜色。

CCl_4 层：________________；水层：________________；

（3）放一小片碘于试管中，加入少量水并振荡试管，观察水层的颜色有无明显变化。再加入少量 0.1 mol/L 的 KI 溶液，观察溶液颜色变化，解释现象。

水层：________________；加入 KI 溶液后：________________；

根据上述实验现象作出卤素单质溶解性的解释。

2．碘的升华、碘与淀粉的作用

（1）取少量碘于干燥试管中，用水浴稍加热，观察碘升华所得碘蒸气的颜色。

（2）取几滴碘水（可用碘升华实验中的碘加水制得），用水冲稀至约 2 mL，加入一滴淀粉溶液，观察颜色的变化。

颜色变为________色。

3．卤素单质的氧化性

（1）在试管中加入 0.5 mL 0.1 mol/L 的 KBr 溶液和 1 mL CCl_4，然后滴加氯水，边加边振荡。观察 CCl_4 层中的颜色。

实验现象：________________________________；

反应的化学方程式：________________________________。

（2）在试管中加入 0.5 mL 0.1 mol/L 的 KI 溶液和 1 mL CCl_4，然后滴加氯水，边加边振荡。观察 CCl_4 层中的颜色。

实验现象：________________________________；

反应的化学方程式：________________________________。

（3）在试管中加入 0.5 mL 0.1 mol/L 的 KI 溶液，再加入 1 滴淀粉溶液，最后滴加溴水，观察现象。

实验现象：________________________________；

反应的化学方程式：________________________________。

三、任务检测

1. 实验现象：实事求是，记录完整。

2. 反应的化学方程式书写正确。

3. 卤素单质的溶解性特点：____。

4. 在 KBr、KI 的混合液中，加入数滴 CCl_4，然后滴加氯水进行实验。根据实验结果，说明氯、溴和碘的氧化性相对强弱的变化规律：________；写出有关反应的化学方程式：____。

相关知识

卤素的性质

氟（F）、氯（Cl）、溴（Br）、碘（I）、砹（At）五种元素，总称为卤素，希腊原文为成盐元素的意思，因为这些元素是典型的非金属元素，它们都能与典型的金属化合生成典型的盐而得名。At 是放射性元素，拉丁文的意思是不稳定，在自然界含量极少。

卤素原子的最外层都有 7 个电子，具有很强的得电子的倾向，得电子后形成具有稳定结构的 X^-，表现出强氧化性。从 F 原子到 I 原子，电子层数从 2 增加到 5，原子半径逐渐增大，原子核对最外层电子的吸引力逐渐减弱，得电子能力依次减弱，即氧化性依次减弱。

一、卤素单质的物理性质

卤素单质都是以双原子分子存在的，用 X_2 表示。

F_2 是淡黄色气体，Cl_2 是黄绿色气体，Br_2 是红棕色液体，I_2 是紫黑色带金属光泽的固体。

卤素单质的熔点、沸点较低，见表 3－1－1。氯气易液化，常压下冷却到 -34.6 ℃或加压到 6×10^5 Pa 时，变成黄绿色油状液体，称为“液氯”，市售品均以液氯储于钢瓶中，按国家安全标准规定，钢瓶涂为草绿色；液溴很容易挥发，应密闭保存，通常在存放溴的试剂瓶中加水，以减少 Br_2 的挥发，叫作“水封”；I_2 在常压下加热，不经熔化可直接变为紫色蒸气，这种现象叫升华，利用此性质可以提纯 I_2。

卤素在水中的溶解度不大（F_2 与 H_2O 剧烈反应除外）。Cl_2、Br_2、I_2 溶于水后分别形成黄绿色的氯水、橙色的溴水和棕黄色的碘水。卤素单质在有机溶剂中的溶解度比在水中的溶解度要大得多。Br_2 可溶于乙醚、氯仿（$CHCl_3$）、乙醇、四氯化碳（CCl_4）等有机溶剂中。卤素单质溶液的颜色随溶剂不同而有差异，Br_2 在 CCl_4 中为黄～棕红色，I_2 为紫红色。I_2

易溶于 KI 水溶液：

$$I_2 + I^- = I_3^-$$

［演示实验 3－1－1］向试管中加入少量单质碘，然后加入适量蒸馏水，只有少量碘溶解，形成黄色的碘水。滴加 KI 水溶液，碘溶解，得到深棕色溶液。

所有卤素单质均有刺激性气味，强烈刺激眼、鼻、气管等黏膜，吸入少量会引起胸部疼痛和强烈咳嗽；吸入较多会发生严重中毒，甚至造成死亡。例如，一般操作场所空气中含氯量不得超过 10^{-6} g/L。实验室里，闻氯气气味的时候，必须十分小心，应该用手轻轻地在瓶口扇动，仅使极少量的氯气飘进鼻孔（图 3－1－1）。当闻其他气体的气味时，也应采取这种方法。

图 3－1－1　闻气体的方法

表 3－1－1　卤素单质的物理性质

单质	状态 25 ℃，101.3 kPa	颜色	熔点/℃	沸点/℃	在水中的溶解度 (20 ℃, mol · L^{-1})	密度
F_2	气体	淡黄色	－219.6	－188	与水反应	1.69 g · L^{-1}
Cl_2	气体	黄绿色	－100.9	－34.1	0.09	3.21 g · L^{-1}
Br_2	液体	红棕色	－7.3	58.8	0.21	3.12 g · cm^{-3}
I_2	固体	紫黑色	113.5	184.4	0.001 3	4.93 g · cm^{-3}

二、卤素单质的化学性质

卤素均为活泼的非金属元素，氧化性较强，能与金属、非金属、水、碱发生反应。卤素的氧化性越强，所发生的反应就越剧烈。卤素中以 Cl_2 及其化合物最重要，应用最广泛。

1．和金属反应

氯气容易与金属直接化合，当加热时，很多金属能在 Cl_2 中燃烧，生成高价金属的氯化物。

［演示实验 3－1－2］把一束细铜丝灼热后，立刻放入盛有氯气的集气瓶里（图 3－1－2），观察发生的现象。把少量的水注入集气瓶里，用毛玻璃片把瓶口盖住，振荡。观察溶液的颜色。

可以看到红热的铜丝在氯气中燃烧起来，集气瓶里充满棕黄色的烟，这是氯化铜晶体颗粒。

$$Cu + Cl_2 \xlongequal{点燃} CuCl_2$$

氯化铜溶解在水里成为绿色的氯化铜溶液。溶液浓度不同时，颜色略有不同。

图 3－1－2　铜丝在氯气中燃烧

钠在氯气里剧烈燃烧，产生黄色火焰，生成的白烟是细小的氯化钠晶体颗粒。

$$2Na + Cl_2 \xlongequal{点燃} 2NaCl$$

铁丝在氯气中燃烧，得到棕色的氯化铁。

$$2Fe + 3Cl_2 \xlongequal{点燃} 2FeCl_3$$

溴和碘也可与多数金属化合，但是反应不如 Cl_2 剧烈，常需要加热和使用催化剂。

$$2Fe + 3Br_2 \xlongequal{\triangle} 2FeBr_3$$

$$Fe + I_2 \xlongequal{\triangle} FeI_2$$

$$Mg + I_2 \xlongequal{\triangle} MgI_2$$

可见，Br_2 和 Fe 的反应与 Cl_2 相似，可生成氧化数为 +3 的 $FeBr_3$；I_2 的氧化能力较弱，只能将铁氧化为氧化数为 +2 的亚铁盐 FeI_2。

水对于 I_2 与 Mg、Al、Zn 等的反应有催化作用。例如，取少量碘研细后与镁粉或锌粉混合均匀，加入两滴水后发生剧烈反应，其间由于放热，会使部分碘单质升华，产生紫色蒸气。

$$Mg + I_2 \xlongequal{H_2O} MgI_2$$

2．和氢气反应

常温下，Cl_2 与 H_2 的化合很慢；在强光直接照射时 Cl_2 与 H_2 迅速化合，发生爆炸，生成稳定的 HCl 气体，如图 3－1－3；在点燃的情况下，氯气可以在氢气中稳定的燃烧生成氯化氢气体，如图 3－1－4。

$$H_2 + Cl_2 \xlongequal{\text{光照或点燃}} 2HCl$$

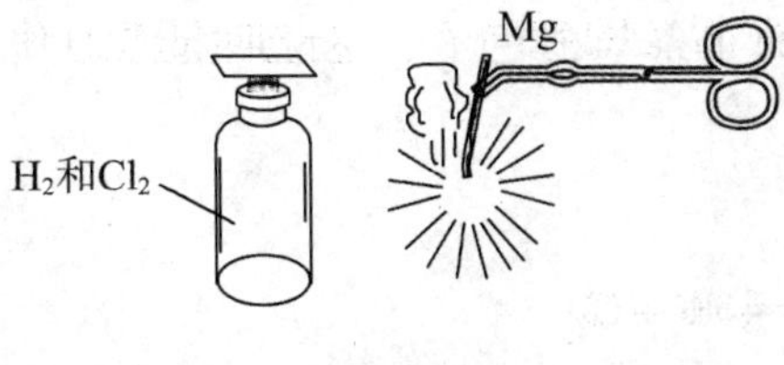

△ 图 3－1－3　氯气与氢气在光照下化合

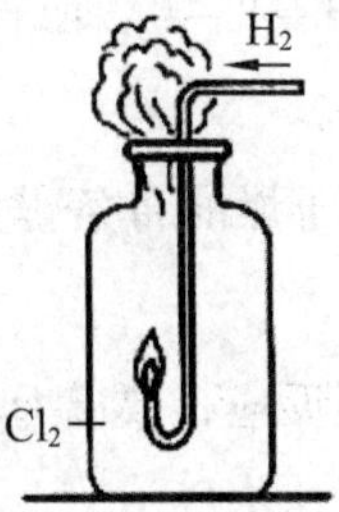

△ 图 3－1－4　氯气与氢气燃烧时化合

F_2 与 H_2 在低温、暗处即能剧烈反应，发生爆炸，生成稳定的 HF；Br_2 与 H_2 在高温下缓慢化合，生成的 HBr 不太稳定；I_2 与 H_2 在持续强热下缓慢反应，因 HI 高温时可分解，所以反应是可逆的。

$$Br_2 + H_2 \xlongequal{\triangle} 2HBr$$

$$I_2 + H_2 \overset{\text{强热}}{\rightleftharpoons} 2HI$$

3. 和非金属反应

氯气能和大多数非金属单质直接化合，溴和碘要在较高温度下才能与某些金属和非金属单质化合。

［演示实验 3－1－3］将盛有少量红磷的燃烧匙加热后，迅速插入盛有 Cl_2 的集气瓶中，观察红磷在氯气中燃烧的现象。

红磷与氯气剧烈反应，产生白色烟雾，白色烟雾是三氯化磷和五氯化磷的混合物。

$$2P + 3Cl_2 \xlongequal{\text{点燃}} 2PCl_3$$

$$PCl_3 + Cl_2 \xlongequal{\triangle} PCl_5$$

PCl_3 是无色液体，是重要的化工原料，可用来制备许多磷的化合物。

I_2 与 P 反应只能生成三碘化磷（PI_3）。

4. 和水反应

Cl_2 溶解于水得到氯水。通常状况下，1 体积水能溶解约 2 体积氯气，形成黄绿色液体，溶解于水中的氯气能够部分与水反应生成盐酸和次氯酸。该反应是一个可逆反应。

$$Cl_2 + H_2O \rightleftharpoons HCl + HClO$$

新制的氯水中只有约 30% 的氯气与水反应，其余以氯气分子形式存在于溶液中，故氯水呈淡黄绿色。新制的氯水中主要含有 Cl_2、HClO、H_2O、H^+、Cl^-、ClO^-（HClO 为弱酸，部分解离出少量 H^+、ClO^-），以及水解离出来的少量 OH^- 等。

HClO 是强氧化剂，具有漂白和杀菌能力，所以，自来水常用 Cl_2 消毒，1 L 水中通入约 0.002 g Cl_2。

［演示实验 3－1－4］取干燥和湿润的有色布条各一条，放入图 3－1－5 中装置的集气瓶内，观察现象。

可以看到，干燥的布条没有褪色，而湿润的布条却褪色了。这说明起漂白作用的是 HClO。

F_2 与水剧烈反应，放出 O_2。

$$2F_2 + 2H_2O = 4HF + O_2$$

光照下，Cl_2 与水反应缓慢放出 O_2。

$$2Cl_2 + 2H_2O \xlongequal{\text{光照}} 4HCl + O_2$$

Br_2 与水的反应与 Cl_2 相似，但是比 Cl_2 更弱。I_2 不能将水氧化放出 O_2。

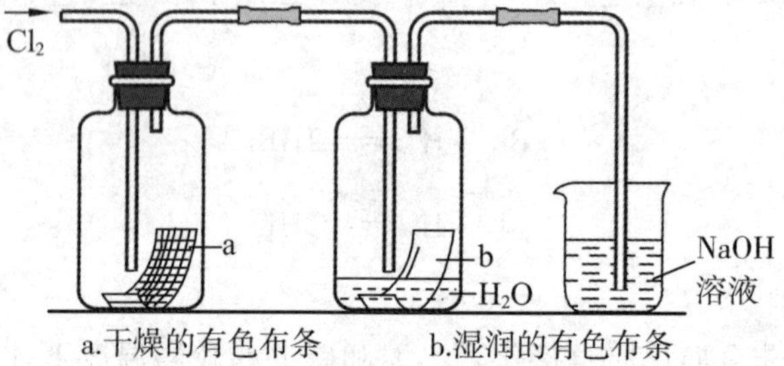

图 3－1－5　次氯酸使有色布条褪色

想一想

如果用自来水配制 $AgNO_3$ 溶液，会产生什么现象？

5. 和碱反应

常温下，Cl_2 和碱反应生成次氯酸盐和金属氯化物。

$$Cl_2 + 2NaOH = NaCl + NaClO + H_2O$$

因此，可用 NaOH 溶液吸收 Cl_2，如图 3－1－5 所示。

工业上利用石灰乳吸收 Cl_2 制取漂白粉。

$$2Cl_2 + 2Ca(OH)_2 = CaCl_2 + \underset{\text{次氯酸钙}}{Ca(ClO)_2} + 2H_2O$$

加热时，Cl_2 和碱反应生成氯酸盐和金属氯化物。

$$3Cl_2 + 6NaOH \xlongequal{\triangle} 5NaCl + NaClO_3 + 3H_2O$$

此外，I_2 遇淀粉溶液变蓝色，这是 I_2 单质的特征反应。常利用此特征反应来鉴定 I_2 的存在。

小知识

烟、雾、气的区别

烟是大量细小固体颗粒分散在气体中形成的混合物。例如，铜在氯气中燃烧产生棕黄色的烟；金属钠在氯气中燃烧产生白烟。

雾是大量细小液滴分散在气体中形成的混合物。例如，打开盛浓盐酸的试剂瓶的瓶盖，会看到瓶口出现大量的白雾，这是浓盐酸挥发出来的氯化氢吸收空气中的水所形成的大量盐酸液滴分散在空气中形成的混合物。

烟雾是大量细小固体颗粒与大量细小液滴同时分散在气体中形成的混合物。例如，磷在氯气中燃烧往往得到的是 PCl_3（液态）和 PCl_5（固态）的混合物，观察到的现象是产生白色烟雾。

气是气态物质，无色气体是看不见的，有颜色的气体是可以观察到的。

三、卤素的存在、制备和用途

卤素在自然界中以化合态形式存在，主要是氧化数为 −1 的卤化物。

氟主要以萤石（CaF_2）、冰晶石（Na_3AlF_6）和氟磷灰石[$Ca_5F(PO_4)_3$]等矿物形式存在。氯主要以碱金属和碱土金属的氯化物形式存在于海水及内陆盐湖和岩盐中。溴主要以 NaBr、KBr 和 $MgBr_2$ 的形式存在于海水中。碘部分来自硝石（碘酸钠，$NaIO_3$），某些海洋植物有选择吸收碘的能力，海藻是碘的重要来源。

1. 氯气的制备和用途

（1）实验室常用浓盐酸和二氧化锰（或高锰酸钾）反应制取氯气。图 3－1－6 为实验室制取并净化 Cl_2 的装置。

$$MnO_2 + 4HCl（浓）\xlongequal{\triangle} MnCl_2 + Cl_2\uparrow + 2H_2O$$

$$2KMnO_4 + 16HCl（浓）\xlongequal{} 2MnCl_2 + 2KCl + 5Cl_2\uparrow + 8H_2O$$

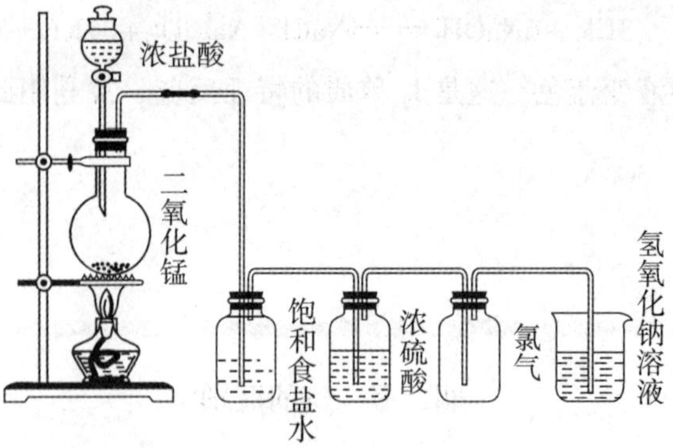

图 3－1－6　实验室制取并净化氯气

Cl_2 在饱和食盐水中溶解度较小，可用饱和食盐水除去氯气中的氯化氢气体；利用浓硫酸除去氯气中的水蒸气，从而达到净化 Cl_2 的目的。

（2）工业上用电解饱和食盐水的方法制备 Cl_2 和烧碱，被称为氯碱工业。

$$2NaCl+2H_2O \xlongequal{电解} 2NaOH+H_2\uparrow+Cl_2\uparrow$$

离子膜装置是采用离子交换膜法电解食盐水而制备 Cl_2 和 NaOH（图 3－1－7）。其主要原理是因为使用的阳离子交换膜，该膜有特殊的选择透过性，只允许阳离子通过而阻止阴离子和气体通过，即只允许 H^+、Na^+ 通过，而 Cl^-、OH^- 和两极产物 H_2 和 Cl_2 无法通过，因而起到了防止阳极产物 Cl_2 和阴极产物 H_2 相混合而可能导致爆炸的危险，还起到了避免 Cl_2 和阴极另一产物 NaOH 反应而生成 NaClO 影响烧碱纯度的作用。

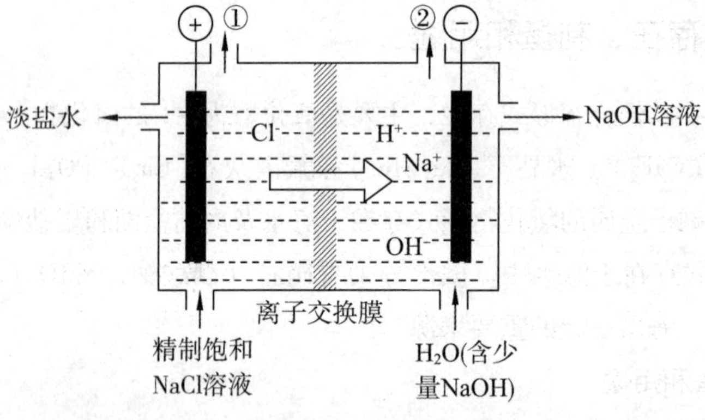

图 3－1－7　工业电解饱和食盐水离子膜装置示意图

装置中出口①处的物质是 Cl_2，出口②处的物质是 H_2；该装置将电能转化为化学能。

Cl_2 是一种重要的化工原料，主要用于盐酸、农药、炸药、有机染料、有机溶剂及化学试剂的制备。

2. 溴、碘的制备和用途

（1）工业上常将 Cl_2 通入溴或碘的盐溶液制备 Br_2 和 I_2。

$$Cl_2+2NaBr \xlongequal{\quad} 2NaCl+Br_2$$

$$Cl_2 + 2NaI \xlongequal{} 2NaCl + I_2$$

（2）实验室中还可以用溴化物和碘化物与浓 H_2SO_4、MnO_2 反应来制取 Br_2 或 I_2。

$$2NaBr + 3H_2SO_4 + MnO_2 \xlongequal{\triangle} 2NaHSO_4 + MnSO_4 + 2H_2O + Br_2$$

$$2NaI + 3H_2SO_4 + MnO_2 \xlongequal{\triangle} 2NaHSO_4 + MnSO_4 + 2H_2O + I_2$$

Br_2 是制备无机和有机化合物的工业原料，广泛用于医药、农药、感光原料、含溴染料、香料等方面，还是制取高效低毒灭火剂的主要原料；I_2 在医药上有重要用途，如制备消毒剂（碘酒是质量分数为 20% 的酒精溶液）、防腐剂（如碘仿 CHI_3）、镇痛剂等。

任务拓展

完成下列实验，观察实验现象，写出化学方程式，充分认识氯水的化学性质。

（1）实验氯水能否使碘化钾－淀粉试纸变蓝；

（2）向 $FeCl_2$ 溶液中滴加氯水；

（3）将石蕊试液滴入氯水；

（4）向 $AgNO_3$ 溶液中滴加氯水；

（5）向 Na_2CO_3 溶液中滴加氯水。

任务评价

表 3－1－2 任务评价表

评价项目	评价要素
实验操作	试剂取用和滴加等符合实验操作规范
实验原理	实验现象记录完成，解释合理
反应方程式	书写正确
任务检测	方法、结果正确
结束工作	实验台台面清洁，仪器洗涤干净并放置整齐，规定时间内完成任务
安全与环保	将废液倒入指定的废液桶等

任务二 卤化氢和氢卤酸的性质以及卤离子的检验

任务描述

通过观察、分析化学实验现象，充分认识盐酸的酸性，掌握卤离子(Cl^-、Br^-、I^-)的还原性特点和还原性强弱变化规律；能够利用卤化银不溶于稀硝酸、卤素单质的颜色和溶解性特点等进行卤离子的检验。

任务目标

- 试验盐酸的酸性；
- 通过化学实验理解卤离子(Cl^-、Br^-、I^-)的还原性强弱及其变化规律；
- 能用化学方法鉴定溶液中 Cl^-、Br^-、I^-离子的存在；
- 能用化学语言和化学方程式准确描述和解释相关实验现象。

任务分析

盐酸是重要的工业“三酸”之一，是强酸，具有酸的通性；氢溴酸和氢碘酸也是强酸，也具有酸的通性，但是 Br^-和 I^-具有较强的还原性，容易发生氧化还原反应，这是我们学习过程中应该关注的地方。

任务实施

一、任务准备

1. 仪器和药品

仪器：试管、烧杯、酒精灯、玻璃棒。

试剂：盐酸（0.1 mol/L）、浓盐酸、浓氨水、NaCl（固，0.1 mol/L）、KBr（固，0.1 mol/L）、KI（固，0.1 mol/L）、H_2SO_4（浓）、HNO_3（3.0 mol/L）、$AgNO_3$（0.1 mol/L）、

氯水、CCl_4、$FeCl_3$（0.2 mol/L）、淀粉－碘化钾试纸、醋酸铅试纸

2. 安全和环保

（1）浓硫酸腐蚀性很强，要戴手套进行打开内盖和取用操作；

（2）产生有毒气体的实验应在通风橱内进行；

（3）实验任务完成后，一定要及时停止反应，避免产生较多的有害物质；

（4）反应过程中产生的废液倒入指定的废液桶。

二、任务过程

1. 卤化氢的还原性

（1）往装有少量 NaCl 固体的试管中加入 1 mL 浓硫酸，观察氯化氢气体的逸出，用玻璃棒蘸取浓氨水，移近试管口，观察现象。写出有关反应的化学方程式。

实验现象：____；

反应的化学方程式：________________________________。

（2）往装有少量 KBr 固体的试管中逐滴加入浓硫酸，观察溴的析出；把湿润的淀粉－碘化钾试纸移近试管口，观察试纸变色情况。写出有关反应的化学方程式。

实验现象：____；

反应的化学方程式：________________________________。

注意：操作完成后，向试管中加入少量水，停止反应，减少有毒气体的产生。

（3）往装有少量 KI 固体的试管中逐滴加入浓硫酸，观察碘的析出；把湿润的醋酸铅试纸移近试管口，若出现黑色，表示有 H_2S 气体逸出。写出有关反应的化学方程式。

实验现象：____；

反应的化学方程式：________________________________。

2. 盐酸的性质

（1）在试管中加入 2 mL 0.1 mol/L 的盐酸，用蓝色石蕊试纸检验溶液的酸碱性，并用 pH 试纸测试其 pH。

实验现象：____；

pH = ________。

（2）在上述盛有 0.1 mol/L 盐酸的试管中，滴入几滴 $AgNO_3$ 溶液，观察现象，并写出有关反应的化学方程式。

实验现象：____；

反应的化学方程式：________________________________。

（3）拿一根玻璃棒在浓氨水里蘸一下，另一根玻璃棒在浓盐酸里蘸一下，使这两根玻璃棒接近（不要接触），观察发生的现象，写出有关反应的化学方程式。

实验现象：____；

反应的化学方程式：______________________________________。

3．卤离子的检验

（1）往试管中加入 1 mL 0.1 mol/L NaCl 溶液，然后加入 2 滴 0.1 mol/L $AgNO_3$ 溶液，观察沉淀的颜色；向沉淀中滴加 3 mol/L HNO_3 溶液，振荡，观察沉淀是否溶解。写出有关反应的化学方程式。

实验现象：____；

反应的化学方程式：______________________________________。

（2）往试管中加入 1 mL 0.1 mol/L KBr 溶液，然后加入 2 滴 0.1 mol/L $AgNO_3$ 溶液，观察沉淀的颜色；向沉淀中滴加 3 mol/L HNO_3 溶液，振荡，观察沉淀是否溶解。写出有关反应的化学方程式。

实验现象：____；

反应的化学方程式：______________________________________。

（3）往试管中加入 1 mL 0.1 mol/L KI 溶液，然后加入 2 滴 0.1 mol/L $AgNO_3$ 溶液，观察沉淀的颜色；向沉淀中滴加 3 mol/L HNO_3 溶液，振荡，观察沉淀是否溶解。写出有关反应的化学方程式。

实验现象：____；

反应的化学方程式：______________________________________。

根据上述实验结果，说明卤离子的检验方法。

三、任务检测

1．实验现象：实事求是，记录完整。

2．反应的化学方程式书写是否正确。

3．说明 X^- 的检验方法。

4．通过 KBr、KI 溶液和 $FeCl_3$ 溶液的反应，比较 I^-、Br^- 的还原能力，并写出反应的化学方程式。

实验现象：____；

反应的化学方程式：______________________________________；

还原能力比较：____。

5．鉴别三种白色固体：NaCl、Na_2CO_3、$NaNO_3$。

鉴别方法：____；

反应的化学方程式：______________________________________。

相关知识

一、卤化氢和氢卤酸的性质

卤素和氢的化合物 HF、HCl、HBr、HI 统称为卤化氢，以 HX 表示。卤化氢都是具有强烈刺激性气味的无色有毒气体；卤化氢在水中溶解度很大，其水溶液叫作氢卤酸，分别叫作氢氟酸、氢氯酸（即盐酸）、氢溴酸和氢碘酸。卤化氢在空气中会“冒烟”，是因为它们与空气中的水蒸气结合形成了酸雾。

1. 氢卤酸的酸性

除氢氟酸外，其余的氢卤酸都是强酸，其酸性按照 HCl、HBr、HI 的顺序依次增强，盐酸是其中最重要的酸。

盐酸是工业三强酸之一。纯净的盐酸是无色有刺激性气味的液体，打开浓盐酸的瓶盖，瓶口会出现白雾。市售浓盐酸的密度为 1.19 g/cm^3，含 HCl 约 37%。工业用盐酸因含有 $FeCl_3$ 等杂质而略带黄色。工业浓盐酸含量仅 32% 左右，密度为 1.16 g/cm^3。

算一算

市售浓盐酸的物质的量浓度大约是多少？

盐酸具有酸的通性，能与金属活动性顺序中氢以前的金属发生置换反应，能和碱、碱性氧化物和有些盐溶液发生复分解反应。

$$2HCl + Na_2CO_3 = NaCl + 2H_2O + CO_2\uparrow$$

$$2HCl + Zn = ZnCl_2 + H_2\uparrow$$

$$6HCl + Fe_2O_3 = 2FeCl_3 + 3H_2O$$

$$HCl + AgNO_3 = HNO_3 + AgCl\downarrow$$

2. 卤化氢的还原性

实验室用 NaCl(固)和浓 H_2SO_4 反应来制备氯化氢气体。

$$NaCl + H_2SO_4 \xlongequal{\triangle} NaHSO_4 + HCl\uparrow$$

但是用 NaBr 或 NaI 和浓 H_2SO_4 反应不能制备出纯的 HBr 和 HI，因为生成的 HBr 和 HI 会被浓 H_2SO_4 进一步氧化。

$$NaBr + H_2SO_4 = NaHSO_4 + HBr\uparrow$$

$$2HBr + H_2SO_4 \xlongequal{} SO_2\uparrow + Br_2 + 2H_2O$$

$$NaI + H_2SO_4 \xlongequal{} NaHSO_4 + HI\uparrow$$

$$8HI + H_2SO_4 \xlongequal{} H_2S\uparrow + 4I_2 + 4H_2O$$

将 HBr 和 HI 气体溶于水就可以得到氢溴酸和氢碘酸。

二、卤化氢和氢卤酸的制备和用途

1. HCl 和盐酸的制备及用途

在有氯碱工业的地方，因有廉价的氯气和氢气，常采用直接合成法制备氯化氢气体。使用合成炉，让 H_2 在 Cl_2 中平稳的燃烧，化合生成 HCl 气体，经冷却后用水吸收可制得盐酸。

实验室通常是通过 NaCl 和浓 H_2SO_4 发生复分解反应来制取 HCl 气体，装置如图 3－2－1所示。

$$NaCl + H_2SO_4 \xlongequal{\triangle} NaHSO_4 + HCl\uparrow$$

$$NaCl + H_2SO_4 \xlongequal{强热} Na_2SO_4 + 2HCl\uparrow$$

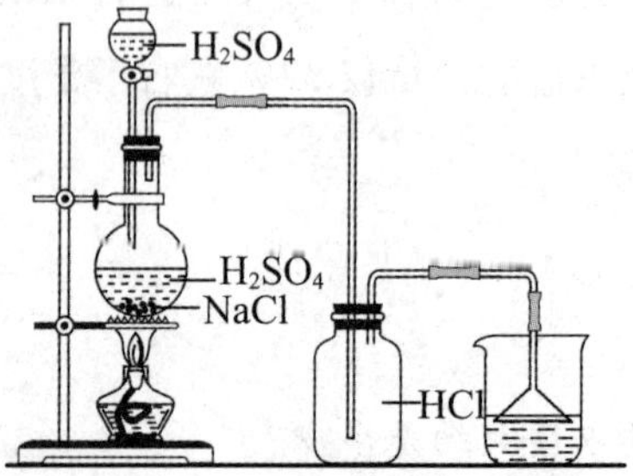

图 3－2－1　实验室制取 HCl 气体

在非氯碱企业，一般用三氯化磷滴加盐酸的方法制备氯化氢，同时副产品亚磷酸。

$$PCl_3 + 3H_2O \xlongequal{} H_3PO_3 + 3HCl\uparrow$$

盐酸是重要的工业原料，在机械、电子、冶金、纺织、皮革、食品、医药及化工生产中，都有广泛的应用。在食品工业中，常用来制造葡萄糖、酱油、味精等；用盐酸可以制备多种金属氯化物；在机械工业中，常用于钢铁制品的酸洗，以除去铁锈。

2. HBr、HI 和氢溴酸、氢碘酸的制备及用途

通过 PBr_3、PI_3 水解法可以制得 HBr 和 HI。

$$PBr_3 + 3H_2O \xlongequal{} H_3PO_3 + 3HBr\uparrow$$

$$PI_3 + 3H_2O \xlongequal{} H_3PO_3 + 3HI\uparrow$$

实际上无须事先制备三卤化磷，而是将 X_2 与红磷混合，再将水逐渐加入混合物中即可。

$$2P + 6H_2O + 3X_2 \xlongequal{} 2H_3PO_3 + 6HX\uparrow \quad (X = Br、I)$$

氢溴酸和氢碘酸常用于无机合成和有机合成，在医药上制备镇静剂及麻醉剂等。

3. HF 和氢氟酸的制备及用途

将萤石矿（CaF_2）粉碎后与浓 H_2SO_4 作用放出 HF 气体，用水吸收得到氢氟酸。反应在特制的合金容器中进行。

$$CaF_2 + H_2SO_4(浓) \overset{\triangle}{=\!=\!=} CaSO_4 + 2HF\uparrow$$

氢氟酸的酸性和还原性都很弱，但对人的皮肤、骨骼有强烈的腐蚀性。它与 SiO_2 或玻璃起反应生成气态 SiF_4，因此不可用玻璃瓶盛装氢氟酸，通常将氢氟酸贮于铅制或塑料容器内。

$$SiO_2 + 4HF =\!=\!= SiF_4\uparrow + 2H_2O$$

氢氟酸是制备 F_2 和氟化合物的基本原料；氢氟酸还常用来刻蚀玻璃量器（温度计、量筒、滴定管等）的刻度、玻璃制品上的标记和花纹；在分析化学中，氢氟酸还能溶解矿物及测定某些矿物或钢中 SiO_2 的含量。

三、卤离子的检验

［演示实验 3－2－1］在 3 支盛有 1 mL 0.1 mol/L KCl、KBr 和 KI 溶液的试管中，分别滴加 0.1 mol/L $AgNO_3$ 溶液，观察试管中沉淀的生成和颜色；滴加稀硝酸，观察沉淀是否溶解。

KCl、KBr 和 KI 溶液与 $AgNO_3$ 溶液反应，分别生成 AgCl 白色沉淀、AgBr 浅黄色沉淀和 AgI 黄色沉淀，且三种沉淀均不溶于稀硝酸。

$$KCl + AgNO_3 =\!=\!= AgCl\downarrow + KNO_3$$

$$KBr + AgNO_3 =\!=\!= AgBr\downarrow + KNO_3$$

$$KI + AgNO_3 =\!=\!= AgI\downarrow + KNO_3$$

根据此性质，可以用来鉴定 Cl^-、Br^- 和 I^- 的存在。需要注意的是，不能用 $AgNO_3$ 溶液检验 F^-，因为 AgF 易溶于水。

［演示实验 3－2－2］在 2 支分别盛有 1 mL 0.1 mol/L NaBr 和 KI 溶液的试管中，各加入 0.5 mL CCl_4 后，再分别滴加新配制的氯水，振荡，观察 CCl_4 层颜色的变化。

可以看到，CCl_4 层由无色变成了红棕色（说明有 Br_2 生成）和紫红色（说明有 I_2 生成）。因此，还可以利用 Br^- 和 I^- 的还原性及在 CCl_4 中的溶解性来检验 Br^- 和 I^- 的存在。

$$Cl_2 + 2NaBr =\!=\!= 2NaCl + Br_2$$

$$Cl_2 + 2KI =\!=\!= 2KCl + I_2$$

小知识

卤化银的感光性

氯化银、溴化银和碘化银的沉淀在见光后都会逐渐变黑，这是由于卤化银在光的作用下都能分解出极微小的银粒（极微小的银粒呈黑色）。

$$2AgCl \xlongequal{光照} 2Ag + Cl_2$$

$$2AgBr \xlongequal{光照} 2Ag + Br_2$$

这种性质叫感光性，利用这个性质，卤化银常用来制作摄影胶卷和感光纸等。常用的变色镜片里含有卤化银、氧化铜和稀土元素。

变色镜片中的卤化银在强光作用下分解出银和卤素，分解出的银粒越多，玻璃颜色变得越深。光线减弱时，在氧化铜催化剂的作用下，银和卤素又合成卤化银，使玻璃颜色重新变浅甚至无色。

任务拓展

将淀粉－碘化钾试纸投入氯水中，试纸会变蓝吗？说明原因。

任务评价

表 3－2－1　任务评价表

评价项目	评价要素
实验操作	试剂取用和滴加等符合实验操作规范
实验原理	实验现象记录完整、解释合理、反应方程式书写正确
任务检测	方法、结果正确
结束工作	实验台台面清洁，仪器洗涤干净并放置整齐，规定时间内完成任务
安全与环保	在通风橱内进行有毒和刺激性气体生成的实验、将废液倒入指定的废液桶等

任务三　认识卤素含氧酸及其盐

任务描述

通过化学实验认识次氯酸及其盐、氯酸及其盐的氧化性特点。

任务目标

- 通过化学实验掌握次氯酸及其盐的氧化性；
- 通过化学实验了解氯酸及其盐的氧化性特点；
- 能用化学语言和化学方程式准确描述和解释相关实验现象。

任务分析

卤素的含氧酸有次氯酸、亚氯酸、氯酸和高氯酸，其中次氯酸及其盐都有氧化性、漂白作用和杀菌消毒能力，应用广泛。熟悉它们的化学性质，才能保证在日常生活、化学实验和化工生产中的安全使用。

任务实施

一、任务准备

1．仪器和药品

仪器：试管、烧杯、玻璃棒。

试剂：氯水（新制）、盐酸（浓，2 mol/L）、KI（0.1 mol/L）、NaOH（2 mol/L）、品红溶液、$KClO_3$（饱和溶液）、硫粉、H_2SO_4（浓，3 mol/L）、KIO_3（0.05 mol/L）、pH 试纸、淀粉－碘化钾试纸。

2．安全和环保

废液桶、废纸桶、通风橱。

二、任务过程

1. 次氯酸及其盐的氧化性

取氯水约 4 mL，加入 2 mol/L 的 NaOH 溶液 1 ~ 2 滴，使溶液呈微碱性即可（用 pH 试纸检查溶液 pH = 8 ~ 9）。将溶液分盛于 3 支试管中。

（1）在一支试管中加入数滴 2 mol/L 的盐酸溶液，检验 Cl_2 的产生。

实验现象：______________________________；

反应的化学方程式：______________________________。

（2）在另一支试管中加入 3 ~ 5 滴 0.1 mol/L KI 溶液，检验 I_2 的产生。

实验现象：______________________________；

反应的化学方程式：______________________________。

（3）在第三支试管中加入 2 滴品红溶液，观察颜色的变化。

实验现象：______________________________；

原因：______________________________。

2. 氯酸钾的氧化性

（1）往试管中加入 1 mL $KClO_3$ 饱和溶液，然后加入 2 滴 0.1 mol/L KI 溶液，观察现象。再加入 3 ~ 5 滴浓硫酸，观察现象，写出反应的化学方程式，并加以说明。

实验现象：______________________________；

反应的化学方程式：______________________________。

（2）另取一支试管，加入 1 mL $KClO_3$ 饱和溶液，再加入少量浓盐酸，生成什么物质？如何检验？写出反应的化学方程式。

实验现象：______________________________；

反应的化学方程式：______________________________。

三、任务检测

混合少量 0.05 mol/L KIO_3 与 0.1 mol/L KI 溶液，观察现象；再向混合液中加少量 3 mol/L H_2SO_4，观察并解释现象，写出反应的化学方程式。

实验现象：______________________________；

反应的化学方程式：______________________________。

相关知识

卤素的含氧酸及其盐

卤素能形成多种含氧酸及其盐，其中最重要的是氯的含氧酸及其盐。

一、次氯酸及其盐

1. 次氯酸

次氯酸的水溶液无色、有刺激性气味，是由 Cl_2 溶于水而得到的浓度很稀的溶液。次卤酸是一种弱酸，酸性比碳酸弱。

算一算

饱和氯水中大约30%的 Cl_2 与水反应，20 ℃时 $c(HClO)$ 为多少？

次氯酸的稳定性较差，即使在稀溶液中也容易分解，在光照下分解更快。

$$2HClO \xlongequal{光照} 2HCl + O_2\uparrow$$

次氯酸受热时发生歧化反应，分解成较稳定的 HCl 和氯酸($HClO_3$)。

$$3HClO \xlongequal{\triangle} 2HCl + HClO_3$$

因此，使用 HClO 时，需要现用现配，将 Cl_2 通入冷水中，并贮于棕色瓶中。

2. 次氯酸盐

次氯酸盐比次氯酸稳定。在常温下，Cl_2 与强碱作用可得次氯酸盐。

工业上，用 Cl_2 和消石灰作用制取漂白粉。

$$2Cl_2 + 2Ca(OH)_2 \xlongequal{} CaCl_2 + Ca(ClO)_2 + 2H_2O$$

通常所称的漂白粉就是 $Ca(ClO)_2$、$CaCl_2$ 和 $Ca(OH)_2$ 所组成的水合复盐 $Ca(ClO)_2 \cdot CaCl_2 \cdot Ca(OH)_2 \cdot H_2O$，其中次氯酸钙[$Ca(ClO)_2$]是漂白粉的有效成分。漂白粉广泛用于纺织漂染、造纸等工业中，也是常用的廉价消毒剂。漂白粉有毒，吸入人体内会引起鼻腔和咽喉疼痛，甚至全身中毒。漂白粉在空气中长时间放置会失效，应密封保存并置于暗处。

$$Ca(ClO)_2 + CO_2 + H_2O \xlongequal{} CaCO_3\downarrow + 2HClO$$

将 Cl_2 通入 NaOH 溶液中，可得高浓度的次氯酸钠溶液(NaClO)，又称漂白水。工业上常以 NaClO 做漂白剂，NaClO 也是84消毒液的主要成分。

$$Cl_2 + 2NaOH \xlongequal{\quad} NaCl + NaClO + H_2O$$

次氯酸盐的漂白性主要是基于次氯酸的氧化性。

次氯酸盐也是一种强氧化剂，但其氧化性比 HClO 弱。

想一想

查阅资料，了解生活中常用的 84 消毒液和洁厕灵的主要成分，解释为什么 84 消毒液和洁厕灵不可混合使用。

*二、氯酸及其盐

1．氯酸

氯酸($HClO_3$)是强酸，酸性与盐酸和硝酸接近；$HClO_3$ 也是强氧化剂，但氧化能力不如 HClO；$HClO_3$ 比 HClO 稳定，但也只能在溶液中存在。

2．氯酸盐

氯酸钾($KClO_3$)是最重要的氯酸盐，它是无色透明的晶体，可溶于水，在冷水中溶解度不大。

将氯气通入热的氢氧化钾溶液中，即可生成氯酸钾和氯化钾。

$$3Cl_2 + 6KOH \xlongequal{\triangle} KClO_3 + 5KCl + 3H_2O$$

氯酸钾在碱性或中性溶液中氧化能力很弱，在酸性溶液中则为强氧化剂。

$$KClO_3 + 6HCl(浓) \xlongequal{\triangle} KCl + 3Cl_2\uparrow + 3H_2O$$

氯酸钾固体是强氧化剂，在催化剂存在时，受热分解生成 KCl 和 O_2，这是实验室制备氧气的常用方法。

$$2KClO_3 \xlongequal[\triangle]{MnO_2} 2KCl + 3O_2\uparrow$$

由于氯酸钾固体不易吸潮，具有强氧化性，与易燃物质 P、S、C 及有机物质相混合时，一旦受撞击或摩擦，即发生爆炸反应。因此，$KClO_3$ 大量用于制造火柴、焰火和炸药等。

氯酸钾有毒，内服 2～3 g 即可致命。

氯的含氧酸还有亚氯酸和高氯酸，它们也能形成相应的亚氯酸盐和高氯酸盐。氯的含氧酸及其盐的性质具有如下变化规律：氯的氧化数越高，其含氧酸的酸性越强，稳定性也越强，但氧化性越弱；反之，氯的氧化数越低，其含氧酸的酸性越弱，稳定性也越弱，但氧化性越强。氯的含氧酸盐的稳定性、氧化性强弱顺序与氯的含氧酸相似，但它们都比相应的含氧酸稳定，氧化性比相应的含氧酸弱。

HClO	$HClO_2$	$HClO_3$	$HClO_4$
（弱酸）	（中强酸）	（强酸）	（最强酸）

酸性增强 →

对热稳定性增大，氧化性减弱 →

MClO	$MClO_2$	$MClO_3$	$MClO_4$
（次氯酸盐）	（亚氯酸盐）	（氯酸盐）	（高氯酸盐）

（竖向：氧化性减弱 ↓；对热稳定性增大 ↓）

任务拓展

取约 0.3 g 以下细粉状的 $KClO_3$ 与硫粉，在纸上混合均匀（切忌用力研磨），用纸包紧，在水泥地上用铁锤击打，可听到爆炸声（操作时，不要俯视反应物）。

任务评价

表 3-3-1　任务评价表

评价项目	评价要素
实验操作	试剂取用和滴加等符合实验操作规范
实验现象	观察仔细，记录完整
反应方程式	书写正确
任务检测	方法、结果正确
结束工作	实验台台面清洁，仪器洗涤干净并放置整齐，规定时间内完成任务
安全与环保	将废液倒入指定的废液桶等

单元小结

1. 卤素概述

卤素包括氟、氯、溴、碘、砹五种元素。卤素原子的最外层电子都是 7 个，它们都容易获得 1 个电子而显示非金属性，并且具有相似的化学性质。从氟到碘，非金属性逐渐减弱。氟是最活泼的非金属元素。

2. 氯气的化学性质

（1）几乎能与所有的金属反应，生成金属氯化物；

（2）能与氢气、磷等非金属反应，生成氯化氢、氯化磷等氯化物；

（3）能与水反应（该反应为可逆反应），生成盐酸、次氯酸；

（4）能与碱反应，生成金属氯化物和氯的含氧酸等。

3. 氯化氢（HCl）

氯化氢是具有刺激性气味的气体，极易溶于水，其水溶液就是盐酸。盐酸是一种强酸，具有酸的通性。

4. 次氯酸（HClO）

次氯酸不稳定，具有强氧化性。氯水的漂白、消毒作用实际上是次氯酸产生的。次氯酸钠和次氯酸钙是常用的漂白剂。

5. 卤素单质的氧化性和卤离子的还原性

（1）卤素单质的活泼性（或氧化能力）为：$F_2 > Cl_2 > Br_2 > I_2$，活泼的卤素单质能把较不活泼的卤素从它们的卤化物中置换出来。

（2）卤离子的还原能力为：$I^- > Br^- > Cl^-$

6. 卤离子的检验方法

Cl^-、Br^-、I^-和 $AgNO_3$ 溶液反应，分别生成 AgCl 白色沉淀、AgBr 浅黄色沉淀和 AgI 黄色沉淀，且三种沉淀均不溶于稀硝酸。

综合测试

一、填空题

1. 卤素包括________五种元素；卤素单质包括________五种物质；卤素原子最外层均有________个电子，容易________电子，化合物中主要氧化数为________。

2. 常温下，氯气是________色，________气味的气体；闻氯气时要________；氯气密度比空气________；氯气液化后称为________，是纯净物，只含有一种微粒________；氯气溶于水后称为________，是混合物，含有________等多种微粒。

3. 金属铁在氯气中燃烧，生成的________色烟是________小颗粒，产物中加水得到________色的溶液。

4. 工业上电解食盐水制取氯气的化学方程式是________________________________。实验室制取氯气的化学方程式是________________________________。工业制取氯化氢气体的化学方程式是________________________________。

实验室制取氯化氢气体的化学方程式是________，采用________法收集，在吸收装置中接一个倒扣漏斗的目的是____。

5. 漂白粉的主要成分是____________，有效成分是____________，工业生产漂白粉的化学方程式是____；84 消毒液的主要成分是________，工业生产 84 消毒液的化学方程式是________。

二、选择题

1. 下列物质中具有漂白作用的是（　　）。

A. 液氯　　B. 氯水

C. 干燥的氯气　　D. 氯酸钙

2. 下列物质属于纯净物的是（　　）。

A. 盐酸　　B. 氯水

C. 液氯　　D. 漂白粉

3. 下列各组中的两种物质，能用淀粉－碘化钾试纸鉴别的是（　　）。

A. 溴水和碘水　　B. 盐酸和稀硫酸

C. 溴水和稀盐酸　　D. 氯水和溴水

4. 把足量氯气通入下列各物质的溶液中，阴、阳离子都能被氧化的是（　　）。

A. $NaOH$　　B. Na_2SO_3

C. $FeBr_2$　　D. $FeSO_4$

5. 对卤素单质（从 $F_2 \rightarrow I_2$）性质的递变规律叙述错误的是（　　）。

A. 单质的颜色由浅变深　　B. 单质的密度依次增大

C. 单质的熔、沸点逐渐升高　　D. 单质的氧化性逐渐增强

三、解释下列现象

1. 长期放置在空气中的氢碘酸溶液会变色。
2. 漂白粉暴露在空气中容易变质。
3. 氯水能使紫色石蕊试液先变红后褪色。

四、下图是实验室制取纯净氯气的实验装置，请回答下列问题：

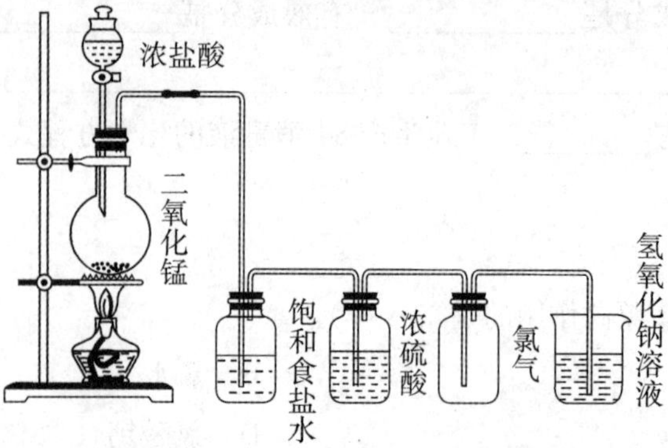

1. 盛放浓盐酸的仪器名称是________，盛放二氧化锰的仪器名称是________。
2. 制取氯气的化学方程式是____。
3. 饱和食盐水的作用是____。
4. 浓硫酸的作用是____。
5. 图中收集氯气的方法是____。
6. 氢氧化钠溶液的作用是________；发生反应的化学方程式为________________。
7. 盛有饱和食盐水和浓硫酸洗气瓶的位置是否可以调换，为什么？
8. 可否不安装盛有氢氧化钠溶液的烧杯，将导气管直接排空？为什么？

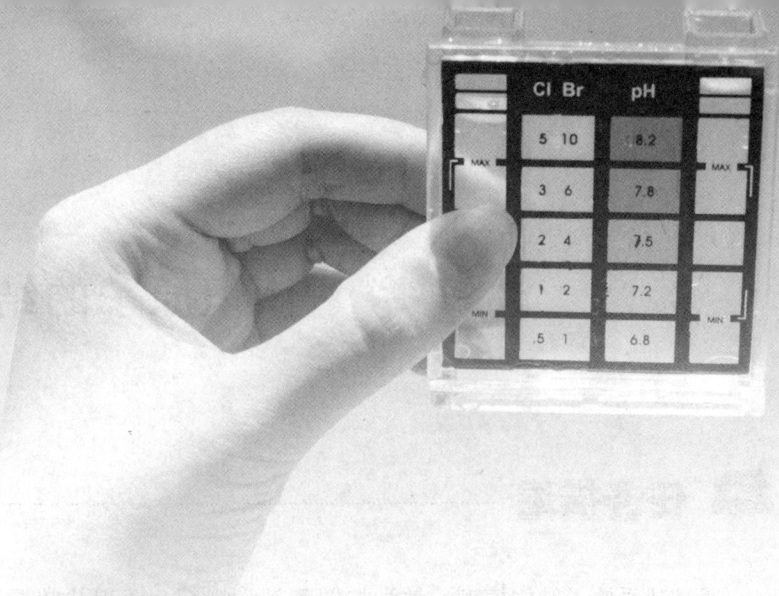

第四单元
物质结构基础知识

单元概述

世界是由物质构成的，物质的分子又是由原子构成的，为了研究物质的性质，必须首先从核外电子数、核外电子排布、能量及其运动状态方面了解原子的结构，然后才能知道它们是如何通过化学键相互结合成分子的，从而对物质的性质有比较本质的认识。

单元目标

- 了解原子的组成，知道元素和同位素的含义；
- 能根据原子序数，熟练画出1~20号元素的核外电子排布式、轨道表示式和价电子构型，判断其所在的周期和族，知道其常见化合价，最高和最低化合价，能写出其常见化合物的化学式；
- 能描述元素周期表的结构，知道金属、非金属在元素周期表中的位置及其性质的递变规律；
- 理解原子半径、电负性、氧化数、金属性和非金属性等元素性质的意义，能说明元素性质的递变规律；
- 理解化学键的含义，能用电子式表示离子键和共价键的形成过程；
- 了解分子间作用力、氢键的形成过程和条件，了解分子间作用力和氢键对共价化合物的熔点、沸点和溶解性的影响。

任务一 认识原子的结构

任务描述

通过观看原子结构模型、教学挂图和教学视频，认识并掌握原子结构的特点，并进一步知道核外电子的运动状态和核外电子的排布情况。

任务目标

- 通过观察原子结构模型和教学挂图，掌握原子的结构组成；
- 了解原子的质量组成；
- 能熟练画出1~20号元素的原子结构示意图。

任务分析

在我们周围的世界里存在着各种各样、形形色色的物质，这些物质都是由原子、分子或离子构成的。分子是由原子通过共价键结合而形成的，离子是由原子得到或失去电子后形成的。归根结底，物质是由原子构成的，原子是化学变化中的最小微粒，那么原子又是怎样构成的呢？

任务实施

一、任务准备

教具：原子结构模型，原子结构示意图等教学挂图，动画和教学视频。

二、任务过程

1. 原子结构

分小组通过观看原子结构挂图、原子结构模型，初步认识原子的结构组成。

原子是由________和________构成的；

原子核是由________和________构成的。

2. 核外电子的运动状态

观看动画，了解电子在原子核外的运动状态。

三、任务检测

1. 一个原子的原子序数、质子数、核外电子数、核电荷数之间是什么关系？

2. 画出常见元素 H、N、O、Na、C、Cl、Mg 的原子结构示意图和电子式。

相关知识

原子结构

物质是由分子组成的，物质的性质是由组成该物质的分子性质决定的。分子是由原子构成的，因此，要了解物质的性质，首先必须了解原子的内部结构。

一、原子的构成和同位素

1. 原子的构成

原子是由带正电的原子核与带负电的核外电子构成的（图 4－1－1），原子核所带的正电量和核外电子所带的负电量相等，所以整个原子呈电中性。

原子核位于原子的中心，它的直径为 10^{-15} ~ 10^{-14} m，约为原子直径（10^{-10} m）的十万分之一，所以它的体积很小。原子核和核外电子仅占整个原子空间的极小一部分，原子中绝大部分是空的。假如把原子设想成一个直径为10 m 的圆球，那么原子核就只有针尖大小，电子的体积更小。

原子核是由质子和中子构成的，每个质子带 1 个单位的正电荷，中子不带电，因此，核电荷数由质子数决定。按核电荷数由小到大的顺序给元素编号，所得的序号称为该元素的原子序数。

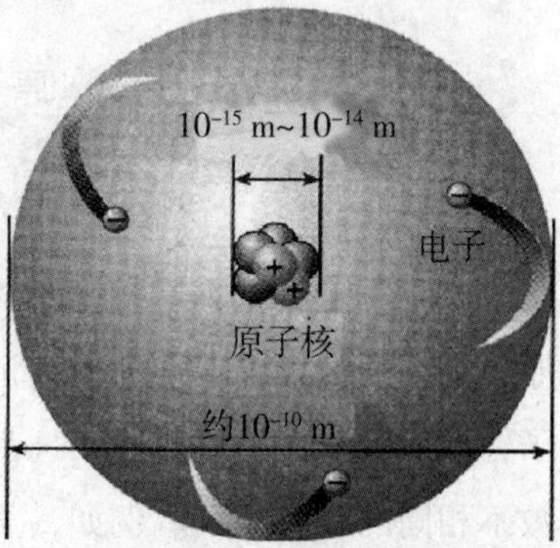

图 4－1－1 原子结构示意图

在原子中存在如下关系：

原子序数＝核电荷数（Z）＝核内质子数＝核外电子数

例如，Na 元素的原子核内有 11 个质子，所以其核电荷数（即原子核内所带的电荷数）为 11；原子序数为 11，即通常所说的 11 号元素；1 个质子带 1 个单位的正电荷，1 个电子带一个单位的负电荷，所以原子核外的电子的数目肯定等于原子核内质子的数目，以保证 Na 原子的电中性，所以 Na 原子核外有 11 个电子。

每个质子的质量为 $1.672\,6\times10^{-27}$ kg，每个电子的质量为 $9.109\,1\times10^{-31}$ kg，电子质量仅约为质子质量的 1/1 836，所以原子的质量主要集中在原子核上。构成原子的微粒和性质见表 4-1-1。

由于质子、中子的质量很小，因此，通常用它们的相对质量。实验测得，作为相对原子质量标准的 ^{12}C 的质量是 $1.992\,7\times10^{-26}$ kg，它的质量的 1/12 为 $1.660\,6\times10^{-27}$ kg，质子和中子对它的相对质量分别为 1.007 和 1.008，取近似整数值为 1。如果忽略电子的质量，将原子核内所有的质子和中子的相对质量取近似整数相加，所得的数值称为原子的质量数，用 A 表示，中子数用符号 N 表示，质子数用符号 Z 表示。

$$\text{质量数}(A)=\text{质子数}(Z)+\text{中子数}(N)$$

质量数和核电荷数是表示原子核的两个基本量。以 ${}^{A}_{Z}X$ 表示一种质量数为 A、质子数为 Z 的原子。例如，元素钠可表示为 ${}^{23}_{11}Na$，这表明钠原子的质量数为 23，原子核由 11 个质子和 12 个中子构成。

表 4-1-1　构成原子的微粒和性质

粒子的种类	电性	质量	相对质量
质子	一个单位正电荷	$1.672\,6\times10^{-27}$ kg	1.007
中子	不带电	$1.674\,9\times10^{-27}$ kg	1.008
电子	一个单位负电荷	$9.109\,1\times10^{-31}$ kg	1/1 836

归纳起来，原子的组成可简单表示为：

$$\text{原子}({}^{A}_{Z}X)\begin{cases}\text{原子核}\begin{cases}\text{质子}(Z\text{个})\\\text{中子}(N\text{个})\end{cases}\\\text{核外电子}(Z\text{个})\end{cases}$$

2. 同位素

在化学上，把具有相同的核电荷数（即质子数）的同类原子总称为元素，同种元素的原子其质子数相同，科学研究证明，它们的中子数不一定相同。只要核内有相同数目的质子，即使中子数不同的原子，都属于同一种元素。因此同种元素往往有质子数相同而中子数不相同的几种原子。例如，氢元素就有三种不同的原子，见表 4-1-2。

表 4-1-2　氢元素的三种原子构成

名称	符号	俗称	质子数	中子数	电子数	质量数
氕（音 pie，读“撇”）	${}^{1}_{1}H$ 或 H	氢（普通氢）	1	0	1	1
氘（音 dao，读“刀”）	${}^{2}_{1}H$ 或 D	重氢	1	1	1	2
氚（音 chuan，读“川”）	${}^{3}_{1}H$ 或 T	超重氢	1	2	1	3

人们把原子里具有相同的质子数和不同的中子数的同一元素的原子互称为同位素。

想一想

同位素中的“位”字是什么意思?

同位素可分为稳定同位素和放射性同位素两大类。有的同位素是稳定的，称为稳定同位素；有的同位素的原子核不稳定，能自发地放出射线，称为放射性同位素。根据目前所知，几乎所有的元素都有同位素。例如，氢元素的三种同位素中，${}^{1}_{1}H$ 和${}^{2}_{1}H$ 是稳定同位素，${}^{3}_{1}H$ 是放射性同位素；铀元素有${}^{234}_{92}U$、${}^{235}_{92}U$、${}^{238}_{92}U$ 等多种同位素，${}^{235}_{92}U$ 是制造原子弹的材料和核反应堆的燃料；碳元素有${}^{12}_{6}C$、${}^{13}_{6}C$、${}^{14}_{6}C$ 等多种同位素，${}^{12}_{6}C$ 和${}^{13}_{6}C$ 是稳定同位素，${}^{14}_{6}C$ 是放射性同位素。

小知识

碳－14 在考古中的应用

碳－14 是碳的一种具有放射性的同位素，于 1940 年首次被发现。1940 年，美国科学家马丁·卡门与同事塞缪尔·鲁宾在美国劳伦斯伯克利国家实验室发现碳－14，而后，时任芝加哥大学教授、加州大学伯克利分校的化学博士威拉得·利比应用碳－14 发明了碳－14 年代测定法并获得 1960 年诺贝尔化学奖。

碳－14 是透过宇宙射线撞击空气中的氮－14 原子所产生，其半衰期约为 5 730 年，衰变方式为 β 衰变，碳－14 原子转变为氮原子，由于其半衰期达 5 730 年，且碳是有机物的元素之一，我们可以根据死亡生物体的体内残余碳－14 成分来推断它的存在年龄。生物在生存的时候，由于需要呼吸，其体内的碳－14 含量大致不变，生物死去后会停止呼吸，此时体内的碳－14 开始减少，由于碳元素在自然界中的各个同位素的比例一直都很稳定，人们可通过测定一件古物的碳－14 含量，来估计它的大概年龄。这种方法称为碳定年法。

同一元素的各种同位素虽然质量数不同，但它们的化学性质几乎完全相同。自然界的大多数元素都是由几种同位素均匀地混合在一起的。在化学反应中，同种元素的各种同位素都起相同的反应，最后又均匀地混合而共存于该元素生成的各种物质之中。所以人们通常所说的元素，实际上是该元素各种同位素原子形成的混合体。在天然存在的某种元素里，不论是游离态还是化合态，各种同位素所占的原子百分比一般是不变的。人们平常所说的某种元素的相对原子质量，实际上是按各种天然同位素原子所占的一定分数计算出来的平均值。例如，氯元素是两种同位素的混合物，从下列数据就可计算出氯元素的相对原子质量：

同位素符号	相对原子质量	在自然界里各同位素原子的百分组成
$^{35}_{17}Cl$	34.969	75.77%
$^{37}_{17}Cl$	36.966	24.23%

氯元素的相对原子质量是：$34.969 \times 75.77\% + 36.966 \times 24.23\% = 35.453$

二、原子核外电子的排布

在化学反应中，原子核并不发生变化，发生变化的只是原子核外的某些电子。因此，为了认识化学变化的本质，必须对原子核外电子的运动状态做一些初步了解。

由于电子的质量非常小，又在原子这样小的空间（直径约 10^{-10} m）内作高速运动（1.5×10^8 m/s，约光速的一半），这就使得原子核外电子的运动与一般宏观物体（如火车、飞机、人造地球卫星等）的运动状态不同，它具有自己特殊的运动规律。

1. 电子云

电子在原子核周围做高速运动，没有固定的轨道。因此不能确定电子在某一时刻出现在核外空间的哪一位置，即不可能同时准确测定某一时刻电子运动的位置和速度。当然，也无法描画出它的运动轨迹。但是，这并不表明电子运动没有规律性。

统计地看，电子在核外空间各处出现的机会（数学上叫作概率）具有一定的规律性。

我们把电子在核外空间某处单位体积内出现的概率称为概率密度。

通常把电子在核外空间出现的概率大小在画面上用小黑点的疏密来表示。电子出现概率密度大，则小黑点密集；电子出现概率密度小，则小黑点稀疏。这样得到的图像叫作电子云。它形象化地描述了电子在核外空间各处出现的概率的大小。我们要强调的是，一个小黑点既不表示一个电子，也不表示电子出现一次。单独一个小黑点没有任何意义，有意义的是小黑点的疏密程度。

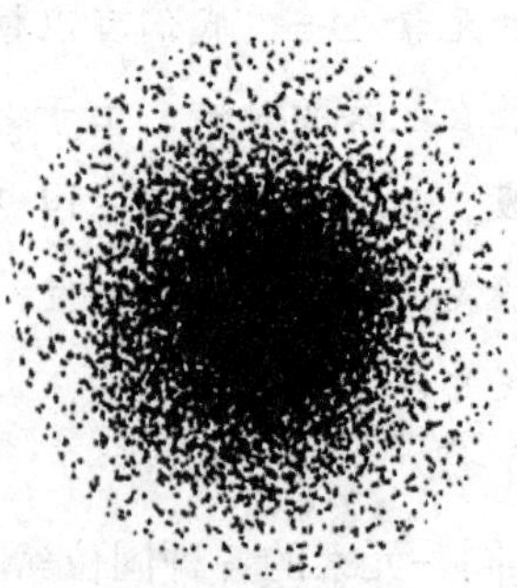

图 4-1-2　氢原子的电子云示意图

图 4-1-2 是氢原子电子云示意图。小黑点比较密集的区域是电子出现概率较大的区域，称该区域的电子云密度较大。氢原子的电子云呈球形对称，离核越近处电子云的密度越大，电子出现的机会越多；离核越远处电子云的密度越小，电子出现的机会越少。

2. 原子核外电子的排布

含有多个电子的原子中，电子的能量是不相同的。能量低的电子，通常在离核近的区域运动；能量高的电子，通常在离核远的区城运动。根据电子的能量高低和通常运动的区域离核的远近不同，可以把电子看作是在能量不同的电子层上运动的，电子层用 n 表示，把能量最低、离核最近的叫第 1 层，能量稍高、离核稍远的叫第 2 层，由里往外依次类推，叫 3 层、4 层、5 层、6 层、7 层，也可以用字母依次表示为 K、L、M、N、O、P、Q 层。如图 4－1－3 所示。电子层数反映了电子的能量高低和运动区域离核的远近。

电子层数（n）	1	2	3	4	5	6	7
表示符号	K	L	M	N	O	P	Q
	n 值越大，电子离原子核越远，电子具有的能量越高						

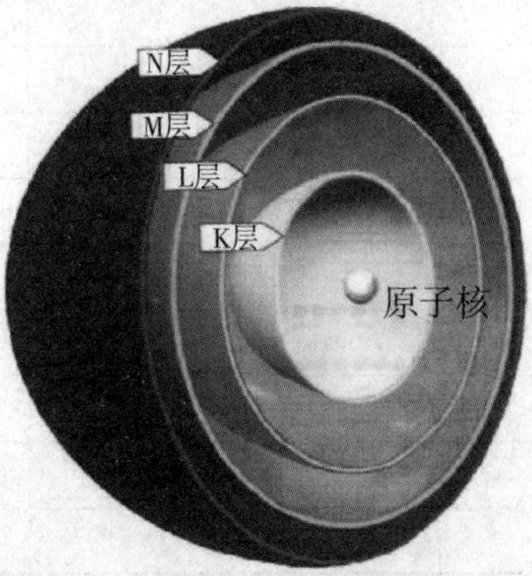

图 4－1－3　核外电子分层示意图

电子层是决定电子能量高低的主要因素。原子核外电子的分层运动，又叫核外电子的分层排布。根据实验结果和理论推算，原子核外电子的排布遵循如下规律：

①在通常情况下，核外电子总是尽先排布在能量最低的电子层里，然后再由里往外，依次排布在能量逐步升高的电子层里，即排满了 K 层（$n=1$）再排 L 层（$n=2$），排满了 L 层再排 M 层（$n=3$）。这样就能够使原子的结构处于最稳定的状态。

②各电子层最多容纳的电子数目是 $2n^2$（n 为电子层数）。例如，K 层（$n=1$）为 $2\times1^2=2$ 个；L 层（$n=2$）为 $2\times2^2=8$ 个；M 层（$n=3$）为 $2\times3^2=18$ 个等。

③最外电子层电子数目不能超过 8 个（K 层为最外层时不超过 2 个）。

④原子最外层有 8 个电子（最外层为 K 层时有 2 个电子）的结构是稳定的，这个规律叫“八隅律”。

表 4－1－3 列出了核电荷数为 1～18 的元素原子的电子层排布情况。

表4－1－3　核电荷数为1～18的元素原子的核外电子排布

原子序数	元素符号	元素名称	电子层		
			K	L	M
1	H	氢	1		
2	He	氦	2		
3	Li	锂	2	1	
4	Be	铍	2	2	
5	B	硼	2	3	
6	C	碳	2	4	
7	N	氮	2	5	
8	O	氧	2	6	
9	F	氟	2	7	
10	Ne	氖	2	8	
11	Na	钠	2	8	1
12	Mg	镁	2	8	2
13	Al	铝	2	8	3
14	Si	硅	2	8	4
15	P	磷	2	8	5
16	S	硫	2	8	6
17	Cl	氯	2	8	7
18	Ar	氩	2	8	8

原子核外的电子层排布可以用原子结构示意图表示。图4－1－4是几种元素的原子结构示意图。其中，(+11)表示原子核及核内有11个质子，弧线表示电子层，弧线上面的数字表示该层的电子数目。靠近原子核的是第一层，依次类推分别是第二层、第三层等。

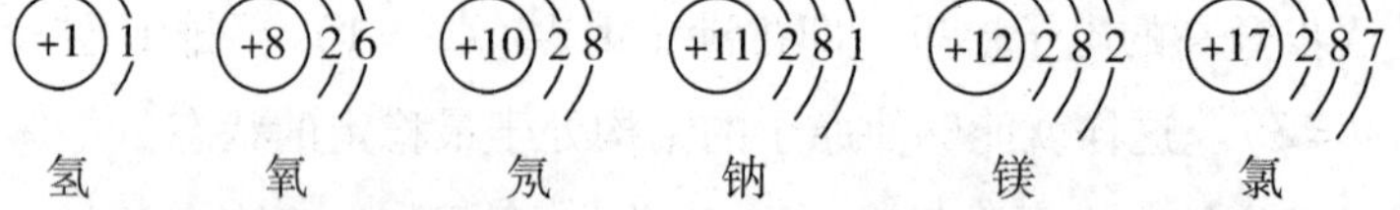

图4－1－4　原子结构示意图

任务拓展

现有一原子，M层电子数是K层电子数的3倍，试判断是哪种原子，并画出原子结构示意图。

任务评价

表4－1－4　任务评价表

评价项目	评价要素
观察和分析	仔细观察图片，说出原子结构组成
讨论	提出问题
任务检测	能正确说出原子中各微粒之间的结构关系和数量关系

任务二　解读元素周期律和元素周期表

任务描述

通过教学挂图及课本上的元素周期表了解元素周期表的结构，知道金属和非金属元素在元素周期表中的位置及其变化规律。熟悉原子半径、电负性和氧化数等元素性质的递变规律。

任务目标

- 能描述元素周期表的结构；
- 能说出主族元素在元素周期表中的位置；
- 能解释金属、非金属元素性质的递变规律。

任务分析

元素周期表是元素周期律的具体表现形式，是学习和研究化学的重要工具。科学工作者在元素周期律的指导下，对元素的性质进行了研究，推动了物质结构理论的发展。

元素周期表对工农业生产也具有一定的指导作用。由于在周期表中位置靠近的元素性质相似，这就启发人们在周期表中一定的区域内寻找新的物质。例如，人们在金属和非金属的分界线附近寻找可制备半导体材料的元素；在B族中寻找可制备催化剂以及耐高温、耐腐蚀的合金材料的元素；农药中常含有氯、硫、磷等元素，这些元素都位于周期表的右上角，通过对这个区域的元素化合物进行研究，有助于找到对人畜安全的高效农药。

元素性质、原子结构和该元素在周期表中的位置有密切的关系，我们既可以根据元素在周期表中的位置，推测它的原子结构和性质，又可以根据元素的原子结构推测它在周期表中的位置。

任务实施

一、任务准备

元素周期表挂图一幅。

二、任务过程

观察元素周期表挂图，熟悉元素周期表的结构，了解主族元素性质的递变规律，了解金属元素、非金属元素在元素周期表中的分布。

三、任务检测

1. 请写出Na、Cl在元素周期表中的位置。
2. 举例说明金属元素、非金属元素性质的递变规律。

相关知识

元素周期律和元素周期表

元素的性质和元素的核电荷数密切相关，那么它们之间有什么内在联系呢？

一、元素周期律

元素的性质（核外电子排布、原子半径、主要化合价、金属性和非金属性）随着原子序数的递增而呈周期性变化的规律，叫作元素周期律。见表4－2－1。

表 4－2－1　元素性质的周期性变化

原子序数	1	2	3	4	5	6	7	8	9
元素名称	氢	氦	锂	铍	硼	碳	氮	氧	氟
元素符号	H	He	Li	Be	B	C	N	O	F
电子层结构	1	2	2 1	2 2	2 3	2 4	2 5	2 6	2 7
原子半径/pm	37	122	123	89	82	77	75	74	71
化合价	+1	0	+1	+2	+3	+4，－4	+5，－3	－2	－1
原子序数	10	11	12	13	14	15	16	17	18
元素名称	氖	钠	镁	铝	硅	磷	硫	氯	氩
元素符号	Ne	Na	Mg	Al	Si	P	S	Cl	Ar
电子层结构	2 8	2 8 1	2 8 2	2 8 3	2 8 4	2 8 5	2 8 6	2 8 7	2 8 8
原子半径/pm	160	186	160	143	117	110	102	99	191
化合价	0	+1	+2	+3	+4，－4	+5，－3	+6，－2	+7，－1	0

1. 核外电子排布的周期性

从表 4－2－1 可以看出，原子序数从 1～2 的元素，即从氢（H）到氦（He），它们的原子核外只有一个电子层，电子由 1 个增加到 2 个，达到稳定结构。

原子序数从 3～10 的元素，即从锂（Li）到氖（Ne），它们的原子核外都有两个电子层，最外层电子由 1 个递增到 8 个，达到稳定结构。

原子序数从 11～18 的元素，即从钠（Na）到氩（Ar），它们的原子核外都有三个电子层，最外层电子也从 1 个递增到 8 个，达到稳定结构。

把所有的元素按原子序数递增的顺序排列起来，会重复出现原子最外层电子数从 1 个递增到 8 个而达到稳定结构的情况。也就是说，随着原子序数的递增，元素原子的最外层电子排布呈周期性的变化。

2. 原子半径的周期性变化

原子半径是元素的重要物理性质之一，它对元素及其化合物的性质有一定影响。由表 4－2－1 可以看出，原子序数由 3～9 的元素，即从碱金属元素锂到卤素氟，随着原子序数的递增，原子半径逐渐减小；原子序数由 11～17 的元素，即从碱金属元素钠到卤素氯，随着原子序数的递增，原子半径也逐渐减小。如果把所有的元素按原子序数递增的顺序排列起来，将会发现，随着原子序数的递增，元素的原子半径也会呈现周期性变化。如图 4－2－1 所示。（由于测定稀有气体元素原子半径的根据和其他元素不同，所以在此没有比较的意义）

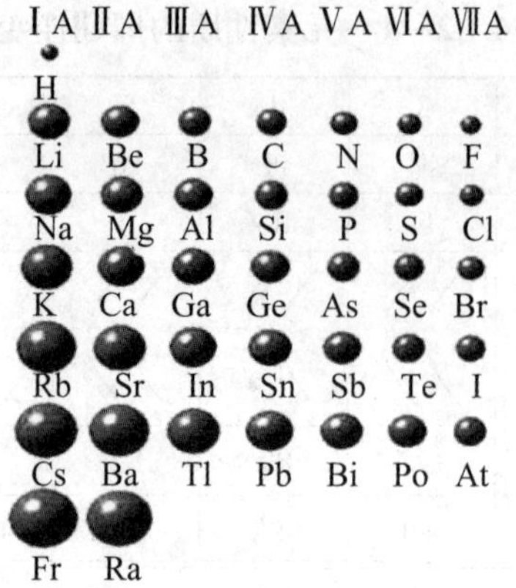

图4－2－1　元素原子半径的周期性变化

3. 元素主要化合价的周期性变化

化合价是元素在形成化合物时表现出的一种性质，其数值是原子之间互相化合时原子得失电子的数目。化合价有正价和负价，失去电子的为“＋”价，得到电子的为“－”价。元素的化合价是元素的重要性质。

由表4－2－1可以看出，原子序数从3～10的元素，即从锂到氖，元素的最高正化合价从＋1（锂）递增到＋5（氮），从中部的元素开始有负价，负价从－4（碳）递变到－1（氟），氟后面是零价的稀有气体元素氖。

原子序数从11～18的元素，即从钠到氩，在极大程度上重复着3号元素锂到第10号元素氖所表现的化合价的变化，即正价从＋1（钠）逐渐递变到＋7（氯），从中部的元素开始有负价，负价从－4（硅）递变到－1（氯），氯后面是零价的稀有气体元素氩。

18号以后的元素的化合价，同样会出现与前面元素相似的变化。也就是说，元素的化合价随着原子序数的递增而呈周期性的变化。

综上所述，可以归纳出这样一条规律：元素的性质随着元素原子序数（核电荷数）的递增而呈周期性的变化。

二、元素周期表

把电子层数相同的各种元素，按原子序数递增的顺序从左到右排成横行，再把不同横行中最外层电子数相同的元素，按电子层数递增的顺序由上至下排成纵行，这样得到的一个表叫作元素周期表。

元素周期表是元素周期律的具体表现形式，它反映了元素之间相互联系的规律，是对元素的一种很好的自然分类。元素周期表有多种形式，目前广泛采用的是长式周期表。

1. 周期

具有相同的电子层数的元素按原子序数递增的顺序排列而成的一个横行，叫作一个周期。

（1）元素周期表中共有7个周期，其分类如下：

短周期（3个）：包括第一、二、三周期，分别含有2、8、8种元素；

长周期（4个）：包括第四、五、六、七周期，分别含有18、18、32、32种元素。

（2）某主族元素的电子层数＝该元素所在的周期数。

（3）第六周期中的57号元素镧（La）到71号元素镥（Lu）共15种元素，因其原子的电子层结构和性质十分相似，总称镧系元素。

（4）第七周期中的89号元素锕（Ac）到103号元素铹（Lr）共15种元素，因其原子的电子层结构和性质十分相似，总称锕系元素。在锕系元素中，92号元素铀（U）以后的各种元素，大多是人工进行核反应制得的，这些元素又叫作超铀元素。

2．族

在周期表中，将最外层电子数相同的元素按原子序数递增的顺序排成的纵行叫作一个族。

（1）周期表中共有18个纵行，16个族。分类如下：

①既含有短周期元素同时又含有长周期元素的族，叫作主族。用符号“A”表示。主族有7个，分别为ⅠA、ⅡA、ⅢA、ⅣA、ⅤA、ⅥA、ⅦA族（分别位于周期表中从左往右的第1、2、13、14、15、16、17纵行）。主族名称一般以最上面第一个元素取名，称某族，如ⅢA族称为硼族，ⅣA族称为碳族，ⅤA族称为氮族，ⅥA族称为氧族；也有反映元素性质的习惯名称，如ⅠA族称为碱金属族，ⅡA族称为碱土金属族，ⅦA族称为卤族等。

②只含有长周期元素的族，叫作副族。用符号“B”表示。副族有7个，分别为ⅠB、ⅡB、ⅢB、ⅣB、ⅤB、ⅥB、ⅦB族（分别位于周期表中从左往右的第11、12、3、4、5、6、7纵行）。

③在周期表中，第8、9、10纵行共12种元素，叫作Ⅷ族。

④稀有气体元素的化学性质很稳定，在通常情况下以单质的形式存在，化合价为0，称为0族（位于周期表中从左往右的第18纵行）。

（2）在元素周期表的中部，从ⅢB到ⅡB共10个纵列，包括第Ⅷ族和全部副族元素，统称为过渡元素。因为这些元素都是金属，故又叫作过渡金属。

（3）某主族元素所在的族序数＝该元素的最外层电子数＝该元素的最高正价数

三、主族元素性质的递变规律

元素周期表是根据元素周期律，也就是根据元素性质的周期性变化而排成的。因此，从元素周期表，我们可以更系统地来认识元素性质变化的规律性，更好地学习和掌握元素的性质。

1. 元素的金属性和非金属性

从原子结构的角度，元素的金属性指原子失去电子成为阳离子的能力，元素的非金属性指原子得到电子成为阴离子的能力。

从实验的角度，我们依据金属单质与水或酸反应置换出氢气的难易、金属氧化物对应的水化物的碱性强弱来判断元素金属性的强弱。置换出氢气越容易，其氧化物对应的水化物的碱性越强，元素的金属性越强。见表 4 -2 -2 中 Na、Mg、Al 的性质变化。

依据非金属单质与 H_2 化合的难易及气态氢化物的稳定性、最高价氧化物对应的水化物（最高价含氧酸）的酸性强弱来判断元素非金属性的强弱。与氢气反应越容易且生成的氢化物越稳定，其氧化物对应的水化物的酸性越强，元素的非金属性越强。见表 4 -2 -2 中 Si、P、S、Cl 的性质变化。

表 4 -2 -2　第三周期元素化学性质的递变规律

元素	Na	Mg	Al	Si	P	S	Cl
与水或酸反应置换氢气	与冷水剧烈反应，产生氢气	与沸水反应，生成氢气；与酸剧烈反应放出氢气	与稀酸溶液反应，生成氢气				
与氢气反应				高温下与氢气反应生成 SiH_4	磷蒸气与氢气反应生成 PH_3	硫与氢气加热反应生成 H_2S	氯气与氢气光照反应爆炸生成 HCl
				氢化物稳定性逐渐增强			
最高价氧化物	Na_2O	MgO	Al_2O_3	SiO_2	P_2O_5	SO_3	Cl_2O_7
对应水化物	NaOH 强碱	$Mg(OH)_2$ 中强碱	$Al(OH)_3$ 两性	H_2SiO_3 弱酸	H_3PO_4 中强酸	H_2SO_4 强酸	$HClO_4$ 最强酸
金属性和非金属属性	极活泼金属	活泼金属	两性元素	非金属	非金属	较活泼非金属	活泼非金属
结论	金属性渐弱，非金属性渐强 →						

对同一主族的元素，从上到下，原子的电子层数逐渐增多，原子半径逐渐增大，原子核对外层电子的吸引力逐渐减弱，元素原子失去电子的能力逐渐增强，得电子的能力逐渐

减弱，所以元素的金属性逐渐增强，非金属性逐渐减弱。

这可以从碱金属族、碱土金属族和卤族元素化学性质的递变规律得到证明。碱金属元素的金属性从上到下逐渐增强，卤素的非金属性从上到下逐渐减弱。

在元素周期表中，主族元素的金属性和非金属性的递变规律见表4－2－3。

元素的金属性和非金属性没有严格的界限，所以位于分界线附近的元素，既表现出某些金属性质，又表现出某些非金属性质。铝元素就表现出典型的两性特点，既有金属性，又有非金属性。

表4－2－3　主族元素金属性和非金属性的递变

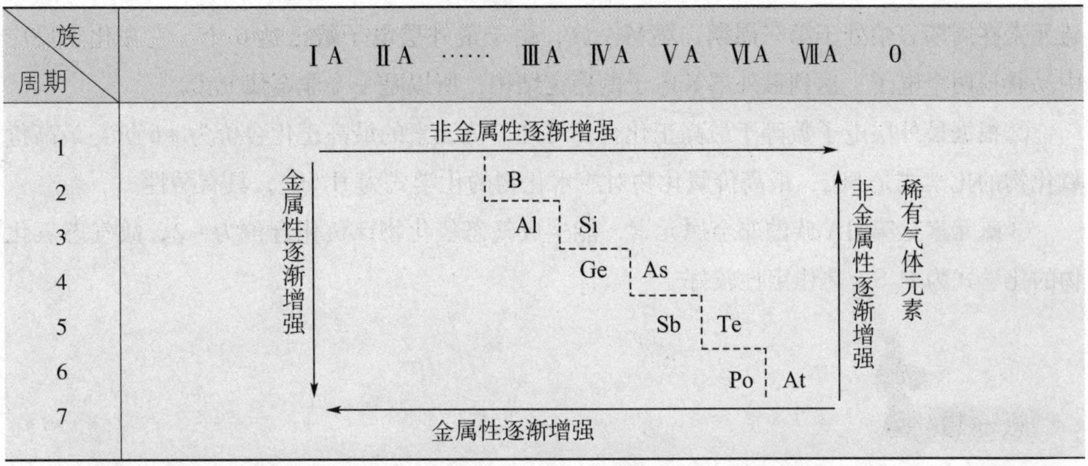

2．元素的化合价

元素的化合价与原子的电子层结构密切相关。对主族元素而言，元素原子的最外层电子，叫作价电子。价电子的数目即最外层电子的数目决定元素的化合价。已知主族元素的序数等于元素的最外层电子数，所以，主族元素的最高正化合价等于它所在族的序数（氧元素和氟元素除外）。非金属元素的最高正化合价和它的负化合价绝对值的代数和等于8。例如，氮元素是ⅤA族元素，其最外层电子数是5，即价电子数是5，最高正价是＋5价，负价是－3。见表4－2－4。

表4－2－4　主族元素的最高正化合价和负化合价

主族	ⅠA	ⅡA	ⅢA	ⅣA	ⅤA	ⅥA	ⅦA
最外层电子数	1	2	3	4	5	6	7
最高正化合价	+1	+2	+3	+4	+5	+6	+7
负化合价				−4	−3	−2	−1

稀有气体元素原子的最外电子层有8个电子（氦因为只有一个电子层而有2个电子），已经达到饱和，形成稳定结构，一般情况下很难失去或得到电子，所以它们的化合价为0。

总之，元素的性质是由原子结构决定的，元素在周期表中的位置可反映元素的原子结构和一定的性质。所以，根据元素在周期表中的位置，可以推断某种元素的性质。例如，要推断原子序数为16的硫元素的性质，硫的原子结构示意见图4－2－2。从图4－2－2可分析得出以下结论：

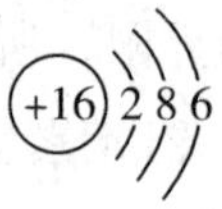

图4－2－2　硫的原子结构示意图

①根据原子的电子层数等于周期序数，以及最外层上的电子数等于所在主族序数可知，硫元素在周期表中处于第三周期，第ⅥA族，由于最外层电子数已达6个，它在化学反应中易获得两个电子，达到最外层8电子的稳定结构，所以是一个非金属元素。

②根据最外层电子数等于最高正化合价可知，硫元素的最高正化合价为+6价，最高价氧化物的化学式是SO_3，最高价氧化物对应水化物的化学式为H_2SO_4，具有酸性。

③硫元素是第ⅥA族的非金属元素，能生成气态氢化物，负化合价为－2，故气态氢化物的化学式为H_2S，热稳定性较好。

想一想

如上所述，推断15号P元素的性质。

任务评价

表4－2－5　任务评价表

评价项目	评价要素
观察和分析	仔细观察元素周期表，找出元素性质的规律性
讨论	提出问题，解决问题
任务检测	能正确说出元素性质的周期性变化

任务三　了解物质的结构

任务描述

在原子结构的基础上，进一步研究原子如何相互结合形成分子，以及分子结构与物质性质的关系。

任务目标

- 了解离子键和共价键的形成过程，掌握化学键的本质；
- 知道化学键的极性，会判断一些常见分子的极性；
- 了解分子间力、氢键及其对物质的物理性质的影响。

任务分析

前面两个单元，我们认识了金属元素和卤族元素，通过宏观的化学实验，知道了金属和非金属元素的性质特点。结构决定性质，了解分子的结构特点和分子间作用力的存在，有助于我们更好地理解物质的物理性质和化学性质，分析和解释生产及生活中的化学现象。

一、任务准备

1. 仪器和药品

金属钠、氯气（集气瓶）、四氯化碳、蒸馏水、燃烧匙、酒精灯、酸式滴定管、烧杯、玻璃棒。

2. 安全和环保

通风橱、细沙。

二、任务过程

1. 取一小块金属钠，用滤纸吸干表面的煤油，放入燃烧匙中，加热后伸进盛有氯气的集气瓶中，钠在氯气中燃烧，观察现象及产物。解释现象，并写出有关化学方程式。从电子得失角度分析产物形成的过程。

实验现象＿＿＿＿＿＿＿＿＿＿＿＿＿＿＿＿＿＿＿＿＿＿＿＿＿＿＿＿＿＿＿＿；

化学方程式＿＿＿＿＿＿＿＿＿＿＿＿＿＿＿＿＿＿＿＿＿＿＿＿＿＿＿＿＿＿；

用电子式表示化学键的形成过程＿＿＿＿＿＿＿＿＿＿＿＿＿＿＿＿＿＿＿＿。

2. 如图 4－3－1 所示，在酸式滴定管中注入 30 毫升蒸馏水，夹在滴定管夹上，滴定管下端放一大烧杯，把用丝绸或尼龙布摩擦带电的玻璃棒或塑料棒接近水流，观察水流方向有没有变化。

实验现象及解释＿＿＿＿＿＿＿＿＿＿＿＿＿＿＿＿＿＿＿＿＿＿＿＿＿＿＿＿；

用同样的方法换成 CCl_4 进行实验。

实验现象及解释＿＿＿＿＿＿＿＿＿＿＿＿＿＿＿＿＿＿＿＿＿＿＿＿＿＿＿＿。

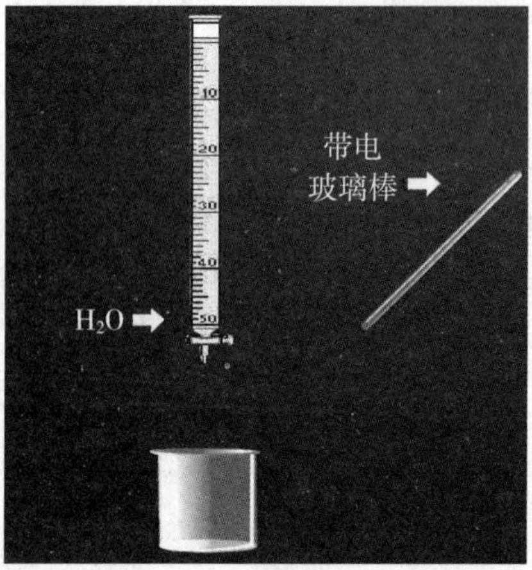

图 4－3－1　水分子的极性

注意：如实验时水流不发生偏转，原因可能是：空气湿度太大；水的流速过大；水流太粗等。所以，实验时选用的各种棒的表面要清洁、干燥；如空气湿度较高时，应先烘干再使用；要在风小的场所进行实验，以免风吹液流影响实验结果。实验所用的水不能加有色物质（因多为极性分子）。

三、任务检测

镁条在空气中燃烧，有什么实验现象，写出有关方程式；从电子得失角度分析反应过程。

相关知识

物质的结构

一、化学键

在自然界中，除了稀有气体为单原子分子之外，其他物质都是由一种或几种元素的原子按一定的方式结合成分子或晶体而存在的。这一客观事实表明，由原子结合而成的分子或晶体，要比单个原子能量更低，因而比单个原子稳定；另一方面，原子在分子或晶体中，并不是简单的堆砌，而是存在着强烈的相互作用而结合在一起。例如我们周围空气中存在的氮气分子（N_2），由两个氮原子相互结合在一起；璀璨夺目的钻石，由无数个碳（C）原子相互结合在一起；我们熟悉的水分子由氧原子和氢原子结合在一起，即使加热变成水蒸气，氧原子和氢原子也不会分开，还是 H_2O 分子。通常把分子或晶体中直接相邻的原子（或离子）间的强烈相互作用，称为化学键。化学键可分为离子键、共价键和金属键三种类型。在上述三种类型化学键中，共价键具有特殊地位，在已知的全部化合物中，以共价键结合的化合物约占 90%。

1．离子键

活泼金属元素的原子容易失去电子，活泼非金属元素的原子容易得到电子。这两种元素的原子相接触时，会发生电子转移，形成带相反电荷的阳离子和阴离子。金属钠在氯气中剧烈燃烧，生成白色氯化钠固体的反应，就是一个典型的例子。

钠是活泼的金属元素，最外层有一个电子，容易失去该电子而成为 Na^+；氯是活泼的非金属元素，最外层有 7 个电子，容易获得 1 个电子形成 Cl^-。当钠与氯气反应时，钠原子的最外电子层的一个电子转移到氯原子的最外电子层上去。它们的最外层都达到了 8 电子的稳定结构。

当 Na^+ 和 Cl^- 相互靠近时，既有正负离子间的相互吸引，又有两离子外层电子及两个原子核之间的相互排斥。随着正负离子距离的变化，吸引力与排斥力达到平衡，Na^+ 和 Cl^- 之间就形成了稳定牢固的化学键。如图 4－3－2 所示。

（a）金属钠在氯气中燃烧

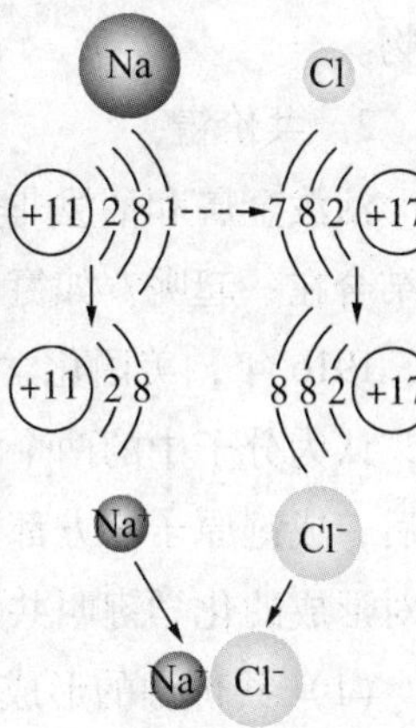

（b）电子的得失

图 4－3－2　氯化钠的形成过程

像氯化钠这样，由阴、阳离子间通过静电作用而形成的化学键称为离子键。

想一想

为什么稀有气体的元素原子能在自然界稳定存在？查阅资料，说明 Na、Cl、Fe、C、Al 元素在自然界的主要存在形式。

在化学反应中，一般是原子的最外层电子发生变化。为简便起见，可以在元素符号周围用小黑点 · 或 × 来表示原子的最外层电子，这种方式叫作电子式。例如：氢原子（H·）、钠原子（·Na）、镁原子（·Mg·）、铝原子（·Al·）、碳原子（·C·）、氮原子（·N·）、硫原子（·S·）、氩原子（:Ar:）。

也可以用电子式来表示物质的形成过程。例如，氯化钠的形成过程用电子式表示如下：

$$Na^{\times} + \cdot Cl: \longrightarrow Na^{+}[\times Cl:]^{-}$$

当活泼金属（如 K、Ca、Na 等）与活泼非金属（如 O、Cl、Br 等）化合时，容易形成离子键。例如：

$$:Br\cdot + \times Mg \times + \cdot Br: \longrightarrow [:Br\times]^{-}Mg^{2+}[\times Br:]^{-}$$

$$Na\cdot + \cdot S \cdot + \cdot Na \longrightarrow Na^{+}[\times S \times]^{2-}Na^{+}$$

$$\times Ca \times + \cdot O \cdot \longrightarrow Ca^{2+}[\times O \times]^{2-}$$

以离子键形成的化合物称为离子化合物。绝大多数的盐、碱和金属氧化物都是离子化合物。

2．共价键

活泼金属和活泼非金属原子间可以形成离子键，那么，非金属原子之间通过怎样的作用结合在一起呢？如氮气分子、水分子和二氧化碳分子等。

1916 年，美国化学家 G. N. 路易斯（G. N. Lewis）提出了共价学说，建立了经典的共价理论，认为分子中的两个相邻原子间可以通过共用一对或几对电子而结合成分子，共用电子对后，成键原子双方都可以达到稀有气体的 2 或 8 电子稳定构型。这种原子间通过共用电子对形成的化学键叫共价键。

（1）共价键的形成过程

例如：H 原子的最外层有一个电子，它可以和另一个 H 原子的一个电子配对，形成两个氢原子所用的共用电子对，每个氢原子都达到最外层 2 个电子的稳定结构，形成稳定的氢气分子：

$$H\cdot + H\times \longrightarrow H\overset{\times}{\cdot}H$$

在化学上用一根短线表示一对共用电子，因此氢气分子又可表示为 H—H，这种用一根短线来代表一对共用电子的式子叫作结构式。“—”既表示一对共用电子对，又表示一个共价键。

氯气分子的形成过程和氢气分子相似，两个氯原子共用一对电子，每个氯原子都具有最外层 8 电子的稳定结构，氯气分子的结构式表示为 Cl—Cl。

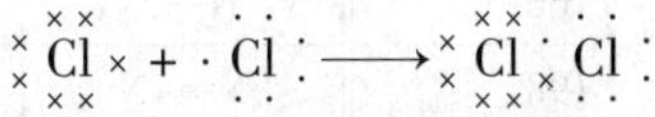

氮分子的形成过程有所不同，两个氮原子共用三对电子，形成三键，表示为 N≡N。

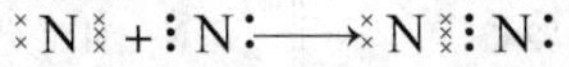

氯化氢分子是由不同的非金属原子以共价键结合成的分子，氢原子和氯原子共用一对电子，表示为 H—Cl，其形成过程如下：

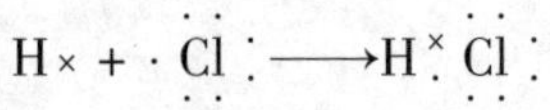

水分子是由不同种非金属原子以共价键结合成的分子，其电子式和结构式表示为：

（2）共价键的属性

①键能　键能是从能量角度来衡量共价键强弱的物理量，用来说明断开或形成一个化学键的难易程度。一般来说，键能越大，化学键越牢固，越难以断开，含有该键的分子就越稳定。

在 298 K，101. 325 kPa 的条件下，将 1 mol 气态双原子分子 A—B 中的化学键断开，使其变成气态的 A 原子和 B 原子时所需的能量，称为键能。

例如：H—H 键的键能为 436 kJ/mol，即断开 1 molH—H 键生成 2 mol 气态氢原子，需要吸收 436 kJ 的能量。表 4 - 3 - 1 列出了一些常见共价键的键能。

②键长　在分子中，两个成键原子核间的平均距离（即核间距）为键长。常用单位为 pm（皮米，1 pm = 10^{-12} m），见表 4 - 3 - 1。一般情况下，成键原子的半径越小，成键的电子对越多，其键长越短，共价键越牢固。图 4 - 3 - 3 表示 H—H 的键长为 0.74×10^{-10} m。

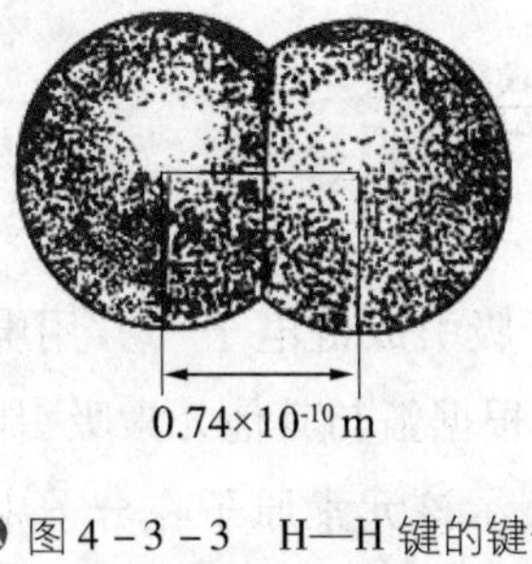

图 4 - 3 - 3　H—H 键的键长

表 4－3－1　一些共价键的键能和键长

共价键	键长/pm	键能/（kJ/mol）	共价键	键长/pm	键能/（kJ/mol）
H—H	74	436	C—C	154	346
H—F	92	570	C═C	134	602
H—Cl	127	432	C≡C	120	835
H—Br	141	166	N—N	145	159
H—I	161	198	N≡N	110	946
F—F	141	159	C—H	109	414
Cl—Cl	199	243	N—H	101	389
Br—Br	228	193	O—H	96	464
I—I	267	151	S—H	134	368

想一想

C—C、C═C、C≡C 的键长哪个最长？

③键角　分子中键与键之间的夹角称为键角。分子的空间构型取决于键角和键长的大小。一般知道一个分子的键长、键角，就可以推知分子的空间构型。图 4－3－4 所示表示部分分子的键长和键角。

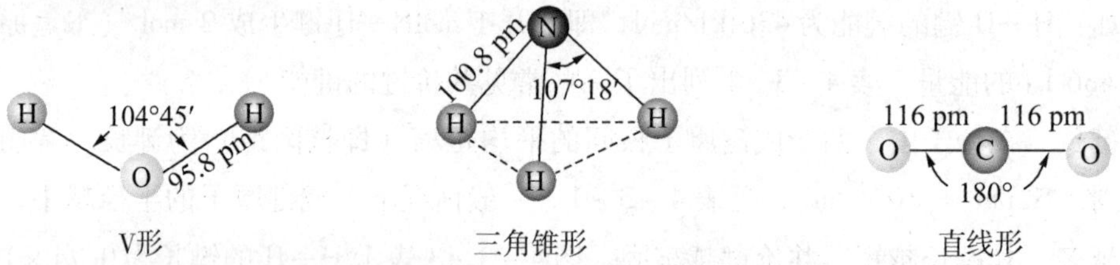

图 4－3－4　H_2O、CO_2、CH_4 分子中的键长和键角

二、非极性分子和极性分子

1. 电负性

元素电负性是指在分子中原子吸引成键电子（共用电子对）的能力。指定最活泼的非金属元素氟的电负性为 4.0，然后根据氟与其他元素吸引电子能力的比较，求出其他元素的电负性。元素电负性数值越大，表示该元素原子在分子中吸引成键电子的能力越强；反之则越弱。常用元素电负性数值见表 4－3－2。

表 4-3-2　常见元素电负性数值

H	C	N	O	F	Na	P	S	Cl	Br
2.1	2.5	3.0	3.5	4.0	0.9	2.1	2.5	3.0	2.8

2. 非极性键和极性键

H˟Cl∶氢分子的电子式是 H∶H，两个氢原子吸引电子的能力相同，即电负性相同，共用电子对不偏向任何一个原子，成键的两个氢原子都不显电性。这种共用电子对没有偏向的共价键，叫作非极性共价键，简称非极性键。一般情况下，同种非金属原子之间形成的共价键都是非极性键。如 H_2、F_2、Cl_2、Br_2、O_2、N_2 等分子中的共价键都是非极性键。

氯化氢分子的电子式是 H˟Cl∶，氢原子和氯原子的电负性不同，氯原子的电负性比氢原子的电负性大，即氯原子吸引电子的能力比氢原子强，所以，共用电子对偏向电负性大的或者说吸引电子能力强的氯原子一方，使氯原子相对地显负电性，氢原子自然就显正电性，这种共用电子对有偏向的共价键叫作极性共价键，简称极性键。在化合物分子中，不同种非金属原子之间形成的共价键都是极性共价键。尽管氯原子显负电性，氢原子显正电性，但氯化氢分子仍然是电中性的。

那么，怎样表示一个共价键的极性呢？在氯化氢分子中，由于共用电子对仅仅是偏向氯原子，即氯原子并未完全得到氢原子的这个核外电子，所以在氯化氢分子中，尽管氯原子的化合价是 -1，但其电荷数达不到 -1，我们用部分负电荷来表示，写作 δ^-，氢原子所带正电荷数与其相等，写作 δ^+。

例如：$H^{\delta+}$—$Cl^{\delta-}$、$O^{\delta-}$—$H^{\delta+}$、$C^{\delta+}$—$O^{\delta-}$、$C^{\delta+}$—$Cl^{\delta-}$ 等。

知道成键原子所显示的电性，对我们后续有机化合物知识的学习将会有很大帮助。

但是，不同极性键的极性有强有弱。我们可以根据两个成键原子的电负性之差来判断键的极性强弱。电负性之差越大，键的极性就越强。例如 C—H 键的极性较弱，因为 C、H 原子的电负性之差只有 0.4；O—H 键的极性较强，因为 O、H 原子的电负性之差是 1.4。

3. 非极性分子和极性分子

任何分子都是由带正电荷的核和带负电荷的电子组成的。对于每一种电荷，可看作与物体的质量一样，有一个重心，即假定电荷集中于一点。我们把分子中正电荷集中的点称为正电荷中心；负电荷集中的点称为负电荷中心。分析各种分子，发现有的分子正负电荷中心重合，有的不重合。我们把正负电荷中心重合的分子叫非极性分子；正负电荷中心不重合的分子叫极性分子。如图 4-3-5 所示。

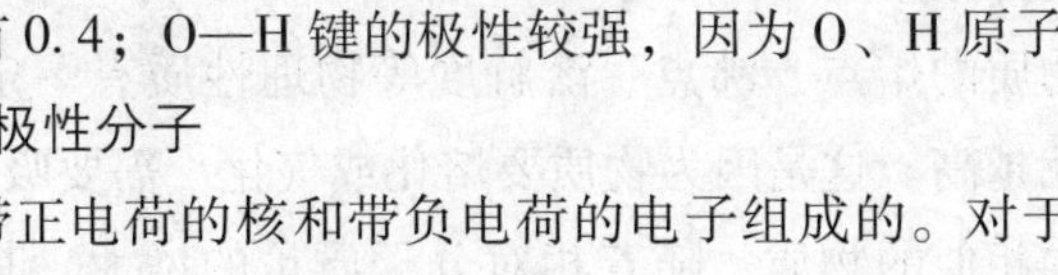

（a）极性分子　　（b）非极性分子

图 4-3-5　分子中电荷分布示意图

以非极性键结合的双原子分子，或者说同种原子形成的双原子分子，如 H_2、O_2、N_2、Cl_2 等单质分子都是非极性分子。

以极性键结合的双原子分子，或者说不同种原子形成的双原子分子，如 HCl、CO、HBr 等分子都是非极性分子。

以极性键结合的多原子分子，可能是极性分子，也可能是非极性分子。例如：H_2O、H_2S、NH_3、SO_2 都是极性分子。对 CO_2、CS_2、BF_3、CH_4、CCl_4 等分子而言，尽管分子中的共价键都是极性键，但它们都是空间构型对称的分子，正负电荷中心重合，所以它们都是非极性分子。

※三、分子间作用力

1. 分子间力

在共价分子中，除了原子间存在着强烈的共价键作用外，分子之间还存在着比化学键弱得多的相互吸引的作用，这种相互吸引的作用叫分子间力。1873 年，荷兰物理学家范德华注意到这种力的存在并进行研究，所以人们称分子间的力为范德华力。正是这种分子间相互作用的存在，大量分子才能聚集成气体、液体或固体。

对于水分子而言，如果没有分子间力的存在，水分子就会变得无拘无束，自然界就不会有美丽的雪花、晶莹的冰块，也没有河流湖泊和无边无际的海洋。可以说，没有分子间作用力的世界是无法想象的。

从能量上来看，分子间力比化学键要小得多。化学键键能约为 125.4～836 kJ/mol，而分子间力的能量约为 10～40 kJ/mol。例如，H—Cl 分子的键能是 431 kJ/mol，而分子间力的能量为 21.14 kJ/mol。

分子间力的范围较小（在 300～500 pm 范围内较显著），所以固态时分子间力较大，液态次之，而气态时分子间力很小。

分子间力的大小对物质的熔点、沸点、溶解度等物理性质有一定的影响。分子间力越大，物质的熔点、沸点就越高。这是因为物质要熔化或气化，需要吸收能量克服分子间力。

一般地说，组成结构相似的物质，随着相对分子质量的增大，其分子间力也增大，熔点、沸点也随之升高。例如，卤素单质的熔点和沸点随相对分子质量的增大而升高。见表4－3－3。

表 4－3－3　卤素单质的熔点和沸点

卤素单质	F_2	Cl_2	Br_2	I_2
相对分子质量	38	71	160	254
熔点/℃	－219.6	－101	－7.3	113.5
沸点/℃	－188	－34.1	58.8	184.4
相对分子质量增大，熔点、沸点升高				

2. 氢键

从表 4-3-4 中发现，相对分子质量较小的 HF、H_2O 出现了沸点较高的反常现象。显然，这些分子之间除了分子间力以外，还存在一种特殊的分子间作用力，这就是氢键。

表 4-3-4　某些氢化物的沸点

氢化物	相对分子质量		沸点/K		氢化物	相对分子质量		沸点/K	
H_2O	18	相对分子质量增大	373	沸点升高	HF	20	相对分子质量增大	293	沸点升高
H_2S	34		212		HCl	36.5		188	
H_2Se	81		232		HBr	80.9		205	
H_2Te	130		271		HI	127.9		238	

以水分子为例：在水分子中，由于氧原子吸引电子的能力很强，H—O 键的极性很强，共用电子对强烈偏向氧原子一端，氢原子几乎成了完全带正电的质子。这个氢原子和另一个水分子中的氧原子之间产生静电引力，表示为 O—H⋯O（虚线表示氢键），这种静电引力就是氢键。

分子间形成氢键可使分子间的结合力加强，欲使固体融化或液体气化，除了要克服纯粹的分子间力以外，还必须额外地提供一份能量来破坏分子间的氢键。因此，分子间能形成氢键的物质其熔点、沸点要比同类化合物高。所以 H_2O、HF 的熔点、沸点高于同族内的其他氢化物的熔点、沸点。图 4-3-6 中的虚线就是 HF 分子之间形成的氢键。

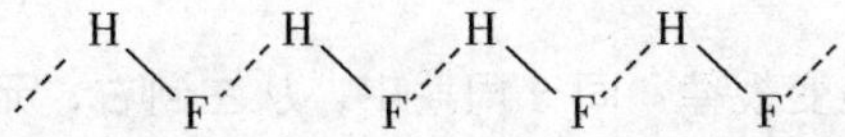

图 4-3-6　HF 分子中的氢键

如果溶质分子和溶剂分子之间能形成氢键，则溶质在溶剂中的溶解度将增大。如氨气极易溶于水。

形成氢键需要什么条件呢？如果我们用 X—H⋯Y 中的虚线表示氢键，X 和 Y 只要是 N、O、F 中的一种原子，就会形成氢键，X 和 Y 可以相同，也可以不同。例如氨分子和水分子之间的氢键：表示为 HO—H⋯NH_3。

氢键不是化学键，是一种特殊的分子间作用力。氢键比化学键要弱得多，但比范德华力要大。例如，水分子中 O—H 共价键的键能是 464 kJ/mol；O—H⋯O 中氢键的键能是 18.8 kJ/mol；水分子之间的范德华力是 15.15 kJ/mol。

单元小结

一、原子结构

1．原子的构成：原子由原子核和核外电子构成。

2．同位素：具有相同质子数和不同中子数的同一元素的原子互称同位素。

3．核外电子的运动特征：电子云。

4．核外电子的排布：在多电子原子中，核外电子是分层排布的；各电子层容纳一定数目的电子数。

二、元素周期律和元素周期表

1．元素的性质随着元素原子序数的递增而呈周期性变化的规律叫作元素周期律。

2．根据元素周期律，把元素按原子序数递增的顺序以一定规律排列，形成元素周期表。

①在周期表中，具有相同电子层数，并按照原子序数递增的顺序排列的一系列元素，称为一个周期。②周期表中每个纵行叫作一个族（第Ⅷ族包括三个纵行）。在整个周期表里，共分 8 个周期，16 个族。

在周期表中元素性质的递变规律：同一周期中，从左到右，元素的金属性逐渐减弱，非金属性逐渐增强。同一主族中，从上到下，元素的金属性逐渐增强，非金属性逐渐减弱。

三、化学键

在原子结合成分子的时候，相邻的两个或多个原子之间强烈的相互作用叫作化学键。

化学键
- 离子键：阴、阳离子间通过静电作用所形成的化学键叫作离子键。
- 共价键：原子间通过共用电子对所形成的化学键叫作共价键。
  - 非极性键：同种原子形成共价键，共用电子对不偏向任何一个原子，这样的共价键叫作非极性共价键。
  - 极性键：不同种原子形成共价键，共用电子对偏向吸引电子能力强的原子一方，这样的共价键叫作极性键。
  - （非极性键、极性键）共价键具有键能、键长、键角等属性。

四、非极性分子和极性分子

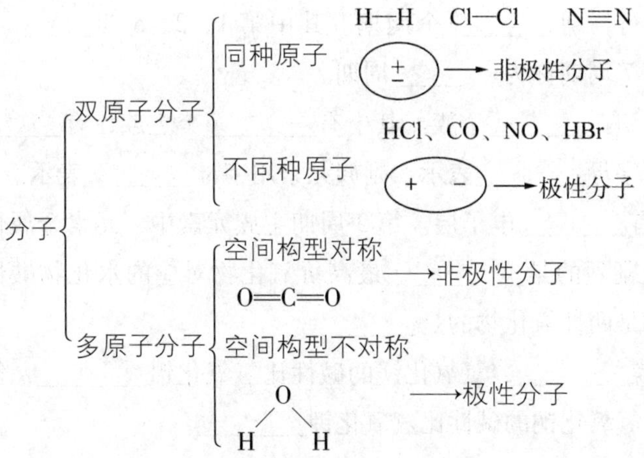

五、分子间力和氢键

1．分子间力

分子间存在着的一种相互吸引作用，称为分子间力，也叫作范德华力。

从能量上来看，分子间力比化学键要小得多。物质的熔点、沸点、溶解度等物理性质主要取决于分子间力的大小。

2．氢键

氢原子与吸引电子能力很强的元素（如 F、O、N）原子结合时，它与另一分子中吸引电子能力很强、带负电荷的原子之间产生的静电吸引力叫作氢键。

X—H···Y 中的虚线表示氢键，X 和 Y 只要是 N、O、F 中的一种原子，就会形成氢键，X 和 Y 可以相同，也可以不同。

由于氢键的存在，使得某些物质的熔、沸点较高。

综合测试

一、填空题

1．具有相同核电荷数的同一类原子的总称是________。

2．由同种元素组成的不同单质互称为________。

3．具有相同质子数和不同中子数的同种元素的原子互称为________。

4．$^{27}_{13}A$ 的原子中有________个质子，有________个中子，有________个核外电子，其原子的质量数是________。

5. $^{12}_{6}C$，$^{14}_{6}C$，$^{14}_{7}N$，$^{16}_{8}O$，其中：（1）互为同位素的是___________。（2）质量数相等但质子数不等的是___________。（3）中子数相等但质子数不等的是___________。

6. 元素周期表有________个行，即________个周期。其中第 1、2、3 叫________周期，第________周期叫长周期，第 7 周期称为________周期。

7. 元素周期表有________列，有________个族。其中有________个主族，有________个副族。主族元素在序数的后面用字母________表示，副族元素用字母________表示。

8. 第 3 周期元素的原子核外有________电子层。第 3 周期主族元素中，元素金属性最强的是________，单质与水反应最剧烈的是________，最高价氧化物对应的水化物酸性最强的酸是________，最高价氧化物是两性氧化物的是________。

9. 氢氧化钠的碱性比氢氧化镁________，氢氧化镁的碱性比氢氧化铝________，氢氧化钠的碱性比氢氧化锂________，氢氧化钠的碱性比氢氧化钾________。

10. 硫酸酸性比磷酸________，因为同一周期的元素，从左到右非金属性________，所以它们的最高氧化物对应的水化物的酸性________。

11. 钠原子最外层有________个电子，氯原子最外层有________个电子。在钠和氯反应中，钠原子易________电子，形成________价的钠离子，氯原子易________电子，形成________价的氯离子。在氯化钠中钠离子和氯离子之间存在着强烈的________，称为________键。氯化钠的电子式____________________。

12. 氯化氢分子形成过程中，氢原子和氯原子各以最外层的________个电子组成一对，这对电子在两个原子核外的空间运动，使两个原子的最外层都达到________结构。氯化氢分子中的化学键称为________键。氯化氢分子的电子式________________。

13. NaOH、H_2S、CaO、Cl_2 中只有离子键的是________，既有离子键又有共价键的是________，只有共价键的是________。

14. 一种元素原子的 M 电子层上有 5 个电子。该原子中共有______电子，分布在______个电子层上，最外电子层上有______个电子。它位于______周期______族，其气态氢化物的电子式是______________，最高氧化物的水化物的化学式是___________________。

二、选择题

1. 下列微粒中最外层电子数最多的是（　　）。

A. Na^+　　B. S　　C. H　　D. Al

2. 下列说法中正确的是（　　）。

A. 同种元素的原子和离子的化学性质相同

B. 质子数相同的原子一定属于同种原子

C. 离子化合物中只存在离子键

D. 离子化合物中必定存在离子键，也可能存在共价键

3. 跟氖原子具有相同电子层结构的一组离子是（　　）。

A. F^-、Cl^-　　B. Na^+、Al^{3+}　　C. K^+、Cl^-　　D. Mg^{2+}、S^{-2}

4. 下列各组气态氢化物稳定性顺序正确的是（　　）。

A. $HI > HBr > HCl$　　B. $H_2O > H_2S > HCl$

C. $HF > HCl > H_2S$　　D. $SiH_4 > PH_3 > NH_3$

5. 下列各组酸的酸性强弱顺序中错误的是（　　）。

A. $HClO_4 > HBrO_4 > HIO_4$　　B. $H_2SO_4 > H_3PO_4 > H_2SiO_3$

C. $H_3PO_4 > H_2SiO_3 > H_2CO_3$　　D. $HNO_3 > H_3PO_4 > H_3AlO_3$

6. A 和 B 原子的最外电子层上分别有 3 个电子和 6 个电子。它们相互形成化合物的化学式是（　　）。

A. AB　　B. AB_2　　C. A_2B　　D. A_2B_3

7. 下列物质中，既有离子键又有共价键的是（　　）。

A. NaCl　　B. H_2O　　C. NH_4Cl　　D. CH_4

8. 下列物质属于离子化合物的是（　　）。

A. NH_3　　B. O_2　　C. HBr　　D. $MgCl_2$

9. 下列分子中，具有极性键的双原子分子是（　　）。

A. H_2O　　B. H_2　　C. CO_2　　D. HI

10. 下列物质碱性最强的是（　　）。

A. 氢氧化镁　　B. 氢氧化钙　　C. 氢氧化锶　　D. 氢氧化钡

三、简答题

1. 写出下列原子或离子的电子式。

（1）H　（2）Na　（3）Mg　（4）O　（5）Na^+　（6）NH_4^+　（7）Cl^-　（8）OH^-

2. 写出下列物质的形成过程。

（1）用电子式表示 MgO、Na_2S、$MgCl_2$ 的形成过程；

（2）用电子式表示 H_2O、HBr、CH_4 的形成过程。

第五单元

化学反应速率和化学平衡

单元概述

研究化学反应，不仅要注意其产物的种类，还必须注意另外两个重要问题，即化学反应速率和反应平衡。为了更科学、更有效地利用化学反应，需要从化学反应速率和化学平衡等角度对其进行研究。化学反应速率研究反应进行的快慢，主要讨论反应多长时间能够完成；化学平衡主要研究可逆反应的规律，探讨反应进行的程度。本单元的学习方式是通过完成实验任务，了解并掌握浓度、温度、压强及催化剂对化学反应速率和化学平衡的影响。在此基础上认识控制反应条件对生产、生活及科学研究的意义。

单元目标

- 理解化学反应速率的定义，知道化学反应速率表达式的意义；
- 理解化学反应速率方程的意义；
- 能说出温度、浓度、压力和催化剂等因素对化学反应速率的具体影响；
- 能确认化学平衡状态的存在并说明化学平衡的特点；
- 了解标准平衡常数的写法，知道标准平衡常数数值大小的意义；
- 掌握温度、浓度、压力等因素对化学平衡的影响，能利用平衡移动原理判断化学平衡的移动方向；
- 了解平衡移动原理在化工生产中的应用并能进行简单说明。

任务一　探究影响化学反应速率的因素

任务描述

通过化学实验操作，观察实验现象，探讨浓度、压强、温度和催化剂等对化学反应速率的影响。

任务目标

- 通过实例和实验初步认识化学反应速率及其影响因素；
- 探究浓度、压强、温度和催化剂等条件对化学反应速率的具体影响，初步了解如何调控化学反应的快慢。

任务分析

选取现象明显的化学反应，通过改变化学反应条件，让学生观察、归纳反应速率的改变情况。引导学生对自己熟悉的化学反应进行分析，初步体验归纳总结解决问题的科学方法。

任务实施

一、任务准备

1. 仪器和药品

仪器：试管、玻璃棒、酒精灯。

药品：H_2O_2(5%、3%、2%)、$FeCl_3$(0.5 mol/L)。

2. 安全和环保

实验完成后，将废纸放入废纸桶，反应液倒入废液桶。

二、任务过程

1. 浓度对化学反应速率的影响

向两支试管中加入相同体积的5%和2%的过氧化氢，再分别加入几滴 $FeCl_3$ 溶液，比较试管中产生气泡的速率（$FeCl_3$ 起催化作用，两支试管中要加入等量的 $FeCl_3$）。

根据实验现象，判断浓度对化学反应速率的影响：______________。

反应的化学方程式：______________。

2. 温度对化学反应速率的影响

向两支试管中分别加入相同体积的5%的过氧化氢，然后把洁净的热玻璃棒（不能过热）插入其中的一支试管中，比较两支试管中发生的现象。

根据实验现象，分析温度对反应速率的影响：______________。

3. 催化剂对化学反应速率的影响

分别向两支试管中加入相同体积的5%过氧化氢，然后向其中的一支试管内加入几滴 $FeCl_3$ 溶液，比较两支试管中发生的现象。

根据实验现象，分析催化剂对反应速率的影响：______________。

三、任务检测

在下列事实中，什么因素影响了化学反应速率？

1. 蜡烛在氧气中燃烧比在空气中燃烧更加剧烈：______________。

2. 同体积、同浓度的硫酸和盐酸与同样大小且质量相等的锌粒反应，产生气体的速度前者更快：______________。

3. 熔化的氯酸钾放出气泡很慢，撒入少量二氧化锰很快产生气体：______________。

4. 同浓度、同体积的盐酸放入同样大小的锌粒和镁条，产生气体有快有慢：______________。

5. 同样大小的石灰石分别在0.1 mol/L盐酸和1 mol/L的盐酸中反应速率不同：______________。

6. 夏天食品易霉变，而冬天则不易发生该现象：______________。

7. 冷冻食品可以延长食品的保鲜期：______________。

8. 在生产、生活和化学实验中，人们加快或延缓化学反应速率的方法：______________。

相关知识

化学反应速率

一、化学反应速率的表示方法

不同化学反应的速率相差很大：有的在瞬间即可完成，如炸药的爆炸，酸碱的中和反应等；有的则需要很长时间才能察觉，如岩石的风化、高聚物的老化等；而煤和石油在地壳中的形成，则需要几十万年甚至更长的时间。

通常，用单位时间内生成物浓度的增加量或反应物浓度的减少量，即用化学反应速率来表示化学反应的快慢。化学反应速率越大，反应进行得越快。浓度的单位常用 mol/L，时间的单位可用 s（秒）、min（分）、h（小时）、d（天）等。

$$v=\frac{\Delta c}{\Delta t}$$

式中：v——反应速率，单位为 $mol\cdot L^{-1}\cdot s^{-1}$ 或 $mol\cdot L^{-1}\cdot min^{-1}$；

Δc——浓度变化值，单位为 $mol\cdot L^{-1}$；

Δt——浓度变化所需要的时间，单位为 s 或 min。

【例 5－1－1】在某条件下，合成氨反应过程中，各物质浓度变化情况如下：

	$N_2(g)$	$+3H_2(g)\rightleftharpoons$	$2NH_3(g)$
起始浓度/（mol/L）	1.0	3.0	0
2 s 末浓度/（mol/L）	0.8	2.4	0.4

若用生成物 NH_3 在这段时间内浓度的增加来表示反应速率，则

$$v(NH_3)=\frac{\Delta c(NH_3)}{\Delta t}=\frac{(0.4-0)\ mol/L}{(2-0)\ s}=0.2\ mol/(L\cdot s)$$

若用反应物 N_2、H_2 在这段时间内浓度的减少来表示反应速率，则

$$v(N_2)=\frac{\Delta c(N_2)}{\Delta t}=\frac{(1.0-0.8)\ mol/L}{(2-0)\ s}=0.1\ mol/(L\cdot s)$$

$$v(H_2)=\frac{\Delta c(H_2)}{\Delta t}=\frac{(3.0-2.4)\ mol/L}{(2-0)\ s}=0.3\ mol/(L\cdot s)$$

需要注意的是，同一个反应，不同物质表示的反应速率之比等于化学计量数之比，如上述反应，$v(NH_3):v(N_2):v(H_2)=2:1:3$。因此在表示反应速率时，必须注明用哪种物质表示的反应速率。

想一想

对于化学反应 $2NO + O_2 \xlongequal{} 2NO_2$，当分别用 NO、$O_2$、$NO_2$ 三种物质表示该反应的速率时，它们的速率之比等于________。

二、影响化学反应速率的因素

大量事实证明，浓度、压强、温度以及催化剂等外界条件的改变都会影响化学反应速率。在生产和实验中，常常通过改变外界条件来控制反应速率，如加大汽车油门、向炉膛内鼓风、把食物放进冰箱、在糕点内放置除氧剂等。

1．浓度

［演示实验 5－1－1］取两支试管，各加入 4 mL 0.01 mol/L 的 $KMnO_4$ 溶液，然后向一支试管中加入 2 mL 0.1 mol/L 的 $H_2C_2O_4$ 溶液，另一支试管中加入 2 mL 0.2 mol/L 的 $H_2C_2O_4$ 溶液，记录两支试管中溶液褪色所需要的时间。

实验中发生的化学反应如下：

$$2KMnO_4 + 5H_2C_2O_4 + 3H_2SO_4 \xlongequal{} K_2SO_4 + 2MnSO_4 + 10CO_2\uparrow + 8H_2O$$

通过实验可以观察到，滴加 $H_2C_2O_4$ 浓度大的试管中溶液褪色更快。实验表明，在一定温度下，增加反应物的浓度反应速率增大；同理，减小反应物浓度反应速率减小。实验证明，在恒温下，对一步完成的简单反应（称为基元反应），如：$mA + nB = pC + qD$，其反应速率和浓度的关系为：

$$v = kc^{m}(A)c^{n}(B)$$

即在一定温度下，化学反应速率与各反应物浓度方次的乘积成正比（反应物浓度的方次等于反应式各化学式前的系数）。这个结论就是质量作用定律。质量作用定律的表达式又称为反应速率方程式。其中，k 称为反应速率常数，简称速率常数，其数值大小由反应物的性质决定，不同的化学反应有其特定的速率常数，一般通过实验测定。反应速率常数与温度有关，与浓度无关。一般温度越高，k 值越大。

但大多数反应不是基元反应，而是分步进行的复合反应。怎样表示复合反应的速率方程呢？

复合反应的速率方程浓度项的指数要由实验确定，不能按化学方程式的计量系数随意写出。如复合反应：$Aa + bB = Cc + dD$

$$v = kc^{\alpha}(A)c^{\beta}(B)$$

α，β必须由实验测出，它往往与反应式中的化学计量数不一致。

这时质量作用定律适用于其中每一步变化，但不适用于总反应。

例如：$2N_2O_5(g) = 4NO_2(g) + O_2(g)$实验证明反应速率仅与$c(N_2O_5)$成正比，即$v = kc(N_2O_5)$，而不是与$c^2(N_2O_5)$成正比。

研究表明，该反应不是基元反应，而是分三步进行的，每一步都是基元反应。

$$N_2O_5 = NO_2 + NO_3 \quad \text{（慢，定速步骤）}$$

$$NO_3 = NO + O_2 \quad \text{（快）}$$

$$NO_3 + NO = 2NO_2 \quad \text{（快）}$$

在这三步反应中，第一步反应进行得最慢，是总反应的速率控制步骤，应用质量作用定律所得的反应速率方程即可代表总反应的速率方程，从而使式得到合理解释。

书写化学反应速率方程还需要注意两点：

（1）质量作用定律只适用于基元反应，不适用于非基元反应。

（2）纯固态或纯液态反应物的浓度不写入速率方程，它们的浓度可看作常数。如碳的燃烧反应：

$$C(s) + O_2(g) = CO_2(g)$$

$$v = kc(O_2)$$

因为反应在碳的表面进行，对一定粉碎度的固体，其表面为一常数。

2. 压强

对气体来说，在一定温度下，气体的体积与其所受的压强成反比。若压强增大到原来的两倍，气体的体积就缩小为原来的一半，单位体积内分子数就增大到原来的两倍，即浓度增大为原来的两倍。因此，对于气体反应物，增大压强，就是增大反应物的浓度，则反应速率增大；反之，减小压强，就是减小反应物的浓度，则反应速率减小。

由于固体和液体粒子之间的空隙很小，压力变化对它们的体积影响很小，故可以认为只有固体和液体参与的化学反应，压力对其反应速率没有影响。

3. 温度

［演示实验 5－1－2］取两支试管各加入 5 mL 0.1 mol/L $Na_2S_2O_3$ 溶液；另取两支试管各加入 5 mL 0.1 mol/L H_2SO_4 溶液；将四支试管分成两组（各有一支盛有 $Na_2S_2O_3$ 溶液和 H_2SO_4 溶液的试管），一组放入冷水中，另一组放入热水中，经过一段时间后，分别混合并搅拌，记录出现浑浊的时间。

实验表明，温度较高的一组混合溶液先出现浑浊现象，说明温度升高能加快反应速率。对于一般反应来说，温度每升高 10 ℃，反应速率大约增大到原来的 2～4 倍，这就是 Van't Hoff（范特霍夫）规则。

想一想

为什么鲜牛奶需要保存在冰箱里？

4．催化剂

催化剂能够改变化学反应的速率，而本身的质量和化学性质在反应前后都没有发生变化。有催化剂参加的反应叫催化反应。催化剂能改变反应速率的作用叫催化作用。

［演示实验 5－1－3］ 取两支试管，各加入 3 mL 质量分数 3% H_2O_2 的溶液，在其中一支试管中加入少量 MnO_2 粉末，把带火星的小木条分别放在两支试管的试管口，观察实验现象。

H_2O_2 会缓慢分解成水和氧气，但分解速度极慢，溶液中加入少量 MnO_2 粉末，能够加快反应速率，这说明 MnO_2 能加快 H_2O_2 的分解，对该反应有催化作用。

$$2H_2O_2 \xlongequal{MnO_2} 2H_2O + O_2\uparrow$$

需要注意的是：

①催化剂能增大或减小反应速率，能增大反应速率的叫作正催化剂；能减小反应速率的叫作负催化剂。若不特殊说明，均指正催化剂。

②催化剂具有选择性。一种催化剂往往只对某些特定的反应有催化作用，如 V_2O_5 能够加速 SO_2 的氧化，铁催化剂适用于合成氨等。

③大多数催化剂只在一定的温度范围内起催化作用，这一温度范围叫作催化剂的活性温度，如在 450～500 ℃时，铁催化剂对合成 NH_3 反应的催化作用最大。

任务评价

表 5－1－1 任务评价表

评价项目	评价要素
实验操作	试剂取用和滴加等符合实验操作规范
实验原理	化学方程式书写正确
任务检测	实验现象分析合理、解释正确
结束工作	实验台台面清洁，仪器洗涤干净并放置整齐，规定时间内完成任务
安全与环保	废纸扔到废纸篓，废液倒入废液桶

任务二 探究影响化学反应平衡的因素

任务描述

通过观察化学实验现象，探讨浓度、压强、温度等对化学平衡的影响。

任务目标

- 能够确认化学反应的平衡状态；
- 了解浓度、压强、温度等如何影响化学平衡；
- 会写标准化学平衡常数的表达式；
- 理解化学平衡移动原理的含义，能结合实际情况进行应用。

任务分析

通过观察、分析化学实验现象，能准确判断化学平衡状态；能掌握浓度、压强、温度等对化学平衡的影响，并解释原因；能够理解化学平衡移动原理。

任务实施

一、任务准备

1. 仪器

试管、烧杯、量筒、温度计、注射器、橡皮塞、NO_2 平衡仪。

2. 药品

$FeCl_3$(0.05 mol · L^{-1},饱和)、KSCN(0.1 mol · L^{-1},1 mol · L^{-1})、NaOH(0.1 mol · L^{-1})、NO_2、N_2O_4。

2. 安全和环保

（1）NO_2 操作需在通风橱中进行；

（2）实验完成后，将废纸放入废纸桶，反应液倒入废液桶。

二、任务过程

1. 浓度对化学平衡的影响

向盛有 5 mL 0.05 mol · L^{-1} $FeCl_3$ 溶液的试管中加入 5 mL 0.1 mol · L^{-1} KSCN 溶液，溶液呈红色，这个反应体系中存在下述平衡：

$$Fe^{3+} + 3SCN^{-} \rightleftharpoons \underset{\text{红色}}{Fe(SCN)_3}$$

（1）将上述溶液均分，置于两支试管中：向其中试管①中加入饱和 $FeCl_3$ 溶液 4 滴，充分振荡，观察溶液颜色变化；向试管②中滴加 4 滴 1 mol/L KSCN 溶液，观察溶液颜色变化。

实验现象，试管①：________________；试管②：________________。

（2）向上述两支试管中各滴加 5 滴 0.1 mol/L NaOH，观察溶液颜色变化。

实验现象，试管①：________________；试管②：________________。

2. 压强对化学平衡的影响

用注射器吸入 NO_2 和 N_2O_4 的混合气体，吸管端用橡皮塞封闭。先向外拉伸注射器活塞，观察管内气体颜色变化；再向内推压注射器活塞，观察管内气体颜色变化。

$$\underset{\text{红棕色}}{2NO_2(g)} \rightleftharpoons \underset{\text{无色}}{N_2O_4(g)}$$

实验现象：____；

3. 温度对化学平衡的影响

在①、②两个连通着的烧瓶中，装有 NO_2 与 N_2O_4 气体。待混合气体达到平衡后，用夹子夹住橡皮管，将①烧瓶放入盛有热水的烧杯里，将②烧瓶放入盛有冰水的烧杯里，观察混合气体颜色的变化，并与常温时盛有相同混合气体的烧瓶中气体的颜色比较。

热水　　冰水

实验现象，烧瓶①：________________；

烧瓶②：________________。

三、任务检测

根据实验现象，说明浓度、压强、温度和催化剂对化学平衡的影响。

浓度：____；

压强：____；

温度：____。

相关知识

一、可逆反应与化学平衡

1．可逆反应

$$2KClO_3 \xrightarrow[\triangle]{MnO_2} 2KCl + 3O_2\uparrow$$

用 MnO_2 做催化剂时，$KClO_3$ 受热可以分解为 KCl 和 O_2。而在相同条件下，KCl 和 O_2 就不能化合成 $KClO_3$。这种几乎只能向一个方向进行的反应叫作不可逆反应。在化学方程式中用等号“$=\!=\!=$”或“$\longrightarrow$”表示。

但是，大多数化学反应在一定条件下既能从左向右进行，也能从右向左进行。例如，在高温下 CO 和 H_2O 反应生成 H_2 和 CO_2，同时 H_2 和 CO_2 也能反应生成 CO 和 H_2O。

$$CO(g) + H_2O(g) \rightleftharpoons CO_2(g) + H_2(g)$$

在同一条件下，既能向正方向进行同时又能向逆方向进行的反应叫作可逆反应。可逆反应在化学方程式中用可逆号“$\rightleftharpoons$”表示，通常，把向右进行的反应叫作正反应，用“$\longrightarrow$”表示，把向左进行的反应叫作逆反应，用“$\longleftarrow$”表示。

2．化学平衡

以可逆反应 $CO(g) + H_2O(g) \rightleftharpoons CO_2(g) + H_2(g)$ 为例，将 1 mol CO 气体和 1 mol H_2O 气体通入容积为 1 L 的高温密闭容器中，经过一定时间后，测得容器中 CO、H_2O、CO_2 和 H_2 四种气体的物质的量浓度分别保持在 $0.4\ mol \cdot L^{-1}$、$0.4\ mol \cdot L^{-1}$、$0.6\ mol \cdot L^{-1}$、$0.6\ mol \cdot L^{-1}$ 不变，这说明在此条件下，正、逆反应都没能进行到底，分析如下：

$t=0$ 时，CO 和 H_2O 的浓度最大，而 CO_2 和 H_2 的浓度为 0，此时，$v_{正}$ 最大，$v_{逆}$ 为 0（图 5－2－1）；

$t=t'$ 时，随着反应的进行，容器内 CO 和 H_2O 的浓度逐渐降低，CO_2 和 H_2 的浓度逐渐升高，$v_{正}$ 随之减小，$v_{逆}$ 随之增大；

$t=t$ 时，$v_{正}=v_{逆}$，反应物和生成物的浓度不再随时间的变化而改变。

这种在一定条件下，可逆反应达到正、逆反应速率相等时，反应体系中各个物质的浓度不再随时间的变化而改变的状态叫作化学平衡。

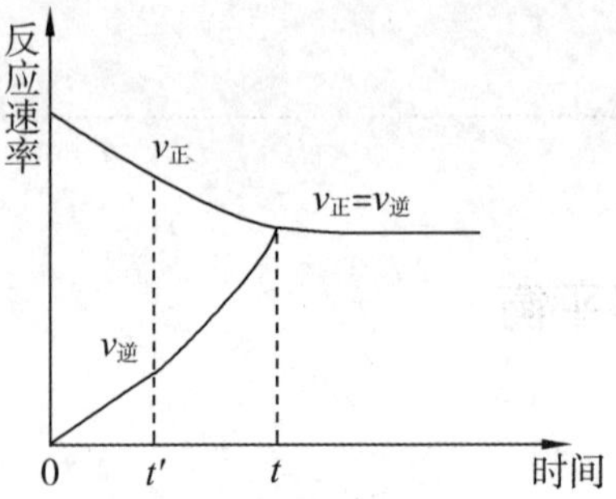

图 5-2-1　可逆反应的正、逆反应速率随时间变化图

化学平衡的特点：

1. 化学平衡是一种动态的平衡。达到平衡后，正、逆两个方向的反应仍在继续进行，$v_{正}=v_{逆}$。

2. 达到化学平衡后反应物和生成物的浓度不再随时间发生变化。

3. 化学平衡是有条件的、相对的，一旦维持平衡的条件发生改变，原有的平衡将被破坏，系统在新的条件下重新达到平衡。

二、化学平衡常数

对一般的化学反应，$a\text{A}(\text{g})+b\text{B}(\text{aq})+c\text{C}(\text{l}) \rightleftharpoons x\text{X}(\text{g})+y\text{Y}(\text{aq})+z\text{Z}(\text{s})$

当温度一定，系统达到平衡时，其标准平衡常数的表达式为：

$$K^{\ominus}=\frac{(p_{\text{X}}/p^{\ominus})^{x}\ (c_{\text{Y}}/c^{\ominus})^{y}}{(p_{\text{A}}/p^{\ominus})^{a}\ (c_{\text{B}}/c^{\ominus})^{b}}$$

其中，溶液用相对浓度 $c_{\text{B}}/c^{\ominus}$ 表示；气体用相对分压 $p_{\text{B}}/p^{\ominus}$ 表示；纯固体、纯液体及稀溶液中的溶剂参加反应时，它们的纯态即为标准状态，其相对浓度为 1。$p^{\ominus}=100\ \text{kPa}$，$c^{\ominus}=1\ \text{mol/L}$。

【例 5-2-1】写出下列可逆反应的标准平衡常数表达式。

（1）$CaCO_3(s) \rightleftharpoons CaO(s)+CO_2(g)$　$K^{\ominus}=\frac{p_{CO_2}}{p^{\ominus}}$

（2）$Cr_2O_7^{2-}(aq)+H_2O(l) \rightleftharpoons 2CrO_4^{2-}(aq)+2H^{+}(aq)$

$$K^{\ominus}=\frac{[c(CrO_4^{2-})/c^{\ominus}]^2\cdot[c(H^{+})/c^{\ominus}]^2}{c(Cr_2O_7^{2-})/c^{\ominus}}$$

（3）$CO_2(g)+H_2(g) \rightleftharpoons CO(g)+H_2O(l)$　$K^{\ominus}=\frac{p(CO)/p^{\ominus}}{[p(CO_2)/p^{\ominus}]\cdot[p(H_2)/p^{\ominus}]}$

练一练

写出下列可逆反应的标准平衡常数表达式。

（1）$2SO_2(g) + O_2(g) \rightleftharpoons 2SO_3(g)$

（2）$CO_2(g) + C(s) \rightleftharpoons 2CO(g)$

（3）$C(s) + H_2O(g) \rightleftharpoons CO(g) + H_2(g)$

1. 标准平衡常数的物理意义

标准平衡常数是可逆反应的特征常数，它的大小表明了在一定条件下反应进行的程度。$K^{\ominus}$ 值越大，生成物的量相对越多，表明正反应进行的程度越大，即正反应进行得越完全。

标准平衡常数与反应系统的浓度（或分压）无关，它只是温度的函数。因此，使用时必须注明对应的温度。

＊2. 标准平衡常数的计算

化学反应一旦在一定条件下达到平衡，平衡系统中各物质浓度之间的数量关系因为受标准平衡常数的制约而被确定下来。化学实验和工业生产中正是根据这种平衡关系来计算有关物质的平衡浓度、标准平衡常数以及反应物的转化率。

【例 5－2－2】合成氨的反应：$N_2(g) + 3H_2(g) \rightleftharpoons 2NH_3(g)$，在 773 K 建立平衡时，$NH_3(g)$、$N_2(g)$ 和 $H_2(g)$ 的分压分别为 3.57×10^6 Pa、4.17×10^6 Pa 和 12.52×10^6 Pa，计算该温度下合成氨反应的标准平衡常数 $K^{\ominus}$。

解：合成氨反应　$N_2(g)$　＋　$3H_2(g)$　$\rightleftharpoons$　$2NH_3(g)$

平衡分压　　　4.17×10^6 Pa　12.52×10^6 Pa　3.57×10^6 Pa

$$K^{\ominus} = \frac{(p_{NH_3}/p^{\ominus})^2}{(p_{N_2}/p^{\ominus})(p_{H_2}/p^{\ominus})^3} = \frac{(3.57\times10^6/10^5)^2}{(4.17\times10^6/10^5)\times(12.52\times10^6/10^5)^3} = 1.60\times10^{-5}$$

答：773 K 时合成氨反应的标准平衡常数为 1.60×10^{-5}。

3. 平衡转化率

用平衡常数表示反应进行的程度有时不够直观，因此在实际应用中，常用平衡转化率 α 表示反应进行的程度。对于化学反应：

$$aA + bB \rightleftharpoons cC + dD$$

反应物 A 的平衡转化率可以表示为：

$$\alpha(A) = \frac{\text{A 的初始浓度} - \text{A 的平衡浓度}}{\text{A 的初始浓度}}\times100\% = \frac{\text{已转化的反应物 A 的量}}{\text{反应物 A 的总量}}\times100\%$$

【例 5－2－3】$AgNO_3$ 和 $Fe(NO_3)_2$ 两种溶液会发生反应，在 25 ℃时，将 $AgNO_3$ 和

$Fe(NO_3)_2$两种溶液混合，开始时溶液中Ag^+和Fe^{2+}均为0.100 mol/L，达到平衡时，Ag^+的转化率为19.4%。求：(1) 平衡时各离子的浓度；(2) 该温度下的平衡常数。该反应的离子方程式为$Fe^{2+}(aq) + Ag^+(aq) \rightleftharpoons Fe^{3+}(aq) + Ag(s)$

解：	$Fe^{2+}(aq)$	+	$Ag^+(aq)$	$\rightleftharpoons$	$Fe^{3+}(aq)$	+	$Ag(s)$
起始浓度/(mol/L)	0.100		0.100		0		
转化浓度/(mol/L)	0.1×19.4% =0.019 4		0.1×19.4% =0.019 4		0.1×19.4% =0.019 4		
平衡浓度/(mol/L)	0.1−0.019 4 =0.080 6		0.1−0.019 4 =0.080 6		0.019 4		

$$K^{\ominus}=\frac{[c(Fe^{3+})/c^{\ominus}]}{[c(Fe^{2+})/c^{\ominus}][c(Ag^{+})/c^{\ominus}]}=\frac{0.019\,4}{0.080\,6\times 0.080\,6}=2.99$$

答：(1) 平衡时Fe^{2+}的浓度为0.080 6 mol/L，Ag^+的浓度为0.080 6 mol/L，Fe^{3+}的浓度为0.019 4 mol/L。

(2) 该温度下的平衡常数为2.99。

三、化学平衡移动

化学平衡状态是在一定条件下的一种暂时稳定状态，一旦外界条件，如温度、压强和浓度等发生变化，这种平衡状态就会遭到破坏，各物质的浓度随之发生变化，直到在新的条件下，正、逆反应速率再次相等，建立新的平衡状态。这种因外界条件改变，使可逆反应从原来的平衡状态转变到新的平衡状态的过程叫作化学平衡的移动。

1. 影响化学平衡移动的因素

(1) 浓度

[演示实验5-2-1] 在盛有5 mL 0.1 mol·L^{-1} K_2CrO_4的溶液中，逐滴加入0.1 mol·L^{-1} H_2SO_4溶液，当溶液颜色由黄色变为橙色后，向试管中加入2滴0.1 mol·L^{-1} H_2SO_4溶液，再往试管中滴加0.2 mol·L^{-1} NaOH溶液，观察溶液颜色的变化。

K_2CrO_4和H_2SO_4的混合溶液中存在可逆反应：

$$\underset{\text{黄色}}{2\,K_2CrO_4} + H_2SO_4 \rightleftharpoons \underset{\text{橙色}}{K_2Cr_2O_7} + K_2SO_4 + H_2O$$

当溶液达到平衡时，$v_{正}=v_{逆}$（图5-2-2a）；当向平衡体系中加入H_2SO_4溶液后，反应物浓度增大，正反应速率增大，$v_{正}'>v_{逆}'$（图5-2-2b），原平衡被破坏。随着反应的进行，反应物的浓度不断减少，生成物的浓度不断增大，正反应速率逐渐减小，逆反应速率逐渐增大。当正逆反应速率相等时，体系达到新的平衡状态。在这一过程中，正反应占主导地位，平衡向正反应方向移动，因此溶液橙色变深。

再向溶液中加入 NaOH 时，中和了溶液中的 H_2SO_4，降低了反应物的浓度，使 $v_{正}'' < v_{逆}''$（图 5－2－2c），反应向逆反应方向进行，反应物浓度增大，溶液由橙色变为黄色。

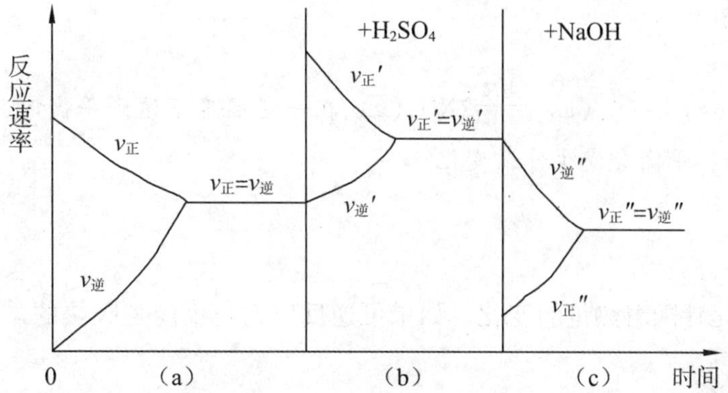

图 5－2－2　平衡移动示意图

实验证明：对任何可逆反应，在其他条件不变时，增大反应物浓度（或减小生成物浓度），平衡向正反应方向移动；减小反应物浓度（或增大生成物浓度），平衡向逆反应方向移动。

（2）压强

［演示实验 5－2－2］在注射器内（约 50 mL 或更大些）吸入约 20 mL NO_2 和 N_2O_4 的混合气体（混合气体可用铜片与浓硝酸反应制得），使注射器的活塞达到Ⅰ处，吸管端用橡皮塞封闭，如图 5－2－3 所示。然后把注射器活塞反复从Ⅰ往外拉到Ⅱ处及从Ⅱ往里压到Ⅰ处。观察管内气体颜色变化。

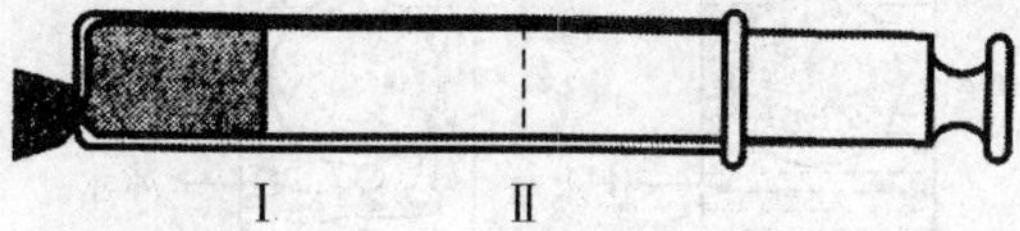

图 5－2－3　压强对化学平衡的影响

有气体参加的可逆反应，改变压强可以使化学平衡发生移动。在注射器内吸入 NO_2 和 N_2O_4 的混合气体后，存在着可逆反应：

$$N_2O_4(g) \rightleftharpoons 2NO_2(g)$$

无色　　　　　红棕色

向外拉注射器活塞时，注射器内压强减小，平衡向 NO_2 浓度增大的方向移动，管内气体颜色变深；向内推注射器活塞时，注射器内压强增大，平衡向 N_2O_4 浓度增大的方向移动，管内气体颜色变浅。即在其他条件不变时，增大压强，平衡向气体分子数减少的方向移动；减小压强，平衡向气体分子数增多的方向移动；反应前后气体分子数相等的可逆反应，改变压强，平衡不发生移动。例如，

$$CO_2(g) + H_2(g) \rightleftharpoons CO(g) + H_2O(g)$$

想一想

反应 N_2（g）+O_2（g）$\xrightleftharpoons{高温}$2NO（g）在一定温度下达到平衡时，增加平衡混合物的总压强，平衡会发生什么变化？

（3）温度

化学反应总是伴随着热量的变化。如果可逆反应的正反应是吸热的，那么逆反应必然是放热的。例如，

$$2NO_2(g) \underset{吸热}{\overset{放热}{\rightleftharpoons}} N_2O_4(g)$$

红棕色　　　　无色

［演示实验 5－2－3］将已经达到平衡状态的 NO_2 和 N_2O_4 的混合气体充满在两个连通的圆底烧瓶里，然后用夹子夹住橡皮管，把一个圆底烧瓶浸入冰水，另一个浸入热水，如图 5－2－4 所示。观察烧瓶内混合气体颜色的变化。

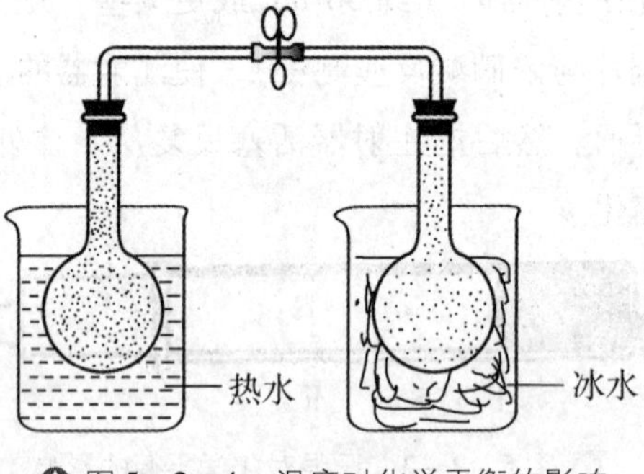

图 5－2－4　温度对化学平衡的影响

通过实验可以发现，热水中烧瓶内气体的颜色变深，说明升高温度，平衡向 NO_2 浓度增大的方向（吸热反应的方向）移动；冷水中烧瓶内气体的颜色变浅，说明降低温度，平衡向 N_2O_4 浓度增大的方向（放热反应的方向）移动。即在其他条件不变时，升高温度，化学平衡向吸热反应的方向移动；降低温度，化学平衡向放热反应的方向移动。

2. 平衡移动的原理——勒夏特列原理

综合上述影响化学平衡移动的各种因素，1884 年法国科学家勒夏特列（Le Chatelier）概括出一条普遍规律：如果改变平衡系统的条件之一（如浓度、压强或温度），平衡就向能减弱这个改变的方向移动，这个规律被称为勒夏特列原理，也称为平衡移动原理。

勒夏特列原理是一条普遍的规律，它只适用于已经达到动态平衡的系统，对于未达平衡的系统则不适用。

由于催化剂能够以相同的倍数加快正、逆反应速率，因此使用催化剂，能够缩短反应达到平衡所需的时间，但不会引起平衡移动。

小知识

勒夏特列

1850 年 10 月 8 日，勒夏特列（Le Chatelier，Henri Louis1850—1936）出生于巴黎的一个化学世家。他的祖父和父亲都从事跟化学有关的事业和企业，当时法国许多知名化学家是他家的座上客。因此，他从小就受化学家们的熏陶，中学时代他就特别爱好化学实验，一有空便到祖父开设的水泥厂实验室做化学实验。1875 年他以优异的成绩毕业于巴黎工业大学，1887 年获博士学位，随即升为化学教授，1907 年还兼任法国矿业部长，在第一次世界大战期间出任法国武装部长，1919 年退休。

勒夏特列是一位精力旺盛的法国化学家，他研究过水泥的煅烧和凝固、陶器和玻璃器皿的退火、磨蚀剂的制造以及燃烧、玻璃和炸药等问题。

勒夏特列一生发现、发明众多，最主要的成就是发现了平衡原理，即勒夏特列原理："改变影响平衡的一个条件，如浓度、压强、温度等，平衡就向能够减弱这种改变的方向移动"。他也因此而闻名于世界。这一原理不仅适用于化学平衡，而且适用于一切平衡体系，如物理、生理甚至社会上各种平衡系统。

勒夏特列原理的应用可以使某些工业生产过程的转化率达到或接近理论值，同时也可以避免一些并无实效的方案（如高炉加高的方案），其应用非常广泛。

勒夏特列不仅是一位杰出的化学家，还是一位杰出的爱国者。当第一次世界大战发生时，法国处于危急中，他勇敢地担任起武装部长的职务，为保卫祖国而战斗。

3．化学反应速率和化学平衡移动原理在化工生产中的应用

化工生产中，如何采取有利的工艺条件，降低成本、提高原料利用率及产量、缩短生产周期，是化学工作者面临的重要任务，需要综合考虑化学反应速率和化学平衡两方面的因素来选择最合适的反应条件。

以合成氨的反应为例：

$$N_2(g)+3H_2(g)\underset{\text{吸热}}{\overset{\text{放热}}{\rightleftharpoons}}2NH_3(g)$$

该反应是气体分子数减少的放热的可逆反应，根据这个特点，反应条件选择如下：

升高温度可以加快反应速率，缩短达到平衡的时间。但是温度过高，不利于正反应的进行，会减小 NH_3 的平衡浓度，降低原料的转化率。因此，在达到催化剂所要求的活性温度范围内，反应温度应尽量低一些，一般选择 450 ~ 500 ℃。

在一定温度下，增大压强可以加快合成氨反应，并提高平衡转化率。但是增大压强，不仅增加动力消耗，而且对设备材质的要求也相应提高，致使设备费用和操作费用同时增大，生产成本明显升高。因此，一般采用20.3～50.7 MPa。

N_2 和 H_2 极不容易化合，即使在高温、高压下，合成氨的反应也十分缓慢。因此工业上主要使用以铁为主的催化剂以增大反应速率。

任务评价

表5-2-1　任务评价表

评价项目	评价要素
实验操作	试剂取用和滴加符合实验操作规范、NO_2 的实验在通风橱中进行
实验原理	化学方程式书写正确
任务检测	实验现象分析合理、解释正确
结束工作	实验台台面清洁，仪器洗涤干净并放置整齐，规定时间内完成任务
安全与环保	废纸扔到废纸篓，废液倒入废液桶

单元小结

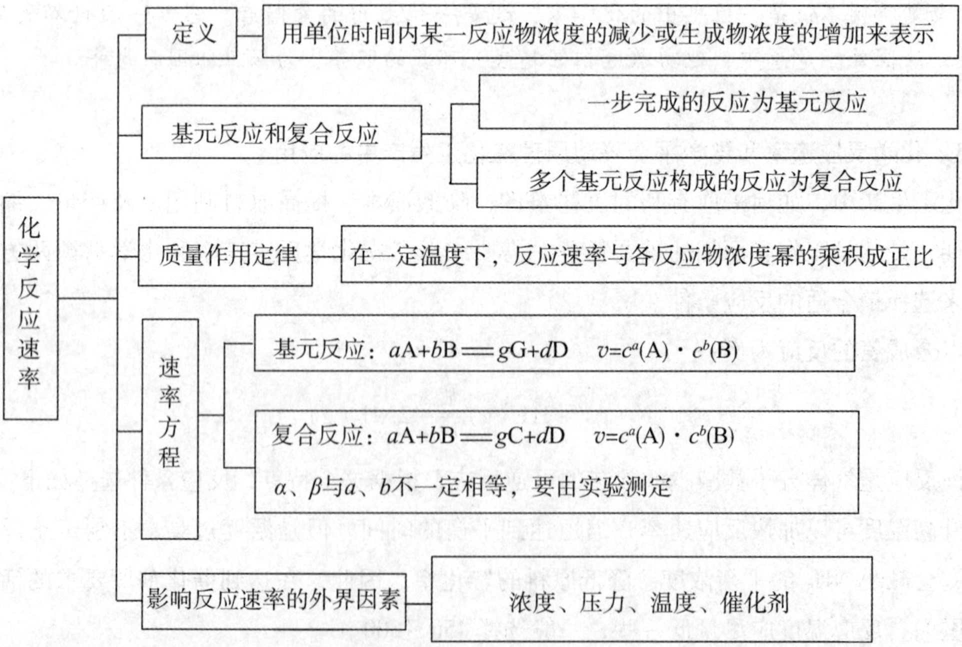

- 化学平衡
  - 定义
    - 正逆反应速率相等时系统所处的状态
  - 平衡常数表达式
    - 可逆反应：$aA(g)+bB(aq)+cC(l)=xX(g)+yY(aq)+zZ(s)$

      标准平衡常数$K^{\ominus}=\dfrac{(p_x/p^{\ominus})^x\ (c_y/c^{\ominus})^y}{(p_A/p^{\ominus})^a\ (c_B/c^{\ominus})^b}$
    - $K^{\ominus}$值越大，生成物的量相对越多，表明正反应进行的程度越大，即正反应进行得越完全

      平衡常数与反应系统的浓度（或分压）无关，它只是温度的函数
  - 影响平衡移动的因素
    - 浓度影响：增大反应物浓度或减小生成物浓度，化学平衡向右移动；减小反应物浓度或增大生成物浓度，化学平衡向左移动
    - 压力影响：增大压力，化学平衡向气体分子总数减少的方向移动；减小压力，化学平衡向气体分子总数增加的方向移动
    - 温度影响：升高温度，化学平衡向吸热方向移动；降低温度，化学平衡向放热方向移动

综合测试

一、填空题

1. 通常化学反应速率用________________表示。

2. 对于化学反应 $N_2(g)+3H_2(g)\rightleftharpoons 2NH_3(g)$，当分别用 N_2、H_2、NH_3 三种物质表示该反应的速率时，它们的速率之比等于________。

3. 在一定条件下，可逆反应进行到正、逆反应速率相等时，系统中____________________叫作化学平衡。

4. 能够影响化学平衡移动的因素有________________，催化剂能够________________，但________________平衡移动。

二、选择题

1. 将气体 A、B 置于容积为 2 L 的密闭容器中，发生如下反应：

$$4A(g)+B(g)\rightleftharpoons 2C(g)$$

反应进行到 4 s 末，测得 A 为 0.5 mol，B 为 0.4 mol，C 为 0.2 mol。则：

（1）用生成物 C 浓度的增加来表示该反应的速率应为（　　）。

（2）用反应物 A 浓度的减少来表示该反应的速率应为（　　）。

（3）用反应物 B 浓度的减少来表示该反应的速率应为（　　）。

A. 0.025 mol/(L·s)　　B. 0.012 5 mol/(L·s)

C. 0.05 mol/(L·s)　　D. 0.1 mol/(L·s)

2. 已知 $4NH_3 + 5O_2 \xlongequal{} 4NO + 6H_2O$，若反应速率分别用 $v(NH_3)$、$v(O_2)$、$v(NO)$、$v(H_2O)$ 表示，则正确的关系是（　　）。

A. $\frac{4}{5}v(NH_3) = v(O_2)$　　B. $\frac{5}{6}v(O_2) = v(H_2O)$

C. $\frac{2}{3}v(NH_3) = v(H_2O)$　　D. $\frac{4}{5}v(O_2) = v(NO)$

3. 在密闭容器中 A 与 B 反应生成 C，其反应速率分别用 $v(A)$、$v(B)$、$v(C)$ 表示。已知 $2v(B) = 3v(A)$，$3v(C) = 2v(B)$，则此反应可表示为（　　）

A. $2A + 3B \xlongequal{} 2C$　　B. $A + 3B \xlongequal{} 2C$

C. $3A + B \xlongequal{} 2C$　　D. $A + B \xlongequal{} C$

4. 一定温度下，对可逆反应 $A(g) + 2B(g) \rightleftharpoons 3C(g)$ 的下列叙述中，能说明反应已达到平衡的是（　　）。

A. C 生成的速率与 C 分解的速率相等

B. 单位时间内消耗 a mol A，同时生成 $3a$ mol C

C. 容器内的压强不再变化

D. 混合气体的物质的量不再变化

三、计算题

一定条件下，SO_2 氧化为 SO_3 的反应如下：

$$2SO_2(g) + O_2(g) \rightleftharpoons 2SO_3(g)$$

现将 2 mol SO_2 与 1 mol O_2 通入 2 L 的密闭容器中，2 s 末测得混合物中含 0.8 mol SO_2，试用不同物质表示反应速率。

四、写出下列反应的标准平衡常数表达式

1. $H_2(g) + S(s) \rightleftharpoons H_2S(g)$

2. $Sn(s) + Pb^{2+}(aq) \rightleftharpoons Sn^{2+}(aq) + Pb(s)$

3. $NO(g) + \frac{1}{2}O_2(g) \rightleftharpoons NO_2(g)$

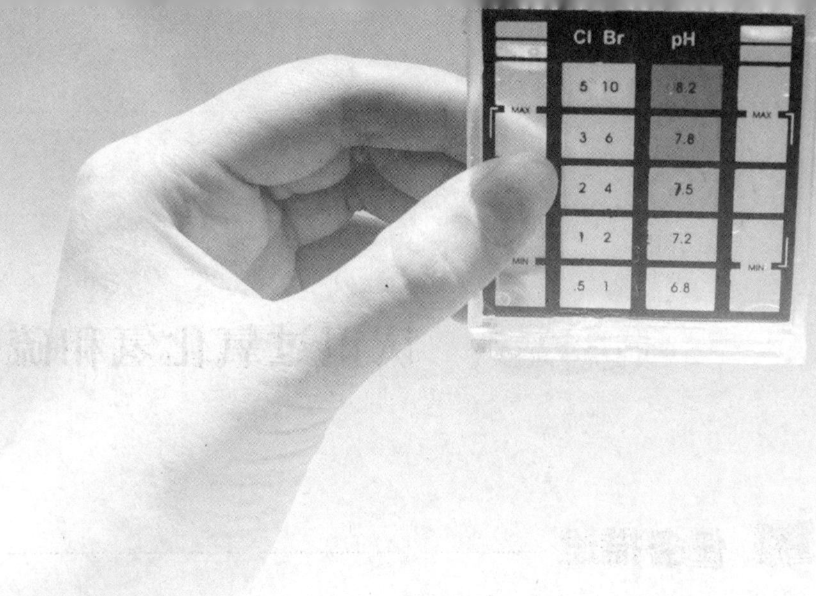

第六单元 氧族元素

单元概述

元素周期表中ⅥA族包括：氧（O）、硫（S）、硒（Se）、碲（Te）和钋（Po）五种元素，统称为氧族元素。其中，钋是放射性元素。它们的最外层电子数都为6个，反应时容易得到两个电子显示出非金属性。它们结合两个电子比卤素结合一个电子困难，所以非金属性比卤素弱。氧族元素中，最重要的是氧和硫元素。氧族元素与非金属化合时均形成共价化合物。本单元主要探讨和学习过氧化氢的氧化性、硫化氢的还原性，二氧化硫的氧化还原性和漂白作用，以及硫酸的通性和浓硫酸的特性，包括吸水性、脱水性和强氧化性。

单元目标

- 了解氧族元素原子的结构特点，知道氧族元素形成化合物时的最高化合价和最低化合价及其性质递变规律；
- 知道过氧化氢的氧化还原性，会写相关化学反应方程式；
- 知道硫化氢的还原性特点，会写相关化学反应方程式；
- 了解二氧化硫的氧化还原性，知道二氧化硫的漂白原理，会利用其漂白作用鉴别二氧化硫气体；
- 知道浓硫酸的吸水性、脱水性和强氧化性等特性，并能对相关化学现象进行解释和说明；
- 知道如何安全使用硫化氢、二氧化硫等有毒气体，知道怎样处理多余的硫化氢和二氧化硫气体才安全环保。

任务一 认识过氧化氢和硫化氢

任务描述

通过化学实验操作、观察实验现象，认识过氧化氢和硫化氢的性质特点，并在实验过程中体验安全使用和环保处理硫化氢气体的方法。

任务目标

- 试验过氧化氢的性质，认识过氧化氢具有氧化性、还原性和不稳定性等化学性质；
- 学会实验室制备硫化氢气体的方法，能独立安装制备硫化氢气体的简易装置；
- 试验硫化氢的性质，认识硫化氢的还原性特点，知道硫化氢气体对人体的危害，学会用试纸鉴别硫化氢气体；
- 了解硫化氢气体的危害，学会安全使用和环保处理硫化氢气体。

任务分析

过氧化氢和硫化氢作为氧族元素中重要的氢化物，性质特点比较突出。

要想掌握它们的性质特点，理解反应原理，就必须在宏观上认真观察实验现象，在微观上应用物质结构知识进行分析和研究。

任务实施

一、任务准备

1. 仪器和药品

仪器：试管、锥形瓶、药匙、酒精灯、镊子、带导气管的橡皮塞、胶头滴管、集气瓶、分液漏斗。

试剂：H_2SO_4 溶液（2 mol/L）、$KMnO_4$ 溶液（0.01 mol/L）、过氧化氢（3%）、过氧化氢（30%）、KI 溶液（0.1 mol/L）、淀粉溶液、溴水、碘水、硫化亚铁、MnO_2 粉末、彩色鸟羽、$FeCl_3$ 溶液（0.1 mol/L）、HCl 溶液（3 mol/L）、醋酸铅试纸。

2. 安全和环保

（1）安全使用硫化氢气体

硫化氢是无色、剧毒、酸性气体，有一种特殊的臭鸡蛋气味，即使是低浓度的硫化氢，也会损伤人的嗅觉。浓度高时反而没有气味（因为高浓度的硫化氢可以麻痹嗅觉神经），所以用鼻子作为检测这种气体的手段是致命的。多余的 H_2S 应及时通入 NaOH 溶液（或金属盐溶液）中进行吸收，所以制备硫化氢气体要在通风橱内进行，预先准备好与硫化氢气体反应的相关溶液和吸收多余硫化氢气体的稀碱溶液。

（2）废液桶、橡胶手套、通风橱。

二、任务过程

1. 探究过氧化氢的氧化性和还原性

（1）阅读盛装 3% 过氧化氢溶液试剂瓶的标签，初步了解过氧化氢的性质。

（2）过氧化氢的氧化性

①在试管中加入 1 mL 0.1 mol/L KI 溶液、1 mL 2 mol/L H_2SO_4 溶液和 3 ~ 5 滴淀粉溶液，然后滴加 3% 的过氧化氢溶液。

观察现象：____________，反应的化学方程式：________________________________。

②将 3% 的过氧化氢逐滴滴加到黑色的硫化铅上。观察现象：____________。

③将 30% 的过氧化氢滴加到收集的彩色鸟羽上。观察现象：____________。

（3）过氧化氢的还原性

在试管中滴加 3 ~ 5 滴 0.01 mol/L $KMnO_4$ 溶液，用 1 mL 2 mol/L 的稀 H_2SO_4 酸化后，向其中滴加 3% H_2O_2 溶液。

观察现象：________，反应的化学方程式：________________________________。

（4）过氧化氢的不稳定性

在试管中加入 1 ~ 2 mL 3% 过氧化氢溶液，微热，观察现象。再往试管中加入很少量 MnO_2 粉末（注意加入的 MnO_2 一定要少，以防分解过猛使过氧化氢溶液喷溅到试管外），将带有余烬的火柴梗贴近试管口，观察现象。说明 MnO_2 的作用。

实验现象：____，

反应的化学方程式：____。

2. 探究硫化氢的性质

（1）制备并检验硫化氢气体

在大试管或锥形瓶中加入少量块状 FeS，加入 3 ~ 5 mL 2 mol/L H_2SO_4 溶液，用带有导气管的塞子塞好，观察 H_2S 气体的产生。

实验现象：____。

反应的化学方程式：____。

将润湿后的醋酸铅试纸置于试管口处，观察现象：________________。

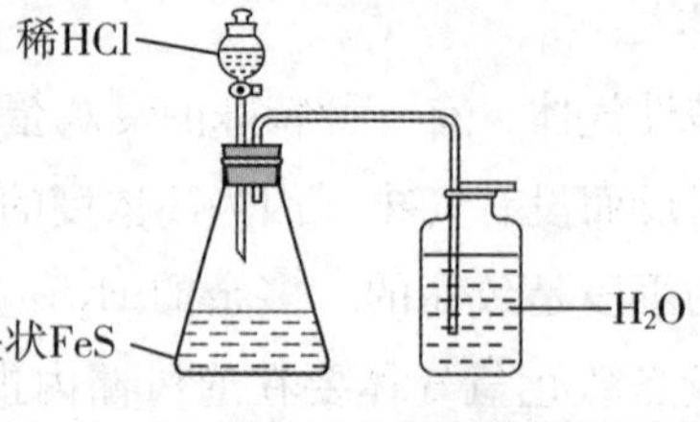

图 6-1-1 制备硫化氢气体的简易装置

（2）氢硫酸的弱酸性

将产生 H_2S 气体的导管插入盛有水的试管中，通入 H_2S 气体 3 ~ 5 min，制成 H_2S 水溶液（氢硫酸）约 15 mL，留待后面实验用。用 pH 试纸检验 H_2S 水溶液的酸碱性。

（3）硫化氢的还原性

①当硫化氢气体剧烈产生时，在导气管口将其点燃（H_2S 与空气的混合气体遇明火容易发生爆炸，实验时，要注意先排尽气体发生装置中的空气），观察火焰的颜色。用一干燥烧杯罩在火焰上，观察烧杯壁上生成的水珠。写出有关反应的化学方程式：________________。同时注意燃烧生成物的气味，将一条湿润的蓝色石蕊试纸置于火焰上方，观察试纸颜色的变化：________；说明原因：________________________。

②将一冷的蒸发皿置于 H_2S 火焰中，观察蒸发皿底部硫黄的生成。写出 H_2S 不完全燃烧的化学方程式：________________________________。

③在两支试管中分别加入约 1 mL H_2S 水溶液，分别滴加溴水和碘水，观察溶液颜色的变化：________________。写出反应的化学方程式：________________。

三、任务检测

1. 在试管中加入 0.5 mL 0.1 mol/L $FeCl_3$ 溶液，再加入 H_2S 水溶液，振荡试管，观察现象：________________，写出反应的化学方程式：________________。
2. 在制备硫化氢气体时，为什么不能用硝酸或浓硫酸？

相关知识

氧和硫的单质及其氢化物

元素周期表中第ⅥA 族包括氧（O）、硫（S）、硒（Se）、碲（Te）、钋（Po）五种元素，统称为氧族元素。

表6-1-1列出了氧族元素的一些重要性质。

表6-1-1　氧族元素的一些重要性质

元素名称	元素符号	原子序数	原子最外层电子数	原子半径/($\times 10^{-10}$ m)	主要化合价	单质				
						颜色	状态	熔点/℃	沸点/℃	密度/(g/cm^3)
氧	O	8	6	0.66	-2	无色	气体	-218.4	-183	1.43 (g/L)
硫	S	16	6	1.04	-2、+4、+6	黄色	固体	112.8	444.6	2.07
硒	Se	34	6	1.17	-2、+4、+6	灰色	固体	217	684.9	4.81
碲	Te	52	6	1.37	-2、+4、+6	银白色	固体	452	1 390	6.25

由表6-1-1可以看出，由于氧族元素原子的电子层结构很相似，该族元素的原子最外电子层上都有6个电子，所以它们具有相似的性质。

在化学反应中，氧族元素的原子都容易得到2个电子生成-2价的化合物，它们的原子最外层的6个或4个电子一般也可以发生偏移生成+6价或+4价的化合物，它们的最高正价都是+6价。

氧族元素随着原子序数的增大，原子的电子层数递增，原子半径逐渐增大，原子核对核外电子的引力逐渐减弱，原子获得电子的能力逐渐减弱，失去电子的能力逐渐增强，所以它们的非金属性逐渐减弱，金属性逐渐增强。氧族元素从典型的非金属元素过渡到金属元素：氧和硫是典型的非金属元素，硒和碲虽是非金属元素却具有某些金属性，钋是金属元素（该元素为放射性元素）。根据氧族元素在周期表中的位置，可以看出氧族元素的非金属性比同周期的卤素弱。

一、氧和臭氧

氧是地壳中含量最多的元素，高达48.6%。它既有游离态又有化合态。我们所熟悉的氧气是游离态的氧，各种含氧的化合物，如水、氧化物及含氧酸等，其中的氧是化合态的氧。

氧的单质有两种同素异形体：氧气(O_2)和臭氧(O_3)。

氧气是化学性质活泼的气体，能和绝大多数金属及非金属反应，形成各种氧化物。但是，由于氧分子的共价键比较牢固，所以常温时反应速率比较慢，加热或高温下反应剧烈，并放出大量的热。

初中化学已经学习过有关氧气的知识，这里主要介绍臭氧的一些知识。

1. O_3 的物理性质

臭氧的化学式为 O_3，在常温、常压下，是一种具有特殊臭味（臭氧因此而得名）的淡蓝色气体，它的密度比 O_2 的大，比 O_2 易溶于水。液态臭氧呈深蓝色，沸点为 -112.4 ℃；固态臭氧为紫黑色，熔点为 -250 ℃。

2. O_3 的化学性质

臭氧的化学性质比氧气活泼。

（1）不稳定性

臭氧不稳定，常温时缓慢分解生成氧气，高温时迅速分解，放出热量。

$$2O_3 = 3O_2$$

（2）强氧化性

臭氧的氧化性比氧气还强，可氧化一些弱还原性物质。例如，一些在空气或 O_2 中不易被氧化的金属（如 Ag、Hg 等），可以与 O_3 起反应。另外，某些染料受到 O_3 的强烈氧化作用会褪色。

3. O_3 的存在

（1）在空气中高压放电时，（如打雷时）会产生 O_3：

$$3O_2 \xlongequal{\text{放电}} 2O_3$$

（2）高压电动机和复印机在工作时会产生 O_3，因此这些地方要注意通风，保持空气流通。

（3）臭氧层中含少量 O_3。

臭氧在地面附近的大气层中含量极少。自然界中的 O_3 有 90% 集中在距地面 15 ~ 50 km 的大气平流层中，这就是人们通常所说的臭氧层，它是由氧气吸收了太阳的紫外线而生成的。

$$3O_2 \xrightleftharpoons{\text{紫外线或电火花}} 2O_3$$

4. O_3 的用途

（1）臭氧可用于漂白、消毒和杀菌，所以它是一种很好的脱色剂和消毒剂。

（2）空气中的微量 O_3，能刺激中枢神经，加速血液循环，令人产生爽快和振奋的感觉。但当空气中 O_3 的体积分数超过 10^{-5}% 时，就会对人体、动植物以及其他暴露在空气里的物质造成危害。

（3）臭氧层是人类和生物的保护伞。臭氧层中臭气的含量虽然很少，却可以吸收来自太阳的大部分紫外线，使地球上的生物免遭其伤害。

近年来，臭氧层遭到氟氯烃（商品名称为氟利昂）等气体的破坏，造成臭氧空洞。这已引起人们的普遍关注，并采取各种措施，减少并逐步停止氟氯烃等的生产和使用，保护臭氧层。

二、过氧化氢

氧和氢除可形成水(H_2O)外，还可形成过氧化氢（H_2O_2，其中氧为 -1 价）。

纯过氧化氢是淡蓝色的黏稠液体，可任意比例与水混溶，是一种强氧化剂，水溶液俗称过氧化氢，为无色透明液体。纯 H_2O_2 凝固点为 -0.9 ℃，沸点为 151.4 ℃，4 ℃时液体的密度是 1.438 g/cm³。

H_2O_2 的化学性质主要表现为以下三个方面：

（1）不稳定性

纯过氧化氢很不稳定，加热到 153 ℃便猛烈分解为水和氧气。在常温下，溶液状态的 H_2O_2 则缓慢分解。

$$2H_2O_2 = 2H_2O + O_2\uparrow$$

过氧化氢在碱性环境中比在酸性环境中分解要快得多，很多物质或离子(MnO_2、Mn^{2+}、Cr^{3+}、Fe^{3+}等)也能起到加速分解的作用。强光的照射也会加速其分解，所以过氧化氢宜保存在棕色试剂瓶中，并置于低温暗处。

（2）弱酸性

过氧化氢能和碱反应，生成金属过氧化物。

$$H_2O_2 + Ba(OH)_2 = BaO_2\downarrow + 2H_2O$$

（3）氧化性和还原性

H—O—O—H 中的氧元素化合价为 -1 价，处于中间价态，在反应中有能升高到 0 和降低到 -2 价的两种趋势，因此 H_2O_2 既有氧化性也有还原性。

一般情况下，H_2O_2 在酸性环境中显强氧化性，可氧化 SO_2、H_2S、HI、Fe^{2+} 等还原性物质，而自身则被还原成 -2 价的氧。

$$H_2O_2 + 2HI = 2H_2O + I_2$$

$$H_2O_2 + SO_2 = H_2SO_4$$

H_2O_2 遇到较强氧化剂（如 $KMnO_4$、Cl_2 等）时，表现还原性，其氧化产物为 O_2。

$$H_2O_2 + Cl_2 = 2HCl + O_2\uparrow$$

$$2KMnO_4 + 5H_2O_2 + 3H_2SO_4(\text{稀}) = 2MnSO_4 + K_2SO_4 + 5O_2\uparrow + 8H_2O$$

3. 用途

（1）做消毒杀菌剂。市售过氧化氢中 H_2O_2 的质量分数一般为 30%。医疗上广泛使用 H_2O_2 的质量分数为 3% 或更小的稀过氧化氢作为消毒杀菌剂。

（2）做氧化剂、漂白剂、消毒剂、脱氧剂等，如工业上用 10% 的过氧化氢漂白毛、丝以及羽毛等。

（3）做火电燃料及生产过氧化物的原料。

三、硫

硫在自然界分布很广，约占地壳总质量的0.048%。硫在自然界里有以游离态存在的，也有以化合态存在的。游离态的天然硫（也叫自然硫）存在于火山喷口附近或地壳的岩层里，以化合态存在的硫主要是金属硫化物和硫酸盐。重要的硫化物有硫铁矿（也叫黄铁矿，FeS_2）、黄铜矿（$CuFeS_2$）等，硫酸盐有石膏（$CaSO_4 \cdot 2H_2O$）、芒硝（$Na_2SO_4 \cdot 10H_2O$）等。硫的化合物也常存在于火山喷出的气体中和矿泉水里。煤和石油里也含有少量硫。硫也是组成某些蛋白质分子的成分之一，因此它是动植物生长所需要的一种元素。

1. 硫的物理性质

单质态的硫（俗称硫黄）通常是一种淡黄色的晶体，质脆，容易研成粉末。隔绝空气加热，变成硫蒸气，冷却后变成微细结晶的粉末，称为硫华。硫的密度是2.07 g/cm^3，约是水的2倍。硫的熔点是112.8 ℃，沸点是444.6 ℃。它不溶于水，微溶于酒精，易溶于二硫化碳。

2. 硫的化学性质

硫是一种比较活泼的非金属单质，它与氧气的性质相似，容易与许多金属和非金属发生反应。

硫能与金、铂、铱以外的各种金属发生反应，生成金属硫化物，并放出热量。

［演示实验6－1－1］将硫粉和铁粉按4∶6（质量）比例混合均匀后装入硬质玻璃管中，铺平铺匀，同时在玻璃管下部放小磁铁，用酒精灯给混合物的一端加热，当混合物有红热现象出现后，立即移开酒精灯。如图6－1－2所示。

可以看到，硫粉和铁粉的混合物加热后能起反应，药品红热，放出的热能使反应继续进行。硫与铁反应生成黑色的硫化亚铁，所以小磁铁会从试管上脱落。

$$Fe + S \xlongequal{\triangle} FeS$$

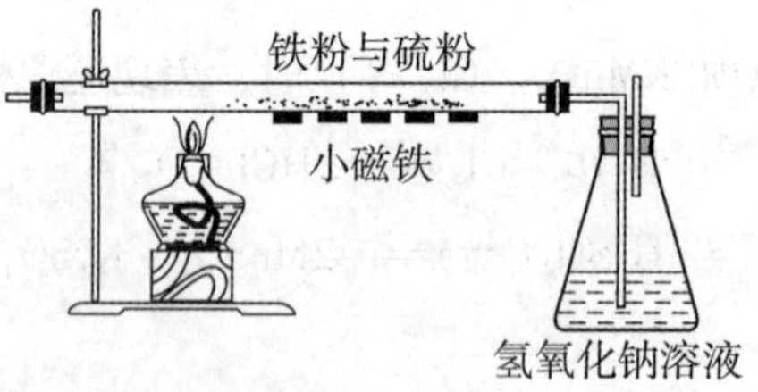

图6－1－2　硫和铁的反应

铜丝能在硫蒸气里燃烧，生成黑色的硫化亚铜。

$$2Cu + S \xlongequal{\triangle} Cu_2S$$

硫还能与许多非金属起反应。例如，硫能在空气中燃烧生成二氧化硫（SO_2），硫的蒸气能与氢气直接化合生成硫化氢气体等。

$$S + O_2 \xlongequal{\text{点燃}} SO_2$$

$$S + H_2 \xlongequal{\triangle} H_2S$$

想一想

如果不小心打破了温度计，如何处理散落的水银？用化学方程式表示。

3. 硫的用途

硫的用途很广。硫在工业上主要用来制造硫酸、黑色火药、火柴等。它在医疗上用来制硫黄软膏，医治某些皮肤病。硫也是生产橡胶和制造某些农药（如石灰硫黄合剂）的原料。

四、硫化氢

1. 硫化氢的物理性质

硫化氢是硫的氢化物，是一种无色有臭鸡蛋气味的气体，密度比空气略大。硫化氢能溶解于水，在常温、常压下，1 体积水能溶解 2.6 体积的硫化氢。硫化氢有剧毒，是一种大气污染物，空气中含有 1% 的硫化氢时，就会使人感到头痛、头晕和恶心，吸入较多的硫化氢会使人中毒昏迷，甚至死亡。

算一算

饱和硫化氢气体水溶液的物质的量浓度大约是多少？

2. 硫化氢的化学性质

硫化氢在较高温度时能发生分解，生成氢气和硫。

$$H_2S \xlongequal{\triangle} H_2 + S$$

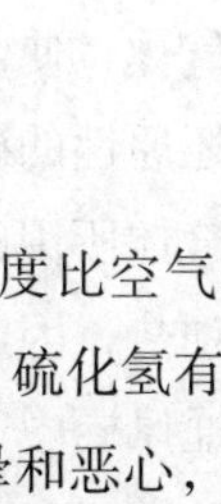

图 6－1－3　混合硫化氢和二氧化硫气体

硫化氢是一种可燃性气体，在空气中燃烧时，产生淡蓝色火焰。空气充足时，硫化氢能完全燃烧，生成水和二氧化硫。空气不足时，硫化氢燃烧生成水和单质硫。

$$2H_2S + 3O_2 \xlongequal[\text{空气充足}]{\text{燃烧}} 2H_2O + 2SO_2$$

$$2H_2S + O_2 \xlongequal[\text{空气不足}]{\text{燃烧}} 2H_2O + 2S\downarrow$$

硫化氢还能与二氧化硫起反应。如果在一个集气瓶里，使硫化氢和二氧化硫两种气体充分混合，不久在瓶的内壁上会出现黄色粉末状的硫。

$$SO_2 + 2H_2S \xlongequal{} 2H_2O + 3S\downarrow$$

由此可见，硫化氢具有还原性，是一种较强的还原剂。它能被浓硫酸、硝酸、卤素、铁盐、二氧化硫等氧化剂氧化为硫单质或含硫化合物。

3. 硫化氢的实验室制法

在实验室里，通常是用硫化亚铁与稀盐酸或稀硫酸反应来制取硫化氢。

$$FeS + 2HCl(\text{稀}) \xlongequal{} FeCl_2 + H_2S\uparrow$$

$$FeS + H_2SO_4(\text{稀}) \xlongequal{} FeSO_4 + H_2S\uparrow$$

制备硫化氢气体时不能用浓盐酸、浓硫酸和硝酸。因为浓盐酸是挥发性的酸，会挥发出较多的氯化氢气体，使制得的硫化氢气体不纯。浓硫酸和浓硝酸、稀硝酸都有很强的氧化性，能与具有还原性的硫化氢起反应。

制取硫化氢气体所用的试剂，一种是块状固体（硫化亚铁），另一种是液体（稀酸），反应时又不需要加热，因此，可以用启普发生器来制取硫化氢气体。但是制取或使用硫化氢气体，必须在通风橱中进行。

硫化氢的水溶液叫氢硫酸，室温下，饱和溶液的浓度约为 0.1 mol/L。氢硫酸和硫化氢一样也具有一定的还原性。

想一想

实验室制备的硫化氢的水溶液，长时间放置后会变浑浊是什么原因？

任务拓展

1. 在试管中加入 5 滴 0.01 mol/L $KMnO_4$ 溶液，加入 5 滴稀 H_2SO_4 酸化后，再加入 H_2S 水溶液，振荡试管，观察现象，写出反应的化学方程式。

2. 在试管中加入 0.5 mL 0.1 mol/L $FeCl_3$ 溶液，再加入 H_2S 水溶液，振荡试管，观察现象，写出反应的化学方程式。

任务评价

表 6-1-2　任务评价表

评价项目	评价要素
实验操作	实验操作规范合理，会安装制备 H_2S 气体的简易装置
实验原理	实验现象解释合理
任务检测	实验方法正确、现象明显，记录完整，方程式书写正确。
结束工作	实验台台面清洁，仪器洗涤干净并放置整齐，规定时间内完成任务
安全与环保	正确使用通风橱，及时用碱液吸收多余的 H_2S 气体，废液倒入指定的废液桶中

任务二　认识二氧化硫和浓硫酸

任务描述

通过化学实验认识二氧化硫和浓硫酸，掌握其性质，并且能检验和鉴别 SO_2 和 SO_4^{2-}。

任务目标

- 观察演示实验，了解二氧化硫的实验室制备方法，认识二氧化硫的漂白作用、氧化性和还原性，知道多余二氧化硫气体的处理方法；
- 通过实验，认识浓硫酸的吸水性、脱水性和强氧化性特点；
- 学会二氧化硫气体的检验方法以及 SO_4^{2-} 的鉴别方法。

任务分析

二氧化硫和硫酸是氧族元素中重要的化合物，在化工生产和日常生活中用途较广。要想掌握它们的性质特点，必须认真观察实验现象，分析实验原因。

任务实施

一、任务准备

1. 仪器和药品

仪器：试管、烧杯、铁架台、分液漏斗、洗气瓶、玻璃导管、胶头滴管、白色纸片、表面皿、酒精灯。

试剂：H_2SO_4 溶液（0.1 mol/L）、$KMnO_4$ 溶液（1%）、石蕊试液、品红试液、H_2S 溶液、亚硫酸钠（固体）、Na_2SO_4（0.1 mol/L）、硫化亚铁、铜片、NaOH 溶液（1 mol/L）、浓硫酸（98.3%）、Na_2CO_3（0.1 mol/L）、HCl（1 mol/L）、$BaCl_2$（0.1 mol/L）。

2. 安全和环保

废液桶，橡胶手套，通风橱。

二、任务过程

1. 探究二氧化硫的性质

教师按照图 6－2－1 所示安装实验装置，加入药品，制备二氧化硫和检验其性质。学生认真观察实验现象。

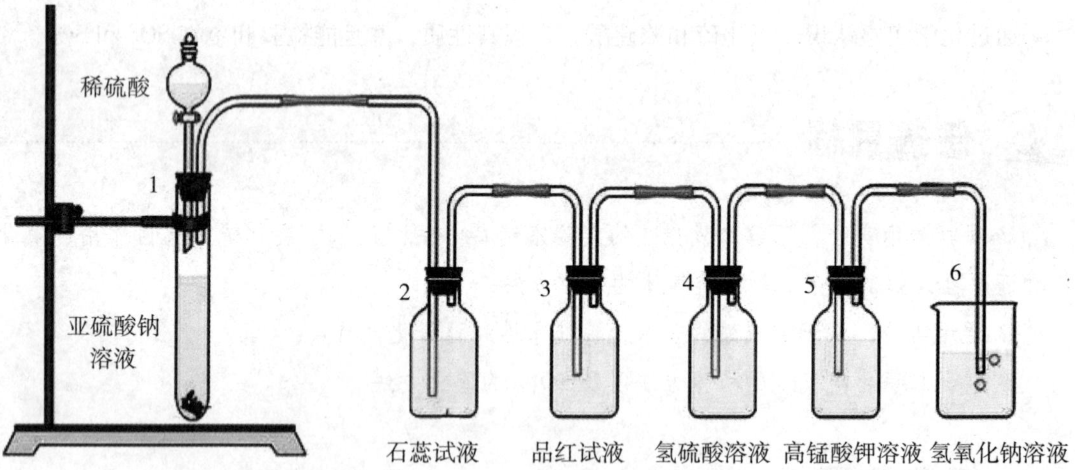

图 6－2－1　SO_2 气体的制备及性质实验

根据上述实验现象，总结二氧化硫的性质，并写出相关的化学方程式。同时，总结出如何检验一种气体是否是二氧化硫。

1 装置，现象：____；

化学方程式：____。

2 装置，现象：____；

3 装置，现象：____。

4 装置，现象：____；

化学方程式：____。

5 装置，现象：____；

化学方程式：____。

6 装置，现象：____；

化学方程式：____。

怎样鉴别 SO_2 气体？

____。

2．探究浓硫酸的性质

（1）将浓硫酸用玻璃棒蘸取滴到白色纸片上，观察现象（白色纸片放在表面皿中）。实验现象：____。

（2）向试管中倒入 5 mL 浓硫酸，说明浓硫酸的物理性质。颜色：________；状态：________；沸点：________。

（3）在图 6－2－2 所示装置中，向盛有 5 mL 浓硫酸溶液的试管中加入几片薄铜片，在酒精灯上加热。反应后，把 a 试管里的溶液缓慢倒入盛有少量蒸馏水的小烧杯内。

b 试管内的实验现象：______________________________________；

小烧杯内的实验现象：______________________________________；

c 试管内反应的化学方程式：__________________________________；

a 试管内反应的化学方程式：__________________________________。

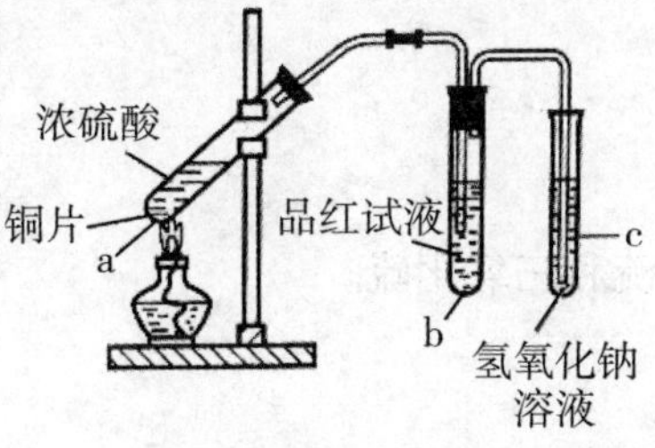

图 6－2－2　浓硫酸和金属铜反应的实验

（4）在分别盛有 5 mL 0.1 mol/L 的 H_2SO_4 溶液、0.1 mol/L 的 Na_2SO_4 溶液、0.1 mol/L 的 Na_2CO_3 溶液的试管中，均滴入 1 mL 0.1 mol/L 的 $BaCl_2$ 溶液，观察白色沉淀的生成，然后向各试管滴加 1 mol/L 的 HCl 溶液，振荡试管，观察沉淀的溶解情况并填表 6－2－1。

表 6-2-1 SO_4^{2-} 的检验方法

样品＼试剂		加入 $BaCl_2$ 溶液	加入稀盐酸
稀硫酸	现象		
	化学方程式		
Na_2SO_4 溶液	现象		
	化学方程式		
Na_2CO_3 溶液	现象		
	化学方程式		

根据上述实验现象，总结浓硫酸的部分性质，并写出相关的化学方程式。同时，说明检验 SO_4^{2-} 的方法。

三、任务检测

（1）将放置到 0 ℃和 40 ℃恒温状态下的铁片分别放入浓硫酸中，观察并解释现象，同时写出相关的化学方程式。

（2）将放置到 0 ℃和 40 ℃恒温状态下的铁片分别放入稀硫酸中，观察并解释现象，同时写出相关的化学方程式。

相关知识

硫的氧化物和硫酸

一、硫的氧化物

硫的重要氧化物有二氧化硫和三氧化硫。

1. 二氧化硫

（1）物理性质

二氧化硫是一种无色且具有刺激性气味的气体，密度比空气大。二氧化硫的沸点是 -10 ℃，熔点是 -75.5 ℃，易液化。二氧化硫是极性分子，易溶于水，在常温、常压下，1 体积水大约能溶解 40 体积的二氧化硫。二氧化硫有毒，对呼吸系统黏膜有强烈的刺激作用，人吸入少量二氧化硫，会使嗓子变哑，呼吸困难甚至失去知觉。二氧化硫是一种大气污染物，工业上规定：空气中二氧化硫含量不得超过 0.02 mg/L。

（2）化学性质

二氧化硫是酸性氧化物，具有酸性氧化物的通性。能与水起反应生成亚硫酸(H_2SO_3)，因此二氧化硫又叫作亚硫酐。亚硫酸很不稳定，容易分解成水和二氧化硫。

$$SO_2 + H_2O \rightleftharpoons H_2SO_3$$

SO_2 可以和碱反应，生成亚硫酸盐，所以，多余的 SO_2 可以用碱液吸收，不能直接排放到大气中。

$$SO_2 + 2NaOH = Na_2SO_3 + H_2O$$

练一练

写出用石灰乳吸收 SO_2 气体的化学反应方程式。

二氧化硫在适当的温度并有催化剂存在的条件下，还可以被氧气氧化而生成三氧化硫。三氧化硫在同样条件下也可以分解生成二氧化硫和氧气，所以这也是一个可逆反应。

$$2SO_2 + O_2 \underset{\triangle}{\overset{\text{催化剂}}{\rightleftharpoons}} 2SO_3$$

二氧化硫中的硫为 +4 价，是 S 元素的中间价态，二氧化硫若与氧化性比它强的物质反应时，所含硫元素化合价升高，二氧化硫呈现出还原性，如上述二氧化硫与氧气的反应。二氧化硫若与还原性比它强的物质反应时，二氧化硫就呈现出氧化性，如二氧化硫与硫化氢的反应。

[演示实验 6-2-1] 把二氧化硫气体通入盛有 1% 品红试液的试管里，观察品红试液颜色的变化。再把试管加热，观察品红试液颜色的变化。

可以看到，品红试液的颜色褪去，用这种方法可以检验二氧化硫气体。把试管加热，品红试液的颜色复现。

二氧化硫能漂白某些有色物质，但漂白原理与氯气不同。二氧化硫的漂白作用，实质上是二氧化硫能与某些有色物质化合生成无色物质，这种无色物质不稳定，受热或日光照射容易分解而使有色物质恢复原来的颜色。

$$SO_2 + \text{某些有机色素} \underset{\triangle}{\rightleftharpoons} \text{无色的物质}$$

二氧化硫主要用于制造硫酸和亚硫酸盐。工业上常用二氧化硫来漂白纸浆、毛、丝、草帽辫等。此外，它还用于杀菌、消毒等。

小知识

具有漂白性的物质

	具有漂白性的物质		
物质	HClO、O_2、H_2O_2、Na_2O_2	SO_2	木炭
原理	将有色物质氧化分解	与有色物质结合生成无色物质	将有色物质的分子吸附在其表面
实质	氧化还原反应	非氧化还原反应	物理吸附
效果	永久性	暂时性	暂时性

实验室常用亚硫酸盐与稀硫酸起反应来制取二氧化硫。

$$Na_2SO_3 + H_2SO_4(稀) \xlongequal{\triangle} Na_2SO_4 + H_2SO_3$$
$$H_2SO_3 \rightarrow H_2O + SO_2\uparrow$$

二氧化硫能造福于人类，但也会给人类造成危害。大量的二氧化硫散发到大气中，被雨水吸收就会成为对人类有害的酸雨（图 6－2－3）。

酸雨是指 pH＜5.6 的酸性降水。酸雨的成因很多，主要是人为地向大气中排放大量酸性二氧化硫和氮氧化物造成的。我国的酸雨主要是大量燃烧含硫量高的煤形成的，多为硫酸雨，少为硝酸雨。此外，各种机动车排放的尾气也是形成酸雨的重要原因。

$$SO_2 + H_2O \rightleftharpoons H_2SO_3 \qquad 2H_2SO_3 + O_2 = 2H_2SO_4$$

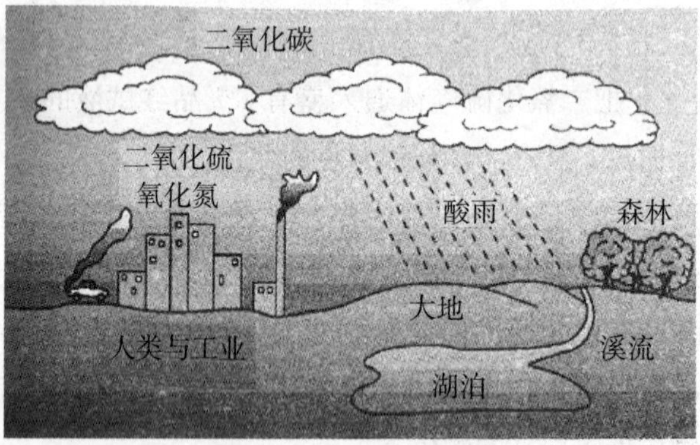

图 6－2－3　酸雨

酸雨会对人体健康造成危害，破坏森林、草原和农作物，使土壤酸性增强、湖泊酸化、生态环境受损，还会破坏建筑物。

其实，正常雨水由于溶解了二氧化碳气体，一般也是偏酸性的，pH≈5.6。

想一想

雨天时，收集雨水，用 pH 试纸测定雨水的 pH；如果酸性较大，分析原因（考虑当地产业特点）。

2. 三氧化硫

三氧化硫是一种无色易挥发的晶体，熔点是 17 ℃，沸点是 45 ℃。三氧化硫的密度为 2.29 g/cm³。

三氧化硫是一种酸性氧化物，具有酸性氧化物的通性。

三氧化硫溶于水立即与水发生剧烈反应，生成硫酸的同时放出大量的热。因此三氧化硫是硫酸的酸酐，叫硫酐。

$$SO_3 + H_2O = H_2SO_4$$

三氧化硫还能与碱性氧化物和碱类物质起反应生成硫酸盐。

$$SO_3 + Na_2O = Na_2SO_4$$

$$SO_3 + 2KOH = K_2SO_4 + H_2O$$

二、硫酸和硫酸盐

1. 浓硫酸的物理性质

纯净的硫酸是无色、黏稠、油状液体，是一种难挥发的强酸。市售浓硫酸的质量分数约为 98%，沸点是 338 ℃，密度是 1.84 g/cm³。硫酸和水能以任意比例混合，同时放出大量的热。因此，稀释浓硫酸时，千万不能把水倒入浓硫酸中，一定要把浓硫酸沿着器壁慢慢地注入水里，并不断搅拌，使产生的热量迅速扩散，避免发生安全事故。如图 6－2－4 所示。

图 6－2－4　稀释浓硫酸时向水中注入浓硫酸

2. 硫酸的化学性质

稀硫酸具有酸的通性。

（1）浓硫酸有强烈的吸水性

浓硫酸能吸收气体中的水蒸气，因此浓硫酸常用作某些不与它反应的气体的干燥剂。例如，可用来干燥中性的 CO、O_2、N_2 和所有的稀有气体、酸性的 HCl 以及 CO_2 气体，但不能用来干燥碱性气体（如氨），因为浓硫酸与氨反应；也不能干燥 HBr、HI、H_2S 等还原性气体。浓硫酸不能干燥 SO_2 气体，因为 SO_2 易溶于浓硫酸。

想一想

图 6-2-5 中的托盘天平上放了一瓶敞口的浓硫酸，左图中的托盘天平处于平衡状态；一段时间后，天平变得不平衡了，如右图。说明原因。

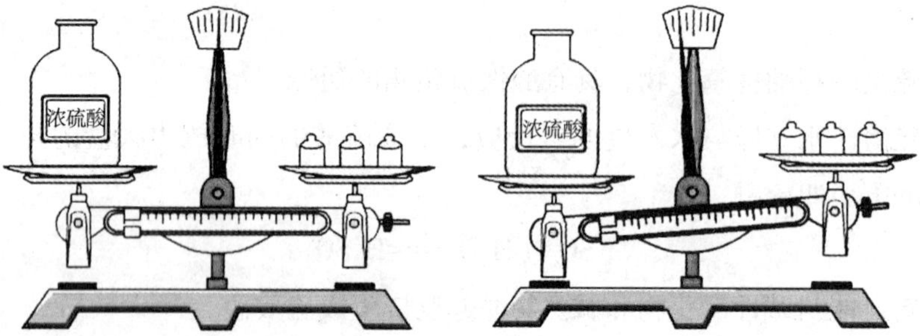

图 6-2-5　浓硫酸的吸水性

（2）浓硫酸有强烈的脱水性

浓硫酸能将纸张、木柴、衣服、皮肤等物质中的氢、氧元素按水的组成比（氢原子和氧原子的个数比为 2 ∶ 1）脱去，使它们炭化而变黑。因此，浓硫酸能严重地破坏动植物组织，有强烈的腐蚀性，使用时要注意安全。脱水性是浓硫酸的化学特性，物质被浓硫酸脱水的过程是化学变化的过程。

[演示实验 6-2-2] 把一块木条浸入浓硫酸中，一段时间后，拿出并观察木条颜色的变化。

可以看到，原本白色的木条变成了黑色，这就是浓硫酸夺取了木条中纤维素分子里的氢、氧两种元素的原子，并按照水分子的形式脱离出来，使之碳化。

（3）浓硫酸还有很强的氧化性

在常温下，浓硫酸与某些较活泼的金属（如铁、铝等）接触，金属表面立刻被浓硫酸氧化，生成比较复杂的铁的氧化物，这种铁的氧化物不能溶解在浓硫酸里，它在金属表面形成一层致密的氧化物保护膜，阻止内部金属继续与酸反应，这种现象叫作金属的钝化。因此，工业上用铁或铝制容器贮存和运输冷的浓硫酸。但是，在受热的情况下，浓硫酸不仅能与铁、铝等金属起反应，而且能与绝大多数金属起反应。

想一想

能在温度高的情况下用铁罐车来运输浓硫酸吗？为什么罐口部分容易腐蚀？

［演示实验6－2－3］在试管里放一块铜片，注入约2 mL浓硫酸，然后加热。观察发生的现象。将湿润的蓝色石蕊试纸置于试管口，观察试纸颜色的变化。稍冷后，将试管里的溶液倒入盛有约3 mL水的另一个试管里，观察稀释后溶液的颜色。

可以看到，加热后铜片与浓硫酸起反应，有刺激性气味的气体放出，并使湿润的蓝色石蕊试纸变红色，说明这种气体是二氧化硫。稀释后溶液的颜色为蓝色，说明有硫酸铜生成。浓硫酸与铜起反应的化学方程式如下：

$$2H_2SO_4(浓)+Cu \xlongequal{\triangle} CuSO_4+2H_2O+SO_2\uparrow$$

在上面的氧化还原反应中，浓硫酸氧化了铜（铜元素从0价升高到+2价），而本身被还原成二氧化硫（硫元素从+6价降低到+4价）。浓硫酸是氧化剂，具有氧化性，铜是还原剂，具有还原性。

当加热时，浓硫酸还能与碳、硫等一些非金属起反应。在反应中，浓硫酸把这些非金属氧化，它本身被还原成二氧化硫。

$$2H_2SO_4(浓)+C \xlongequal{\triangle} CO_2\uparrow+2H_2O+2SO_2\uparrow$$

在上面的反应里，浓硫酸是氧化剂，碳是还原剂。

将浓硫酸稀释后的稀硫酸，不再具备吸水性和脱水性，也没有强氧化性，只是具备一般酸的通性。例如，稀硫酸能和碱性物质发生中和反应，也可以将金属活动顺序中位于氢之前的金属氧化，置换出氢气。

3．硫酸的用途

硫酸是化学工业中最重要的化工产品之一，又是一种重要的化工原料。在化学肥料工业上，硫酸用于生产硫酸铵［$(NH_4)_2SO_4$］、过磷酸钙［$Ca(H_2PO_4)_2\cdot CaSO_4\cdot 2H_2O$］等无机肥料。在电镀、搪瓷等工业以及金属加工中用硫酸做清洗剂，以除去金属表面的氧化物。石油炼制工业中用于精制油品，除去油品中硫化物和不饱和烃类。硫酸还用于制备许多有实用价值的硫酸盐（如硫酸亚铁、硫酸铜等）以及各种挥发性酸（如盐酸、氢氟酸、硝酸等）。工业上及实验室还常用浓硫酸干燥气体。硫酸也是常用的化学试剂。

4．硫酸的工业制法——接触法

接触法是工业上制造硫酸的一种重要方法。

接触法制造硫酸的反应原理是：燃烧硫或黄铁矿制取二氧化硫；将二氧化硫在适当的

温度和催化剂的作用下氧化成三氧化硫；再将三氧化硫与水化合生成硫酸。关键的一步是二氧化硫与氧气在催化剂的表面上接触时反应生成三氧化硫，故把此法称作接触法。

根据接触法制硫酸的反应原理，硫酸的生产过程可分为三个主要阶段，其简单流程如图 6-2-6 所示。

热交换器是化学工业里广泛应用的热交换设备，它有各种形式。多数热交换器的内部装有许多平行的管道或蛇管，以扩大传热面，提高换热效果。一种流体在管道里流动，另一种流体在管道外流动，两种流体通过管壁进行热交换，热的流体得到冷却，冷的流体得到加热。

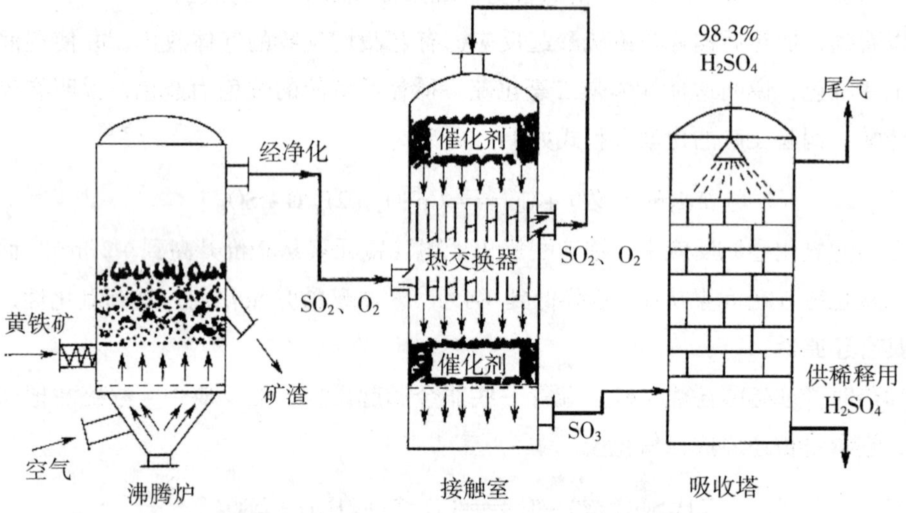

图 6-2-6　接触法制硫酸的简单流程示意图

第一阶段，二氧化硫的制取和净化。目前多采用燃烧硫铁矿（又称黄铁矿）的方法制取二氧化硫。

$$4FeS_2 + 11O_2 \xlongequal{\text{高温}} 2Fe_2O_3 + 8SO_2\uparrow$$

这个反应在沸腾炉里进行。工业上常把黄铁矿粉碎成细小的矿粒，放在一种特制的炉子里燃烧，从炉底通入强大的空气流，把燃烧的矿粒吹得在炉内一定空间里剧烈翻腾，好像“沸腾着的液体”一样，沸腾炉因此而得名。

从沸腾炉出来的气体叫作炉气，其中含有二氧化硫、氧气、氮气、水蒸气以及一些杂质（如砷、硒等的化合物）和矿尘（飞散的黄铁矿粉和炉渣等）等。杂质和矿尘都能使催化剂作用减弱或失去作用，这种现象叫作催化剂中毒。水蒸气对生产和设备也会产生不良的影响。因此，在进行催化氧化反应之前，必须除去有害杂质、矿尘和水蒸气，这个过程叫作净化。经过净化后的混合气体主要含有二氧化硫、氧气及无害的氮气。

第二阶段，二氧化硫催化氧化成三氧化硫。把二氧化硫和氧气的混合气体加热到一定温度（400 ~ 500 ℃），在催化剂（五氧化二钒）的作用下，二氧化硫被氧气氧化，生成三氧化硫，同时放出大量的热。这一反应是在接触室（或转化器）里进行的，在适宜的温度下，使97%以上的二氧化硫转化为三氧化硫。反应的化学方程式如下：

$$SO_2(g)+\frac{1}{2}O_2(g)\xrightleftharpoons[\triangle]{\text{催化剂}}SO_3(g)$$

第三阶段，三氧化硫的吸收和硫酸的生成。从接触室出来的气体，主要是三氧化硫和氮气及剩余的未起反应的氧气和少量未反应的二氧化硫。第三阶段的主要设备是吸收塔，在吸收塔中三氧化硫与水化合生成硫酸，同时放出大量的热。

$$SO_3(g)+H_2O(l)=\!=\!=H_2SO_4(l)$$

在吸收塔里，并不用水或稀硫酸来吸收三氧化硫。因为直接用水或稀硫酸吸收三氧化硫，反应中放出的热量使水蒸发，所产生的水蒸气与三氧化硫结合，会形成大量酸雾，吸收速度慢，不利于三氧化硫的吸收。因此，工业上用质量分数为98.3%的浓硫酸来吸收三氧化硫。然后再用水或稀硫酸将吸收了三氧化硫的浓硫酸稀释，制得各种浓度的硫酸。未被浓硫酸吸收的气体从塔顶侧面管道排出。

从吸收塔顶排出的没有起反应的氧气和少量的二氧化硫以及氮气等气体，工业上叫作尾气。如果把尾气直接排入大气，就会造成环境污染。二氧化硫是大气污染的主要有害物质之一，所以在尾气排入大气之前，必须回收（常用氨水加以吸收）、净化处理，这样既防止了二氧化硫对大气的污染，保护了环境，又充分利用了原料。

5. 硫酸盐

硫酸盐一般都是晶体，绝大部分都能溶于水。硫酸钙、硫酸银和硫酸亚汞微溶于水。硫酸钡和硫酸铅难溶于水。现在介绍几种重要的硫酸盐。

(1) 硫酸锌($ZnSO_4$)

$ZnSO_4$是一种白色粉末状物质。含7分子结晶水的硫酸锌($ZnSO_4\cdot7H_2O$)是无色晶体，俗称皓矾，常用于制造白色颜料（锌钡白，又名立德粉）；可作木材防腐剂；在铁路施工中，用它的溶液浸泡枕木；可作媒染剂，在印染工业上使染料牢固附着在纺织纤维上；在医疗上用作收敛剂，能使有机体组织收缩，减少腺体的分泌。

(2) 硫酸钡($BaSO_4$)

$BaSO_4$是一种白色粉末状物质，不溶于水也不溶于酸。利用这种性质及不易被X射线透过的性质，医疗上常用硫酸钡做X射线透视肠胃的内服药剂，俗称“钡餐”。硫酸钡还可作白色颜料。天然硫酸钡叫作重晶石，是制造其他钡盐的原料。

(3) 硫酸亚铁晶体($FeSO_4\cdot7H_2O$)

$FeSO_4\cdot7H_2O$是淡绿色晶体，俗称绿矾。绿矾可作木材防腐剂、染料的媒染剂，可制造蓝黑墨水、普鲁士蓝（一种蓝色颜料，用于制造油漆）。在农药上也用来防治果园中的病虫害。

（4）硫酸钠（Na_2SO_4）

Na_2SO_4 大量用在玻璃工业上。硫酸钠晶体（$Na_2SO_4 \cdot 10H_2O$），俗名芒硝，在医药上用作泻药。

6. 硫酸和硫酸盐的检验

可利用硫酸钡的不溶性来检验硫酸或硫酸盐。

［演示实验 6－2－4］在分别盛着硫酸、硫酸钠、碳酸钠溶液的三支试管中，各滴入少量氯化钡溶液，都有白色沉淀生成。等沉淀下沉后，倒去上面的溶液，再各滴入少量盐酸或稀硝酸，振荡试管，观察发生的现象。

可以看到，在硫酸和硫酸钠溶液中，加入氯化钡溶液，生成白色沉淀，这是硫酸钡沉淀。

$$BaCl_2 + H_2SO_4 = BaSO_4 \downarrow + 2HCl$$

$$BaCl_2 + Na_2SO_4 = BaSO_4 \downarrow + 2NaCl$$

在碳酸钠溶液中，加入氧化钡溶液，也生成白色沉淀，这是碳酸钡沉淀。

$$BaCl_2 + Na_2CO_3 = BaCO_3 \downarrow + 2NaCl$$

还可以看到，在三支盛有白色沉淀的试管中，分别加入盐酸或稀硝酸，硫酸钡沉淀不溶解，碳酸钡沉淀溶解。

$$BaCO_3 + 2HCl = BaCl_2 + H_2O + CO_2 \uparrow$$

$$BaCO_3 + 2HNO_3 = Ba(NO_3)_2 + H_2O + CO_2 \uparrow$$

许多不溶于水的钡盐（亚硫酸钡、磷酸钡等）也跟碳酸钡一样，能溶于盐酸或稀硝酸。

硫酸钡是一种既不溶于水，也不溶于盐酸（或稀硝酸）的白色沉淀。因此，在实验室里检验溶液中是否含有 SO_4^{2-} 时，常常先用盐酸（或稀硝酸）把溶液酸化，以排除 CO_3^{2-}、Ag^+、SO_4^{2-}、PO_4^{3-} 等可能造成的干扰，再加入 $BaCl_2$［或 $Ba(NO_3)_2$］溶液，如果有白色沉淀出现，则说明原溶液中有 SO_4^{2-} 存在。

※三、关于多步反应的计算

化工生产，往往要经过多步（两步或两步以上）的反应，才能得到产品。有关多步反应的计算，常为结合生产实际的计算。如果按生产过程中各步化学反应逐步进行计算，既烦琐又容易发生错误。因此，关于多步反应的计算问题，不必按照生产步骤逐步进行计算，可根据生产过程中所发生的化学反应，先写出化学方程式，然后找出第一步反应的反应物和最后一步反应的生成物之间的数量关系，即原料和产品之间量的关系，列出关系式，根据关系式一步进行计算。

在进行多步反应的计算时，一般的解题步骤为：

①写出各步反应的化学方程式；

②根据化学方程式找出可以作为中介的物质（由原料到产品的中间物质），并确定最初反应物、中介物质、最终生成物之间的量的关系；

③确定最初反应物和最终生成物之间的量的关系；

④根据所确定的最初反应物和最终生成物之间的量的关系和已知条件进行计算。

【例6-2-1】某硫酸厂用接触法制造硫酸（假设在制备过程中无任何损耗），计算生产49 t纯硫酸（H_2SO_4），需要多少吨FeS_2？

解：设需FeS_2 x t

$$4FeS_2 + 11O_2 \xlongequal{高温} 2Fe_2O_3 + 8SO_2$$

$$2SO_2 + O_2 \underset{\triangle}{\overset{催化剂}{\rightleftharpoons}} 2SO_3$$

$$SO_3 + H_2O = H_2SO_4$$

从化学方程式可知，硫铁矿的主要成分FeS_2中所含的硫，在反应后全部生成硫酸（理论上），按照FeS_2与H_2SO_4的关系列出关系式：$FeS_2 \rightarrow 2SO_2 \rightarrow 2SO_3 \rightarrow 2H_2SO_4$

根据关系式进行计算。

$$FeS_2 \longrightarrow 2\ H_2SO_4$$

$$120 \qquad\qquad 2 \times 98$$

$$x\ \text{t} \qquad\qquad 49\ \text{t}$$

$$\frac{120}{x} = 2 \times \frac{98}{49}$$

$$x = \frac{120 \times 49}{2 \times 98} = 30$$

答：需FeS_2 30 t。

任务拓展

黑面包实验

在200 mL烧杯中放入10 g蔗糖，加入1 mL水润湿，然后再加入10 mL质量分数为98%的浓硫酸，用玻璃棒搅拌，观察实验现象。写出反应的化学方程式。

任务评价

表 6-2-2　任务评价表

评价项目	评价要素
实验操作	实验操作规范合理，会安装浓硫酸和金属铜反应的简易装置
实验原理	实验现象解释合理
任务检测	实验方法正确、现象明显，记录完整，化学方程式书写正确
结束工作	实验台台面清洁，仪器洗涤干净并放置整齐，规定时间内完成任务
安全与环保	正确使用通风橱，及时用碱液吸收多余的 SO_2 气体，废液倒入指定的废液桶中

单元小结

1. 氧族元素概述

氧族元素包括氧（O）、硫（S）、硒（Se）、碲（Te）和钋（Po）五种元素，原子的最外层电子都是6个，容易获得2个电子而显非金属性，氧一般显示 -2 价，硫一般显示 -2、+4 和 +6 价。

2. 氧的单质

氧的单质有两种同素异形体，氧气和臭氧。氧气吸收一定的能量后可转化为臭氧。臭氧的氧化能力比氧气强，但稳定性较差。臭氧具有漂白作用。

3. 过氧化氢（H_2O_2）

过氧化氢俗称“双氧水”，其稳定性较差，易分解为水和氧，具有氧化性和还原性。过氧化氢也具有漂白作用。

4. 硫

硫的化学性质：
- 硫与金属反应，生成金属硫化物。如 FeS、Cu_2S 等 ｝显示氧化性
- 硫与氢气反应，生成硫化氢。 ｝显示氧化性
- 硫与氧气反应，生成二氧化硫。　显示还原性

5. 硫化氢（H_2S）

硫化氢（硫显示 -2 价）气体具有还原性，能在空气中燃烧被氧气氧化为单质硫或二氧化硫；硫化氢的水溶液称为氢硫酸，是一种弱酸，有较强的还原性，可被空气中的氧气氧化为单质硫。

6. 二氧化硫（SO_2）

（1）二氧化硫分子中，硫显示 +4 价，所以 SO_2 既有氧化性，又有还原性，但还原能力

较强。

（2）二氧化硫易溶于水，生成亚硫酸（H_2SO_3）；亚硫酸是中强酸，具有酸的通性；不稳定，易分解为 SO_2 和 H_2O。

（3）二氧化硫具有漂白作用，能使品红试液和湿润的品红试纸褪色，可用来检验和鉴别 SO_2 气体。

7. 硫酸（H_2SO_4）

稀硫酸具有酸的通性；浓硫酸具有吸水性、脱水性和强氧化性；用可溶性钡盐［如 $BaCl_2$、$Ba(NO_3)_2$］可以检验 SO_4^{2-} 的存在，生成的硫酸钡难溶于水和酸。

综合测试

一、填空题

1. 向含有酚酞的 NaOH 溶液中滴加过氧化氢，溶液由红色褪至无色，主要原因是过氧化氢具有________性。将过氧化氢加入酸化的高锰酸钾溶液中，溶液紫红色消退，此时过氧化氢表现出________性。久置的油画，白色部分（$PbSO_4$）常会变黑（PbS），过氧化氢擦后又恢复原貌，有关反应的化学方程式为________________________。

2. 实验室常用硫酸来制取气体，试写出硫酸在这些反应中表现出的性质。

（1）用浓硫酸和 NaCl 反应制取 HCl________________________；

（2）用稀硫酸和 Zn 反应制取 H_2________________________；

（3）用 Cu 与浓硫酸加热反应制取二氧化硫________________________。

3. 二氧化硫是________色，有________气味的有毒气体，它溶于水生成________，二氧化硫既有________，又有________（填“氧化性”“还原性”）。

4. 浓硫酸可以干燥氢气、氧气等气体，是利用了浓硫酸的________性，浓硫酸使蔗糖炭化时，表现了________性；工业上常用稀硫酸清洗铁锈表面的锈层，这是利用了稀硫酸的________性。

5. 硫化氢是________色________气味的气体，它________溶于水，其水溶液叫作________，它在空气中燃烧的方程式为________________。

6. 下列气体中，能用浓硫酸干燥的是________________。

NH_3　H_2S　HI　HBr　HCl　SO_2　CO_2　H_2　O_2　Cl_2

二、选择题

1. 碲元素及其化合物不可能具有的性质是（　　）。

A. 碲的化合价有 -2 价、+4 价、+6 价

B. 碲的氧化物有 TeO_2 和 TeO_3

C. 碲能与氢气直接化合，且 H_2Te 比 H_2Se 稳定

D. 单质碲呈银白色，还原性比硒强

2. 下列各化合物中，硫元素的化合价都相同的一组是（　　）。

A. S、SO_2、SO_3　　B. SO_3、Na_2SO_4、$NaHSO_4$

C. H_2S、SO_2、Na_2SO_4　　D. H_2S、Na_2SO_4、H_2SO_4

3. 导致下列现象的主要原因与排放 SO_2 有关的是（　　）。

A. 酸雨　　B. 光化学烟雾　　C. 臭氧空洞　　D. 温室效应

4. 下列物质暴露在空气中，不会变质的是（　　）。

A. 硫　　B. 氢硫酸　　C. 亚硫酸　　D. 烧碱

5. 下列对硫酸的叙述正确的是（　　）。

A. 因浓硫酸具有强氧化性，故不可用它来干燥氢气

B. 浓硫酸不活泼，可用铁铝容器存放

C. 浓硫酸有强氧化性，稀硫酸没有氧化性

D. 浓硫酸难挥发，可用来制取 HF、HCl 等挥发性酸

6. 酸雨的危害主要有（　　）。

A. 对臭氧层造成危害　　B. 破坏森林、草原和农作物

C. 使土壤酸性增强、湖泊酸化、生态环境受损　　D. 破坏建筑物

7. 我国评价城市空气的质量，经常监测的污染物是（　　）。

A. SO_2、NO_2、可吸入颗粒物　　B. SO_2、CO_2、NO、灰尘、水蒸气

C. SO_2、CO_2、NO_2、可吸入颗粒物　　D. HCl、CO_2、NH_3、NO_2、灰尘

8. 实验室用 FeS 制备 H_2S 气体时用（　　）。

A. 浓盐酸　　B. 浓硫酸　　C. 硝酸　　D. 稀盐酸或稀硫酸

三、简答与计算

1. 用 12.7 g 纯铜与 50 mL18 mol/L 硫酸完全反应后，在标准状况下可生成 SO_2 多少升？

2. 某酸 A 与正盐 B 作用，放出无色、有刺激性气味的气体 C，C 可使品红溶液褪色；当 C 和烧碱作用后可得 B；C 氧化后的产物是 D；D 被水吸收又得到 A。指出 A、B、C、D 各是什么物质，并写出有关的化学方程式。

3. 解释说明浓盐酸和浓硫酸在开口放置一段时间后浓度如何变化。

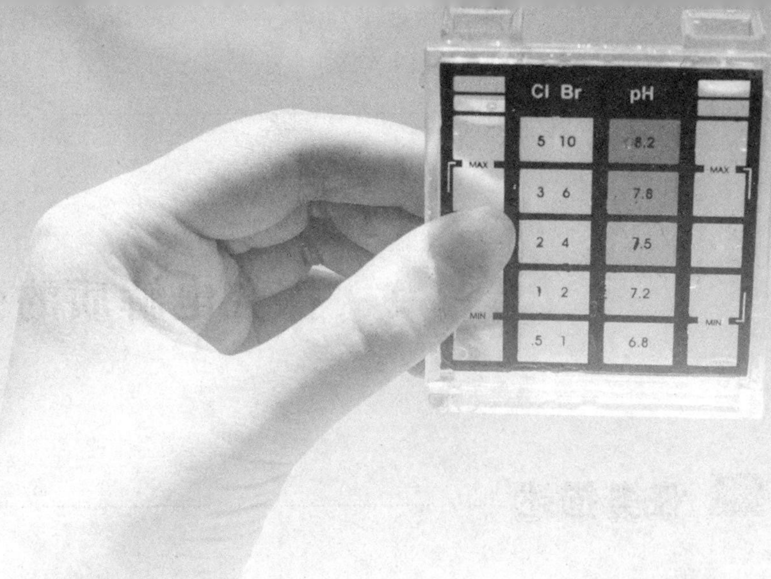

第七单元 电解质溶液

单元概述

许多无机化学反应是在水溶液中进行的，参加反应的物质主要是酸、碱和盐类。它们在水溶液中能发生不同程度的解离，所发生的反应实际上都是离子反应。不仅酸、碱的水溶液具有酸碱性，许多盐因为在水中发生水解，它们的溶液也显示一定的酸碱性。本单元将应用化学平衡和平衡移动原理，分析和讨论弱酸、弱碱和盐这些电解质溶液的性质特点及其在生活和生产实践中的应用。

单元目标

- 理解弱电解质的解离平衡，会判断平衡移动方向；
- 会计算强酸、强碱和弱酸、弱碱水溶液的 pH；
- 了解盐类的水解过程，能判断盐的水溶液的酸碱性；
- 理解离子方程式的意义，会书写离子方程式；
- 知道什么是同离子效应、什么是缓冲溶液，了解缓冲原理。

任务一 探究电解质的强弱

任务描述

通过化学实验操作、观察实验现象，认识强、弱电解质的解离特点，理解弱酸、弱碱解离常数和解离度的含义。

任务目标

- 理解电解质和非电解质的概念，会判断电解质和非电解质；
- 掌握强电解质和弱电解质的概念，会判断强电解质和弱电解质并能写出其解离方程式；
- 了解弱电解质的解离平衡，理解解离常数的意义；
- 理解解离度的含义，会利用解离度公式进行简单计算。

任务分析

在化工生产和化学实验中，物质在水溶液中的化学反应具有非常重要的作用。了解酸、碱和盐在水溶液中的存在形式，才能更好地理解并掌握酸、碱和盐在水溶液中的反应情况。

任务实施

一、任务准备

1. 仪器和药品

仪器：试管、试管夹。

药品：HCl（0.1 mol/L，2 mol/L）、CH_3COOH（0.1 mol/L，2 mol/L）、甲基橙试液、锌粒。

2. 安全和环保

废液桶、废纸桶。

二、任务过程

比较醋酸和盐酸的酸性

（1）向两支试管中分别加入 1 mL 0.1 mol/L 的醋酸溶液和盐酸溶液，然后在每支试管中各加入 1 mL 水，再加入 1 滴甲基橙试液，比较两支试管中溶液的颜色。

实验现象：______；原因：______。

（2）向两支试管中分别加入 2 mL 2 mol/L 的醋酸溶液和盐酸溶液，然后在每支试管中各加入两颗锌粒，比较两支试管中的反应情况。

实验现象：______；

反应的化学方程式：______；

反应的化学方程式：______。

三、任务检测

1. 实验现象：实事求是，记录完整。

2. 电解质的解离式书写正确。

3. 说明下列物质中哪些是电解质？哪些是非电解质？

蔗糖、醋酸、氨水、乙醇、氢氧化钠、盐酸、固体氯化钠、无水硫酸、氢氧化铁、氯化银

4. 写出下列电解质的解离方程式和弱电解质的标准解离平衡常数表达式；查阅解离常数值，比较 HF 和 HCN 酸性的强弱。

$NaOH$、$Ba(OH)_2$、HF、$NH_3 \cdot H_2O$、HCN、H_2SO_4、$Al_2(SO_4)_3$、$NaHCO_3$

5. 说明强、弱电解质的区别。

6. 298 K 时，0.02 mol/L 的氨水溶液中有 6×10^{-4} mol/L 的氨水解离成离子，求氨水的解离度。

相关知识

强电解质和弱电解质

一、电解质和非电解质

凡是在水溶液中或熔融状态下能够导电的化合物叫作电解质，如酸、碱、盐等；在水溶液中和熔融状态下均不能导电的化合物叫作非电解质，如酒精、乙醇、甘油等绝大多数

有机物等。

酸、碱、盐溶于水或固体受热熔化能解离出自由移动的离子，因而能够导电，所以酸、碱、盐都是电解质。蔗糖、乙醇、甘油等溶于水和固体受热熔化后都不能解离出自由移动的离子，因而都不能导电，所以它们都是非电解质。

那么，不同电解质的导电能力是否相同呢？

【演示实验 7－1－1】按图 7－1－1 的装置连接电极、灯泡，在五个烧杯中分别倒入等体积的浓度均为 0.5 mol/L 的盐酸、醋酸（HAc）、氢氧化钠、氯化钠、氨水溶液，连接电源。观察并比较灯泡发光的亮度。

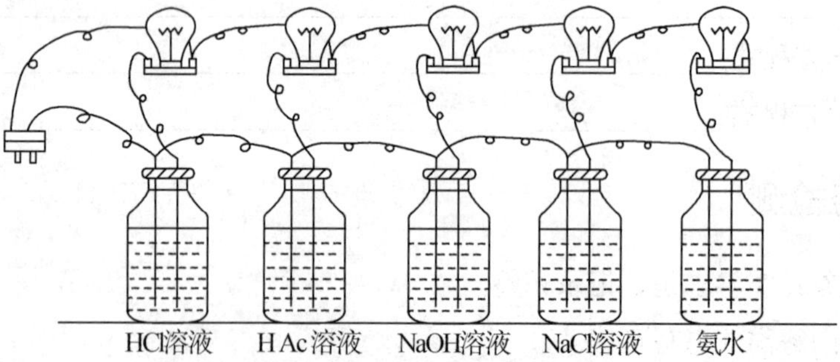

图 7－1－1　电解质溶液的导电能力

实验结果表明：与盐酸、氢氧化钠、氯化钠溶液相连接的灯泡亮度大，与醋酸、氨水溶液相连接的灯泡亮度小。这说明，同体积、同浓度不同种类的电解质在相同条件下的导电能力是不同的。显然，盐酸、氢氧化钠、氯化钠溶液的导电能力比醋酸、氨水溶液的导电能力强。也就是说，电解质又有强电解质和弱电解质之分。

想一想

如果将上述装置中的电极插入纯水中，灯泡会亮吗？

二、强电解质和弱电解质

盐酸、氢氧化钠、氯化钠溶液的导电能力强，是因为 HCl、NaCl、NaOH 在水中可以完全解离成离子。在水溶液中或熔融状态下能完全解离的电解质称为强电解质。常见的强酸，如 HCl、HBr、HI、HNO_3、H_2SO_4，强碱，如 NaOH、KOH、$Ba(OH)_2$、$Ca(OH)_2$，绝大多数的盐类都是强电解质。

醋酸溶液的导电能力弱，是因为在 CH_3COOH 水溶液中，只有一小部分醋酸分子解离成离子，大部分醋酸仍以分子状态存在。在水溶液中或熔融状态下仅能部分解离的电解质称为弱电解质。常见的弱酸，如 CH_3COOH、$HClO$、H_2CO_3、H_2S、HCN；弱碱，如$NH_3 \cdot H_2O$ 都是弱电解质。水也是弱电解质。

上述装置中各种电解质溶液中的离子浓度究竟是多少呢？

① 0.5 mol/L 的 HCl 溶液：$HCl = H^+ + Cl^-$

$c(H^+) = 0.5\ mol/L$　　$c(Cl^-) = 0.5\ mol/L$

② 0.5 mol/L 的 NaCl 溶液：$NaCl = Na^+ + Cl^-$

$c(Na^+) = 0.5\ mol/L$　　$c(Cl^-) = 0.5\ mol/L$

③ 0.5 mol/L 的 NaOH 溶液：$NaOH = Na^+ + OH^-$

$c(Na^+) = 0.5\ mol/L$　　$c(OH^-) = 0.5\ mol/L$

④ 0.5 mol/L 的 CH_3COOH 溶液：$CH_3COOH \rightleftharpoons H^+ + CH_3COO^-$

计算表明，$c(H^+) = 0.003\ mol/L$　　$c(CH_3COO^-) = 0.003\ mol/L$

⑤ 0.5 mol/L 的 $NH_3 \cdot H_2O$ 溶液：$NH_3 \cdot H_2O \rightleftharpoons NH_4^+ + OH^-$

计算表明，$c(NH_4^+) = 0.003\ mol/L$　　$c(OH^-) = 0.003\ mol/L$

弱电解质的解离式用“$\rightleftharpoons$”表示其部分解离，反应可逆。

数据表明，弱电解质溶液中的离子浓度比强电解质溶液中的离子浓度要小得多，所以导电能力也弱得多。

三、弱电解质的解离平衡

1. 弱电解质解离平衡的建立

根据浓度对化学反应速率的影响，分析溶液中醋酸分子的解离过程。醋酸的解离方程式为：

$$CH_3COOH \underset{结合}{\overset{解离}{\rightleftharpoons}} H^+ + CH_3COO^-$$

醋酸溶于水的起始时刻，CH_3COOH 分子的浓度最大，解离成离子的速率最大，即 $\upsilon_{解离}$（或 $\upsilon_{正}$）最大；此时，溶液中还没有 CH_3COOH 分子解离出的 H^+ 和 CH_3COO^-，$\upsilon_{逆} = 0$。随着解离的进行，CH_3COOH 分子的浓度逐渐减小，$\upsilon_{解离}$ 逐渐减小；但是溶液中 H^+ 和 CH_3COO^- 的浓度逐渐增大，H^+ 和 CH_3COO^- 结合成醋酸分子的速率逐渐增大，即 $\upsilon_{结合}$（或 $\upsilon_{逆}$）逐渐增大。当 $\upsilon_{解离} = \upsilon_{结合}$ 时，溶液中 CH_3COOH 分子、H^+ 和 CH_3COO^- 的浓度都不再改变，即解离反应达到平衡状态。

解离平衡与化学平衡一样，也是动态平衡。平衡时正、逆反应速率相等，溶液中离子的浓度和分子的浓度都保持不变。当外界条件（温度、浓度等）发生变化时，平衡就向能减弱这种改变的方向移动。

2. 标准解离平衡常数

当弱电解质的解离反应达到动态平衡时，其标准解离平衡常数（简称解离常数）表达式可写作：

$$CH_3COOH \underset{结合}{\overset{解离}{\rightleftharpoons}} H^+ + CH_3COO^-$$

$$K^{\Theta}_{CH_3COOH} = \frac{c_{H^+}/c^{\Theta} \cdot c_{CH_3COO^-}/c^{\Theta}}{c_{CH_3COOH}/c^{\Theta}} = \frac{[H^+][CH_3COO^-]}{[CH_3COOH]}$$

式中 $[H^+]$、$[CH_3COO^-]$、$[CH_3COOH]$ 分别表示醋酸溶液达到解离平衡时 H^+、CH_3COO^- 和 CH_3COOH 分子的相对浓度，$c^{\Theta} = 1$ mol/L。

同理，弱电解质氨水的解离常数表达式可写作：

$$NH_3 \cdot H_2O \rightleftharpoons NH_4^+ + OH^-$$

$$K^{\Theta}_{NH_3 \cdot H_2O} = \frac{[NH_4^+][OH^-]}{[NH_3 \cdot H_2O]}$$

式中 $[NH_4^+]$、$[OH^-]$、$[NH_3 \cdot H_2O]$ 分别表示 $NH_3 \cdot H_2O$ 溶液达到解离平衡时 NH_4^+、OH^- 和 $NH_3 \cdot H_2O$ 分子的相对浓度。

在一定温度下，每种弱电解质都有其确定的解离常数值，可由实验测定。一些常见弱电解质在 298 K（25℃）时的解离常数见附录二。

对同类型、同浓度的弱电解质而言，解离常数越大，说明解离达到平衡时溶液中离子的浓度越大，弱电解质的解离能力越强。反之，解离常数越小，表示其解离能力越弱。例如，298 K 时，$K^{\Theta}_{HF} = 3.53 \times 10^{-4}$，$K^{\Theta}_{CH_3COOH} = 1.8 \times 10^{-5}$，说明氢氟酸的酸性比醋酸强。

通常，用 K^{Θ}_i 表示弱电解质的解离常数，i 表示弱电解质的种类；或者用 K^{Θ}_a 表示弱酸的解离常数，用 K^{Θ}_b 表示弱碱的解离常数。

解离常数不随浓度而改变，随温度变化而变化，但变化并不显著，一般不影响其数量级，所以在常温下，可以不考虑温度对解离常数的影响。

3. 解离度

解离常数 K^{Θ}_i 只反映了电解质解离能力的大小，没有反映出解离程度的大小。我们用解离度来表示弱电解质解离程度的大小。解离度常用百分数表示，符号为“α”。

$$\alpha = \frac{电解质已解离部分的浓度\ (mol/L)}{电解质的原始浓度\ (mol/L)} \times 100\% \qquad (7-1-1)$$

例如，298 K 时，在 0.1 mol/L 醋酸溶液中，有 1.34×10^{-3} mol/L 的 CH_3COOH 解离成离子，它的解离度：

$$\alpha = \frac{1.34 \times 10^{-3}}{0.1} \times 100\% = 1.34\%$$

这说明，298 K 时，在 0.1 mol/L 醋酸溶液中，每 10 000 个 CH_3COOH 分子中只有 134

个分子解离成 H^+ 和 CH_3COO^-，其余醋酸在水溶液中以 CH_3COOH 分子的形式存在。

所以，弱电解质 α 值的大小，也可表示它们的相对强弱。即在温度、浓度相同的条件下，α 值大的电解质较强，α 值小的电解质较弱。不同电解质具有不同的解离度，即解离度的大小主要与电解质的本性有关，见表 7－1－1。

表 7－1－1　某些弱电解质溶液的解离度（298 K，0.1 mol/L）

电解质	化学式	解离度/%	电解质	化学式	解离度/%
醋酸	CH_3COOH	1.34	次氯酸	HClO	0.054 8
氢氰酸	HCN	0.007	甲酸	HCOOH	4.21
氢氟酸	HF	7.44	氨水	$NH_3 \cdot H_2O$	1.34

弱电解质 α 值的大小还与溶液的浓度有关，见表 7－1－2。

表 7－1－2　不同浓度的醋酸溶液的解离度（298 K）

溶液浓度/$mol \cdot L^{-1}$	0.2	0.1	0.01	0.005	0.001
解离度/%	0.934	1.34	4.24	5.85	12.4

可以看出，同一弱电解质，溶液浓度越小，解离度越大。这是因为溶液浓度越小，离子相互结合成分子的机会越少，解离度自然就越大。

解离度还和温度有关，但温度对解离度的影响不显著。通常若不指明温度，均指 298 K。

4. 解离度和解离常数的关系

解离度和解离常数都可以表示弱电解质的相对强弱，但二者有区别。解离常数是化学平衡常数的一种具体形式，解离常数与浓度没有关系，是弱电解质的特征常数；解离度是转化率的一种具体形式，解离度随浓度的减小而增大。将解离度引入解离常数式中，可导出 K_i^Θ 与 α 的关系。以醋酸为例，设 CH_3COOH 的起始浓度为 c，解离度为 α，那么溶液中解离了的 CH_3COOH 分子的浓度为 $c \cdot \alpha$，即有 $c \cdot \alpha$ 的 H^+ 和 CH_3COO^- 生成，表示为：

$$CH_3COOH \rightleftharpoons H^+ + CH_3COO^-$$

起始浓度/（$mol \cdot L^{-1}$）　c　　0　　0

平衡浓度/（$mol \cdot L^{-1}$）　$c - c \cdot \alpha$　　$c \cdot \alpha$　　$c \cdot \alpha$

$$K^\Theta_{CH_3COOH} = \frac{[H^+][CH_3COO^-]}{[CH_3COOH]} = \frac{c\alpha \cdot c\alpha}{c - c\alpha} = \frac{c\alpha^2}{1-\alpha}$$

由于弱电解质的 α 值很小，可以认为 $1-\alpha \approx 1$，于是：

$$K^\Theta_{CH_3COOH} = c \cdot \alpha^2 \text{ 或 } \alpha = \sqrt{\frac{K^\Theta_{CH_3COOH}}{c}}$$

对弱电解质的通式可写成：

$$K_i^{\ominus} = c \cdot \alpha^2 \text{ 或 } \alpha = \sqrt{\frac{K_i^{\ominus}}{c}} \qquad (7-1-2)$$

该公式表达了弱电解质溶液起始浓度、解离常数和解离度之间的关系，称为稀释定律。它的意义是，同一弱电解质的解离度与其浓度的平方根成反比，即溶液越稀，解离度越大；相同浓度的不同电解质的解离度与解离常数的平方根成正比，即解离常数越大，解离度越大，见表7-1-3。

表7-1-3　不同浓度 CH_3COOH 溶液的解离度与 H^+ 浓度（298 K）

溶液浓度/$mol \cdot L^{-1}$	0.2	0.1	0.01	0.005	0.001
解离度 α/%	0.943	1.34	4.24	5.85	12.4
H^+/（$mol \cdot L^{-1}$）	1.868×10^{-3}	1.34×10^{-3}	4.24×10^{-4}	2.94×10^{-4}	1.24×10^{-4}

从表中数值可以看出，随着溶液浓度的减小，醋酸的解离度 α 增大；但是溶液中的 H^+ 浓度却随着溶液浓度的减小而减小。

【例7-1-1】 已知0.1 mol/L CH_3COOH 溶液的解离度为1.34%，求该溶液中的 c_{H^+}。

解：根据7-1-1式，c_{H^+} = 电解质已解离部分的浓度

$$= c \cdot \alpha$$

$$= 0.1 \text{ mol/L} \times 1.34\%$$

$$= 1.34 \times 10^{-3} \text{ mol/L}$$

答：该溶液中 H^+ 浓度为 1.34×10^{-3} mol/L。

【例7-1-2】 已知 $K^{\ominus}_{CH_3COOH} = 1.8 \times 10^{-5}$，计算0.01 mol/L CH_3COOH 溶液中 c_{H^+} 和解离度。

解：根据7-1-2式

$$\alpha = \sqrt{\frac{K^{\ominus}_{CH_3COOH}}{c}} = \sqrt{\frac{1.8 \times 10^{-5}}{0.01}} = 4.24 \times 10^{-2} = 4.24\%$$

根据7-1-1式，$c_{H^+} = c \cdot \alpha = 0.01 \times 4.24\% = 4.24 \times 10^{-4}$ mol/L

答：0.01 mol/LCH_3COOH 溶液中 H^+ 浓度为 4.24×10^{-4}mol/L，解离度为4.24%。

任务拓展

相同体积、相同 pH 的 HCl 溶液和 HAc 溶液，与 NaOH 溶液中和时二者消耗 NaOH 的物质的量（　　）。

A. 相同　　B. HCl 多　　C. HAc 多　　D. 无法比较

任务评价

表 7-1-4　任务评价表

评价项目	评价要素
实验操作	试剂取用和滴加符合实验操作规范
实验原理	实验现象记录完整，解释合理
反应方程式	化学反应方程式和解离方程式书写正确
任务检测	方法、结果正确
结束工作	实验台台面清洁，仪器洗涤干净并放置整齐，规定时间内完成任务
安全与环保	将废液倒入指定的废液桶

任务二　学会书写离子方程式

任务描述

通过化学实验操作、观察实验现象，明确离子反应的条件，认识离子反应的本质。

任务目标

- 通过化学实验明确离子反应发生的条件，会判断是否发生离子反应；
- 掌握离子方程式的书写方法，能熟练书写简单的离子方程式。

任务分析

无机化学反应大多在水溶液中进行，水溶液中的溶质大都是电解质。由于电解质在水溶液中全部或部分地解离为离子，因此，电解质在水溶液中的反应实质就是离子之间的反应。离子方程式更能说明水溶液中化学反应的本质。

任务实施

一、任务准备

1. 仪器和药品

仪器：试管、烧杯、胶头滴管。

药品：盐酸（2 mol/L）、NaOH（2 mol/L）、$Ba(OH)_2$（1 mol/L）、H_2SO_4（2 mol/L）、$Ca(OH)_2$（饱和、澄清）、Na_2CO_3（1 mol/L，2 mol/L）、$NaHCO_3$（饱和）。

2. 安全和环保

废液桶、废纸桶、通风橱。

二、任务过程

1. 离子反应的条件

（1）在试管中加入 3 mL 2 mol/L 的氢氧化钠溶液，加入两滴酚酞试液，然后滴加 2 mol/L的稀盐酸，注意试管温度的变化和溶液颜色的变化。

实验现象：________________________________；

化学方程式：________________________________；

离子方程式：________________________________。

（2）在试管中加入 3 mL 1 mol/L 的氢氧化钡溶液，然后滴加 2 mol/L 的稀硫酸。

实验现象：________________________________；

化学方程式：________________________________；

离子方程式：________________________________。

（3）在试管中加入 3 mL 1 mol/L 的碳酸钠溶液，然后滴加 2 mol/L 的稀盐酸。

实验现象：________________________________；

化学方程式：________________________________；

离子方程式：________________________________。

（4）在试管中加入 5 mL 2 mol/L 的碳酸钠溶液，然后滴加饱和澄清的氢氧化钙溶液。

实验现象：________________________________；

化学方程式：________________________________；

离子方程式：________________________________。

2. 在试管中加入 5 mL 2 mol/L 的氢氧化钙溶液，然后滴加饱和的碳酸氢钠溶液。

实验现象：________________________________；

化学方程式：____；

离子方程式：____。

三、任务检测

1．实验现象：实事求是，记录完整。

2．反应的化学方程式和离子方程式书写正确。

3．总结以上实验现象，说明离子反应发生的条件：____________________、____________、____________。

相关知识

离子反应和离子方程式

一、离子反应和离子方程式

无机化学反应大多在水溶液中进行，水溶液中的溶质大都是电解质。由于电解质在水溶液中全部或部分地解离为离子，因此，电解质在水溶液中的反应实质上是离子之间的反应，这样的反应属于离子反应。

绝大部分离子反应是离子间的复分解反应。这类离子反应发生的条件就是复分解反应发生的条件。例如，硫酸钠溶液中加入氯化钡溶液时，生成氯化钠和白色的硫酸钡沉淀。反应的化学方程式为：

$$BaCl_2 + Na_2SO_4 = 2NaCl + BaSO_4\downarrow$$

若把易溶的、易解离的物质写成离子的形式，把难溶的、难解离的物质或气体用分子式来表示，可改写成下式：

$$Ba^{2+} + 2Cl^- + 2Na^+ + SO_4^{2-} = 2Na^+ + 2Cl^- + BaSO_4\downarrow$$

从上式可以看出，反应前后 Na^+ 和 Cl^- 都没有参加反应，可以从化学方程式中删去，得到

$$Ba^{2+} + SO_4^{2-} = BaSO_4\downarrow$$

这种用实际参加反应的离子的符号或分子式来表示化学反应的式子，叫作离子方程式。

又如在硫酸钾溶液中加入硝酸钡溶液，生成硝酸钾和白色的硫酸钡沉淀。反应的化学方程式为：

$$Ba(NO_3)_2 + K_2SO_4 = 2KNO_3 + BaSO_4\downarrow$$

将上式中的硝酸钡、硫酸钾、硝酸钾写成离子形式，并删去未参加反应的 K^+、NO_3^-。

$$Ba^{2+} + 2NO_3^- + 2K^+ + SO_4^{2-} = 2K^+ + 2NO_3^- + BaSO_4\downarrow$$

$$Ba^{2+} + SO_4^{2-} = BaSO_4\downarrow$$

于是得到与前一反应相同的离子方程式。这就是说，只要是可溶性钡盐与可溶性的硫酸盐之间的反应，都可以用上述这个离子方程式来表示。因为在这种情况下，都会发生同样的化学反应：Ba^{2+} 与 SO_4^{2-} 结合生成 $BaSO_4$ 沉淀的反应。

由此可见，离子方程式与一般的化学方程式不同。离子方程式不仅表示一定物质间的某个反应，而且表示了所有同一类型的离子反应。所以，离子方程式更能说明化学反应的本质。

以氯化钠溶液与硝酸银溶液的反应为例，说明书写离子方程式的步骤。

第一步：写出反应的化学方程式。

$$AgNO_3 + NaCl = AgCl\downarrow + NaNO_3$$

第二步：把易溶于水的、易解离的物质写成离子形式，难溶的或难解离的物质（例如水）以及气体等仍以分子式表示。

$$Ag^+ + NO_3^- + Na^+ + Cl^- = AgCl\downarrow + Na^+ + NO_3^-$$

第三步：删去方程式两边没有参加反应的离子。

$$Ag^+ + Cl^- = AgCl\downarrow$$

第四步：检查离子方程式两边各元素的原子个数和离子电荷总数是否相等。

由此可知，书写离子方程式时，必须要熟知电解质的强弱和物质的溶解性。

二、离子反应发生的条件

复分解反应，实质上是两种电解质在溶液中相互交换离子的反应。发生这类离子反应需要以下条件：

1. 生成难溶性物质

例如，硫酸铜溶液与氢硫酸的反应：$CuSO_4 + H_2S = CuS\downarrow + H_2SO_4$

离子方程式是：$Cu^{2+} + H_2S \rightleftharpoons CuS\downarrow + 2H^+$

溶液中的 Cu^{2+} 和 S^{2-} 生成了 CuS 沉淀，所以反应向右进行。

2. 生成难解离的物质（如水、弱酸、弱碱等）

例如，硫酸与氢氧化钠的反应：$H_2SO_4 + 2NaOH = Na_2SO_4 + 2H_2O$

离子方程式是：$H^+ + OH^- = H_2O$

酸里的 H^+ 与碱里的 OH^- 结合生成难解离的水，使反应向右进行。这个离子方程式也说明了强碱与强酸的反应实质是 H^+ 与 OH^- 结合成水的反应。

又如醋酸钠溶液和盐酸的反应：$NaAc + HCl = HAc + NaCl$

离子方程式是：$Ac^- + H^+ = HAc$（CH_3COOH 也可写作 HAc）

醋酸钠里的 Ac^- 和盐酸解离出的 H^+ 结合生成难解离的弱酸 HAc，使反应向右进行。

3. 生成挥发性的物质

例如，碳酸钠溶液与盐酸的反应：$Na_2CO_3 + 2HCl \xlongequal{} 2NaCl + H_2O + CO_2\uparrow$

离子方程式是：$CO_3^{2-} + 2H^+ \xlongequal{} H_2O + CO_2\uparrow$

溶液中的 CO_3^{2-} 与 H^+ 结合生成 H_2CO_3，H_2CO_3 不稳定，分解成水和二氧化碳气体，使反应向右进行。

凡具备上述三个条件之一，这类离子反应就能发生，否则就不能发生。例如，把氯化钠溶液与硝酸钾溶液混合，溶液里存在的 Na^+、Cl^-、K^+、NO_3^- 四种离子，不能相互结合生成难溶的物质或难解离的物质或挥发性的物质，即不能发生离子反应。

离子反应除上面讲的以离子互换形式进行的复分解反应外，还有其他类型的反应，如有离子参加的置换反应等。

【例 7－2－1】锌和稀盐酸的反应：$Zn + 2HCl \xlongequal{} ZnCl_2 + H_2\uparrow$

离子方程式：$Zn + 2H^+ \xlongequal{} Zn^{2+} + H_2\uparrow$

【例 7－2－2】氯气和碘化钾溶液的反应：$Cl_2 + 2KI \xlongequal{} 2KCl + I_2$

离子方程式：$Cl_2 + 2I^- \xlongequal{} 2Cl^- + I_2$

【例 7－2－3】铁和硫酸铜溶液的反应：$Fe + CuSO_4 \xlongequal{} FeSO_4 + Cu$

离子方程式：$Fe + Cu^{2+} \xlongequal{} Fe^{2+} + Cu$

只有在溶液中进行的离子反应才能用离子方程式表示。

任务拓展

写出下列反应的化学方程式和离子方程式

1. 澄清石灰水和少量二氧化碳反应；
2. 澄清石灰水和足量二氧化碳反应。

任务评价

表 7－2－1　任务评价表

评价项目	评价要素
实验操作	试剂取用和滴加等符合实验操作规范
任务检测	实验现象记录实事求是、化学方程式和离子方程式书写正确、离子反应条件总结全面、正确
结束工作	实验台台面清洁，仪器洗涤干净并放置整齐，规定时间内完成任务
安全与环保	将废液倒入指定的废液桶等

任务三　探究溶液酸碱性的强弱

任务描述

会用pH试纸测定电解质溶液的pH，并能通过理论计算进行验证；通过化学实验操作、观察实验现象，认识弱酸、弱碱解离平衡的移动，理解同离子效应；通过实验测定不同盐溶液的pH，熟悉各种盐的水溶液的酸碱性，并了解影响盐类水解的因素；认识什么是缓冲溶液，了解缓冲溶液的特点。

任务目标

- 学会强酸、强碱、一元弱酸、一元弱碱溶液pH的实验测定和理论计算方法；
- 理解同离子效应，知道同离子效应对弱酸的酸性、弱碱的碱性及其解离度的影响；
- 了解盐类水解原理，能正确判断各类盐的水溶液的酸碱性，知道抑制和促进水解的实验方法；
- 了解缓冲原理，知道缓冲溶液在化学实验和生产生活中的应用。

任务分析

很多化学反应是在水溶液中进行的，而且溶液的酸碱性对水溶液中的反应情况影响很大。所以，判断、测定、计算和调控电解质水溶液的酸碱性，对化工生产、化学实验、分析检测和科学研究有重要意义。

任务实施

一、任务准备

1. 仪器和药品

仪器：试管、玻璃棒、酒精灯。

药品：HCl(0.1 mol/L)、CH_3COOH(0.1 mol/L)、NaOH(0.1 mol/L)、$NH_3 \cdot H_2O$

(0.1 mol/L)、0.1 mol NaCl(0.1 mol/L)、NH_4Cl（固体）、NaAc(0.1 mol/L、固体)、碳酸钠（固体）、硫酸铵（固体）、氯化铵（固体）、氯化钠（固体）、硫酸铝（饱和溶液）、碳酸钠（饱和溶液）、甲基橙试液、酚酞试液、pH 试纸。

2. 安全和环保

废液桶、废纸桶、通风橱。

二、任务过程

1. 溶液 pH 的测定和计算

用 pH 试纸测定浓度均为 0.1 mol/L 的下列溶液的 pH，并与计算值进行比较。

任务＼物质	HCl	CH_3COOH	NaOH	$NH_3 \cdot H_2O$
解离方程式				
pH 测定值				
pH 计算值				

2. 弱电解质的解离平衡

(1) 在试管中加入 1 mL 0.1 mol/L 的 CH_3COOH 溶液，加入 1 滴甲基橙试液，观察溶液的颜色，再加入少量固体醋酸钠（CH_3COONa），观察溶液颜色的变化。

实验现象：____；

原因：____。

(2) 在试管中加入 1 mL 0.1 mol/L 的 $NH_3 \cdot H_2O$ 溶液，加入 1 滴酚酞试液，观察溶液的颜色变化，再加入少量固体氯化铵，观察溶液颜色的变化。

实验现象：____；

原因：____。

3. 盐类的水解

(1) 取三支试管，分别加入少量碳酸钠、硫酸铵、氯化钠三种盐的固体，加入大约 5 mL水，振荡试管使其溶解。然后分别用 pH 试纸测定它们的 pH。

三种溶液的 pH：____；

离子方程式：____。

(2) 在试管中加入 2 mL 0.1 mol/L 的 CH_3COONa 溶液和 1 滴酚酞试液，观察溶液的颜色变化；再用小火加热溶液，观察溶液颜色有何变化。

实验现象：____；

原因：____。

(3) 在一支大试管中，将 5 mL 饱和硫酸铝溶液和 5 mL 饱和碳酸钠溶液混合，观察反应情况。

实验现象：______________________________；

化学方程式：______________________________。

离子方程式：______________________________。

4. 缓冲溶液的性质

（1）向试管中加入 10 mL 0.1 mol/L NaCl 溶液，用 pH 试纸测定溶液的 pH，把溶液分为两份，向一份中加入 5 滴 0.1 mol/L 盐酸，另一份中加入 5 滴 0.1 mol/L NaOH 溶液，再分别用 pH 试纸测定它们的 pH。比较 pH 的变化。

实验现象：______________________________；

（2）向试管中加入 5 mL 0.1 mol/L 醋酸溶液和 5 mL 0.1 mol/L NaAc 溶液，用玻璃棒搅匀，配制成 HAc－NaAc 缓冲溶液。然后用 pH 试纸测定该溶液的 pH。将此溶液分为两份，向一份中加 5 滴 0.1 mol/L NaOH 溶液，另一份中加入 5 滴 0.1 mol/L 盐酸，再用 pH 试纸分别测定它们的 pH。与原来缓冲溶液的 pH 比较，pH 发生了什么变化？

pH 的变化：______________________________；

缓冲溶液的特性：______________________________。

三、任务检测

1. 实验现象：实事求是，记录完整，解释合理。

2. 反应方程式书写正确，溶液的 pH 测定数值合理，计算结果正确。

3. 计算酸碱溶液的 pH 。

（1）0.05 mol/L 硫酸溶液的 pH；

（2）0.05 mol/L 氢氧化钡溶液的 pH；

（3）0.02 mol/L 醋酸溶液的 pH；［已知 $K^{\Theta}(HAc) = 1.75 \times 10^{-5}$］

（4）0.05mol/L 氨水溶液的 pH。［已知 $K^{\Theta}(NH_3 \cdot H_2O) = 1.75 \times 10^{-5}$］

4. 总结盐类的水解规律。

相关知识

水溶液的酸碱性

一、水的解离平衡

［演示实验 7－3－1］如图 7－3－1 所示连接装置，接通电源后，观察小灯泡是否发光。若将小灯泡换成灵敏电流计，观察电流计的指针是否偏转。

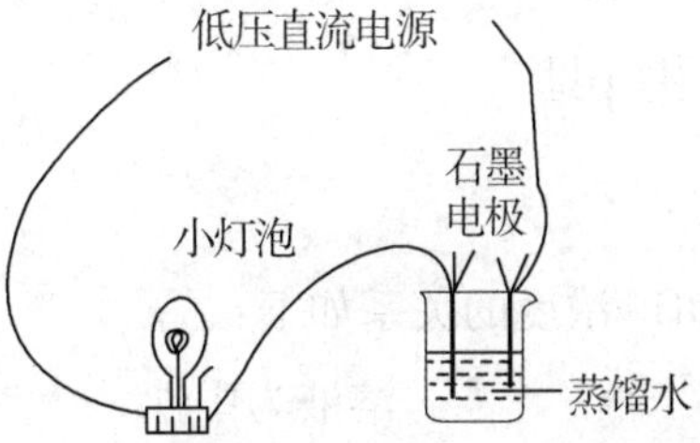

图 7－3－1　纯水的导电能力

实验显示，小灯泡没有发光，但灵敏电流计的指针发生了偏转。说明水是一种极弱的电解质（有微弱的导电性），绝大部分以水分子形式存在，仅能解离出极少数的 H^+ 和 OH^-。水的解离平衡可表示为：$H_2O \rightleftharpoons H^+ + OH^-$。

在一定温度下，水中 H^+ 和 OH^- 相对浓度的乘积为一个常数，叫作水的离子积常数，简称水的离子积，用 $K_W^\ominus$ 表示。

$$K_W^\ominus = [H^+][OH^-] \qquad (7-3-1)$$

$K_W^\ominus$ 可从实验测得。25 ℃时，实验测得纯水中 H^+ 和 OH^- 浓度均为 1×10^{-7} mol/L，所以：

$$K_W^\ominus = [H^+][OH^-] = 1\times10^{-7}\times1\times10^{-7} = 1\times10^{-14}$$

从表 7－3－1 看出，温度升高，$K_W^\ominus$ 值显著增大。在室温下做一般计算时，可不考虑温度的影响。

表 7－3－1　不同温度下水的离子积常数

t/℃	0	10	20	25	40	50	90	100
$K_W^\ominus/10^{-14}$	0.113 8	0.291 7	0.680 8	1.009	2.917	5.470	38.02	54.95

想一想

根据表 7－3－1 的数值和平衡移动原理，分析水的解离是吸热过程还是放热过程？

水的离子积不仅适用于纯水，对于电解质的稀溶液同样适用。若在水中加入少量盐酸，H^+ 浓度增加，水的解离平衡向左移动，OH^- 浓度随之减少。达到新的平衡时，溶液中 $[H^+] > [OH^-]$，但是 $[H^+][OH^-] = K_W^\ominus = 1\times10^{-14}$ 这一关系仍然存在，并且 $[H^+]$ 越大，$[OH^-]$ 就越小，但 $[OH^-]$ 不会等于零。反之若在水中加入少量氢氧化钠，OH^- 浓度增加，平衡也向左移动，此时 $[H^+] < [OH^-]$，但是 $[H^+][OH^-] = K_W^\ominus = 1\times10^{-14}$ 这一关系仍然存在，并且 $[OH^-]$ 越大，$[H^+]$ 就越小，但 $[H^+]$ 不会等于零。

水的离子积常数是计算水溶液中 $[H^+]$ 和 $[OH^-]$ 的重要依据。

二、水溶液的酸碱性和 pH

1. 水溶液的酸碱性和 pH

水溶液的酸碱性和 H^+、OH^- 浓度的关系如下：

$[H^+] = [OH^-] = 10^{-7}$　　溶液为中性

$[H^+] > [OH^-]$，$[H^+] > 10^{-7}$　　溶液为酸性

$[H^+] < [OH^-]$，$[H^+] < 10^{-7}$　　溶液为碱性

溶液中的 H^+ 或 OH^- 浓度可以表示溶液的酸碱性，但是稀溶液中 H^+ 或 OH^- 浓度很小，直接使用很不方便，1909 年索伦森提出用 pH 表示，pH 是溶液中 H^+ 浓度的负对数。

$$pH = -\lg[H^+] \qquad (7-3-2)$$

溶液的酸碱性与 pH 的关系为：

酸性溶液　　$[H^+] > 10^{-7}$，$pH < 7$

中性溶液　　$[H^+] = 10^{-7}$，$pH = 7$

碱性溶液　　$[H^+] < 10^{-7}$，$pH > 7$

可见，pH 越小，溶液的酸性就越强；反之，pH 越大，溶液的碱性就越强。表 7-3-2 列举了日常生活中一些常见溶液的 pH。

表 7-3-2　一些常见溶液的 pH

溶液	pH	溶液	pH	溶液	pH
柠檬汁	2.2~2.4	番茄汁	3.5	人的血液	7.35~7.45
葡萄酒	2.8~3.8	牛奶	6.3~6.6	人的唾液	6.5~7.5
食醋	3.0	乳酪	4.8~6.4	人尿	4.8~8.4
啤酒	4~5	海水	8.3	胃酸	0.9~1.8
咖啡	5	饮用水	6.5~8.5		

同样，也可以用 pOH 表示溶液的酸碱性，定义为

$$pOH = -\lg[OH^-] \qquad (7-3-3)$$

$$pH + pOH = 14$$

pH 和 pOH 一般用在溶液中 $c(H^+) < 1$ mol/L 或 $c(OH^-) < 1$ mol/L 的情况，即 pH 在 0~14 范围内。如果 H^+ 和 OH^- 的浓度在该范围以外，采用物质的量浓度表示更为方便。

2. 溶液 pH 的测定方法

测定溶液 pH 的方法很多，常用的有酸碱指示剂、pH 试纸及 pH 计（酸度计）。

（1）酸碱指示剂

酸碱指示剂多是一些有机染料，它们属于有机弱酸或弱碱。随着溶液 pH 改变，酸碱指示

剂本身的结构发生改变而引起颜色变化。每一种指示剂都有一定的变色范围，见表7－3－3。

表7－3－3　常见酸碱指示剂的变色范围

指示剂	pH变色范围	酸色	中间色	碱色
甲基橙	3.1～4.4	红色	橙色	黄色
甲基红	4.4～6.2	红色	橙色	黄色
酚酞	8.0～10.0	无色	粉红	红色
石蕊	5.0～8.0	红色	紫色	蓝色

例如，向溶液中滴加甲基橙试液后，溶液显示红色，说明该溶液 $pH<3.1$；显示黄色，说明 $pH>4.4$；显示橙色，说明pH在3.1～4.4范围内。

（2）pH试纸

pH试纸是利用复合指示剂制成的，将试纸用多种酸碱指示剂的混合溶液浸透后经晾干得到。它对不同pH的溶液能显示不同的颜色，称为色阶，据此可以迅速地判断溶液的酸碱性。常用的pH试纸有广泛pH试纸和精密pH试纸。广泛pH试纸的pH范围为1～14或0～10，可以识别的pH差值为1；精密pH试纸的pH范围较窄，可以判别0.2或0.3的pH差值。此外，还有用于酸性、中性或碱性溶液的专用pH试纸。图7－3－2为实验室常用的广泛pH试纸。

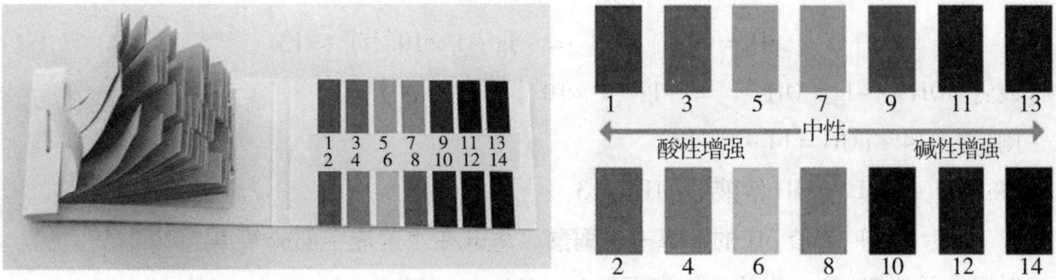

图7－3－2　广泛pH试纸

（3）pH计

pH计也叫酸度计，是可以直接显示溶液pH的电子仪器，由于其快速、准确，已经广泛用于科研和生产中。图7－3－3所示酸度计，精确度可达到0.01。

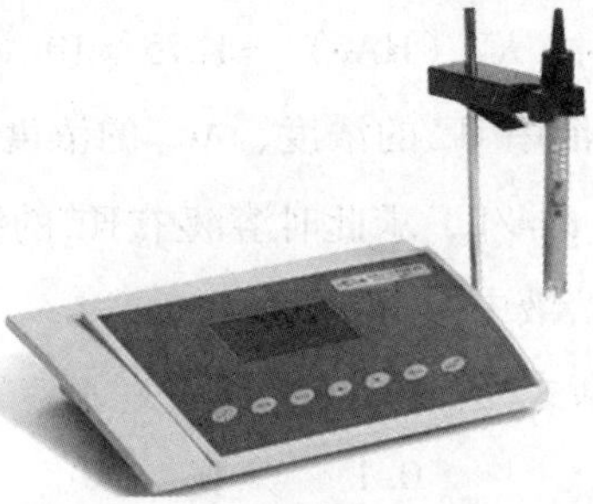

图7－3－3　PHS－25型数显酸度计

三、酸碱水溶液 pH 的计算

1. 强酸（碱）溶液 pH 的计算——强酸、强碱在水溶液中完全解离

【例 7-3-1】计算 0.05 mol/L HCl 溶液的 pH。

解：盐酸为强酸，在溶液中全部解离，即 $HCl \Longrightarrow H^+ + Cl^-$

忽略水解离出的 H^+，则 $c_{H^+} = 0.05$ mol/L

$$[H^+] = 0.05$$

$$pH = -\lg[H^+] = -\lg 0.05 = 1.3$$

答：0.05 mol/L HCl 溶液的 pH 为 1.3。

【例 7-3-2】计算 0.1 mol/L NaOH 溶液的 pH。

解：NaOH 是强电解质，在水溶液中全部解离为 Na^+ 和 OH^-，忽略水解离出的 OH^-，则

$$c_{OH^-} = 0.1 \text{ mol/L}$$

$$[OH^-] = 0.1 = 1 \times 10^{-1}$$

$$\text{根据 } K_W^\Theta = [H^+][OH^-] = 1 \times 10^{-14}$$

$$[H^+] = 1 \times 10^{-13}$$

$$pH = -\lg[H^+] = -\lg(1 \times 10^{-13}) = 13$$

或者 $pOH = -\lg[OH^-] = -\lg(1 \times 10^{-1}) = 1$

则 $pH = 14 - pOH = 14 - 1 = 13$

答：0.1 mol/L NaOH 溶液的 pH 为 13。

2. 弱酸（碱）溶液 pH 的计算——弱酸、弱碱在水溶液中部分解离

对于一元弱酸 HA，当达到解离平衡时：$HA \rightleftharpoons H^+ + A^-$

其标准解离常数为 K_a^Θ 　　$K_a^\Theta = \dfrac{[H^+][A^-]}{[HA]}$

K_a^Θ 数值越大，弱酸的解离程度越大，酸性越强。

pK_a^Θ 是 K_a^Θ 的负对数，pK_a^Θ 数值越大，酸性越弱。

【例 7-3-3】已知 25 ℃时，$K^\Theta(HAc) = 1.75 \times 10^{-5}$。(1) 计算该温度下 0.1 mol/L CH_3COOH（简写作 HAc）水溶液中 H^+ 的浓度、Ac^- 的浓度、溶液的 pH 和醋酸的解离度；(2) 如果将此溶液稀释至 0.01 mol/L，求此时溶液中 H^+ 的浓度及醋酸的解离度。

解：(1) 设平衡时醋酸水溶液中 H^+ 浓度为 x mol/L

HAc 为一元弱酸，解离平衡式为：$HAc \rightleftharpoons H^+ + Ac^-$

	HAc	H^+	Ac^-
起始浓度/(mol/L)	0.1	0	0
平衡浓度/(mol/L)	$0.1 - x$	x	x

$$K^{\ominus}(\text{HAc})=\frac{[\text{H}^+][\text{Ac}^-]}{[\text{HAc}]}=\frac{x\cdot x}{0.10-x}$$

$$1.75\times10^{-5}=x^2/(0.1-x)$$

$K^{\ominus}(\text{HAc})=1.75\times10^{-5}$，说明醋酸的解离程度很小，即 x 数值很小，可近似地认为 $0.1-x\approx0.1$，则

$$x=\sqrt{1.75\times10^{-5}\times0.1}=1.3\times10^{-3}$$

$$c_{\text{H}^+}=c_{\text{AC}^-}=1.3\times10^{-3}\ \text{mol/L}，则\ [\text{H}^+]=1.3\times10^{-3}$$

$$\text{pH}=-\lg[\text{H}^+]=-\lg(1.3\times10^{-3})=2.89$$

所以，一元弱酸溶液中 H^+ 的相对浓度可根据下列公式计算：

$$[\text{H}^+]=\sqrt{K_a^{\ominus}c} \qquad (7-3-4)$$

c，一元弱酸的起始浓度，又称为分析浓度。该公式适用于 $c/K_a^{\ominus}\geqslant500$ 的一元弱酸。

同理可知，一元弱碱溶液中 OH^- 的相对浓度可根据下列公式计算：

$$[\text{OH}^-]=\sqrt{K_b^{\ominus}c} \qquad (7-3-5)$$

c，一元弱碱的起始浓度。该公式适用于 $c/K_b^{\ominus}\geqslant500$ 的一元弱碱。

$$\alpha(\text{HAc})=\frac{已经解离的醋酸的浓度}{醋酸的起始浓度}\times100\%=\frac{1.3\times10^{-3}}{0.1}\times100\%=1.3\%$$

答：H^+ 的浓度为 1.3×10^{-3} mol/L，Ac^- 的浓度为 1.3×10^{-3} mol/L，溶液的 pH 等于 2.89，醋酸的解离度为 1.3%。

（2）将此 HAc 溶液稀释至 0.01 mol/L，设达到新的解离平衡后醋酸水溶液中 H^+ 浓度为 y mol/L

$$y=\sqrt{K_a^{\ominus}\cdot c}=\sqrt{1.75\times10^{-5}\times0.01}=4.2\times10^{-4}$$

$$c_{\text{H}^+}=c_{\text{AC}^-}=4.2\times10^{-4}\ \text{mol/L}，则\ [\text{H}^+]=4.2\times10^{-4}$$

$$\text{pH}=-\lg[\text{H}^+]=-\lg4.2\times10^{-4}=3.38$$

$$\alpha(\text{HAc})=\frac{已经解离的醋酸的浓度}{醋酸的起始浓度}\times100\%=\frac{4.2\times10^{-4}}{0.01}\times100\%=4.2\%$$

答：H^+ 的浓度为 4.2×10^{-4} mol/L，醋酸的解离度为 4.2%。

由此例题可知，当弱酸溶液被稀释时，解离度增大，但 H^+ 浓度减小，pH 增大，酸性减弱；因此，不能认为解离度增大，H^+ 浓度就一定增大。

【例 7-3-4】 25 ℃时，实验测得 0.02 mol/L 氨水的 pH 为 10.8，求该氨水的标准解离平衡常数和解离度。

解：pH = 10.8　则 pOH = 14 − 10.8 = 3.2　$[\text{OH}^-]=6.0\times10^{-4}$

氨水为一元弱碱，解离平衡式为：$NH_3 \cdot H_2O \rightleftharpoons NH_4^+ + OH^-$

起始浓度/（mol/L）　0.02　0　0

平衡浓度/（mol/L）　$0.02-6.0\times10^{-4}$　6.0×10^{-4}　6.0×10^{-4}

$$\alpha(NH_3\cdot H_2O)=\frac{\text{已经解离的氨水的浓度}}{\text{氨水的起始浓度}}\times100\%=\frac{6.0\times10^{-4}}{0.02}\times100\%=3\%$$

$$K_b^\ominus=\frac{[NH_4^+][OH^-]}{[NH_3\cdot H_2O]}=\frac{6.0\times10^{-4}\times6.0\times10^{-4}}{0.02-6.0\times10^{-4}}=1.85\times10^{-5}$$

答：氨水的标准解离平衡常数为1.85×10^{-5}，解离度为3%。

※3. 多元弱酸（碱）溶液的解离平衡和 pH 计算

（1）多元弱酸（或弱碱）的解离分步进行

例如，氢硫酸是二元弱酸，分两步解离：

第一步解离

$$H_2S \rightleftharpoons H^+ + HS^- \qquad K_{a1}^\ominus(H_2S)=\frac{[H^+][HS^-]}{[H_2S]}=1.32\times10^{-7}$$

第二步解离

$$HS^- \rightleftharpoons H^+ + S^{2-} \qquad K_{a2}^\ominus(H_2S)=\frac{[H^+][S^{2-}]}{[HS^-]}=7.10\times10^{-15}$$

例如，磷酸是三元弱酸，分三步解离：

第一步解离

$$H_3PO_4 \rightleftharpoons H^+ + H_2PO_4^- \qquad K_{a1}^\ominus(H_3PO_4)=\frac{[H^+][H_2PO_4^-]}{[H_3PO_4]}=7.1\times10^{-3}$$

第二步解离

$$H_2PO_4^- \rightleftharpoons H^+ + HPO_4^{2-} \qquad K_{a2}^\ominus(H_3PO_4)=\frac{[H^+][HPO_4^{2-}]}{[H_2PO_4^-]}=6.3\times10^{-8}$$

第三步解离

$$HPO_4^{2-} \rightleftharpoons H^+ + PO_4^{3-} \qquad K_{a3}^\ominus(H_3PO_4)=\frac{[H^+][PO_4^{3-}]}{[HPO_4^{2-}]}=4.2\times10^{-13}$$

从所列数据可以看出，分步标准解离常数 $K_{a1}^\ominus \gg K_{a2}^\ominus \gg K_{a3}^\ominus$。这是由于第二步解离需要从带一个负电荷的离子中再解离出一个阳离子 H^+，显然比从中性分子困难；此外，由第一步解离出的 H^+ 将抑制第二步的解离。同理，第三步解离比第二步更困难。

（2）由于各级解离常数相差很大（达几个数量级），故在计算多元弱酸溶液中的浓度时，只需考虑第一步解离即可。

（3）对多元弱酸或弱碱的相对强弱进行比较时，只需比较它们的第一级解离常数即可，与一元弱酸或一元弱碱相似。

四、盐类的水解

已知水溶液的酸碱性取决于溶液中 H^+ 浓度和 OH^- 浓度的相对大小，但是像 NaCl、NH_4Cl 和 NaAc 这类盐的组成中，既不含 H^+，也不含 OH^-，在溶液中只能解离出组成它的阴离子和阳离子，那么，它们的水溶液是不是显中性呢？

［演示实验 7－3－2］在三个盛有纯水的试管中，分别加入少量 NaCl、NH_4Cl 和 NaAc 晶体，振荡试管使之溶解。然后各滴入 2～3 滴石蕊试液，观察溶液的颜色。

实验结果表明：NaCl 的水溶液显中性，NH_4Cl 的水溶液显酸性，NaAc 的水溶液显碱性。即盐的溶液并不都是中性的。以 NaAc 的水溶液为例进行分析：NaAc 是易溶于水的强电解质，在水溶液中全部解离为 Na^+ 和 Ac^-。在它的水溶液中，同时存在下列三种解离：

$$NaAc = Ac^- + Na^+$$

$$+$$

$$H_2O \rightleftharpoons H^+ + OH^-$$

$$\Downarrow$$

$$HAc$$

当四种离子相遇时，由于 Ac^- 与 H_2O 解离出的 H^+ 结合而生成了弱电解质 HAc 分子，使 $c(H^+)$ 减少，从而破坏了 H_2O 的解离平衡。随着溶液中 H^+ 浓度的减少，水的解离平衡向右移动，溶液中 OH^- 浓度不断增大，直至建立新的平衡。最终结果是，溶液中 OH^- 浓度大于 H^+ 浓度，从而使溶液显碱性。上述反应可用化学方程式和离子方程式表示如下：

$$NaAc + H_2O \rightleftharpoons HAc + NaOH$$

$$Ac^- + H_2O \rightleftharpoons HAc + OH^-$$

在溶液中盐的离子跟水所解离出来的 H^+ 或 OH^- 结合生成弱电解质的反应，叫作盐类的水解。

盐类的水解与生成这种盐的酸和碱的强弱有着密切的关系。下面依照形成盐的酸和碱的强弱不同，分别讨论它们的水解情况。

1. 强碱和弱酸所生成盐的水解

上面所讨论的醋酸钠就是由强碱（氢氧化钠）和弱酸（醋酸）所生成的盐，这种盐水解后使溶液显碱性。

碳酸钠也是由强碱（氢氧化钠）和弱酸（碳酸）所生成的盐，它水解后，溶液也显碱性。由于碳酸是二元酸，所以碳酸钠的水解要分两步进行。

第一步是 CO_3^{2-} 发生水解。

$$\begin{array}{l}Na_2CO_3 = 2Na^+ + CO_3^{2-} \\ \qquad\qquad\qquad\qquad\quad + \\ \quad H_2O \rightleftharpoons OH^- + H^+ \\ \qquad\qquad\qquad\qquad\quad \Updownarrow \\ \qquad\qquad\qquad\qquad HCO_3^- \end{array}$$

离子方程式是：$CO_3^{2-} + H_2O \rightleftharpoons HCO_3^- + OH^-$

第二步是生成的 HCO_3^- 进一步发生水解。

离子方程式是：$HCO_3^- + H_2O \rightleftharpoons H_2CO_3 + OH^-$

由此可见，溶液里的 CO_3^{2-} 和由水分子解离出来的 H^+ 结合生成 HCO_3^-，HCO_3^- 又与 H^+ 结合生成 H_2CO_3，二步水解都使溶液的 $c(OH^-)$ 增大，结果 $c(OH^-) > c(H^+)$，溶液显碱性。

但是，Na_2CO_3 第二步水解的程度很小，平衡时溶液中 H_2CO_3 分子浓度很小，不会放出 CO_2 气体。

强碱弱酸盐的水解，实质上是弱酸根阴离子和水作用生成弱酸的过程。其他如碳酸钾、硫化钠、磷酸钠等盐的水解都属于这种类型。

2. 强酸和弱碱所生成的盐的水解

NH_4Cl 就是由强酸（盐酸）和弱碱（氨水）所生成的盐，水解过程如下：

$$\begin{array}{l}NH_4Cl = NH_4^+ + Cl^- \\ \qquad\qquad\quad\;\; + \\ H_2O \rightleftharpoons OH^- + H^+ \\ \qquad\qquad\;\; \Updownarrow \\ \qquad\quad NH_3 \cdot H_2O \end{array}$$

因为溶液中的 NH_4^+ 能与水解离出的 OH^- 结合成难解离的 $NH_3 \cdot H_2O$，使 $c(OH^-)$ 减小，打破了水的解离平衡。随着 $c(OH^-)$ 的减小，水的解离平衡向右移动，溶液中 $c(H^+)$ 不断增大，直至建立新的平衡。结果 $c(H^+) > c(OH^-)$，从而使溶液显酸性。这一反应也可以用离子方程式来表示：

$$NH_4^+ + H_2O \rightleftharpoons NH_3 \cdot H_2O + H^+$$

由此可见，强酸弱碱盐的水解，实质上是弱碱中阳离子和水作用生成弱碱的过程。其他如硝酸铜、硫酸铵、氯化锌等盐的水解都属于这种类型。

3. 弱酸和弱碱所生成盐的水解

醋酸铵是弱酸（醋酸）和弱碱（氨水）所生成的盐，在水溶液中也会发生水解反应。其水解过程如下：

$$\begin{array}{l}NH_4Ac \rightleftharpoons NH_4^+ + Ac^- \\ \qquad\qquad\quad + \qquad + \\ H_2O \rightleftharpoons OH^- + H^+ \\ \qquad\qquad\; \Updownarrow \qquad \Updownarrow \\ \quad NH_3 \cdot H_2O \;\; HAc \end{array}$$

由于醋酸铵解离出的 NH_4^+ 和 Ac^- 能分别与水解离出的 OH^- 和 H^+ 结合成难解离的 $NH_3 \cdot H_2O$ 和 HAc，破坏了水的解离平衡，从而使水的解离强烈地向右移动。

这种盐的水溶液的酸碱性取决于水解生成的弱酸和弱碱的解离常数的相对大小。如果是弱酸的解离常数大，那么溶液显酸性；如果是弱碱的解离常数大，那么溶液显碱性；如果二者的解离常数相等，那么溶液显中性。例如，醋酸和氨水的解离常数基本相等，所以醋酸铵的水溶液显中性。

这一水解反应的离子方程式表示如下：

$$Ac^- + NH_4^+ + H_2O \rightleftharpoons HAc + NH_3 \cdot H_2O$$

又如氰化铵 NH_4CN 是弱碱（氨水）与弱酸（氢氰酸）所生成的盐。由于氨水的解离常数（25 ℃时为 1.8×10^{-5}）大于氢氰酸的解离常数（25 ℃时为 6.2×10^{-10}），所以当 NH_4CN 水解时溶液显碱性。

再如甲酸铵 $HCOONH_4$ 是弱酸（甲酸）与弱碱（氨水）所生成的盐，由于甲酸的解离常数（25 ℃时为 1.77×10^{-4}）大于氨水的解离常数（25 ℃时为 1.8×10^{-5}），所以当 $HCOONH_4$ 水解时溶液显酸性。

综上所述，弱酸弱碱盐的水解，实质上是弱酸的阴离子和弱碱的阳离子分别和水作用生成弱酸和弱碱。

4. 强酸和强碱所生成盐不水解

氯化钠是由强酸（盐酸）和强碱（氢氧化钠）所生成的盐，它溶于水时，无论是 Na^+ 或 Cl^- 均不能与水解离出的 OH^- 或 H^+ 结合成弱电解质，$c(H^+)$ 和 $c(OH^-)$ 不发生变化，水的解离平衡不受影响，所以氯化钠不发生水解，水溶液仍为中性。其他强酸强碱的盐，如氯化钾、硫酸钠、硝酸钠等都属于这种类型。

从盐类的水解产物可以看出，水解后生成的酸和碱，正好是中和反应生成盐时的酸和碱。因此，水解反应是中和反应的逆反应。

$$酸 + 碱 \underset{水解}{\overset{中和}{\rightleftharpoons}} 盐 + 水$$

5. 盐类水解的应用

盐类水解程度的大小首先与盐的组成有关。生成盐的弱酸或弱碱愈弱，盐的水解程度愈大。其次，也受温度、浓度等外界因素的影响。

由于中和反应是放热反应，所以水解必然是吸热反应。因此，升高温度能促进盐类的水解。

由于水解的结果将生成 H^+ 或 OH^- 离子，所以当增大或减小生成物（H^+ 或 OH^-）的浓度时，可使平衡向左或向右移动，抑制或促进水解反应的进行。

稀释溶液时相当于加入了水解反应物 H_2O，所以平衡向水解的方向进行。

在化工生产和化学实验中，有时需要抑制水解的产生，有时需要利用水解。

例如，在实验室配制 $SnCl_2$ 溶液时，为了抑制水解反应的发生，常用盐酸溶液而不用蒸馏水配制。这是因为：

$$SnCl_2 + H_2O \rightleftharpoons Sn(OH)Cl\downarrow + HCl$$

使用盐酸，可使水解平衡向左移动，减少 $SnCl_2$ 的水解，不致有 Sn(OH)Cl 沉淀析出。

又如配制 Na_2S 溶液时，由于 Na_2S 能发生下列水解：

$$S^{2-} + H_2O \rightleftharpoons HS^- + OH^-$$

$$HS^- + H_2O \rightleftharpoons H_2S\uparrow + OH^-$$

水解中生成的 H_2S 会逐渐挥发，使溶液失效。为防止水解，可加入强碱，从而起到抑制水解的作用。

水解反应也有对生产、生活有利的一面。例如，应用明矾 $KAl(SO_4)_2 \cdot 12H_2O$ 做净水剂。明矾在水中水解生成的 Al（OH）$_3$ 溶胶能吸附水中的悬浮杂质，从而使水澄清。

泡沫灭火器的原理就是利用 $Al_2(SO_4)_3$ 和 $NaHCO_3$ 的水解反应。泡沫灭火器中分别装有上述两种物质的饱和溶液（还加有少量发泡剂），它们的水解反应如下：

$$Al^{3+} + 3H_2O \rightleftharpoons Al(OH)_3 + 3H^+$$

$$HCO_3^- + H_2O \rightleftharpoons H_2CO_3 + OH^-$$

$$3H^+ + OH^- \rightarrow H_2O$$

$$H_2CO_3 \rightarrow H_2O + CO_2\uparrow$$

灭火时，两种溶液混合，H^+ 和 OH^- 结合成难解离的 H_2O，从而使两种盐的水解反应不断向右进行，产生的大量 CO_2 气体同发泡剂形成泡沫，从灭火器中喷射出覆盖在燃烧物表面，在隔绝空气的条件下把火熄灭。

无机盐提纯时为了除去少量混入的铁盐杂质，常用升高温度的方法，促进水解，在沸水中甚至能生成 $Fe(OH)_3$ 沉淀。经过滤，便可除去产品中的 Fe^{3+} 离子。

$$Fe^{3+} + 3H_2O \overset{\triangle}{\rightleftharpoons} Fe(OH)_3 + 3H^+$$

总之，利用平衡移动原理，控制水解的条件，可以达到利用水解或抑制水解的目的。

五、缓冲溶液

1. 同离子效应

弱电解质的解离平衡和化学平衡一样，是有条件的、暂时的动态平衡。当外界条件如温度、浓度改变时，解离平衡也会发生移动。温度对解离平衡的影响较小，而离子浓度对解离平衡影响极为显著。现在，着重讨论离子浓度的改变对解离平衡的影响。

［演示实验 7－3－3］在一支试管中，加入 10 mL 0.1 mol/L 氨水和两滴酚酞指示剂。然后，将溶液分为两份，一份加入少量固体 NH_4Ac，振荡使其溶解，对比两支试管中溶液的颜色。

氨水使酚酞显红色，当加入 NH_4Ac 后，由于 NH_4Ac 是强电解质，完全解离，溶液中

$c(NH_4^+)$增大，使 $NH_3 \cdot H_2O$ 的解离平衡向左移动，于是氨水的解离度减小，溶液中 $c(OH^-)$必然减小，溶液的红色变浅。

$$NH_3 \cdot H_2O \rightleftharpoons NH_4^+ + OH^-$$

$$NH_4Ac \xlongequal{} NH_4^+ + Ac^-$$

在弱电解质溶液中，加入含有与弱电解质具有相同离子的强电解质后，弱电解质的解离度降低的现象叫作同离子效应。

2. 缓冲溶液

向 50 mL pH = 7 的纯水中加入 1 滴（约 0.05 mL）1.0 mol/L HCl 溶液，pH 从 7→3，改变了 4 个单位；

向 50 mL pH = 7 的纯水中加入 1 滴（约 0.05 mL）1.0 mol/L NaOH 溶液，pH 从 7→11，改变了 4 个单位；

向 50 mL pH = 4.76 的 HAc（0.1 mol/L）—NaAc（0.1 mol/L）溶液中加入 1 滴（约 0.05 ml）1.0 mol/L HCl 溶液，pH 从 4.76→4.75，改变了 0.01 个单位；

向 50 mL pH = 4.76 的 HAc（0.1 mol/L）—NaAc（0.1 mol/L）溶液中加入 1 滴（约 0.05 ml）1.0 mol/L NaOH 溶液，pH 从 4.76→4.77，改变了 0.01 个单位。

像 HAc（0.1 mol/L）—NaAc（0.1 mol/L）溶液这样，能保持 pH 相对稳定的溶液称为缓冲溶液；缓冲溶液的特点是适度范围内既能抗酸、又能抗碱，适当稀释或浓缩，溶液的 pH 都改变很小。

缓冲溶液通常由弱酸及其盐（如 HAc - NaAc），弱碱及其盐（如 $NH_3 \cdot H_2O - NH_4Cl$）以及多元弱酸的酸式盐及次级盐（如 $Na_2CO_3 - NaHCO_3$，$NaH_2PO_4 - Na_2HPO_4$）组成。不同组成的缓冲溶液有不同的缓冲范围。见表 7 - 3 - 4。

表 7 - 3 - 4　一些常见的酸碱缓冲体系

缓冲体系	缓冲范围（pH）
HAc - NaAc	3.6 ~ 5.6
$NH_3 \cdot H_2O - NH_4Cl$	8.3 ~ 10.3
$NaHCO_3 - Na_2CO_3$	9.2 ~ 11.0
$KH_2PO_4 - K_2HPO_4$	5.9 ~ 8.0
$H_3BO_3 - Na_2B_4O_7$	7.2 ~ 9.2

（1）缓冲原理

以 HAc（0.1 mol/L）—NaAc（0.1 mol/L）为例：

若加入少量碱（OH^-），中和 H^+，平衡向右移动，这时 HAc 会释放出 H^+，维持平衡，溶液中 H^+浓度基本不会减少或减少的程度很小，所以溶液的 pH 变化很小，基本保持稳定；若加入少量酸（H^+），会被 Ac^-结合，平衡向左移动，消耗掉部分 Ac^-，但溶液中 H^+浓度基本不会增加或增加的程度很小，溶液的 pH 变化很小，基本保持稳定。

$$HAc_{(aq)} \rightleftharpoons H^+_{(aq)} + Ac^-_{(aq)}$$

大量　　　　　　大量

由 HAc 和 NaAc 组成的缓冲溶液，贮存了大量的 HAc 分子和大量的 Ac^-，HAc 分子用来抵御外加的少量碱，Ac^- 用来抵御外加的少量酸。

当然，若加入大量的强酸或强碱，溶液中抗酸成分或抗碱成分消耗将尽时，它就不再具有缓冲作用。所以缓冲溶液有一定的缓冲容量，并不具有无限的缓冲能力。

（2）pH 标准缓冲溶液

pH 标准缓冲溶液的 pH 是经过准确的实验测得的，目前已经被国际上规定作为测定溶液 pH 的标准参照溶液，也可以用来进行酸度计等仪器的校准。见表 7－3－5。

表 7－3－5　pH 标准缓冲溶液

pH 标准缓冲溶液	pH 标准值（25 ℃）
饱和酒石酸氢钾（0.034 mol/L）	3.56
0.05 mol/L 邻苯二甲酸氢钾（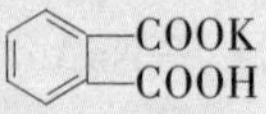）	4.01
0.025 mol/L KH_2PO_4 －0.025 mol/L Na_2HPO_4	6.86
0.01 mol/L 硼砂	9.18

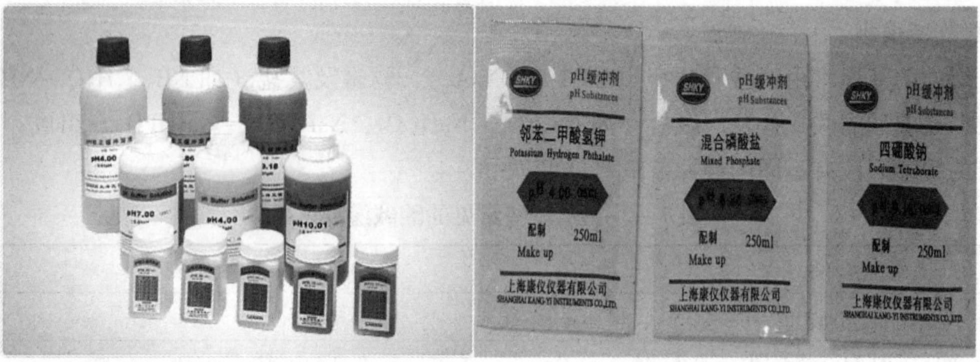

图 7－3－4　市售标准 pH 缓冲溶液和标准 pH 缓冲剂

（3）缓冲溶液的应用

缓冲溶液具有重要的意义和广泛应用。常用的缓冲溶液是用来控制溶液的酸度用的。

例如，人体血液的 pH 需保持在 7.35～7.45，过高或过低都导致疾病甚至死亡。血液中存在着许多缓冲剂，如 H_2CO_3－HCO_3^-、$H_2PO_4^-$－HPO_4^{2-} 等，这些缓冲体系可使血液的 pH 稳定在 7.40 左右。

再如，欲除去镁盐中的杂质 Al^{3+}，可采用氢氧化物沉淀的方法。但因 $Al(OH)_3$ 具有两性，如果加入 OH^- 过多，不仅 $Al(OH)_3$ 会溶解，达不到分离的目的，而且 $Mg(OH)_2$ 也可能沉淀，造成损失；若加入 OH^- 太少，则 Al^{3+} 沉淀不完全。这时，如果采用 $NH_3 \cdot H_2O$－

NH_4Cl 的混合溶液作为缓冲溶液，保持溶液 pH 在 9 左右，就能使 Al^{3+} 沉淀完全，而 Mg^{2+} 仍留在溶液中，达到分离的目的。

植物只有在一定 pH 的土壤中，才能正常生长发育，大多数植物在 pH < 3.5 和 pH > 9 的土壤中都不能生长。土壤中一般含有 $H_2CO_3 - CO_3^{2-}$、腐殖酸等组成的缓冲体系。因此，土壤溶液是很好的缓冲溶液，具有比较稳定的 pH，确保微生物和农作物的发育生长。

任务评价

表 7-3-6　任务评价表

评价项目	评价要素
实验操作	试剂取用和滴加符合实验操作规范、溶液 pH 测定方法正确，操作熟练
实验原理	实验现象解释合理
反应方程式	水解反应方程式书写正确
任务检测	计算方法和计算结果正确，规律总结较好
结束工作	实验台台面清洁，仪器洗涤干净并放置整齐，规定时间内完成任务
安全与环保	将废液倒入指定的废液桶

单元小结

一、电解质的解离

1. 强电解质和弱电解质

在水溶液中或熔融状态下能导电的物质叫作电解质。在水溶液中和熔融状态都不能导电的物质叫作非电解质。在水溶液中或熔融状态下全部解离的电解质是强电解质，部分解离的电解质是弱电解质。

2. 弱电解质的解离平衡

（1）解离平衡和解离平衡常数

在一定条件下，当电解质分子解离成离子的速率等于离子结合成分子的速率时，未解离的分子和离子间就建立起动态平衡。这种平衡称作解离平衡。

当弱电解质解离达到动态平衡时，离子浓度的乘积与未解离的分子浓度之比，在一定温度下是一个常数，称为标准解离平衡常数，简称解离常数，用符号“K_i^{Θ}”表示，Θ 表示标准状态。

解离常数不随浓度而变化，而与温度有关。但解离常数随温度变化不显著，常温下可不考虑温度对 K_i^Θ 的影响。解离常数的大小可说明相同类型弱电解质的相对强弱，即 K_i^Θ 越大，电解质越强；K_i^Θ 越小，电解质越弱。

（2）解离度

解离度就是当弱电解质在溶液中达到解离平衡时，溶液中已解离的电解质浓度和电解质的原始浓度之比。解离度常用百分数表示，符号为“α”。解离度与温度、浓度有关。

$$\alpha = \frac{\text{电解质已解离部分的浓度（mol/L）}}{\text{电解质的原始浓度（mol/L）}} \times 100\%$$

（3）解离常数和解离度的关系

在稀溶液中，K_i^Θ 与 α 的关系可近似表示为：

$$K_i^\Theta = c \cdot \alpha^2 \text{ 或 } \alpha = \sqrt{\frac{K_i^\Theta}{c}}$$

它说明弱电解质溶液浓度 c 越低，α 越大，称之为稀释定律。

二、离子反应和离子方程式

电解质在溶液中所发生的反应，实质上是它们所解离出来的离子之间的反应。离子反应发生的条件之一是生成难溶的物质或易挥发的物质或难解离的物质。离子反应用离子方程式表示。书写离子方程式的步骤：①写出反应的化学方程式；②把易溶于水的、易解离的物质写成离子形式，难溶的物质或难解离的物质（如水）以及气体等仍以分子式表示；③删去方程式两边不参加反应的离子；④检查离子方程式两边各元素的原子个数和离子电荷总数是否相等。

三、水的解离和溶液的 pH

水存在着微弱的解离：$H_2O \rightleftharpoons H^+ + OH^-$。

一定温度下，$K_W^\Theta = [H^+][OH^-] = 1 \times 10^{-14}$，即纯水中 H^+ 浓度和 OH^- 浓度的乘积是一个常数。这个常数称为水的离子积常数，简称水的离子积。水的离子积不仅适用于纯水，也同样适用于其他较稀的电解质溶液。

溶液的酸碱性与 pH 的关系为：$pH = -\lg[H^+]$

酸性溶液　　$[H^+] > [OH^-]$，$[H^+] > 10^{-7}$，$pH < 7$

碱性溶液　　$[H^+] < [OH^-]$，$[H^+] < 10^{-7}$，$pH > 7$

中性溶液　　$[H^+] = 10^{-7}$，$pH = 7$

一元弱酸溶液的氢离子浓度为：$[H^+] = \sqrt{K_a^\Theta c}$

一元弱碱溶液的氢氧根离子浓度为：$[OH^-] = \sqrt{K_b^\Theta c}$

四、盐类的水解

盐类的离子与水解离出来的 H^+ 或 OH^- 相结合，生成弱电解质的反应叫作盐类的水解，水解反应是中和反应的逆反应。

水解现象使强酸弱碱盐的水溶液呈酸性，强碱弱酸盐的水溶液呈碱性；强酸强碱盐不水解；弱酸弱碱盐的水解较复杂，取决于水解生成的弱酸和弱碱的强度大小，谁强显谁性。

五、同离子效应和缓冲溶液

1. 在弱电解质溶液中，加入含有与弱电解质具有相同离子的强电解质后，使弱电解质的解离度降低的现象叫作同离子效应。

2. 缓冲溶液

把能抵抗外来的少量酸或碱，而保持溶液 pH 相对稳定的作用，叫作缓冲作用；具有缓冲作用的溶液叫作缓冲溶液。

缓冲溶液的特点是适度范围内既能抗酸、又能抗碱，适当稀释或浓缩，溶液的 pH 都改变很小。

综合测试

一、填空题

1. 写出下列电解质的解离方程式

H_2SO_4 ____________________；KOH ____________________；

$NH_3 \cdot H_2O$ ____________________；HF ____________________。

2. 纯水是一种极弱电解质，它能解离出极少量的________和________。在 298 K 时，纯水解离出的 H^+ 和 OH^- 浓度均为________，其离子浓度的乘积为________，该乘积叫作________。

3. 在酸性溶液中，$[H^+]$ 越____，pH 越____，表示溶液的酸性越____，反之，则酸性越____；在碱性溶液中，$[OH^-]$ 越____，pH 越____，表示溶液的碱性越____，反之，则碱性越____。

4. 在常温下，若溶液中 $[H^+]=[OH^-]$，则溶液呈____性，pH ____；若溶液中 $[H^+]<[OH^-]$，则溶液呈____性，pH ____；若溶液中 $[H^+]>[OH^-]$，则溶液呈____性，pH ____。

5. 强酸弱碱盐，其水溶液呈________；强碱弱酸盐，其水溶液呈________；强酸强碱盐，其水溶液呈________。（填“酸性”“碱性”或“中性”）

6. 下列盐：NH_4Cl、KNO_3、NH_4Ac、$KClO_4$、NaCl、Na_2CO_3、$FeCl_3$、$Cu(NO_3)_2$、$BaSO_4$、$MgCl_2$、NH_4CN 的水溶液呈酸性的是________________；呈中性的是________________；呈碱性的是____________；不发生水解的是________________。

7. 在配制 $Al_2(SO_4)_3$ 溶液时，为防止发生水解，可以加入少量的________；在配制 Na_2S 溶液时，为防止发生水解，可以加入少量的________。

8. 在 0.1 mol/L HAc 中，分别加入少量下列物质，溶液中的 $[H^+]$、$[OH^-]$ 如何变化？

加入物质	少量的 HCl 溶液	少量的 NaOH 溶液	少量的 NaAc 溶液
$[H^+]$ 变化			
$[OH^-]$ 变化			

9. 写出下列反应的离子方程式

$AgNO_3 + KCl = AgCl\downarrow + KNO_3$ ____

$Na_2SO_4 + BaCl_2 = BaSO_4\downarrow + 2NaCl$ ____

$CaCO_3 + 2HCl = CaCl_2 + H_2O + CO_2\uparrow$ ____

10. 选择适当的反应物，各写出两个符合下列离子方程式的化学方程式

(1) $Fe^{3+} + 3OH^- = Fe(OH)_3\downarrow$

__________________________；__________________________。

(2) $CO_3^{2-} + 2H^+ = H_2O + CO_2\uparrow$

__________________________；__________________________。

(3) $Ba^{2+} + SO_4^{2-} = BaSO_4\downarrow$

__________________________；__________________________。

11. 离子反应发生的条件是：生成物中有________、________、________，三个条件只需具备其中________，离子反应就能进行。

二、选择题

1. 下列物质中，属于强电解质的是（　　）。

A. $NaHCO_3$　　B. H_2S　　C. CH_3COOH　　D. $NH_3 \cdot H_2O$

2. 日常生活中使用的以下调味品中属于强电解质的是（　　）。

A. 食醋　　B. 食盐　　C. 黄酒　　D. 菜油

3. 在下列各组物质中，全都是强电解质的一组是（　　）。

A. 乙醇、醋酸　　B. 氯化钠、甘油　　C. 硝酸铵、氯化铵　　D. 氯气、硝酸钾

4. 常温下在 0.1 mol/L 的 HAc 溶液中，水的离子积是（　　）。

A. 1×10^{-12}　　B. 1×10^{-14}　　C. 1×10^{-7}　　D. 1×10^{-15}

5. 氯化铁溶于水时发生下列反应：$FeCl_3 + 3H_2O \rightleftharpoons Fe(OH)_3 + 3HCl$，为了抑制水解，得到澄清的溶液，可采取的措施是（　　）。

A. 升高温度　　B. 大量加水　　C. 加少量 NaOH　　D. 加少量盐酸

6. 下列物质之间能发生反应的是（　　）。

A. 硝酸钾与氯化钙　　B. 氯化铁与氢氧化钠

C. 氧化钙与盐酸　　D. 氯化铵与氯化钠

7. 下列液体中，pH > 7 的是（　　）。

A. 人体血液　　B. 蔗糖溶液　　C. 橙汁　　D. 胃液

8. 同浓度、同体积的氨水和氯化铵溶液里所含的 NH_4^+ 浓度（　　）。

A. 相同　　B. 氨水中 $c(NH_4^+)$ 较大

C. NH_4Cl 溶液中 $c(NH_4^+)$ 较大　　D. 无法比较

9. $Mg(NO_3)_2$ 水溶液呈（　　）。

A. 酸性　　B. 碱性　　C. 中性　　D. 不确定

10. 下列物质水溶液，其 pH 小于 7 的是（　　）。

A. Na_2CO_3　　B. NH_4NO_3　　C. Na_2SO_4　　D. KNO_3

三、问答题

1. 盐酸里有没有 OH^-？氢氧化钠溶液里有没有 H^+？为什么？

2. 为什么 Al_2S_3 在水溶液中不存在？

3. 配制 $SnCl_2$ 溶液时，为什么不能用蒸馏水直接配制？应如何配制？

四、计算题

1. 0.2 mol/L HCOOH（甲酸）溶液的解离度为 3.2%，计算甲酸的解离常数和该溶液中 H^+ 的浓度。

2. 计算下列溶液的 pH。

(1) 0.001 mol/L 的 NaOH 溶液；

(2) 0.02 mol/L 的稀硫酸；

(3) 0.01 mol/L 的醋酸溶液（$K_a = 1.8 \times 10^{-5}$）；

(4) 0.005 mol/L 的氨水溶液（$K_b = 1.8 \times 10^{-5}$）。

3. 将 2 mL 12 mol/L 盐酸稀释至 500 mL，计算：

(1) 稀释后溶液的 H^+ 浓度和 pH；

(2) 欲将 100 mL 上述稀释溶液中和至 pH = 7，需要加入多少克固体 NaOH？

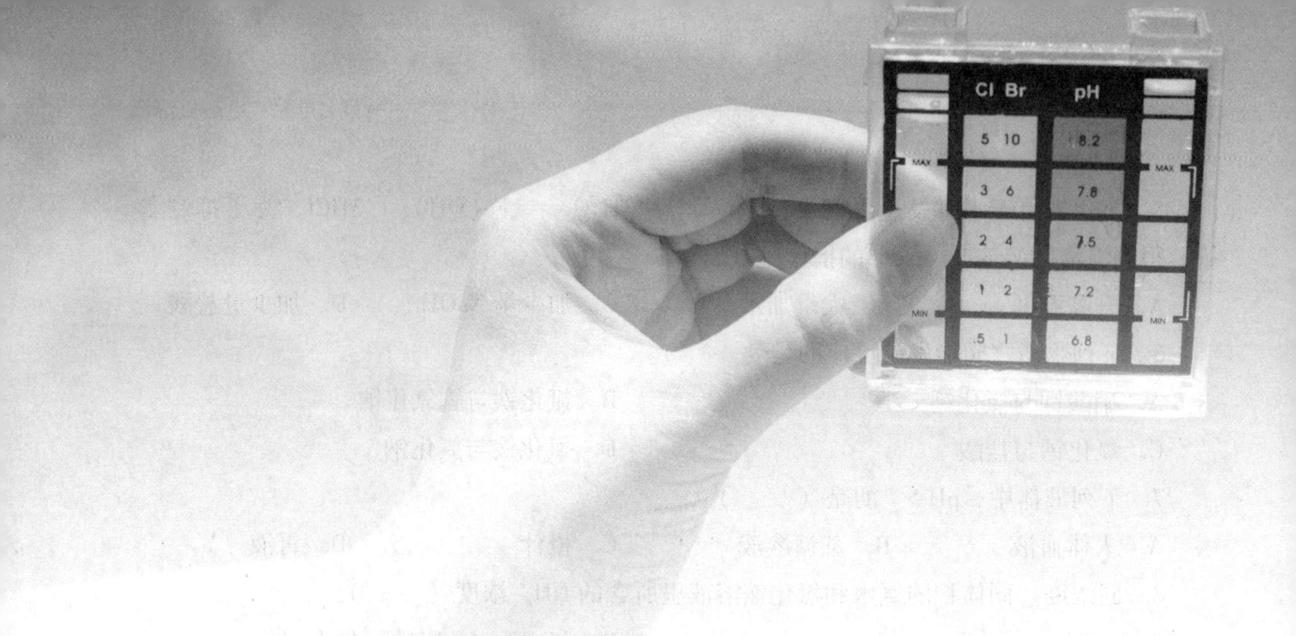

第八单元
氮族元素

单元概述

元素周期表中第ⅤA族包括氮（N）、磷（P）、砷（As）、锑（Sb）、铋（Bi）五种元素，统称为氮族元素。本单元主要学习非金属元素氮、磷及其重要化合物的性质。氮气的化学性质很不活泼，在工业上通常被作为惰性气体使用，磷的化学性质比较活泼，白磷在空气中能够自燃。氮的化合物的重要性质主要表现为，氨、氨水具有弱碱性，硝酸具有酸的通性和强氧化性；对于磷的化合物，主要探讨磷酸的正盐、酸式盐在酸碱性和溶解性方面的性质特点。

单元目标

- 了解氮气的性质，知道氮气的惰性在化工领域的应用；
- 掌握氨及铵盐的性质和用途，并会检验氨和铵根离子；
- 掌握硝酸的酸的通性和强氧化性，能熟练书写相关化学反应方程式；
- 了解硝酸盐的不稳定性，知道不同金属所形成硝酸盐的热分解产物；
- 了解磷单质的化学性质，并知道怎样贮存和安全使用白磷；
- 了解磷酸的正盐、酸式盐在酸碱性和溶解性方面的性质特点；
- 会进行磷酸根离子的鉴别。

任务一 认识氮气以及氮的重要化合物

任务描述

通过化学实验操作、观察实验现象，认识并掌握氨、铵盐、硝酸的物理性质和化学性质。

任务目标

- 在实验室制备氨，实验并认识氨易溶于水的性质和氨水的弱碱性；
- 学会固体铵盐的检验方法和溶液中铵根离子的检验方法；
- 实验并认识浓硝酸的强氧化性和硝酸盐的不稳定性；
- 能熟练应用化学语言和化学方程式描述和解释相关实验现象。

任务分析

运用已学过的物质结构、元素周期律、化学平衡和离子反应等知识，分析、探讨、实验并说明氮及其化合物的化学性质。

任务实施

一、任务准备

1. 仪器和药品

仪器：托盘天平、铁架台、酒精灯、带塞的直角玻璃导管、水槽试管、坩埚、烧杯、表面皿、研钵（两只）。

试剂：$Ca(OH)_2$（固）、NH_4Cl（固，0.1 mol/L）、浓氨水、浓盐酸、浓硝酸、NH_4NO_3（固）、$(NH_4)_2SO_4$（固）、$(NH_4)_2CO_3$（固）、KNO_3（固）、$FeSO_4$（固）、NaOH（6 mol/L）、

H_2SO_4(2 mol/L,1∶1)、铜片、木炭、pH 试纸、红色石蕊试纸、酚酞试纸。

2. 安全和环保

(1) 制取和收集氨时，应注意试管口略向下倾斜，反应混合物研细；固定试管的铁夹，应夹在离试管口 1/4 ~ 1/3 的地方；收集氨的容器要干燥。

(2) 除 N_2O 外，所有氮的氧化物均有毒，尤以 NO_2 为甚，其允许含量为每升空气不得超过 5×10^{-6} g。由于硝酸及其盐的分解或还原产物多为氮的氧化物，故这类反应应在通风橱内进行；亚硝酸盐具有致癌作用，使用时应小心，切勿入口，实验后应洗净双手。

(3) 浓硝酸具有强烈的腐蚀性，使用时应戴上乳胶手套，避免沾到皮肤和衣物上，废酸液应倒入废酸罐中，不要随意倒入水池。

二、任务过程

1. 氨的制备和性质

(1) 氨的制备

用一支干燥的大试管，装入研细的氢氧化钙和氯化铵固体各 3 g（事先混合均匀），按图 8-1-2 装配好；加热（先预热整支试管），用向下排空气法收集一试管氨，塞好试管口待用。写出制备氨反应的化学方程式：____________________。

(2) 氨的性质

① 将实验 1 中充满氨的试管倒置于盛有水的水槽中，在水下打开塞子；用手指堵住试管口，将试管从水中取出；用 pH 试纸检验试管中溶液的酸碱性。

实验现象：____________________；化学方程式：____________________。

溶液的 pH：________________。

②在小坩埚内滴 3 ~ 5 滴浓氨水，再把一只用浓盐酸湿润过的小烧杯倒扣在坩埚上。

实验现象____________________；化学方程式：____________________。

2. 铵盐的性质

(1) 铵盐水溶液的酸碱性

在三支试管中分别加入黄豆粒大小的 NH_4NO_3、$(NH_4)_2SO_4$、$(NH_4)_2CO_3$ 固体，再各加 1 ~ 2 mL 水，振荡。观察它们的溶解情况，用 pH 试纸检验溶液的酸碱性并加以说明。

溶解性：________________________________；

溶液的 pH 分别是________________________________。

(2) 铵盐的热分解

在试管中加入 1 g NH_4Cl 固体，管口朝上，将其固定在铁架台上，加热试管底部，用湿润的红色石蕊试纸在试管口检验逸出的气体。同时观察试管上部内壁温度较低处白霜状物质的生成。

试纸颜色的变化情况：________________________；

化学方程式：________________________。

3．铵盐的鉴定——气室法

在一块表面皿中心贴一条湿润的红色石蕊试纸（或酚酞试纸），在另一表面皿中间加5滴0.1 mol/L氯化铵溶液及5滴6 mol/L NaOH溶液，将贴试纸的表面皿盖在盛有试液的表面皿上做成“气室”；将此气室放在水浴中微热，观察试纸变化，记录现象。

试纸颜色的变化：________________；离子方程式：________________。

4．硝酸及其盐的性质

（1）硝酸的氧化性

在试管中放入一小块铜片，加入约1 mL浓硝酸，观察产生的气体和溶液的颜色；向试管中加入约5 mL水，观察气体颜色的变化。

实验现象：________________________；

化学方程式：________________________。

（2）硝酸盐的热分解

在干燥的硬质试管中，加入约1 g KNO_3 固体，将试管垂直固定，用酒精灯加热至熔化分解产生气体，挪开酒精灯，向试管中急速投入一小块木炭，观察现象。

实验现象：________________________；

化学方程式：________________________。

三、任务检测

1．实验现象：实事求是，记录完整；

2．化学反应的方程式书写正确；

3．根据实验结果，总结氨、铵盐、硝酸的物理性质和化学性质。

相关知识

氮及其化合物

元素周期表里第ⅤA族元素包括氮（N）、磷（P）、砷（As）、锑（Sb）、铋（Bi）五种元素，统称为氮族元素。

表8－1－1列出了氮族元素的一些重要性质。

表 8－1－1　氮族元素的一些重要性质

元素名称	元素符号	原子序数	原子最外层电子数	原子半径/($\times10^{-10}$ m)	主要化合价	单质			
						颜色和状态	熔点/℃	沸点/℃	密度/(g/cm^3)
氮	N	7	5	0.75	－3，+1，+2，+3，+4，+5	无色气体	－209.9	－195.8	1.25（g/L）
磷	P	15	5	1.10	－3，+3，+5	白磷：白色或黄色固体 红磷：红棕色固体	44.1（白磷）	280（白磷）	1.82（白磷） 2.34（红磷）
砷	As	33	5	1.21	－3，+3，+5	灰砷：灰色固体	817（2.8×10^5 Pa）（灰砷）	613（升华）（灰砷）	5.727（灰砷）
锑	Sb	51	5	1.41	+3，+5	银白色金属	630.7	1 750	6.684
铋	Bi	83	5	1.52	+3，+5	银白色或微显红色金属	271.3	1 560	9.8

由表 8－1－1 可以看出，氮族元素原子最外电子层都有 5 个电子，所以，它们的最高正化合价都是 +5 价，负化合价是 －3 价。氮族元素随着原子序数的增大，原子核外电子层数的递增，原子半径逐渐增大，元素原子获得电子的能力逐渐减弱，失去电子的能力逐渐增强，所以，它们的非金属性逐渐减弱，金属性逐渐增强。氮和磷明显地表现出非金属性，砷虽然是非金属，但已表现出一些金属性，而锑和铋则表现出明显的金属性。

根据氮族元素在元素周期表中的位置可知，氮族元素的非金属性比同周期的氧族元素和卤素弱。

氮是一种重要的非金属元素，它约占地壳总质量的 0.03%。自然界中氮主要以单质（N_2）状态存在于空气中，约占空气总体积的 78% 或总质量的 75%。氮也以化合态形式存在于无机物和有机物中。除了土壤中含有一些铵盐、硝酸盐外，氮的无机化合物在自然界中较少存在，智利的硝石矿（$NaNO_3$）是世界上少有的含氮矿藏。氮普遍存在于有机体内，它是构成蛋白质和核酸（形成生命的重要物质）的不可缺少的元素。

一、氮气

氮气是一种无色、无味的气体，比空气略轻，在标准状况下，氮气的密度是 1.250 6 g/L。氮气的沸点是 －210 ℃，熔点是 －196 ℃。氮气难溶于水，在通常状况下，

1 体积水中大约可溶解 0.02 体积的氮气。

1．氮气的化学性质

氮气（N_2）分子的电子式和结构式分别是：$:N\vdots\vdots N:$、$N\equiv N$

氮气分子是由两个氮原子共用三对电子结合而成的。分子中有三个共价键，它的键能很大（946 kJ/mol），比其他双原子分子的键能大（如氧分子的键能是 493 kJ/mol，氯分子的键能是 247 kJ/mol，氢分子的键能是 436 kJ/mol），因此，两个氮原子结合很牢固，不容易解离，即使加热到 3 000 ℃时氮分子也不分解，说明氮分子的结构很稳定。在通常情况下，氮气的性质很不活泼，很难与其他物质发生化学反应。但在一定条件下（如高温、放电等），氮分子获得足够的能量，也能与某些金属和非金属发生化学反应。

氮气在高温时，能与镁、钙、锶、钡等金属直接化合生成金属氮化物。例如，镁在空气中燃烧时，除与氧气反应生成氧化镁外，还能与氮气化合生成微量的氮化镁（Mg_3N_2）。

$$3Mg + N_2 \xlongequal{点燃} Mg_3N_2$$

在高温、高压并有催化剂存在的条件下，氮气能与氢气直接化合生成氨（NH_3）。

$$N_2 + 3H_2 \underset{催化剂}{\overset{高温、高压}{\rightleftharpoons}} 2NH_3$$

在放电条件下，氮气与氧气能直接化合生成无色的一氧化氮（NO）。

$$N_2 + O_2 \xlongequal{放电} 2NO$$

一氧化氮不溶于水，在常温下，一旦与空气接触，立即与空气中的氧气反应，生成红棕色并有刺激性气味的二氧化氮（NO_2）气体。因此，在雷雨时，大气中常有少量的 NO_2 产生。

$$2NO + O_2 = 2NO_2$$

二氧化氮有毒，是易溶于水的酸性氧化物。它溶于水后生成硝酸和一氧化氮。

$$3NO_2 + H_2O = 2HNO_3 + NO$$

二氧化氮在常温时还可以互相化合，生成无色的四氧化二氮（N_2O_4）气体。

$$\underset{红棕色}{2NO_2} \rightleftharpoons \underset{无色}{N_2O_4}$$

氮与氧在不同条件下化合能生成不同的氧化物。一氧化氮和二氧化氮是氮的两种重要氧化物。此外，氮的氧化物还有一氧化二氮（N_2O）、三氧化二氮（N_2O_3）、四氧化二氮（N_2O_4）、五氧化二氮（N_2O_5）等，氮在 N_2O、NO、N_2O_3、NO_2、N_2O_5 这五种氧化物里，其化合价分别是 +1、+2、+3、+4、+5 价，氮的最高化合价是 +5 价。

小知识

笑气正在让我们笑不起来

一氧化二氮，化学式 N_2O，又称笑气。它是无色有甜味的气体，是一种氧化剂，在一定条件下能支持燃烧（同氧气，因为笑气在高温下能分解成氮气和氧气），但在室温下稳定存在。少量吸入会引起神志错乱、谵妄，具体表现为兴奋、大笑不止，故得名“笑气”。一氧化二氮短暂吸入后可使病人丧失痛觉的同时还保持清醒状态，有轻微麻醉作用，是毒性较小的吸入性镇痛麻醉药。其麻醉作用于 1799 年由英国化学家汉弗莱·戴维发现，现在主要用于表演，也可以用来做赛车加速器中的助燃剂。

近年来，有一部分人把笑气当“毒品”来用。但是，滥用笑气的危害很多：一氧化二氮大量且持续进入人体，会引发高血压、晕厥、恶性贫血等健康问题；长期滥用还导致维生素 B_{12} 缺乏，给运动性神经通路带来伤害，严重者可致瘫痪（临床上称为脊髓亚急性联合变性）；高浓度笑气还可能导致吸食者窒息死亡。

不正当使用笑气的后果正逐步被人们所重视。尽管笑气尚未被定性为毒品，但其吸而依赖、戒而复吸的成瘾性，对身体的毒害性，已经符合毒品的特征。

需要注意的是，一氧化二氮还是一种强大的温室气体，它的温室效应是二氧化碳的 296 倍。

2. 氮气的制法和用途

工业上制取氮气，通常是以空气为原料，采用液态空气分馏的方法。先将空气净化（除去空气中的粉尘、二氧化碳等杂质），经加压和低温冷却将空气液化，利用液态空气中液态氮的沸点（−210 ℃）比液态氧的沸点（−183 ℃）低的性质，使氮气先蒸发出来，这样制得的氮气纯度是 99.5%。如果需要非常纯净的氮气，可将这样制得的氮气再通过赤热的铜，将其中所含的少量氧气除去。通常在高压下将氮气液化，装入涂为黑色的钢瓶中备用。

大量的氮气在工业上主要用于合成氨、制造硝酸等，它们是制造氮肥、炸药的原料。由于氮气的化学性质很不活泼，可用来代替稀有气体做焊接金属时的保护气。氮气或氮气和氩的混合气体用来填充白炽灯泡，使灯泡经久耐用。在低氧高氮的环境中，可利用氮气保护粮食、水果等农副产品。液态氮作为冷冻剂在工业和医疗方面也有一定的用途。

小知识

氮气吹扫、氮气吹干和氮封

由于氮气在没有一定的催化剂和温度、压强时，一般不会发生反应。所以化工生产中把氮气当作惰性气体使用。

氮气吹扫：是在化工生产开车前或停车后，用一定压力的氮气吹扫管道、储罐等。原因是：①管道内可能存有会污染产品的粉尘；②管道内存留的空气可能会和工作气体发生反应影响产品质量；③工作气体或工作液体的挥发份与空气形成爆炸性混合物。通过惰性的氮气进行吹扫给予置换和清除。

氮气吹干：使用氮气吹干仪进行。主要是通过减少样品溶液中的溶剂或水分而使组分的浓度升高，使供测定的样品达到仪器能够检测的浓度。由于氮气的惰性，吹干过程中，样品内的成分不会和氮气发生反应而减少。

氮封：氮封装置通常用于存放易挥发有机物料的大型储罐上的呼吸阀，将呼吸阀与氮气连接，卸料时进入储罐顶部的气体和进料时从储罐顶部排出的气体都是氮气。作用有：①防止空气进入储罐，形成可燃气；②保护有机物料，使其不与空气中的某些组分尤其是氧气接触，避免物料因发生化学反应带入杂质；③避免物料挥发后的气体进入大气，污染环境。盛放甲醇、乙醇、苯、甲苯、二甲苯、苯乙烯等物料的储罐在进料和卸料时都要采用氮封。

3. 氮的固定

在放电条件下，氮气能和空气中的氧直接化合生成一氧化氮。在高温、高压和催化剂存在下，氮气和氢气可直接化合生成氨。这种将空气中游离的氮转变为氮的化合物的过程，叫作氮的固定，简称为固氮。

氮元素是农作物体内蛋白质、核酸和叶绿素的重要成分，植物在生长过程中，必须吸取含氮养料。例如，施用氮肥能使作物的茎、叶生长茂盛，叶色浓绿。所以氮元素是农作物需要的一种重要营养元素。空气中含有大量的氮气，但绝大多数植物只能吸收氮的化合物而不能直接从空气中吸取游离态的氮，因此必须把空气中游离态的氮转变为氮的化合物。也就是说，必须进行氮的固定，氮元素才能被农作物吸收。为此就需要制造氮肥，氮肥的生产就是将空气中的氮固定，供植物吸收生长。合成氨是常用的人工固氮方法。

有些植物（如蚕豆、大豆等豆科植物、苜蓿等）的根部有根瘤菌，能把空气中的氮气变成氨作为养料吸收，这就是自然界中的生物固氮。所以这些植物可以不施或少施氮肥。

人工固氮既消耗能量，产量也很有限。有人估算过，全世界依靠化学工业每年的固氮量，只能达到生物固氮的四十分之一左右。因此，人们长期以来盼望能用化学方法模拟固氮菌实现在常温常压下固氮。为达到这一目的，国内外一直在进行化学模拟生物固氨的研究，这是一个重要的科学研究课题。

二、氨

氨是一种具有强烈刺激性气味的无色气体。在标准状况下，氨的密度是 0.771 g/L，比同体积的空气轻。

所以氨极易溶解于水，在常温常压下，1 体积水大约可溶解 700 体积的氨。氨的水溶液叫作氨水，氨水的密度小于 1 g/cm^3，氨含量越高，氨水的密度越小。一般商品浓氨水的密度为 0.90 g/cm^3，质量分数约为 28%。

算一算

商品浓氨水的物质的量浓度是多少？

氨很容易液化，在常压下冷却到 -33.5 ℃或在常温下加压到 $7\times10^5\sim8\times10^5$ Pa，氨就凝结为无色的液体，同时放出大量的热。液态氨气化时要吸收大量的热，能使它周围物质的温度急剧降低，因此，氨常用作制冷剂。

1. 氨与水的反应

氨溶解于水中，大部分与水结合成一水合氨（$NH_3\cdot H_2O$），少量的一水合氨解离为铵离子（NH_4^+）和氢氧根离子（OH^-）。因此，氨水显弱碱性，具有碱类的通性，如能使无色酚酞试液变红色，使紫色石蕊试液变蓝等。氨在水中的反应可用下式表示：

$$NH_3 + H_2O \rightleftharpoons NH_3\cdot H_2O \rightleftharpoons NH_4^+ + OH^-$$

一水合氨（$NH_3\cdot H_2O$）很不稳定，受热时易分解而生成氨和水。

$$NH_3\cdot H_2O \xlongequal{\triangle} NH_3\uparrow + H_2O$$

2. 氨与酸的反应

氨能与酸直接化合生成铵盐。

[演示实验 8-1-1] 拿两根玻璃棒，一根在浓氨水里蘸一下，另一根在浓盐酸里蘸一下，使两根玻璃棒接近（不要接触），观察发生的现象（图 8-1-1）。

可以看到，有大量的白烟产生，白烟是氨水中挥发出来的 NH_3 与浓盐酸挥发出来的 HCl 化合所生成的微小氯化铵晶体。

$$NH_3 + HCl \xlongequal{} NH_4Cl$$

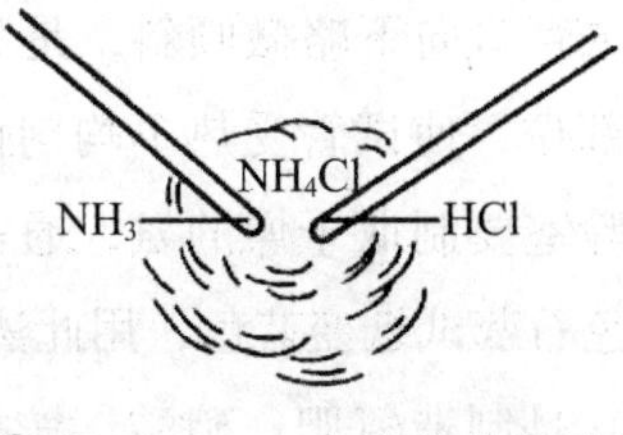

图 8－1－1　氨与氯化氢反应

氨同样能与其他的酸化合生成铵盐。例如，把氨通入硝酸或硫酸中，就生成硝酸铵或硫酸铵。

$$NH_3 + HNO_3 \xlongequal{} NH_4NO_3$$

$$2NH_3 + H_2SO_4 \xlongequal{} (NH_4)_2SO_4$$

3. 氨与氧气反应

氨在空气中不能燃烧，但能在纯氧中燃烧生成氮气和水。

$$4NH_3 + 3O_2 \xlongequal{燃烧} 2N_2 + 6H_2O$$

在催化剂（如铂、氧化铁等）存在的条件下，氨能与空气中的氧在高温下起反应生成一氧化氮和水。

$$4NH_3 + 5O_2 \xrightleftharpoons[\triangle]{催化剂} 4NO + 6H_2O$$

上述反应叫作氨的催化氧化（或接触氧化），它是工业上制造硝酸的主要反应。

工业上在高温、高压和催化剂存在的条件下，使氮气和氢气直接化合生成氨。

$$N_2 + 3H_2 \xrightleftharpoons[催化剂]{高温、高压} 2NH_3$$

在实验室里常用加热铵盐（如氯化铵等）和碱的混合物来制取氨（制气装置与制氧气的装置相同），如图 8－1－2 所示。

$$2NH_4Cl + Ca(OH)_2 \xlongequal{\triangle} CaCl_2 + 2NH_3\uparrow + 2H_2O$$

图 8－1－2　实验室制备氨

在图 8－1－2 中，产生氨的试管口向下略微倾斜，是为了防止生成的水蒸气在试管口凝结后，倒流到试管底部的受热部位，使试管受热不均匀而破裂。由于氨比空气轻，所以采取向下排气集气法收集氨。实验室要制取干燥的氨，通常使制得的氨通过碱石灰以吸收其中的水蒸气。氨能使湿润的红色石蕊试纸变蓝色，用此法来检验氨。

氨是一种重要的化工产品。它是制造氮肥、硝酸、铵盐、纯碱等的重要原料，也是有机合成工业（如合成纤维、塑料、染料、尿素等）常用的一种原料。氨还用作冷冻机和制冰机中的制冷剂。

三、铵盐

氨或氨水与酸反应生成铵盐。铵盐是由铵离子（NH_4^+）和酸根离子组成的化合物。铵盐都是晶体，都易溶解于水。

1．固态铵盐受热极易分解

[演示实验 8－1－2] 将盛有少量氯化铵晶体的试管放在酒精灯火焰上加热（见图 8－1－3），观察发生的现象。

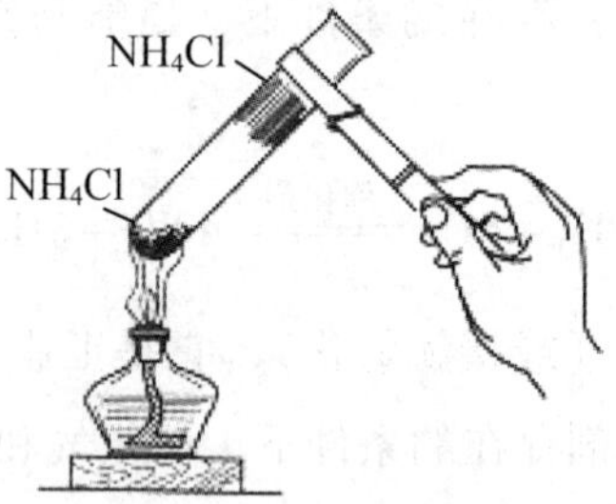

图 8－1－3　氯化铵受热分解

可以看到，试管底部的氯化铵晶体逐渐减少，直至消失；试管上部内壁上有细小的白色晶体析出。这是因为氯化铵受热分解，生成氨和氯化氢气体，所以试管底部的氯化铵晶体逐渐减少直到消失；生成的氯化氢和氨上升到试管上部内壁，由于此处温度较低，又重新结合成氯化铵，所以试管上部内壁出现细小的白色晶体。

试管底部的反应：$NH_4Cl \xlongequal{\triangle} NH_3\uparrow + HCl\uparrow$

试管上部的反应：$NH_3 + HCl \xlongequal{} NH_4Cl$

其他铵盐受热分解时，它们的分解产物因酸根性质不同而异。碳酸氢铵和碳酸铵稍受热就发生分解生成氨、二氧化碳和水。硫酸铵、磷酸铵等，受热易分解，只逸出氨。例如：

$$NH_4HCO_3 \xlongequal{\triangle} NH_3\uparrow + H_2O + CO_2\uparrow$$

$$(NH_4)_2SO_4 \xlongequal{\triangle} NH_3\uparrow + NH_4HSO_4$$

$$(NH_4)_3PO_4 \xlongequal{\triangle} 3NH_3\uparrow + H_3PO_4$$

2. 铵盐与碱的反应

铵盐能与碱发生反应放出氨。

$$(NH_4)_2SO_4 + 2NaOH \xlongequal{\triangle} Na_2SO_4 + 2NH_3\uparrow + 2H_2O$$

实验室里利用铵盐能与碱反应的性质来制取氨，氨使湿润的红色石蕊试纸变蓝色。所以可以利用这个性质来检验 NH_4^+ 的存在。

溶液中的铵离子可采用“气室法”检验。

[演示实验 8-1-3] 在一块表面皿中心贴一条湿润的红色石蕊试纸（或 pH 试纸、酚酞试纸），在另一表面皿中间加 5 滴 0.1 mol/L NH_4Cl 溶液和 5 滴 6 mol/L NaOH 溶液，将贴试纸的表面皿盖在盛有试液的表面皿上做成“气室”；将此气室放在水浴中微热。

可以看到，湿润的红色石蕊试纸变为蓝色。

铵盐在工农业生产上有着重要的用途。铵盐中的碳酸氢铵、硫酸铵、磷酸铵、硝酸铵等都是重要的氮肥。硝酸铵中加入可燃性物质，如铝粉、碳粉等，可用来制造炸药，用于开矿、筑路等。

四、硝酸

纯硝酸是无色、易挥发、有刺激性气味的液体，密度是 1.502 7 g/cm^3，沸点为 83 ℃，熔点为 -42 ℃。硝酸极易溶解于水，它能以任意比例与水混溶，常用的浓硝酸质量分数大约是 69%。质量分数在 86% 以上的硝酸，在空气里由于硝酸的挥发而产生白烟，通常称为发烟硝酸。因为浓硝酸挥发出的硝酸蒸气遇到空气里的水蒸气，能生成极微小的硝酸液滴。在纯硝酸中溶有过量的二氧化氮，便形成红色发烟硝酸，它有极强的氧化性，可作火箭燃料的氧化剂。

硝酸是一种强酸，它除了具有酸的通性外，还具有它本身的特性。

1. 不稳定性

硝酸不稳定，易分解。纯净的硝酸或浓硝酸在常温下见光就会分解，生成二氧化氮、氧气和水，受热时分解得更快。

$$4HNO_3 \xlongequal[\text{或光照}]{\triangle} 4NO_2\uparrow + O_2\uparrow + 2H_2O$$

硝酸越浓、温度越高，越容易分解，分解出的二氧化氮溶解于硝酸中，使硝酸呈黄色。为了防止硝酸分解，必须将它盛放在棕色瓶中，存放于冷暗处。

2. 氧化性

硝酸是一种很强的氧化剂，浓硝酸、稀硝酸都具有很强的氧化性，几乎能与所有的金属（金、铂等少数金属除外）或非金属发生氧化还原反应。

［演示实验 8－1－4］在两支放有铜片的试管里，分别加入少量浓硝酸和稀硝酸，立即用无色透明塑料袋将试管口罩上并系紧，如图 8－1－4 所示，观察发生的现象。将加稀硝酸试管上的塑料袋稍稍松开，使少量空气进入塑料袋然后系紧，观察发生的现象。

可以看到，浓硝酸和稀硝酸都能与铜起反应。浓硝酸与铜的反应剧烈，有红棕色的二氧化氮气体产生；稀硝酸与铜的反应较缓慢，有无色的一氧化氮气体产生，一氧化氮与空气接触后，生成红棕色的二氧化氮。

$$Cu + 4HNO_3（浓） = Cu(NO_3)_2 + 2NO_2\uparrow + 2H_2O$$

$$3Cu + 8HNO_3（稀） = 3Cu(NO_3)_2 + 2NO\uparrow + 4H_2O$$

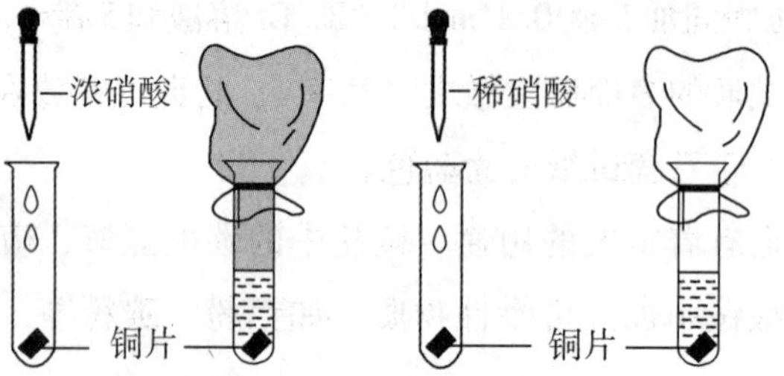

图 8－1－4　铜与硝酸反应

硝酸分子中的氮原子为 +5 价，是氮的最高化合价。从上述两个反应可以看出，硝酸与铜反应时，硝酸中 +5 价的氮得到电子，被还原成较低价的氮的化合物，没有氢气生成。

除金、铂等少数金属以外，硝酸能与所有金属起反应生成硝酸盐，都不放出氢气。反应中的还原产物因硝酸的浓度和金属的活泼性不同而不相同。

有些金属，如铝、铁、铬、镍等在冷的浓硝酸中会发生钝化现象，这是因为浓硝酸能将它们的表面氧化成一层薄而致密的氧化物薄膜，阻止了内部金属与硝酸进一步接触而反应。所以可以用铝槽车装运浓硝酸。

浓硝酸与浓盐酸按物质的量之比为 1∶3 混合而成的混合物叫作王水。但一般配制王水时，常以浓硝酸与浓盐酸的体积比为 1∶3 进行估算。它的氧化能力更强，能使一些不溶于硝酸的金属，如金、铂等溶解。

硝酸还能氧化许多非金属单质（如碳、硫、磷等）。例如，

$$C + 4HNO_3（浓） = 2H_2O + 4NO_2\uparrow + CO_2\uparrow$$

有些有机物也能被硝酸氧化。例如，纸张、织物等纤维制品遇到硝酸就会被氧化而破坏；许多有色物质会被硝酸氧化而褪色。硝酸能灼伤皮肤，使用时要格外小心。

工业上用氨的催化氧化法来生产硝酸，其生产过程大致可以分为两个阶段，下面是其生产原理。

第一阶段，氨的氧化。把氨和净化后的空气按一定比例混合，通入氧化炉。氧化炉的

中部有多层水平的铂铑合金网作为催化剂，在 800 ℃的高温下，氨与氧气在网上进行反应，生成一氧化氮和水蒸气，同时放出大量的热。

$$4NH_3 + 5O_2 \xrightarrow[\text{高温}]{\text{催化剂}} 4NO + 6H_2O$$

第二阶段，硝酸的生成。从氧化炉出来的气体温度很高，经过热交换器和余热锅炉等冷却设备冷却，再被空气中的氧气氧化成二氧化氮。

$$2NO + O_2 = 2NO_2$$

二氧化氮在吸收塔内被水吸收，即得硝酸。

$$3NO_2 + H_2O = 2HNO_3 + NO$$

在吸收反应中，只有 2/3 的二氧化氮转化成硝酸，而 1/3 的二氧化氮转化成一氧化氮。为了充分利用一氧化氮，常在吸收反应进行过程中补充一些空气，使生成的一氧化氮再氧化为二氧化氮，然后用水或稀硝酸吸收。经过这样多次的氧化和吸收，二氧化氮能够尽可能多的转化为硝酸。这样制得的硝酸质量分数一般为 50% 左右。用硝酸镁或浓硫酸作吸水剂，与稀硝酸混合蒸馏浓缩，就可以得到质量分数为 96% 以上的浓硝酸。

从吸收塔出来的尾气中，还含有少量未被吸收的一氧化氮和二氧化氮，常用碱液吸收处理，防止一氧化氮和二氧化氮污染大气。

$$NO + NO_2 + 2NaOH = 2NaNO_2 + H_2O$$

由于硝酸有挥发性，在实验室里可用硝酸盐与浓硫酸共热来制备少量硝酸。

$$NaNO_3(\text{固}) + H_2SO_4(\text{浓}) = NaHSO_4 + HNO_3\uparrow$$

硝酸是一种重要的化工产品。它是制造染料、炸药、塑料、硝酸盐和许多产品的重要原料。硝酸也是一种重要的化学试剂。

五、硝酸盐

硝酸盐是无色晶体。所有的硝酸盐都极易溶于水。

硝酸盐受热易分解，不同金属的硝酸盐加热分解产物不同，产物与成盐金属的活泼性有关。

[演示实验 8-1-5] 在试管中加热硝酸钾晶体，待其熔化后，放入一小块木炭，可见木炭在试管内燃烧，产生明亮的火焰，同时产生大量的白烟。

$$2KNO_3 \xlongequal{\triangle} 2KNO_2 + O_2\uparrow$$

在金属活动性顺序里，镁前面的活泼金属的硝酸盐，受热分解放出氧气，并生成亚硝酸盐。

$$2NaNO_3 \xlongequal{\triangle} 2NaNO_2 + O_2\uparrow$$

位于镁、铜（包括镁和铜）之间的金属的硝酸盐，加热分解生成金属氧化物，放出二氧化氮和氧气。

$$2Cu(NO_3)_2 \xlongequal{\triangle} 2CuO + 4NO_2\uparrow + O_2\uparrow$$

活泼性在铜以后的金属的硝酸盐，加热分解生成金属单质，放出二氧化氮和氧气。

$$2AgNO_3 \xlongequal{\triangle} 2Ag + 2NO_2\uparrow + O_2\uparrow$$

从这些反应可以看出，硝酸盐热分解都放出氧气，所以许多硝酸盐在高温时都是供氧剂，若与可燃物混合，一经点燃，会迅速燃烧甚至爆炸。基于这种性质，硝酸盐在烟火工业中获得了广泛应用。我国唐朝时期发明的黑火药就是用硝酸钾、硫黄、木炭粉末混合而制得的。黑火药的爆炸反应很复杂，主要反应可用下式表示：

$$2KNO_3 + S + 3C \xlongequal{} K_2S + N_2\uparrow + 3CO_2\uparrow$$

小知识

亚硝酸盐

亚硝酸盐（如 $NaNO_2$、KNO_2 等）用于印染、漂白等行业，广泛用作防锈剂，也是建筑上常用的一种混凝土掺加剂。

在一些食品（如香肠、腊肉等）中，常加入少量亚硝酸盐作为防腐剂和增色剂，能起到防腐作用且使肉的色泽鲜艳。但食品中亚硝酸盐的含量有严格的限制，因为亚硝酸盐是一种潜在的致癌物质，过量或长期食用对人身体会造成危害。

亚硝酸钠是一种无色或淡黄色晶体，有咸味。外观类似食盐，是一种工业用盐，如果误食亚硝酸钠或含有过量亚硝酸钠的食物，就会中毒，表现为口唇、指甲、皮肤发紫，头晕、呕吐、腹泻等症状，严重时可使人因缺氧而死亡。腐烂的蔬菜中也含有亚硝酸钠，不能食用。

任务拓展

查阅资料，改进浓硝酸和铜反应的实验装置，尽量减少或避免 NO_2 气体进入大气。

任务评价

表 8－1－2　任务评价表

评价项目	评价要素
实验操作	会安装制取氨的实验装置，用正确的方法收集氨，试剂取用和滴加等符合实验操作规范
任务检测	实验现象记录完整、解释合理，反应方程式书写正确
结束工作	实验台台面清洁，仪器洗涤干净并放置整齐，规定时间内完成任务
安全与环保	安全取用浓硝酸，产生有毒气体的实验在通风橱内进行，将废液倒入指定的废液桶等

任务二　认识磷酸盐

任务描述

通过化学实验操作、观察实验现象，了解三种不同形式的磷酸盐的物理性质和化学性质。

任务目标

- 知道磷酸钠、磷酸氢钠和磷酸二氢钠三种磷酸盐水溶液的酸碱性；
- 了解磷酸钠、磷酸氢钠和磷酸二氢钠三种磷酸盐和酸、碱、盐发生复分解反应时生成什么产物；
- 会鉴别磷酸根离子（PO_4^{3-}）。

任务分析

自然界中单质磷很少，大多以磷酸盐形式存在，磷酸是三元中强酸，磷酸盐有三种形式，包括一种正盐和两种酸式盐。例如，其钠盐包括磷酸钠、磷酸氢钠和磷酸二氢钠三种。我们主要探讨这三种盐的性质特点。

任务实施

一、任务准备

1. 仪器和药品

仪器：试管、胶头滴管。

药品：Na_3PO_4（0.1 mol/L）、Na_2HPO_4（0.1 mol/L）、NaH_2PO_4（0.1 mol/L）、$CaCl_2$（0.1 mol/L）、$NH_3 \cdot H_2O$(6 mol/L)、盐酸(2 mol/L)、$AgNO_3$(0.1 mol/L)、HNO_3(3 mol/L)、pH 试纸。

2. 安全和环保

废液桶、废纸桶。

二、任务过程

1. 磷酸盐的酸碱性

用 pH 试纸分别检验 0.1 mol/L 的 Na_3PO_4、0.1 mol/L 的 Na_2HPO_4、0.1 mol/L 的 NaH_2PO_4 溶液的酸碱性。

检验结果：______________、__________________、________________。

2. 磷酸盐和氯化钙的反应

（1）在 3 支试管中，分别加入 2 mL 0.1 mol/L 的 Na_3PO_4、Na_2HPO_4、NaH_2PO_4 溶液，再各加入 1 mL 0.1 mol/L $CaCl_2$ 溶液，观察有无沉淀产生。

实验现象：______________________________；

反应方程式：______________________________。

（2）向没有沉淀的试管中滴加 6 mol/L 的 $NH_3 \cdot H_2O$，观察有无沉淀产生。

实验现象：______________________________；

反应方程式：______________________________。

（3）向 3 支试管中滴加 2 mol/L 的盐酸，振荡，观察现象。

实验现象：______________________________；

反应方程式：______________________________。

3. 磷酸根离子的检验

在 3 支试管中，分别加入 1 mL 0.1 mol/L 的 Na_3PO_4、Na_2HPO_4、NaH_2PO_4 溶液，然后在每支试管中滴加 0.1 mol/L $AgNO_3$ 溶液，观察沉淀的产生和沉淀的颜色。再滴加 3 mol/L 的 HNO_3 溶液，观察沉淀的溶解。

实验现象：______________________________；

反应方程式：______________________。

三、任务检测

1．实验现象：实事求是，记录完整。

2．化学反应方程式书写正确。

3．现有 NaCl、$NaNO_3$、Na_2SO_4、Na_3PO_4 四种颜色相近的钠盐，设计方法，然后通过实验将它们鉴别出来。

相关知识

磷及其化合物

磷占地壳总质量的0.118%。由于磷容易被氧化，所以在自然界中没有游离态的磷存在。磷主要以磷酸盐的形式存在于磷矿中。自然界中重要的磷矿石有磷灰石和羟磷灰石，它们的主要成分是磷酸钙［$Ca_3(PO_4)_2$］，但在磷灰石中还含有 CaF_2 和 $CaCl_2$。此外，磷还存在于细胞、蛋白质、动物的骨骼及牙齿中。

一、磷

白磷和红磷都是由磷元素形成的单质。把一种元素形成几种单质的现象叫作同素异形现象。由同一种元素形成的多种单质，叫作这种元素的同素异形体。磷有多种同素异形体，最常见的是白磷和红磷。

1．磷的物理性质

纯净的白磷是一种无色透明的蜡状固体，遇光变为黄色，所以又叫黄磷。白磷和红磷虽然都是由P元素组成的，但其性质差异较大，见表8－2－1。

表8－2－1　白磷和红磷性质的比较

白　磷	红　磷
白色或黄色透明蜡状固体，质软	暗红色固体
化学性质活泼	比较稳定
在空气中自燃（燃点40 ℃）	加热至240 ℃才能燃烧
暗处发光	不发光
需保存在水中	一般密闭保存
易溶于 CS_2	不溶于 CS_2
剧毒（口服0.1 g即可致死）	无毒
磷蒸气迅速冷却得白磷	白磷在高温下缓慢转化为红磷
价格较低	价格较高

白磷和红磷可以互相转变，把白磷隔绝空气加热到 260 ℃，就会转变成红磷。红磷加热到 416 ℃时就升华，它的蒸气冷却后变成白磷。同素异形体之间的相互转化属于化学变化。

2. 磷的化学性质

磷的化学性质活泼，白磷比红磷更活泼。磷容易与氧气、卤素及许多金属起反应。

[演示实验 8-2-1] 把一块铁片水平地夹在铁架台上，将少量的白磷和红磷隔开相当的距离放在铁片上，然后在红磷下面加热，观察哪一种磷先着火燃烧。

可以看到，白磷远比红磷容易燃烧。因为白磷的着火点（40 ℃）比红磷的着火点（240 ℃）低很多。白磷受到轻微的摩擦或加热到 40 ℃，就会发生燃烧现象。因此白磷必须贮存在密闭容器里，少量的白磷可以保存在水中以隔绝空气。白磷和红磷的着火点虽然不同，但在空气中燃烧后都生成五氧化二磷。

$$4P + 5O_2 \xlongequal{\text{点燃}} 2P_2O_5$$

白磷在空气中，即使在常温下，也会缓慢地氧化，反应产生的部分能量以光的形式放出，所以在暗处可以看到白磷发光，称为“磷光”。白磷在空气中缓慢氧化，当表面上积聚的热量达到它的着火点时，便可发生自燃。

[演示实验 8-2-2] 在试管中注入 3 mL 二硫化碳，在水中切取一小块白磷，加入试管中，振荡，观察白磷的溶解情况。待白磷溶解后，在铁架台的铁夹上夹上一长条滤纸，用滴管小心地向滤纸条上滴入该溶液，使整个滤纸条润湿（为了防止磷的二硫化碳溶液滴落在实验台面，可在下面放一蒸发皿），观察滤纸的变化。

可以看到，首先白磷在二硫化碳中逐渐溶解；然后放在空气中的滤纸条很快变干，变干部分有白烟产生；稍等片刻，滤纸燃烧，这是白磷发生氧化反应放出热量，使温度升高达到它的着火点，白磷自燃，从而引起滤纸的燃烧。所以，白磷是危险药品，保存和使用时要注意安全，谨防着火和灼伤。白磷和红磷在性质上的差别，主要是由于它们的结构不同。

磷能和一些金属反应，生成金属磷化物。例如，$3Zn + 2P \xlongequal{} Zn_3P_2$，所生成的磷化锌是一种有效的杀鼠剂。

磷还能与卤素等非金属反应，生成 +3 价和 +5 价的化合物。例如，磷在不充足的氯气中燃烧生成三氯化磷，在过量的氯气中燃烧生成五氯化磷。

$$2P + 3Cl_2 \xlongequal[\text{氯气不足}]{\text{点燃}} 2PCl_3$$

$$2P + 5Cl_2 \xlongequal[\text{氯气充足}]{\text{点燃}} 2PCl_5$$

3. 磷的用途

白磷主要用于制造高纯度的磷酸、三氯氧磷（$POCl_3$）和有机磷农药；火柴盒侧面所涂的物质是红磷与三硫化二锑等的混合物。

二、五氧化二磷

磷的氧化物中最重要的是五氧化二磷（P_2O_5）。它是白色雪花状晶体，极易与水化合发生剧烈反应，同时放出大量的热，随着反应条件的不同，可生成偏磷酸（HPO_3）或磷酸（H_3PO_4）。

$$P_2O_5 + H_2O = 2HPO_3$$

$$P_2O_5 + 3H_2O \xlongequal{\text{热水}} 2H_3PO_4$$

五氧化二磷有强烈的吸水性，极易吸收空气中的水分，甚至能从其他化合物（如硫酸、硝酸、有机物等）中按 H_2O 分子中氢、氧原子比夺取水。因此，五氧化二磷是一种很强的干燥剂和脱水剂。从表 8－2－2 所列数据可以看出五氧化二磷的干燥效果在几种常用干燥剂中是最好的。

表 8－2－2　几种常用干燥剂的干燥效果

干燥剂	P_4O_{10}	KOH	H_2SO_4	NaOH	$CaCl_2$	$ZnCl_2$	$CuSO_4$
水蒸气含量（5 ℃）/ $g \cdot m^{-3}$	1.0×10^{-5}	2.0×10^{-3}	3.0×10^{-3}	0.16	0.34	0.8	1.4

三、磷酸

市售磷酸是无色透明的黏稠液体，质量分数约为 83%，密度为 1.3 g/cm³。当 H_3PO_4 含量达 88% 以上时，在常温下即凝结为固体。纯磷酸是无色透明的晶体，熔点为 42 ℃，具有吸湿性，极易溶于水，与水能以任何比例混溶。

磷酸无毒（偏磷酸有毒），比硝酸稳定，不易分解。它是一种不易挥发的中等强酸，具有酸的通性。

工业上一般以磷灰石为原料，用 76% 左右的 H_2SO_4 进行复分解反应制取磷酸。

$$Ca_3(PO_4)_2 + 3H_2SO_4 \xlongequal{\triangle} 2H_3PO_4 + 3CaSO_4 \downarrow$$

滤去微溶的硫酸钙沉淀，所得滤液就是磷酸溶液。

四、磷酸盐

磷酸盐可分为磷酸盐（正盐）、磷酸氢盐和磷酸二氢盐（酸式盐）三种类型。

磷酸盐：Na_3PO_4、$Ca_3(PO_4)_2$、$(NH_4)_3PO_4$ 等。

磷酸氢盐：Na_2HPO_4、$CaHPO_4$、$(NH_4)_2HPO_4$ 等。

磷酸二氢盐：NaH_2PO_4、$Ca(H_2PO_4)_2$、$NH_4H_2PO_4$ 等。

所有的磷酸二氢盐都易溶于水。磷酸氢盐和磷酸盐，除钾、钠和铵盐外，几乎都不溶于水。农作物所能直接吸收利用的只是可溶性磷酸盐。因此，化学工业制造磷肥的目的，就是加工磷矿石，使难溶于水的磷矿石转化为较易溶于水（或弱酸）的酸式磷酸盐。例如，使磷酸钙转化为磷酸二氢钙，以利于农作物吸收。常用的磷肥是过磷酸钙，它是由磷灰石和适量的硫酸反应而制得的。

$$Ca_3(PO_4)_2 + 2H_2SO_4 \xlongequal{\triangle} Ca(H_2PO_4)_2 + 2CaSO_4$$

过磷酸钙（简称普钙）是磷酸二氢钙和硫酸钙的混合物，它的有效成分是磷酸二氢钙。如果用磷酸代替硫酸与磷矿粉起反应，可以制得重过磷酸钙（简称重钙）。

$$Ca_3(PO_4)_2 + 4H_3PO_4 = 3Ca(H_2PO_4)_2$$

重钙不含硫酸钙，所以肥效比普钙高。普钙和重钙最好和农家肥料混合后施用。

在磷酸盐溶液中加入硝酸银溶液，有黄色磷酸银沉淀产生，再加入稀硝酸，黄色沉淀溶解。用此法可以检验可溶性磷酸盐。

$$Na_3PO_4 + 3AgNO_3 = 3NaNO_3 + Ag_3PO_4\downarrow$$

$$Ag_3PO_4 + 3HNO_3 = 3AgNO_3 + H_3PO_4$$

$$Ag_3PO_4 + 3H^+ = 3Ag^+ + H_3PO_4$$

由于可溶性磷酸盐在溶液中可解离出磷酸根离子（PO_4^{3-}），所以上述方法可用于在中性或微碱性溶液中检验磷酸根离子的存在。

磷酸钠因其水溶液呈较强的碱性，故可用作洗涤剂。$Na_2H_2PO_4$ 溶液显弱碱性，Na_2HPO_4 溶液显弱酸性。

在工农业生产和日常生活中，磷酸盐有着广泛的用途。磷酸盐中有70%用作磷肥，其中最主要的是钙盐和铵盐，KH_2PO_4 是重要的磷钾肥。Na_3PO_4常用作锅炉除垢剂、金属防护剂、织物丝光增强剂，以及洗衣粉的添加剂。检测表明，造成江河湖水富营养化的磷污染的主要来源是流失的磷肥和生活污水中的含磷洗涤剂，推广使用无磷洗涤剂是减少磷污染的有效措施。

任务评价

表8-2-3　任务评价表

评价项目	评价要素
实验操作	试剂取用和滴加等符合实验操作规范
实验原理	实验现象记录完整、解释合理，反应方程式书写正确
任务检测	方法、结果正确
结束工作	实验台台面清洁，仪器洗涤干净并放置整齐，规定时间内完成任务
安全与环保	将废液倒入指定的废液桶，废纸放入废纸桶等

任务三 阅读材料——其他非金属元素及其化合物

一、硅

硅在地壳中的含量很大，约占地壳总质量的26.3%，在所有元素中居第二位，仅次于氧。游离态的硅在自然界里不存在，化合态的硅几乎全部是二氧化硅和硅酸盐，它们广泛存在于地壳的各种矿物和岩石里。硅是构成矿物和岩石的主要元素。

1. 硅的物理性质

硅有无定形硅和晶体硅两种同素异形体。晶体硅是灰黑色、有金属光泽、硬而脆的固体，具有和金刚石相似的正四面体结构，是原子晶体，所以它的硬度较大，熔点和沸点较高。硅的导电性能界于金属和绝缘体之间，具有半导体的性质。无定形硅是一种灰黑色的粉末。

2. 硅的化学性质

硅的化学性质不活泼。在常温下，硅能与氟气、氢氟酸和强碱溶液起反应，与其他物质，如氧气、氯气、硝酸、硫酸等均不发生反应。但在高温条件下，硅也能与一些非金属起反应。例如，研细后，加强热，硅就燃烧生成二氧化硅，同时放出大量的热。

$$Si + O_2 \xlongequal{\triangle} SiO_2$$

3. 硅的制法和用途

工业上，硅是在电炉里用碳还原二氧化硅而制得的。

$$SiO_2 + 2C \xlongequal{高温} Si + 2CO\uparrow$$

这样制得的硅是含有少量杂质的粗硅，经提纯后，就可制得高纯度的硅。

硅是良好的半导体材料，高纯度的硅在电子工业上可用来制造半导体器件，如整流器、晶体管和集成电路等。硅还可以用来制造合金。硅铁可以用作炼钢时的脱氧剂。含硅4%的钢有导磁性，可用来制造变压器的铁芯。含硅15%左右的钢有耐酸性，可用来制造耐酸设备。有机硅化合物耐高温、耐腐蚀、有弹性，是特殊的润滑和密封材料，用于尖端科学和国防工业。

二、硅的重要化合物

1. 二氧化硅（SiO_2）

二氧化硅是一种坚硬难熔的固体，广泛分布于自然界里，构成多种矿物和岩石，通常称为硅石。从地面往下 16 km 几乎有 65% 为二氧化硅的矿石。天然的二氧化硅分为晶体和无定形两大类。

石英是天然存在的二氧化硅晶体。无色透明的纯石英叫作水晶；有色（含微量杂质）而透明的石英根据颜色的不同，分别称为紫水晶、墨晶、茶晶、玛瑙等。普通的砂粒是细小的石英颗粒，常因含有铁的氧化物而带黄色，称为黄沙；较纯的砂近于白色，称为石英。

硅藻土是自然界中存在的一种无定形二氧化硅，它是死去的硅藻及其他微小生物的遗体经沉积胶结而形成的多孔、质轻、松软的固体物质，表面积很大，吸附能力很强。

二氧化硅晶体和二氧化碳晶体在物理性质上有很大差别，这是由它们的结构决定的。二氧化碳是由分子构成的物质，固态时形成的是分子晶体（干冰），分子间以微弱的范德华力相结合，所以，二氧化碳在通常状况下是气体，干冰的熔点很低。二氧化硅不是由单个的“SiO_2”分子所构成的分子晶体，它是由硅原子和氧原子通过共价键结合而成的具有空间网状结构的原子晶体，每个硅原子以 4 个共价键与 4 个氧原子相结合，同时每个氧原子以两个共价键与两个硅原子相结合，其中硅原子和氧原子的个数比为 1∶2，因此“SiO_2”是二氧化硅晶体的化学式，习惯上也叫分子式。由于二氧化硅晶体里 Si—O 键的键能很高（369 kJ/mol），并形成了一种立体网状的原子晶体，所以要使它熔融，就要破坏二氧化硅的晶体，需要消耗较多的能量，因此二氧化硅的熔点很高，硬度很大。

由于二氧化硅晶体里 Si—O 键的键能很高，因而它的化学性质很稳定，不能与酸（氢氟酸除外）发生反应。

二氧化硅是酸性氧化物，但不溶于水，不能与水起反应生成相应的硅酸。它能与碱性氧化物和强碱起反应生成硅酸盐。

$$SiO_2 + CaO \xlongequal{高温} CaSiO_3$$

$$SiO_2 + 2NaOH = Na_2SiO_3 + H_2O$$

玻璃的成分里含有二氧化硅，因而它能被碱溶液腐蚀，所以实验室里长期存放碱溶液的试剂瓶不能用玻璃塞，而必须用橡皮塞，否则反应生成的硅酸钠会使玻璃塞与瓶口黏结在一起。

二氧化硅在高温下还能与某些盐类起反应。

$$SiO_2 + Na_2CO_3 \xlongequal{高温} Na_2SiO_3 + CO_2\uparrow$$

$$SiO_2 + CaCO_3 \xlongequal{高温} CaSiO_3 + CO_2\uparrow$$

二氧化硅的用途很广。水晶可用于制造电子工业的重要部件、光学仪器、石英钟表、工艺品等。较纯净的石英，可用来制造石英玻璃。石英玻璃的热膨胀系数小，可以耐受温度的剧变，灼热后立即投入水中也不至于破裂；耐酸性能好（HF 除外），可用于制造耐高温的化学仪器。又因石英玻璃能透过紫外线，可用于制造医学和矿井中用的水银石英灯和其他光学仪器。二氧化硅是制造光导纤维的重要原料，光导纤维用在光导通信中。石英砂常用作制玻璃的原料、耐火材料等。普通的沙子是建筑上不可缺少的材料。硅藻土是工业上常用的吸附剂，用于液体的过滤和脱色，用作催化剂的载体，还是建筑工程上常用的绝热隔声材料。

二氧化硅有着重要的用途，但有时也会对人体造成危害。人如果长期吸入含有二氧化硅的粉尘，就会患肺尘埃沉着病（旧称矽肺，因为硅旧称为矽而得名）。长期在二氧化硅粉尘含量高的地方（如采矿、翻砂、喷砂、制陶瓷、制耐火材料等场所）工作的人易患此种职业病。因此在这些场所应采取严格的劳动保护措施，采用多种技术和设备控制工作场所的粉尘含量，来保证工作人员的身体健康。

2. 硅酸（H_2SiO_3）

硅酸有多种，有偏硅酸（H_2SiO_3）、正硅酸（H_4SiO_4）等，其中常见的是偏硅酸（习惯上称为硅酸）。它不能用二氧化硅与水直接作用制得，可用可溶性硅酸盐与盐酸反应来制取。

$$Na_2SiO_3 + 2HCl = H_2SiO_3\downarrow + 2NaCl$$

硅酸是不溶于水的胶状沉淀，也是一种弱酸，其酸性比碳酸还弱。它经过加热脱去大部分水而变成无色稍透明、具有网状多孔的固态胶体，工业上称为硅胶，它有较强的吸附能力，所以常用来作干燥剂。通常使用的是一种变色硅胶，它是将无色硅胶用二氯化钴（$CoCl_2$）溶液浸泡，干燥后制得。因无水 $CoCl_2$ 为蓝色，水合的 $CoCl_2 \cdot 6H_2O$ 显红色，因此根据颜色的变化，可以判断硅胶吸水的程度。另外，硅胶还用作吸附剂及催化剂的载体。

3. 硅酸盐

各种硅酸（如正硅酸、硅酸等）所对应的盐，统称硅酸盐。硅酸盐种类很多，结构也很复杂，它是构成地壳岩石的主要成分（地壳的95%为硅酸盐矿），也是陨石和月球岩石的主要成分。

硅酸盐的组成复杂，常用二氧化硅和金属氧化物的形式来表示硅酸盐的组成。例如，硅酸钠 Na_2SiO_3 或 $Na_2O \cdot SiO_2$、镁橄榄石 Mg_2SiO_4 或 $2MgO \cdot SiO_2$、高岭石 $Al_2Si_2O_5(OH)_4$ 或 $Al_2O_3 \cdot 2SiO_2 \cdot 2H_2O$、石棉 $CaMg_3(SiO_3)_4$ 或 $CaO \cdot 3MgO \cdot 4SiO_2$。

除了碱金属的硅酸盐能溶于水外，其他硅酸盐都难溶于水。在可溶性硅酸盐中，最常见的是硅酸钠，它的水溶液俗名水玻璃，又称泡花碱。水玻璃是无色黏稠的液体，有一定的黏结力，是一种矿物胶，可用作黏结剂。水玻璃既不能燃烧又不受腐蚀，常用作木材、织物等的防火、防腐处理，浸过水玻璃的木材、织物具有耐火性质，把水玻璃涂在蛋壳上，可使鸡蛋保鲜。

三、硅酸盐工业简述

以含硅物质为原料，经过加工制成硅酸盐产品的工业叫作硅酸盐工业。例如，制造水泥、玻璃、陶瓷、砖瓦、耐火材料等产品的工业都是硅酸盐工业。它在国民经济和人民生活中都占有重要的地位。

1. 水泥

制造水泥的主要原料是石灰石、黏土和其他辅助原料。生产水泥时，将原料按一定比例混合，然后送进球磨机中进行粉碎、磨细制成生料。把生料装入水泥窑中煅烧，高温下窑内生料发生复杂的物理、化学变化，冷却后成为硬块，叫作熟料。再加入适量的石膏（调节水泥的硬化速度），放入球磨机中磨成细粉，就制得了水泥，这种水泥叫作普通硅酸盐水泥。它的主要化学成分有：硅酸三钙 $3CaO \cdot SiO_2$、硅酸二钙 $2CaO \cdot SiO_2$、铝酸三钙 $3CaO \cdot Al_2O_3$。

水泥实际上是硅酸三钙、硅酸二钙及铝酸三钙等成分的混合物。水泥的组成和结晶形态的不同直接影响到它的各种主要性能。

水泥的重要性质就是具有水硬性。水泥与水拌和后发生反应，生成不同的水合物，同时放出一定的热量。经过一段时间后，生成的水合物逐步转化为胶状物，胶状物逐渐变稠，开始失去流动性和塑性，水泥开始凝聚，最后，部分胶状物转变为晶体，使胶状物和晶体交错地结合起来，成为强度很大的固体，这个过程叫作水泥的硬化。不论在空气中还是在水中都能硬化，硬化后对砖、瓦、砂石和钢筋有很强的黏结力，不受水浸，非常坚固。所以，它不仅是一般的建筑材料，而且是水下工程必不可少的建筑材料。

在硅酸盐水泥熟料里，掺入适当比例的混合材料，可制成各种水泥。例如，在硅酸盐水泥熟料里加入一定量的高炉矿渣（主要成分为 $CaSiO_3$）制得矿渣硅酸盐水泥，在水泥熟料里掺入一定量的沸石岩制成沸石岩水泥等。这样能改善水泥的性能，扩大水泥的使用范围。

水泥、沙子和碎石按一定比例的混合物硬化后，叫作混凝土，常用于建筑桥梁、厂房等巨大建筑物。由于水泥的热膨胀冷收缩性能和铁几乎一样，所以用混凝土建造建筑物时常用钢筋做结构，能使建筑物更加坚固。这种以钢筋为骨干的混凝土叫作钢筋混凝土。钢筋混凝土是非常坚固的建筑材料。另外，水泥、沙子和水的混合物叫作水泥砂浆，在建筑上用作黏结剂，能把砖、石等黏结起来。

2. 玻璃

玻璃是一种透明的非晶体物质，称为玻璃态物质。它没有固定的熔点，只有软化的温度范围。玻璃的种类很多，有普通玻璃（钠玻璃）、钾玻璃、铅玻璃、硼酸盐玻璃（硅硼玻璃）等。

制造普通玻璃的主要原料是纯碱（Na_2CO_3）、石灰石（$CaCO_3$）和石英（SiO_2）。生产玻璃时，将原料粉碎，按一定比例混合以后，放入玻璃熔炉里，加强热，原料熔融后发生了比较复杂的物理、化学变化，其主要反应如下：

$$Na_2CO_3 + SiO_2 \xlongequal{高温} Na_2SiO_3 + CO_2 \uparrow$$

$$CaCO_3 + SiO_2 \xlongequal{高温} CaSiO_3 + CO_2 \uparrow$$

生成的 Na_2SiO_3、$CaSiO_3$ 和过量的 SiO_2 形成的共熔体是黏稠的液体，冷却后即得普通玻璃。玻璃在某一温度范围内，随着温度的升高而逐渐软化变成黏稠的液体，在软化状态时，可以制成各种形状的制品。

如果用碳酸钾（K_2CO_3）代替碳酸钠，就可制得比较能耐高温的钾玻璃，可用于制作普通化学仪器。

如果用氧化铅（PbO）代替碳酸钙（$CaCO_3$）就可制得折光率较强的铅玻璃，常用于制作光学仪器等。

如果在玻璃的原料里加硼砂（$Na_2B_4O_7 \cdot 10H_2O$），就可制得硼酸盐玻璃（硅硼玻璃）。这种玻璃的膨胀系数小，能够耐骤冷、骤热，化学稳定性好，能耐酸碱的腐蚀，可用于制造高级化学仪器。

熔制玻璃时，在原料里加入某些金属氧化物，金属氧化物均匀地分散到玻璃态的物质里，使玻璃呈现出特征颜色，即制得有色玻璃。例如，加入氧化钴（Co_2O_3）后玻璃呈蓝色，加入氧化亚铜（Cu_2O）后呈红色，加入二氧化锰后呈紫色，加入氧化锡（SnO_2）和氟化钙（CaF_2）呈乳白色。普通玻璃常带浅绿色，这是因为原料中混有二价铁的化合物。

将普通玻璃放入电炉里加热，使它软化，然后急剧冷却，可制得钢化玻璃。钢化玻璃具有坚韧的性能，它的机械强度比普通玻璃大 4 ~ 6 倍，不易破碎，若破碎也没有尖锐的棱角，不易伤人。钢化玻璃可用来制作汽车、火车的窗玻璃及化工设备。

把玻璃熔体压过极细的孔，即制得玻璃纤维。它不导电，不传声，不燃烧，不易被腐蚀，同时还具有很大抗张能力，因此可作隔声、隔热、电气绝缘材料等。

3. 陶瓷

制造陶瓷器的主要原料是黏土。手工制造陶瓷器的过程，一般是把黏土、长石（$K_2Al_2Si_6O_{16}$）和石英研成细粉，按适当比例混合，用水调和均匀，做成制品的坯型，干燥后入窑烧结，在高温（1 200 ℃）下煅烧（发生复杂的物理化学变化）成素瓷（表面较粗糙，且有不同程度渗透性）。素瓷经上釉，再入窑加热到 1 400 ℃左右，控制适当保温时间，冷却后就得到传统陶瓷制品。随着科学技术的发展，生产陶瓷已实现了工业自动化。在中国的一些大型陶瓷厂，能够利用先进的陶瓷生产线，生产出非常优良的陶瓷产品。陶瓷的组成复杂，以氧化物为主。

陶瓷的种类很多，根据原料和烧制温度的不同，可分为土器（如砖、瓦等）、陶器、炻器（介于陶器和瓷器之间的一种陶瓷制品，如水缸、砂锅等）、瓷器等。

陶瓷具有抗氧化、抗酸碱腐蚀、耐高温、绝缘、易成型等优点，广泛应用于生活和生产中，如建筑中的砖、瓦，电器中的绝缘瓷，化学实验中的坩埚、蒸发皿，日常生活的部分餐具等都是陶瓷制品。

陶瓷在中国有悠久的历史，我们的祖先在新石器时代已能制造陶器，到唐宋时期，制造水平已很高（如唐朝的“三彩”、宋朝的“钧瓷”闻名于世，流传至今）。陶瓷制品一直为人们所喜爱。中国陶都宜兴的陶器、景德镇的瓷器已达到美如玉、薄如纸的境界，在世界上享有盛誉。

单元小结

氮族元素是元素周期表中第ⅤA族的元素，包括氮（N）、磷（P）、砷（As）、锑（Sb）、铋（Bi）五种元素。它们原子核外最外层都有5个电子，它们的非金属性比同周期的氧族元素和卤素都弱，从氮到铋，元素的非金属性逐渐减弱，而金属性逐渐增强。

一、氮及其化合物

1. 氮气的性质特点

氮分子结构比较稳定，在常温下很不活泼，工业生产中作为惰性气体使用。但在特定条件下，也能和氢气、氧气、金属等起反应。

2. 氨水

氨易溶于水，氨的水溶液叫作氨水，呈弱碱性。

$$NH_3 + H_2O \rightleftharpoons NH_3 \cdot H_2O \rightleftharpoons NH_4^+ + OH^-$$

（1）氨与酸反应生成铵盐。

（2）铵盐与碱反应，加热条件下放出氨，实验室常用此反应制取氨。氨能使湿润的红色石蕊试纸变蓝，可用于检验 NH_4^+ 的存在。

3. 硝酸和硝酸盐

纯硝酸是无色液体，易挥发，是强酸。除具有酸的通性外，还具有不稳定性和强氧化性。

硝酸是强氧化剂，几乎能与所有金属（除Au、Pt等外）、非金属发生氧化还原反应。

硝酸盐是无色晶体，易溶于水。固态硝酸盐不稳定，加热易分解。不同金属的硝酸盐加热分解的产物不同。

硝酸盐	K Ca Na	Mg Al Zn Fe Sn Pb （H） Cu	Hg Ag Pt Au
分解产物	亚硝酸盐 + O_2	金属氧化物 + NO_2 + O_2	金属 + NO_2 + O_2

二、磷及其化合物

1．磷

磷的化学性质活泼，白磷比红磷更活泼。磷容易与氧气、卤素及许多金属起反应。白磷能自燃。

2．五氧化二磷

五氧化二磷是一种很强的干燥剂和脱水剂。

3．磷酸和磷酸盐

磷酸是一种不易挥发的中等强酸，具有酸类的一切通性。

磷酸盐可分为磷酸盐（正盐）、磷酸氢盐和磷酸二氢盐（酸式盐）三种类型。所有的磷酸二氢盐都易溶于水。

在磷酸盐溶液中加入硝酸银溶液，有黄色沉淀产生，再加入稀硝酸，黄色沉淀溶解。用此法可以检验可溶性磷酸盐。

综合测试

一、填空题

1．氮族元素位于周期表中第____族，原子核外最外电子层都有____个电子。如果用R表示氮族元素，其最高氧化物的分子式为____________，气态氢化物的分子式为________。氮族元素的非金属性从上到下逐渐________，其非金属性比同周期的氧族元素和卤素________。

2．完成下列转化的化学方程式。

$$N_2 \xrightarrow{(1)} NO \xrightarrow{(2)} NO_2 \begin{cases} \xrightarrow{(3)} N_2O_4 \\ \xrightarrow{(4)} HNO_3 \end{cases}$$

（1）____；

（2）____；

（3）____；

（4）____。

3．将空气中游离的氮转变为氮的化合物的过程，叫作____________，只有这样，氮元素才能被农作物____________，____________是常用的人工固氮方法。

4．依次写出下列变化的化学方程式，并注明反应发生的条件。

$$N_2 \xrightarrow{(1)} NH_3 \xrightarrow{(2)} NO \xrightarrow{(3)} NO_2 \xrightarrow{(4)} HNO_3 \xrightarrow{(5)} NH_4NO_3$$

(1) ____;

(2) ____;

(3) ____;

(4) ____;

(5) ____。

5. 有一种白色晶体 A，它与碱共热时放出一种无色气体 B，B 可使湿润的红色石蕊试纸变蓝；A 和浓硫酸共热时，放出一种无色有刺激性气味的气体 C，C 溶于水，其溶液中滴入 $AgNO_3$ 溶液产生白色沉淀 D，D 不溶于稀硝酸，C 和 B 相遇会产生白烟 E，E 溶于水，其溶液中滴入 $AgNO_3$ 溶液也生成 D。试推断五种物质的分子式：A 是__________，B 是__________，C 是__________，D 是__________，E 是__________。

6. 磷的同素异形体有____________，其中______有毒，易溶于__________，着火点是____________，在空气中缓慢氧化可发生__________，应保存在____________。

7. 白磷和红磷燃烧后都生成____________，燃烧时在空气中产生____________，这就是_______悬浮在空气中形成的，该物质是_______的酸酐，溶于冷水生成_______，溶于热水生成_______，其中__________有毒。

8. 写出下列物质依次变化的化学方程式：

$$P \xrightarrow{(1)} P_2O_5 \xrightarrow{(2)} H_3PO_4 \xrightarrow{(3)} Ca_3(PO_4)_2 \xrightarrow{(4)} Ca(H_2PO_4)_2$$

(1) ____;

(2) ____;

(3) ____;

(4) ____;

二、**判断题**（下列说法正确的在题后括号内画“√”，错误的画“×”）

1. 氮只有 NO 和 NO_2 两种氧化物。（　）

2. 工业上通常是以空气为原料，采用液态空气分馏的方法制取氮气，这是一个化学变化过程。（　）

3. N_2 既不能燃烧，也不支持燃烧，因此带火星的木条在 N_2 中会熄灭。（　）

4. 氯化铵受热分解生成的气体遇冷仍变成氯化铵，所以氯化铵和碘都具有升华的特性。（　）

5. 把湿润的红色石蕊试纸放在收集氨的试管口，若试纸变蓝色，证明氨已经收集满。（　）

6. 实验室制取硝酸，可以用硝酸钠与浓硫酸反应，但不能用硝酸钠与浓盐酸反应。（　　）

7. 硝酸应盛在棕色试剂瓶中，贮放在黑暗的地方，冷的浓硝酸可盛放在铝制容器中。（　　）

8. 王水是浓硝酸和浓硫酸的混合物，它们的物质的量之比是1∶3。（　　）

三、选择题（每小题只有一个正确答案，将正确答案的序号填在题后括号内）

1. 下列气态氢化物最稳定的是（　　）。

A. PH_3　　B. AsH_3　　C. SbH_3　　D. NH_3

2. 下列含氧酸酸性最弱的是（　　）。

A. H_2SiO_3　　B. H_3PO_4　　C. H_2SO_4　　D. $HClO_4$

3. 下列气体为红棕色并有刺激性气味的是（　　）。

A. N_2　　B. NO　　C. N_2O_4　　D. NO_2

4. 下列磷酸盐分子式错误的是（　　）。

A. $Ca_3(PO_4)_2$　　B. NaH_2PO_4　　C. $(NH_4)_2HPO_4$　　D. $Ca(HPO_4)_2$

5. 下列无色气体遇氧气立即变成红棕色的是（　　）。

A. N_2O_4　　B. N_2　　C. NO　　D. NO_2

6. 下列化合物中N元素的化合价是+5价的是（　　）。

A. NH_4Cl　　B. KNO_3　　C. NH_3　　D. $(NH_4)_2SO_4$

7. 氨能用来表演喷泉实验，这是因为它（　　）。

A. 比空气轻　　B. 是弱碱

C. 极易溶于水　　D. 在空气里不燃烧

8. 工业硝酸常带有棕色，因为它（　　）。

A. 没有提纯　　B. 含有溶解的 NO_2　　C. 含有溶解的 NO　　D. 含有 N_2O_4

9. 2 mol 铜与浓硝酸完全反应时，被还原的硝酸是（　　）。

A. 4 mol　　B. 2 mol　　C. 8 mol　　D. 6 mol

10. 下列酸属于中强酸的是（　　）。

A. H_2S　　B. H_3PO_4　　C. HNO_3　　D. H_2SO_4

四、简答

1. 浓硫酸、NaOH（固）、无水 $CaCl_2$ 和 P_2O_5 都是常用的干燥剂，如果要干燥氨，应选用哪种干燥剂？为什么？

2. 下列做法是否正确？为什么？

（1）KNO_3 与铝粉存放在一起；

（2）NH_4NO_3 结块后，用锤子将其击碎；

（3）用钢制容器贮运浓硝酸；

（4）农田施用了过磷酸钙［$Ca(H_2PO_4)_2$］后，又施用草木灰（K_2CO_3）。

3．工业制 HNO_3 的三步反应分别是________________；________________；________________。用 NaOH 吸收尾气的反应：________________________。

五、计算题

1．制备质量分数为10%的氨水（密度为0.96 g/cm^3）500 mL，需要用多少升的氨（标准状况）？

2．用氯化铵和氢氧化钙各5.35 g，可制得多少升的氨（标准状况）？把所制得的氨完全溶解于水配成500 mL 的氨水，求氨水溶液的物质的量浓度是多少？

3．0.3 mol 的铜能与多少摩尔的稀硝酸完全反应？有多少摩尔的硝酸被还原？在标准状况下能生成多少升的 NO 气体？

4．质量分数为70%的硝酸溶液（密度为1.42 g/cm^3），求它的物质的量浓度是多少？取1 L 该浓度的硝酸，加水稀释到溶液的体积为2 L，稀释后硝酸的物质的量浓度是多少？

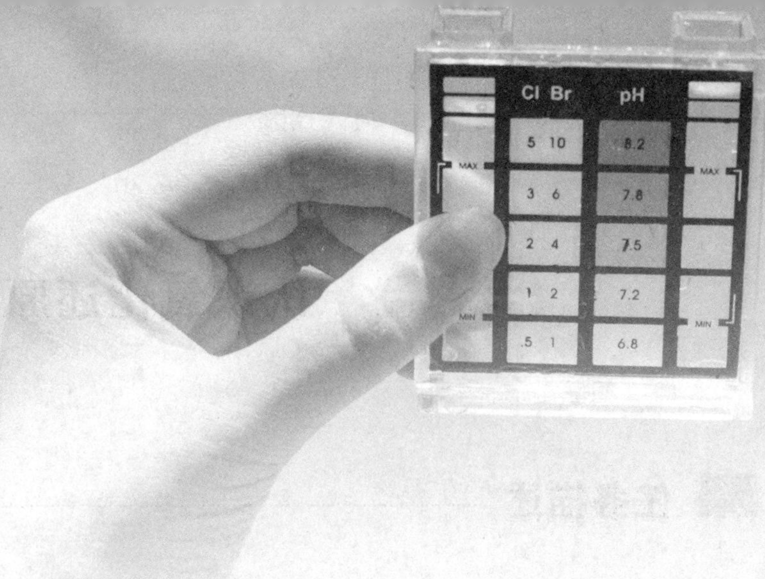

第九单元

氧化还原反应和电化学腐蚀

单元概述

氧化还原反应的本质是在反应时反应物原子之间发生了电子的转移，具体表现为元素原子的化合价发生了变化。原电池装置能使转移的电子定向移动，产生电流，把化学能转变成电能。原电池放电时，负极发生氧化反应，正极发生还原反应。电极电势可以用来衡量氧化还原电对的氧化能力和还原能力的强弱，并进一步判断原电池的正极、负极。含有杂质的金属在潮湿环境中，会形成无数个微小的原电池，发生电化学反应，造成金属的腐蚀。

单元目标

- 认识氧化还原反应的本质，会从不同角度分析氧化还原反应；
- 理解氧化剂和还原剂的概念，能判断氧化剂和还原剂；
- 了解氧化还原方程式的配平方法，会进行简单氧化还原反应方程式的配平；
- 理解电极电势数值的含义，并能应用 $\varphi^{\ominus}$(氧化态/还原态)判断氧化剂和还原剂的强弱；
- 知道原电池的形成条件，理解原电池工作原理；
- 了解电化学腐蚀原理，能判断腐蚀电池的存在并说明腐蚀原因。

任务一 认识氧化还原反应

任务描述

通过观察氧化还原反应实验现象，进一步明确什么是氧化剂、什么是还原剂；认识物质的氧化能力、还原能力和电极电势数值之间的关系，切实理解电对的电极电势数值大小的意义。

任务目标

- 了解电极电势的含义，会用电极电势数值判断物质氧化能力、还原能力的强弱及氧化还原反应的方向；
- 会查、会用标准电极电势表。

任务分析

从化学反应过程中是否有电子转移（或化合价是否变化）的角度考虑，可将化学反应分为两大类，即氧化还原反应和非氧化还原反应。氧化还原反应是一类极其重要的化学反应。实验室制取氧气的反应，工业上生产硫酸、硝酸过程中涉及的几个反应都是氧化还原反应。以产生能量为目的而进行的所有化学反应都是氧化还原反应。此外，从矿石中提取金属产品、电解、电镀、金属的腐蚀和防护等也与氧化还原反应有关。

任务实施

一、任务准备

1. 仪器和药品

KI(0.1 mol/L)、$FeCl_3$(0.1 mol/L)、KBr(0.1 mol/L)、$Pb(NO_3)_2$(0.5 mol/L)、$CuSO_4$(0.5 mol/L)、$ZnSO_4$(0.5 mol/L)、H_2SO_4(2 mol/L)、CH_3COOH(2 mol/L)、Na_2SO_3(固体)、$(NH_4)_2Fe(SO_4)_2 \cdot 6H_2O$(固体)、$KMnO_4$(0.01 mol/L)、锌粒、铅粒、$CCl_4$、溴水、碘水。

2. 安全和环保

废液桶、乳胶手套。

二、任务过程

1. 电极电势与氧化还原反应的关系

（1）在试管中加入 1 mL 0.1 mol/L KI 溶液和 5 滴 0.1 mol/L $FeCl_3$ 溶液，摇匀后注入 0.5 mL CCl_4，充分振荡，观察 CCl_4 层和水层颜色的变化。

实验现象：____；

离子方程式：____。

用 0.1 mol/L KBr 溶液代替 KI 溶液，做同样的实验，观察现象。

实验现象：____。

（2）在两支试管中加入少许 $(NH_4)_2Fe(SO_4)_2 \cdot 6H_2O$ 晶体，用 2 mL 水溶解，然后分别加入 2～3 滴溴水和碘水，再加入少量 CCl_4 充分振荡，判断反应能否进行？

实验现象：____；

离子方程式：____。

根据实验结果比较 Br_2/Br^-、I_2/I^-、Fe^{3+}/Fe^{2+} 三个电对电极电势的相对高低：________________。其中，____________是最强的氧化剂，____________是最强的还原剂。

（3）在分别盛有 2 mL 0.5 mol/L $Pb(NO_3)_2$ 和 0.5 mol/L $CuSO_4$ 溶液的试管中，各放入一小块表面擦净的锌粒，观察锌粒表面和溶液颜色有无变化。

实验现象：____；

离子方程式：____。

（4）用表面擦净的铅粒分别与 0.5 mol/L $ZnSO_4$ 溶液和 0.5 mol/L $CuSO_4$ 溶液反应，观察有无变化。

实验现象：____；

离子方程式：____。

根据实验结果，比较 Pb^{2+}/Pb、Cu^{2+}/Cu、Zn^{2+}/Zn 三个电对电极电势的相对高低：________________________；确定 Pb、Cu、Zn 的还原性次序：________________________。

2. 酸度对氧化还原反应的影响

在两支试管中各加入 1 mL 0.1 mol/L KBr 溶液，再分别加入 2 滴 2 mol/L H_2SO_4 溶液和 3 滴 2 mol/L CH_3COOH 溶液；然后再各加入 1 滴 0.01 mol/L $KMnO_4$ 溶液。观察和比较两支试管内的反应情况，并加以说明。

实验现象：____；

原因：____。

三、任务检测

1. 实验现象：实事求是，记录完整。

2. 离子方程式书写正确。

3. 氧化剂和还原剂顺序排列正确。

相关知识

氧化还原反应和电极电势

一、氧化还原反应

1. 物质的得氧与失氧

以氧化铜与氢气的反应为例：$CuO + H_2 \xlongequal{\triangle} Cu + H_2O$

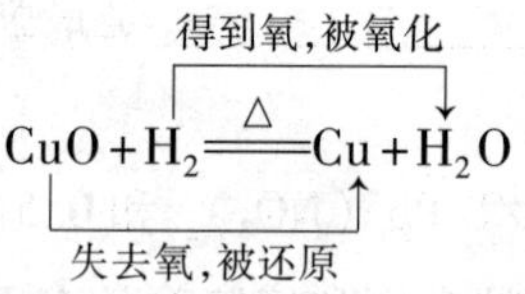

氧化铜（CuO）与氢气（H_2）发生的反应为氧化还原反应。氧化铜失去氧发生了还原反应，氢气得到氧发生了氧化反应。

从物质得、失氧的角度分析：一种物质失去氧，另一种物质得到氧的反应叫氧化还原反应。其中，结合氧的反应为氧化反应，失去氧的反应为还原反应。氧化反应和还原反应总是同时发生。

2. 化合价的改变

以氧化铜与氢气的反应为例：

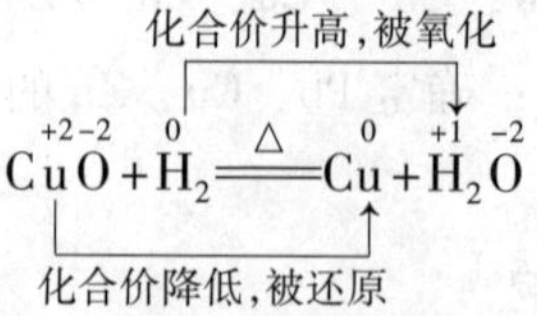

在上述反应中，CuO 中铜的化合价由 +2 价变成了单质铜中的 0 价，铜的化合价降低了，即 CuO 被还原了；同时氢元素的化合价由 H_2 中 0 价升高到 H_2O 中 +1 价，氢的化合价升高了，即 H_2 被氧化了。

从元素化合价升、降的角度分析：元素化合价发生改变的化学反应叫氧化还原反应。其中，元素化合价降低的反应为还原反应；元素化合价升高的反应为氧化反应。

根据元素化合价的升降观点，可以看出氧化还原反应不一定存在得氧和失氧的过程，但必然有化合价的升降，那么引起物质元素化合价升降的原因是什么呢？

3．电子的转移

以钠与氯气反应生成氯化钠为例：

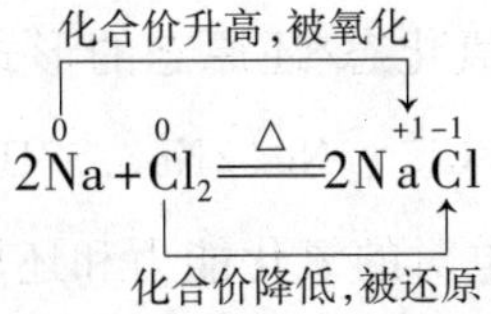

我们已经知道，氯化钠的生成是钠原子失去 1 个电子，成为 +1 价钠离子（阳离子）；氯原子得到电子，成为 -1 价的氯离子（阴离子），阴阳离子通过静电引力结合而形成。所以，化合价的升高是由于失去电子引起的；化合价的降低是由于得到电子引起的。用“e^-”表示电子，元素的原子在反应过程中得到、失去电子的情况可以这样表示：

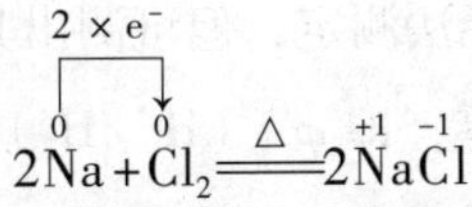

从反应过程中发生的电子转移角度分析：由于电子的转移引起元素化合价改变的反应称为氧化还原反应。其中：物质失去电子的反应为氧化反应；物质得到电子的反应为还原反应。

所以，氧化还原反应的本质是电子的转移；氧化还原反应的特征是化合价的变化。

物质失去电子，化合价升高，是还原剂，发生氧化反应；

物质得到电子，化合价降低，是氧化剂，发生还原反应。

二、氧化剂和还原剂

1．氧化剂

在氧化还原反应中得到电子（或电子对偏向）的物质叫氧化剂。氧化剂具有氧化性。氧化性的强弱反映了氧化剂得到电子能力的大小。常见的氧化剂有活泼的非金属单质（如卤素）、Na_2O_2、H_2O_2、HClO、$KClO_3$、HNO_3、$KMnO_4$、浓 H_2SO_4、$K_2Cr_2O_7$、Fe^{3+} 等。

2．还原剂

在氧化还原反应中失去电子（或电子对偏离）的物质叫还原剂。还原剂具有还原性。还原性的强弱反映了还原剂失去电子能力的大小。常见的还原剂有活泼的金属及 C、H_2、CO、H_2S、HI、Fe^{2+} 等。

通常情况下，物质中的元素化合价处于低价的为还原剂；元素化合价处于高价的为氧化剂；处于中间价态的既可作氧化剂又可作还原剂。氧化性越强，得电子能力越强；还原性越强，失电子能力越强。

那么，我们怎样知道物质氧化能力、还原能力的强弱呢？

三、电极电势

每一个电极内都存在一个电对，由同一元素的不同价态构成。化合价高的是氧化态物质，化合价低的是还原态物质。都是以氧化态/还原态的形式表示。例如：Zn^{2+}/Zn、Cu^{2+}/Cu、H^+/H_2、O_2/OH^-、Fe^{3+}/Fe^{2+}、Cl_2/Cl^-、Na^+/Na、S/H_2S 等。更多电对见附录三。

电极电势就是一个能衡量这些电对的氧化能力和还原能力大小的物理量，其单位是伏特（V），写作 φ。通常使用的是标准电极电势，写作 φ^Θ。

1. 标准电极电势

所谓标准电极电势，就是在标准状态下测得的电极电势。规定：温度为 298 K，与电极有关的离子的浓度为 1 mol/L，与电极有关的气体的压力为 100.0 kPa 时为标准状态。

标准电极电势的绝对值目前尚无法测定，但可测出其相对值。

规定标准氢电极的电极电势为零，即 $\varphi^\Theta(H^+/H_2)=0$。图 9－1－1 所示为标准氢电极。是将镀有铂黑的铂片置于氢离子浓度（严格地说应为活度）为 1 mol/L 的硫酸溶液中，然后不断地通入压强为 100 kPa 的纯氢气，使铂黑吸附氢气达到饱和，形成一个标准氢电极。

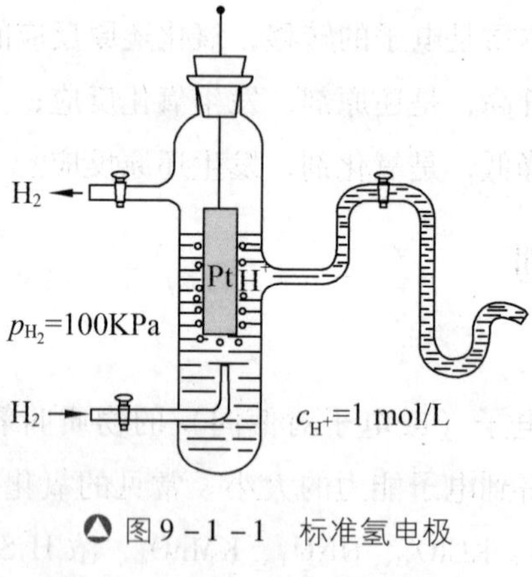

图 9－1－1　标准氢电极

在 298K，用标准氢电极与其他各种标准状态下的待测电极组成原电池，测定该电池的标准电动势 E^Θ，因为 $E^\Theta=\varphi^\Theta(+)-\varphi^\Theta(-)$，由电流流动方向确定原电池的正负极，根据 $\varphi^\Theta(H^+/H_2)=0$，即可得知该待测电极的标准电极电势。

例如，要测定标准锌电极的电极电势，只要将标准氢电极和标准锌电极组成原电池，如图 9－1－2。

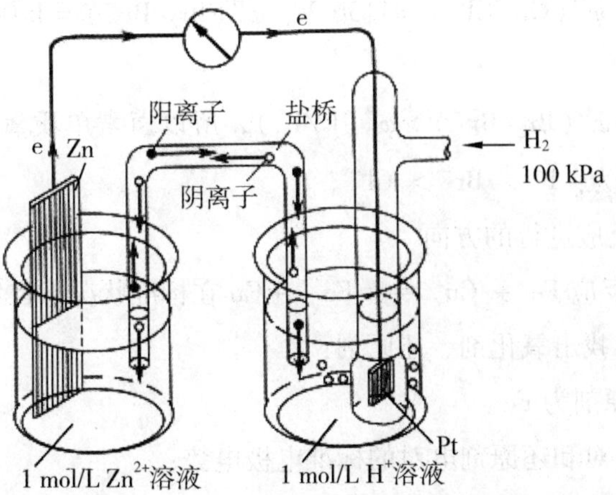

图 9－1－2　标准氢电极和标准锌电极组成原电池

经测定，该原电池的电动势为 0.763 V，电子由标准锌电极流向标准氢电极，所以氢电极为正极，锌电极为负极。

$E^{\ominus}=\varphi^{\ominus}(+)-\varphi^{\ominus}(-)=\varphi^{\ominus}(H^+/H_2)-\varphi^{\ominus}(Zn^{2+}/Zn)=0-\varphi^{\ominus}(Zn^{2+}/Zn)=0.763\ V$

$\varphi^{\ominus}(Zn^{2+}/Zn)=-0.763\ V$

同样的方法测得 $\varphi^{\ominus}(Cu^{2+}/Cu)=0.337\ V$

同理，可以测得其他各种电极的标准电极电势，见附录三。

2．标准电极电势值的含义

标准电极电势值的大小，主要取决于电对中氧化态物质和还原态物质的本性。氧化态物质的氧化性越强，标准电极电势值越大；还原态物质的还原性越强，标准电极电势值越小。例如：

电对	Na^+/Na	Mg^{2+}/Mg	Zn^{2+}/Zn	H^+/H_2	Cu^{2+}/Cu
$\varphi^{\ominus}$（氧化态/还原态）/V	−2.714	−2.37	−0.763	0	0.34

$\varphi^{\ominus}$（氧化态/还原态）逐渐增大，氧化态的氧化能力逐渐增强，还原态的还原能力逐渐减弱。

$\varphi^{\ominus}$（Na^+/Na）＝−2.714 V，说明金属钠的还原性很强，Na^+ 的氧化性很弱。

$\varphi^{\ominus}$（Cu^{2+}/Cu）＝0.34 V，说明金属铜的还原性很弱，Cu^{2+} 的氧化性较强。实际上，金属铜不能置换酸中的氢生成氢气，而 Cu^{2+} 可作为氧化剂使用。

金属活动顺序表就是根据标准电极电势值的大小比较出来的。

3．标准电极电势值的应用

（1）比较氧化剂、还原剂的相对强弱

【例 9－1－1】根据标准电极电势数值判断卤素单质 Cl_2、Br_2、I_2 氧化能力的强弱以及卤离子 Cl^-、Br^-、I^- 还原能力的强弱。

解：由附录三查得，$\varphi^{\ominus}(Cl_2/Cl^-) = 1.36\ V$，$\varphi^{\ominus}(Br_2/Br^-) = 1.065\ V$，$\varphi^{\ominus}(I_2/I^-) = 0.535\ V$

因为 $\varphi^{\ominus}(Cl_2/Cl^-) > \varphi^{\ominus}(Br_2/Br^-) > \varphi^{\ominus}(I_2/I^-)$，所以卤素单质氧化能力为：$Cl_2 > Br_2 > I_2$；卤离子的还原能力为：$I^- > Br^- > Cl^-$。

（2）判断氧化还原反应进行的方向

【例 9－1－2】判断反应 $Fe + Cu^{2+} = Fe^{2+} + Cu$ 在标准状况下自发进行的方向。

解：①按给定的方向找出氧化剂、还原剂：

氧化剂为 Cu^{2+}，还原剂为 Fe

②分别查出氧化剂电对和还原剂电对的标准电极电势：

$\varphi^{\ominus}(Cu^{2+}/Cu) = 0.34\ V$　$\varphi^{\ominus}(Fe^{2+}/Fe) = -0.44\ V$

③以氧化剂电对作正极，还原剂电对作负极组成原电池，计算该电池的标准电动势。$E^{\ominus} = \varphi^{\ominus}(+) - \varphi^{\ominus}(-)$

若 $E^{\ominus} > 0$，则在标准状态下反应自发正向（向右）进行；

若 $E^{\ominus} < 0$，则在标准状态下反应自发逆向（向左）进行；

若 $E^{\ominus} = 0$，则在标准状态体系处于平衡状态。

则 $E^{\ominus} = \varphi^{\ominus}(Cu^{2+}/Cu) - \varphi^{\ominus}(Fe^{2+}/Fe) = 0.34\ V - (-0.44\ V) = 0.78\ V > 0$

所以在标准状态下反应能自发正向(向右)进行。

＊4. 影响电极电势值的因素

影响电极电势值的因素是多方面的，如温度、电极材料、离子的浓度等对电极电势值都有影响。在常温下，电极材料确定后，离子浓度是影响电极电势值的主要因素。

德国化学家能斯特提出了电极电势值与溶液中离子浓度的关系式。如果电对反应为：

$$\text{氧化态} + ne \rightleftharpoons \text{还原态}$$

则在 298 K 时，有如下关系式：

$$\varphi_{\text{氧化态/还原态}} = \varphi^{\ominus}_{\text{氧化态/还原态}} + \frac{0.0592}{n}\lg\frac{[\text{氧化态}]}{[\text{还原态}]}$$

[氧化态]、[还原态] 表示氧化态物质和还原态物质在溶液中的相对标准浓度，纯固体和纯液体的浓度为 1。

对于有其他物质（如 H^+、OH^-）参加的电极反应，这些物质的浓度也要列入计算式中，而且浓度的方次等于它们在电极反应中的系数。例如：

$$MnO_4^- + 8H^+ + 5e \rightleftharpoons Mn^{2+} + 4H_2O$$

$$\varphi(MnO_4^-/Mn^{2+}) = \varphi^{\ominus}(MnO_4^-/Mn^{2+}) + \frac{0.0592}{5}\lg\frac{[MnO_4^-][H^+]^8}{[Mn^{2+}]}$$

可以看出，H^+ 浓度以 8 次方出现，对电极电势数值有显著影响。即 H^+ 浓度增加，则

φ^{Θ}（MnO_4^-/Mn^{2+}）数值变大，使 MnO_4^- 的氧化能力提高。因此，酸性高锰酸钾具有强氧化性。这说明介质的酸碱性对电极电势值也有影响。

四、氧化还原反应方程式的配平

对于一些比较简单的氧化还原反应方程式，如氧气的制备、次氯酸的分解等，反应物和生成物的化学计量数都是较小的整数，不难通过观察来配平。但是，对于一些比较复杂的氧化还原反应方程式，如硝酸跟金属或非金属反应的化学方程式等，很难用观察的方法配平，必须采用一定的方法和步骤来配平。

氧化还原反应的实质是参加反应的原子间电子的得失（或偏移）。配平这类化学方程式的关键是使反应中氧化剂和还原剂得、失（或偏移）的电子数相等，或氧化剂和还原剂化合价的降低和升高的总值相等。同时每种元素的原子数目在反应前后相等。配平方法除可根据质量守恒定律来配平外，还有化合价升降法。

利用化合价升降法配平氧化还原反应方程式应按以下步骤进行：

①根据实验结果或反应物的性质及反应条件，正确地写出反应物和生成物的化学式，并按物质的实际存在形式，调整化学式前面的化学计量数。

②标出有化合价变化的元素的化合价，确定氧化剂和还原剂，并标明它们的化合价降低或升高的数值。

③求出化合价变化值的最小公倍数，使化合价升高和降低的总数相等，再分别除以化合价降低值和升高值，将其商值作为氧化剂、还原剂及相应产物的化学计量数。

④用观察法配平化合价未发生变化的元素的原子数，确定其相应物质的化学计量数。配平后把单线改成等号。

【例 9－1－3】配平硫和稀硝酸反应的化学方程式。

解：按步骤①，写出反应物和生成物的化学式。

$$S + HNO_3 —— SO_2\uparrow + NO\uparrow + H_2O$$

按步骤②，标出反应前后化合价发生变化的元素的化合价及其变化值。

化合价升高 4

$$\overset{0}{S} + H\overset{+5}{N}O_3 —— \overset{+4}{S}O_2\uparrow + \overset{+2}{N}O\uparrow + H_2O$$

化合价降低 3

按步骤③，求变化值的最小公倍数，并调整物质的化学计量数，使化合价的升高和降低的总数相等。

化合价升高 4×3

$$3\overset{0}{S}+4H\overset{+5}{N}O_3——3\overset{+4}{S}O_2\uparrow+4\overset{+2}{N}O\uparrow+H_2O$$

化合价降低 3×4

按步骤④，用观察法配平其他物质的化学计量数，配平后把单线改成等号。

$$3S+4HNO_3 = 3SO_2\uparrow+4NO\uparrow+2H_2O$$

【例 9-1-4】配平氧化铁和一氧化碳在高温下反应的化学方程式。

解：按步骤①，得到：$Fe_2O_3+CO——2Fe+CO_2\uparrow$

根据一个 Fe_2O_3 分子里有 2 个 Fe 原子，反应后至少生成 2 个 Fe 原子的实际存在形式，配平前需调整化学计量数，即在 Fe 前加化学计量数 2。

按步骤②，得到：

化合价升高 2

$$\overset{+3}{Fe_2}O_3+\overset{+2}{C}O——2\overset{0}{Fe}+\overset{+4}{C}O_2\uparrow$$

化合价降低 6

按步骤③，得到（以 Fe_2O_3 为基准）：

化合价升高 2×3

$$\overset{+3}{Fe_2}O_3+3\overset{+2}{C}O——2\overset{0}{Fe}+3\overset{+4}{C}O_2\uparrow$$

化合价降低 6×1

按步骤④，核对反应前后化合价未变化元素的原子数，则得

$$Fe_2O_3+3CO = 2Fe+3CO_2\uparrow$$

对于只有部分反应物参加的氧化还原反应，可以先根据化合价升降法确定氧化剂或还原剂的化学计量数，然后再把未参加氧化还原反应的原子（或原子团）数加到有关氧化剂或还原剂的化学计量数上。

【例 9-1-5】配平铜和稀硝酸反应的化学方程式。

解：按步骤①，得到：$Cu+HNO_3$（稀）—— $Cu(NO_3)_2+NO\uparrow+H_2O$

按步骤②，得到：

化合价升高 2

$$\overset{0}{Cu}+H\overset{+5}{N}O_3(稀)——\overset{+2}{Cu}(NO_3)_2+\overset{+2}{N}O\uparrow+H_2O$$

化合价降低 3

按步骤③，得到：

化合价升高 2 × 3

$$\overset{0}{3Cu}+2H\overset{+5}{N}O_3(稀)——3\overset{+2}{Cu}(NO_3)_2+2\overset{+2}{N}O\uparrow+H_2O$$

化合价降低 3 × 2

按步骤④，可以看出上述反应里，有 2 个 NO_3^- 还原成 NO，还有 6 个 NO_3^- 没有参加氧化还原反应，所以 HNO_3 的化学计量数应为 8，H_2O 的化学计量数应为 4。

$$3Cu + 8HNO_3（稀）═══3Cu(NO_3)_2 + 2NO\uparrow + 4H_2O$$

判断一个氧化还原反应方程式是否配平的标志，主要是反应前后化合价升降的总数是否相等。当氧化还原反应方程式用离子方程式表示时，还应该特别注意使反应前后阴、阳离子所带的电荷数相等。例如：

【例 9-1-6】配平铜屑与 $FeCl_3$ 溶液起反应的离子方程式。

解：用化合价升降法配平：

化合价升高 2 × 1

$$Cu+Fe^{3+}——Cu^{2+}+Fe^{2+}$$

化合价降低 1 × 2

即在 Fe^{2+} 和 Fe^{3+} 前应加化学计量数 2，配平后的离子方程式为：

$$Cu + 2Fe^{3+}═══Cu^{2+} + 2Fe^{2+}$$

任务拓展

取三支试管，均加入 1 mL 0.01 mol/L $KMnO_4$ 溶液，再分别加入 2 mol/L 的 H_2SO_4 溶液、2 mol/L 的 NaOH 溶液、蒸馏水各 1 mL。然后，各加入少许固体 Na_2SO_3，振荡试管，观察现象。说明酸度对 $KMnO_4$ 的还原产物的影响。

任务评价

表 9-1-1　任务评价表

评价项目	评价要素
实验操作	试剂取用和滴加等符合实验操作规范
实验现象	观察仔细，记录完整，结论正确
离子方程式	书写正确，配平
结束工作	实验台台面清洁，仪器洗涤干净并放置整齐，规定时间内完成任务
安全与环保	废液倒入指定的废液桶等

任务二 认识原电池

任务描述

在实验过程中，探究原电池的工作原理和原电池的构成条件。

任务目标

- 通过实验，了解原电池的构成条件，理解原电池符号的意义；
- 会根据电极电势值，判断原电池的正极和负极；
- 会写电极反应式和电池反应式。

任务分析

氧化还原反应的本质是反应过程中元素的化合价发生变化或发生了电子转移。如 $Zn + Cu^{2+} \longrightarrow Zn^{2+} + Cu$，从反应式看出，Zn 的电子转移给了 Cu^{2+}，其电子的转移是通过氧化剂和还原剂的热运动，发生有效碰撞实现的。怎样才能直观地证明 Zn 与 Cu^{2+} 之间发生了电子转移呢？化学家们设计了一种特殊的装置，让反应中的电子转移定向流动产生电流，这种装置叫作原电池。通过原电池将氧化还原反应的化学能转化为电能，同时证明了氧化还原过程中有电子转移。

任务实施

一、任务准备

1. 仪器和药品

仪器：烧杯、铜片、锌片、碳棒、电流计、导线

试剂：H_2SO_4 溶液（1 mol/L）、$CuSO_4$ 溶液（1 mol/L）、NaCl（10%）、无水乙醇

2. 安全和环保

废液桶、橡胶手套。

二、任务过程

1. 探究原电池的工作原理

（1）在烧杯中加入一定量的稀硫酸，插入铜片和锌片（注意不能碰到一起），观察、记录实验现象。

实验现象____；

（2）将烧杯溶液中的铜片与锌片用导线相连，观察、记录现象。

实验现象____；

（3）在连接两金属片的导线中间安装电流计，观察、记录现象。

实验现象____；

说明原理____。

2. 探究原电池的构成条件——改变上述实验中组装的铜锌原电池，观察现象。

（1）将铜电极换成锌电极，电流计指针是否偏转？

______________；原因：______________________________；

将铜电极换成石墨电极，电流计指针是否偏转？

______________；原因：______________________________。

（2）将锌电极和铜电极分别放入两个盛有稀硫酸的烧杯中，电流计指针是否偏转？

______________；原因：______________________________。

（3）将铜锌原电池中的稀硫酸溶液换成无水乙醇，电流计指针有无偏转？________；

原因：____。

（4）将铜锌原电池中的稀硫酸溶液换成10%的氯化钠溶液，电流计指针有无偏转？

__________；原因：____________________________________。

三、任务检测

1. 现象记录完整，解释正确。

2. 在两只同样大小的烧杯中加入相同体积、相同浓度的稀硫酸，然后加入同样的锌粒，在其中一只烧杯中放入少许铜粉，观察并说明现象。

实验现象：______________________________________；

说明原因：______________________________________。

3. 根据实验现象总结构成原电池的条件：____________________、____________________、____________________。

4. 将铜锌原电池中的锌电极换成石墨电极，电流计指针是否偏转？

__________；原因：____。

相关知识

原电池

一、原电池的工作原理

［演示实验 9－2－1］将一金属锌片放入盛有 1 mol/L $CuSO_4$ 溶液的烧杯中，可以观察到 $CuSO_4$ 溶液的蓝色逐渐变浅，锌会慢慢溶解，同时锌片上有红褐色的铜析出。反应方程式为：

$$Zn + CuSO_4 \xlongequal{} ZnSO_4 + Cu$$

离子方程式为：$Zn + Cu^{2+} \xlongequal{} Zn^{2+} + Cu$ （$2e^-$ 由 Zn 转移给 Cu^{2+}）

反应的实质是锌原子失去电子被氧化成 Zn^{2+} 进入溶液，而 Cu^{2+} 得到电子被还原成 Cu 沉积在锌片上，此反应发生了电子转移。由于 Zn 和 $CuSO_4$ 溶液直接接触，电子就从锌原子直接转移给溶液中的 Cu^{2+}。随着氧化还原反应的进行，化学能转变为热能，溶液的温度有所升高。

［演示实验 9－2－2］上述反应若按图 9－2－1 所示装置连接，又会发生什么情况呢？

在两个分别装有 $ZnSO_4$ 和 $CuSO_4$ 溶液的容器中，分别插入 Zn 片和 Cu 片。将两个容器的溶液用一个充满电解质溶液（通常用含有琼胶的 KCl 饱和溶液）的倒置 U 形管，即盐桥联系起来。

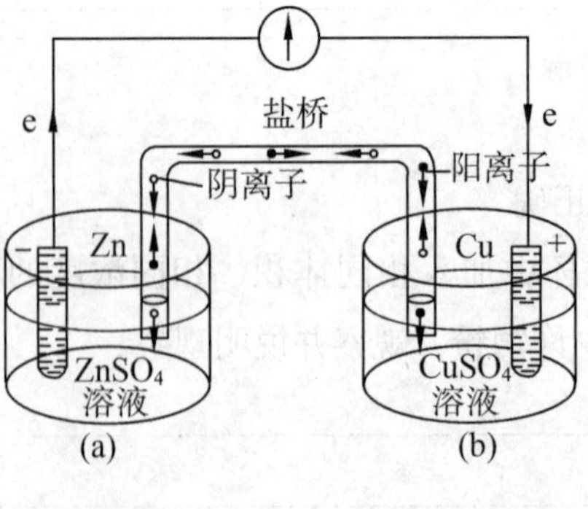

图 9－2－1　铜锌原电池装置

这时 Zn 和 $CuSO_4$ 溶液分隔在两个容器中，互不接触，当然不会发生反应。若用导线将锌片和铜片连接，并在导线上串联一个电流计，观察现象。

从实验可见，①电流计指针发生偏转，说明导线上有电流通过；从电流计指针偏转的方向可知电子流动的方向是从锌片经导线流向铜片，故锌是负极，铜是正极；②锌片不断溶解，而铜不断沉积在铜片上；③若取出盐桥，电流计指针回至零点，放入盐桥，电流计指针偏转，说明盐桥起构成电路通路的作用。

上述现象，可做如下分析：锌片溶解，说明锌原子失去电子，形成 Zn^{2+} 进入溶液，即在锌片上发生了氧化反应：

$$Zn - 2e^{-} = Zn^{2+}$$

Zn^{2+} 进入溶液中，电子从锌片经过导线流向铜片；在 $CuSO_4$ 溶液中，Cu^{2+} 从铜片上获得电子，成为 Cu 沉积在铜片上，即在铜片上发生了还原反应：

$$Cu^{2+} + 2e^{-} = Cu$$

以上两个反应式相加，得到上述装置发生的总反应为：

$$Zn + Cu^{2+} = Zn^{2+} + Cu$$

这个反应和 Zn 片直接插入 $CuSO_4$ 溶液中的反应是相同的。但是在这个装置中，Zn 被氧化在（a）容器中发生，Cu^{2+} 被还原在（b）容器中发生，是分开进行的。电子不是直接由 Zn 转移给 Cu^{2+}，而是通过导线转移的。由于电子定向运动，产生了电流，实现了化学能向电能的转变。

这种借助于氧化还原反应，将化学能转变为电能的装置叫作原电池。

上述原电池装置称为铜锌原电池。理论上讲，任何一个自发进行的氧化还原反应都能组成一个原电池。

二、有关原电池的基本概念

1. 半电池

原电池由两个半电池组成。图 9－2－1 中的原电池就是由锌半电池（Zn 和 $ZnSO_4$ 溶液）与铜半电池（Cu 和 $CuSO_4$ 溶液）组成的。

2. 电极

组成半电池的导体叫作电极，如锌半电池中的锌电极和铜半电池中的铜电极。对电极的极性做如下规定。

①负极：流出电子的电极，用符号“－”表示，如铜锌原电池中锌片为负极；

②正极：流进电子的电极，用符号“＋”表示，如铜锌原电池中铜片为正极。

有些电极材料本身是参与得失电子的。有些电极只传递电子而本身不会得失电子，这样的电极称为惰性电极。石墨、铂（Pt）是常用的惰性电极。

在原电池中，电子总是从负极经导线流向正极。

3. 电极反应和电池反应

在电极上发生的氧化或还原反应，称为该电极的电极反应，或叫原电池的半反应。在负极上，因为是流出电子的，必定发生了失电子的氧化反应；而在正极上，因为流入电子，必定发生了得电子的还原反应。两个半电池反应合并起来构成原电池的总反应，称电池反应。铜锌原电池的电极反应如下：

负极：$Zn - 2e^- \xlongequal{} Zn^{2+}$　（氧化反应）

正极：$Cu^{2+} + 2e^- \xlongequal{} Cu$　（还原反应）

铜锌原电池的电池反应为：$Zn + Cu^{2+} \xlongequal{} Zn^{2+} + Cu$（氧化还原反应）

4. 原电池符号

原电池的装置可用符号表示。如铜锌原电池表示为：

$(-)\ Zn \mid ZnSO_4\ (c_1) \parallel CuSO_4\ (c_2) \mid Cu\ (+)$

其中，(+)、(-)表示两个电极的符号，习惯上把负极写在左边，正极写在右边；Zn 和 Cu 表示两个电极，$ZnSO_4$、$CuSO_4$ 表示电解质溶液，c_1 表示 $ZnSO_4$ 溶液的浓度，c_2 表示 $CuSO_4$ 溶液的浓度；“|”表示电极与电解质溶液之间的界面；“‖”表示盐桥，写在中间。

例如：反应 $Zn + 2H^+ \xlongequal{} Zn^{2+} + H_2$ 组成原电池后，其电极反应、电池反应和原电池符号分别表示如下。

负极反应：$Zn - 2e^- \xlongequal{} Zn^{2+}$（氧化反应）

正极反应：$2H^+ + 2e^- \xlongequal{} H_2$（还原反应）

电池反应：$Zn + 2H^+ \xlongequal{} Zn^{2+} + H_2$

原电池符号：$(-)\ Zn \mid Zn^{2+} \parallel H^+ \mid H_2,\ Pt\ (+)$

当电对中无固态物质时，通常需要另加惰性电极，这种电极只起导体作用。

※三、化学电源

化学电源是一种把化学能直接转变为电能的装置，称为电池。从理论上讲，任何一个自发进行的氧化还原反应都可以设计成原电池而产生电能。但是，并不是所有自发进行的氧化还原反应都能构成具有实用价值的化学电源。作为商品的化学电源要求电容量大、经济和携带方便等，所以真正实用的化学电源种类并不多。化学电源基本上分为三大类：干电池、蓄电池（如铅蓄电池）和燃料电池。

1. 干电池

干电池是根据原电池的工作原理制成的，又称原电池。手电筒中用的锌锰电池和微型锌汞电池（纽扣电池）是最常见的两种干电池。

锌锰电池负极是由金属锌筒做成，插在中央的石墨碳棒作正极，两极之间的电解质是用氯化铵、氯化锌、淀粉、二氧化锰、石墨粉调成的糊状物。如图 9-2-2 所示。

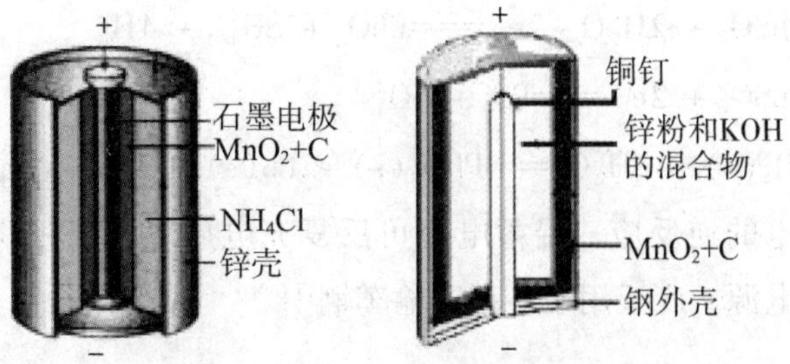

图 9-2-2 锌锰电池构造示意图

锌锰干电池的电极反应为：

正极：$2MnO_2 + 2NH_4^+ + 2e^- = Mn_2O_3 + 2NH_3 + H_2O$

负极：$Zn - 2e^- = Zn^{2+}$

负极生成的 Zn^{2+} 与 NH_3 反应产生 $[Zn(NH_3)_2]^{2+}$ 维持电池的正常工作。电池放电时反应如下：

$$Zn + 2MnO_2 + 2NH_4^+ = [Zn(NH_3)_2]^{2+} + Mn_2O_3 + H_2O$$

锌锰干电池的电压可达到 1.5 V。这类电池反应物放电后，不能再用，所以又称为一次性电池或不可逆电池。

锌汞微型纽扣电池工作原理同锌锰电池一样，其负极是汞锌合金，正极是氧化汞和石墨的混合物，电解质是 KOH 和 ZnO。其工作时电极和电池反应如下：

正极：$HgO + H_2O + 2e^- = Hg + 2OH^-$

负极：$Zn + 4OH^- - 2e^- = ZnO_2^{2-} + 2H_2O$

电池放电反应为：$Zn + HgO + 2OH^- = Hg + ZnO_2^{2-} + H_2O$

锌汞电池的电压可稳定在 1.34 V 左右，由于体积小，常用于助听器、计算器等小型装置中。

2. 铅蓄电池

与干电池不同，铅蓄电池能用充电的方法使反应物复原，重新放电，并能反复使用，这类电池称为蓄电池或二次性电池。

铅蓄电池以 PbO_2 做正极，Pb 做负极，用37%稀 H_2SO_4 为电解质，放电时反应：

正极：$PbO_2 + SO_4^{2-} + 4H^+ + 2e^- = PbSO_4 + 2H_2O$

负极：$Pb + SO_4^{2-} - 2e^- = PbSO_4$

电池反应为：$PbO_2(s) + Pb(s) + 2SO_4^{2-}(aq) + 4H^+(aq) = 2PbSO_4(s) + 2H_2O$

铅蓄电池的放电电压可达到 1.8～2.0 V。使用一段时间后，电池的放电电压会逐渐下降，说明电池该充电了。

电池的充电过程是将电能转化为化学能的过程，其原理与电解的原理相同。充电反应为：

正极（阳极）：$PbSO_4 + 2H_2O - 2e^- = PbO_2 + SO_4^{2-} + 4H^+$

负极（阴极）：$PbSO_4 + 2e^- = Pb + SO_4^{2-}$

总反应为：$2PbSO_4(s) + 2H_2O = PbO_2(s) + Pb(s) + 2SO_4^{2-}(aq) + 4H^+(aq)$

可见，充电是放电的逆反应。铅蓄电池可反复充电放电 300 ~ 500 次，是一种性能稳定、价格低廉的化学电源，广泛用于各种运输车辆中。

3．燃料电池

燃料电池是把燃料输入电池进行氧化还原反应并直接发电的化学电源。如将 H_2、CO、CH_4 等燃料从电池的负极不断输入，从电池的正极不断通入空气（或氧气）。燃料在电池中被氧化为 CO_2、H_2O 等排出，并且直接将化学能转化为电能。

燃料电池的能量不经热机转换，不受热机效率的影响，能量的利用率可高达 80% 以上，因此，燃料电池的研制受到人们的广泛关注。在这方面的研究已经取得很大进展，氢氧燃料电池已经研制成功，并用于宇航等特殊领域。图 9－2－3 所示是氢氧燃料电池示意图。

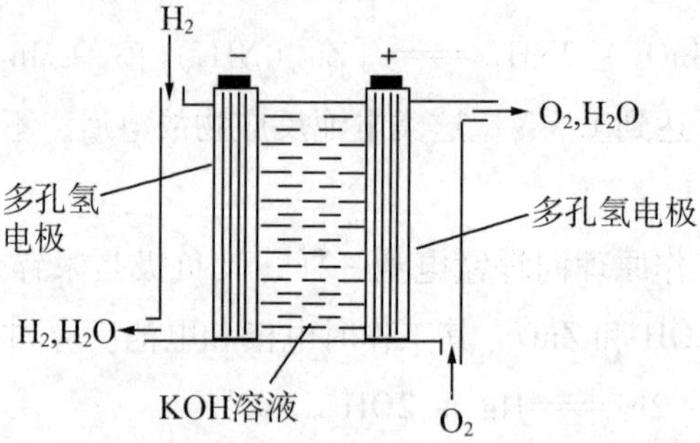

图 9－2－3　氢氧燃料电池示意图

该电池所用燃料为氢气，从电池的负极通入；助燃剂为氧气，从电池的正极通入，电池内发生的反应为

正极：$O_2 + 2H_2O + 4e^- = 4OH^-$

负极：$2H_2 + 4OH^- - 4e^- = 4H_2O$

电池反应：$2H_2 + O_2 = 2H_2O$

氢氧燃料电池的产物为水，对环境无污染。

小知识

原电池使用与处理

为安全使用和处理原电池，2009 年 4 月 29 日，中国国家标准化管理委员会（SAC）发布了国家标准《民用原电池安全通用要求》。本标准规定了民用原电池的分类、安全性能要求、标志、电池选购、使用、更换和处理指南、电器具的电池舱安全设计指南。

本标准适用于民用的各类水溶液电解质原电池（碱性和非碱性锌—二氧化锰电池、锌—氧化银电池、锌—羟基氧化镍电池、碱性和中性锌—空气电池）以及各类锂原电池（锂—氟化碳电池、锂—二氧化锰电池、锂—亚硫酰氯电池、锂—二硫化铁电池、锂—二氧化硫和锂—氧化铜电池等）的生产、检测和验收。

※四、电解原理

在一些电解质溶液中，通入直流电，在电极上会发生氧化还原反应，而使电解质分解。现在以 $CuCl_2$ 溶液为例，说明直流电通过电解质溶液时，电能如何转变为化学能？电解质将发生怎样的变化？

[演示实验 9－2－3] 如图 9－2－4 所示的装置，用两根石墨棒做电极，分别插入盛有 $CuCl_2$ 溶液的 U 形管的两端，接通直流电源。与直流电源正极相连的石墨电极叫作阳极，与直流电源负极相连的石墨电极叫作阴极。将湿润的淀粉碘化钾试纸放在阳极碳棒附近，检验放出的气体，观察管内发生的现象。

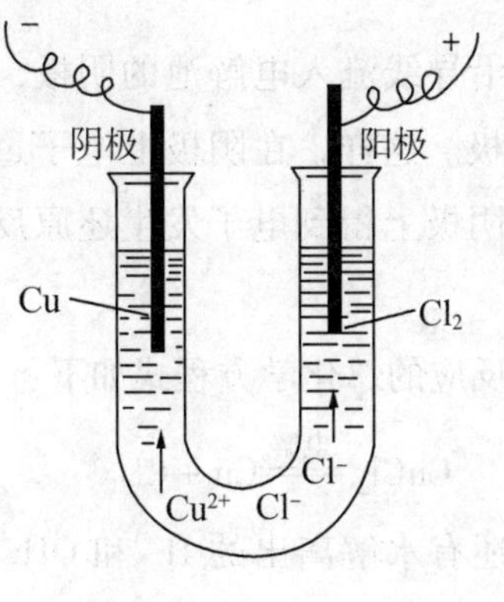

图 9－2－4　$CuCl_2$ 溶液电解实验装置示意图

从实验可以看出，通电后不久，在阴极碳棒上有铜析出，在阳极碳棒上有气泡放出，从它的气味和它能使湿润的淀粉碘化钾试纸变蓝的特征，可以断定放出的气体是氯气。

通电时，为什么氯化铜分解成铜和氯气呢？

氯化铜属于强电解质，它在水溶液中全部解离为 Cu^{2+} 和 Cl^-

$$CuCl_2 = Cu^{2+} + 2Cl^-$$

通电前，Cu^{2+} 和 Cl^- 在溶液中做无规则的自由移动，通电后，在电场的作用下，自由移动的离子改做定向移动。根据异性相吸的原理，带负电的氯离子向阳极移动，带正电的铜离子向阴极移动，如图 9－2－5 所示。在阳极，氯离子失去电子被氧化成氯原子，然后两两结合成氯分子，从阳极放出；在阴极，铜离子获得电子被还原成铜，覆盖在阴极表面。

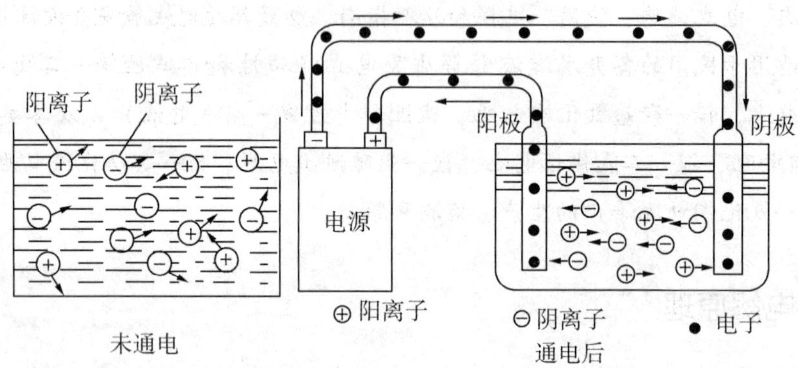

图 9－2－5　通电前后溶液中离子移动示意图

在两个电极上发生的反应可表示如下：

阳极：$2Cl^- - 2e^- = Cl_2\uparrow$（氧化反应）

阴极：$Cu^{2+} + 2e = Cu$（还原反应）

这种使电流通过电解质溶液而在阴、阳两极引起氧化还原反应的过程叫作电解。这种借助于电流引起氧化还原反应的装置，也就是把电能转变为化学能的装置，叫作电解池或电解槽。

通电时，电子从电源的负极沿导线流入电解池的阴极，另一方面，电子又从电解池的阳极流出，沿导线回到电源的正极。这样，在阴极上电子过剩，在阳极上电子缺少，电解质溶液中的阳离子移向阴极，在阴极上得到电子发生还原反应。阴离子移向阳极，在阳极上失去电子发生氧化反应。

氯化铜水溶液电解时，发生反应的总化学方程式如下：

$$CuCl_2 \xlongequal{\text{电解}} Cu + Cl_2\uparrow$$

应当注意，电解质水溶液中还有水解离出的 H^+ 和 OH^-，所以还要比较电解质解离出来的离子与 H^+、OH^- 得失电子的能力大小，才能判断电极反应。如电解 $CuCl_2$ 溶液时，向阴极移动的阳离子有 Cu^{2+} 和 H^+，因 Cu^{2+} 比 H^+ 易得到电子 [$\varphi^\Theta(Cu^{2+}/Cu) = 0.34\ V$，$\varphi^\Theta(H^+/H_2) = 0$，$\varphi^\Theta(Cu^{2+}/Cu) > \varphi^\Theta(H^+/H_2)$]，所以 Cu^{2+} 优先在阴极获得电子还原为单质铜；而向阳极移动的阴离子有 Cl^- 和 OH^-，查附录三得，$\varphi^\Theta(Cl_2/Cl^-) = 1.36\ V$，

$\varphi^{\ominus}$（H_2O/OH^-）$=0.401$ V（电极反应 $4OH^- - 4e^- = O_2 + 2H_2O$），虽然 $\varphi^{\ominus}$（H_2O/OH^-）$<\varphi^{\ominus}$（Cl_2/Cl^-），似乎 OH^- 失去电子的能力大于 Cl^-，但由于水解离出来 OH^- 的浓度很小，因电极电势值的大小与浓度有关，根据能斯特方程，H_2O/OH^- 电对中，当还原态的浓度很小，则使得 $\varphi^{\ominus}$（H_2O/OH^-）值较大，OH^- 失电子的倾向较小。只要 $CuCl_2$ 溶液的浓度不是很小，Cl^- 浓度较大，则 $\varphi^{\ominus}$（Cl_2/Cl^-）值较小，使 Cl^- 失电子倾向较大。所以在阳极失去电子被氧化的是 Cl^-，从而放出氯气。

一般来说，在比较浓的酸和盐溶液中，最易在阳极上失去电子的是无氧酸根离子，其次是 OH^-，最不易失去电子的是含氧酸根离子。

再以石墨为电极电解水为例来熟悉电解的过程，电解水时，先在水中加入少量硫酸来增强导电能力，才能使水易电解。当未通电时，H_2SO_4 和 H_2O 已经解离成相应的离子。

$$H_2SO_4 = 2H^+ + SO_4^{2-}$$

$$H_2O \rightleftharpoons H^+ + OH^-$$

通电以后，在阴极只有一种离子（H^+）得电子，所以 H^+ 从阴极获得电子成为 H_2 逸出。而向阳极移动的阴离子有 SO_4^{2-} 和 OH^- 两种，OH^- 失电子的顺序在 SO_4^{2-} 前，故 OH^- 在阳极失去电子，生成 H_2O 和 O_2。电极反应为：

阴极：　$2H^+ + 2e^- = H_2\uparrow$（还原反应）

阴极：　$4OH^- - 4e^- = O_2\uparrow + 2H_2O$（氧化反应）

总的电解方程式：

$$2H_2O = 2H_2\uparrow + O_2\uparrow$$

五、电解的应用

电解在工业上有着极其重要的意义。它主要用于以下几个方面。

1. 氯碱工业

工业上用电解饱和食盐水的方法来制取 NaOH、H_2 和 Cl_2，并以它们为原料生产一系列化工产品，称为氯碱工业。其电解方程式为：

$$2NaCl + 2H_2O \xlongequal{电解} 2NaOH + H_2\uparrow + Cl_2\uparrow$$

饱和食盐水溶液中含有 Na^+、H^+、Cl^-、OH^-。通电后，Cl^-、OH^- 向阳极移动。在阳极，Cl^- 比 OH^- 更易失电子，因此阳极有 Cl_2 生成。

阳极：　$2Cl^- - 2e^- = Cl_2\uparrow$　（氧化反应）

Na^+、H^+ 向阴极移动。在阴极 H^+ 比 Na^+ 更易得电子，因此有 H_2 生成。

阴极：　$2H^+ + 2e^- = H_2\uparrow$　（还原反应）

由于 H^+ 在阴极不断得到电子而生成 H_2 放出，破坏了阴极附近水的解离平衡，水继续

解离成 H^+ 和 OH^-，H^+ 又不断得到电子，结果阴极附近溶液中 OH^- 的数目相对增多了。因而，阴极附近形成了 NaOH 溶液。

2．电冶

应用电解原理从金属化合物中制取金属的过程称为电冶。

电解位于金属活动顺序中 Al 之前的金属盐溶液时，阴极上总是产生 H_2，而得不到相应的金属，因此，制取这些活泼金属的单质，只能采用电解它们的熔融化合物的方法。如电解熔融 NaCl 时，阴极上可析出金属钠，其电解方程式为：

$$2NaCl（熔融）\xlongequal{电解}2Na + Cl_2\uparrow$$

3．电镀

应用电解原理在某些金属表面镀上一层其他金属或合金的过程称电镀。电镀的目的是使金属增强抗腐蚀的能力，增加美观和表面硬度。镀层金属通常是一些在空气或溶液中不易起变化的金属（如 Cr、Zn、Ni、Ag、Sn 等）和合金（如黄铜、青铜、铝合金等）。

电镀时，待镀的金属制品（称为镀件）做阴极，镀层金属做阳极，含有镀层金属离子的溶液做电镀液。接通电流，溶液中的金属阳离子移向阴极，获得电子成为薄层覆盖在待镀金属（镀件）的表面上。同时，阳极的金属原子不断失去电子变成阳离子补充到溶液里去。

［演示实验 9－2－4］按图 9－2－6 所示装置，在大烧杯里加入以氯化锌为主要成分的电镀液，用锌片做阳极，镀件（铁片）做阴极，连接直流电源，不久就可看到镀件的表面被镀上了一层锌。

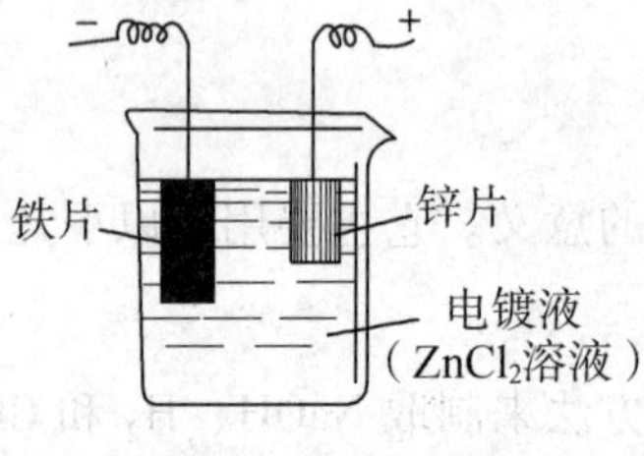

图 9－2－6　镀锌

上述镀锌的过程可表示如下：

通电前　$ZnCl_2 \xlongequal{} Zn^{2+} + 2Cl^-$　　　$H_2O \rightleftharpoons H^+ + OH^-$

通电后　$Zn - 2e^- \xlongequal{} Zn^{2+}$　（阳极，氧化反应）　$Zn^{2+} + 2e^- \xlongequal{} Zn$　（阴极，还原反应）

在电镀液中，除了 Zn^{2+} 和 Cl^- 以外，还有由 H_2O 微弱电离出的 H^+ 和 OH^-，在电镀所控制的条件下，这些离子一般不参加电极反应。在电镀的过程中，阳极的锌不断减少，阴极的锌不断增加，减少和增加的锌量相等，因此电镀液里 Zn^{2+} 浓度保持不变。

由此可见，镀锌过程包括了在阳极 Zn 失去电子和在阴极 Zn^{2+} 得到电子的氧化还原过程。因此，电镀过程实质上是一个电解过程，它的特点是阳极本身也参加了电极反应，即失去电子而溶解。

在电镀技术上，为了获得结合力强、孔隙率小、低脆性、有一定厚度和均匀的镀层，必须严格控制电镀条件，如电镀液的浓度、pH、温度、电流密度、配位剂的使用等。

4. 金属的电解精炼

利用电镀的原理，从含有杂质的金属中精炼金属。如精炼铜，用粗铜板做阳极，薄纯铜板做阴极，用硫酸铜溶液作为电镀液。通电时，含有杂质的粗铜在阳极不断溶解，而纯铜在阴极不断析出。这样，在阴极就可以得到纯度达99.99%的纯铜。

任务拓展

1. 自己动手设计原电池：在一个橘子（或苹果、西红柿）上相隔2 cm分别插一小铜片和锌片，把铜片和锌片的另一端通过导线接到灵敏电流计的两极，观察现象。

2. 搜集废旧电池，观察电池构造类型，并书写电极反应和电池反应。

任务评价

表9-2-1　任务评价表

评价项目	评价要素
实验操作	实验操作规范合理，连接、安装无错误
实验原理	实验现象解释合理
任务检测	方法、结论正确
结束工作	实验台台面清洁，仪器洗涤干净并放置整齐，规定时间内完成任务
安全与环保	橡胶手套合理使用，废液倾倒入指定的废液桶中

※任务三 认识常见的电化学腐蚀

一、金属的腐蚀

金属受环境作用发生化学变化而失去其优良性能的过程称为金属腐蚀。金属腐蚀现象非常普遍，小到人们日常生活中钢铁制品生锈，大到各种大型机器设备、建筑会因腐蚀而报废，金属腐蚀给国民经济造成巨大损失。

金属腐蚀的危害不仅在于金属本身遭受损失，而更重要的是使金属制造的机器设备、仪器仪表遭受损失。在制造汽车、飞机及精密仪器时，制造费用远超过金属原料的价格。在化工生产中，由于金属设备受腐蚀，甚至会出现大量有用物质的跑、冒、滴、漏现象，这不仅造成经济损失，而且会严重危害人的生命安全和造成环境污染，所以，了解金属腐蚀的原因和防护的方法非常重要。

根据金属腐蚀过程的特点，金属的腐蚀可分为化学腐蚀和电化学腐蚀两大类。

1. 化学腐蚀

金属材料和干燥气体或非电解质直接反应而引起的破坏称为化学腐蚀。化学腐蚀的特点是金属与介质直接作用生成化合物。一般在高温或非电解质环境中发生的腐蚀为化学腐蚀。如金属与干燥的气体（O_2、H_2S、SO_2、Cl_2 等）直接作用生成氧化物等。又如高温下，轧钢中的铁被氧化形成疏松的“铁皮”。铁的氧化物结构疏松，没有保护金属的能力，也不具有金属原有的高强度和高韧性等性能。

$$2Fe + O_2 \xlongequal{\triangle} 2FeO$$

$$4FeO + O_2 \xlongequal{\triangle} 2Fe_2O_3$$

$$FeO + Fe_2O_3 \xlongequal{\triangle} Fe_3O_4$$

2. 电化学腐蚀

不纯的金属（或合金）或两种不同的金属，接触电解质溶液发生原电池反应而产生的腐蚀，叫作电化学腐蚀。

［演示实验 9-3-1］如图 9-3-1 所示，在盛有稀硫酸的试管中，加入一小块化学纯的金属锌，观察氢气产生的情况。若用一根铜丝接触锌的表面，继续观察氢气产生的情况。

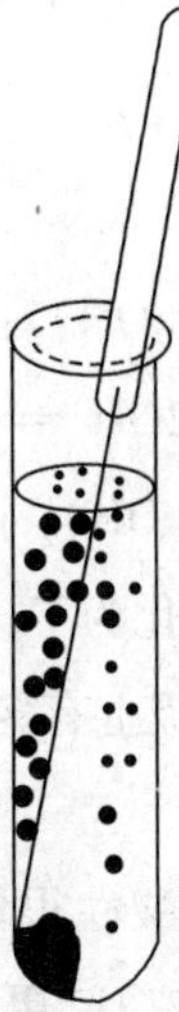

图 9-3-1　与铜丝接触时，化学纯的锌在酸中的溶解

从实验可以看出，纯锌与稀硫酸反应很慢，但放入铜丝后，立即可见铜丝上有大量气泡产生。这说明纯金属很难被腐蚀，而当铜丝接触锌的表面时，形成了铜锌原电池，因而大大加快了锌的溶解。

普通的锌常含有杂质如碳，在与酸作用时，锌做负极，碳做正极，形成微电池，促进了锌与酸的反应。可见，金属中的杂质是引起金属腐蚀的一个重要原因。

钢铁在潮湿的空气里所发生的腐蚀，是最典型的电化学腐蚀。

钢铁的主要成分是铁，还有少量的碳等杂质。钢铁制品在潮湿的空气里，其表面因吸附作用而覆盖一屋薄薄的水膜。水虽是一种极弱的电解质，但仍能解离出少量的 H^+ 和 OH^-，空气中的二氧化碳溶解于水生成碳酸，它的解离增加了溶液中 H^+ 的浓度。

$$H_2O + CO_2 \rightleftharpoons H_2CO_3 \rightleftharpoons H^+ + HCO_3^-$$

由于水膜内存在着 H^+、OH^- 和 HCO_3^- 等离子，相当于钢铁表面上积聚了一层电解质溶液的薄膜，它与钢铁中的铁和少量碳恰好构成了原电池。结果在钢铁表面就形成了无数微小的原电池。如图 9-3-2 所示。在这些原电池里，铁是负极，碳是正极。负极的 Fe 失去电子成为 Fe^{2+}，而正极的碳很不活泼，不容易得到电子，只能起传递电子的作用，溶液中的 H^+ 就从正极获得电子成为 H_2。

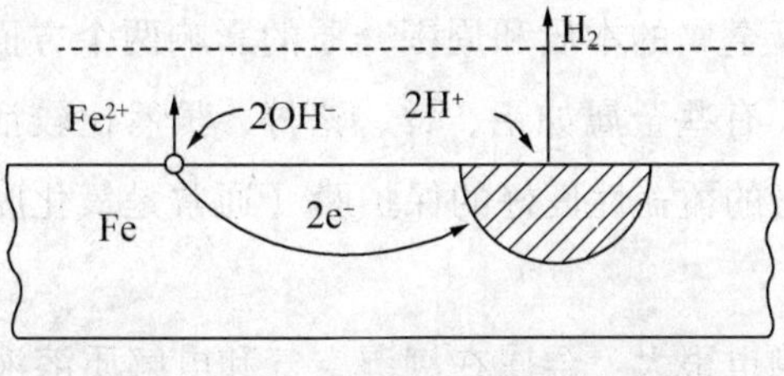

图 9-3-2　钢铁的析氢腐蚀示意图

电极反应式如下：

负极（铁）：$Fe-2e^- = Fe^{2+}$

正极（碳）：$2H^+ +2e^- = H_2$

Fe^{2+}和液膜中的OH^-反应生成$Fe(OH)_2$：

$$Fe^{2+} + 2OH^- = Fe(OH)_2$$

总反应式为：$Fe + 2H_2O = Fe(OH)_2 + H_2$

生成的$Fe(OH)_2$在空气中容易被氧化为$Fe(OH)_3$，再进一步变成易脱落的铁锈$Fe_2O_3 \cdot xH_2O$，作为负极的铁被腐蚀了。由于正极上有氢气放出，所以这种腐蚀叫析氢腐蚀。析氢腐蚀是在酸性较强的溶液中进行的。

多数情况下，金属表面的水膜中，酸性很弱或是接近中性。在负极上仍是铁失去电子成为Fe^{2+}，正极上溶解于水膜中的O_2较H^+更易获得电子，生成OH^-。电极反应式如下：

负极（铁）：$2Fe-4e^- = 2Fe^{2+}$

正极（碳）：$O_2 + 2H_2O + 4e^- = 4OH^-$

总反应式为：$2Fe+O_2+2H_2O = 2Fe(OH)_2$

电化学反应结果也是生成$Fe(OH)_2$，它再被氧化成为$Fe(OH)_3$，$Fe(OH)_3$也会部分脱水而生成铁锈。所以，空气里的氧气溶解于水膜里也能促使钢铁腐蚀，这种腐蚀叫作吸氧腐蚀。见图9－3－3。

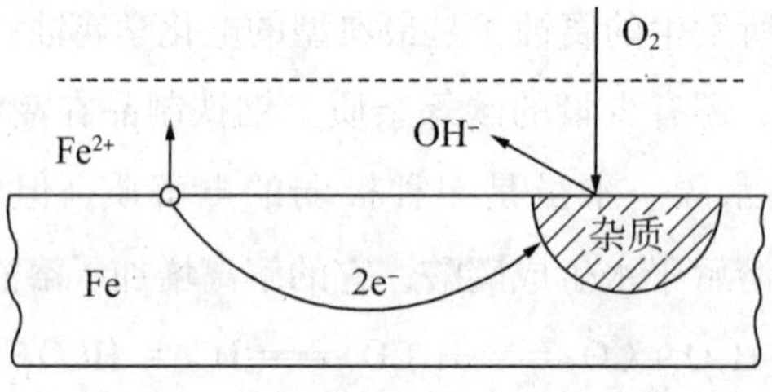

图9－3－3 钢铁的吸氧腐蚀示意图

吸氧腐蚀更普遍，钢铁等金属的腐蚀主要是这种吸氧腐蚀。

从本质上看，化学腐蚀和电化学腐蚀都是铁等金属原子失去电子被氧化的过程，但电化学腐蚀里伴有电流产生，而化学腐蚀里没有电流产生。在一般情况下，这两种腐蚀往往同时发生，只是电化学腐蚀比化学腐蚀要普遍得多。

金属的腐蚀程度决定于金属的本质和周围介质的影响两个方面。就金属本质来说，金属越活泼就越容易被腐蚀。有些金属如铝、锌、铬等，虽然比较活泼，但它们和周围介质作用时，由于生成一层致密的覆盖性良好的保护膜（通常是氧化膜）而使金属钝化，从而阻止了内层金属的腐蚀。

介质对金属腐蚀的影响也很大。金属在潮湿空气和电解质溶液中比在干燥空气中更容易腐蚀，空气中相对湿度越高，金属表面水膜越厚，空气中的氧透过水膜到金属表面作用，相对湿度达到一定数值时，腐蚀速度大幅上升，这个数值称为临界相对湿度，钢的临界相对湿度约为70%。环境温度与相对湿度关联，干燥的环境（沙漠）下，气温再高金属也不容易锈蚀，当相对湿度达到临界值时，温度的影响明显加剧，温度每增加10 ℃，锈蚀速度提高两倍，因此，在湿热带或雨季，气温越高，金属的锈蚀越严重。介质的酸性越强，金属也越容易被腐蚀；当介质中含有较多的Cl^-（如海水）时，会加速金属的腐蚀；大气中含有盐雾、二氧化硫、硫化氢和灰尘时，也会加速腐蚀，因此，不同环境下受腐蚀的大小差别是明显的，城市高于农村；工业区高于生活区；沿海高于内陆；高粉尘环境高于低粉尘环境。

二、金属的防护

既然金属的腐蚀是由于金属跟周围的介质发生了反应，那么，金属的防护当然也必须从金属和介质两方面来考虑。金属的防护通常采用下列方法。

1. 改变金属的内部结构

在钢铁中，加入其他金属成分（如铬、钼、钛等）制成合金。可大大地增强金属的抗腐蚀能力。例如，含铬18%的不锈钢能耐硝酸的腐蚀。

2. 在金属表面覆盖保护层

在金属表面覆盖一屋致密的保护层，将金属制品与周围介质隔离开来。如在金属表面涂喷一层油漆、搪瓷、塑料等非金属材料。或在金属表面镀上一层耐腐蚀的金属，如锌、锡、镍、铬等，可以防止腐蚀。

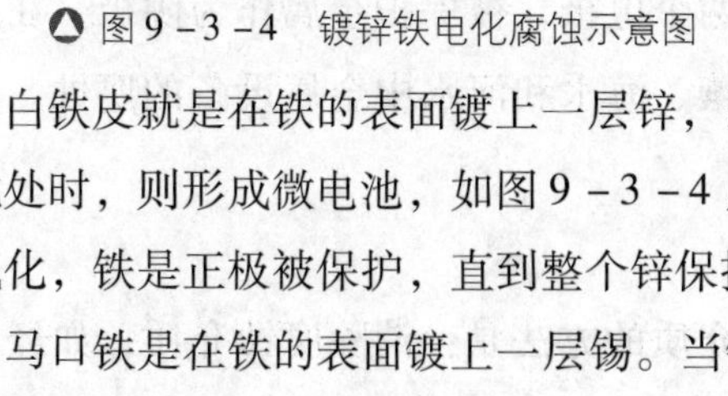

图9－3－4　镀锌铁电化腐蚀示意图

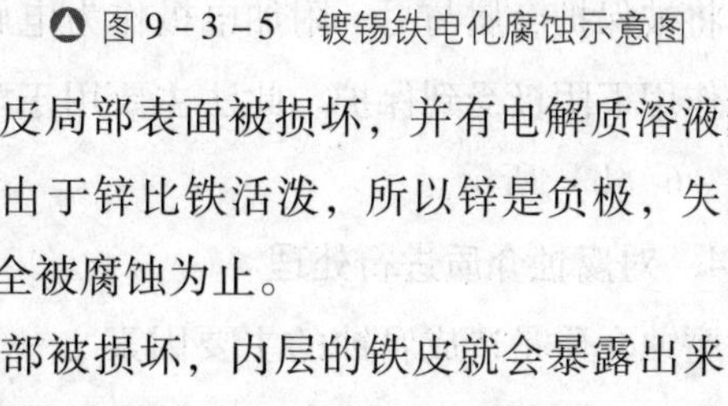

图9－3－5　镀锡铁电化腐蚀示意图

白铁皮就是在铁的表面镀上一层锌，当白铁皮局部表面被损坏，并有电解质溶液聚集在此处时，则形成微电池，如图9－3－4所示。由于锌比铁活泼，所以锌是负极，失电子被氧化，铁是正极被保护，直到整个锌保护层完全被腐蚀为止。

马口铁是在铁的表面镀上一层锡。当镀层局部被损坏，内层的铁皮就会暴露出来，接触到潮湿空气时，则形成微电池。由于铁比锡活泼，铁是负极，失去电子被氧化，锡是正极被保护，如图9－3－5所示。这样，镀锡的铁皮在镀层损坏的地方比没有镀锡的铁更容易遭受腐蚀。

显然，若用金属保护层防腐，在金属表面镀一层较活泼的金属比镀较不活泼的金属为好。因为锡无毒，所以马口铁常被用来做罐头盒。

此外，还有一种钝化膜保护法。如果将金属与强氧化剂作用，使金属表面形成一层致密而稳定的氧化膜亦可起到防腐蚀的作用。

3. 电化学保护法

电化学保护法是将被保护的金属作为腐蚀电池或电解池的阴极，常用的有牺牲阳极的阴极保护法和外加电流保护法。

(1) 牺牲阳极的阴极保护法

此法是将被保护金属做电池的阴极，在被保护的金属上连接一种更易失去电子的活泼金属作为阳极，当发生电化腐蚀时，作为阳极的活泼金属被消耗掉，作为阴极的金属被保护。例如，在轮船的尾部及船壳的水线以下处焊上若干锌块，由于锌比铁活泼，海水是电解质，锌便失去电子被腐蚀，轮船外壳（铁）得到了保护。在这个电化学过程中锌作为阳极而被腐蚀，保护了作为阴极的轮船外壳，所以叫作牺牲阳极的阴极保护法。锌块消耗完以后，可以换上新的锌块。如图9-3-6（a）所示。

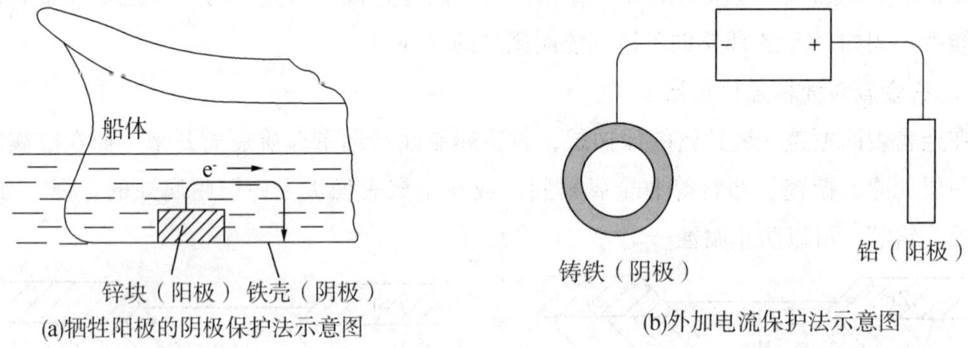

图9-3-6 电化学保护

(2) 外加电流保护法

将被保护金属与另一附加电极作为电解池的两个电极，被保护金属作为阴极，在直流电的作用下阴极受到保护。此法主要用于防止土壤、海水和河水中金属设备的腐蚀。如图9-3-6（b）所示。

4. 对腐蚀介质进行处理

腐蚀介质是造成腐蚀的主要因素之一。处理介质的方法是：消除腐蚀介质，如经常揩净金属器材，在精密仪器中放置干燥剂等；在腐蚀介质中加入少量能减慢腐蚀速度的物质（缓蚀剂），例如在锅炉用水中加入少量磷酸钠（Na_3PO_4），它与锅炉表面上的亚铁离子作用生成磷酸亚铁沉淀，紧密地吸附在锅炉表面上，相当于形成了一层保护膜，隔开了金属和腐蚀介质，从而起到防止锅炉腐蚀的作用。

综上所述，防止金属腐蚀的方法多种多样。对具体情况要做具体分析，采取不同的防腐方法。

单元小结

一、氧化还原反应

1. 氧化还原反应

从得失电子的观点看，凡是有电子转移（即电子得失或共用电子对偏移）的反应，就是氧化还原反应。物质失去电子的反应是氧化反应，物质得到电子的反应为还原反应。氧化还原反应的本质是发生了电子的转移。而元素原子的化合价的升高和降低是氧化还原反应的特征，也是判断是否发生氧化还原反应的依据。

2. 氧化剂和还原剂

在氧化还原反应中得到电子（或电子对偏向）的物质是氧化剂，失去电子（或电子对偏移）的物质是还原剂。

二、原电池

将化学能转变为电能的装置叫作原电池。一个原电池由两个半电池组成。组成半电池的导体叫作电极，即正极和负极。原电池的负极发生氧化反应，正极发生还原反应，在电极上发生的氧化或还原反应，称为该电极的电极反应。原电池中电子流向是从负极经导线流向正极。每个半电池都由同一元素的两种价态的物质组成，我们把低价态物质叫作还原态物质，高价态的物质叫作氧化态物质。氧化态物质和相应的还原态物质构成氧化还原电对，常用“氧化态/还原态”表示电对。

三、电极电势

1. 标准电极电势

每个电极所具有的电势叫作电极电势。电极电势的绝对值目前尚无法测定，但可测出其相对值。规定：温度为 298 K，与电极有关的离子浓度为 1 mol/L，有关气体的压力为 100.0 kPa 的标准状态下，所测得的电极电势称为某电极的标准电极电势。以标准氢电极为参比电极，则可测得其他电对的标准电极电势。

2. 标准电极电势的应用

(1) 应用标准电极电势可以比较各种物质在溶液中的氧化还原能力

标准电极电势值愈大，表明标准状态下电对中氧化态物质的氧化能力愈强，还原态物质的还原能力愈弱；标准电极电势值愈小，表明标准状态下电对中还原态物质的还原能力愈强，氧化态物质的氧化能力愈弱。

(2) 应用标准电极电势还可以判断氧化还原反应自发进行的方向

若 $E^{\ominus}>0$，则在标准状态下反应自发正向（向右）进行；

若 $E^{\ominus}<0$，则在标准状态下反应自发逆向（向左）进行；

若 $E^{\ominus}=0$，则在标准状态下体系处于平衡状态。

3. 影响电极电势值的因素

电极电势值的大小除了与电极本性有关外，温度、溶液浓度、气体压力以及介质的酸度等都是影响电极电势值的因素。电极电势值与溶液浓度之间的关系式，在 298 K 时：

$$\varphi_{\text{氧化态/还原态}}=\varphi^{\ominus}_{\text{氧化态/还原态}}+\frac{0.059\,2}{n}\lg\frac{[\text{氧化态}]}{[\text{还原态}]}$$

四、电解

电流通过电解质溶液或熔化的电解质引起的氧化还原的过程，叫作电解。电解是一种电能转变为化学能的过程。进行电解的装置叫作电解池或电解槽。在电解池中，阴离子在阳极失去电子发生氧化反应，阳离子在阴极得到电子发生还原反应。

综合测试

一、填空题

1. 氧化还原反应中，获得电子的物质是________剂，自身被________；失去电子的物质是________剂，自身被________。

2. 原电池的两极分别称为________极和________极，电子流出的电极称为________极，电子流入的电极称为________极，在________极发生氧化反应，在________极发生还原反应。

3. Cu－Fe 原电池的电池符号是____________________，其正极半反应式为____________________，负极半反应式为____________________，原电池反应为____________________。

4. 指出下列反应中的氧化剂和还原剂，并标出电子转移的方向和数目。

(1) $2Cu+S=\!=\!=Cu_2S$　氧化剂：____________，还原剂：____________；

（2）$H_2 + Cl_2 = 2HCl$　氧化剂：＿＿＿＿＿＿，还原剂：＿＿＿＿＿＿；

（3）$2CO + O_2 = 2CO_2$　氧化剂：＿＿＿＿＿＿，还原剂：＿＿＿＿＿＿；

（4）$2NaI + Cl_2 = 2NaCl + I_2$　氧化剂：＿＿＿＿＿＿，还原剂：＿＿＿＿＿＿；

（5）$MnO_2 + 4HCl = MnCl_2 + Cl_2 + 2H_2O$　氧化剂：＿＿＿＿＿＿，还原剂：＿＿＿＿＿＿。

5. 完成电解饱和氯化钠溶液的相关表格（参见图 3－1－7）。

项目	阳极	阴极
与电源正、负极的关系		
现象		
产物		
检验方法		
电极反应式		
反应属性（氧化或还原）		
总反应式		

二、选择题

1. 氧化还原反应的实质是（　　）。

A. 化合价的升降　B. 得氧和失氧　C. 有新物质生成　D. 电子的得失或偏移

2. 下列反应中，既是氧化还原反应又是化合反应的是（　　）。

A. $Na_2O + H_2O = 2NaOH$

B. $Fe + 2HCl = FeCl_2 + H_2$

C. $Cu(NO_3)_2 + 2NaOH = Cu(OH)_2\downarrow + 2NaNO_3$

D. $H_2 + Cl_2 = 2HCl$

3. 在反应 $2H_2S + 3O_2 = 2SO_2 + 2H_2O$ 中，做还原剂的是（　　）。

A. H_2S　B. O_2　C. SO_2　D. H_2O

4. 加入氧化剂才能实现的变化是（　　）。

A. $Cu^{2+} \rightarrow Cu$　B. $CO_3^{2-} \rightarrow CO_2$　C. $ClO_3^- \rightarrow ClO^-$　D. $HCl \rightarrow Cl_2$

5. 在原电池中，发生氧化反应的是（　　）。

A. 正极　B. 负极　C. 阴极　D. 阳极

6. 铁钉在下列哪种介质中腐蚀最严重？（　　）

A. 植物油　B. 氯化钠溶液

C. 醋酸溶液　D. 煮沸后迅速冷却的蒸馏水

7. 某氧化还原电对的标准电极电势数值较大，说明（　　）。

A. 该电对中氧化态的氧化能力较强

B. 该电对中还原态的还原能力较强

C. 该电对中氧化态的氧化能力和还原态的还原能力都较强

D. 该电对中氧化态的氧化能力和还原态的还原能力都较弱

8. 下图水槽中盛装的是海水，其中铁被腐蚀最慢的是（　　）。

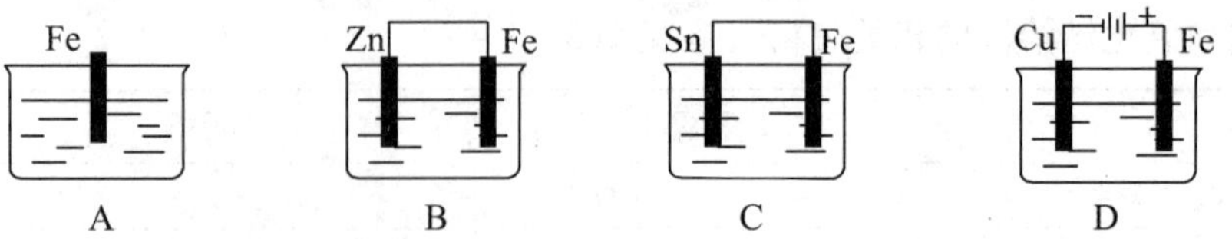

9. 下列有关铜锌原电池（电解质溶液是稀硫酸）的说法中，错误的是（　　）。

A. 锌极质量不断减少　　B. 电解质溶液中锌离子浓度增大

C. H^+在正极上放电　　D. 铜极质量不断减少

10. 以下现象与电化腐蚀无关的是（　　）。

A. 黄铜（铜锌合金）制作的铜锣不易产生铜绿

B. 生铁比软铁芯（几乎是纯铁）容易生锈

C. 铁质器件附有铜质配件，在接触处易生铁锈

D. 银质奖牌久置后表面变暗

三、根据标准电极电势表，判断下列反应进行的方向

1. $Ni^{2+} + Zn \xlongequal{} Ni + Zn^{2+}$

2. $SnCl_2 + 2FeCl_3 \xlongequal{} SnCl_4 + 2FeCl_2$

四、由下列氧化还原反应各组成一个原电池，写出各原电池的电极反应，并用符号表示各原电池。

1. $Cu + 2AgNO_3 \xlongequal{} Cu(NO_3)_2 + 2Ag$

2. $2FeCl_3 + Cu \xlongequal{} 2FeCl_2 + CuCl_2$

3. $SnCl_2 + HgCl_2 \xlongequal{} SnCl_4 + Hg$

五、简答题

在试管中加入适量的 2 mol/L 的 H_2SO_4 溶液，再加入一块纯锌，几乎看不到有 H_2 放出，再向试管中加入几滴 $CuSO_4$ 溶液，片刻后即可观察到有大量气泡产生。说明原因。

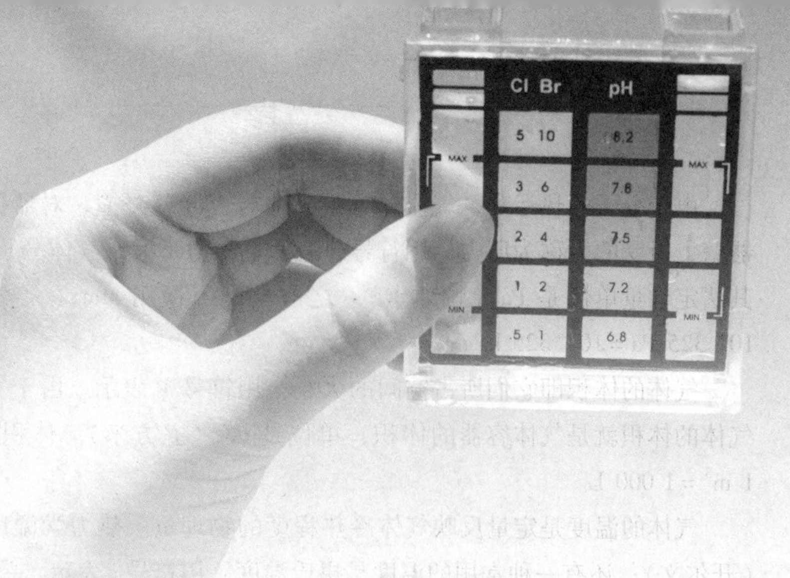

※第十单元 气体和溶液

任务一 了解气体的性质

任务描述

一、理想气体状态方程

1. 气体的性质

人类赖以生存的世界是一个由大量分子、原子等微观粒子聚集而成的物质世界。通常情况下，物质的聚集状态为气体、液体和固体，分别用符号 g、l、s 表示。在化工生产中，由于气体具有良好的流动性和混合性，所以许多物质以气态参加化学反应。

气体有各种各样的性质。对一定量的纯气体，压力、温度和体积是三个最基本的性质。对于气体混合物，基本性质还应包括组成。这些基本性质可以直接测定，常作为控制化工过程的主要指标和研究其他性质的基础。

由于分子的热运动，气体分子不断地与容器壁碰撞，对器壁产生作用力。单位面积容器壁上所受的力称为压力，用符号 p 表示。压力是大量气体分子对容器壁碰撞的宏观表现，其法定计量单位是 Pa（帕斯卡）。之前人们习惯用 atm（大气压）作压力单位，1atm = 101 325 Pa = 101. 325 kPa。

气体的体积即它们所占空间的大小，用符号 V 表示。由于气体能充满整个容器，所以气体的体积就是气体容器的体积，单位是 m^3（立方米）。体积也可用 L（升）作为单位，$1\ m^3 = 1\ 000\ L$。

气体的温度是定量反映气体冷热程度的物理量。热力学温度用符号 T 表示，单位是 K（开尔文）；还有一种常用的温度是摄氏温度，用符号 t 表示，单位是℃（摄氏度）。热力学温度与摄氏温度的关系是

$$T/\mathrm{K} = t/℃ + 273.15$$

2. 理想气体状态方程式

气体的性质受外界条件（如温度、压力）的影响特别大，尤其是气体的体积，直接和温度、压力有关。由于气体分子运动速度很快，而且随温度升高而增大，故气体具有扩散性；再者气体分子间有较大的空隙，气体具有较大的可压缩性。

在大量实验的基础上，总结出了一条普遍适用低压气体的体积 V、压力 p 与温度 T 之间的关系式，称为理想气体状态方程式，其数学表达式为：

$$pV = nRT \qquad (10-1-1)$$

式中：p——气体压力，Pa；

V——气体体积，m^3；

T——热力学温度，K；

n——气体的物质的量，mol；

R——摩尔气体常数，$R = 8.314\ \mathrm{J/(mol \cdot K)}$，其数值与气体的种类无关。

理想气体是指分子间没有作用力，分子体积为零的气体。这种气体实际上不存在，它只是一种科学抽象。但在低压及较高温度下，由于气体分子之间距离较大，分子间相互作用力很小，气体分子本身的体积与气体所占据的体积相比可忽略不计，这种状态下的气体可看作是理想气体。

理想气体状态方程十分有用，用它可以进行低压下气体的计算。在有了必要的实验数据之后，除了可计算气体的 p、V、T、n 外，还可以用来求算气体的密度、相对分子质量等。

【例 10-1-1】某厂氢气柜的设计容积为 $2.00 \times 10^3\ m^3$，设计容许压力为 5.00×10^3 kPa。设氢气为理想气体，问气柜在 298.15 K 时最多可装多少 kg 氢气？

解：
$$n = \frac{pV}{RT} = \frac{5.00 \times 10^6\ \mathrm{Pa} \times 2.00 \times 10^3\ \mathrm{m^3}}{8.314\ \mathrm{J/(mol \cdot K)} \times 298.15\ \mathrm{K}}$$
$$= 4.034 \times 10^6\ \mathrm{mol}$$

H_2 的摩尔质量 $M(H_2) = 2.016 \times 10^{-3}$ kg/mol，所以

$m = nM(H_2) = 4.034\times10^6\ \text{mol}\times2.016\times10^{-3}\ \text{kg/mol} = 8.133\times10^3\text{kg}$

将 $n=\dfrac{m}{M}$ 代入(10－1－1)式，理想气体状态方程又可表示为

$$pV=\frac{m}{M}RT \qquad (10-1-2)$$

【例 10－1－2】由气体管道输送 141.86 kPa、40 ℃的乙烯，求管道内乙烯的密度 ρ。

解：$pV=\dfrac{m}{M(C_2H_4)}RT$

$pM(C_2H_4)=\dfrac{m}{V}RT=\rho(C_2H_4)RT$

$$\rho(C_2H_4)=\frac{pM(C_2H_4)}{RT}=\frac{141.86\times10^3\ \text{Pa}\times28\times10^{-3}\ \text{kg/mol}}{8.314\ \text{J/(mol·K)}\times313.15\ \text{K}}$$

$$=1.526\ \text{kg/m}^3$$

所以，气体的密度 $\rho=\dfrac{pM}{RT}$　　(10－1－3)

式中：ρ——气体的密度，kg/m^3；

p——气体压力，Pa；

M——气体的摩尔质量，kg/mol；

T——热力学温度，K；

R——摩尔气体常数，$R=8.314$ J/(mol·K)。

通常，在相当于几百个 kPa 乃至几千个 kPa 的压力下，理想气体状态方程往往能满足一般工程计算的需要。

一般说来，对于难液化的气体，如 H_2、O_2 等，允许使用的压力就高一些，而对于容易液化的气体，如水蒸气、氨气等，允许使用的压力就低一些。

二、理想气体混合物

在科学实验和生产实际中，常遇到由多种气体组成的气体混合物。例如空气就是氮气、氧气和少量其他气体的混合物；合成氨原料气就是氢气和氮气的混合物。早在 19 世纪，科学家在对低压混合气体的实验研究中，总结出两条重要的定律，即道尔顿（Dalton）提出的分压定律和阿马格（Amagat）提出的分体积定律。

1. 分压定律

如果将几种彼此不发生化学反应的气体放在同一容器中，则各种气体如同单独存在时一样充满整个容器。当几种气体混合后，各种气体的压力将发生什么变化呢？1801 年道尔顿通过实验发现：混合气体的总压力等于各组分气体分压力之和。所谓某组分的分压力是指该组分在同一温度下单独占有混合气体的容积时所产生的压力。以上关系就称作道尔顿分压定律。

如图 10－1－1 所示，若用 p_A，p_B，p_C…分别表示气体 A，B，C 的压力，p 代表总压力，则道尔顿分压定律可表示为

$$p = p_A + p_B + p_C \tag{10-1-4}$$

事实上，我们不可能测量出混合气体中某组分气体的分压，只能测出混合气体的总压。怎样计算组分气体的分压力呢?

如图 10－1－1，对于混合气体中的某组分 B，占有的体积为 V，分压力为 p_B，物质的量为 n_B，由理想气体状态方程可知

$$p_B V = n_B RT \tag{10-1-5}$$

式（10－1－5）即为混合气体中某组分 B 的理想气体状态方程式。

$$p_B = \frac{n_B}{V}RT$$

即：混合气体中某组分气体的分压可以通过该组分气体的理想气体状态方程计算得出。

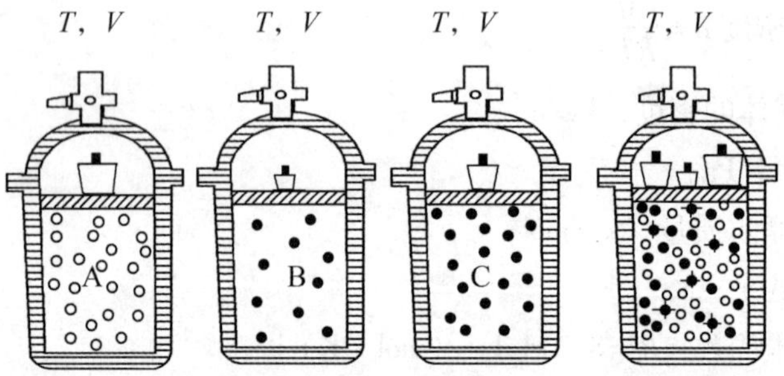

n（A），p（A） n（B），p（B） n（C），p（C） $n_{总}$，$p_{总}$

$n(A) + n(B) + n(C) = n_{总}$

$p(A) + p(B) + p(C) = p_{总}$

图 10－1－1　分压定律示意图

由道尔顿分压定律可知

$$p = p_A + p_B + p_C = \frac{n_A}{V}RT + \frac{n_B}{V}RT + \frac{n_c}{V}RT = \frac{n_A + n_B + n_C}{V}RT = \frac{n}{V}RT$$

即　$pV = nRT$

式中，p 为混合气体的压力，n 为混合气体的物质的量。由此可见，理想气体状态方程不仅适用于某一纯净气体，也适用于混合气体。

用式 $p_B V = n_B RT$ 除以式 $pV = nRT$，可得$\frac{p_B}{p} = \frac{n_B}{n}$，因为$\frac{n_B}{n} = y_B$

所以
$$y_B = \frac{p_B}{p}$$

或
$$p_B = y_B p \tag{10-1-6}$$

即：混合气体中某组分气体的分压等于该组分气体的摩尔分数与总压的乘积。

严格说来，分压定律仅适用于理想气体混合物和低压下的真实气体混合物。

【例 10-1-3】某容器中含有 NH_3、O_2、与 N_2 的混合物。取样分析后，得知其中 $n(NH_3)=0.32\ mol$，$n(O_2)=0.18\ mol$，$n(N_2)=0.70\ mol$，混合气体的总压 $p=133\ kPa$。试计算各组分气体的分压。

解：$n=n(NH_3)+n(O_2)+n(N_2)$

$=0.32\ mol+0.18\ mol+0.70\ mol$

$=1.20\ mol$

由 $p_B=y_Bp$

$$p(NH_3)=\frac{n(NH_3)}{n}p=\frac{0.32}{1.20}\times 133\ kPa\approx 35.5\ kPa$$

$$p(O_2)=\frac{n(O_2)}{n}p=\frac{0.18}{1.20}\times 133\ kPa\approx 20.0\ kPa$$

$$p(N_2)=p-p(NH_3)-p(O_2)=133\ kPa-35.5\ kPa-20.0\ kPa=77.5\ kPa$$

【例 10-1-4】1 mol N_2 和 3 mol H_2 混合，在 298.15 K 时体积为 4.0 m^3。求混合气体的总压力和各组分的分压力。（设混合气体为理想气体混合物）

解：方法①　$n=n(N_2)+n(H_2)=1\ mol+3\ mol=4\ mol$

$$p=\frac{nRT}{V}=\frac{4\ mol\times 8.314\ J/(mol\cdot K)\times 298.15\ K}{4.00\ m^3}$$

$=2478.8\ Pa$

$=2.48\ kPa$

$$p(N_2)=y_{N_2}\cdot p=\frac{n(N_2)}{n}p=\frac{1\ mol}{4\ mol}\times 2.48\ kPa=0.62\ kPa$$

$$p(H_2)=y_{H_2}\cdot p=\frac{n(H_2)}{n}p=\frac{3\ mol}{4\ mol}\times 2.48\ kPa=1.86\ kPa$$

方法②　根据 $p_BV=n_BRT$

则 $p(N_2)V=n(N_2)RT$

$$p(N_2)=\frac{n(N_2)RT}{V}=\frac{1\ mol\times 8.314\ J/(mol\cdot K)\times 298.15\ K}{4.00\ m^3}=619.7\ Pa$$

$=0.62\ kPa$

$$p(H_2)=\frac{n(H_2)RT}{V}=\frac{3\ mol\times 8.314\ J/(mol\cdot K)\times 298.15\ K}{4.00\ m^3}=1\,859.1\ Pa$$

$=1.86\ kPa$

道尔顿分压定律对于研究气体混合物非常重要。在实验室中常用排水取气法收集气体（图 10-1-2）。用这种方法收集的气体中总是含有饱和的水蒸气。在这种情况下所测出的压力实际是混合气体的总压力，即

$$p（总压）=p（气体）+p（水蒸气）$$

水的饱和蒸气压仅与水的温度有关，因此气体的分压力是总压减去该温度下水的饱和蒸气压。

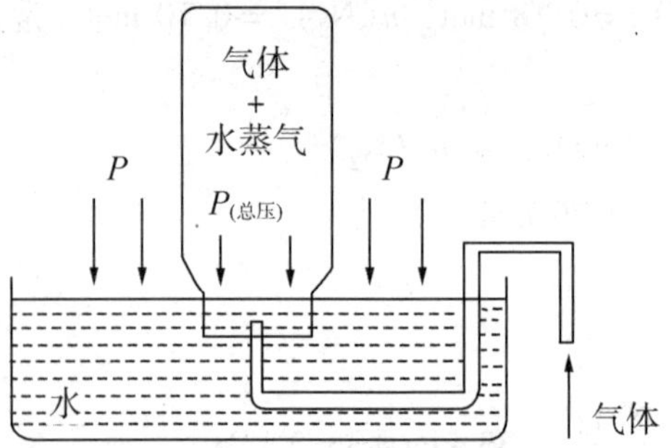

图 10-1-2 排水取气法收集气体

【例 10-1-5】在实验室用排水集气法收集制取的氢气，在 20 ℃和 100.6 kPa 压力下，收集了 400 mL 气体，求制得氢气的质量。已知 20 ℃时水的饱和蒸气压是 2.34 kPa。

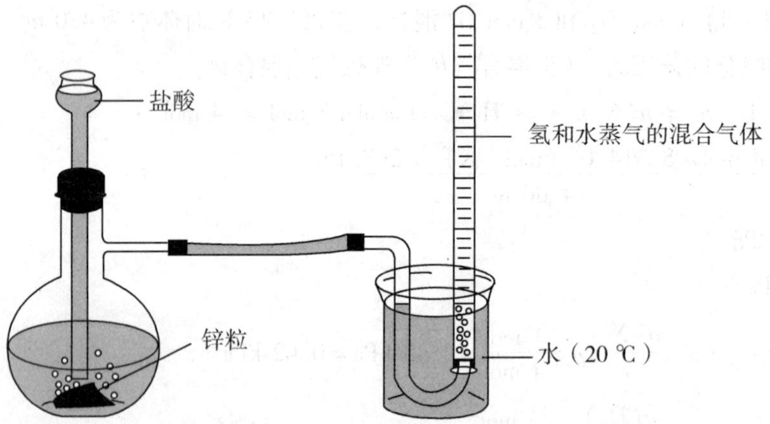

图 10-1-3 排水取气法收集氢气

解：排水法制得的气体并非纯氢气，而是氢气和水蒸气的混合物。

$P(H_2)=100.6\ \text{kPa}-2.34\ \text{kPa}=98.26\ \text{kPa}$

需要注意的是，H_2 占有总体积时，产生的是分压力。所以，下列公式中的 V 是总体积。

根据公式 $p(H_2)\ V=n(H_2)\ RT$ 得

$$98.26\times10^3\ \text{Pa}\times400\times10^{-6}\text{m}^3=\frac{m(H_2)}{2\ \text{g/mol}}\times8.314\ \text{J}\ (\text{mol}\cdot\text{K})\ \times\ (273.15+20)\ \text{K}$$

$m(H_2)=0.032$ g。

答：制得氢气 0.032 克。

2. 分体积定律

在实际工作中，进行混合气体组分分析时，常采用量取组分分体积的方法。所谓分体积，是指组分气体单独存在，并具有与混合气体相同的温度和压力时所占有的体积。混合气体的总体积等于各组分气体的分体积之和。这就是阿马格分体积定律。

在图 10－1－4 中，V（A）、V（B）、V（C）分别表示 A、B、C 三种组分气体的分体积，V 为混合气体的总体积。

$$V = V_A + V_B + V_C \tag{10-1-7}$$

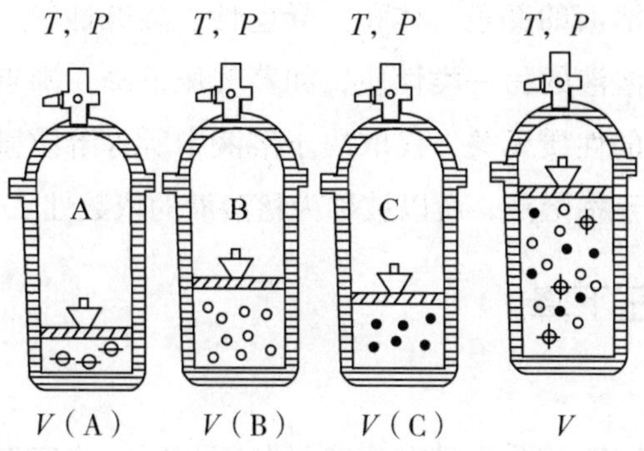

图 10－1－4　分体积示意图

例如，在某一温度和压力下，CO 和 CO_2 混合气体的体积为 100 mL。将混合气体通过氢氧化钠溶液，其中 CO_2 被吸收，量得剩余的 CO 在同温同压下的体积为 40 mL。则 CO 的分体积为 40 mL，CO_2 的分体积为 60 mL。

将分体积的概念代入理想气体状态方程式得：

$$pV_B = n_B RT \tag{10-1-8}$$

式中：p 为混合气体总压力；V_B 为组分气体的分体积；n_B 为组分 B 的物质的量。

用 $pV = nRT$ 除 $pV_B = n_B RT$，则得：$\dfrac{V_B}{V} = \dfrac{n_B RT/p}{nRT/p} = \dfrac{n_B}{n} = y_B$

$$V_B = y_B V \tag{10-1-9}$$

即：混合气体中某组分气体的分体积等于该组分气体的摩尔分数与总体积的乘积。

根据式（10－1－6）、（10－1－8）和（10－1－9），可得：

$$y_B = \frac{n_B}{n} = \frac{V_B}{V} = \frac{p_B}{p} \tag{10-1-10}$$

【例 10－1－6】某种只含 CO_2 一个酸性组分的混合气体，于室温和常压下取样 100.0 mL。经过氢氧化钠溶液充分洗涤后，在同样温度和压力条件下，测得剩余气体的体积为 90.50 mL。求混合气体中 CO_2 的摩尔分数。（设混合气体为理想气体混合物）

解：设混合气体中 CO_2 的分体积为 $V(CO_2)$，其余组分的分体积之和为 V(余)，则混合气体总体积：V(总) = $V(CO_2)$ + V余

$V(CO_2)$ = V(总) − V(余) = 100.0 mL − 90.50 mL = 9.50 mL

$$y(CO_2) = \frac{V(CO_2)}{V} = \frac{9.50\ \text{mL}}{100.00\ \text{mL}} = 0.095$$

任务二 了解稀溶液的依数性

溶液的某些性质，如溶液的颜色、体积、导电性、酸碱性等，与溶质的性质有关，溶质不同，则性质各异。而溶液的另一类性质，如蒸气压下降、沸点升高、凝固点降低以及溶液的渗透压等，与溶质的性质无关，仅取决于溶液中所含溶质微粒数目的多少，由于这类性质的变化规律只适用于稀溶液，所以被称为稀溶液的依数性。

一、溶液的蒸气压下降

1．液体的蒸气压

在液体中分子运动的速度及分子具有的能量各不相同，速度有快有慢，大多处于中间状态。液体表面某些运动速度较大的分子所具有的能量足以克服分子间的引力而逸出液面，成为气态分子，这一过程叫蒸发。如图 10－2－1（a）所示。

在一定的温度下，蒸发将以恒定速度进行。液体如果处于一敞口容器中，液态分子不断吸收周围的热量，使蒸发过程不断进行，液体将逐渐减少。若将液体置于密闭容器中，情况就有所不同。一方面，液体分子进行蒸发变成气态分子；另一方面，一些气态分子撞击液体表面会重新返回液体，这个与液体蒸发现象相反的过程叫作凝聚。如图 10－2－1（b）所示。

初始时，由于没有气态分子，凝聚速度为零，随着气态分子逐渐增多，凝聚速度逐渐增大，直到凝聚速度等于蒸发速度，即在单位时间内，脱离液面变成气体的分子数等于返回液面变成液体的分子数，达到蒸发与凝聚的动态平衡。如图 10－2－1（c）所示。

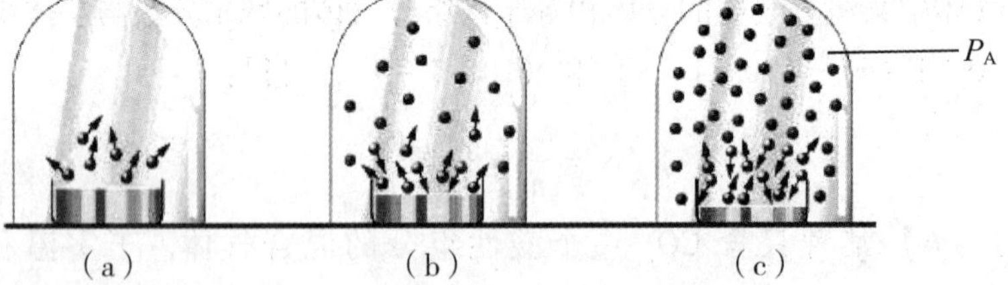

图 10－2－1 液体的蒸发过程示意图

此时，在液体上方的蒸气量不再改变，蒸气便具有恒定的压力。在恒定温度下，与液体平衡的蒸气称为饱和蒸气，饱和蒸气的压力就是液体在该温度下的饱和蒸气压，简称蒸气压。用表示纯液体 A 的饱和蒸气压。液体的蒸气压随温度的升高而增大。表 10－2－1 列出了不同温度下水的饱和蒸气压，温度越高，水的饱和蒸气压越大。

表 10-2-1　不同温度下水的饱和蒸气压

温度/℃	蒸气压/kPa	温度/℃	蒸气压/kPa
0	0.61	30	4.24
5	0.87	50	12.33
10	1.23	70	31.16
15	1.71	80	47.34
20	2.33	90	70.10
25	3.17	100	101.32

蒸气压是物质的一种特性。在一定温度下，物质的蒸气压大说明该物质在该温度时较易挥发。例如，25 ℃时，水的蒸气压为 3.17 kPa，乙醇的蒸气压为 5.95 kPa，则乙醇比水易挥发。皮肤擦上酒精时，由于乙醇迅速蒸发带走热量而感到清凉。

表 10-2-2 列出了 20 ℃时不同液体的饱和蒸气压，从中可以看出，20 ℃时乙醚最易挥发，其次是苯、乙醇、水和汞。

表 10-2-2　不同液体的饱和蒸气压（20 ℃）

物质	水	乙醇	苯	乙醚	汞
蒸气压/kPa	2.33	5.85	9.96	57.6	1.6×10^{-4}

固体也具有一定的蒸气压，也随温度的升高而增大。见表 10-2-3。

表 10-2-3　不同温度下冰的蒸气压

温度/K	248	253	258	263	268	272	273
蒸气压/kPa	0.063 5	0.103 5	0.163 5	0.260 0	0.401 3	0.562 6	0.610 6

2. 溶液的蒸气压下降

在一定温度下，纯液体的蒸气压 p_A^* 为一定值。但将难挥发的溶质 B 溶入溶剂 A 形成稀溶液后，稀溶液的蒸气压要比纯溶剂的蒸气压低。这是由于溶剂的部分表面被溶质分子占据，阻碍了溶剂分子的挥发，从而在单位时间内逸出液面的溶剂分子比纯溶剂减少，当达到平衡时，溶液的蒸气压低于纯溶剂的蒸气压。

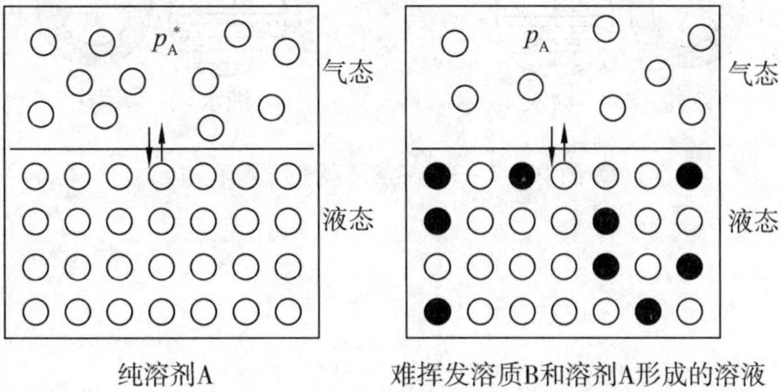

图 10-2-2　溶液蒸气压下降示意图

1887 年，法国物理学家拉乌尔（F · M · Raoult）根据大量实验结果，总结出一条规律：在一定温度下，难挥发非电解质稀溶液的蒸气压等于纯溶剂的蒸气压与溶剂摩尔分数的乘积。这就是拉乌尔定律。它可用下式来表示：

$$p_{A} = p_{A}^{*} \cdot x_{A} \qquad (10-2-1)$$

若溶液中只有溶剂 A 和溶质 B 两个组分，则 $x_{B} = 1 - x_{A}$，故拉乌尔定律也可写成

$$\Delta p = p_{A}^{*} - p_{A} = p_{A}^{*} - p_{A}^{*} \cdot x_{A} = p_{A}^{*}(1 - x_{A}) = p_{A}^{*} \cdot x_{B} \qquad (10-2-2)$$

式中：Δp——稀溶液的蒸气压下降值，Pa；

p_{A}^{*}—— 纯溶剂的饱和蒸气压，Pa；

p_{A}—— 稀溶液的蒸气压，Pa。

即：在一定温度下，难挥发的非电解质稀溶液的蒸气压降低值与溶解在溶剂中的溶质的摩尔分数成正比。这是拉乌尔定律的另一种表达方式。

由式（10－2－2）可知，稀溶液的蒸气压降低只与溶质的微粒数目有关，与溶质的本性无关。

即：稀溶液的蒸气压降低具有依数性。

想一想

经过一段时间后，图 10－2－3 密闭仪器内汞柱的高度会发生什么变化？

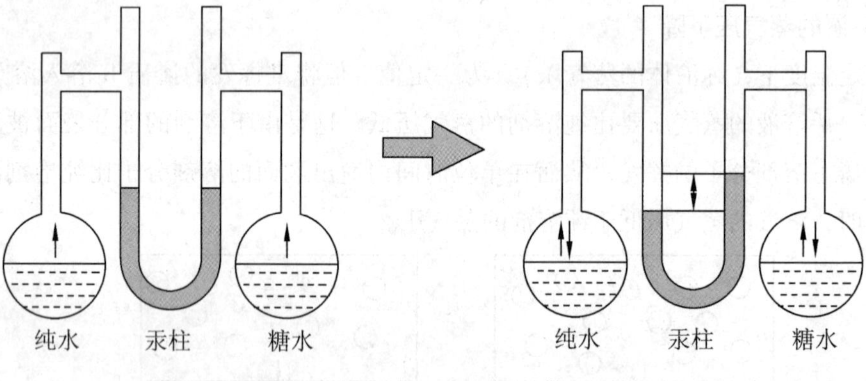

图 10－2－3　稀溶液蒸气压下降实验

小知识

法国化学家——拉乌尔

拉乌尔（Raoult F. M.，1830—1901）法国化学家，从事溶液性质的研究。自 1867 年至他 1901 年逝世一直任格勒诺勃大学化学教授。拉氏发现了水溶液的冰点降低与溶质的摩尔分数成正比。他研究了电解质溶液冰点降低，其结果为阿仑尼乌斯提出的电解质在溶液中以离子存在的理论提供了佐证。拉乌尔最有价值的发现是溶剂与溶液平衡时的蒸气压与溶液中溶剂的摩尔分数成正比，现称为拉乌尔定律。

二、溶液的沸点升高

1. 液体的沸点

在敞口容器内加热液体，最初会看到不少细小气泡从液体中逸出，这种现象是由于溶解在液体中的气体因温度升高，溶解度减小引起的。当达到一定温度时，整个液体内部都冒出大量气泡，气泡上升至表面，随即破裂而逸出，这种现象叫沸腾。此时，气泡内部的压力至少应等于液面上的压力，即外界压力（对敞口容器来说就是大气压力），而气泡内部的压力为蒸气压。故液体沸腾的条件是液体的蒸气压等于外界压力，沸腾时的温度叫作该液体的沸点。换言之，液体的蒸气压等于外界压力时的温度即为液体的沸点，用 T_b 表示。如果此时外界压力为 101.325 kPa，液体的沸点就叫正常沸点。例如，水的正常沸点为 373.15 K（100 ℃），乙醇的正常沸点为 351.55 K（78.4 ℃）。

显然，液体的沸点随外界压力而变化。水的正常沸点为 373.15 K，而在高压锅中，压力是常压的 2 倍，水的沸点甚至高达 393 K（120 ℃）。在海拔高的地方大气压力低，水的沸点也低，达不到 373 K，所以食物难以煮熟；用真空泵将水面上的压力减至 3.2 kPa 时，水在 298.15 K 就能沸腾；在提取和精制对热不稳定物质时，可在减压下进行蒸馏，从而降低蒸发温度，避免高温加热对这些物质的破坏。

2. 溶液的沸点升高

实验证明，溶液的沸点高于纯溶剂的沸点，这一现象称为溶液的沸点升高。溶液沸点升高是溶液的蒸气压下降造成的。

在水中加入难挥发的溶质之后，由于溶液的蒸气压下降，在 373 K 时溶液的蒸气压

$p_A < 101.3$ kPa，因此溶液不会沸腾。只有将溶液的温度继续升高到 T_b，此时溶液的蒸气压等于 $P_A = 101.3$ kPa，溶液才会沸腾。如图 10－2－4 所示。所以溶液的沸点高于水的沸点，或者说溶液的沸点高于纯溶剂的沸点。

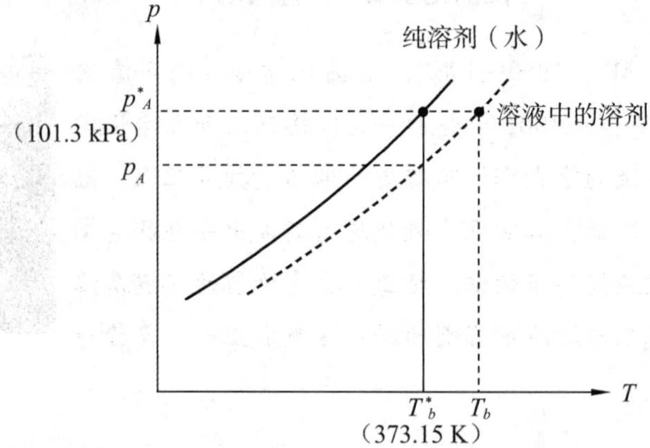

图 10－2－4　稀溶液沸点升高示意图

实验证明，稀溶液的沸点升高只与溶质的微粒数目有关，与溶质的本性无关。

即：稀溶液的沸点升高具有依数性。

三、溶液的凝固点降低

1. 固体的凝固点

多数固体物质受热时能熔化成液体，但有少数固体物质并不经过液体阶段而直接生成气体，这种现象叫作升华。在寒冷的冬天，冰和雪会因升华而消失。因此，与液体一样，固体物质也有饱和蒸气压，并随温度升高而增大。但绝大多数固体的饱和蒸气压很小。例如，冰在不同温度下的蒸气压：

t/℃	0	−1	−5	−10	−15
p/Pa	611	562	402	260	165

某物质的凝固点是该物质的液相和固相达到平衡时的温度。从蒸气压的角度看，也就是该物质的液相蒸气压和固相蒸气压相等时的温度。

在图 10－2－5 中，水的饱和蒸气压和冰的饱和蒸气压在 A 点相等，对应的温度是 273.15K，这就是水的凝固点。

2. 溶液的凝固点下降

以纯水为例来说明水的凝固点下降。在水中加入少量非挥发性的溶质以后，形成了水溶液，此时溶液的蒸气压下降。当溶液的温度冷却到 0 ℃时，水溶液并不结冰，因为此时冰的饱和蒸气压与溶液的饱和蒸气压不相等（两条蒸气压曲线不相交）。为了使溶液结冰，则必须进一步降低温度。当温度降低到 T_f 时，两条蒸气压曲线相交，温度 T_f 即为溶液的凝固点，显然，它比纯水的凝固点 T_f^* 低。如图 10－2－5 所示。

造成溶液凝固点下降的原因是溶液的蒸气压下降。

实验证明，稀溶液的凝固点降低只与溶质的微粒数目有关，与溶质的本性无关。即：稀溶液的凝固点降低具有依数性。

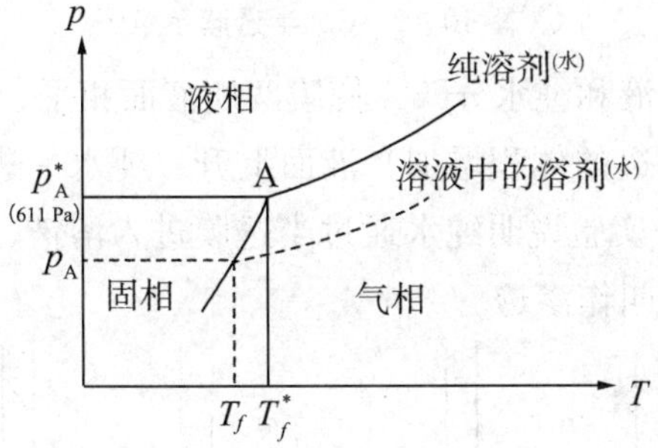

图 10－2－5　稀溶液凝固点降低示意图

在生产和实验中，溶液的凝固点下降这一性质得到了广泛应用。例如，冰和盐的混合物常用来做制冷剂。冰的表面总是附有少量水，当撒上盐后，盐溶解在水中化成溶液，此时溶液的蒸气压下降。当它低于冰的蒸气压时，冰就要融化。随着冰的融化，要吸收大量的热，于是冰盐混合物的温度就降低。采用 NaCl 和冰，温度可降低到 －22 ℃，用 $CaCl_2 \cdot 2H_2O$ 和冰，可降低到 －55 ℃。在水产和食品储藏及运输中，广泛使用食盐和冰混合而成的冷却剂。

生物化学研究结果表明，溶液蒸气压下降和凝固点下降的规律，有助于植物的耐寒性和抗旱性，当外界温度与常温差异较大时，无论是升高还是降低，植物细胞中的有机体就会产生大量的可溶性碳水化合物，从而增大细胞汁的浓度，细胞汁浓度越大，凝固点就越低。因此，在低于 0 ℃时，细胞汁也不会冰冻，增强了植物的耐寒能力。另外，细胞汁浓度越大，其蒸气压越小，在温度较高时，植物蒸发过程进行得越慢，极大地增强了植物的抗旱能力。

四、溶液的渗透压

1. 渗透现象

有这样一种膜，膜上具有微小的孔，只能允许比较小的溶剂分子（例如水分子）通过，而不能允许较大的溶质分子（例如蛋白质分子、蔗糖分子等）通过，这种膜称为半透膜。动物的肠衣、动植物的细胞膜、毛细血管壁、人工制备的羊皮纸、火棉胶等，都具有半透膜的性质。如图 10－2－6 所示。

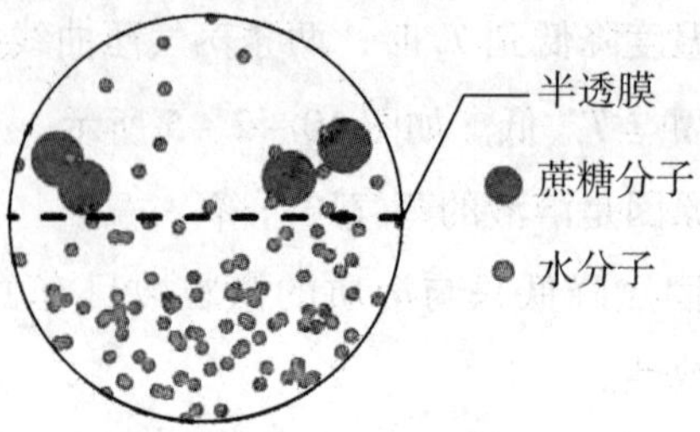

图 10－2－6　半透膜示意图

用一个半透膜将蔗糖溶液和纯水分开，使膜两侧液面相平，如图 10－2－7（a）所示。过一段时间会发现，溶液一边的体积增加，液面上升，纯水一边体积减小，液面下降，如图10－2－7（b）所示；这个实验说明纯水通过半透膜进入溶液，这种溶剂分子通过半透膜自动进入溶液的单方向扩散叫作渗透。

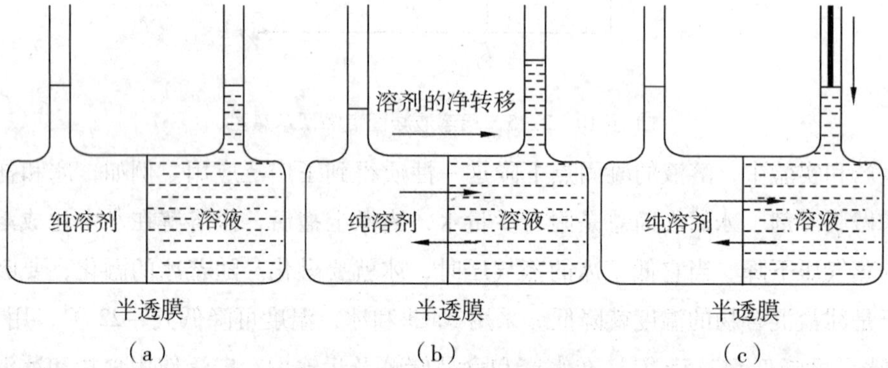

图 10－2－7　渗透现象和渗透压

上述渗透现象产生的原因是蔗糖分子不能透过半透膜，而水分子却可以自由通过半透膜。由于膜两侧单位体积内水分子数目不等，水分子在单位时间内从纯水（或稀溶液）进入蔗糖溶液的数目，要比蔗糖溶液中水分子在同一时间内进入纯水（或稀溶液）的数目多，因而产生了渗透现象。

渗透现象的产生必须具备两个条件：一是有半透膜存在，二是半透膜两侧必须是两种不同浓度的溶液。渗透的方向总是溶剂分子从纯溶剂向溶液渗透，或是溶剂分子从稀溶液向浓溶液进行渗透。

2．渗透压

如果有足够多的纯水，渗透是否会永无止境地进行下去呢？

随着蔗糖溶液液面的升高，液柱的静水压增大，水分子从溶液进入纯水的速度加快。当静水压增大至一定值后，水分子从两个相反方向通过半透膜的速度相等，管内液面停止上升，渗透作用达到平衡，称为渗透平衡。此时蔗糖管液面与纯水管液面相差的高度（水压）即溶液的渗透压。

为了使渗透现象不发生，必须在溶液液面上施加一个额外的压力。国家标准规定：为维持只允许溶剂分子通过的膜所隔开的溶液与溶剂之间的渗透平衡而需要在溶液液面上施加的超额压力等于渗透压力。用符号 Π 表示，单位为 Pa 或 kPa。如图 10－2－7（c）所示。

实验证明，稀溶液的渗透压只与溶质的微粒数目有关，与溶质的本性无关。即：稀溶液的渗透压具有依数性。

想一想

在图 10－2－8（a）中，烧杯内盛有蒸馏水，漏斗内盛有糖水；一段时间后，漏斗内水位上升，如图 10－2－8（b）所示。说明原因。

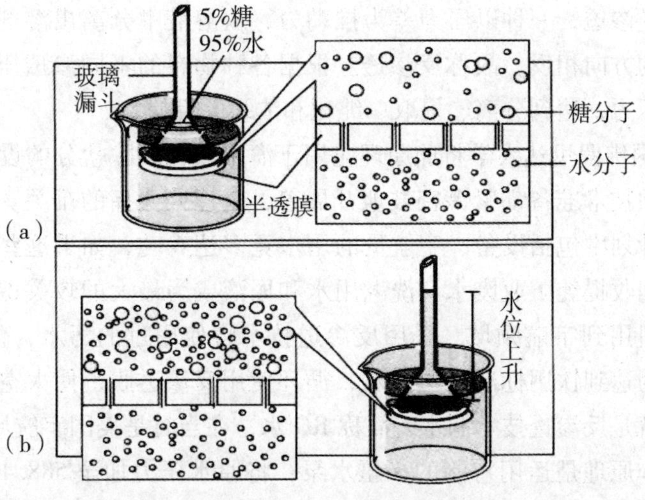

图 10－2－8　渗透现象

用渗透压解释下列现象：人在淡水中游泳，会觉得眼球胀痛；淡水鱼和海水鱼不能互换生活环境；施过化肥的农作物，需要立即浇水，否则化肥会“烧死”植物；因失水而发蔫的花草，浇水后可重新复原。

渗透现象对生物特别是植物的生长有重大的意义。水分的传递、养料的吸收无不与渗透密切相关，渗透压是引起水分从植物根部上升以及水分在植物体内移动的主要力量之一。一般植物细胞汁的渗透压约为 2 000 kPa，所以水分可从植物的根部运送到数十米高的顶端。

在动物组织中，渗透压可达 800 kPa，动物有机体具有保持渗透压恒定的能力。当动物吃进大量含盐高的食物时，其有机体中可溶性物质（盐、糖）等增加，使组织中的渗透压升高，或者当有机体失去水分（例如以汗液的形式）时，其渗透压也会升高，有机体为使渗透压维持正常，会引起口渴的感觉，饮水后可减小组织中可溶物的浓度，从而使升高的渗透压降下来。

在医学上知道溶液和体液的渗透压是非常重要的。通常把渗透压相等的两种溶液叫作等渗溶液。人的血液的渗透压平均为 780 kPa，当需要给危重病人补充水分和营养时，就需要采用静脉注射 5% 的葡萄糖或 0.9% 的生理盐水。这两种浓度的溶液是与人体红细胞等渗透压的溶液，又称为“生理等渗溶液”。

3．反渗透

早在1950年，美国科学家DR. S. Sourirajan无意中发现海鸥在海上飞行时从海面啜起一大口海水，隔了几秒后吐出一小口的海水。他由此而产生疑问：陆地上由肺呼吸的动物绝对无法饮用高盐分的海水，那为什么海鸥就可以饮用海水呢？这位科学家把海鸥带回了实验室，经过解剖发现，在海鸥嗉嗉位置有一层薄膜，该薄膜构造非常精密。海水经由海鸥吸入体内后加压，再经由压力作用将水分子贯穿渗透过薄膜转化为淡水，而含有杂质及高浓缩盐分的海水则吐出嘴外，这就是后来反渗透法的基本理论架构。

反渗透又称逆渗透，一种以压力差为推动力，从溶液中分离出溶剂的膜分离操作。因为它和自然渗透的方向相反，故称反渗透。根据各种物料的不同渗透压，就可以使用大于渗透压的反渗透压力，达到分离、提取、纯化和浓缩的目的。

1953年由美国佛罗里达大学将此原理应用于海水淡化去除盐分的设备。1968年，美国阿波罗登月的各项技术准备都紧锣密鼓地开展着，最让人头痛的难关竟是最普通的水。当时核算整个登月计划中包括设备、宇航员的用水竟多达6吨，如果这些水能重复使用则只需少量水。如何回收提纯工业废水、洗漱用水和尿液成为最大的攻关课题。于是反渗透膜这一技术很快被引用到宇航领域。采用反渗透技术将使用过的污水，包括尿液等排泄物，经过净化处理成为达到饮用标准的再生水，循环使用反渗透膜，使太空船不用运载大量的饮用水升空。这就是反渗透技术制水，简称RO水，在当时是美国宇航局的绝密专利。

反渗透的工作原理是运用特制的高压水泵，将原水压力加至588.40～882.60 kPa，使原水在压力的作用下渗透过孔径只有0.000 1 μm的反渗透膜。化学离子和细菌、真菌、病毒体不能通过，随废水排出，只允许体积小于0.000 1 μm的水分子和氧分子通过。该原理在不改变水的性状与氧溶量的前提下，达到了水的净化。

反渗透技术自20世纪70年代起开始装备潜艇、航母和作战舰艇，用于将海水直接制成饮用水；20世纪90年代初，反渗透膜过滤技术开始引进我国，现在反渗透膜技术已经成为家用净水器普遍使用的一项净化技术。

反渗透膜是实现反渗透的核心元件，是一种模拟生物半透膜制成的具有一定特性的人工半透膜，一般用高分子材料制成。如醋酸纤维素膜、芳香族聚酰肼膜、芳香族聚酰胺膜。表面微孔的直径一般在0.5～10 nm，透过性的大小与膜本身的化学结构有关。有的高分子材料对盐的排斥性好，而水的透过速度并不好；有的高分子材料化学结构具有较多亲水基团，因而水的透过速度相对较快。因此，一种满意的反渗透膜应具有适当的渗透量或脱盐率。

反渗透膜能截留水中的各种无机离子、胶体物质和大分子溶质，从而取得净水；也可用于大分子有机物溶液的预浓缩。由于反渗透过程简单，能耗低，近20年来得到迅速发展，现已大规模应用于海水和苦咸水淡化、锅炉用水软化和废水处理，并与离子交换结合制取高纯水。目前，反渗透技术应用范围正在扩大，已开始用于乳品、果汁的浓缩以及生化和生物制剂的分离和浓缩方面。

附　录

附录一　酸、碱和盐的溶解性表（20℃）

阳离子 \ 阴离子	OH^-	NO_3^-	Cl^-	SO_4^{2-}	S^{2-}	SO_3^{2-}	CO_3^{2-}	SiO_3^{2-}	PO_4^{3-}
H^+		溶、挥	溶、挥	溶	溶、挥	溶、挥	溶、挥	微	溶
NH_4^+	溶、挥	溶	溶	溶	溶	溶	溶	溶	溶
K^+	溶	溶	溶	溶	溶	溶	溶	溶	溶
Na^+	溶	溶	溶	溶	溶	溶	溶	溶	溶
Ba^{2+}	溶	溶	溶	不	—	不	不	不	不
Ca^{2+}	微	溶	溶	微	—	不	不	不	不
Mg^{2+}	不	溶	溶	溶	—	微	微	不	不
Al^{3+}	不	溶	溶	溶	—	—	—	不	不
Mn^{2+}	不	溶	溶	溶	不	不	不	不	不
Zn^{2+}	不	溶	溶	溶	不	不	不	不	不
Cr^{3+}	不	溶	溶	溶	—	—	—	不	不
Fe^{2+}	不	溶	溶	溶	不	不	不	不	不
Fe^{3+}	不	溶	溶	溶	—	—	不	不	不
Sn^{2+}	不	溶	溶	溶	不	—	—	—	不
Pb^{2+}	不	溶	微	不	不	不	不	不	不
Bi^{3+}	不	溶	—	溶	不	不	不	—	不
Cu^{2+}	不	溶	溶	溶	不	不	不	不	不
Hg^+	—	溶	不	微	不	不	不	—	不
Hg^{2+}	—	溶	溶	溶	不	不	不	—	不
Ag^+	—	溶	不	微	不	不	不	不	不

附录二　弱酸、弱碱的解离常数(25℃)

弱　酸	化学式	K_{a1}	K_{a2}	K_{a3}	K_{a4}
铝酸	H_3AlO_3	6.3×10^{-12}			
砷酸	H_3AsO_4	6.3×10^{-3}	1.05×10^{-7}	3.15×10^{-12}	
亚砷酸	H_3AsO_3	6.0×10^{-10}			
硼酸	H_3BO_3	5.8×10^{-10}	1.8×10^{-13}	1.6×10^{-14}	
甲酸	HCOOH	1.77×10^{-4}			
醋酸	CH_3COOH	1.8×10^{-5}			
氯代醋酸	$ClCH_2COOH$	1.4×10^{-3}			
草酸	$H_2C_2O_4$	5.4×10^{-2}	5.4×10^{-5}		
酒石酸	$H_2C_4H_4O_6$	1.12×10^{-2}	1.0×10^{-4}		
柠檬酸	$H_3C_6H_5O_7$	7.4×10^{-4}	1.73×10^{-5}	4×10^{-7}	
碳酸	H_2CO_3	4.2×10^{-7}	5.6×10^{-11}		
次氯酸	HClO	3.2×10^{-8}			
氢氰酸	HCN	6.2×10^{-10}			
硫氰酸	HSCN	1.4×10^{-1}			
铬酸	H_2CrO_4	9.55	3.15×10^{-7}		
氢氟酸	HF	6.6×10^{-4}			
碘酸	HIO_3	1.7×10^{-1}			
亚硝酸	HNO_2	5.1×10^{-4}			
过氧化氢	H_2O_2	2.2×10^{-12}			
磷酸	H_3PO_4	7.6×10^{-3}	6.30×10^{-8}	4.35×10^{-13}	
氢硫酸	H_2S	9.1×10^{-8}	1.1×10^{-12}		
亚硫酸	H_2SO_3	1.26×10^{-2}	6.3×10^{-8}		
硫代硫酸	$H_2S_2O_3$	2.5×10^{-11}	$10^{-1.4\sim-1.7}$		
乙二胺四乙酸	H_4Y	10^{-2}	2.1×10^{-3}	6.9×10^{-7}	5.9×10^{-11}
弱　碱	化学式	K_{b1}	K_{b2}	K_{b3}	K_{b4}
氨水	$NH_3\cdot H_2O$	1.8×10^{-5}			
联氨	$NH_2\cdot NH_2$	9.8×10^{-7}			
羟氨	NH_2OH	9.1×10^{-9}			

附录三　标准电极电势(25℃)

电对	电极反应	φ^{θ}/V	电对	电极反应	φ^{θ}/V
Li^+/Li	$Li^+ + e \rightleftharpoons Li$	-3.045	Cu^{2+}/Cu^+	$Cu^{2+} + e \rightleftharpoons Cu^+$	0.17
K^+/K	$K^+ + e \rightleftharpoons K$	-2.925	Cu^{2+}/Cu	$Cu^{2+} + 2e \rightleftharpoons Cu$	0.34
Ba^{2+}/Ba	$Ba^{2+} + 2e \rightleftharpoons Ba$	-2.91	O_2/OH^-	$O_2 + 2H_2O + 4e \rightleftharpoons 4OH^-$	0.401
Ca^{2+}/Ca	$Ca^{2+} + 2e \rightleftharpoons Ca$	-2.87	Cu^+/Cu	$Cu^+ + e \rightleftharpoons Cu$	0.52
Na^+/Na	$Na^+ + e \rightleftharpoons Na$	-2.714	I_2/I^-	$I_2 + 2e \rightleftharpoons 2I^-$	0.535
Mg^{2+}/Mg	$Mg^{2+} + 2e \rightleftharpoons Mg$	-2.37	Fe^{3+}/Fe^{2+}	$Fe^{3+} + e \rightleftharpoons Fe^{2+}$	0.771
Al^{3+}/Al	$Al^{3+} + 3e \rightleftharpoons Al$	-1.66	Ag^+/Ag	$Ag^+ + e \rightleftharpoons Ag$	0.799
Mn^{2+}/Mn	$Mn^{2+} + 2e \rightleftharpoons Mn$	-1.17	Hg^{2+}/Hg	$Hg^{2+} + 2e \rightleftharpoons Hg$	0.854
Zn^{2+}/Zn	$Zn^{2+} + 2e \rightleftharpoons Zn$	-0.763	Br_2/Br	$Br_2 + 2e \rightleftharpoons 2Br^-$	1.065
Cr^{3+}/Cr	$Cr^{3+} + 3e \rightleftharpoons Cr$	-0.74	O_2/H_2O	$O_2 + 4H^+ + 4e \rightleftharpoons 2H_2O$	1.229
Fe^{2+}/Fe	$Fe^{2+} + 2e \rightleftharpoons Fe$	-0.44	MnO_2/Mn^{2+}	$MnO_2 + 4H^+ + 2e \rightleftharpoons Mn^{2+} + 2H_2O$	1.23
Cd^{2+}/Cd	$Cd^{2+} + 2e \rightleftharpoons Cd$	-0.103	$Cr_2O_7^{3}/Cr^{3+}$	$Cr_2O_7^{3-} + 14H^+ + 6e \rightleftharpoons 2Cr^{3+} + 7H_2O$	1.33
$PbSO_4/Pb$	$PbSO_4 + 2e \rightleftharpoons Pb + SO_4^{2-}$	-0.356	Cl_2/Cl^-	$Cl_2 + 2e \rightleftharpoons 2Cl^-$	1.36
Co^{2+}/Co	$Co^{2+} + 2e \rightleftharpoons Co$	-0.29	PbO_2/Pb^{2+}	$PbO_2 + 4H^+ + 2e \rightleftharpoons Pb^{2+} + 2H_2O$	1.455
Ni^{2+}/Ni	$Ni^{2+} + 2e \rightleftharpoons Ni$	-0.25	MnO_4^-/MnO^{2+}	$MnO_4^- + 8H^+ + 5e \rightleftharpoons Mn^{2+} + 4H_2O$	1.51
Sn^{2+}/Sn	$Sn^{2+} + 2e \rightleftharpoons Sn$	-0.136	MnO_4^-/MnO_2	$MnO_4^- + 4H^+ + 3e \rightleftharpoons MnO_2 + 2H_2O$	1.68
Pb^{2+}/Pb	$Pb^{2+} + 2e \rightleftharpoons Pb$	-0.126	$PbO_2/PbSO_4$	$PbO_2 + SO_4^{2-} + 4H^+ + 2e \rightleftharpoons PbSO_4 + 2H_2O$	1.69
Fe^{3+}/Fe	$Fe^{3+} + 3e \rightleftharpoons Fe$	-0.037	H_2O_2/H_2O	$H_2O_2 + 2H^+ + 2e \rightleftharpoons 2H_2O$	1.77
$2H^+/H_2$	$2H^+ + 2e \rightleftharpoons H_2$	0	Co^{3+}/Co^{2+}	$Co^{3+} + e \rightleftharpoons Co^{2+}$	1.8
Sn^{4+}/Sn^{2+}	$Sn^{4+} + 2e \rightleftharpoons Sn^{2+}$	0.154	O_3/O_2	$O_2 + 2H^+ + 2e \rightleftharpoons O_2 + H_2O$	2.07

山 东 省 中 等 职 业 教 育 课 程 改 革 教 材

化学工艺专业

化学基础

（下册）

张淑新　赵汝波　主编

山东科学技术出版社
·济南·

目录

CONTENTS

第十六单元　醛、酮和羧酸

第十七单元　含氮化合物

第十八单元　其他有机化合物（阅读材料）

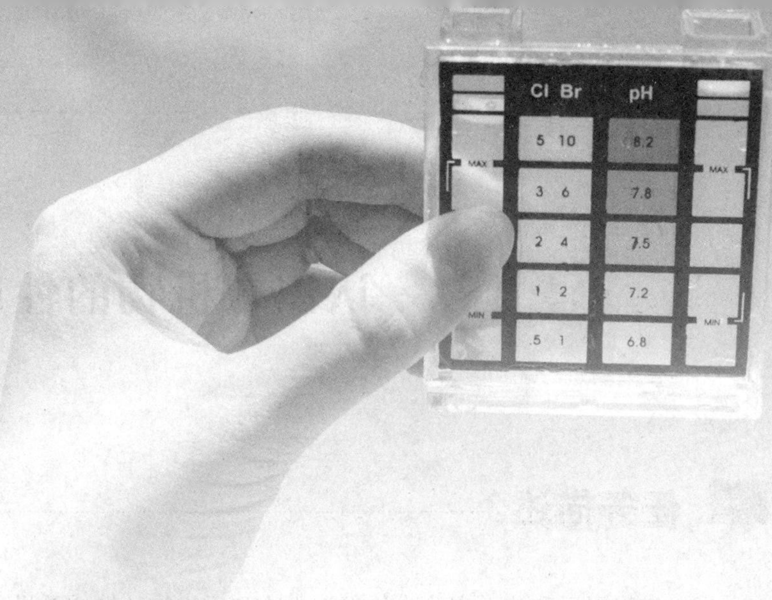

第十一单元

有机化合物概述

单元概述

有机化合物指的是碳氢化合物及其衍生物，简称有机物。有机化合物在元素组成、化学键类型、空间结构、表示方法和性质等方面与无机物有很大的差别。本单元的学习方式是在完成各项任务的过程中，认识有机物的性质特点，熟悉有机物的结构特点，知道有机物的分类依据。

单元目标

- 了解有机化合物在组成和性质上的特点；
- 熟悉碳原子的成键特征；
- 初步学会用短线式和构造简式书写有机化合物的构造式；
- 了解有机化合物的分类方法，能根据官能团说明有机物的类别。

任务一 认识有机物的性质特点

任务描述

通过实物展示和演示实验，认识有机物和无机物的性质差异。

任务目标

● 通过演示实验，知道有机物的通性，认识有机物和无机物在物理性质和化学性质上的不同。

任务分析

初中化学课程主要介绍的是典型的无机物的物理性质和化学性质，所以学生对有机物知识知之甚少，对有机物的感性知识相对缺乏。通过在实验室让学生观察、认识一些典型有机物的物态、气味、熔点和沸点、溶解性、可燃性等性质，丰富学生对于有机化合物的感性知识，认识有机物和无机物的性质差异。这将有利于有机化合物理论知识的学习和有机化学实验技能及实践能力的培养。

任务实施

一、任务准备

1. 仪器和药品

仪器：试管、酒精灯。

药品：苯、乙醚、乙酸乙酯、丙酮、蒸馏水。

2. 安全和环保设施

废液桶、废纸桶、通风橱。

二、任务过程

1. 溶解性实验

(1) 向三支试管中分别加入 1 mL 乙醚、1 mL 苯、1 mL 乙酸乙酯，然后分别向试管中滴加蒸馏水，振荡，观察溶解情况；

(2) 向三支试管中分别加入 1 mL 乙醚、1 mL 苯、1 mL 乙酸乙酯，然后分别向试管中滴加丙酮，振荡，观察溶解情况。

2. 可燃性实验

向三块表面皿上分别滴加 5 滴乙醚、苯、乙酸乙酯，点燃，观察现象。

3. 熔点、沸点认知

阅读苯、乙醚、乙酸乙酯、丙酮试剂瓶上的标签，记录其熔点、沸点数值。

三、任务检测

根据实验现象，说明有机化合物的性质特点。

相关知识

有机化合物的特性

19 世纪，德国化学家凯库勒（A. Kekule）研究发现，有机化合物中都含有碳元素，他提出含碳化合物就是有机化合物。随着研究的深入，人们发现除含有碳元素外，绝大多数有机化合物还含有氢元素，有的还含有氧、氮、硫、磷及卤族元素。因此可把碳氢化合物看作是有机化合物的母体，而将其他有机物看作是碳氢化合物的衍生物。这样，可以把有机化合物定义为碳氢化合物及其衍生物。

某些简单的含碳化合物，如一氧化碳、二氧化碳、碳酸、碳酸盐、碳化钙、二硫化碳、氢氰酸等，其组成、结构和性质与无机物相似，仍将它们作为无机物研究。

目前已发现的有机化合物已达数千万种，它们与无机物相比一般有如下特点：

1. 容易燃烧

大多数有机物都易燃烧，燃烧时生成二氧化碳和水，而无机物一般不易燃烧。所以，人们常用引燃的方法来初步鉴别有机物与无机物。

2. 熔点较低

有机物的熔点较低，一般在 400℃以下；而无机物的熔点则较高，通常难以熔化。

3. 难溶于水，易溶于有机溶剂

大多数有机物是非极性或弱极性分子，因此大多数有机物不溶于极性较强的水中，易溶于非极性或弱极性的有机溶剂中，如苯、酒精、乙醚等。而无机物则易溶于水中。利用这一性质可将混在有机物中的无机盐类杂质用水洗去。

4. 反应速率较慢，反应产物复杂

有机物反应时的化学反应速率一般较慢，转化率较低，而且副反应较多。通常需加热或加入催化剂才能发生，而无机物的反应则多数在瞬间完成。

必须指出，有机化合物的这些特性，与无机物相比，仅是相对的，并不是绝对的。例如，四氯化碳不易燃烧，且可以作为灭火剂；糖和乙醇极易溶于水；三硝基甲苯（TNT）的氧化反应速率很快，能以爆炸的方式进行。

小知识

有机的含义

有机化学作为一门科学是在19世纪中叶形成的。当化学作为一门学科刚刚问世的时候，人们把矿石、金属、食盐和水等物质称为无机物，而把来源于动植物有机体的物质，如酒精、醋、蔗糖、油脂、尿素、柠檬酸、吗啡等称为有机物。有机一词来源于有机体，即有生机的物质，以区别于矿物质等无机物。

1828年，德国化学家乌勒（F. Wohler）在蒸馏由无机物氰酸和氨水制成的氰酸铵水溶液时，得到了当时被公认为是有机物的尿素；1845年，德国化学家柯尔柏（H. Kolber）用木炭、硫黄、氯气及水等为原料合成了有机物——醋酸；1854年，法国化学家贝特洛（M. Berthelot）合成了脂肪；1860年，贝特洛又合成了重要的有机物乙炔。这些都证明人工合成有机物是完全可能的，从而彻底否定了“生命力”学说，开启了有机化学合成的新时代。人们不仅利用简单的化合物合成与天然有机物完全相同的物质，还可以合成有机体不能合成的比天然有机物更好的物质。

现在，绝大多数的有机物不是从天然有机体中得到的，但由于历史的原因和习惯，还是称为有机物。

任务评价

表 11−1−1　任务评价表

评价项目	评价要素
实验操作	向试管中滴加试剂的操作是否规范
实验原理	实验现象解释合理
实验记录	实验现象和数据记录完整、详细并且实事求是
任务检测	对有机化合物性质特点的归纳和总结完整、正确
结束工作	实验台面清洁、仪器洗涤洁净、放置整齐、完成时间符合要求
安全与环保	取用试剂数量合理，废液、废纸处理方法合理

任务二　了解有机物的结构特点

任务描述

通过直观教学，认识有机物的空间结构和碳原子的成键特征。

任务目标

- 知道在有机物中，碳原子最多能形成四个共价键，氢原子最多形成一个共价键；
- 初步了解有机化合物分子的空间结构特点。

任务分析

有机物的空间结构比较抽象，单凭语言讲解，学生很难建立起正确的空间构型，教学中可以通过观察模型、学生动手拼插有机分子、观看多媒体动画演示和教学挂图等直观教学方法，帮助学生理解有机物的成键特征和有机物的空间结构特点。

任务实施

一、任务准备

教学模型——有机分子结构拼装模型

二、任务过程

利用有机分子结构拼装模型，拼插简单的有机物分子。

根据挂图或多媒体课件给出的分子模型，学生自己动手，拼插甲烷、乙烷、乙烯、乙炔、苯、乙醇等简单的有机分子模型。

三、任务检测

1. 说明所拼插有机物分子的空间结构特点——键长、键角、共价键的个数等。

2. 分析碳原子(C)、氢原子(H)、氧原子(O)、卤素原子(X)、氮原子(N)在形成共价键时的饱和性特点。

相关知识

有机化合物的结构特点

一、碳原子的成键特点

1. 碳原子的四价及其共价键的形成

有机化合物中都含有碳原子，碳原子位于元素周期表中第二周期第ⅣA族，最外层有4个电子，它与其他原子结合时，既不容易得到电子，也不容易失去电子，而是通过共用电子对的方式和其他原子形成4个共价键。例如，甲烷(CH_4)分子是由1个碳原子和4个氢原子以4个共价键的方式结合而成。两个原子形成的共价键，通常用短线“—”表示，有几个共价键就用几条短线表示。因此，甲烷的构造式表示为：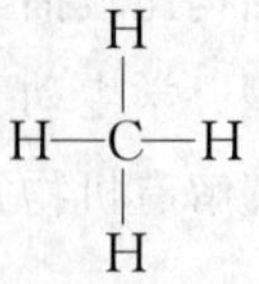。

2. 碳原子自相结合成键

在有机化合物中，碳原子不仅能与 H、O、N 等原子形成共价键，还能够自相结合形成碳碳单键（C—C 键）、碳碳双键（C═C键）和碳碳叁键（C≡C键），形成链状或环状碳链，构成有机化合物的基本骨架。

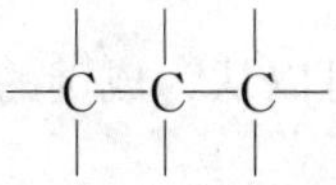
碳碳单键

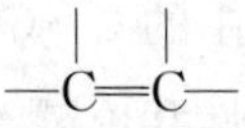
碳碳双键

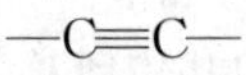
碳碳叁键

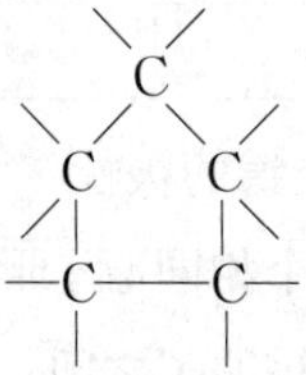
碳环

3. 饱和碳原子和不饱和碳原子

如果一个碳原子和其他四个原子形成四个共价单键，则为饱和碳原子。例如，有下划线标记的碳原子都是饱和碳原子。

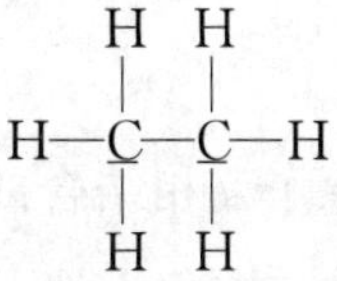

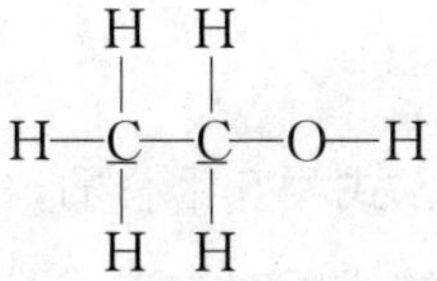

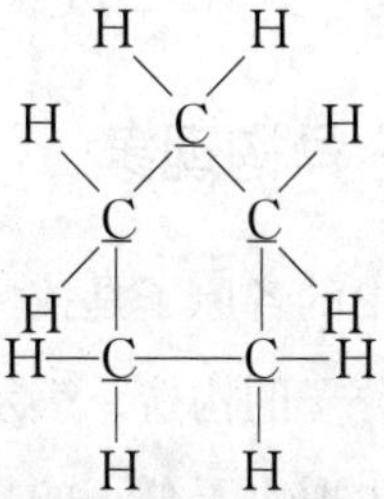

如果一个碳原子和其他原子形成了共价双键或叁键，则为不饱和碳原子。例如，有下划线标记的碳原子都是不饱和碳原子。

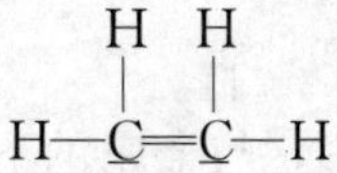

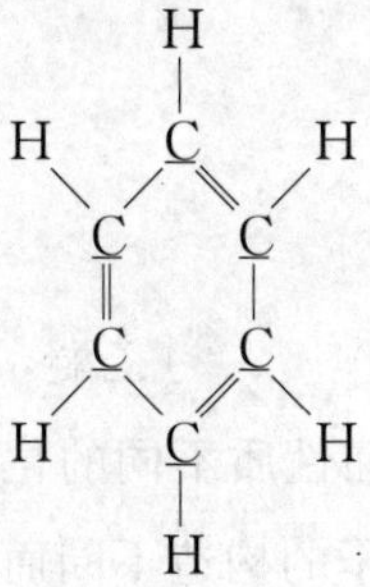

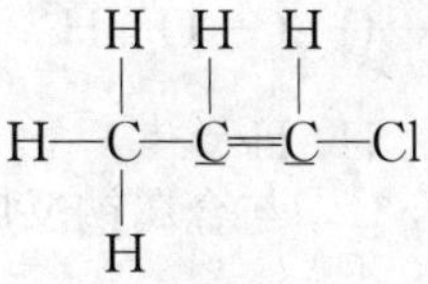

二、有机化合物中共价键的性质

1. 元素的电负性

元素的电负性指该元素原子吸引成键电子的能力。表 11－2－1 列出了一些在有机化合物中经常出现的元素原子的电负性数值。

表 11-2-1　一些元素的电负性

H 2.1	C 2.5	N 3.0	O 3.5	F 4.0
	Si 1.8	P 2.1	S 2.5	Cl 3.0
				Br 2.8
				I 2.5

2. 共价键的极性

对于两个相同原子形成的共价键，如有机物中的C—C键，可以认为成键的共用电子对位于两个成键原子之间，这样的共价键称为非极性共价键。

但当两个不同的原子形成共价键时，由于这两个原子电负性不同，对共用电子对的吸引力不同，成键的共用电子对偏向于电负性大的原子，使该成键原子带部分负电荷，而另一个成键原子则带部分正电荷，这样的共价键叫极性共价键。通常可以这样表示键的极性，例如，

$$C^{\delta+}—Cl^{\delta-}、C^{\delta+}—O^{\delta-}、O^{\delta-}—H^{\delta+}、H^{\delta+}—Cl^{\delta-}$$

三、同分异构现象

有机分子中的各原子是按一定顺序和方式相互结合的，分子中各原子互相结合的顺序和连接方式叫分子的构造。表示分子构造的式子叫构造式。化合物的性质不仅取决于分子的组成，而且也取决于分子的构造，从分子的构造可以了解或推断它的许多化学性质；反之，也可以从化学性质去推测分子的构造。例如，乙醇和二甲醚，二者组成相同，分子式都是C_2H_6O，但分子的构造不同，因此，它们的性质各异，是两种不同的化合物。

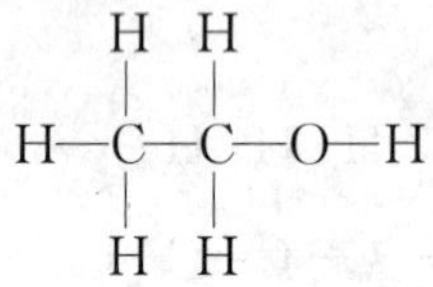

（乙醇，沸点78.5℃，与金属钠反应放出氢气）

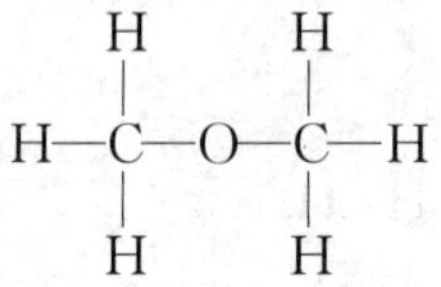

（乙醚，沸点－23℃，与金属钠不反应）

我们把这种分子式相同，构造不同，因而性质不同的化合物称为同分异构体，把这种现象称为同分异构现象。同分异构体是因分子的构造不同而产生的，因此，同分异构体又可称为构造异构体。所以，乙醇和二甲醚互为构造异构体。

在有机化合物中，同分异构现象是普遍存在的，这也是有机化合物数目繁多的一个主要原因。

四、有机化合物构造式的表示方式

由于有机化合物中同分异构现象普遍存在，因此，仅用分子式不能准确表示某一种有机化合物的构造，必须用构造式来表示。构造式是表示分子中各原子互相连接的次序和方

式的式子。常用的构造式有短线式和构造简式等。

1. 短线式

短线式构造式非常完整地表示了组成一个有机化合物分子的原子种类和数目，以及分子内各个原子的连接顺序和连接方式。

2. 构造简式

为了简化短线式构造式的书写，常常将碳氢单键、碳碳单键和氧氢单键的键线均省略，但是碳碳双键和碳碳叁键等不能省略。这两种表达式统称为构造简式。例如：

化合物名称	分子式	短线式	构造简式
丙烷	C_3H_8	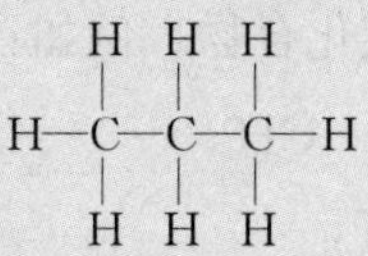	$CH_3—CH_2—CH_3$ 或 $CH_3CH_2CH_3$
乙烯	C_2H_4	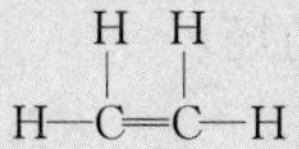	$H_2C═CH_2$
乙炔	C_2H_2	$H—C≡C—H$	$HC≡CH$
乙醇	C_2H_6O	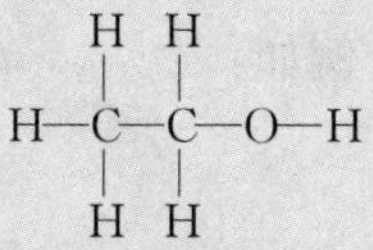	$CH_3—CH_2—OH$ 或 CH_3CH_2OH

3. 键线式

脂肪族化合物构造式常用构造简式表示，环状化合物构造式常用键线式表示。键线式将化合物中碳原子及碳氢键省略不写，仅用短线表示碳碳键，但其他杂原子以及与杂原子相连的氢原子必须保留。例如：

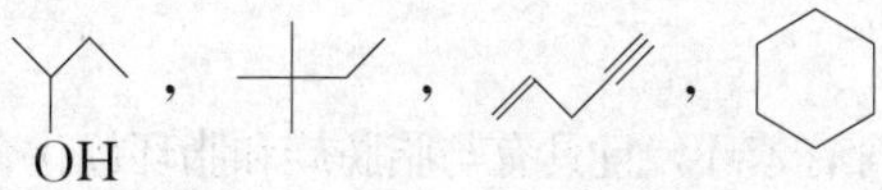

需要说明的是，各种构造式仅能表示各原子互相连接的次序和方式，并不能表示有机物分子的空间构型。例如，丁烷分子的空间构型和构造式。

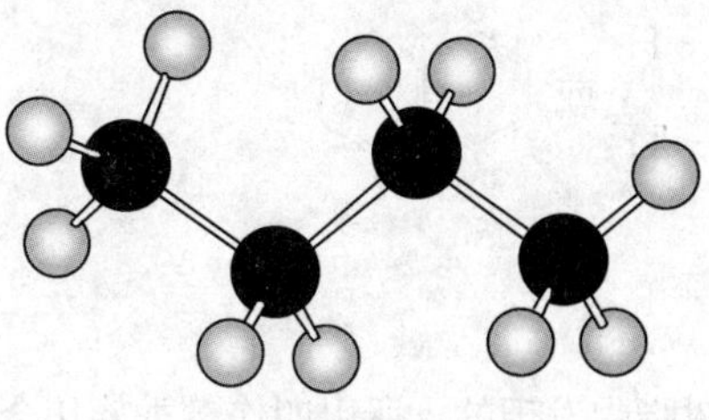

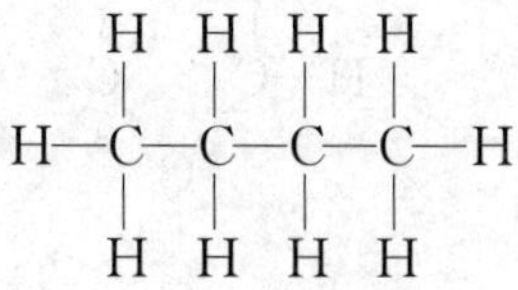

$CH_3—CH_2—CH_2—CH_3$

空间构型　　短线式　　构造简式

五、有机化合物的分类

有机化合物的数目非常庞大，每年都有许多新化合物被发现或合成出来，为了研究方便，对有机化合物进行科学的分类是必要的，一般有两种分类方法，一种是按碳架分类，另一种是按官能团分类。

1. 按碳架分类

（1）开链化合物

这类化合物分子中的碳原子相互连接成链状，故称开链化合物，又由于这类化合物最初是在脂肪中发现，因此又叫脂肪族化合物。例如：

$CH_3—CH_3$	$CH_2═CH—CH_3$	$CH_3—OH$	CH_3COOH
乙烷	丙烯	甲醇	乙酸
（饱和脂肪烃）	（不饱和脂肪烃）	（脂肪醇）	（脂肪酸）

（2）脂环族化合物

这类化合物分子中的碳原子连接成环状，它们的碳架虽是环状，但性质却和脂肪族化合物相似，因此叫作脂环族化合物。例如：

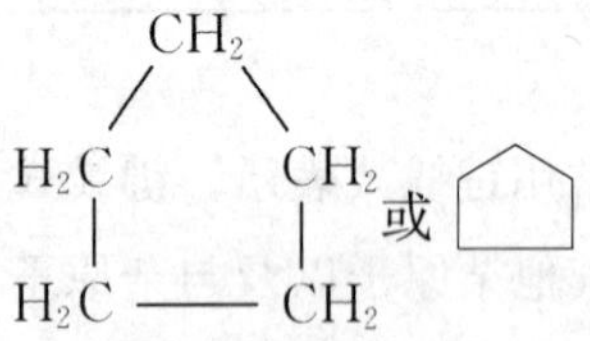
环戊烷

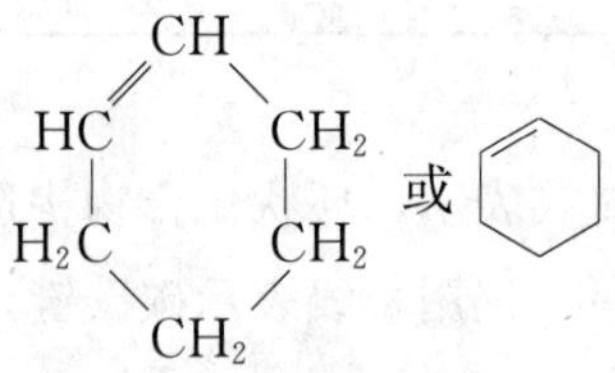
环己烯

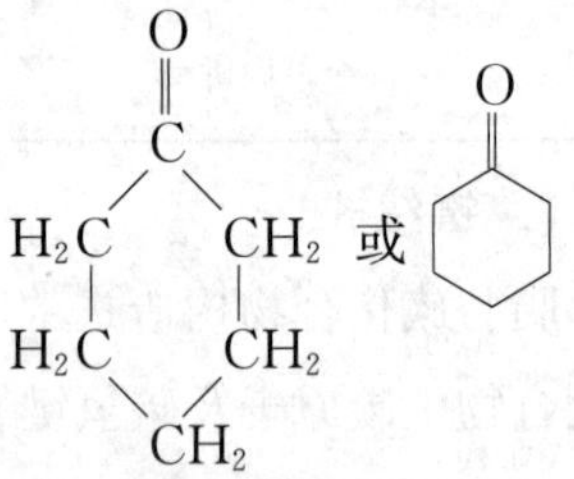
环己酮

（3）芳香族化合物

这类化合物分子中大都含有苯环，且具有与脂肪族和脂环族化合物不同的性质。例如：

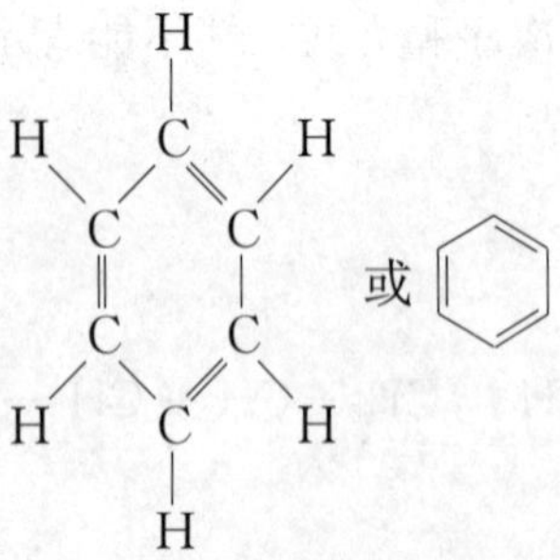

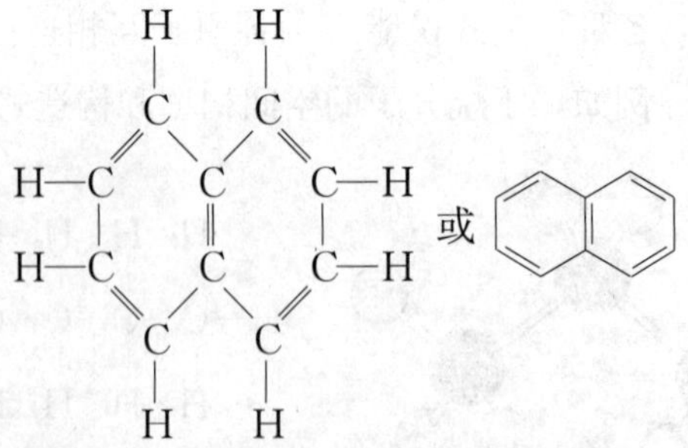

由于这类化合物最初是从具有芳香味的有机物和香树脂中发现的，所以叫作芳香族化合物。

（4）杂环化合物

这类化合物分子中有碳原子和其他元素的原子（如氧、硫、氮等）共同组成的环状结构，所以叫作杂环化合物。例如：

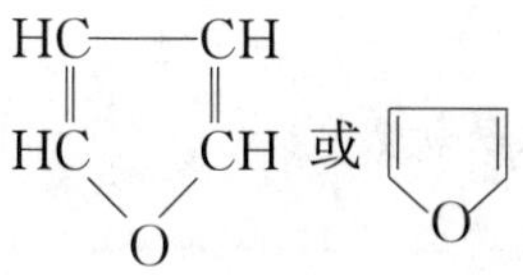

呋喃

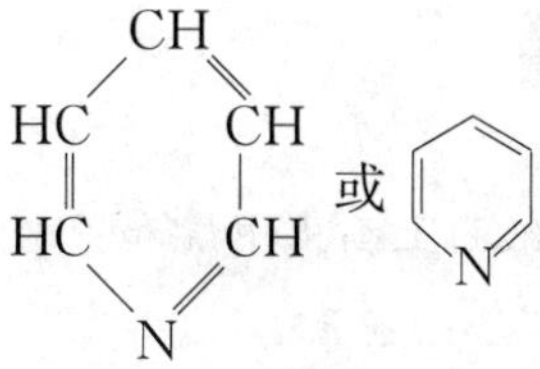

吡啶

2. 按官能团分类

官能团是指分子中比较活泼而且易发生反应的原子或原子团，它决定化合物的主要性质。含有相同官能团的化合物具有相似的性质，因此按官能团将有机化合物分类，有利于有机化合物的学习和研究。一些重要的官能团及其结构如表 11－2－2 所示。

表 11－2－2　一些重要的官能团及其结构

有机物类别	官能团		实例	
	式子	名称	结构式	名称
烯烃	$>C=C<$	双键	$CH_2=CH_2$	乙烯
炔烃	$-C\equiv C-$	叁键	$CH\equiv CH$	乙炔
卤代烃	－X（X=F，Cl，Br，I）	卤素	CH_3CH_2Br	溴乙烷
醇	—OH	醇羟基	CH_3CH_2OH	乙醇
酚	—OH	酚羟基	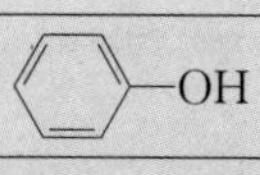	苯酚
醚	—O—	醚键	$CH_3CH_2OCH_2CH_3$	乙醚
醛	$-\overset{}{C}(=O)H$	醛基	CH_3-CHO	乙醛
酮	$>C=O$	羰基	CH_3COCH_3	丙酮
羧酸	$-C(=O)-OH$	羧基	CH_3COOH	乙酸
胺	$-NH_2$	氨基	CH_3NH_2	甲胺
腈	$-C\equiv N$	氰基	$CH_3-C\equiv N$	乙腈
硝基化合物	$-NO_2$	硝基	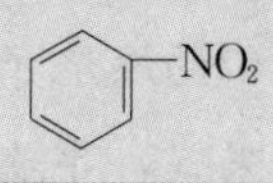	硝基苯
磺酸	$-S(=O)_2-OH$	磺酸基	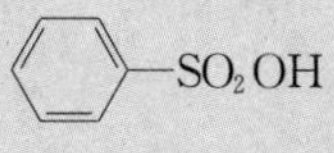	苯磺酸

任务拓展

试一下，在纸面上画出甲烷和甲醇分子的立体结构式。

任务评价

表 11-2-3　任务评价表

评价项目	评价要素
分子模型拼插	有机分子模型中的原子个数、共价键符合实际
任务检测	知道所拼插有机分子的空间结构特点；能说明有机分子中常见元素原子在形成共价键时的饱和性特点

小知识

自然界中碳的循环

碳是组成有机化合物的基本元素，也是人类赖以生存的主要元素之一。随着人们对有机化合物需求量的增加，目前全世界有机化合物在原有的超过 1 000 万种的基础上，仍以每天新合成一千余种的速度递增。这可是需要大量的碳元素。但是，自然界的碳元素为什么会取之不尽，用之不竭呢？原来，碳是可以循环使用的。碳的循环主要是通过二氧化碳进行的。大气中的二氧化碳和水经植物的光合作用转化成糖类，当植物被动物采食后，糖类被动物吸收并在体内经各种变化转化成二氧化碳等；动物在呼吸时将二氧化碳释放回大气中，又可被植物利用；动、植物死亡后腐烂变质，在地壳压力下经微生物长期的分解作用，会逐渐形成煤、石油和天然气等物质。人们将这些物质作为能源开采出来加以利用时，它们的燃烧产物——二氧化碳便又返回大气中，重新进入生态系统循环。人类对森林过度采伐，导致植被大面积被破坏，加之化石燃料燃烧产生过量的二氧化碳，破坏了碳循环原有的平衡。而一旦碳循环的平衡被破坏，将会给环境带来严重危害。

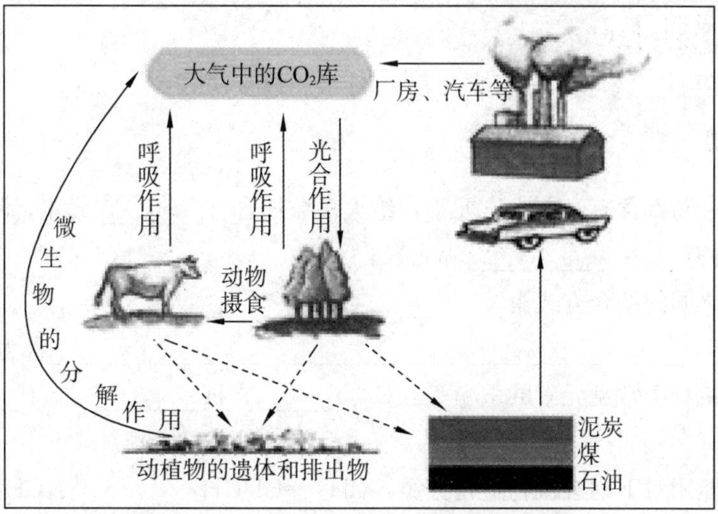

图 11—2—1　自然界中碳的循环

单元小结

有机化合物是碳氢化合物及其衍生物。

1. **有机化合物的性质特点**

容易燃烧，熔点较低，难溶于水但易溶于有机溶剂，反应速率较慢而且反应产物复杂。

2. **有机物的结构特点**

在有机化合物中，碳原子和氢、氧等原子形成共价键；碳原子最多可形成四个共价键，氢原子最多形成一个共价键；碳原子之间可自相结合形成 C—C 单键、C═C 双键和 C≡C 叁键，形成链状或环状碳链，构成有机化合物的基本骨架。在有机化合物中，普遍存在同分异构现象。

3. **有机化合物构造式**

常用的有机化合物构造式有短线式、构造简式和键线式。脂肪族化合物构造式常用构造简式表示，环状化合物构造式常用键线式表示。

4. **有机化合物的分类**

按官能团可分为烷烃、烯烃、炔烃、卤代烃、醇、酚、醚、醛、酮、羧酸、胺、腈、硝基化合物等。含有相同官能团的化合物具有相似的性质。

综合测试

一、填空题

1. 有机化合物都含有________元素，绝大多数还含有________元素，除此之外，有机化合物中还常含有________________等元素。

2. 碳原子之间的结合方式有________、________、________。

3. ____称为同分异构现象。

4. 写出有机物中常见元素的电负性：C ________、H ________、Cl ________、Br ________、O ________。

5. 根据官能团对下列有机物进行分类：$CH_2=CHCH_3$ ________、CH_3OH ________、$HC\equiv C—CH_2CH_3$ ________、$CH_3CH_2CH_2Cl$ ________、CH_3COCH_3 ________。

二、选择题

1. 下列物质中不属于有机物的是（　　）。

A. CH_3CH_2OH　　B. $CH_3CH_2CH_2CH_3$

C. Na_2CO_3　　D. CH_3OCH_3

2. 下列物质中属于醇的是（　　）。

A. $CH_3—CH_2—OH$　　B. $CH_3—\overset{\overset{\displaystyle O}{\|}}{C}—OH$

C. $CH_3—\overset{\overset{\displaystyle O}{\|}}{C}—H$　　D. $CH_3—O—CH_3$

3. 下列说法正确的是（　　）。

A. 所有有机物都容易燃烧　　B. 所有有机物都难溶于水

C. 所有有机物都是非极性物质　　D. 有机物分子中的化学键主要是共价键

三、简答题

1. 你身边的有机化合物有哪些？试举三例。

2. 有机化合物有哪些特性？

3. 有机物按照碳架结构不同，可分为哪几类？分别举例说明。

4. 有机物按照官能团类型不同，可分为哪几类？分别举例说明。

5. 什么是饱和碳原子？什么是不饱和碳原子？举例说明。

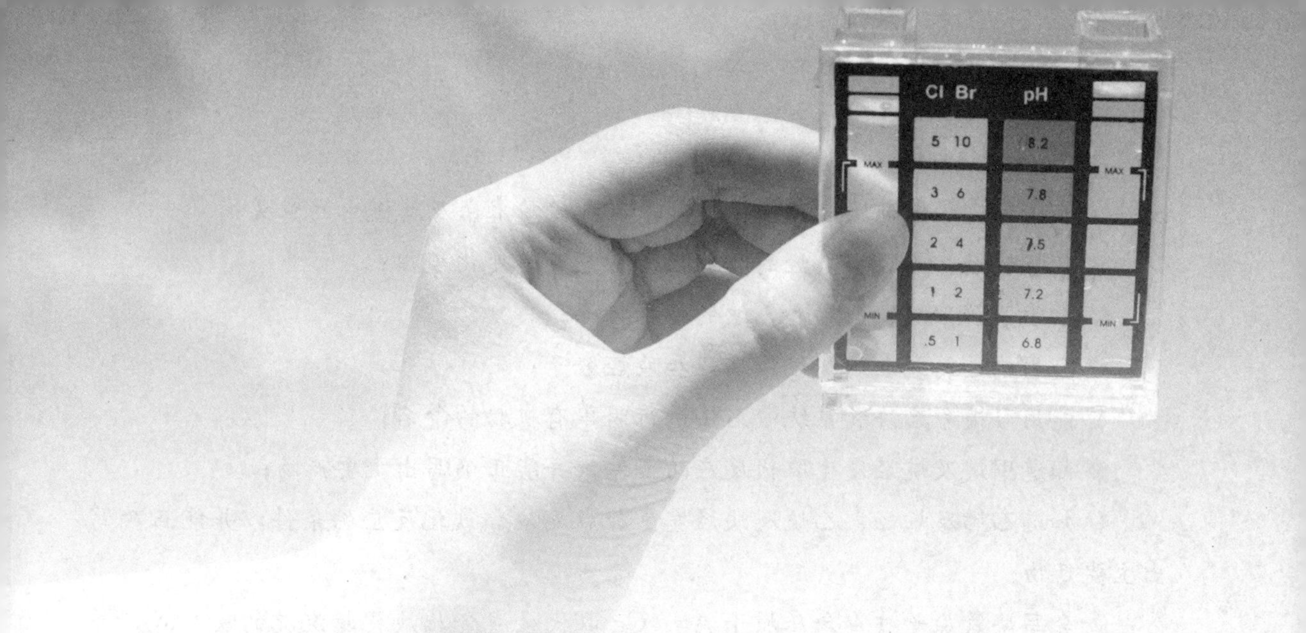

第十二单元
脂肪烃

单元概述

只含碳、氢两种元素的有机化合物称为碳氢化合物，简称为烃。开链的烃称为脂肪烃。脂肪烃又分为烷烃、烯烃和炔烃。由于烷烃中的所有碳原子都是饱和碳原子，所以又称为饱和烃；而烯烃和炔烃中由于存在不饱和的双键碳原子和叁键碳原子，所以又称为不饱和烃。

烷烃化学性质很稳定，一般在常温下与强酸、强碱、氧化剂、还原剂都不发生反应；烯烃的官能团是碳碳双键($C=C$)，化学性质活泼，容易发生加成、氧化和聚合等反应；炔烃的官能团是碳碳叁键($C\equiv C$)，化学性质和烯烃相似，不同的是其炔氢原子可被某些金属原子取代，利用该性质可以鉴别烯烃和炔烃。

本单元的学习方式是在完成各项任务的过程中，学会甲烷、乙烯和乙炔的实验室制法，认识甲烷和烷烃、乙烯和烯烃以及乙炔和炔烃的性质，并掌握烯烃和炔烃的鉴别方法。

单元目标

- 理解通式，同系列，同分异构，伯、仲、叔、季碳原子，烷基，端炔，取代反应，加成反应，聚合反应，催化加氢等有机化学术语及其概念的意义；

- 掌握烷烃、烯烃和炔烃的物理性质特点及其变化规律；
- 初步了解甲烷、乙烯和乙炔的结构特点；
- 会用构造简式表示烷烃、烯烃和炔烃分子；
- 能用习惯命名法和系统命名法进行简单有机物的命名；
- 知道甲烷及烷烃发生取代反应的条件，并能正确写出主要产物；
- 知道乙烯及烯烃、乙炔及炔烃发生加成反应和氧化反应的条件，并能正确写出主要产物；
- 会写炔氢原子被重金属原子 Ag、Cu 取代生成金属炔化物沉淀的反应式，并能应用该反应鉴别和分离炔烃；
- 能用化学方法鉴别烷烃、烯烃和炔烃；
- 了解甲烷、乙烯和乙炔的来源及其在化学工业中的应用。

任务一　认识甲烷及烷烃的性质

任务描述

制备甲烷气体并认识甲烷的物理性质和化学性质；通过观察几种烷烃实物的物态，开展化学实验操作及分析化学实验现象，认识并掌握烷烃的主要物理性质和化学性质。

任务目标

- 小组合作或独立搭建实验室制备甲烷气体的装置，制备甲烷气体；
- 进行甲烷的化学性质实验；
- 观察甲烷、石油醚、汽油、凡士林和石蜡等烷烃，了解烷烃的颜色、物态，试验其溶解性等物理性质；
- 通过化学实验认识甲烷和烷烃的化学性质。

任务分析

观察几种烷烃实物的物态，初步认识烷烃的物理性质及其熔点、沸点随碳原子数目增加而增大的特点；通过制备甲烷气体并检验甲烷和烷烃一般不与酸、碱和氧化剂反应的性质，观察实验现象，分析归纳实验结果，掌握烷烃化学性质的稳定性和可燃性特点。

任务实施

一、任务准备

1．仪器和药品

仪器：铁架台、酒精灯、导气管、尖嘴管、表面皿、硬质试管、试管、橡皮塞等。

试剂：无水乙酸钠、碱石灰、氢氧化钠（固）、石油醚、凡士林、液体石蜡、0.1％高锰酸钾溶液、5％碳酸钠溶液、饱和溴水、Br_2/CCl_4、3 mol/L 硫酸、20％的氢氧化钠溶液、浓硫酸。

2. 安全环保和注意事项

(1) 浓硫酸具有强腐蚀性，应避免触及皮肤和衣物；

(2) 甲烷与空气可形成爆炸性混合物，应先完成甲烷的稳定性实验（同时甲烷气体发生平稳后）再做可燃性实验；

(3) 在进行甲烷性质的实验时，所需试剂应预先放入试管，一旦气体发生，立即进行各项试验，避免浪费气体导致不能完成实验任务；

(4) 实验过程中产生的废液、废纸等放入准备好的废液桶和废纸桶。

二、任务过程

1. 制备甲烷

称取 4 g 无水乙酸钠、2 g 碱石灰和 2 g 粒状氢氧化钠，分别在研钵中研细，混匀，装入干燥的硬质试管，管口配置带有导气管的塞子，见图 12－1－1。用铁夹将试管固定在铁架台上，管口端稍向下倾斜。由于反应温度较高，在生成甲烷的同时，还会产生少量乙烯、丙酮等副产物。其中乙烯对甲烷的性质试验有干扰，可通过浓硫酸将其吸收除去。

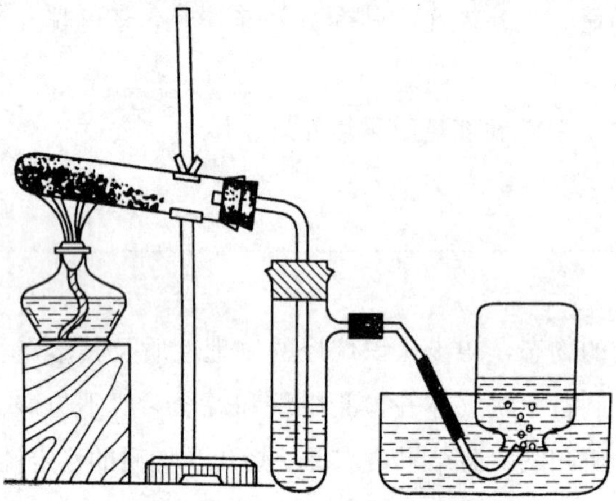

图 12－1－1　实验室制备甲烷

先用小火对试管整体均匀加热，再用强火对试管中混合物加热，将火焰从试管前部逐渐移向底部，待空气排空后，进行下列性质试验。

2. 甲烷的性质实验

(1) 稳定性

①向预先加入 1 mL 0.1%高锰酸钾溶液和 1 mL 3 mol/L 硫酸的试管通入甲烷气体，观察溶液颜色有无变化；

②向预先加入 1 m L 饱和溴水的试管通入甲烷气体，观察溶液颜色有无变化。

(2) 可燃性

在导管的尖嘴处点燃纯净的甲烷气体，观察火焰的颜色和亮度；在火焰的上方罩上一个干燥的烧杯，观察烧杯底和内壁上有什么现象发生？再将烧杯用澄清石灰水润湿后，罩在火焰的上方，观察有什么现象发生？记录现象，解释原因。

建议：用你的手机拍下实验视频，以备比较乙烯、乙炔燃烧的现象。

3. 烷烃的性质实验

(1) 烷烃的稳定性

①在三支试管中分别加入 1 mL 石油醚：在试管 1 中加入 1 mL 5%碳酸钠溶液，然后滴加 0.1%高锰酸钾溶液，不断振荡试管，观察溶液紫色是否褪去；在试管 2 中加入 1 mL 3 mol/L硫酸，然后滴加 0.1%高锰酸钾溶液，不断振荡试管，观察溶液紫色是否褪去；向试管 3 中滴加饱和溴水，不断振荡试管，观察液体的颜色变化，记录并解释原因。

②在两支试管中分别加入 1 mL 石油醚：在试管 1 中加入 1 mL 浓硫酸，振荡后观察现象，记录并解释原因；在试管 2 中加入 1 mL 20%的氢氧化钠溶液，振荡后观察现象，记录并解释原因。

(2) 烷烃的可燃性　在一块表面皿上滴 4～5 滴石油醚，点燃，观察现象并记录，说明发生的反应。

(3) 取代反应　在一支试管中加入 1 mL 石油醚和 5 滴溴的四氯化碳溶液，不断振荡试管，观察现象。

三、任务检测

根据以上实验结果，总结甲烷和烷烃化学性质的特点，并写出相关反应方程式。

相关知识

烷烃

一、甲烷

1. 甲烷分子的结构

甲烷是最简单的烷烃，它的分子式是 CH_4，其构造式为  。

实验证明，甲烷分子具有正四面体的立体结构，碳原子位于正四面体的中心，四个氢原子分别位于正四面体的四个顶点；四个C—H键之间的夹角均为109°28′，四个C—H键的键长和键能均相等。

为了形象的表示分子的立体结构，还可利用一些分子模型。常用的分子模型有两种，一种是球棒模型，又称凯库勒模型，它用不同颜色的球代表不同种类的原子，用短棍表示原子之间的化学键；另一种比例模型，又称斯陶特模型，它是根据现代价键的数据，按实测的原子半径和键长比例做成的。图12－1－2列出了甲烷分子不同形式的模型。

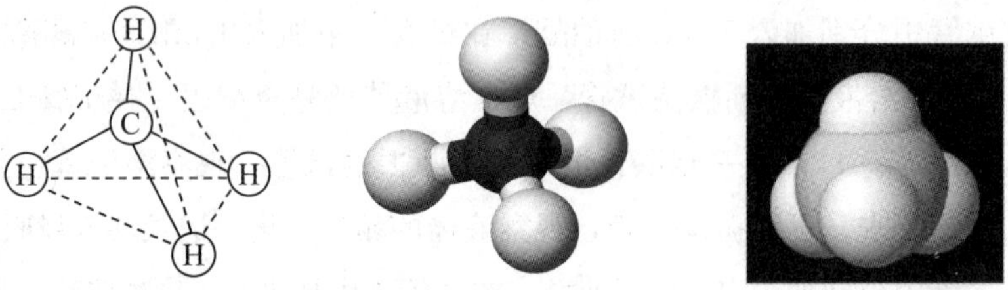

a—正四面体构型　　b—球棒模型　　c—比例模型

图12－1－2　甲烷分子的模型

2. 甲烷的物理性质

甲烷是一种无色、无味、比空气轻的可燃气体，密度是0.717 g·L^{-1}（标准状况），极难溶于水。但是当空气中甲烷的体积比达到5%～15.4%的范围时，遇到火花就会发生爆炸，这就是甲烷的爆炸极限（V/V）；所以在矿井内，必须采取通风、严禁烟火等措施，防止发生爆炸事故，即瓦斯爆炸。

3. 甲烷的来源和实验室制备

甲烷主要来源于天然气和油田气。

天然气是蕴藏在地层内的可燃气体。天然气中含有大约75%（体积分数）的甲烷，油田气的主要成分也是甲烷。此外，焦化煤气中大约含有20%～32%（体积分数）的甲烷；矿井内的瓦斯，沼泽表面冒出的沼气，其主要成分也是甲烷；现在我国农村的许多地方利用植物秸秆、人畜粪便等经过发酵来制取沼气，作为燃料使用，因此甲烷又称沼气。

在实验室里，甲烷是用无水醋酸钠（CH_3COONa）和碱石灰（氢氧化钠和生石灰的混合物）混合加热制得。

$$CH_3COONa + NaOH \xrightarrow{CaO,\ \triangle} Na_2CO_3 + CH_4$$

小知识

可燃冰

“可燃冰”学名为天然气水合物。它是分布于深海沉积物或陆域的永久冻土中，由天然气与水在高压低温条件下形成的类冰状的结晶物质。它的外貌多为白色、淡黄色、琥珀色和暗褐色。纯净的天然气水合物呈白色，形似冰雪，能被直接点燃，故形象地称之为“可燃冰”。见图 12—1—3。

可燃冰被誉为“未来的能源”，其能量密度非常高。同等条件下，可燃冰燃烧产生的能量比煤、石油、天然气要多出 10 倍，1 m^3 可燃冰可转化为 164 m^3 的天然气和 0.8 m^3 的水。

2017 年 5 月，中国海域的可燃冰全球首次试采圆满成功，取得了持续产气时间最长、产气总量最大、气流稳定、环境安全等多项重大突破性成果，创造了产气时长和总量的世界纪录。这次试采成功不仅表明我国可燃冰勘查和开发的核心技术得到验证，也标志着中国在这一领域的综合实力达到世界顶尖水平。

2017 年 11 月，国务院正式批准将可燃冰列为新矿种。

可燃冰分子结构就像一个由若干水分子组成的笼子，见图 12—1—4。

图 12—1—3　可燃冰的燃烧

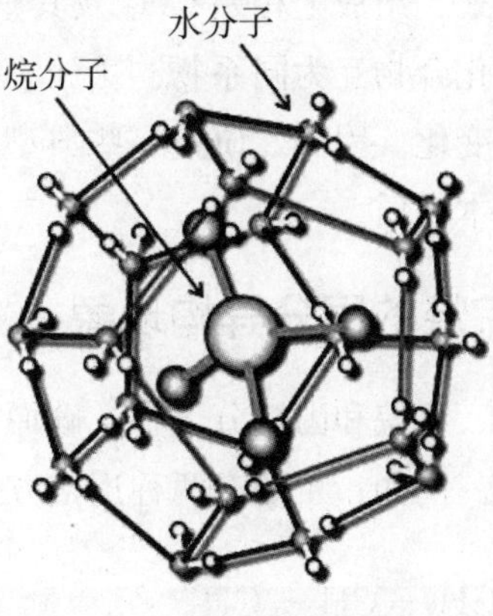

图 12—1—4　可燃冰的笼状分子结构

二、烷烃的通式和同系列

甲烷是最简单的烷烃，含有一个碳原子和四个氢原子。之后随着碳原子数的增多，依次为乙烷、丙烷和丁烷等，它们的分子式、构造式和构造简式为：

化合物	分子式	构造式	构造简式
甲烷	CH_4	$\begin{array}{ccc} & H & \\ & \mid & \\ H- & C & -H \\ & \mid & \\ & H & \end{array}$	CH_4
乙烷	C_2H_6	$\begin{array}{cccc} & H & H & \\ & \mid & \mid & \\ H- & C- & C & -H \\ & \mid & \mid & \\ & H & H & \end{array}$	CH_3CH_3 或 CH_3-CH_3
丙烷	C_3H_8	$\begin{array}{ccccc} & H & H & H & \\ & \mid & \mid & \mid & \\ H- & C- & C- & C & -H \\ & \mid & \mid & \mid & \\ & H & H & H & \end{array}$	$CH_3CH_2CH_3$ 或 $CH_3-CH_2-CH_3$
丁烷	C_4H_{10}	$\begin{array}{cccccc} & H & H & H & H & \\ & \mid & \mid & \mid & \mid & \\ H- & C- & C- & C- & C & -H \\ & \mid & \mid & \mid & \mid & \\ & H & H & H & H & \end{array}$	$CH_3CH_2CH_2CH_3$ 或 $CH_3-CH_2-CH_2-CH_3$

比较甲烷、乙烷、丙烷和丁烷的组成和构造式可以看出：每个烷烃的组成都可以用 $n(CH_2)+2H$ 表示，因此烷烃的通式为 C_nH_{2n+2}。

相邻两个烷烃组成上相差一个 CH_2，不相邻两个烷烃组成上相差 CH_2 的整数倍，这种具有同一通式、组成上相差 CH_2 及其整数倍、结构相似的一系列化合物，称为同系列。同系列中的各化合物互为同系物。由于在同系列中，结构相似，化学性质相似，物理性质呈现有规律的变化。因此，研究一些典型的或有代表性的化合物，就可以推测同系列中其他同系物的基本性质。

三、烷烃的同分异构现象

在甲烷、乙烷和丙烷分子中，碳原子只有一种连接方式。从丁烷开始，碳原子不止一种连接方式。例如：丁烷有两种连接方式，戊烷有三种连接方式。

$CH_3-CH_2-CH_2-CH_3$

正丁烷（b. p. −0.5℃；m. p. −138.3℃）

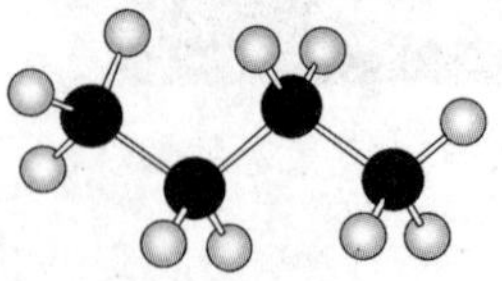

$$\begin{array}{ccc} & CH_3 & \\ & \mid & \\ CH_3- & CH & -CH_3 \end{array}$$

异丁烷（b. p. −11.73℃；m. p. −159.4℃）

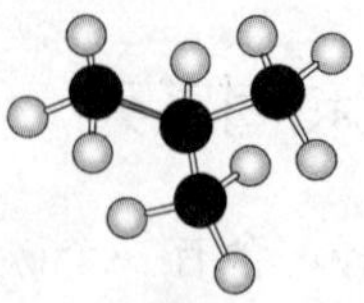

正丁烷和异丁烷具有相同的分子式 C_4H_{10}，但从其熔点和沸点可以看出，它们具有不同的物理性质，是不同的化合物。戊烷有三种同分异构体，分别为正戊烷、异戊烷和新戊烷。

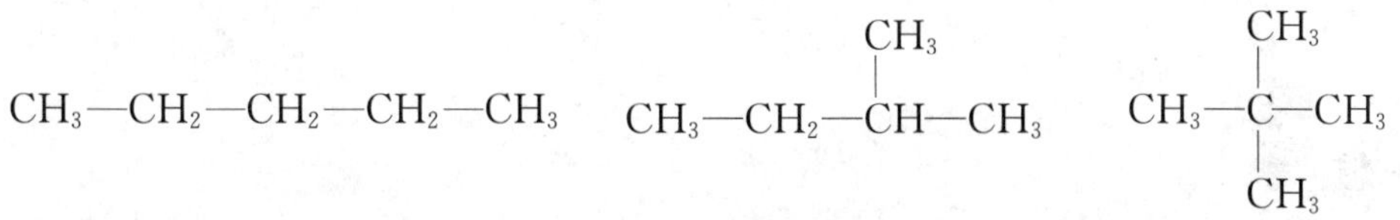

正戊烷（b. p. 36℃）　　异戊烷（b. p. 28℃）　　新戊烷（b. p. 9. 5℃）

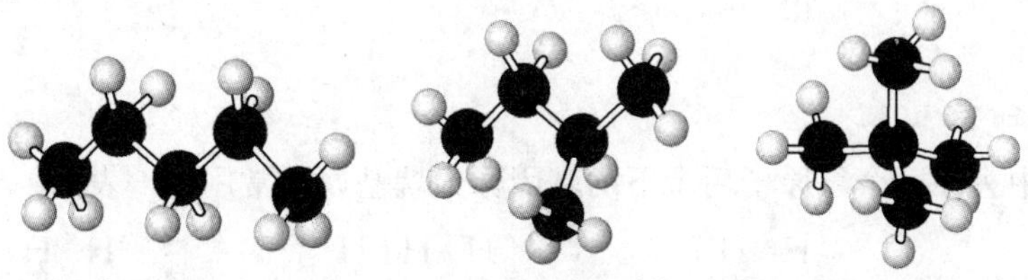

Ⅰ 正戊烷　　Ⅱ 异戊烷　　Ⅲ 新戊烷

随着分子中碳原子数目的增多，同分异构体的数目迅速增多，表 12－1－1 列出了部分烷烃同分异构体的数目。

表 12－1－1　烷烃同分异构体的数目

碳原子数	同分异构体数	碳原子数	同分异构体数
1～3	1	8	18
4	2	9	35
5	3	10	75
6	5	15	4 347
7	9	20	366 319

C_1～C_9 的烷烃，其实际得到的同分异构体数目与理论推测相符；含 10 个碳原子的烷烃，从理论上推测出来的有一半已得到；更高级的烷烃只有少数是已知的。

四、烷烃的命名

1. 伯、仲、叔、季碳原子

根据碳原子和氢原子在烷烃分子中的位置，可以将碳原子和氢原子分成不同类型。

与一个碳原子相连接的碳为伯碳原子或一级碳原子，用 1°C 表示；

与两个碳原子相连接的碳为仲碳原子或二级碳原子，用 2°C 表示；

与三个碳原子相连接的碳为叔碳原子或三级碳原子，用 3°C 表示；

与四个碳原子相连接的碳为季碳原子或四级碳原子，用 4°C 表示。

与伯、仲、叔碳原子相连接的氢原子，分别称为伯、仲、叔氢原子。例如：

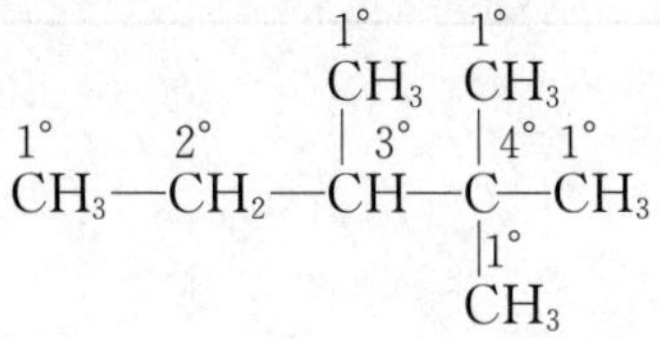

共有五个伯碳原子，一个仲碳原子，一个叔碳原子和一个季碳原子；还有十五个伯氢原子，两个仲氢原子和一个叔氢原子。

想一想

上述构造式中的五个伯碳原子是完全相同的吗？十五个伯氢原子完全相同吗？

2. 烷基的命名

烷烃分子中去掉一个氢原子后余下的基团称为烷基，通常用 R—表示。

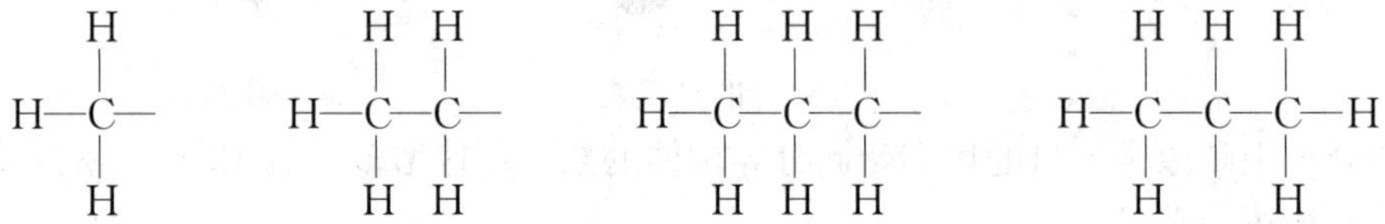

甲基　　　乙基　　　（正）丙基　　　异丙基

烷基的通式为 C_nH_{2n+1}—，最常见的烷基见表 12—1—2。

表 12—1—2　常见烷基的构造和名称

烷基	名称	来源	备注
H_3C—	甲基	甲烷去掉一个氢原子	烷基的构造从简单到复杂
CH_3CH_2—或 C_2H_5—	乙基	乙烷去掉一个氢原子	
$CH_3CH_2CH_2$—	（正）丙基	丙烷去掉一个伯氢原子	
CH_3—CH— 或 $(CH_3)_2CH$— 　　　| 　　CH_3	异丙基	丙烷去掉一个仲氢原子	
$CH_3CH_2CH_2CH_2$—	正丁基	丁烷去掉一个伯氢原子	
CH_3—CH—CH_2— 或 $(CH_3)_2CHCH_2$— 　　　| 　　CH_3	异丁基	异丁烷去掉一个伯氢原子	
CH_3—CH_2—CH— 或 $CH_3CH_2CH(CH_3)$— 　　　　　| 　　　　CH_3	仲丁基	丁烷去掉一个仲氢原子	
CH_3 　　　| CH_3—C— 或 $(CH_3)_3C$— 　　　| 　　CH_3	叔丁基	异丁烷去掉一个叔氢原子	

小知识

构造简式中的括号

在有机物的构造简式中，经常看到括号，怎样使用括号以及怎样命名括号内的支链呢？

①$(CH_3)_3\underline{C}CH_2CH_3$ 表示括号右边带下划线的 C 原子上连接三个甲基，$CH_3CH_2\underline{C}H(CH_3)_2$ 表示括号左边带下划线的 C 原子上连接两个甲基，分别表示为：

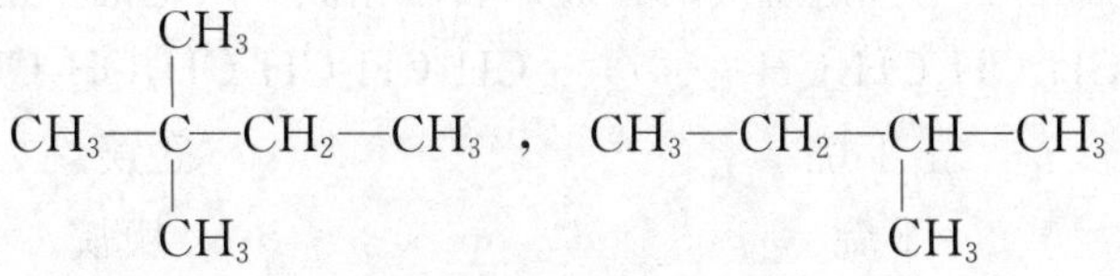

通常，碳链两端括号内的支链连接在与其相邻的碳原子上；

②$CH_3CH_2CH_2\underline{C}H(CH_3)CH_2CH_3$ 表示括号左边带下划线的 C 原子上连接一个甲基，表示为：

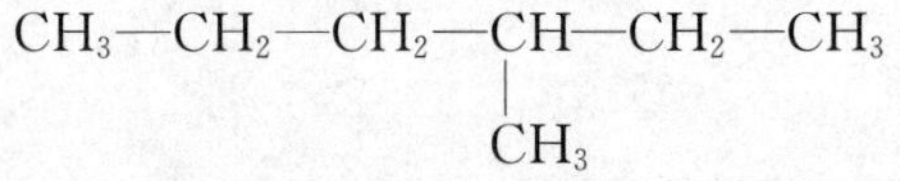

通常，链内的括号表示支链连接在左边的碳原子上；

③$CH_3(CH_2)_4CH_3$ 表示四个相连的 CH_2，即 $CH_3—\underline{CH_2—CH_2—CH_2—CH_2}—CH_3$。

建议同学们给有机物命名时，先把构造简式里括号内的支链"释放"出来，然后再编号并命名，不容易出错哦。

3. 烷烃的命名

有机物的常见命名法有三种：习惯命名法和系统命名法。

(1) 习惯命名法　习惯命名法又称为普通命名法。碳原子数在十以下的烷烃，分别用甲、乙、丙、丁、戊、己、庚、辛、壬、癸等天干名称命名；碳原子数在十以上的以十一、十二等中文数字命名。以"正""异""新"等前缀区别不同的构造异构体。"正"代表直链烷烃；"异"代表从端位数第二个碳原子连接着一个甲基支链的烷烃；"新"代表从端位数第二个碳原子连接有两个甲基支链的烷烃。例如：

$CH_3—CH_2—CH_2—CH_3$

正丁烷

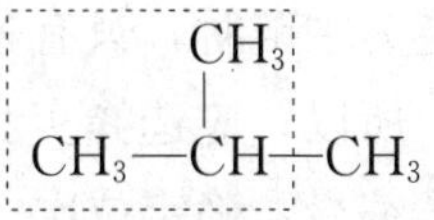

异丁烷

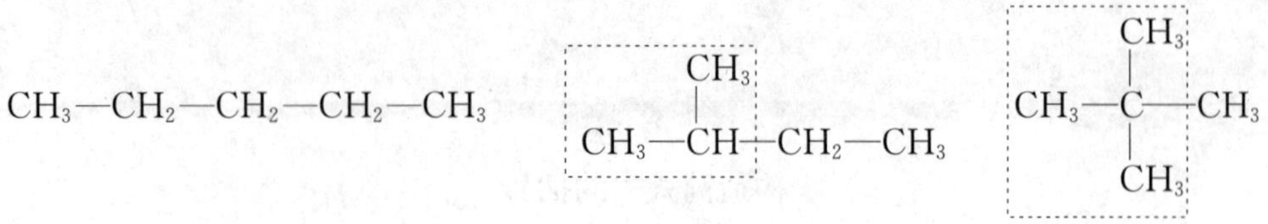

正戊烷　　　　　　　　异戊烷　　　　　　　新戊烷

习惯命名法简单、方便，但一般只能适用于比较简单的烷烃。

（2）系统命名法　系统命名法是普遍适用的命名法。它是根据 IUPAC（国际纯粹与应用化学联合会）命名原则，结合我国文字特点制定的一种命名法。

直链烷烃的系统命名法与直链烷烃的普通命名法相似，只是把“正”字去掉。例如：

	$CH_3CH_2CH_2CH_3$	$CH_3CH_2CH_2CH_2CH_2CH_2CH_3$
普通命名法	正丁烷	正庚烷
系统命名法	丁烷	庚烷

带支链的烷烃命名的基本原则如下：

①选择最长碳链为主链，确定母体　在烷烃构造式中选择最长的碳链作为主链，按主链所含碳原子数目称为“某烷”，主链含五个碳原子则母体为戊烷，含六个碳原子则母体为己烷，依次类推。例如：

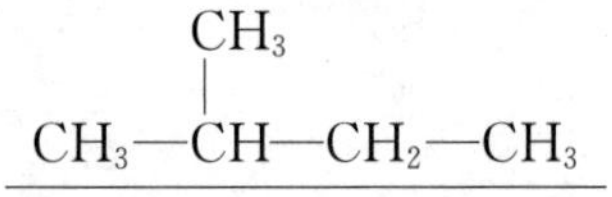，母体为丁烷；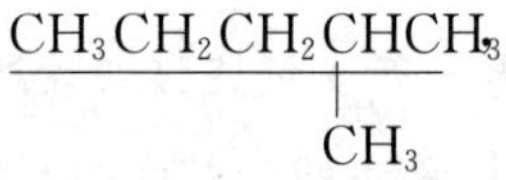，母体为戊烷；

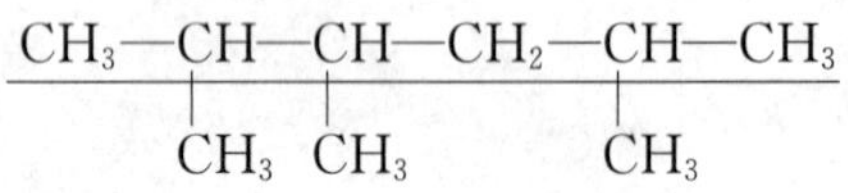，母体为己烷；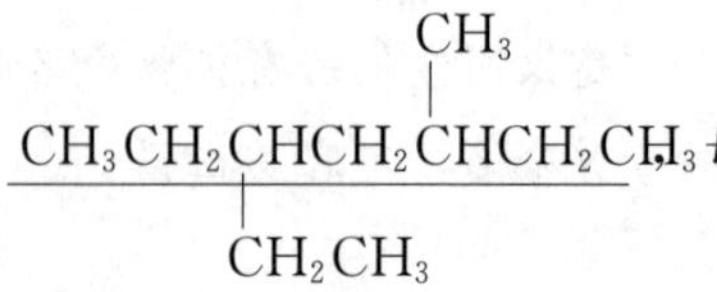，母体为庚烷；

注意：取代基作为支链，如果有几条碳原子数目相同的主链，选择含支链数目最多的碳链为主链。例如，下列两条碳链都含有五个碳原子：

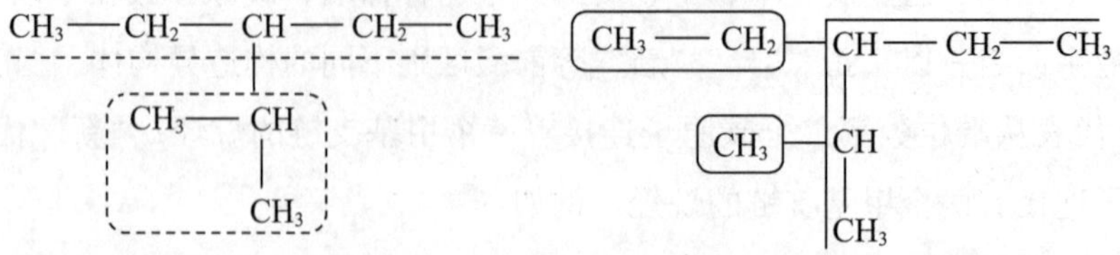

虚线标记的碳链为主链时，只有一个异丙基为支链；实线标记的碳链为主链时，有甲基和乙基两个支链。所以，应选择实线标记的碳链为主链。

②给主链碳原子编号，确定位次　从靠近支链的一端用阿拉伯数字依次对主链碳原子编号，取代基的位次用主链上碳原子的数字表示。例如：

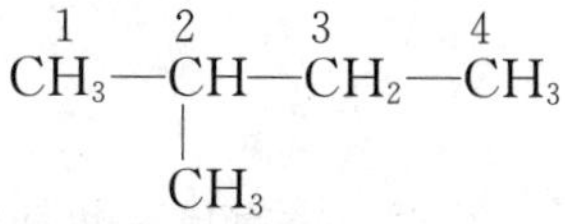

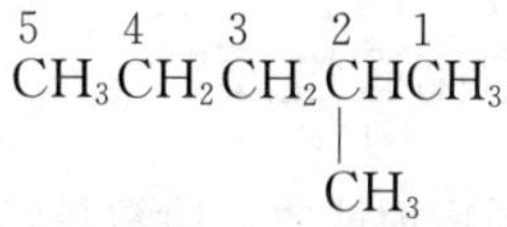

注意：有多个取代基时，优先考虑简单的取代基，即让简单的取代基有小的编号。（在表12－1－2中，烷基是按照从简单到复杂的顺序，从上到下排列的。最简单的烷基是甲基，其次是乙基、丙基……）例如：

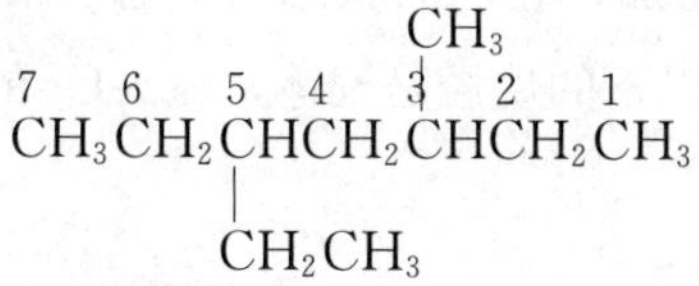

正确的编号是从右向左，使简单的甲基的位次是3号，乙基位次是5号。

③根据取代基的大小顺序，写出全称　按取代基由大到小的顺序，将位次、取代基名称依次写在主链名称的前面，位次和取代基名称间用短线隔开；有相同取代基时，用中文数字合并表示，位次之间用逗号隔开。

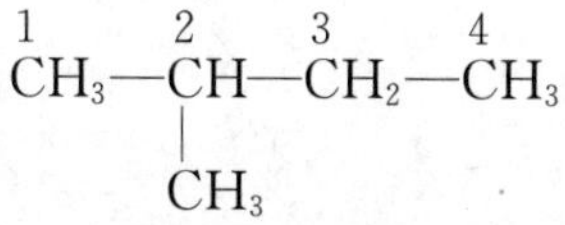

2－甲基丁烷

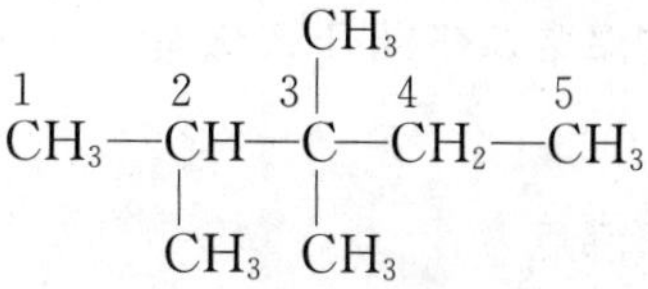

2，3，3－三甲基戊烷

切记：阿拉伯数字之间用逗号，阿拉伯数字和汉字之间一定要用短线隔开。

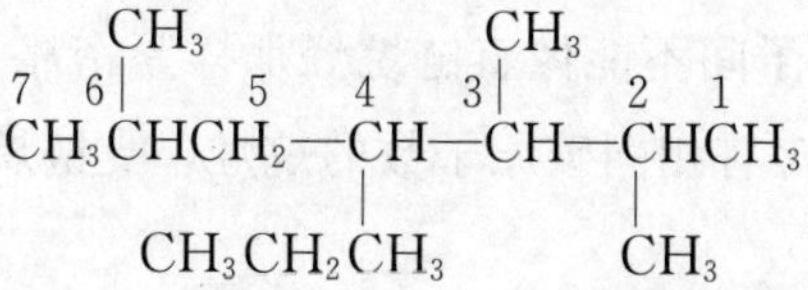

2，3，6－三甲基－4－丙基庚烷

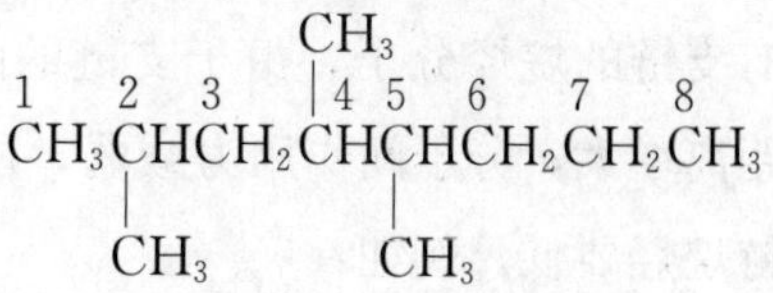

2，4，5－三甲基辛烷

小知识

最低系列原则

链的编号有几种可能时，应选择支链具有“最低系列”的编号，即顺次逐项比较各系列的不同位次，最先遇到的位次最小者，定为“最低系列”。下列构造式编号时，从左往右符合最低系列原则。

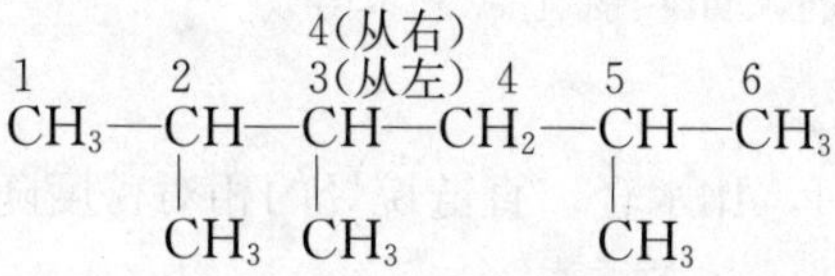

2，3，5－三甲基己烷

五、烷烃的物理性质

有机化合物的物理性质，通常是指物态、熔点、沸点、溶解度、折射率、相对密度等。纯物质的物理性质在一定的条件下都有固定的数值，常把这些物理数值称为物理常数。

1. 物态

常温下，随着碳原子数的增加，它们的状态由气态、液态到固态，且无论是气体还是液体，均为无色。室温下，C_4 以下的烷烃是气体，C_5～C_{16}的烷烃是液体，C_{17}和 C_{17}以上的烷烃是固体。

想一想

家用的液化气罐又叫煤气罐，里边盛装的真是煤气吗？应该是什么物质呢？这些物质在常温常压下是什么状态？

2. 熔点和沸点

从表 12－1－3 中可以看出，烷烃的熔点和沸点随相对分子质量的增加而有规律地升高。因为相对分子质量增加，分子间作用力增大，所以熔点和沸点随之升高。

带有支链的烷烃分子，由于支链的阻碍，分子间不能像直链烷烃那样紧密靠在一起，分子间距离增大，分子间作用力减弱，所以对于含有相同碳原子数的烷烃，支链烷烃的沸点比直链烷烃要低。例如：

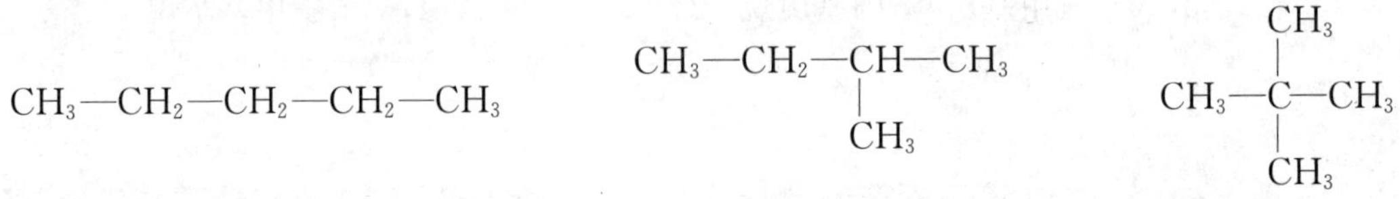

正戊烷 b. p. 36℃　　异戊烷 b. p. 28℃　　新戊烷 b. p. 9.5℃

3. 溶解性

由于烷烃分子极性很小，因此几乎不溶于极性很强的水和其他强极性溶剂，而溶于非极性的或极性很小的有机溶剂，如四氯化碳、苯等。

4. 相对密度

烃类的相对密度都小于 1，比水轻。直链烷烃的相对密度随着碳原子数的增加而逐渐增大，最后趋近于 0.8。

表 12－1－3　一些直链烷烃的物理常数

名称	分子式	物态	熔点/℃	沸点/℃	相对密度/d_4^{20}	折射率/n_D^{20}
甲烷	CH_4	气体	－182.5	－162	0.424（－164℃）	—
乙烷	C_2H_6		－183.3	－88.5	0.546（－100℃）	—
丙烷	C_3H_8		－187	－42	0.501（－45℃）	—
丁烷	C_4H_{10}		－138	－0.5	0.579（液体在压力下）	—
戊烷	C_5H_{12}	液体	－130	36	0.626	1.357 5
己烷	C_6H_{14}		－95	69	0.659	1.375 1
庚烷	C_7H_{16}		－90.5	98	0.684	1.387 8
辛烷	C_8H_{18}		－57	126	0.703	1.397 4
壬烷	C_9H_{20}		－54	151	0.718	1.405 4
癸烷	$C_{10}H_{22}$		－30	174	0.730	1.410 2
十一烷	$C_{11}H_{24}$		－26	196	0.740	1.417 2
十二烷	$C_{12}H_{26}$		－10	216	0.749	1.421 6
十三烷	$C_{13}H_{28}$		－6	234	0.757	1.425 6
十四烷	$C_{14}H_{30}$		5.5	252	0.764	1.429 0
十五烷	$C_{15}H_{32}$		10	266	0.769	1.431 5
十六烷	$C_{16}H_{34}$		18	280	0.775	1.434 5
十七烷	$C_{17}H_{36}$	固体	22	292	—	—
十八烷	$C_{18}H_{38}$		28	308	—	—
十九烷	$C_{19}H_{40}$		32	320	—	—
二十烷	$C_{20}H_{42}$		36	—	—	—

六、烷烃的化学性质

由于烷烃分子中的C—C键和C—H键都是比较牢固的共价单键（又称为σ键），C—H σ键极性也很小，所以一般情况下不易断裂。因此，烷烃的化学性质比较稳定，在常温下与强酸、强碱、强氧化剂、强还原剂及活泼金属都不反应。所以，许多烷烃可用作反应中的溶剂，如石油醚（C_5～C_6的烷烃混合物）、己烷、汽油等是常用的有机溶剂；机械零件常用相对分子质量较大的烷烃—凡士林（C_{20}～C_{24}的烷烃混合物）加以保护，以防生锈，实验室常用凡士林密封反应仪器，以防漏气、漏液等；活泼的金属钠、钾浸泡在煤油（C_{11}～C_{16}的烷烃混合物）中，以防与氧气和水蒸气反应；石蜡用作药物和化妆品基质等。

但这种稳定性是相对的，在一定条件下烷烃也显示一定的反应性能。

1. 取代反应

在高温（约 400℃）或光照下，甲烷中的氢原子可被氯原子取代，生成氯代甲烷。

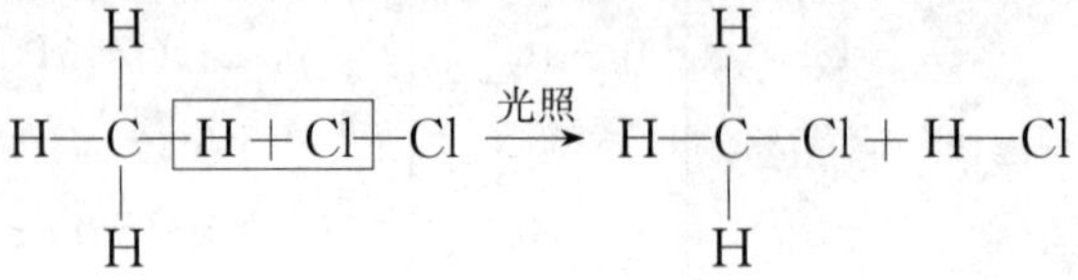

一氯甲烷

反应方程式写作：　　$CH_4+Cl_2 \xrightarrow{光} CH_3Cl+HCl$

生成的产物一氯甲烷继续与氯气反应，依次生成难溶于水的油状液体二氯甲烷、三氯甲烷（氯仿）和四氯甲烷（四氯化碳）。

$$CH_3Cl+Cl_2 \xrightarrow{光照} CH_2Cl_2+HCl$$

二氯甲烷

$$CH_2Cl_2+Cl_2 \xrightarrow{光照} CHCl_3+HCl$$

三氯甲烷（氯仿）

$$CHCl_3+Cl_2 \xrightarrow{光照} CCl_4+HCl$$

四氯甲烷（四氯化碳）

生成各产物的反应是同时进行的。若控制反应条件，特别是调节甲烷与氯气的比例，可以使某种氯甲烷成为其中的主要产物。例如，$n_{甲烷}:n_{氯气}=10:1$ 时，产物以一氯甲烷为主；$n_{甲烷}:n_{氯气}=1:0.263$ 时，产物以四氯化碳为主。

想一想

为什么甲烷的比例越高，产物中一氯甲烷的含量越多？

和甲烷类似，乙烷、丙烷等烷烃分子中的氢原子也可以被卤素原子取代，生成各种卤代烃。例如：丙烷分子中的伯氢原子被氯原子取代，生成 1—氯丙烷；仲氢原子被取代，则生成 2—氯丙烷。

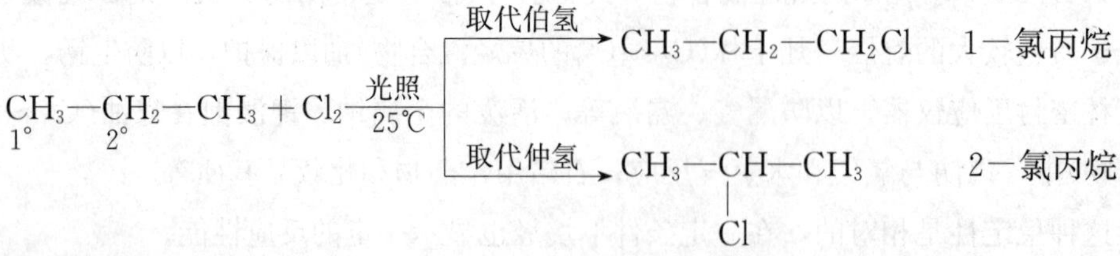

有机化合物分子中的原子或原子团被其他原子或原子团所取代的反应，称为取代反应。

烷烃分子中氢原子被卤原子所取代的反应，称为卤代反应。

卤素与烷烃反应的相对活性是：$F_2 > Cl_2 > Br_2 > I_2$，氟化反应太激烈，碘化反应难以进行，所以卤化反应通常是指氯化和溴化。

2. 氧化反应

甲烷是优良的气体燃料，纯净的甲烷在空气中可以安静地燃烧，发出淡蓝色的火焰，生成二氧化碳和水，同时放出大量的热。

$$CH_4 + 2O_2 \xrightarrow{\text{点燃}} CO_2 + 2H_2O$$

在室温下，烷烃一般不与氧化剂反应，与空气中的氧气也不起反应。但烷烃在空气中可以燃烧，生成二氧化碳和水，并放出大量的热。因此，有些烷烃及其混合物，如汽油、煤油和柴油等成为工业上重要的燃料。从理论上讲，燃烧产物只有二氧化碳和水，实际上燃烧废气中含有少量的一氧化碳、炭黑和其他有机物，它对空气造成严重污染。据统计，现在工业、交通排入大气中一氧化碳的70%、烃污染物的55%以上是由内燃机排放的。

3. 裂化反应

烷烃在高温和无氧条件下，分子中的碳碳键和碳氢键发生断裂，生成较小的分子，这种反应称为裂化反应。例如：

$$CH_3CH_2CH_2CH_3 \xrightarrow{500℃} \begin{cases} CH_3CH{=}CH_2 + CH_4 \\ CH_2{=}CH_2 + CH_3{-}CH_3 \\ CH_3CH_2CH{=}CH_2 + H_2 \end{cases}$$

在隔绝氧气的条件下，甲烷在1 500℃以上温度时可分解得到炭黑和氢气。

$$CH_4 \xrightarrow{1\,500℃\text{以上}} C + 2H_2$$

工业上利用分解天然气制炭黑，炭黑可作橡胶的填充剂。

七、烷烃的来源

烷烃的天然来源主要是石油和天然气。

从油田开采出来未经加工的石油称为原油，原油一般为红褐色至黑色的黏稠液体，具有特殊气味，相对密度为0.75～1，不溶于水。原油成分复杂，组成因产地而异，但主要成分是烃类（烷烃和环烷烃，个别产地还有芳香烃）。原油一般可按沸点的不同分馏成不同的馏分，如汽油、煤油、柴油、润滑油、石蜡、凡士林和沥青等石油产品。见表12－1－4。

表 12－1－4　石油的分馏产物

名称	主要成分	沸点范围/℃	用途
石油气	$C_1 \sim C_4$	30 以下	化工原料、燃料
石油醚	$C_5 \sim C_6$	30～60	溶剂
汽油	$C_7 \sim C_9$	60～200	内燃机燃料、溶剂
航空煤油	$C_{10} \sim C_{15}$	160～245	喷气式飞机燃料油
煤油	$C_{11} \sim C_{16}$	175～310	燃料、工业洗涤油
柴油	$C_{15} \sim C_{19}$	250～400	柴油机燃料
润滑油	$C_{16} \sim C_{20}$	300 以上	机械润滑
凡士林	$C_{20} \sim C_{24}$	350 以上	制药、防锈涂料
石蜡	$C_{20} \sim C_{30}$	350 以上	制皂、蜡烛、蜡纸、脂肪酸
沥青			防锈绝缘材料、铺路及建筑材料

石油的分馏及其裂化产品见图 12－1－5。

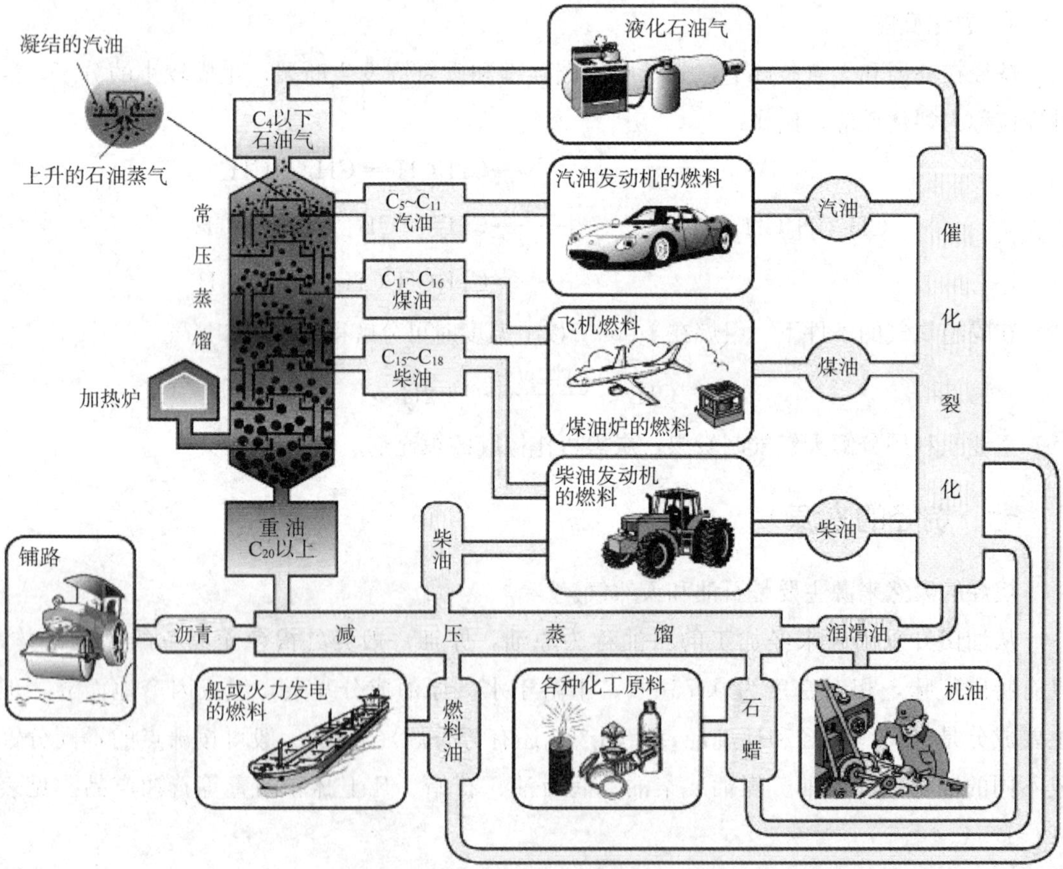

图 12－1－5　石油的分馏及其裂化产品

任务拓展

1. 用化学方法检验汽油中是否含有烯烃；

2. 写出异戊烷和氯气反应的方程式，要求写出所有一元取代产物。

任务评价

表 12－1－5　任务评价表

评价项目	评价要素
实验操作	制备甲烷气体装置的搭建操作规范有序；气体性质试验操作规范，现象明显；试剂取用和滴加等实验操作方法正确
实验原理	实验现象解释合理
实验记录	实验数据和现象记录完整规范
任务检测	化学方程式书写规范；产物构造式书写正确
结束工作	实验台面清洁、仪器洗涤洁净、放置整齐、完成时间符合要求
安全与环保	取用试剂数量合理，废液、废纸和固废处理方法合理

任务二　认识乙烯的性质

任务描述

制备乙烯气体并验证乙烯的物理性质和化学性质，掌握乙烯的鉴定方法。

任务目标

- 小组合作或独立搭建实验室制备乙烯气体的装置，制备乙烯气体；
- 验证乙烯的化学性质，能利用乙烯的性质特点进行鉴别；

● 能正确写出乙烯发生加成反应和氧化反应后所得产物的构造式。

任务分析

通过制备乙烯气体并验证乙烯的化学性质、观察实验现象，分析归纳实验结果，认识乙烯化学性质的活泼性特点，并掌握鉴别乙烯气体的方法，包括使用哪种试剂、怎样进行操作、根据什么现象鉴别以及相关实验的反应方程式。

任务实施

一、任务准备

1. 仪器和药品

仪器：铁架台、酒精灯、石棉网、铁圈、圆底烧瓶、导气管、温度计、量筒、试管、表面皿等。

试剂：无水乙醇、浓硫酸、沸石、Br_2/CCl_4、0.1%高锰酸钾溶液，饱和溴水、3 mol/L硫酸、10%的氢氧化钠溶液。

2. 安全和环保

(1) 制备乙烯时，一定先向烧瓶中加入乙醇，然后再缓慢加入浓硫酸；

(2) 乙烯性质实验所需试剂应预先放入试管，一旦气体发生，立即进行各项实验，避免浪费气体导致不能完成实验任务；

(3) 乙烯与空气可形成爆炸性混合物，应先完成乙烯的性质实验（同时乙烯气体发生平稳后）再做可燃性实验；

(4) 实验过程中产生的废液、废纸等放入准备好的废液桶和废纸桶。

二、任务过程

1. 制备乙烯

在干燥的50 mL圆底烧瓶中加入5 mL无水乙醇，在冷却和振摇下缓慢加入15 mL浓硫酸，再加入数粒沸石，搭建如图12—2—1实验装置。注意温度计的水银球应浸入反应液中，但不能接触瓶底。烧瓶的导气管通入10%氢氧化钠溶液洗气瓶，以除去反应过程中产生的杂质气体。检查装置的气密性后，先用强火加热，使反应温度迅速升至160℃，再调节热源，使温度维持在165～175℃，即有乙烯气体产生。

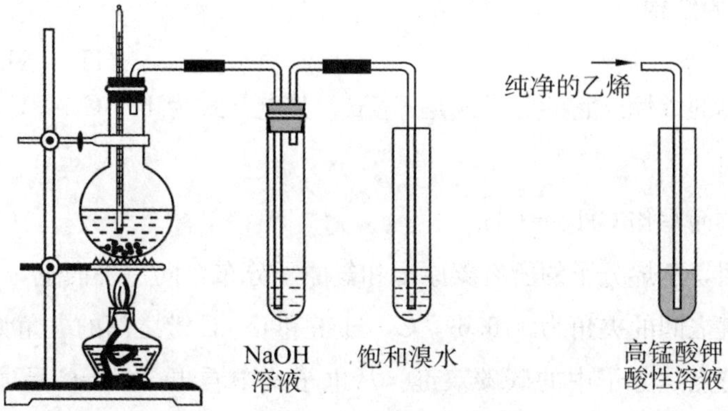

图 12—2—1 实验室制备乙烯

2. 乙烯的性质检验

(1) 将导气管通入盛有 2 mL 饱和溴水的试管中，观察溴水的颜色变化；并解释原因。

(2) 将导气管通入盛有 1 mL 高锰酸钾和 1 mL 3 mol/L 硫酸的试管中，观察高锰酸钾溶液的颜色变化；并解释原因。

(3) 在尖嘴管口处点燃乙烯气体，观察火焰明亮程度；并解释原因。

建议：用你的手机拍下实验视频，以备比较甲烷和乙炔燃烧的现象。

三、任务检测

1. 根据以上实验结果，总结乙烯化学性质的特点，并写出相关反应方程式。

2. 设计实验方法，鉴别乙烯和乙烷。

相关知识

烯烃

一、乙烯

1. 乙烯的物理性质

乙烯是无色、稍带甜味的可燃性气体，与空气混合，遇明火会爆炸，其爆炸极限(V/V)是 3%～29%。乙烯不溶于水，易溶于汽油、四氯化碳等有机溶剂。乙烯是最基础的有机化工原料，往往以乙烯的生产水平来衡量一个国家的石油化工发展水平。

2. 乙烯分子的结构

乙烯是最简单的烯烃，它的分子式是 C_2H_4，其电子式为 $H\overset{\times}{\cdot}\overset{H}{\underset{}{\overset{\cdot\times}{C}}}::\overset{H}{\overset{\cdot\times}{C}}\overset{\times}{\cdot}H$，其构造式为

$$\begin{matrix} & H & H & \\ & | & | & \\ H- & C= & C & -H \end{matrix}$$

，简写作 $CH_2=CH_2$。

物理方法证明，乙烯分子的所有碳原子和氢原子分布在同一平面上，如图 12－2－2 所示。两个 C—H 键之间的夹角为 116.6°，C—H 键和 C—C 键之间的夹角为 121.7°。

乙烯的结构特点是分子中的碳碳双键。从电子式中看出，C═C 是通过两对共用电子对形成的两个共价键。从乙烯的构造式和分子模型中观察，两个碳碳键似乎是相等的，但其实有很大差别，其中一个是 C—C σ 键，另一个是 C—C π 键。σ 键很牢固，不易断开；而 π 键不牢固，容易断开发生化学反应。

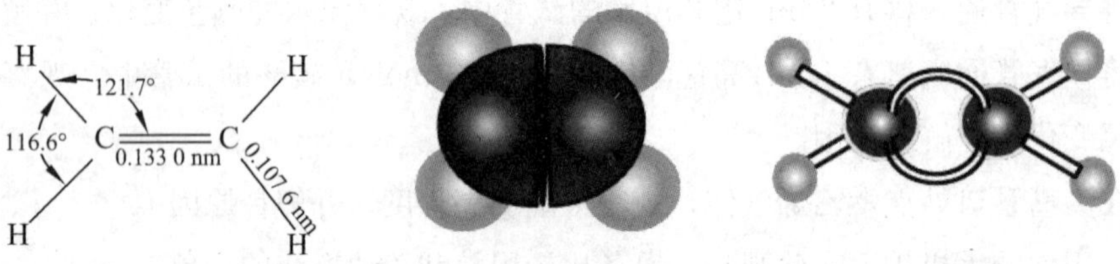

a—平面结构　　b—比例模型　　c—球棒模型

图 12－2－2　乙烯分子的结构和模型

3. 乙烯的来源和实验室制备

工业上，乙烯主要来源于石油的裂化和裂解。

实验室里用乙醇和浓硫酸混合加热到 165～175℃，使乙醇脱水制得。化学方程式如下：

$$\underset{\substack{|\\ H}}{CH_2}-\underset{\substack{|\\ OH}}{CH_2}\xrightarrow[165\sim175^\circ C]{浓\ H_2SO_4}CH_2=CH_2\uparrow+H_2O$$

二、烯烃的通式和同系列

最简单的烯烃是乙烯，之后随着碳原子数的增多，依次为丙烯、丁烯、戊烯和己烯等。乙烯、丙烯和丁烯的分子式和构造式分别为：

	分子式	构造式	构造简式
乙烯	C_2H_4	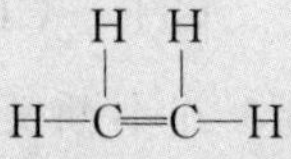	$CH_2=CH_2$
丙烯	C_3H_6	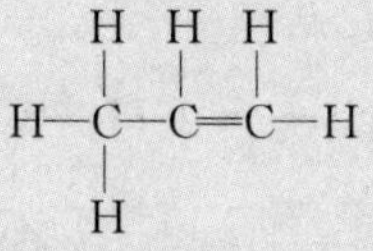	$CH_3CH=CH_2$ 或 $CH_3—CH=CH_2$
丁烯	C_4H_8	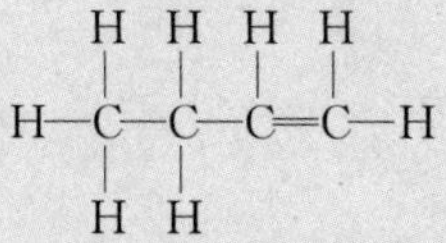	$CH_3CH_2CH=CH_2$ 或 $CH_3—CH_2—CH=CH_2$
		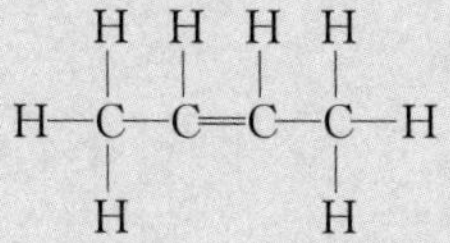	$CH_3CH=CHCH_3$ 或 $CH_3—CH=CH—CH_3$
		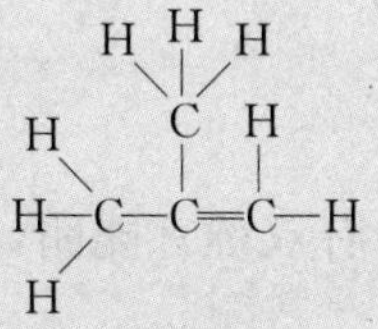	$(CH_3)_2C=CH_2$ 或 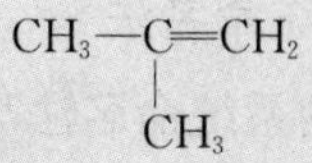

比较乙烯、丙烯和丁烯的组成和构造式可以看出：每个烯烃的组成都可以用 $n(CH_2)$ 表示，因此烯烃的通式为 C_nH_{2n}。乙烯、丙烯、丁烯、异丁烯等互为同系物。

三、烯烃的同分异构

乙烯和丙烯无同分异构体，从丁烯开始，除碳链异构，还产生了官能团位置异构。以丁烯为例：

1. 碳链异构

烯烃中双键的位置不变，而碳链发生了改变。

$CH_3—CH_2—CH=CH_2$　　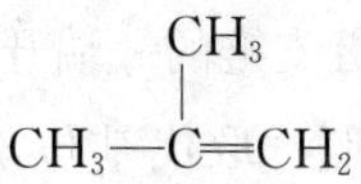

正丁烯　　异丁烯

2. 官能团位置异构

碳链的连接方式不变，但双键在碳链中的位置发生了改变。

$CH_3—CH_2—CH=CH_2$　　$CH_3—CH=CH—CH_3$

1－丁烯　　2－丁烯

怎样书写烯烃的构造异构体呢？

①写出碳链，再在碳链中可能的位置上依次移动双键的位置，最后用氢原子饱和；

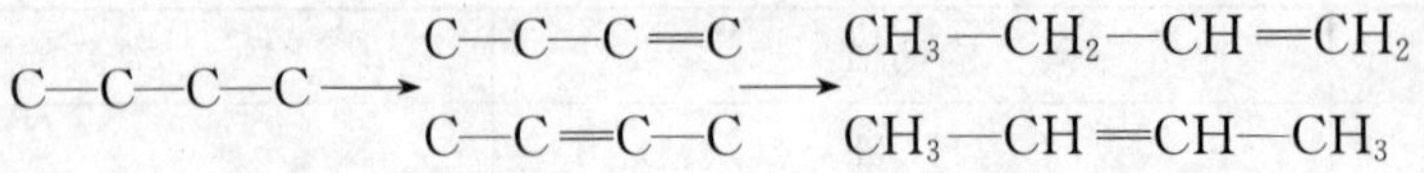

②写出少一个碳原子的碳链，将其作为支链，并不断交换支链和双键的位置，最后用氢原子饱和。

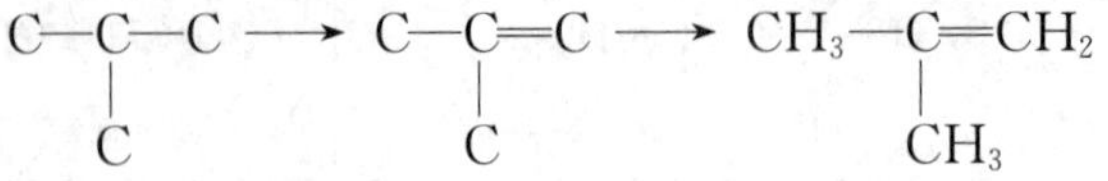

四、烯烃的命名

1. 习惯命名法

简单的烯烃可按习惯命名法命名。例如：

$CH_2=CH_2$
乙烯

$CH_3-CH=CH_2$
丙烯

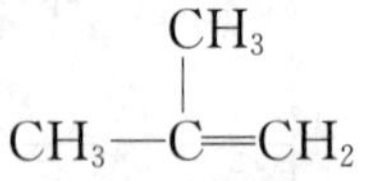

异丁烯

2. 系统命名法

烯烃的系统命名法与烷烃相似，但烯烃中有双键官能团，在命名时需将双键的位置标记清楚。例如：

$\overset{1}{C}H_2=\overset{2}{C}H-\overset{3}{C}H_2-\overset{4}{C}H_3$
1—丁烯

$\overset{1}{C}H_3-\overset{2}{C}H=\overset{3}{C}H-\overset{4}{C}H_2-\overset{5}{C}H_3$
2—戊烯

命名原则和主要步骤如下：

①选择主链　选择含有碳碳双键在内的最长碳链作为主链，按主链所含碳原子数目称为“某烯”，多于10个碳原子的烯烃用中文数字加“碳烯”。例如：

$$CH_3CH=CH(CH_2)_8CH_3$$

2—十二碳烯

②确定编号　从靠近双键的一端用阿拉伯数字依次对主链碳原子编号；若双键两端碳原子数相等，则从靠近支链的一端开始。

③写出全称　按照“取代基位次和名称”“双键位次”“母体名称”的顺序，写出全称。

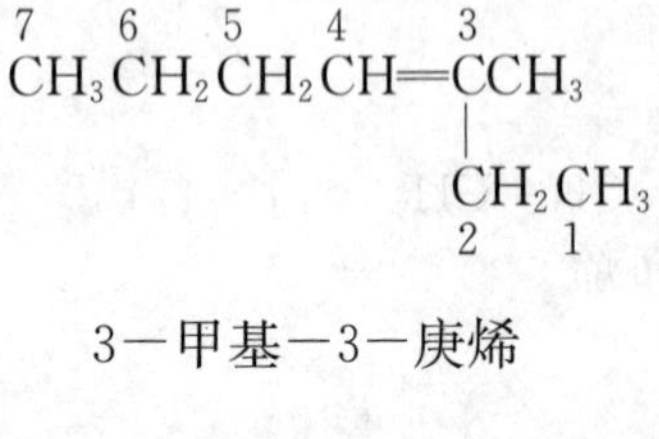

3—甲基—3—庚烯

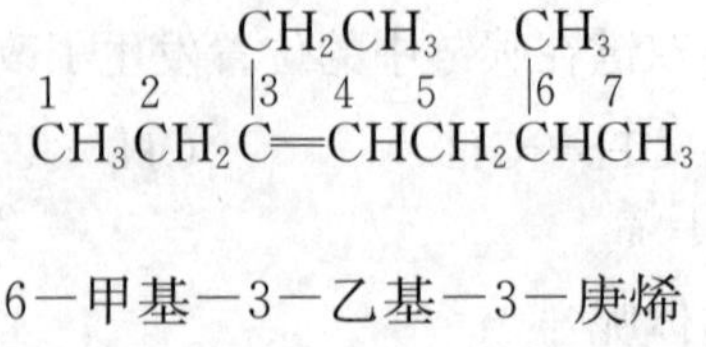

6—甲基—3—乙基—3—庚烯

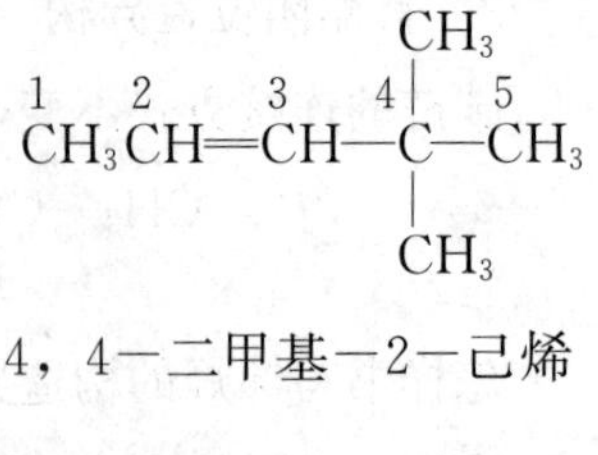

4，4—二甲基—2—己烯

五、烯烃的物理性质

烯烃的物理性质与烷烃相似。4 个碳原子以下的烯烃在常温下是气体，5～18 个碳原子的烯烃是液体，19 个碳原子以上的烯烃是固体。它们的熔点、沸点和密度随相对分子质量的增加而上升。直链烯烃比带有支链的同系物的沸点高一些。烯烃的相对密度都小于 1，都不溶于水，易溶于有机溶剂，都是无色物质。液体烯烃具有汽油的气味。一些烯烃的物理常数见表 12－2－1。

表 12－2－1　一些烯烃的物理常数

名称	构造式	熔点/℃	沸点/℃	相对密度 d_4^{20}
乙烯	$CH_2=CH_2$	−169.5	−103.7	0.570（在沸点时）
丙烯	$CH_3CH=CH_2$	−185.2	−47.7	0.610（在沸点时）
1－丁烯	$CH_3CH_2CH=CH_2$	−130	−6.4	0.625（在沸点时）
顺－2－丁烯	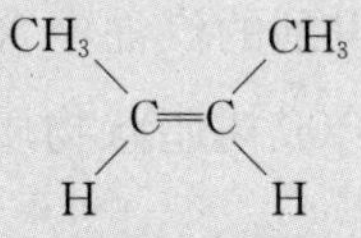	−139.3	3.5	0.621 3
反－2－丁烯	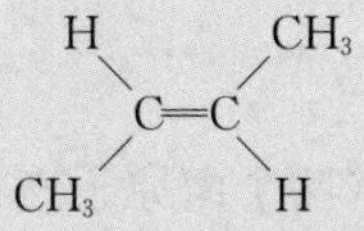	−105.5	0.9	0.604 2
2－甲基－1－丙烯	$(CH_3)_2C=CH_2$	−140.8	−6.9	0.631（−10℃时）
1－戊烯	$CH_3CH_2CH_2CH=CH_2$	−166.2	30.1	0.641
1－己烯	$CH_3(CH_2)_3CH=CH_2$	−139	63.5	0.673
1－庚烯	$CH_3(CH_2)_4CH=CH_2$	−119	93.6	0.697
1－十八碳烯	$CH_3(CH_2)_{15}CH=CH_2$	17.5	179	0.791

六、烯烃的化学性质

烯烃中的碳碳双键由一个 σ 键和一个 π 键组成。由于 π 键的强度较 σ 键弱得多，易被极化而断裂，即 π 键有较大的反应活性，所以烯烃的化学性质活泼。此外，与碳碳双键直接相连的 α－C 上的氢原子(α－H)受 π 键的影响，也显示出一定的活性。

（一）发生在碳碳双键上的反应

1. 加成反应

在一定条件下，烯烃与试剂作用，碳碳双键中的 π 键断裂，试剂中的两个原子或原子团分别加到两个不饱和碳原子上，生成饱和化合物，这种反应叫作加成反应。

从形式上看，烯烃的加成反应可用下式表示：

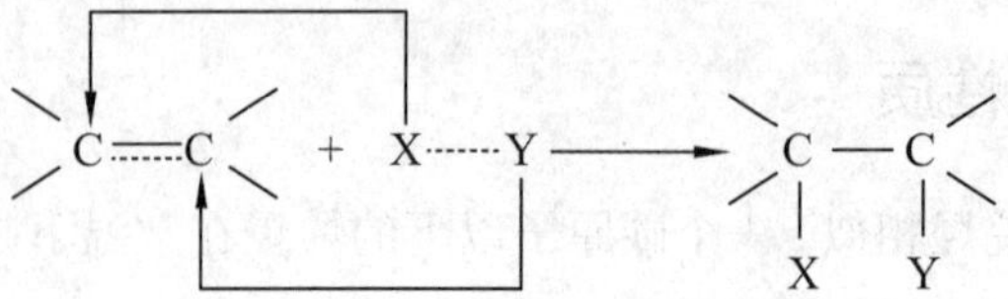

式中的虚线表示反应过程中会断开的共价键。加成反应发生后，两个不饱和的双键碳原子都变为饱和碳原子。

(1) 催化加氢

常温常压下，烯烃与氢气通常不发生反应，但在催化剂的作用下，烯烃与氢气发生加成反应生成烷烃，这个反应称为催化加氢。常用的催化剂是镍、钯、铂等。例如：

$$CH_2{=}CH_2 + H{-}H \xrightarrow{Ni} CH_3{-}CH_3$$

$$CH_3{-}CH_2{-}CH{=}CH_2 + H{-}H \xrightarrow{Ni} CH_3{-}CH_2{-}CH_2{-}CH_3$$

催化加氢可以提高汽油的质量。从石油裂化得到的汽油中含有少量的烯烃，易受空气氧化，生成有腐蚀作用的有机酸；烯烃还容易聚合成树脂状物质，影响油品质量。加氢后的汽油称为加氢汽油，化学稳定性得以提高。

(2) 与卤素加成

烯烃与卤素发生加成反应，生成邻二卤代物（两个卤原子连在相邻的两个碳原子上）。

$$CH_2{=}CH_2 + Cl{-}Cl \xrightarrow[40℃,\ 0.2\ MPa]{FeCl_3} \underset{Cl}{CH_2}{-}\underset{Cl}{CH_2}$$

1，2－二氯乙烷

1，2－二氯乙烷是一种常用的有机溶剂。

$$CH_2{=}CH_2 + Br_2 \xrightarrow{CCl_4} \underset{Br}{CH_2}{-}\underset{Br}{CH_2}$$

红棕色　1，2－二溴乙烷，无色

$$CH_3{-}CH{=}CH_2 + Br_2 \xrightarrow{CCl_4} CH_3{-}\underset{Br}{CH}{-}\underset{Br}{CH_2}$$

红棕色　1，2－二溴丙烷，无色

在常温下烯烃与溴的四氯化碳溶液或溴水作用，溴的红棕色很快褪去。利用该反应可鉴别烯烃。

与相同烯烃发生加成反应时卤素的活性顺序为 $F_2 > Cl_2 > Br_2 > I_2$。

其中氟非常活泼，反应难以控制；碘的活性很差，除少数烯烃外，一般不与烯烃发生加成反应；常用氯和溴与烯烃反应。

氯气很活泼，为了使氯气和烯烃顺利进行加成而不过于猛烈，通常采用既加入溶剂稀释，又加入催化剂的办法。例如：工业上由乙烯和氯气制备1，2－二氯乙烷，就是采用三氯化铁做催化剂，1，2－二氯乙烷做溶剂。

（3）与卤化氢加成

烯烃能与卤化氢（氯化氢、溴化氢、碘化氢）发生加成反应，生成卤代烷烃。例如：

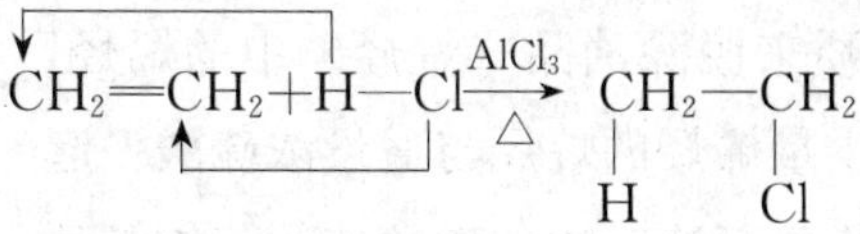

这是工业上制备氯乙烷的方法之一。

乙烯是一个对称分子，无论氯化氢中的氯原子或者氢原子加到哪个碳原子上，产物是相同的。而丙烯是不对称分子，它与氯化氢加成就可能生成两种产物。

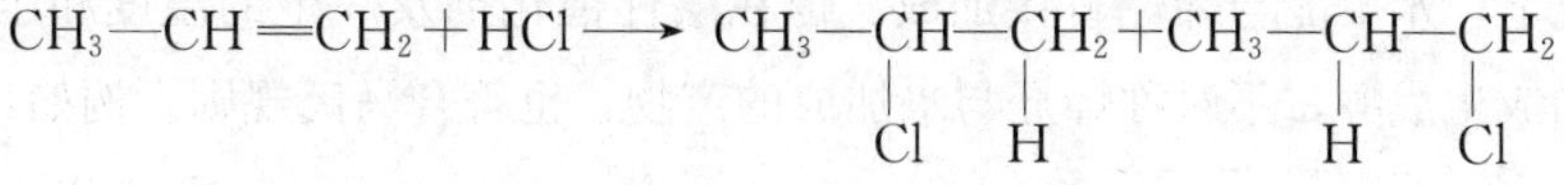

2－氯丙烷（主要产物）　　1－氯丙烷

实验证明，丙烯与氯化氢加成的主要产物是2－氯丙烷。

俄国化学家马尔科夫尼科夫依据大量实验总结得到：不对称烯烃与卤化氢等极性试剂发生加成反应时，试剂中的氢原子或带正电荷的部分主要加到含氢较多的双键碳原子上，而卤原子或带负电的部分则加到含氢较少的双键碳原子上。此经验规律称马尔科夫尼科夫规则，简称马氏规则。如下所示：

δ^+、δ^-分别表示部分正电荷和部分负电荷。

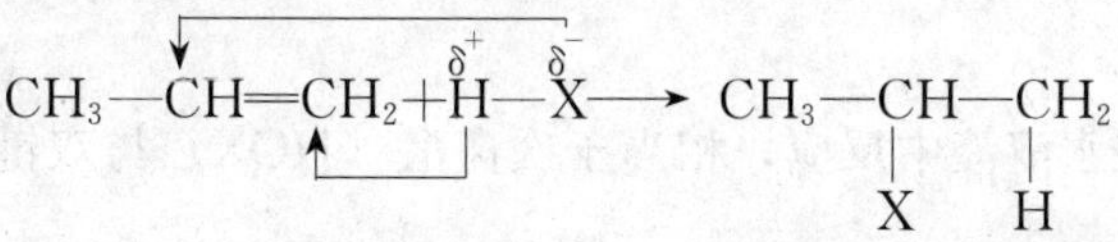

溴化氢和碘化氢与丁烯发生同样的反应，而且更容易进行。例如：

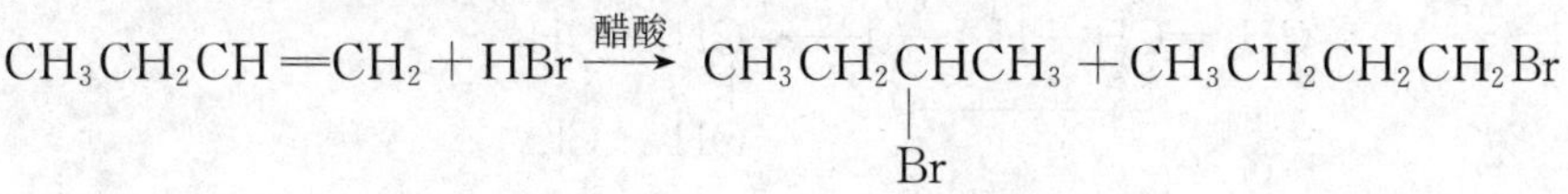

（80%）　　（20%）

卤化氢的反应活性次序为HI>HBr>HCl。

（4）与硫酸加成

乙烯与浓硫酸反应，生成硫酸氢乙酯：

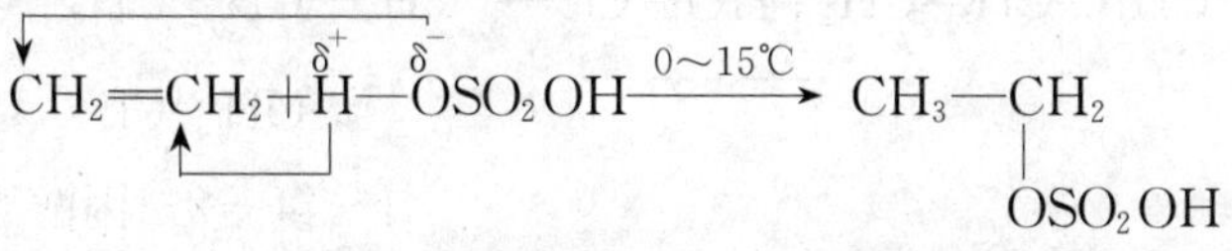

98%　　硫酸氢乙酯

不对称烯烃与硫酸加成时，反应产物符合马氏规则。例如：

$$CH_3-CH=CH_2+\overset{\delta^+}{H}-\overset{\delta^-}{O}SO_2OH \xrightarrow{50℃} \underset{\substack{|\\ OSO_2OH}}{CH_3-CH-CH_3}$$

75%～85%　　　硫酸氢异丙酯

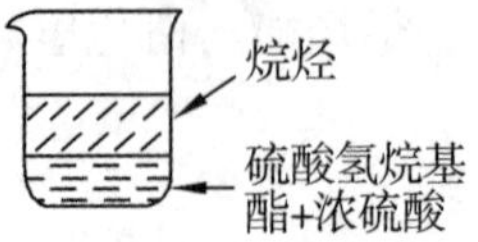

图 12－2－3　浓硫酸溶解烷烃中的烯烃示意图

硫酸氢烷基酯能溶解在浓硫酸中，而烷烃不溶于硫酸。在石油工业中可以利用这一性质来脱除油品（烷烃）中的烯烃，以提高油品的质量。将含有少量烯烃的烷烃与适量浓硫酸一起振荡，则烯烃与浓硫酸作用生成可溶于浓硫酸的硫酸氢烷基酯并沉在下层，烷烃浮于上层。见图 12－2－3。

（5）与水加成

一般情况下，水不能与烯烃直接加成。但在酸性催化剂及一定的温度和压力下，烯烃可与水直接加成生成醇。不对称烯烃与水加成的产物，也符合马氏规则。例如：

$$CH_2=CH_2+HO-H \xrightarrow[280\sim300℃,7\sim8\ MPa]{H_3PO_4} CH_3-CH_2-OH$$

$$CH_3-CH=CH_2+\overset{\delta^+}{H}-\overset{\delta^-}{O}H \xrightarrow[195℃,\ 2\ MPa]{H_3PO_4/硅藻土} \underset{\substack{|\\ OH}}{CH_3-CH-CH_3}$$

与间接水合法相比，不存在硫酸对设备的腐蚀问题，但由于压力较高，对设备要求较高，烯烃的纯度需要在 97%（体积分数）以上。

（6）与次卤酸加成

烯烃与氯气或溴在水溶液中反应，相当于次卤酸（HOX）与双键的加成。反应符合马氏规则。例如：

$$CH_2=CH_2+H\overset{\delta^-}{O}-\overset{\delta^+}{Cl} \longrightarrow \underset{OH}{\underset{|}{CH_2}}-\underset{Cl}{\underset{|}{CH_2}}$$

氯乙醇

次氯酸和烯烃加成时，断开的共价键是 HO—┆—Cl。根据马氏规则，带正电荷的 Cl^+ 加到含氢原子多的双键碳原子上。例如：

$$CH_3-CH=CH_2+H\overset{\delta^-}{O}-\overset{\delta^+}{Cl} \longrightarrow CH_3-\underset{OH}{\underset{|}{CH}}-\underset{Cl}{\underset{|}{CH_2}}$$

1－氯－2－丙醇

2. 氧化反应

烯烃中双键的活泼性还表现在容易被氧化，其氧化反应较复杂，随烯烃的结构、氧化剂、反应条件和催化剂的不同，氧化产物不同。

（1）燃烧反应

烯烃在空气中可以燃烧，生成水和二氧化碳。乙烯燃烧时的火焰比甲烷燃烧时的火焰明亮并伴有黑烟，这是因为乙烯分子中碳的质量分数比甲烷高，燃烧时碳没有得到充分燃烧而产生的。

$$C_2H_4 + 3O_2 \xrightarrow{\text{燃烧}} 2CO_2 + 2H_2O$$

（2）高锰酸钾氧化

①酸性高锰酸钾氧化性较强，可以氧化乙烯和烯烃，并且碳碳双键断开。

$$5C_2H_4 + 12KMnO_4 + 18H_2SO_4 = 6K_2SO_4 + 12MnSO_4 + 10CO_2 + 28H_2O$$

或者写作：$CH_2 = CH_2 \xrightarrow{KMnO_4,\ H^+} CO_2 + H_2O$

高锰酸钾溶液的紫色褪去，可用来鉴别烯烃。

②在温和的条件下，如在稀的、冷的高锰酸钾的中性或碱性水溶液中，碳碳双键中的π键断裂，双键碳原子各引入一个羟基，生成邻二醇。例如：

$$3CH_3{-}CH{=}CH_2 + 2KMnO_4 + 4H_2O \longrightarrow 3CH_3{-}\underset{OH}{\underset{|}{CH}}{-}\underset{OH}{\underset{|}{CH_2}} + 2MnO_2\downarrow + 2KOH$$

1，2－丙二醇

紫色　　　　　　　　　　　　　　　　　　　　棕褐色

高锰酸钾溶液的紫色褪去，生成棕褐色的二氧化锰沉淀。现象明显，同样可用来鉴别烯烃。但生成的邻二醇容易被进一步氧化，故一般不用此反应制备邻二醇。

3. 聚合反应

在催化剂作用下，烯烃中的π键断开，分子间相互结合生成长链的大分子或高分子化合物，这种反应称为聚合反应。聚合的产物称为聚合物。

以有机过氧化物作为引发剂，在150～160 MPa、200℃时，乙烯可聚合成聚乙烯（简称PE）。由于聚合是在高压下进行的，工业上称为高压聚合法，所得聚乙烯称为高压聚乙烯。

$$nCH_2 = CH_2 \xrightarrow[\text{温度、压力}]{\text{引发剂}} \left[CH_2{-}CH_2\right]_n$$

聚乙烯

高压聚乙烯具有支链，密度较低（0.92 g/cm³），比较柔软，所以高压聚乙烯又称为低密度聚乙烯，简称LDPE或软聚乙烯。高压聚乙烯的相对分子质量在25 000左右，是无味、无臭、无毒的乳白色半透明物质，耐腐蚀，有良好的绝缘性和韧性，广泛用于生产薄膜、塑料容器等。

乙烯也可以通过齐格勒—纳塔（Ziegler—Natta）催化剂[$TiCl_4-(CH_3CH_2)_3Al$]，在常压或1～1.5 MPa的压力下聚合成聚乙烯。这种方法工业上称为低压聚合法，所得的聚乙烯称为低压聚乙烯。

$$nCH_2=CH_2 \xrightarrow[60\sim70℃]{TiCl_4-(C_2H_5)_3Al} \text{⫟}CH_2-CH_2\text{⫞}_n$$

低压聚乙烯又称为高密度聚乙烯，简称HDPE或硬聚乙烯。它的密度较高（0.94 g/cm^3），质地较硬，机械性能好，耐磨，耐热，常用于制造管、板、桶、箱及各种包装用具，也可用于生产薄膜等。

由丙烯聚合而成的聚丙烯（PP）也是广泛应用的高分子材料，也可由低压法生产。聚丙烯的密度为0.90 g/cm^3，强度高，硬度大，耐磨，耐热性比聚乙烯好。

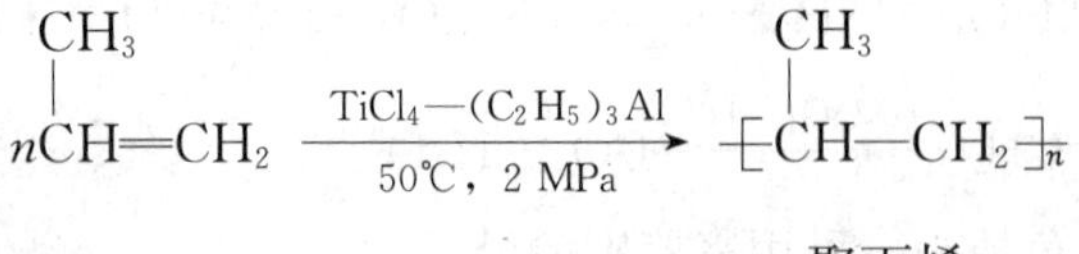

聚丙烯

（二）发生在α—H原子上的反应

烯烃中与碳碳双键直接相连的碳原子称为α—碳原子，连接在α—碳原子上的氢原子称为α—氢原子。受碳碳双键的影响，α—氢原子表现出一定的活泼性，可以发生卤代反应等。所以，丙烯与氯气会发生两种反应——加成反应和取代反应，生成两种不同的产物。实验证明，温度越高，越有利于取代。300℃以下，主要发生加成；当温度高于500℃时，主要发生取代反应，可以得到较高产率的取代产物。

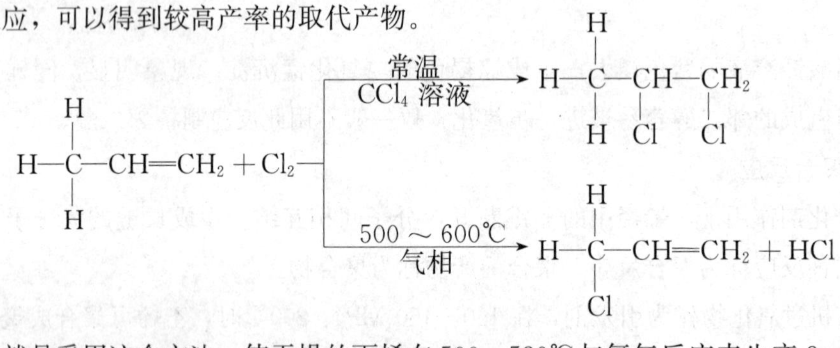

工业上就是采用这个方法，使干燥的丙烯在500～530℃与氯气反应来生产3—氯—1—丙烯。

任务拓展

己烷中含有少量1—己烯，设计化学方法将其分离除去。

任务评价

表 12－2－2　任务评价表

评价项目	评价要素
实验操作	制备乙烯气体装置的搭建操作规范有序；气体性质实验操作规范，现象明显；试剂取用和滴加等实验操作方法正确
实验原理	实验现象解释合理
实验记录	实验数据和现象记录完整规范
任务检测	化学方程式书写规范；产物构造式书写正确
结束工作	实验台面清洁、仪器洗涤洁净、放置整齐、完成时间符合要求
安全与环保	取用试剂数量合理，废液、废纸和固废处理方法合理

任务三　认识乙炔的性质

任务描述

制备乙炔气体并验证乙炔的物理性质和化学性质，掌握乙炔的鉴别方法。

任务目标

- 组装实验室制备乙炔气体的简单装置，制备乙炔气体；
- 验证乙炔的化学性质；
- 能正确写出乙炔发生加成反应、氧化反应以及和银氨溶液反应后所得产物的构造式。

任务分析

通过制备乙炔气体并验证乙炔的化学性质、观察实验现象，分析归纳实验结果，认识乙炔化学性质的活泼性特点，并掌握鉴别乙炔气体的方法，包括使用哪种试剂、怎样进行操作、根据什么现象鉴别以及相关实验的反应方程式。

任务实施

一、任务准备

1. 仪器和药品

仪器：大试管，恒压滴液漏斗，导气管和尖嘴管。

药品：电石，饱和食盐水，饱和硫酸铜溶液，0.1%高锰酸钾溶液，溴水，5%碳酸钠溶液，3 mol/L 硫酸，2%硝酸银溶液，10%的氢氧化钠溶液，2%氨水。

2. 安全和环保

（1）乙炔性质实验所需试剂应预先放入试管，一旦气体发生，立即进行各项实验，避免浪费气体导致不能完成实验任务；

（2）乙炔与空气可形成爆炸性混合物，应先完成乙炔的性质实验（同时乙炔气体发生平稳后）再做可燃性实验；

（3）金属炔化物在干燥状态下，受热或受撞击时，容易发生爆炸。因此，实验室中不再有用的重金属炔化物，必须加酸分解。即先将沉淀上面的清液弃去，然后加入稀硝酸或稀盐酸加热至沸；例如：

$$AgC\equiv CAg + 2HNO_3 \longrightarrow HC\equiv CH + 2AgNO_3$$

$$CuC\equiv CCu + 2HCl \longrightarrow CH\equiv CH + 2CuCl$$

（4）实验过程中产生的废液、废纸等放入准备好的废液桶和废纸桶。

二、任务过程

1. 查阅资料，利用下列仪器和药品自行设计和组装实验装置，制备并净化乙炔气体

铁架台、铁夹、大试管或具支试管、导气管、恒压滴液漏斗或分液漏斗、双孔胶塞或单孔胶塞，电石、饱和食盐水、饱和硫酸铜溶液。

2. 乙炔的性质检验

（1）氧化性　向预先加入 2 mL 高锰酸钾和 1 mL 3 mol/L 硫酸的试管中通入乙炔气体，观察溶液颜色的变化；

（2）加成反应　向预先加入 1 mL 溴水的试管中通入乙炔气体，观察溶液颜色的变化。

（3）炔氢的酸性　将导气管尖嘴清洗后，将乙炔通入预先制备好的硝酸银氨溶液，观察现象。（在试管中加入 1 mL 2%的硝酸银溶液和 1 滴 10%的氢氧化钠溶液，边振摇边加 2%氨水，直到沉淀恰好溶解，得到澄清透明的硝酸银氨溶液。）

（4）可燃性　擦干净导气管尖嘴，点燃乙炔气体，观察火焰亮度和黑烟的多少，观看

之前录制的视频，比较乙炔与甲烷和乙烯的燃烧情况。

三、任务检测

1. 根据以上实验结果，总结乙炔的化学性质特点，并写出相关反应方程式。
2. 设计实验方法，鉴别乙烯和乙炔。
3. 查阅资料，说明为什么要净化由电石和水反应制得的乙炔气体。

相关知识

炔烃

一、乙炔

乙炔是最重要的炔烃。纯净的乙炔是无色、无味的气体，微溶于水，易溶于丙酮，与空气混合，可形成爆炸性混合气体，遇明火会爆炸，其爆炸极限(V/V)是2.5%～80%，使用时一定要注意安全。在贮存和运输中，为避免危险，一般使用浸有丙酮的多孔物质（如石棉、活性炭、软木屑等）吸收乙炔后存在钢瓶中，便于运输和使用。

1. 乙炔分子的结构

乙炔是最简单的炔烃，它的分子式是 C_2H_2，其电子式为 $H\overset{\times}{\cdot}C\vdots\vdots C\overset{\times}{\cdot}H$，其构造式为 $H-C\equiv C-H$ ，简写作 $HC\equiv CH$ 。

物理方法证明，乙炔分子的两个碳原子和两个氢原子在一条直线上，如图 12－3－1 所示。两个 C—H 键之间的夹角为 180°。

乙炔的结构特点是分子中存在碳碳叁键。从电子式看出，碳碳叁键是通过 3 对共用电子对形成的 3 个共价键。其中一个是 σ 键，另两个是 π 键。σ 键很牢固，不易断开；而 π 键不牢固，容易断开，即容易发生化学反应。所以乙炔的化学性质和乙烯相似，比较活泼，容易发生化学反应。

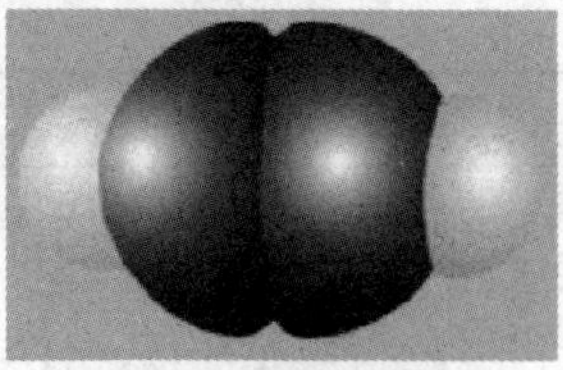

a—比例模型

b—球棒模型

图 12－3－1 乙炔分子的结构和模型

2. 乙炔的制备方法

石油和天然气中不含乙炔，工业制备乙炔主要采用电石法、甲烷裂解法、烃类裂解法等。电石法工艺流程简单、容易操作，制得的乙炔纯度高，但是能耗高、污染严重；甲烷或烃类裂解法等制得的乙炔纯度低、操作复杂。我国目前仍然以电石法生产乙炔为主。随着天然气化学工业的发展，天然气将成为乙炔的主要来源。

（1）电石法

此法是将焦炭和石灰按一定比例放入电弧高温炉中熔融，得到碳化钙（俗称电石），碳化钙再用水分解，则得到乙炔：

$$CaO + 3C \xrightarrow{2\,500 \sim 3\,000℃} CaC_2 + CO$$

$$CaC_2 + 2H_2O \longrightarrow CH \equiv CH + Ca(OH)_2$$

该法耗电量大（生产 1 kg 乙炔的电力消耗量约为 10 千瓦小时），反应过程中产生大量氢氧化钙，需要妥善处理，但技术成熟，乙炔含量高，生产工艺流程简单，应用较普遍。

实验室中采用电石法制备乙炔气体。

（2）甲烷裂解法（电弧法）

把天然气通入电弧炉中，经过 3 000℃左右的电弧区，使甲烷加热到 1 500℃，发生裂解反应生成乙炔和氢气等。

$$2CH_4 \xrightarrow{1\,500℃} HC \equiv CH + 3H_2$$

3. 乙炔的用途

乙炔是重要的基本有机合成原料，主要用于制备氯乙烯、二氯乙烯、四氯乙烷、乙醛、乙酸、乙烯基乙炔、聚乙炔等有机产品，这些产品又是合成橡胶、合成纤维、合成塑料三大合成材料的原料。

二、炔烃

分子中含有碳碳叁键（ $C \equiv C$ ）的烃称为炔烃。碳碳叁键是炔烃的官能团。

最简单的炔烃是乙炔，之后随着碳原子数的增多，依次为丙炔、丁炔等，它们的分子式和构造式分别为：

	分子式	构造式	构造简式
乙炔	C_2H_2	H—C≡C—H	CH≡CH
丙炔	C_3H_4	H │ H—C—C≡C—H │ H	$CH_3C \equiv CH$ 或 $CH_3—C \equiv CH$

（续表）

	分子式	构造式	构造简式
丁炔	C_4H_6	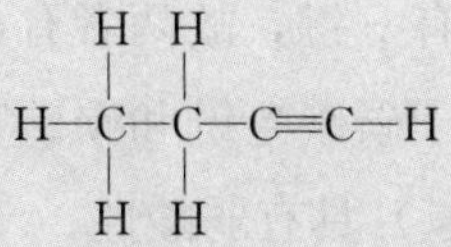	$CH_3CH_2C{\equiv}CH$ 或 $CH_3{-}CH_2{-}C{\equiv}CH$
		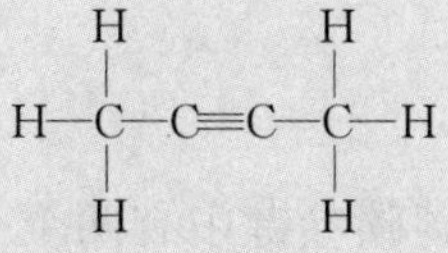	$CH_3C{\equiv}CCH_3$ 或 $CH_3{-}C{\equiv}C{-}CH_3$

比较乙炔、丙炔和丁炔的组成和构造式可以看出，炔烃的通式为 C_nH_{2n-2}。乙炔、丙炔和丁炔等互为同系物。

炔烃的命名方法和烯烃相似，只要将“烯”字改成“炔”字即可。例如：

$CH_3{-}CH{=}CH{-}CH_3$	2－丁烯	$CH_3{-}C{\equiv}C{-}CH_3$	2－丁炔
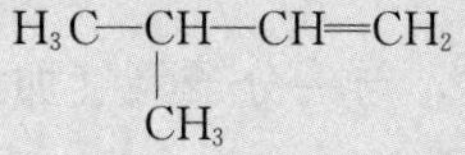	3－甲基－1－丁烯	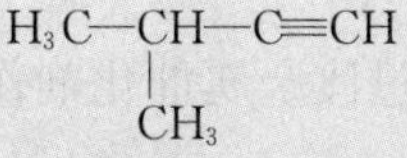	3－甲基－1－丁炔

三、炔烃的物理性质

炔烃的物理性质与烷烃、烯烃基本相似。常温常压下，C_2～C_4 的炔烃是气体，从 C_5 开始为液体，高级炔烃是固体。低级炔烃的熔点、沸点、相对密度比相应的烷烃、烯烃都略高一些。炔烃相对密度都小于1，难溶于水，而易溶于极性小的有机溶剂。一些常见炔烃的物理常数见表12－3－1。

表12－3－1 炔烃的物理常数

名称	构造式	熔点/℃	沸点/℃	相对密度 d_4^{20}
乙炔	$CH{\equiv}CH$	－81.8（118.7 kPa）	－83.4	0.618（在沸点时）
丙炔	$CH_3C{\equiv}CH$	－101.5	－23.3	0.671（在沸点时）
1－丁炔	$CH_3CH_2C{\equiv}CH$	－122.5	8.5	0.668（在沸点时）
1－戊炔	$CH_3CH_2CH_2C{\equiv}CH$	－98	39.7	0.695
2－戊炔	$CH_3CH_2C{\equiv}CCH_3$	－101	55.5	0.712 7（17.2℃）
1－己炔	$CH_3(CH_2)_3C{\equiv}CH$	－124	71.4	0.719
1－庚炔	$CH_3(CH_2)_4C{\equiv}CH$	－80.9	99.8	0.733
1－十八碳炔	$CH_3(CH_2)_{15}C{\equiv}CH$	22.5	180（12.7 kPa）	0.869 6（0℃）

四、炔烃的化学性质

炔烃和烯烃都是不饱和烃，分子中都含有 π 键，故两者有相似的化学性质，如都能发生加成反应、聚合反应和氧化反应。但是由于碳碳叁键和碳碳双键的不同，炔烃有其独特的性质，如与叁键碳直接连接的氢原子（炔氢）具有弱酸性。

(一) 发生在碳碳叁键上的反应

1．加成反应

炔烃与烯烃相似，也能进行加成反应。碳碳叁键中有两个 π 键，其加成反应通常分两步进行。

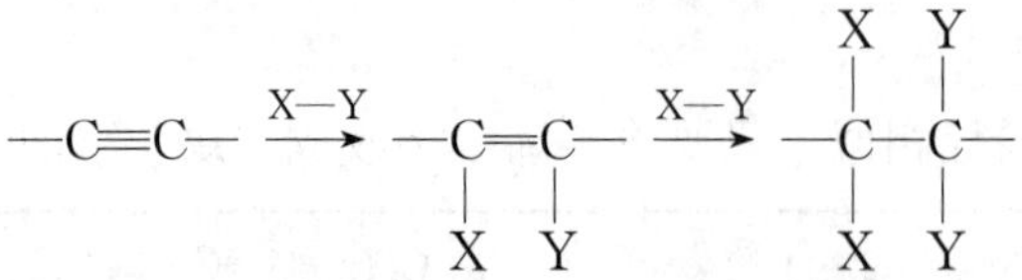

（1）催化加氢

乙炔在铂、钯、镍等过渡金属催化剂作用下，首先断开一个 π 键，与一分子氢气加成生成乙烯；然后再断开一个 π 键，乙烯与一分子氢气加成生成乙烷。

$$HC\equiv CH \xrightarrow[\text{Pt，Pd 或 Ni}]{H_2} H_2C=CH_2 \xrightarrow[\text{Pt，Pd 或 Ni}]{H_2} H_3C-CH_3$$

其他炔烃和氢气发生类似的反应。例如：

$$H_3C-C\equiv CH \xrightarrow[Ni]{H_2} H_3C-HC=CH_2 \xrightarrow[Ni]{H_2} H_3C-CH_2-CH_3$$

以 Ni、Pd、Pt 等过渡金属为催化剂时，炔烃加氢很难停留在烯烃阶段，一般是加两分子氢气生成烷烃。

但是使用活性较低的催化剂，如林德拉（Lindlar）催化剂（把钯沉积在碳酸钙上用乙酸铅处理，使钯部分中毒，降低活性。也可写作：Pd－$CaCO_3$，乙酸铅），对炔烃进行加氢时，可使反应停留在烯烃阶段。例如：

$$CH_3-C\equiv C-CH_3 + H_2 \xrightarrow{\text{林德拉催化剂}} CH_3-CH=CH-CH_3$$

工业上，利用这个反应可以除去乙烯中含有的少量乙炔，提高裂解气中乙烯的纯度。

（2）与卤素加成

炔烃与氯气和溴容易发生加成反应。例如，乙炔与 1 mol 氯或溴加成生成二卤代烯烃，与 2 mol 氯或溴加成生成四卤代烷烃。

在较低温度下，反应可控制在生成二卤代烯烃阶段。

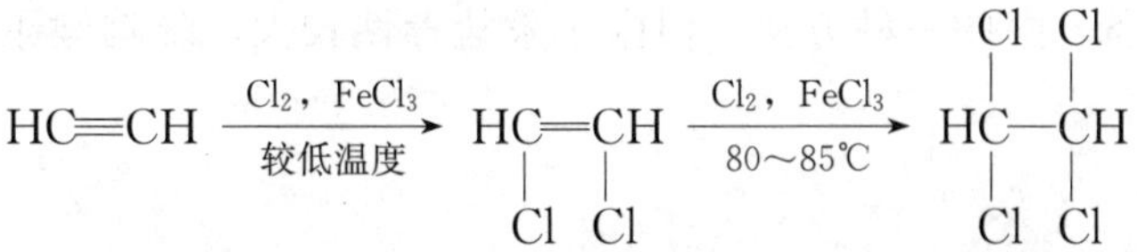

1，2－二氯乙烯　1，1，2，2－四氯乙烷

炔烃也可以和溴发生加成反应，生成二溴代物或四溴代物。炔烃与溴加成后，溴的红棕色消失，因此可通过溴的四氯化碳溶液颜色的变化来检验炔烃。例如：

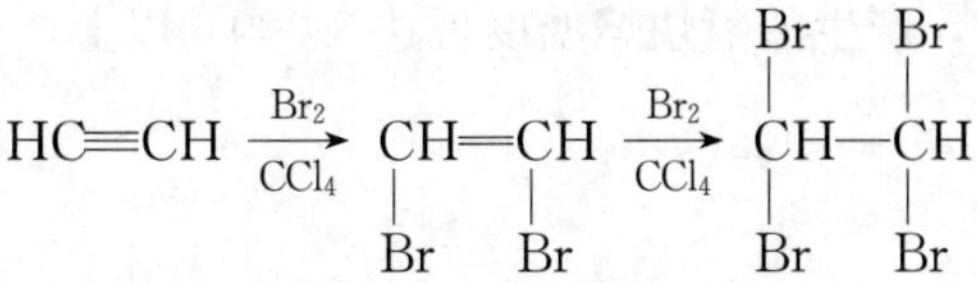

1，2－二溴乙烯（无色）　1，1，2，2－四溴乙烷（无色）

其他炔烃和卤素发生类似的反应。例如：

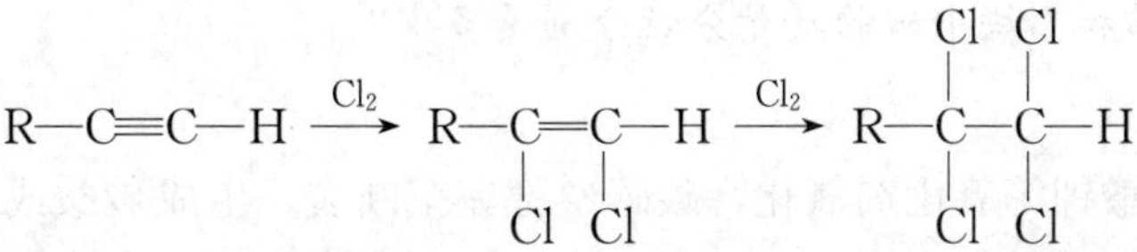

（3）与卤化氢加成

乙炔与卤化氢也能进行加成反应，但一般比较困难，需要用汞盐等做催化剂，并且要加热。例如：

$$HC\equiv CH + HCl \xrightarrow[150\sim160℃]{HgCl_2/C} H_2C=CHCl$$

不对称炔烃与卤化氢的加成也服从马氏规则。例如：

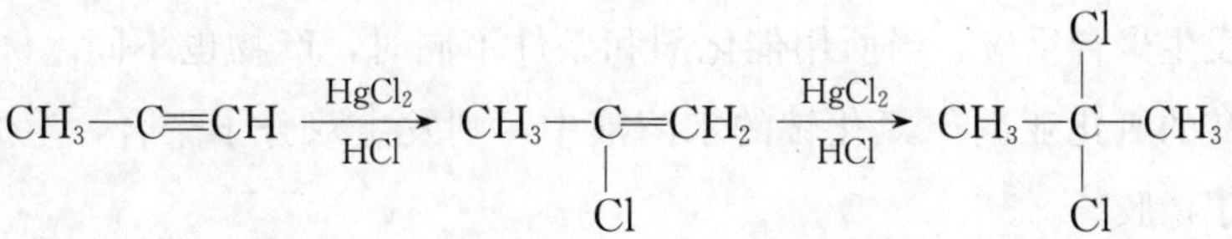

（4）与水加成

在硫酸汞的硫酸溶液的催化下，炔烃可以和水进行加成。首先生成在双键碳原子上连有羟基的烯醇式化合物。烯醇式化合物一般不稳定，通过分子重排，最后得到稳定的羰基化合物。例如：

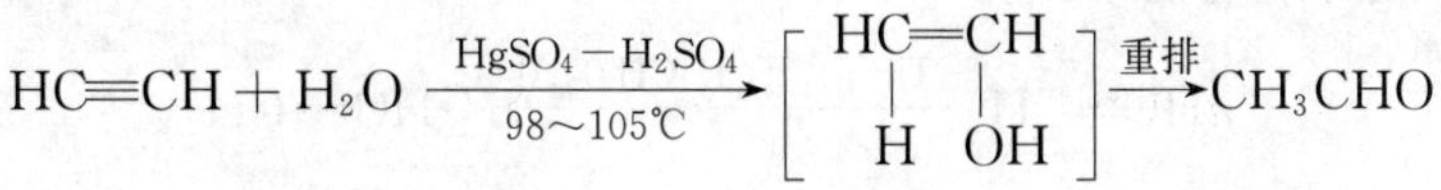

乙烯醇　乙醛

该反应方程式可直接写作：$HC\equiv CH + H_2O \xrightarrow[98\sim105℃]{HgSO_4-H_2SO_4} CH_3CHO$

这是工业上制备乙醛的一种方法。但由于汞盐毒性较大，影响健康并污染环境，现在已使用非汞催化剂。

2. 氧化反应

乙炔在空气中也可以燃烧，燃烧时火焰明亮伴有浓烈的黑烟，这是因为乙炔含碳元素的质量分数比甲烷和乙烯都高，碳燃烧不完全所致。

$$2HC\equiv CH + 5O_2 \xrightarrow{\text{点燃}} 4CO_2 + 2H_2O$$

乙炔在纯氧中燃烧时，产生的氧炔焰温度可达 3 000℃以上，工业上常利用它来焊接或切割金属。

算一算

甲烷、乙烯和乙炔中碳的质量分数分别是多少？

炔烃可被高锰酸钾等氧化剂氧化，碳碳叁键完全断裂，生成羧酸或二氧化碳等。高锰酸钾溶液的紫色褪去。例如：

$$HC\equiv CH \xrightarrow[H_2O]{KMnO_4} CO_2 + H_2O$$

$$R—C\equiv CH \xrightarrow[H_2O]{KMnO_4} RCOOH + CO_2 + H_2O$$

和烯烃一样，可以根据高锰酸钾溶液颜色的变化来鉴别分子中是否含有碳碳叁键。

3. 聚合反应

乙炔也能发生聚合反应。当所用催化剂和条件不同时，产物也不同。例如：将乙炔通入含有少量盐酸的氯化亚铜－氯化铵的水溶液中，则发生双分子聚合，生成乙烯基乙炔，可用来合成氯丁橡胶。

$$2CH\equiv CH \xrightarrow[HCl]{CuCl-NH_4Cl} CH_2=CH—C\equiv CH$$

乙烯基乙炔

在齐格勒－纳塔（Ziegler－Natta）催化剂（如烷基铝和四氯化钛等）的作用下，乙炔可聚合成线性高分子化合物聚乙炔。

$$nHC\equiv CH \xrightarrow{TiCl_4-(CH_3CH_2)_3Al} \lbrack HC=CH \rbrack_n$$

聚乙炔

聚乙炔具有较好的导电性，其薄膜可用于包装计算机元件以消除静电。若在其中掺杂 I_2、Br_2 或 BF_3 等，其导电率可达到金属水平，因此称为“合成金属”。聚乙炔还是太阳能电池、电极和半导体材料等的研究热点。

（二）炔氢原子的反应

与叁键碳原子直接相连的氢原子叫炔氢原子。炔氢原子具有微弱的酸性，比较活泼，可以被 Ag^+ 或 Cu^+ 取代，生成白色的炔化银沉淀或红棕色的炔化亚铜沉淀。

$$HC\equiv CH + 2Ag(NH_3)_2NO_3 \longrightarrow \underset{\text{乙炔银（白色）}}{AgC\equiv CAg\downarrow} + 2NH_4NO_3 + 2NH_3$$

$$HC\equiv CH + 2Cu(NH_3)_2Cl \longrightarrow \underset{\text{乙炔亚铜（红棕色）}}{CuC\equiv CCu\downarrow} + 2NH_4Cl + 2NH_3$$

该反应灵敏，现象明显，可用来鉴定乙炔和 $R—C\equiv CH$ 型的炔烃，$R—C\equiv C—R'$ 型的炔烃由于没有炔氢原子不能进行上述反应。

$$R—C\equiv CH \xrightarrow{Ag(NH_3)_2NO_3} \underset{\text{炔化银}}{R—C\equiv CAg\downarrow}\text{（白色）}$$

$$R—C\equiv CH \xrightarrow{Cu(NH_3)_2Cl} \underset{\text{炔化亚铜}}{R—C\equiv CCu\downarrow}\text{（红棕色）}$$

$$CH_3CH_2C\equiv CH + Ag(NH_3)_2NO_3 \longrightarrow \underset{\text{丁炔银（白色）}}{CH_3CH_2C\equiv CAg\downarrow} + NH_4NO_3 + NH_3$$

重金属炔化物在湿润时比较稳定，在干燥状态下受热、受振动或受撞击均易爆炸，实验完毕后应及时用酸处理。

$$CuC\equiv CCu + 2HCl \longrightarrow HC\equiv CH + 2CuCl$$

$$CH_3CH_2C\equiv CAg + HNO_3 \longrightarrow CH_3CH_2C\equiv CH + AgNO_3$$

任务拓展

用化学方法鉴别丁烷、1—丁烯和1—丁炔。

任务评价

表 12－3－2　任务评价表

评价项目	评价要素
实验操作	制备乙炔气体装置的搭建操作规范有序；实验气体性质时操作规范，现象明显；试剂取用和滴加等实验操作方法正确
实验原理	实验现象解释合理
实验记录	记录详细、完整
任务检测	化学方程式书写规范；产物构造式书写正确
结束工作	实验台面清洁、仪器洗涤洁净、放置整齐、完成时间符合要求
安全与环保	取用试剂数量合理；废液、废纸和固废（炔化银）处理方法正确

小知识

脂环烃

脂环烃是指分子中含有环状碳骨架，化学性质与脂肪烃相似的碳氢化合物。环状碳骨架可以是三元环、四元环、五元环、六元环等，环中可以有双键、叁键等。还可以有双环、多环。例如：

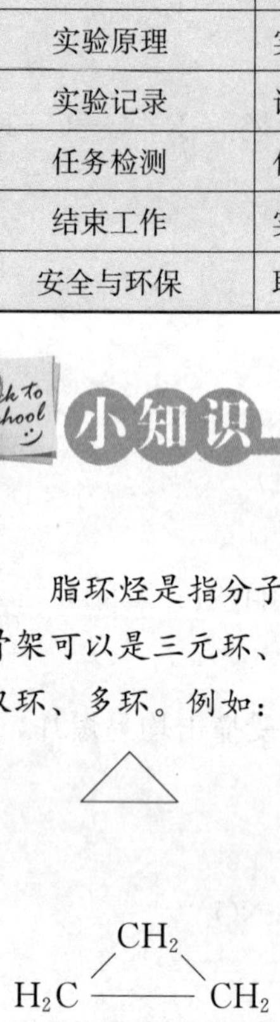

环丙烷（三元环）

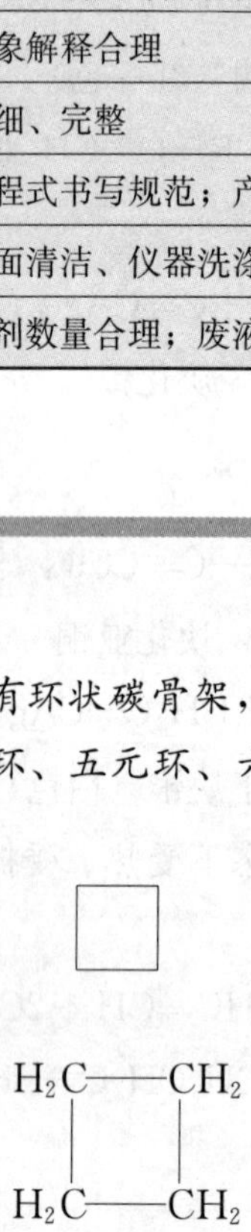

环丁烷（四元环）

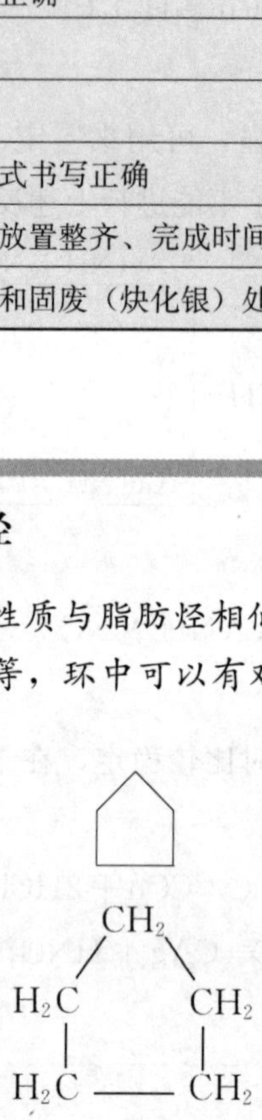

环戊烷（五元环）

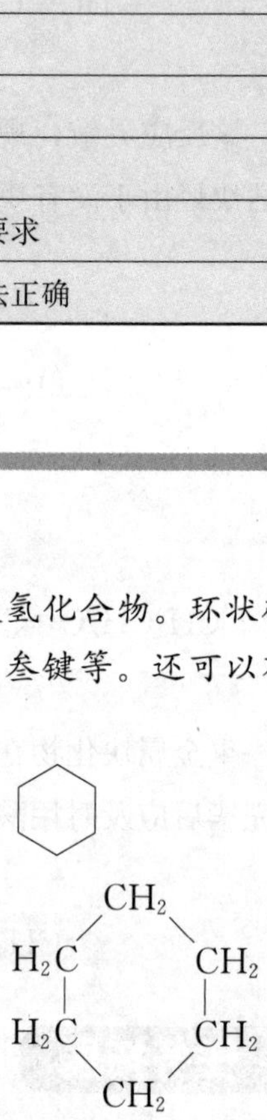

环己烷（六元环）

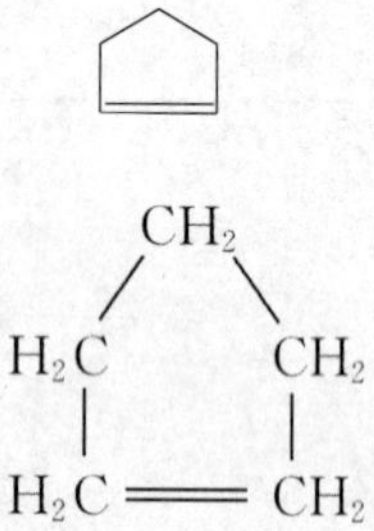

环戊烯

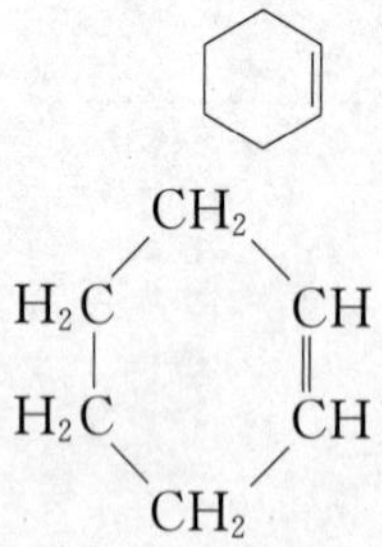

环己烯

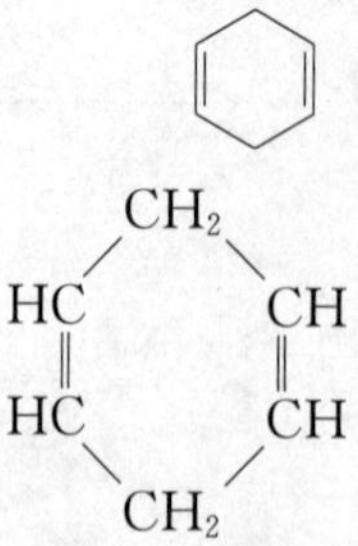

1，4－环己二烯

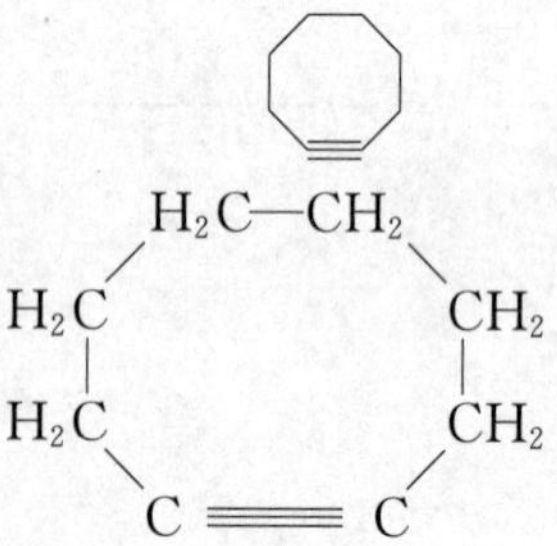

环辛炔

脂环烃是自然界存在的比较广泛、也比较重要的一类有机化合物。脂环烃和它的衍生物主要存在于石油及许多天然产物中。例如：石油中含有 C_5～C_7 的脂环烃——环己烷、甲基环己烷、甲基环戊烷、二甲基环戊烷等。松节油、樟脑、薄荷等天然产物中都存在多种脂环结构，如薄荷油中的薄荷醇、动物体内的胆固醇、香料中的樟脑等。

脂环烃中的环烷烃的化学性质和烷烃相似，可以发生取代反应和氧化反应。因为环烷烃具有碳环结构，所以又有一些特性。它们的化学性质可以概括为“小环”似烯，即三元环、四元环不稳定容易开环发生加成反应；“大环”似烷，即五元环、六元环较稳定，能发生取代及氧化反应。

脂环烃中的环烯烃的化学性质和开链烯烃类似，易发生加成、氧化等反应，与卤化氢等试剂的加成遵循马氏规则。

单元小结

		烷烃	烯烃（$R—CH═CH_2$）	炔烃（$HC≡CH$）
通式		C_nH_{2n+2}	C_nH_{2n}	C_nH_{2n-2}
命名	主链	含支链最多的最长碳链	含 C═C 在内的最长碳链	含 C≡C 在内的最长碳链
	编号	从靠近支链的一端开始编号	从靠近双键的一端开始编号	从靠近叁键的一端开始编号
	名称	取代基的位次、相同取代基的数目、取代基名称、母体烷烃的名称	取代基的位次、相同取代基的数目、取代基名称、双键的位次、母体烯烃的名称	取代基的位次、相同取代基的数目、取代基名称、叁键的位次、母体炔烃的名称
结构特点		分子中的 C—C 键和 C—H 键都是牢固的共价单键，又称 σ 键	C═C 中含有一个牢固的 σ 键和一个活泼的不稳定的 π 键	C≡C 中含有一个牢固的 σ 键和两个活泼的不稳定的 π 键
化学性质		稳定	活泼，π 键容易断开，发生加成反应和氧化反应等	活泼，π 键容易断开，发生加成反应和氧化反应等；炔氢原子活泼
化学反应	取代反应	高温或光照条件下，氢原子被卤素原子取代，生成卤代烷烃的混合物	高温或光照条件下，α—氢原子可被卤素原子取代 $CH_3—CH═CH_2 \xrightarrow[光照]{Cl_2} \underset{\mid \atop Cl}{CH_2}—CH═CH_2$	炔氢原子可被重金属原子取代 $HC≡CH \xrightarrow{Ag(NH_3)_2NO_3} AgC≡CAg\downarrow$ 乙炔银（白色） $HC≡CH \xrightarrow{Cu(NH_3)_2Cl} CuC≡CCu\downarrow$ 乙炔亚铜（红棕色）

（续表）

		烷烃	烯烃（R—CH═CH₂）	炔烃（HC≡CH）
化学反应	加成反应		$\xrightarrow{H_2,\ Ni} RCH_2-CH_3$ $\xrightarrow{Cl_2（或 Br_2）} R-CH(Cl)-CH_2Cl$ $\xrightarrow{HCl（或 HBr）} R-CH(Cl)-CH_3$ $\xrightarrow{冷浓 H_2SO_4} R-CH(OSO_2OH)-CH_3$ $\xrightarrow[H_3PO_4/硅藻土]{H_2O} R-CH(OH)-CH_3$ $\xrightarrow{HOCl} R-CH(OH)-CH_2Cl$ （按马氏规则加成）	$\xrightarrow[Ni]{H_2} CH_2=CH_2 \xrightarrow[Ni]{H_2} CH_3-CH_3$ $\xrightarrow{X_2} CHX=CHX \xrightarrow{X_2} CHX_2-CHX_2$ $(X_2=Cl_2,\ Br_2)$ 1，2—二卤乙烯　1，1，2，2—四卤乙烷 $\xrightarrow{HX} CHX=CH_2 \xrightarrow{HX} CHX_2-CH_3$ $(HX=HCl, HBr)$ 卤乙烯　同碳二卤乙烷 $\xrightarrow{H_2O} [CH(OH)=CH_2] \xrightarrow{重排} CH_3CHO$ 乙醛
	氧化反应	$\xrightarrow[燃烧]{O_2} CO_2+H_2O$ 不能使酸性高锰酸钾溶液的紫色褪去	$\xrightarrow{KMnO_4,\ H_2O} R-CH(OH)-CH_2OH + MnO_2\downarrow$（棕褐色）$+KOH$ $\xrightarrow{KMnO_4,\ H^+}$ 紫色褪色 鉴别烯烃	$\xrightarrow{KMnO_4}$ 紫色褪去 鉴别炔烃
	聚合反应		$nCH_2=CH_2 \longrightarrow [CH_2-CH_2]_n$ $nCH(CH_3)=CH_2 \longrightarrow [CH(CH_3)-CH_2]_n$	$\xrightarrow[二聚]{CuCl-NH_4Cl} CH_2=CH-C\equiv CH$ 乙烯基乙炔 $\xrightarrow{多聚} [CH=CH]_n$ 聚乙炔

综合测试

一、解释下列名词

（1）同系列　（2）同分异构　（3）伯、仲、叔、季碳原子　（4）烷基　（5）炔氢

（6）端炔 （7）取代反应 （8）林德拉催化剂 （9）裂化反应

二、填空题

1. 填写表格，举例说明碳原子和氢原子的类型。

类型	碳原子			氢原子		
	定义	表示	举例说明	定义	表示	举例说明
伯	只与一个C原子相连	1°C				
仲				与仲碳相连的氢原子	2°H	
叔						
季						

2. 填写空格，写出常用烷基构造式。

碳原子数	烷基构造式	命名	碳原子数	烷基构造式	命名
1	$CH_3—$	甲基	4		
2					
3					

3. 根据要求填写空格

有机物名称	乙烷	乙烯	乙炔
构造式			
碳碳键类型	C—C 单键		
各原子的空间位置		2C 和 4H 在同一平面上	

4. 写出符合条件的 C_5H_{12} 烷烃的构造式，并用系统命名法命名。

（1）分子中只有伯氢原子________，命名________；

（2）分子中有一个叔氢原子________，命名________；

（3）分子中有伯氢原子、仲氢原子而无叔氢原子________，命名________。

5. 写出戊烯的五种同分异构体并用系统命名法命名。

6. 通过观察实验中收集到的甲烷、乙烯和乙炔气体，说明甲烷的颜色________、气味________、常温下的状态________、在水中的溶解性________，乙烯的颜色________、气味________、常温下的状态________、在水中的溶解性________，说明乙炔的颜色________、气味________、常温下的状态________、在水中的溶解性________。

7. 用系统命名法写出下列化合物的名称。

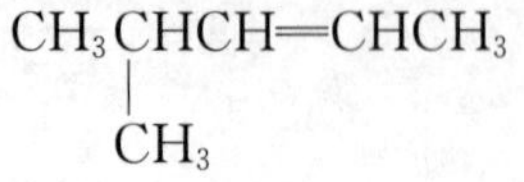 ________

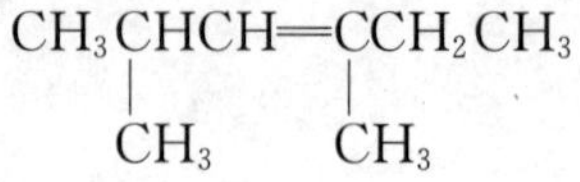 ________

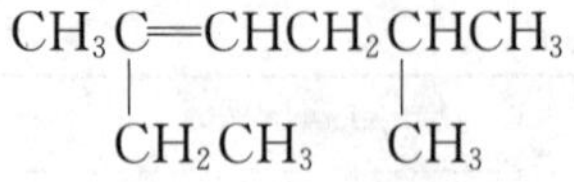 ________

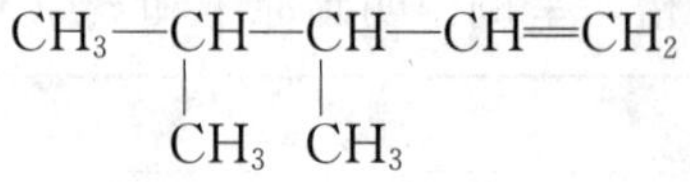 ________

三、选择题

1. 烷烃的通式是（　　）。

A. C_nH_{2n+2}　　B. C_nH_{2n}　　C. C_nH_{2n-2}　　D. C_nH_{n+2}

2. 下列哪种物质的主要成分不是甲烷（　　）

A. 天然气　　B. 沼气　　C. 油田气　　D. 水煤气

3. 下列物质和硝酸银氨溶液反应不产生白色沉淀的是（　　）

A. 乙炔　　B. 丙炔　　C. 1－丁炔　　D. 2－丁炔

4. 下列变化属于加成反应的是（　　）

A. 乙烯通入酸性高锰酸钾溶液　　B. 乙烷与溴蒸气

C. 乙醇与浓硫酸共热　　D. 乙烯与氯化氢在一定条件下反应

5. 下列各组物质在一定条件下反应，可以制得较纯净的1，2－二氯乙烷的是（　　）

A. 乙烷与氯气混合　　B. 乙烯与氯化氢气体混合

C. 乙烯与氯气混合　　D. 乙烯通入浓盐酸

6. 下列物质在一定条件下，能与甲烷发生化学反应的是（　　）

A. 氧气　　B. 酸性高锰酸钾　　C. 盐酸　　D. 氢氧化钠

四、简答题

1. 将下列化合物按沸点由高到低排列。

庚烷、己烷、癸烷、2－甲基戊烷、2，2－二甲基丁烷

2. 汽油着火时，为什么不能用水来灭火？

3. 怎样鉴别乙烷、乙烯和乙炔？

五、写出实现下列反应的条件

1. $H_3C—CH=CH_2 \xrightarrow{?} H_3C—CH_2—CH_2Br$

2. $HC\equiv CH \xrightarrow{?} CH_3CHO$

3. $H_3C-CH=CH_2 \xrightarrow{?} \underset{\displaystyle Cl}{\underset{|}{H_2C}}-CH=CH_2$

4. $HC\equiv CH \xrightarrow{?} CH_2=CH_2$

六、写出下列转化的化学方程式

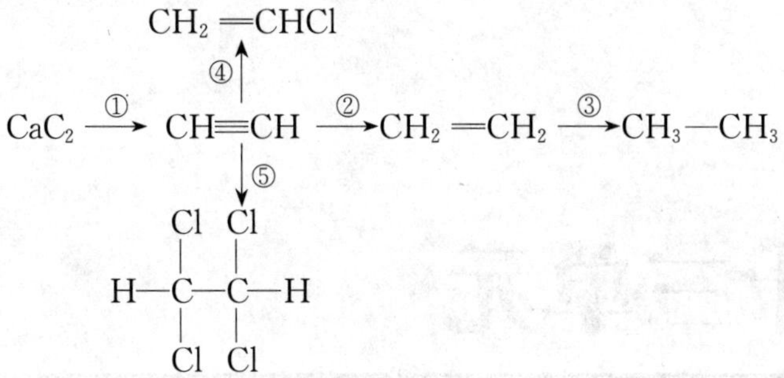

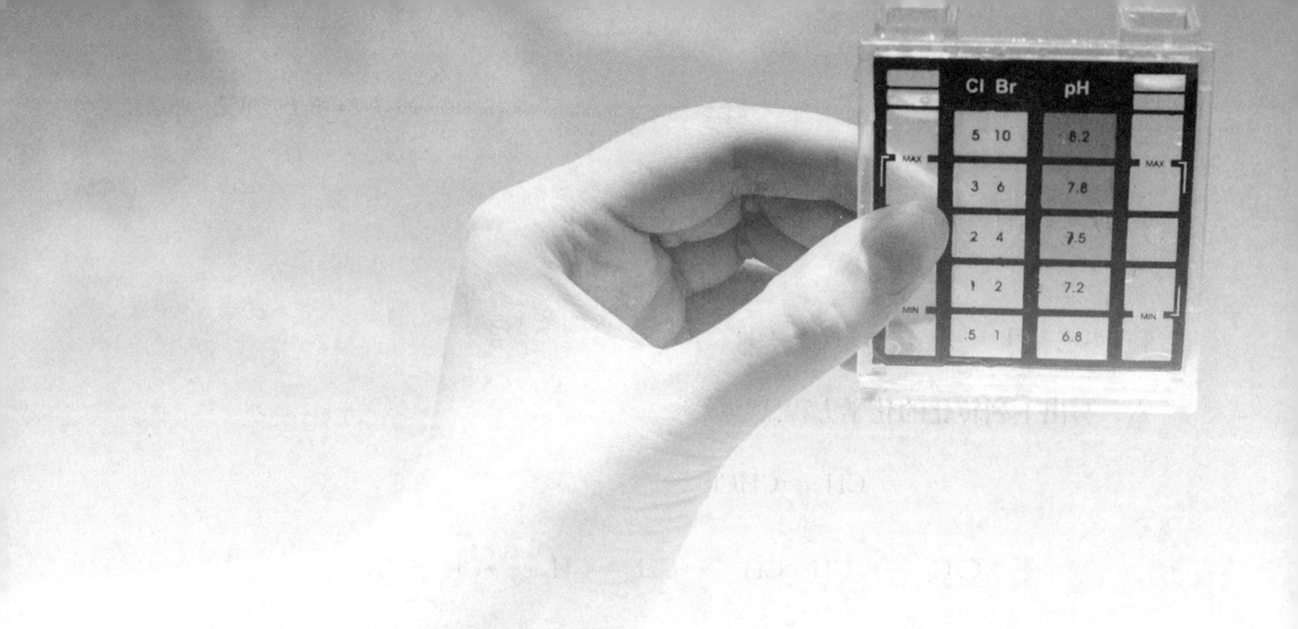

第十三单元 芳香烃

单元概述

芳香烃是一类特殊的不饱和烃，通常指分子中含有苯环结构的碳氢化合物。分子中只有一个苯环的芳香烃称为单环芳香烃。苯是最简单的芳香烃。苯与不饱和脂肪烃的性质有很大差别，通常情况下不容易发生加成反应和氧化反应。

本单元的学习方式是在完成各项任务的过程中，认识苯及其同系物的重要性质，掌握苯及其同系物的鉴别方法。

单元目标

- 了解苯分子的结构特点——苯环中的大 π 键；
- 掌握单环芳香烃的命名方法，能给简单的单环芳香烃进行命名；
- 掌握苯的化学性质，能写出苯进行取代反应和氧化反应的方程式；
- 会进行一些简单芳香烃的鉴别；
- 了解单环芳香烃苯环上取代反应的定位规律，初步认识该规律在有机合成中的应用；
- 了解化学实验和化工生产中使用芳香烃时需要采取的安全环保措施。

任务一　认识苯的稳定性

任务描述

通过观察苯、甲苯等几种芳香烃实物的物态、开展化学实验操作及分析化学实验现象，了解苯、甲苯、二甲苯的物理性质，认识苯环的化学稳定性特点。

任务目标

- 了解典型单环芳香烃的颜色、物态、溶解性等物理性质；
- 通过化学实验初步认识苯的化学稳定性特点。

任务分析

苯、甲苯、二甲苯在工业上俗称三苯，是石油化工工业的重要基础原料。三苯的产量和规模仅次于乙烯、丙烯，被称为一级基本有机原料。它们作为化工原料或溶剂，广泛应用于染料工业、农药生产、香料制作、制漆、制药、制鞋、家具制造等行业。三苯均为无色、透明、油状液体，具有强烈芳香味，易挥发，易燃，有毒。学习并掌握苯、甲苯等芳香烃的物理性质和化学性质，是未来从事相关岗位工作的必备条件。

任务实施

一、任务准备

1. 仪器和药品

仪器：试管、滴管等。

试剂：苯，甲苯，二甲苯，0.1%高锰酸钾溶液，乙醇，饱和溴水，3 mol/L 硫酸，蒸馏水。

2. 安全和环保

(1) 硫酸具有腐蚀性，应避免触及皮肤和衣物；

（2）实验过程中产生的废液、废纸等放入准备好的废液桶和废纸桶；

（3）苯、甲苯和二甲苯易挥发，蒸气有毒，实验过程中注意通风。

二、任务过程

1. 观察苯、甲苯和二甲苯，并测试其溶解性

（1）在三支试管中分别加入 1 mL 的苯，甲苯和二甲苯，再分别加入 5 mL 的蒸馏水，振荡试管，静置片刻后进行观察；

（2）在三支试管中分别加入 1 mL 的苯，甲苯和二甲苯，再分别向试管中滴加乙醇，振荡试管，静置片刻后进行观察。

2. 单环芳香烃的性质实验

（1）稳定性

①在三支试管中分别加入 1 mL 苯、甲苯和二甲苯，然后分别滴入 10 滴 3 mol/L 硫酸，1 滴 0.1%高锰酸钾溶液，振摇后于 70℃热水中温热 2 min，观察溶液颜色变化。

②在三支试管中分别加入 1 mL 苯、甲苯和二甲苯，然后分别滴入 10 滴饱和溴水，观察溶液颜色变化。

（2）可燃性

在一块表面皿上滴 4～5 滴苯，点燃，观察现象并记录。

三、任务检测

根据以上实验结果，说明苯的"芳香性"的含义。

相关知识

一、苯的结构

1. 苯分子的结构

苯的分子式是 C_6H_6。近代物理方法证明，苯分子的六个碳原子和六个氢原子都在一个平面内，是一个平面分子，六个碳原子组成一个正六边形。碳碳键长均为 0.140 nm（介于碳碳单键 0.154 nm 和碳碳双键 0.133 nm 之间），无单双键之分，所有键角都是 120°。苯分子结构及模型如图 13－1－1 所示。

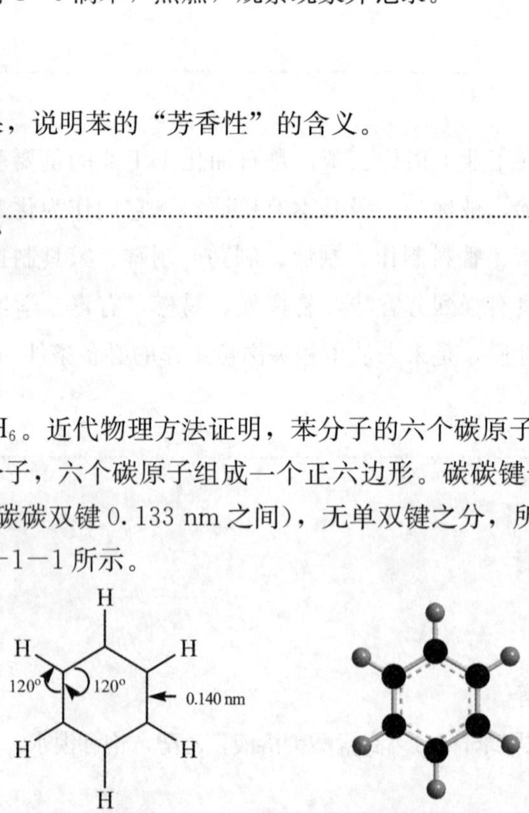

图 13－1－1　苯分子的结构和模型

2. 苯分子的构造式

怎样来表达苯分子的结构呢？自从 1825 年英国物理学家和化学家 FaradyM（法拉第）发现苯以后，人们一直在探索苯分子结构的表达式。虽然提出了各种方法，但都没有满意的结果，需要做进一步讨论。

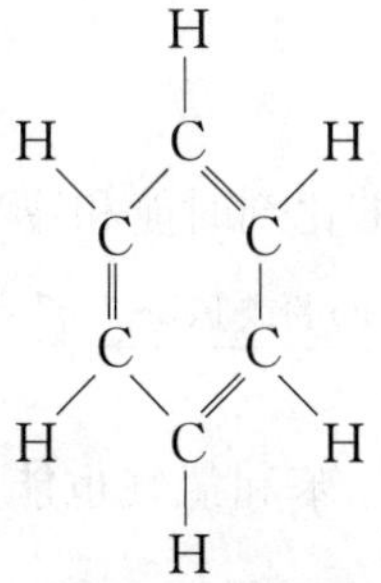

上面是凯库勒（Kekule）式，目前它是书籍和文献中应用最多的苯分子的表达式。很好地表达出了碳原子的不饱和性和碳的四价。其不足之处在于，实际的苯环中并不存在纯粹的碳碳单键和碳碳双键。

小知识

苯分子中的化学键

苯分子中的碳碳键既不是碳碳单键也不是碳碳双键，到底是什么化学键呢？

其实苯分子中碳碳之间的化学键与烯烃中的碳碳双键类似，除了 σ 单键，碳碳之间还有一个 π 键。不过烯烃中的 π 键是两个碳原子之间共用两个价电子形成的，而苯环中的 π 键是由六个碳原子各提供一个价电子，六个碳原子共用六个价电子，在六个碳原子之间形成的稳定的环状大 π 键。

二、苯的物理性质

苯是无色、易燃、易挥发的液体，熔点 5.5℃，沸点 80.1℃，密度 0.879 g/cm^2，不溶于水，易溶于乙醇、乙醚等有机溶剂。苯具有特殊气味，苯的蒸气与空气能形成爆炸性混合物，爆炸极限为 1.5%～8.0%（体积分数），苯的蒸气有毒，长期吸入会损害肝脏等造血器官及中枢神经系统。

苯主要来源于煤焦油和石油的芳构化及铂重整。

苯是重要的有机化工原料，它广泛用来生产合成纤维、合成橡胶、塑料、农药、医药、染料和合成洗涤剂等。苯也常用作有机溶剂。

三、苯的化学性质

苯的环状结构特点决定了苯的特殊稳定性。苯容易发生取代反应，而较难发生氧化反应和加成反应。苯的这种不易加成、不易氧化和苯环相当稳定的特性被称为“芳香性”。

1. 取代反应

（1）卤代反应

苯和溴水不能反应，但用铁粉做催化剂时能和液溴发生反应。

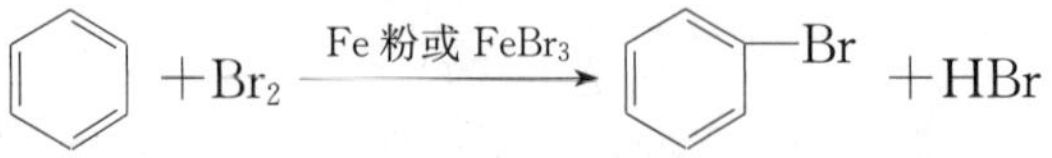

实验室可以用这个反应制取溴苯。苯和氯气也能发生类似反应。这是工业上和实验室制备溴苯和氯苯的方法之一。

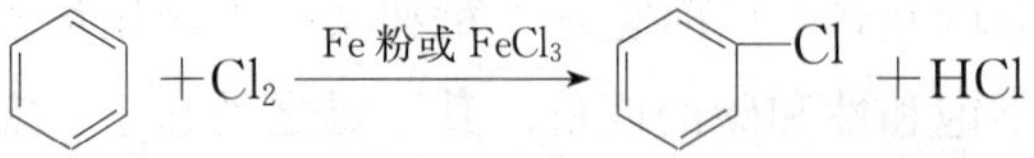

（2）硝化反应

苯与浓硝酸和浓硫酸的混合物（混酸）于 50～60℃反应，苯环上的氢原子被硝基（$—NO_2$）取代生成硝基苯，这类反应叫作硝化反应。

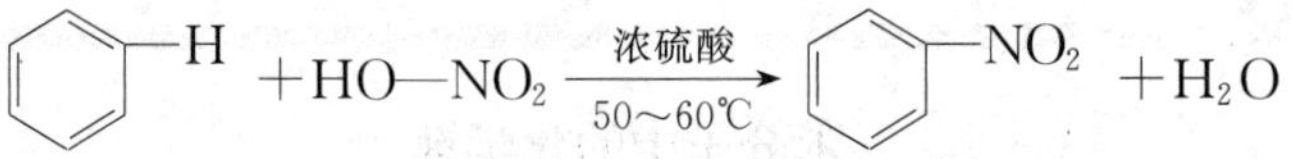

硝基苯

（3）磺化反应

苯与浓硫酸或发烟硫酸反应，苯环上的氢原子被磺酸基（$—SO_3H$）取代，生成苯磺酸，这类反应叫作磺化反应。

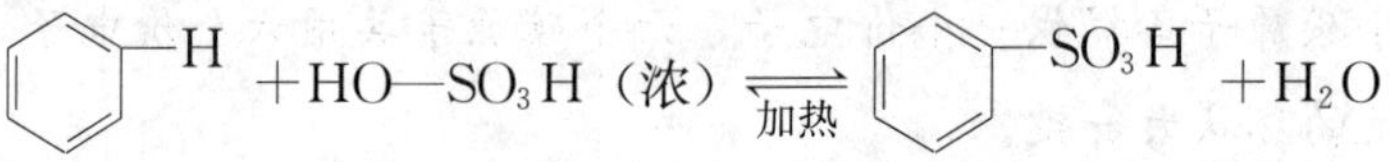

苯磺酸

苯磺酸是一种强酸，易溶于水，难溶于有机溶剂。

有机物分子中引入磺酸基后可增加其水溶性，此性质在合成染料、药物或洗涤剂时经常应用。例如，日常使用的合成洗涤剂的主要成分对十二烷基苯磺酸钠就是先用烷基苯经磺化反应制得对十二烷基苯磺酸，再用碱中和对十二烷基苯磺酸得到的。

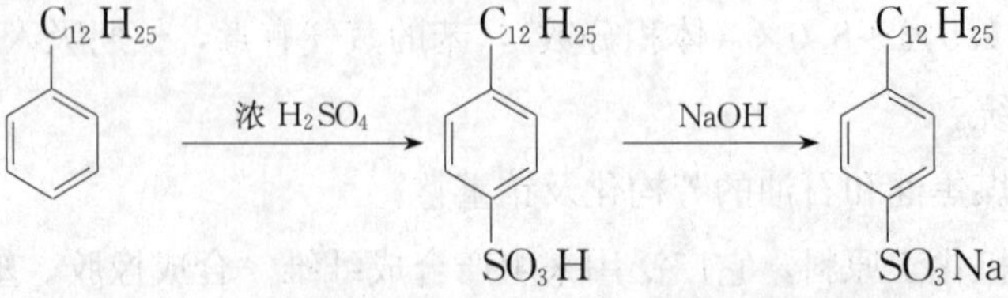

十二烷基苯　　对十二烷基苯磺酸　　对十二烷基苯磺酸钠

(4) 傅列德尔－克拉夫茨反应

此反应简称傅－克反应，它包括烷基化和酰基化两种反应。

①烷基化反应　在无水氯化铝催化下，苯与卤代烷、醇和烯烃等试剂反应，苯环上的氢原子被烷基取代生成烷基苯，这种反应称为烷基化反应。例如：

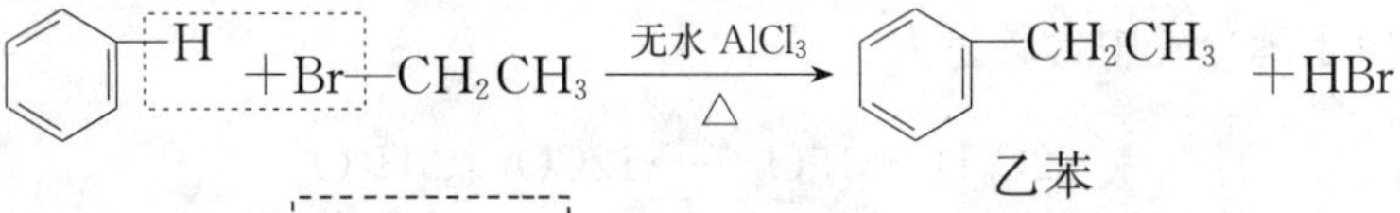

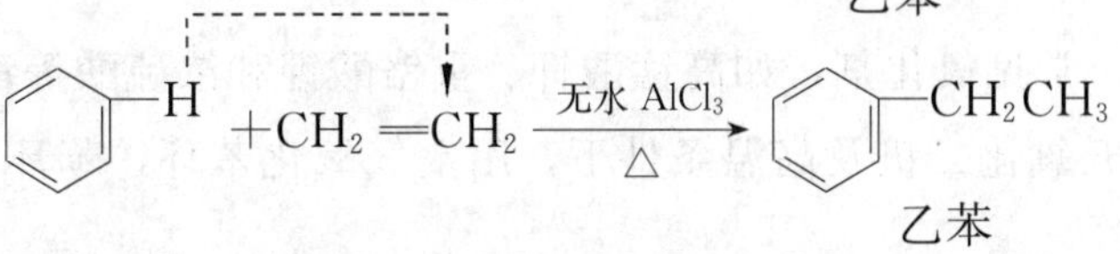

像溴乙烷和乙烯这样能提供烷基的试剂叫烷基化试剂。常用的烷基化试剂为卤代烷、烯烃和醇。

当烷基化试剂中的碳原子数≥3 时，烷基往往发生异构化。例如：苯与 1－氯丙烷作用时，主要产物是异丙苯。

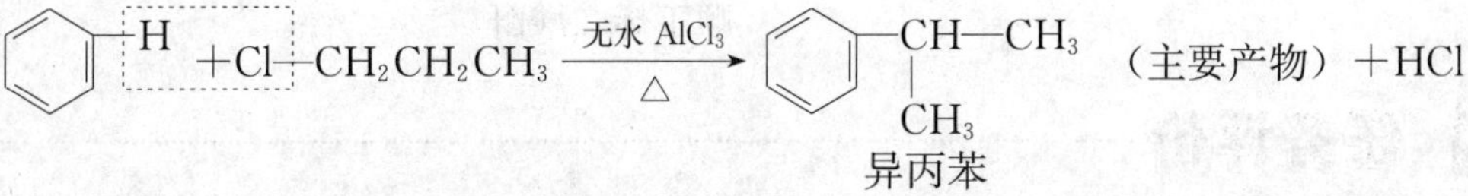

②酰基化反应　在无水氯化铝催化下，苯与酰卤或酸酐反应，苯环上的氢原子被酰基取代生成芳酮，这种反应叫作酰基化反应。例如：

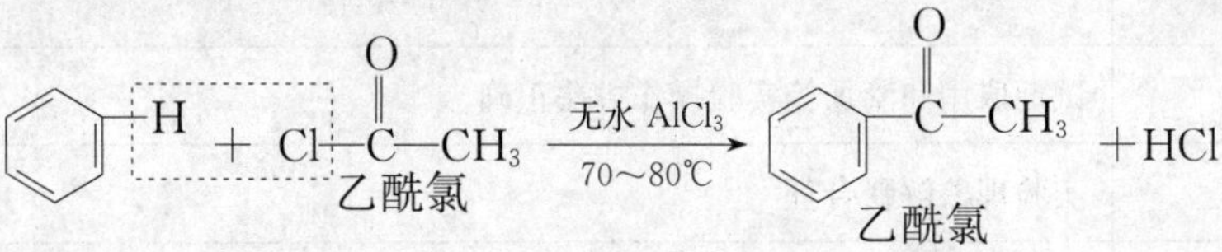

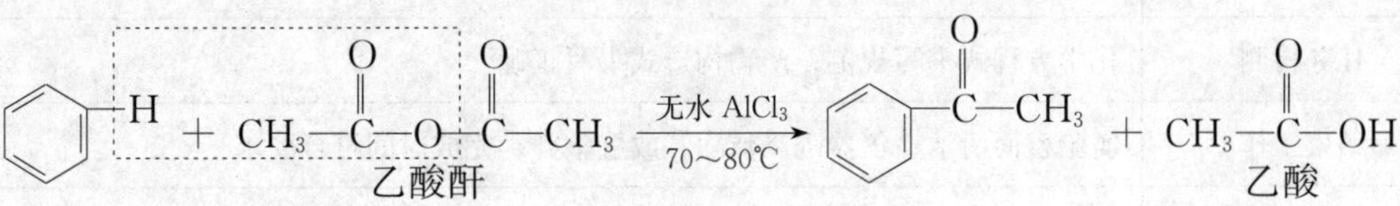

像乙酰氯、乙酸酐这样能在芳环上引入酰基的试剂叫酰基化试剂。酰基化反应是制备芳酮的一个重要方法。

常用的催化剂有 $AlCl_3$、$FeCl_3$、$ZnCl_2$、BF_3 等，其中以 $AlCl_3$ 活性最高。

2. 加成反应

由于苯的特殊稳定性，苯不易进行加成反应。但在催化剂铂、钯、镍的催化作用下，苯能与氢气发生加成反应生成环己烷。

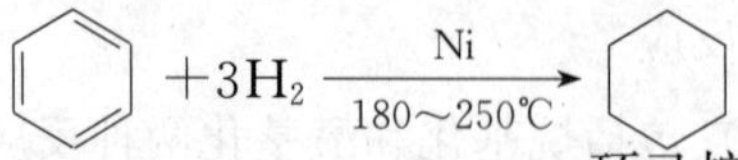

环己烷

3. 氧化反应

（1）燃烧反应　苯在空气中燃烧，生成二氧化碳和水。苯燃烧时发出明亮并带有浓烟的火焰，这是由于苯分子中含碳量大。

$$2C_6H_6+15O_2 \xrightarrow{点燃} 12CO_2+6H_2O$$

（2）苯环氧化　常见氧化剂，如高锰酸钾、重铬酸钾和浓硫酸等都不能使苯环氧化。但工业上在催化剂五氧化二钒及高温条件下，用空气氧化苯环，苯环开环生成顺丁烯二酸酐。

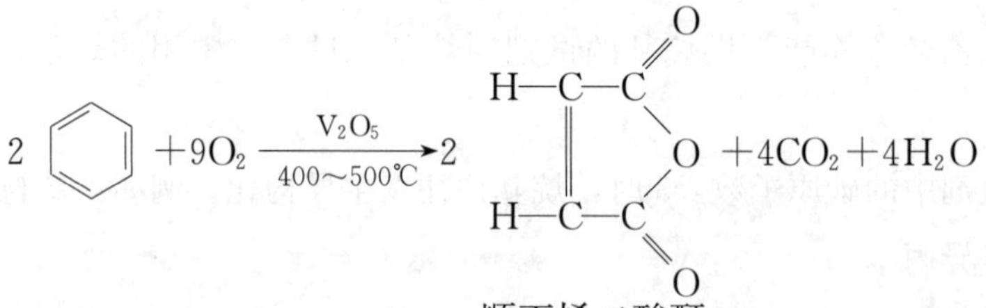

顺丁烯二酸酐

任务评价

表 13－1－1　任务评价表

评价项目	评价要素
实验操作	试剂取用和滴加等实验操作方法正确
实验原理	实验现象解释合理
实验记录	实验现象记录完整规范
任务检测	化学方程式书写规范；产物构造式书写正确
结束工作	实验台面清洁、仪器洗涤洁净、放置整齐、完成时间符合要求
安全与环保	取用试剂数量合理，废液、废纸处理方法合理

任务拓展

用化学方法鉴别苯、甲苯和苯乙烯。

小知识

苯的发现

Michael Faraday

(1791—1867)

19 世纪，欧洲许多国家都使用煤气照明，煤气通常是压缩在桶里贮运的，人们发现这种桶里总有一种油状液体，但长时间无人问津。英国科学家法拉第对这种液体产生了浓厚兴趣，他花了整整五年时间提取这种液体，从液体中得到了苯。

法拉第在论文中说："在通常的条件下，它是一种无色透明的液体；它有一种特殊的气味，或者可以说略带杏仁味；当把这种液体放在冰水中冷却到0℃时，它就会结晶出来，往往能够在玻璃容器的壁上长成树枝状的结晶，在5.5℃时，这些树枝状结晶就会熔化；这种液体暴露在空气中，它将全部挥发完。"

然后，法拉第又对它进行了一系列的分析和实验，分析和实验结果都清楚地说明了法拉第所发现的物质其实就是苯。

因此，法拉第不仅是电学泰斗，也是苯的最早发现者。

任务二　设计苯的取代物的合成路线

任务描述

利用苯和甲苯的取代反应，以及苯环上取代反应的定位规律，设计合理的有机合成路线，合成指定的苯的取代物。

任务目标

- 设计由苯合成间硝基溴苯的合成路线；
- 设计由甲苯合成间硝基苯甲酸的合成路线；
- 设计由对二甲苯合成 2—硝基对苯二甲酸的合成路线。

任务分析

苯、甲苯和二甲苯是重要的化工原料，以苯、甲苯和二甲苯为起始原料，通过苯环上氢原子被硝基、卤素原子等原子团取代的反应和苯环侧链被氧化的反应，以及苯环上取代基的定位规律，可以初步进行简单的苯的取代物的合成路线的设计。为今后理解复杂的有机合成方法和合成路线奠定基础。

任务实施

一、任务准备

1. 苯及其同系物的化学性质；
2. 苯环上取代基的定位效应和定位规律。

二、任务过程

1. 设计由苯合成间硝基溴苯的合成路线

(1) 怎样在苯环上引入硝基和溴原子；

(2) 怎样使苯环上的硝基和溴原子呈间位关系。

2. 设计由甲苯合成间硝基苯甲酸的合成路线

(1) 怎样在苯环上引入羧基和硝基；

(2) 怎样使苯环上的羧基和溴原子呈间位关系。

三、任务检测

某同学设计了由对二甲苯合成 2－硝基对苯二甲酸的两条合成路线，评价哪条合成路线更合理。说明原因。

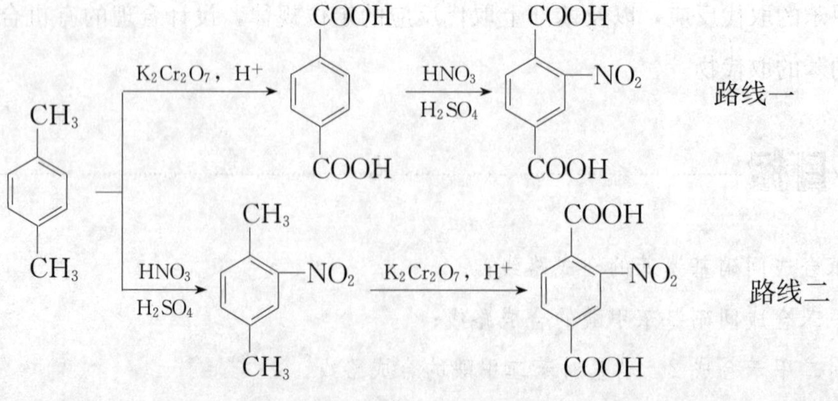

相关知识

苯的同系物

苯是最简单的芳香烃。苯环上的一个或多个氢原子被烷基取代后，得到苯的同系物，称为烷基苯。其通式为 C_nH_{2n-6}（$n \geqslant 6$ 的正整数）。苯的同系物在性质上和苯有许多相似之处，如都能和卤素、混酸等发生取代反应；但苯的同系物能使酸性高锰酸钾溶液褪色，利用这个性质可以用来鉴别苯和苯的同系物。

一、苯的同系物的构造异构和命名

1. 苯的同系物的构造异构

苯的一甲基取代物没有构造异构。当侧链有两个或两个以上碳原子时，则存在构造异构。

（1）侧链的构造不同产生的构造异构

侧链烷基不同：

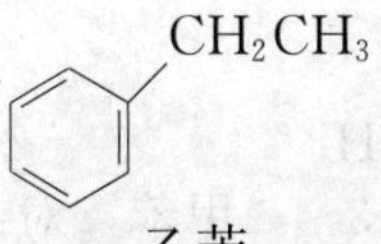

乙苯

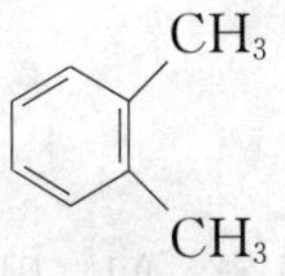

邻二甲苯

侧链碳原子数 $n \geqslant 3$ 时，会出现碳架异构；

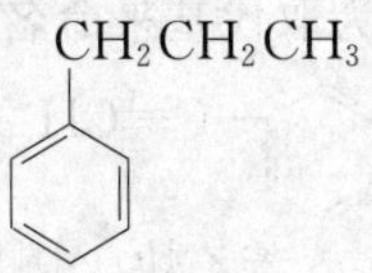

正丙苯

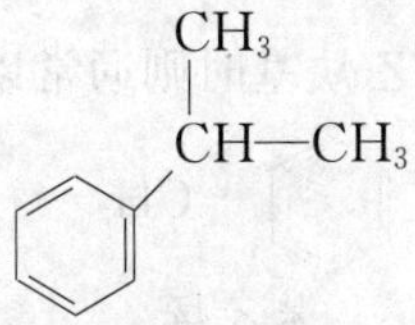

异丙苯

（2）侧链在环上的相对位置不同，产生构造异构

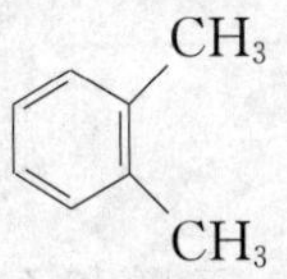

邻二甲苯

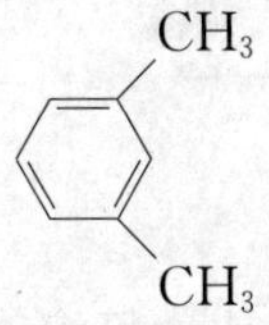

间二甲苯

对二甲苯

练一练

分子式为 C_8H_{10} 的芳香烃有四种同分异构体，写出它们的构造简式。

2. 苯的同系物的命名

一元烷基苯的命名是以苯作母体，苯环上的烃基为侧链进行命名。先读侧链，后读苯环。例如，苯分子中的氢原子被甲基取代后生成甲苯，被乙基取代后生成乙苯，表示如下：

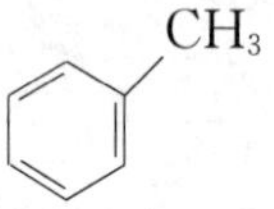
甲（基）苯

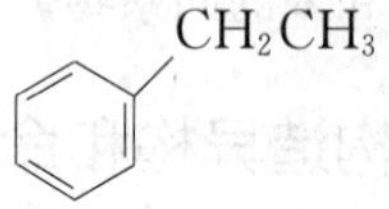
乙（基）苯

如果两个氢原子被两个甲基取代后，则生成的是二甲苯。由于取代基位置不同，二甲苯有三种同分异构体。它们之间的差别在于两个甲基在苯环上的相对位置不同，可分别用“邻”“间”和“对”或用编号 1，2，3 来表示：

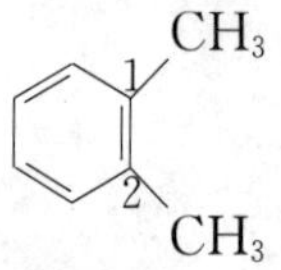
邻二甲苯或 1，2－二甲苯

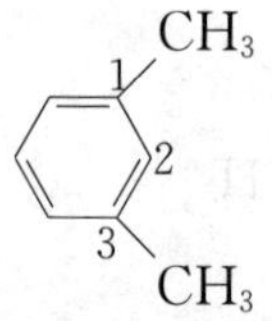
间二甲苯或 1，3－二甲苯

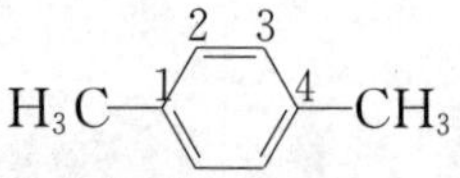
对二甲苯或 1，4－二甲苯

若苯环上有两个或两个以上的取代基时，编号时从小的取代基开始，并沿使取代基位次之和较小的方向进行。

苯环上连接乙烯基和乙炔基时则通常以苯环作为取代基来命名。例如：

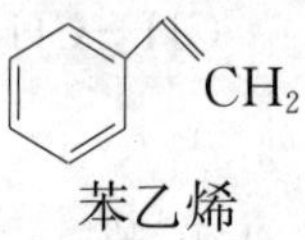
苯乙烯

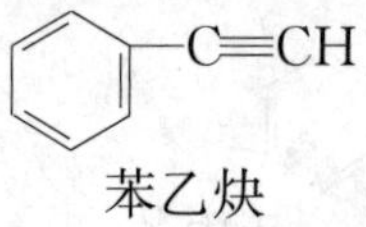
苯乙炔

苯环上去掉一个氢原子剩下的基团叫苯基。可用 C_6H_5—或 Ph—表示；

甲苯分子中去掉甲基上的一个氢原子后剩下的基团叫作苯甲基，也叫苄基。可用 C_6H_5—CH_2—或 Ph—CH_2—表示。

二、苯及其同系物的物理性质

苯及其同系物多数是无色液体，不溶于水，可溶于汽油、乙醇和乙醚等有机溶剂中，特别易溶于二甘醇、N，N－二甲基甲酰胺等特殊溶剂，常用这些溶剂萃取芳香烃。单环芳香烃相对密度小于 1，一般在 0.86～0.9 之间。甲苯、二甲苯等对某些涂料有较好的溶解性，可用作涂料工业的稀释剂。苯及其同系物有特殊的气味，蒸气有毒，长期吸入能损坏造血器官及神经系统。常见单环芳香烃的物理常数见表 13－2－1。

表 13－2－1　常见单环芳香烃的物理常数

名称	熔点/℃	沸点/℃	相对密度 d_4^{20}
苯	5.5	80.1	0.879
甲苯	－95	110.6	0.867
邻二甲苯	－25.2	144.4	0.880
间二甲苯	－47.9	139.1	0.864
对二甲苯	13.2	138.4	0.861
连三甲苯	－25.5	176.1	0.894
偏三甲苯	－43.9	169.2	0.876
均三甲苯	－44.7	164.6	0.865
乙苯	－95	136.1	0.867
正丙苯	－99.6	159.3	0.862
异丙苯	－96	152.4	0.862
苯乙烯	－30.6	145.2	0.906

三、甲苯的化学性质

1. 苯环上的取代反应

和苯的性质相似，甲苯也容易发生卤化、硝化、磺化和傅—克反应。一方面，甲苯的取代反应比苯容易进行；另一方面，一元取代反应主要发生在甲基的邻位和对位上。例如：

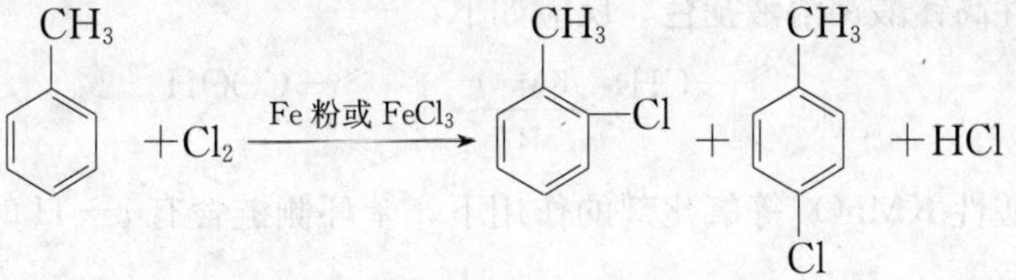

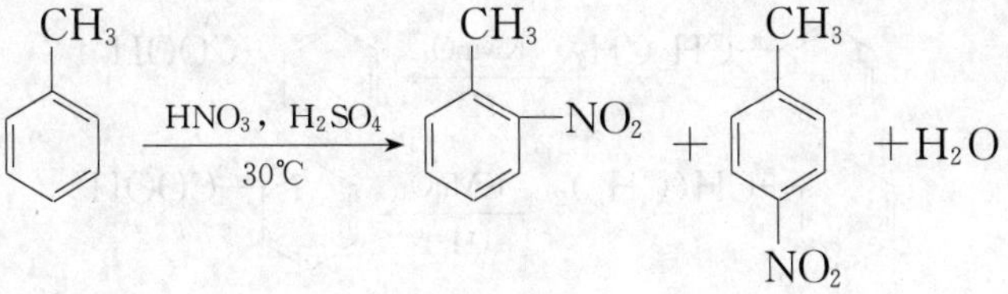

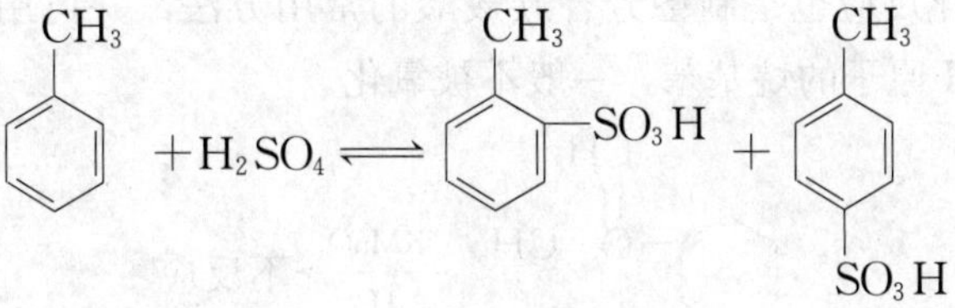

	邻甲苯磺酸	对甲苯磺酸
0℃	43%	52%
100℃	13%	79%

想一想

为什么高温时甲苯的磺化反应对位产物较多？

2. 侧链上的取代反应

烷基苯在较高温度或光照下，与卤素发生反应时，不发生环上取代，而是卤原子取代侧链上的氢原子，主要取代α—氢原子。例如：

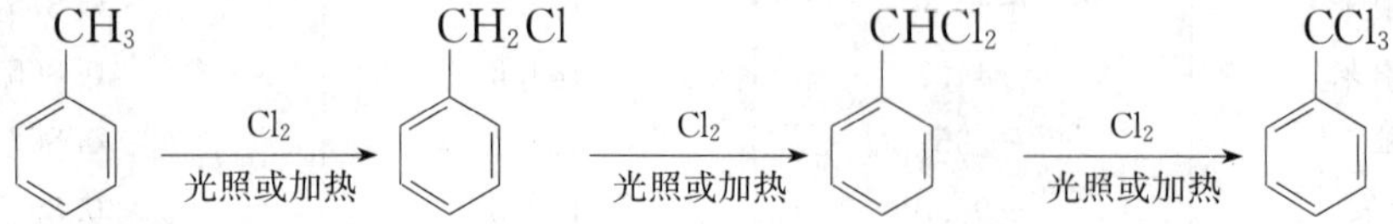

试一试

写出乙苯在光照下和氯气发生反应的方程式。

3. 侧链氧化反应

甲苯能使酸性高锰酸钾溶液褪色，反应如下：

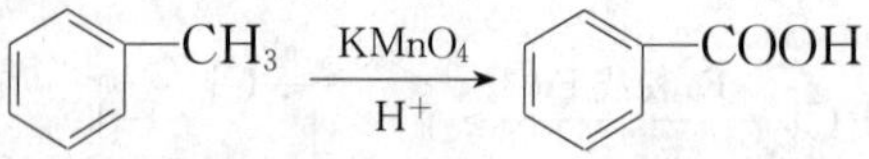

实际上，在酸性 $KMnO_4$ 等氧化剂的作用下，苯环侧链含有α—H 时，不论侧链长短，均被氧化成羧基。

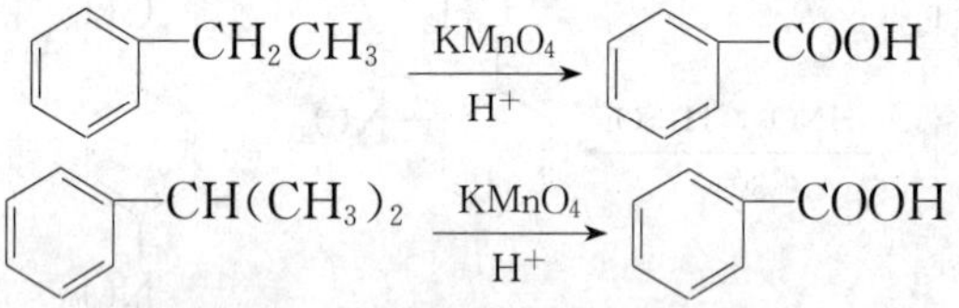

烷基苯侧链的氧化反应也是制备芳香族羧酸的常用方法，并可用于鉴别含α—H 原子的烷基苯。不含α—H 原子的烷基苯，一般不被氧化。

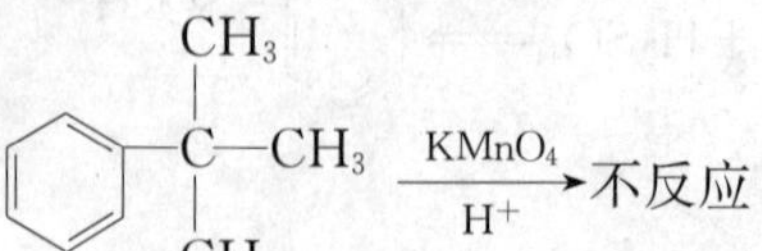

想一想

甲苯催化加氢生成什么产物？

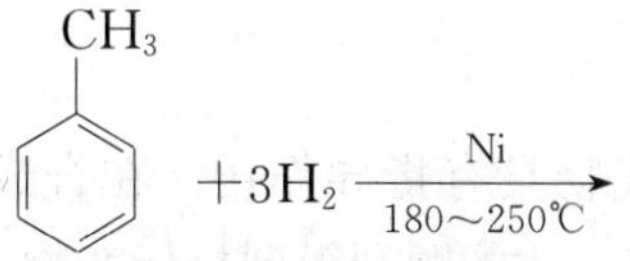

四、苯环上取代反应的定位规律

1. 取代苯的定位规律

在单环芳香烃的取代反应中，人们发现，当甲苯发生取代反应时，反应比苯容易进行，而且新引入的原子团主要进入甲基的邻、对位，生成邻、对位产物；当硝基苯发生取代反应时，反应比苯难以进行（反应温度更高），而且新基团主要进入硝基的间位，生成间位产物。

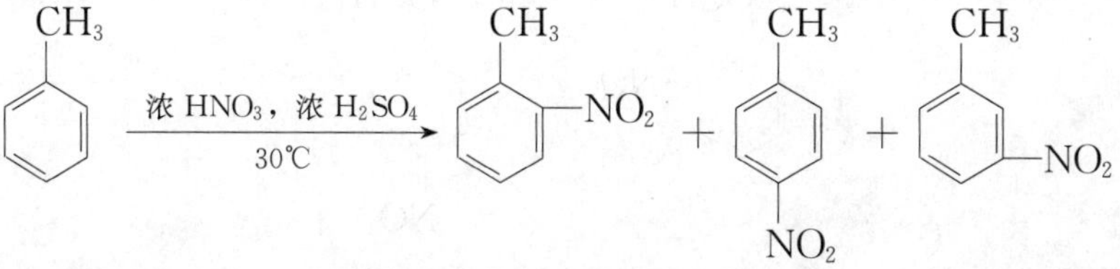

59%　　37%　　4%

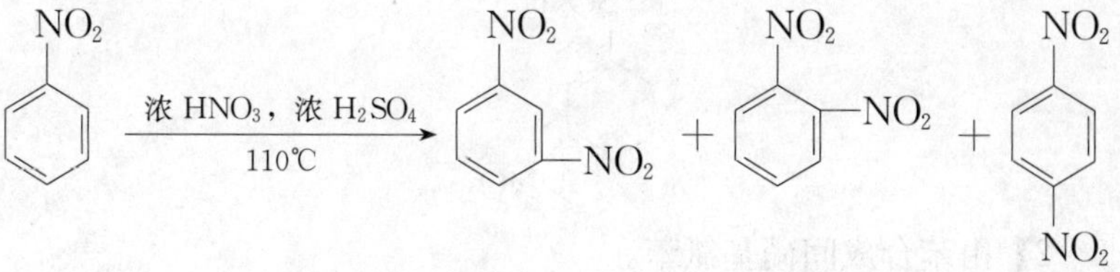

93%　　6%　　1%

也就是说，一元取代苯发生取代反应时，反应是否容易进行，新基团进入环上哪个位置，主要取决于苯环上原有取代基的性质。因此，把苯环上原有的取代基叫作定位基。

定位基有两个作用：一是影响取代反应进行的难易，也称取代反应的活性；二是对新引入的基团起着定位作用，也称定位效应。根据定位基的定位效应不同，可将常见的定位基分为两类。

（1）邻、对位定位基　当苯环上带有这类定位取代基时，新引入的其他原子团主要进入它的邻位或对位，而且新取代基的进入更容易，即这个邻、对位定位基活化了苯环（卤素原子除外）。

常见的邻、对位取代基：$—O^-$（氧负离子基）、$—NH_2$（氨基）、—OH（羟基）、$—OCH_3$（甲氧基）、—R（烷基）、—Cl、—Br、—I 等。这些定位基的定位能力也不相同。

(2) 间位定位基　当苯环上存在这类定位取代基时，新引入的其他原子团主要进入它的间位，而且这个取代基使苯环上的氢原子更难以被取代，即这个间位定位基钝化了苯环。

常见的间位定位基：$—N^{+}(CH_3)_3$（三甲铵基）、$—NO_2$（硝基）、—CN（氰基）、$—SO_3H$（磺酸基）、—CHO（醛基）、—COOH（羧基）等。这些定位基的定位能力也不相同。

2. 定位规律的应用

定位规律对于合成苯的取代物具有指导作用。在合成苯的二元和多元取代衍生物时，只有充分考虑取代基的定位效应，才能顺利得到目标产物。

【例 13－2－1】写出下列化合物发生硝化反应时的主要产物。

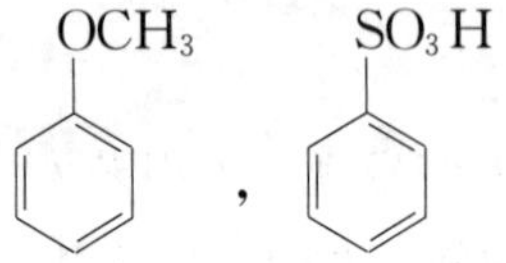

$—OCH_3$ 是邻、对位定位基，所以硝化反应的主要产物是邻、对位产物，即：

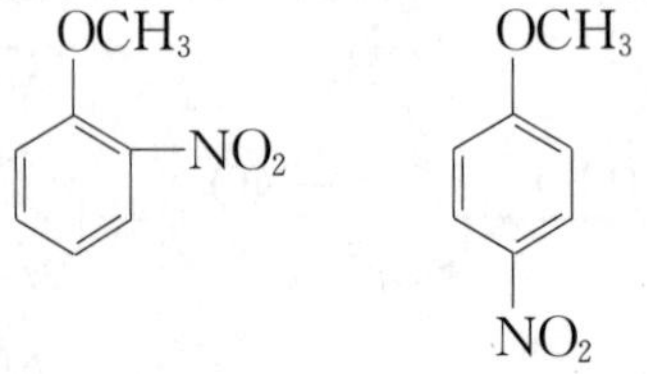

$—SO_3H$ 是间位定位基，所以硝化反应的主要产物是间位产物，即：

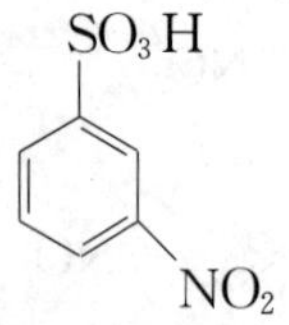

【例 13－2－2】由苯合成间硝基氯苯。

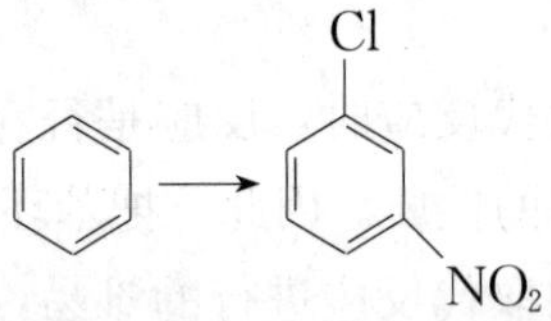

氯原子是邻、对位定位基，硝基是间位定位基。所以苯合成间硝基氯苯时，先硝化生成硝基苯，然后氯化得目标产物。

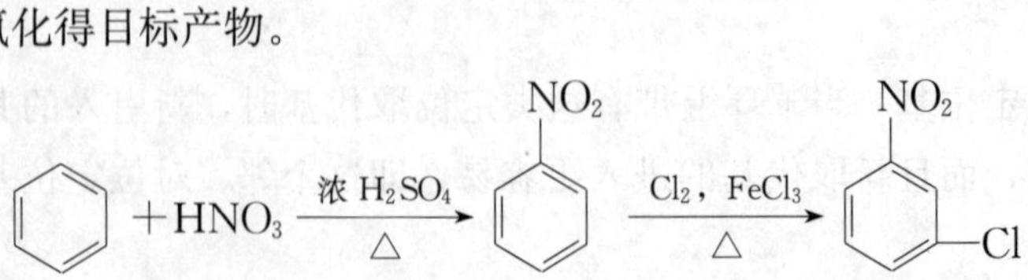

五、芳香烃的来源

苯、甲苯、二甲苯等是化学工业的重要基本原料，可用来制备染料、塑料、医药、农药、炸药、合成纤维、合成橡胶、合成洗涤剂等。尤其是苯，用途广泛，用量也非常大。过去工业上主要从焦炉气、煤焦油中提取、分馏得到单环芳香烃。随着石油化学工业的飞速发展，目前以石油为主要来源。

1. 煤的干馏

煤在炼焦炉中隔绝空气加热到1 000～1 300℃，使煤分解为焦炉气、煤焦油和焦炭的过程，称为煤的干馏。将焦炉气经重油吸收后进行蒸馏，得到苯、甲苯、二甲苯等。煤焦油是黑色黏稠状的油状物，其中含有许多芳香烃，如苯、甲苯、二甲苯、异丙苯、联苯等。

2. 石油的芳构化

随着有机化学工业的发展，从煤焦油中分离出的芳香烃数量已不能满足工业上的需要，从而发展了以石油中的烷烃和环烷烃为原料转变为芳香烃的方法，这种转变过程称为石油的芳构化。主要包括下列化学反应：

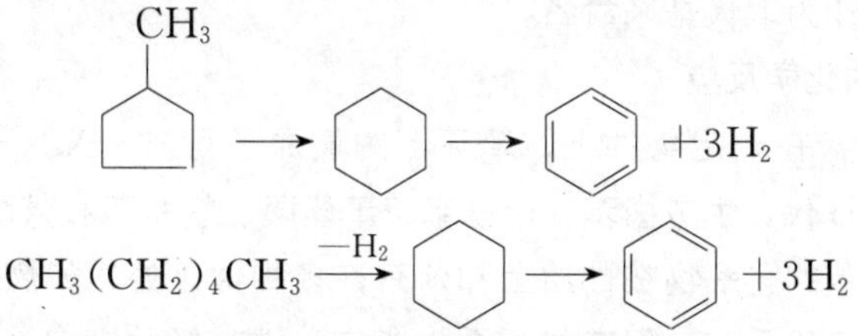

任务拓展

设计由苯合成3—硝基—4—氯苯磺酸的路线。

任务评价

表13—2—2　任务评价表

评价项目	评价要素
取代基的引入方法	通过合适的化学反应引入取代基
取代基的引入顺序	取代基的位置关系正确
反应方程式	原料、产物的构造式，反应条件正确
任务检测	说出两条合成路线的优劣

单元小结

1. 苯的结构特点

苯是平面六元碳环结构，碳原子间除以 σ 键相互结合外，还有一个在六个碳原子之间形成的环状闭合大 π 键。苯环非常稳定，不易断开。苯不易发生加成和氧化反应，苯环上的氢原子容易被其他原子或原子团取代，发生取代反应，这种性质特点被称作“芳香性”。

2. 单环芳香烃的命名

简单的烷基苯的命名是以苯为母体，烷基作为取代基；苯环上连有不饱和烃基时，通常把侧链作为母体，将苯环作为取代基来命名。

3. 苯及其同系物的化学反应

(1) 苯的取代反应：在一定条件下，苯环上的氢原子可被$-X$、$-NO_2$、$-SO_3H$、$-R$、$-COR$等原子或原子团取代，生成卤苯、硝基苯、苯磺酸、烷基苯和芳酮等物质。

(2) 苯的同系物：苯的同系物在性质上和苯有许多相似之处，如燃烧时都产生带浓烟的火焰，都能发生苯环上的取代反应；但苯的同系物能使酸性高锰酸钾溶液的紫色褪去，可用该性质来区别苯和苯的同系物。

4. 苯环上取代反应的定位规律

苯环上新引入取代基的位置，主要取决于苯环上原有取代基的性质，并将原有的取代基叫作定位基。定位基分为两类，一类是邻、对位定位基，活化苯环（卤原子除外），使苯环上的氢原子更容易被取代；另一类是间位定位基，钝化苯环，使苯环上的氢原子更难以被取代。

5. 芳香烃的鉴别方法

带有侧链的单环芳香烃，侧链上有 α—H 原子时，可以被高锰酸钾的酸性溶液氧化为羧基，同时使高锰酸钾溶液的紫色褪去。

综合测试

一、解释下列名词

(1) 单环芳香烃　(2) 混酸　(3) 酰基　(4) 邻、对位定位基　(5) 间位定位基

二、写出分子式为C_9H_{12}芳香烃的八种构造异构体并命名。

三、填空

1. 工业上的“三苯”指的是________、________和________；芳香族化合物具有芳香性指的是________、________和________；聚苯乙烯的构造式是________。

2. 工业上获得芳香烃的主要途径是________________和________________；苯环结构中，不存在单双键交替结构，可以作为证据的事实是________________。

①苯不能使 $KMnO_4(H^+)$溶液褪色；②苯分子中碳原子之间的距离均相等；③苯能在一定条件下跟 H_2 加成生成环己烷；④经实验测得邻二甲苯仅有一种结构；⑤苯不能使溴水褪色。

四、选择题

1. 下列关于苯的说法中不正确的是（　　）。

A. 组成苯的 12 个原子在同一平面上

B. 苯环中 6 个碳碳键键长完全相同

C. 苯环中碳碳键的键长介于碳碳单键和碳碳双键之间

D. 苯环很稳定，不能发生加成反应

2. 下列分子组成中的所有原子不可能在同一平面上的是（　　）。

A. 乙烷　　B. 乙烯　　C. 乙炔　　D. 苯

3. 不能使酸性高锰酸钾溶液褪色的是（　　）。

A. 乙烯　　B. 乙炔　　C. 苯　　D. 甲苯

4. 甲苯的一溴代取代物最多可形成（　　）种构造异构体。

A. 二　　B. 三　　C. 四　　D. 五

5. 既能用酸性高锰酸钾溶液，又能用溴的四氯化碳溶液鉴别的一组物质是（　　）。

A. 苯与甲苯　　B. 己烯与苯

C. 乙烯与乙炔　　D. 乙烯与甲苯

6. 下列物质中，属于芳香烃且属于苯的同系物的是（　　）。

A. 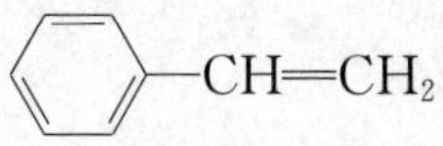　　B. 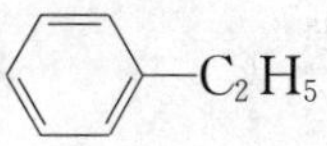

C. 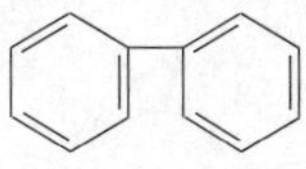　　D. HC≡C—C≡CH

7. 能够活化苯环的定位基是（　　）。

A. —Cl　　B. —CHO　　C. $—NH_2$　　D. $—SO_3H$

8. 要除去溴苯中混有的液溴，最合适的方法是（　　）。

A. 过滤　　B. 蒸馏

C. 加入苯和铁粉　　D. 加入足量的氢氧化钠水溶液

五、完成下列反应方程式

1. 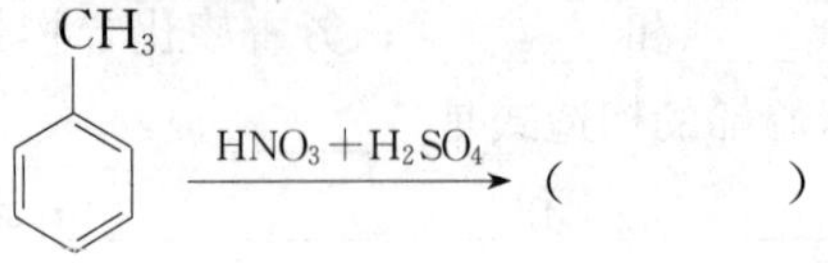

2. 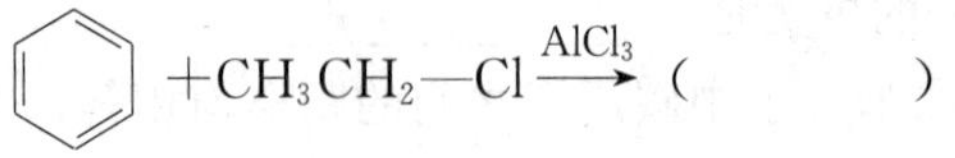

3. 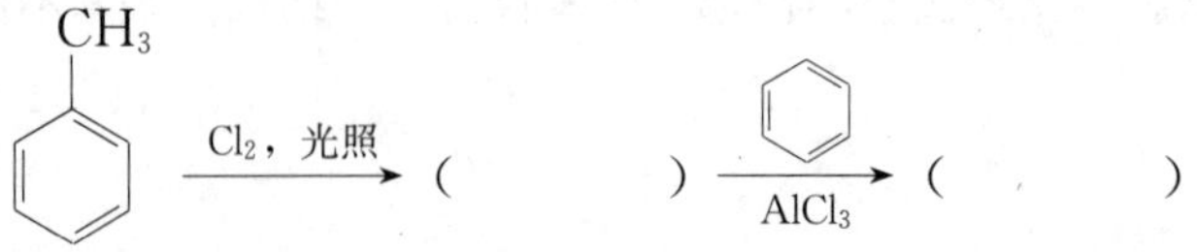

4. 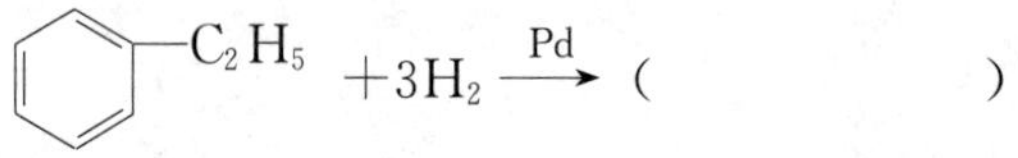

5. 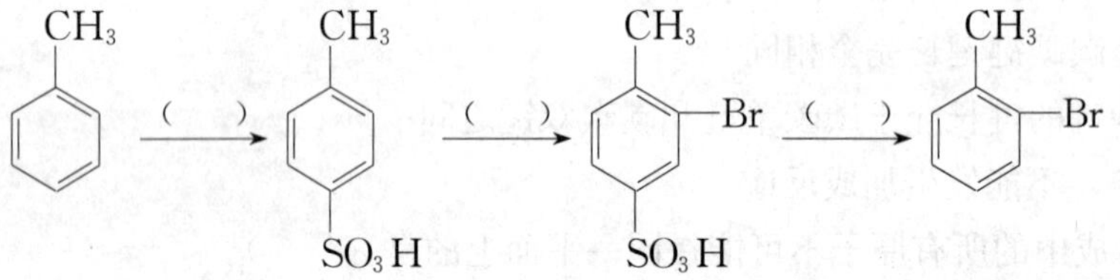

6. 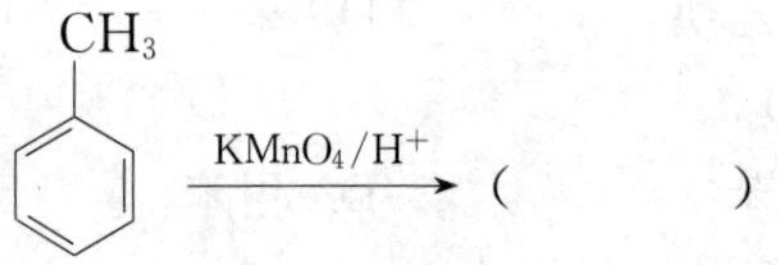

7. 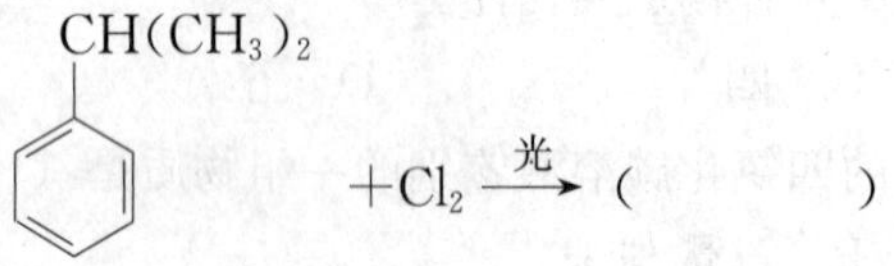

8. 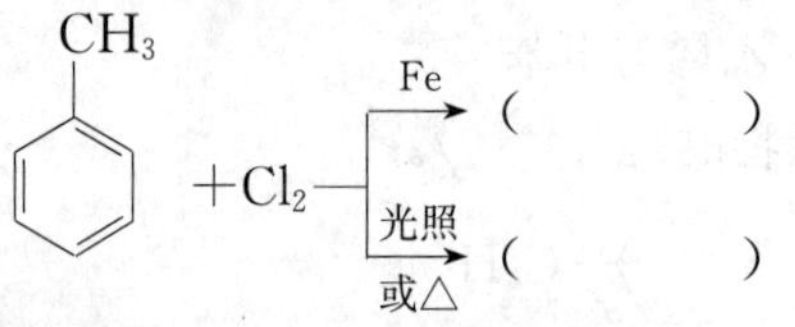

六、简答题

1. 说明什么是苯的卤化反应、苯的硝化反应、苯的磺化反应、苯的烷基化反应和苯的酰基化反应？（叙述中应包括：反应物、反应条件、反应过程、产物和反应名称五个要素。）

2. 标记出下列化合物进行一元硝化时硝基进入苯环的位置：

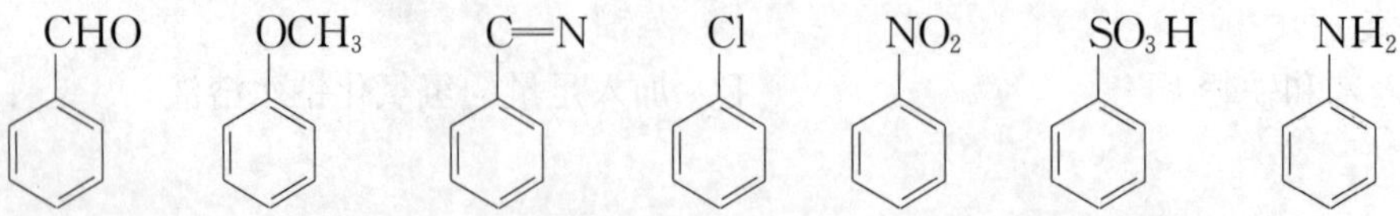

3. 将 ，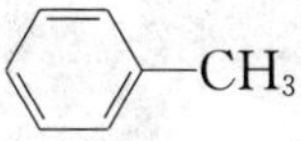 和 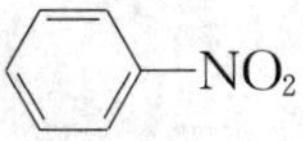 按进行硝化反应的活性，由大到小排列成序。

七、用化学方法鉴别下列各组化合物。

1. 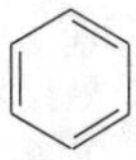 和 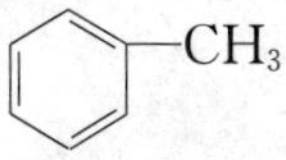

2. 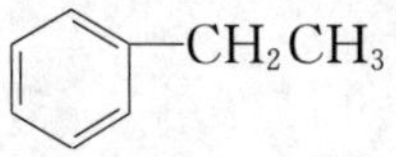，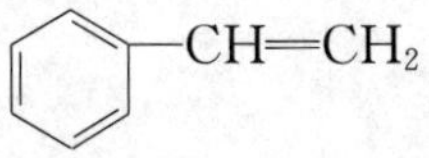 和 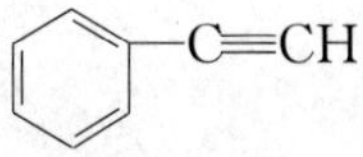

八、某芳香烃的分子式为 C_8H_{10}，用高锰酸钾和浓硫酸氧化后，可得一种二元酸。将原来的芳香烃进行硝化，所得一元硝基化合物只有一种。写出此芳香烃的构造式，并写出有关反应式。

九、以甲苯及其他必要的试剂合成下列物质。

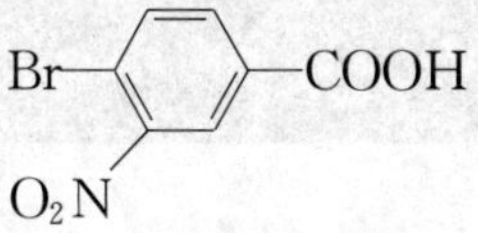

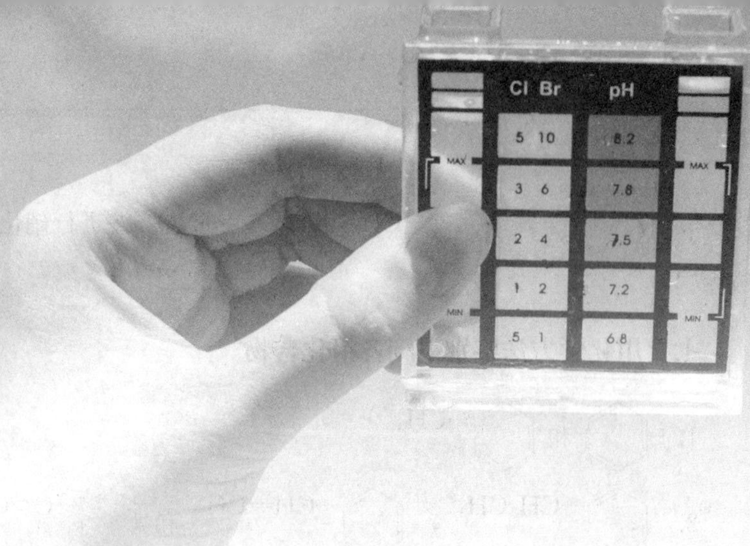

第十四单元
卤代烃

单元概述

卤代烃是烃分子中的氢原子被卤原子取代后生成的产物，常用通式 R—X 表示，其中卤原子(F、Cl、Br、I)是卤代烃的官能团。卤代烃中以氯代烃和溴代烃最常见。烃分子中引入卤原子后，相对分子质量增大很多，所以卤代烃的熔点、沸点和密度比对应烃要高很多；由于卤原子的电负性比碳原子大，碳卤键成为极性较强的共价键($C^{\delta+}—X^{\delta-}$)，容易断裂而发生取代反应和消除反应。

本单元的学习方式是在完成各项任务的过程中，认识溴乙烷和其他卤代烃的物理性质和化学性质，并掌握卤代烃的鉴别方法。

单元目标

- 了解卤代烃的结构特点——知道碳卤键是极性较强的共价键 $C^{\delta+}—X^{\delta-}$；
- 能用习惯命名法和系统命名法进行卤代烃的命名；
- 熟悉卤代烃的物理性质特点及其递变规律；
- 掌握卤代烃的取代反应和消除反应发生的条件和主要产物，并会书写反应方程式；
- 初步掌握扎依采夫规则，并学会应用此规则推断消除反应的主要产物；
- 会鉴别伯、仲、叔卤代烷烃；
- 了解卤代烃在有机合成和生产生活中的应用。

任务一 认识卤代烃的性质

任务描述

通过化学实验操作、观察实验现象，认识卤代烃的重要物理性质和化学性质。

任务目标

- 通过化学实验了解卤代烃中溴乙烷的颜色、物态、溶解性等物理性质；
- 通过化学实验了解卤代烃中溴乙烷的取代反应和消除反应发生的条件，知道反应产物；
- 能用化学语言和化学方程式准确描述和解释实验现象；
- 通过卤代烃性质的比较，进一步理解官能团的特点。

任务分析

卤代烃的化学性质比较活泼，能发生许多反应，如取代反应、消除反应等，从而在其分子中引入羟基、双键等官能团。所以，卤代烃在有机合成中起着桥梁作用，通过卤代烃可以实现多种类型有机物的合成。但是同一种卤代烃和同一种试剂在不同的反应条件下(如温度、溶剂等)，会发生不同类型的反应，本次任务主要验证溴乙烷和氢氧化钠在不同溶剂（水、乙醇）中所发生的不同反应。

任务实施

一、任务准备

1. 仪器和药品

仪器：试管、量筒、酒精灯、烧杯、石棉网、胶头滴管、导气管。

试剂：溴乙烷、蒸馏水、酒精、稀硝酸、2%硝酸银溶液、5%氢氧化钠溶液、氢氧化钠、溴的四氯化碳溶液。

2. 安全和环保措施

(1) 溴乙烷蒸气有毒，为避免吸入，应在通风橱中进行相关反应；

(2) 稀硝酸有腐蚀性，应避免触及皮肤和衣物；

(3) 加热过程中，注意酒精灯的安全使用，避免烧伤和烫伤；

(4) 实验过程中产生的废液、废纸等放入准备好的废液桶和废纸桶。

二、任务过程

1. 溴乙烷的溶解性

在试管中加入 2 mL 溴乙烷，观察溴乙烷在常温下的颜色和物态。

将 2 mL 溴乙烷平均倒入两支试管中，向其中一支试管中加入 2 mL 的水，振荡，静置。向另一支试管中加入 2 mL 酒精，振荡，静置。

根据上述实验现象，说明溴乙烷的密度和溶解性特点。

2. 溴乙烷的取代反应

(1) 在一支试管中加入 10～15 滴溴乙烷，然后用稀硝酸酸化，再滴加 2% 硝酸银溶液，观察有无浅黄色沉淀析出。

(2) 在另一支试管中加入 10～15 滴溴乙烷，然后加入 1～2 mL 5% 氢氧化钠溶液共热。小心取上层清液数滴，用稀硝酸酸化后，再滴加 2% 硝酸银溶液，观察有无浅黄色沉淀析出。注意：采用水浴加热。

3. 溴乙烷的消除反应

取一支试管加入 1 g 氢氧化钠固体和 4～5 mL 乙醇，微微加热，当 NaOH 全部溶解后，再加入 1 mL 溴乙烷振摇混匀，塞上带有导气管和塞子，导气管另一端插入盛有溴的四氯化碳溶液的试管中，记录实验现象，并解释原因。

三、任务检测

1. 检验溴乙烷与 NaOH 水溶液发生取代反应的产物时，在加硝酸银溶液前为什么必须先加稀硝酸中和过量的碱?

2. 根据实验结果，总结溴乙烷发生取代和消除反应的条件，并写出相关的化学方程式。

相关知识

卤代烃

卤代烃是烃分子中的氢原子被卤原子(—X)取代生成的产物，卤原子是卤代烃的官能团。烷烃的卤代、烯烃和炔烃与卤素、卤化氢的加成、芳香烃的卤代都能得到这些名为卤代烃的有机物。CH_3Cl、CH_2Cl_2、$CHCl_3$、CCl_4、CH_3CH_2Cl、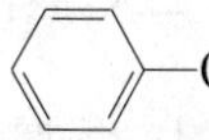—Cl、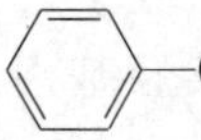—CH_2—Br 等都是我们在学习烃的过程中见过的卤代烃。本单元主要介绍卤代烷烃(氟代烃除外)的有关知识。

一、卤代烷烃的结构和类别

1. 卤代烷烃的结构

卤代烷烃常用通式 R－X 表示，图 14－1－1 所示是典型的卤代烷烃溴乙烷的分子模型。溴乙烷在结构上可以看成是由溴原子取代了乙烷分子中的一个氢原子后所得到的产物。

球棍模型　　　　比例模型

图 14－1－1　溴乙烷分子的模型

分子式	电子式	构造式	构造简式
C_2H_5Br	$\begin{array}{ccccccc} & & H & & H & & \\ & & \ddot{} & & \ddot{} & & \\ H & : & C & : & C & : & \ddot{\underset{..}{Br}}: \\ & & \ddot{} & & \ddot{} & & \\ & & H & & H & & \end{array}$	$\begin{array}{ccccccc} & & H & & H & & \\ & & \vert & & \vert & & \\ H & — & C & — & C & — & Br \\ & & \vert & & \vert & & \\ & & H & & H & & \end{array}$	CH_3—CH_2—Br

2. 卤代烷烃的类别

根据分子中卤原子相连的碳原子的类型，卤代烷可分为伯卤代烷(一级卤代烷，RCH_2X)、仲卤代烷(二级卤代烷，R_2CHX)和叔卤代烷(三级卤代烷，R_3CX)。例如：

$CH_3CH_2CH_2CH_2—Cl$ 伯卤代烷（一级卤代烷）

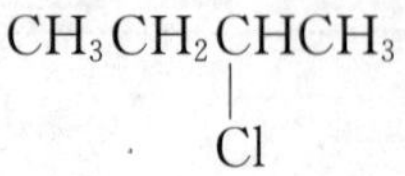
仲卤代烷（二级卤代烷）

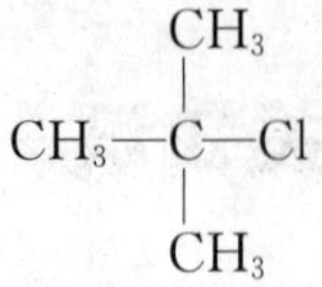
叔卤代烷（三级卤代烷）

根据卤代烃分子中所含卤原子数目划分为：一元卤代烃、多元卤代烃。氯仿($CHCl_3$)、四氯化碳(CCl_4)和1，2－二氯乙烷($ClCH_2—CH_2Cl$)等都是典型的多元卤代烃。

二、卤代烷烃的命名

1. 习惯命名法

结构比较简单的卤代烃，可以根据卤原子及相连的烃基名称来命名，称某烃基卤。例如：

CH_3Cl
甲基氯

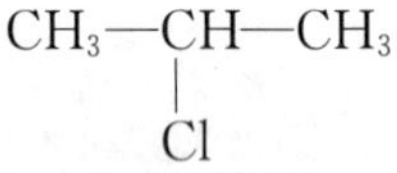
异丙基氯

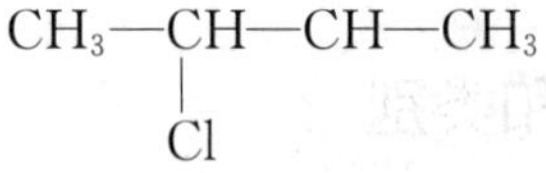
仲丁基氯

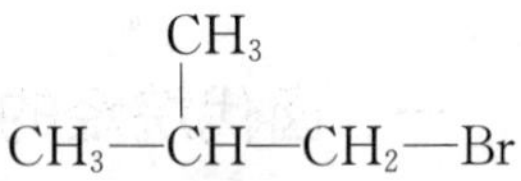
异丁基溴

2. 系统命名法

(1) 选主链　选取含卤原子的最长碳链作为主链，根据主链中碳原子的数目叫作“某烷”；

(2) 编号　从靠近支链一端开始给主链上的碳原子编号（把卤原子看作支链）；

(3) 写名称　将取代基的位次、数目和名称写在母体名称“某烷”之前。若分子中同时含有烷基和卤原子时，应按先烷基后卤原子的顺序排列。例如：

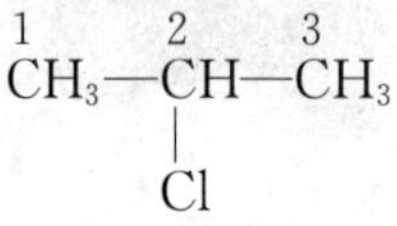
2－氯丙烷

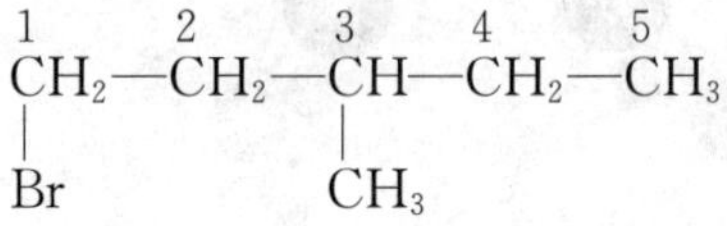
3－甲基－1－溴戊烷

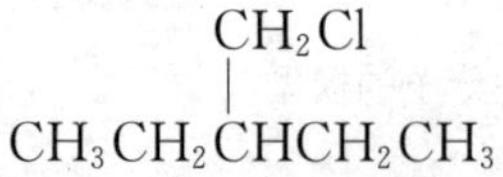
2－乙基－1－氯丁烷

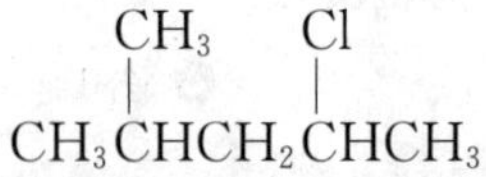
2－甲基－4－氯戊烷

可以看出，按系统命名法，卤代烷烃的母体是烷烃。

三、卤代烷烃的物理性质

卤素原子取代氢原子后，由于卤素原子原子量比氢原子大很多，使卤代烃的相对分子质量比对应的烃大很多，所以卤代烃的熔点、沸点、相对密度比相应的烃高出很多。例如：

	分子式	分子量	沸点/℃	熔点/℃	相对密度 d_4^{20}
乙烷	C_2H_6	30	−88.5	−183.3	0.546（−100℃）
溴乙烷	C_2H_5Br	109	38.4	−119	1.43

常温常压下，氯甲烷、氯乙烷和溴甲烷是气体，其他卤代烷为液体，C_{15}以上的卤代烷为固体。一卤代烷的沸点随碳原子数的增加而升高；烷基相同而卤原子不同时，以碘代烷沸点最高，其次是溴代烷与氯代烷。一氯代烷相对密度小于1，一溴代烷、一碘代烷及多卤代烷相对密度均大于1。在同系列中，相对密度随碳原子数的增加而降低，这是由于卤素在分子中所占的比例逐渐减少的缘故。

卤代烷不溶于水，易溶于乙醇、乙醚等有机溶剂。某些卤代烷如$CHCl_3$、CCl_4等本身就是良好的溶剂。纯净的卤代烷是无色的，碘代烷因易受光、热的作用而分解，产生游离碘而逐渐变为红棕色。

表 14－1－1　一些常见卤代烃的物理常数

名称	沸点/℃	相对密度 d_4^{20}	名称	沸点/℃	相对密度 d_4^{20}
氯甲烷	−24	0.920	碘乙烷	72.3	1.933
氯乙烷	12.2	0.910	1－碘丙烷	102.4	1.747
1－氯丙烷	46.6	0.892	二氯甲烷	40	1.336
溴甲烷	3.5	1.732	三氯甲烷	61.2	1.489
溴乙烷	38.4	1.430	四氯化碳	76.8	1.595
1－溴丙烷	71.0	1.351	1，2－二氯乙烷	83.5	1.257
碘甲烷	42.5	2.279	1，2－二溴乙烷	131	2.17

溴乙烷是无色油状液体。有类似乙醚的气味和灼烧味，见光逐渐变为黄色，易挥发，能与乙醇、乙醚、氯仿和多数有机溶剂混溶。

四、卤代烷烃的化学性质

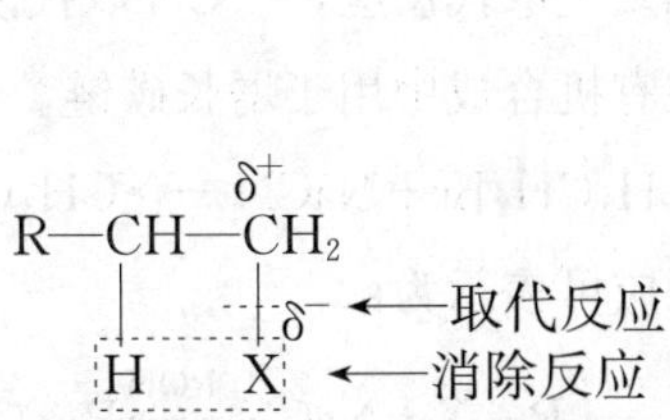

卤原子是卤代烃的官能团，在卤代烃分子中，由于卤原子吸引电子的能力比碳原子要强，使碳卤键(C—X)成为极性较强的共价键，容易断裂而发生取代反应和消除反应。

1. 取代反应

卤代烷分子中的卤原子被其他原子或原子团取代的反应称为取代反应。

(1) 被羟基(—OH)取代

卤代烷与氢氧化钠或氢氧化钾的水溶液共热，卤原子被羟基取代生成醇。此反应也称为卤代烷的水解。例如：溴乙烷可以与强碱的水溶液发生取代反应，羟基取代溴原子生成乙醇。

$$CH_3\overset{+}{C}H_2-\overset{-}{Br}+\overset{+}{Na}\overset{-}{O}H\xrightarrow[\triangle]{H_2O}CH_3CH_2-OH+NaBr$$

其他卤代烃的水解反应可表示为：

$$R-X+NaOH\xrightarrow[\triangle]{H_2O}R-OH+NaX$$

通常卤代烷是由相应的醇制备，因此该反应只用于制备少数结构复杂的醇。

(2) 被烷氧基(—OR)取代

溴乙烷可以与甲醇钠的甲醇溶液发生取代反应，甲氧基取代溴原子生成甲乙醚。

$$CH_3CH_2-Br+CH_3ONa\xrightarrow{CH_3OH}CH_3CH_2-O-CH_3+NaBr$$

其他卤代烃的醇解反应可表示为：

$$R-X+NaOR'\xrightarrow{R'OH}R-OR'+NaX$$

此反应是制备混醚的一种常用方法，称威廉姆森（Williamson）合成法。反应中所用卤代烷通常是指伯卤代烷。

(3) 被氨基(—NH_2)取代

卤代烷与氨（胺）的水溶液或醇溶液作用，卤原子被氨基取代生成胺。此反应也称为卤代烷的氨解。例如：溴乙烷可以与过量的氨发生取代反应，—NH_2 取代溴原子生成乙胺，过量的氨中和反应中生成的溴化氢生成溴化铵。

$$CH_3CH_2Br+2NH_3\text{（过量）}\longrightarrow CH_3CH_2NH_2+NH_4Br$$

(4) 被氰基(—C≡N)取代

溴乙烷可以与氰化钠发生取代反应，—CN 取代溴原子生成丙腈，产物比原料增加了一个碳原子。所以该反应在有机合成中用于增长碳链。

$$CH_3CH_2Br+NaCN\longrightarrow CH_3CH_2CN+NaBr$$

其他卤代烃的氰解反应可表示为：

$$R-X+NaCN\xrightarrow[\triangle]{ROH}R-CN+NaX$$

(5) 与硝酸银—乙醇溶液反应，被(—ONO_2)取代

溴乙烷可以与硝酸银的醇溶液发生取代反应，—ONO_2 取代溴原子生成硝酸乙酯和淡黄色溴化银沉淀。

$$CH_3CH_2Br+AgONO_2\xrightarrow{\text{醇}}CH_3CH_2ONO_2+AgBr\downarrow$$

其他卤代烃与硝酸银—乙醇溶液的反应可表示为：

$$R—X+AgNO_3 \xrightarrow{醇} R—ONO_2+AgX\downarrow$$

2. 消除反应

如果将溴乙烷与强碱的乙醇溶液共热，溴乙烷不再像在水溶液中那样发生取代反应，而是从溴乙烷分子中脱去 HBr，生成乙烯。

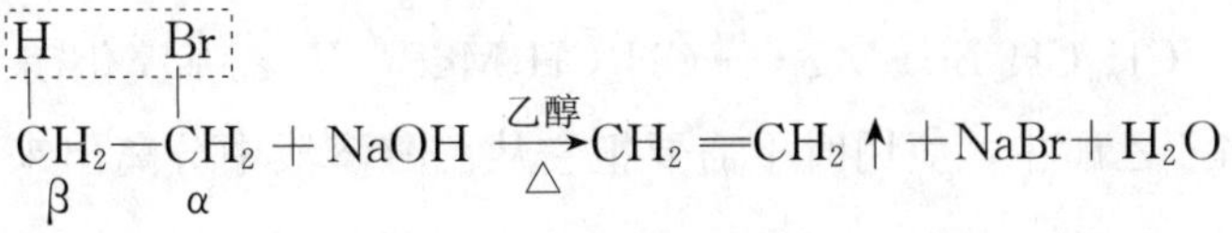

卤代烷烃与强碱（KOH 或 NaOH）的醇溶液共热，分子中 β—碳原子上的氢原子和卤原子以卤化氢分子的形式脱去而生成烯烃。这种从分子中脱去简单分子（如水、卤化氢、氨），生成不饱和烃的反应称消除反应。例如：

$$CH_3CH_2CH_2CH_2-Br+KOH \longrightarrow CH_3CH_2CH═CH_2\uparrow+KBr+H_2O$$

若仲卤代烷烃与强碱的醇溶液共热，如两个 β—碳原子都有氢原子，反应就有两种产物。例如：

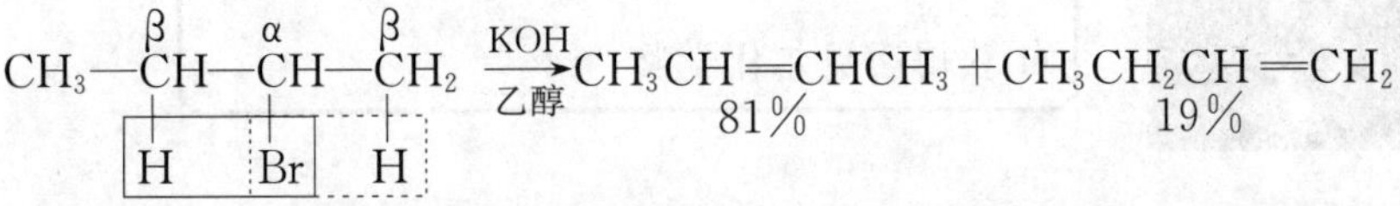

从大量的实验事实中概括出的经验规律：卤代烷烃在脱去卤化氢时，含氢较少的 β—碳原子上的氢原子与卤素原子脱去，生成双键上带烃基较多的烯烃，这个规则也叫扎依采夫（Saytzeff）规则。

卤代烷烃发生消除反应的活泼性顺序：叔卤代烷烃＞仲卤代烷烃＞伯卤代烷烃。

练一练

分析下列方程式中，反应物中哪个碳原子是 α—C 原子？哪个碳原子是 β—C 原子，有几个 β—H 原子？产物中的两种烯烃是怎么生成的？

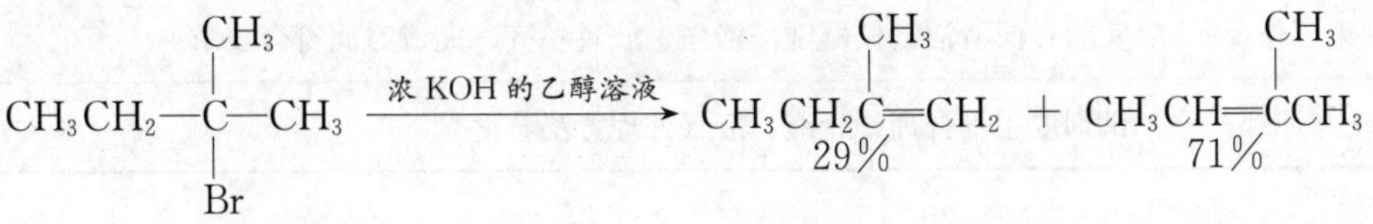

3. 格氏试剂的生成

在室温下，卤代烷烃在干醚（不含乙醇和水的乙醚称为无水乙醚，简称干醚）中与金属镁作用，生成有机镁化合物，称为格利雅（Grignard）试剂，简称格氏试剂。一般用RMgX（烷基卤化镁）表示。

$$RX + Mg \xrightarrow{干醚} R—Mg—X$$

与镁反应时，卤代烷烃的活性顺序为：RI＞RBr＞RCl。其中碘代烷烃价格较高，而氯代烷烃的活性较小，所以实验中一般用溴代烷来制备格氏试剂。

$$CH_3CH_2Br + Mg \xrightarrow{干醚} CH_3CH_2MgBr \quad 乙基溴化镁$$

格氏试剂溶解于乙醚中，应用时不需要把它从乙醚溶液中分离出来，而是直接使用其乙醚溶液。

格氏试剂非常活泼，能和许多含活泼氢的化合物，如水、醇、氨、卤化氢、端炔，空气中的氧气、二氧化碳等物质反应，所以使用过程中必须采取措施与上述物质隔绝。

维克多·格利雅（Victor Grignard）：法国有机化学家，1871 年 5 月 6 日生于法国瑟儿堡。格氏试剂的发明者。1912 年获得诺贝尔化学奖。

任务评价

表 14－1－2　任务评价表

评价项目	评价要素
实验操作	加热方法的选择和操作规范有序；试剂取用和滴加等实验操作方法正确
实验原理	实验现象解释合理
实验记录	实验现象记录完整规范
任务检测	化学方程式书写规范
结束工作	实验台面清洁、仪器洗涤洁净、放置整齐、完成时间符合要求
安全与环保	试剂取用量合理，废液、废纸处理方法合适

任务二　鉴别不同类型的卤代烃

任务描述

通过化学实验操作、观察实验现象，掌握伯、仲、叔卤代烃的鉴别方法，并能用文字方式、图解方式或表格方式说明试剂、现象、反应顺序和结论等，能用化学方程式说明鉴别原理。

任务目标

- 能用化学方法鉴别不同类型的卤代烃；
- 能用化学语言和化学方程式准确描述鉴别方法。

任务分析

完成本次任务的两个要点：一是要明确卤代烃的类型。根据卤代烃的名称写出其构造式，观察构造式中卤原子的位置，明确该卤代烃所属类型。二是实验不同类型的卤代烃和硝酸银的醇溶液反应，根据卤化银沉淀出现的快慢，列出不同类型卤代烃化学反应活泼性的顺序。

任务实施

一、任务准备

1. 仪器和药品

仪器：试管、烧杯、酒精灯；

试剂：1－溴丁烷、2－溴丁烷、2－甲基－2－溴丙烷、1－氯丁烷、1－碘丁烷、己烷、1－己烯、饱和硝酸银－乙醇溶液。

2. 安全和环保措施

(1) 卤代烃蒸气有毒，应避免吸入；

(2) 加热过程中，注意酒精灯的安全使用，避免烧伤和烫伤；

(3) 实验过程中产生的废液、废纸等放入准备好的废液桶和废纸桶。

二、任务过程

1. 不同烃基结构卤代烷烃的鉴别

在三支试管中，各加入 3 mL 饱和硝酸银—乙醇溶液，然后分别滴加 6～10 滴 1—溴丁烷、2—溴丁烷、2—甲基—2—溴丙烷，振荡后，观察现象。如 10 min 后仍无沉淀析出，可在水浴中加热并观察现象。

2. 不同卤原子的鉴别

在三支试管中，各加入 3 mL 饱和硝酸银—乙醇溶液，然后分别滴加 6～10 滴 1—氯丁烷、1—溴丁烷、1—碘丁烷，振荡后，加热观察现象。

三、任务检测

设计化学方法鉴别下列化合物：1—氯丁烷、1—溴丁烷、1—碘丁烷、己烷、1—己烯。

相关知识

卤代烃的反应活泼性

卤代烃根据卤原子不同，可分为氟代烃、氯代烃、溴代烃与碘代烃；根据与卤原子所连接的碳原子类型不同，可分为伯卤代烃、仲卤代烃、叔卤代烃。不同类型的卤代烃，化学活泼性不同，可根据反应活泼性的差异进行鉴别。

一、鉴别不同类型的卤代烃

1. 不同烃基结构的卤代烃的鉴别

不同结构的卤烷与硝酸银的乙醇溶液作用，显示出不同的活泼性。

如在室温下叔氯烷与硝酸银的乙醇溶液作用，立刻产生白色氯化银沉淀，仲氯烷则在片刻后出现沉淀，而伯氯烷在室温下一般不产生沉淀，加热后才有沉淀生成。

例如：

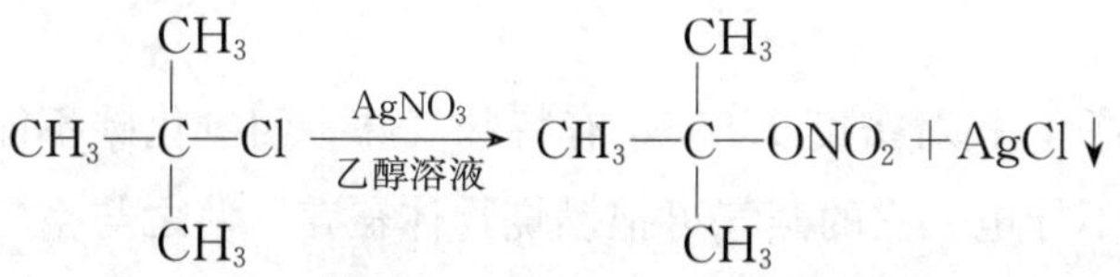

（立刻析出白色沉淀）

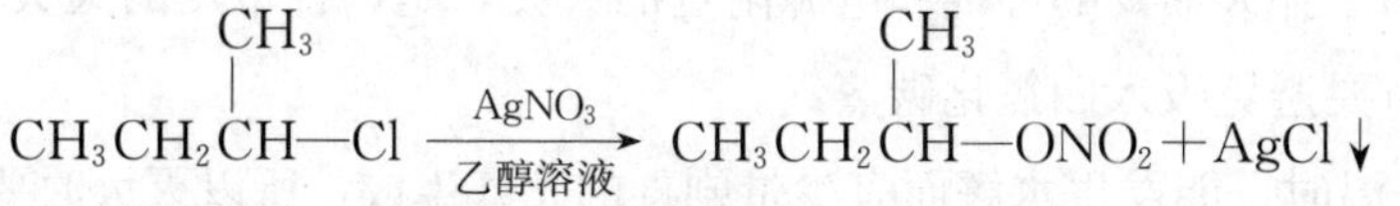

（片刻之后析出白色沉淀）

$$CH_3CH_2CH_2CH_2Cl \xrightarrow[\text{乙醇溶液}]{AgNO_3} CH_3CH_2CH_2CH_2ONO_2 + AgCl\downarrow$$ （加热后析出白色沉淀）

不同烃基结构的卤代烃，与硝酸银的乙醇溶液反应的活泼性顺序是叔卤代烃＞仲卤代烃＞伯卤代烃。

2. 不同卤原子的鉴别

烃基相同，卤原子不同的卤代烃，不管是取代反应、消除反应，还是和金属镁的反应，其活泼性顺序都是碘代烃＞溴代烃＞氯代烃。

所以，不同卤原子的卤代烃和硝酸银的乙醇溶液反应时，析出沉淀的快慢不同，而且析出沉淀的颜色也不同。

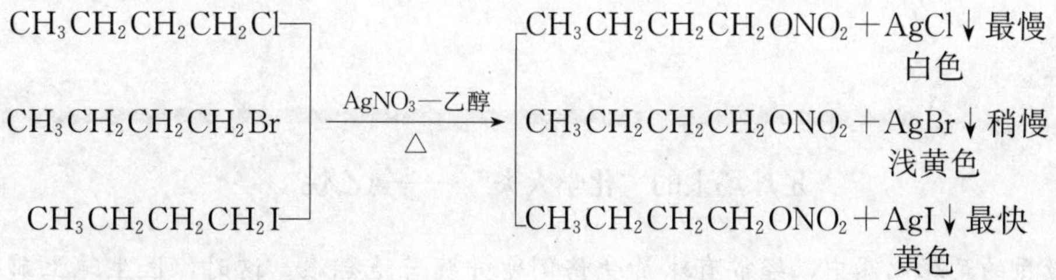

二、重要的卤代烃

三氯甲烷和四氯化碳是实验室常用的溶剂，氯乙烯聚合得到的聚氯乙烯是日常生活中经常见到的高分子材料，四氟乙烯是我们经常用到的生料带（聚四氟乙烯）的合成原料，二氟二氯甲烷则是常用的制冷剂。

1. 三氯甲烷

三氯甲烷俗称氯仿，是一种无色、有甜味的液体，沸点 61.2℃，相对密度 1.489，不能燃烧，也不溶于水，是一个良好的不燃性溶剂，能溶解油脂、蜡、有机玻璃和橡胶等，常用来提取中草药有效成分和精制抗生素，还广泛用作合成原料。三氯甲烷还具有麻醉作用。三氯甲烷在光照下可被空气中的氧气氧化成剧毒的光气，因此它要保存在棕色瓶中，装满到瓶口加以封闭，防止和空气接触。三氯甲烷中通常加 1% 的乙醇，以破坏光气

（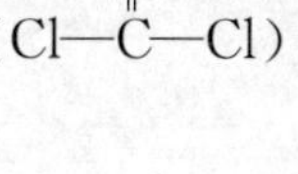）的产生。

2. 四氯化碳

四氯化碳是无色液体，沸点76.8℃，相对密度1.595，有特殊气味。四氯化碳不能燃烧，受热易挥发，其蒸气比空气重，不导电。它的蒸气可把燃烧物体覆盖，使之与空气隔绝而达到灭火的效果。它适用于扑灭油类的燃烧和电源附近的火灾，是一种常用的灭火剂。四氯化碳有一定毒性，使用时要避免吸入四氯化碳蒸气。

四氯化碳在500℃以上高温时，能发生水解而有少量剧毒的光气生成，所以灭火时要注意空气流通，以防中毒。

$$CCl_4 + H_2O \xrightarrow{\text{高温}} COCl_2 + 2HCl$$

四氯化碳主要用作合成原料和溶剂，能溶解脂肪、油漆、树脂、橡胶等物质，又常用作干洗剂，因其不燃，使用比较安全。

3. 二氟二氯甲烷

二氟二氯甲烷（CCl_2F_2）是无色、无味、无毒、无腐蚀性、化学性质稳定的气体，沸点－30℃，易被压缩成不燃性液体，解除压力后又立刻气化，同时吸收大量的热，因此被广泛用作制冷剂、喷雾剂和灭火剂。它的商品名为“氟利昂－12”或F12。

小知识

足球场上的“化学大夫”——氯乙烷

在激烈的足球比赛中，经常有球员受伤倒地并痛苦地翻滚。这时，医生跑上前去用某种药水对准球员的受伤部位喷射，一会儿工夫球员就能够重新投入比赛，医生用了什么药水能够如此快速地治好球员的伤痛呢？

这就是被人们称为足球场上的“化学大夫”——氯乙烷的功劳。氯乙烷在常温下是一种气体有机物，在一定的压强下成为液体。球员受伤后，如果是软组织受伤或拉伤，医生只要将氯乙烷液体喷射到受伤部位，氯乙烷喷洒在皮肤上立即汽化吸热，引起皮肤骤冷，暂时失去知觉，痛感也随之消失。同时使皮下的毛细血管收缩，停止流血，受伤部位不会出现淤血和水肿，这种方法称为局部麻醉。足球场上的“化学大夫”就是靠局部麻醉方法，使球员的伤痛在短时间内消失。

任务拓展

设计实验方法，由1—溴丙烷制备2—溴丙烷。

任务评价

表14—2—1　任务评价表

评价项目	评价要素
实验操作	加热、试剂取用和滴加等实验操作方法正确
实验记录	实验现象记录完整规范
任务检测	实验方法设计合理，实验过程描述清楚，化学方程式书写正确
结束工作	实验台面清洁、仪器洗涤洁净、放置整齐、完成时间符合要求
安全与环保	试剂取用量合理，废液、废纸处理方法合理

单元小结

一、卤代烷烃的物理性质

卤代烷烃无色、不溶于水，其熔点、沸点和密度比相应的烷烃高很多，许多卤代烷烃有毒。

二、卤代烷烃的化学性质

	R—X	反应条件	反应产物	应用及反应活性
取代反应	被—OH 取代（水解反应）	NaOH 水溶液（强碱水溶液）	R—OH+NaX 醇	应用：制备少数结构复杂的醇
	被—OR 取代（醇解反应）	R′ONa 的醇溶液	R—OR′+NaX 醚	应用：制备醚，尤其是混醚，R—X 为伯卤代烷烃

（续表）

	R—X	反应条件	反应产物	应用及反应活性
取代反应	被—CN 取代（氰解反应）	NaCN、KCN 的醇溶液	R—CN＋NaX 腈	①增长碳链 ②—CN $\xrightarrow{H_2O,\ H^+}$ —COOH；—CN $\xrightarrow{H_2,\ Ni}$ CH_2NH_2
	被—ONO_2 取代	$AgNO_3$ 的乙醇溶液	R—ONO_2＋AgX↓ 硝酸酯	应用：鉴别不同类型卤代烷烃；反应活性：3°RX＞2°RX＞1°RX
	被—NH_2 取氨解反应	过量的氨	R—NH_2＋NH_4X 伯胺	工业制备伯胺
消除反应	—HX	NaOH、KOH 的醇溶液	$>C=C<$ ＋HX 烯烃	应用：制备烯烃 反应活性：3°RX＞2°RX＞1°RX
和金属 Mg 反应	—	在干醚中反应	R—Mg—X 格氏试剂	格氏试剂化学性质非常活泼，易和有活泼氢原子的物质，如 H_2O、NH_3、ROH、HX 等反应

三、卤代烃的鉴别

卤代烃与硝酸银的乙醇溶液反应，生成卤化银沉淀。

1. 叔卤代烷烃，立刻出现沉淀；仲卤代烷烃，片刻后出现沉淀；伯卤代烷烃，加热后出现沉淀。

2. 不同卤原子的卤代烃，生成不同颜色的 AgX 沉淀；碘化银是黄色沉淀，溴化银是浅黄色沉淀，氯化银是白色沉淀。

综合测试

一、解释下列名词

（1）伯卤代烷烃、仲卤代烷烃和叔卤代烷烃　（2）PVC　（3）消除反应　（4）扎依采夫规则　（5）β—C 原子和 β—H 原子　（6）格氏试剂

二、命名下列化合物，并说明这些卤代烃的种类

1. 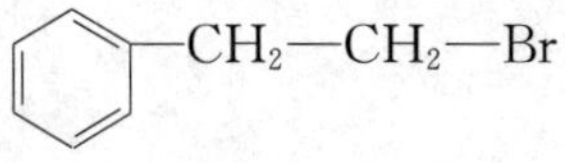　2. 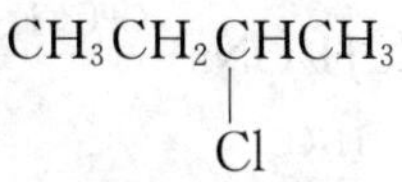　3. 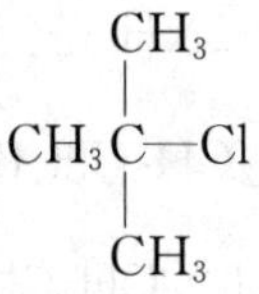

4. 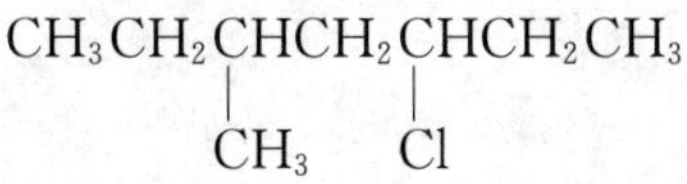　5. 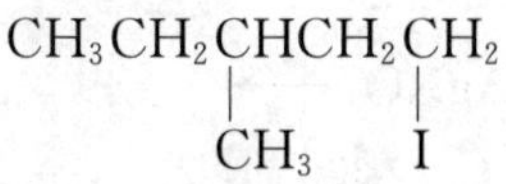

6. 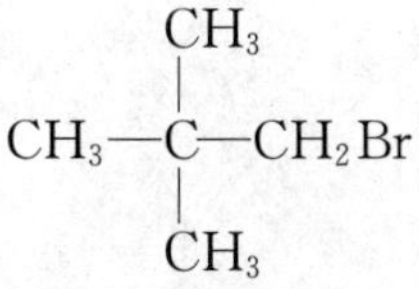

三、写出下列化合物的构造式

叔丁基溴、三氯甲烷、异丁基氯、四氟乙烯、对氯苄基氯、DDT

四、选择题

1. 要制取较纯的氯乙烷，下列最佳路线是（　　）。

A. 乙烷和氯气在光照下发生取代反应　　B. 乙烯和氯气加成

C. 乙炔在 Pt 催化下加氢，再与 HCl 加成　　D. 乙烯和 HCl 加成

2. 分子式为 C_4H_9Cl 的有机物有（　　）。

A. 2 种　　B. 3 种　　C. 4 种　　D. 5 种

3. 下列化合物与 $AgNO_3-C_2H_5OH$ 溶液反应最慢的是（　　），最快的是（　　）。

A. $CH_3CHBrCH_2CH_3$　　B. $BrCH=CH-CH_2CH_3$

C. $CH_3CH_2CH_2CH_2Br$　　D. 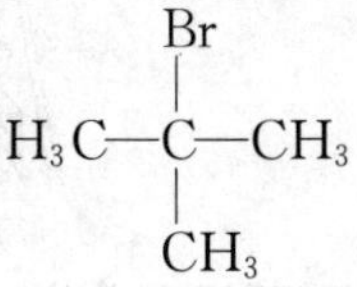

4. 下列化合物中，既能发生消除反应，又能发生水解反应的是（　　）。

A. 氯仿　　B. 氯甲烷　　C. 乙醇　　D. 氯乙烷

5. 有机物 $CH_3-CH=CH-CH_2-Cl$ 能发生的反应有（　　）。

①取代反应　②加成反应　③聚合反应　④使溴水褪色　⑤与 $AgNO_3$ 溶液生成白色沉淀　⑥使酸性 $KMnO_4$ 溶液褪色

A. 以上反应均可发生　　B. 只有⑤不能发生

C. 只有⑥不能发生　　D. 只有②不能发生

五、完成下列化学反应方程式

1. $CH_3Cl + 2NH_3 \longrightarrow$

2. $CH_3CH_2CH_2CH_2Br + CH_3CH_2ONa \xrightarrow{CH_3CH_2OH}$

3. $CH_3(CH_2)_6CH_2Cl + NaCN \xrightarrow[\triangle]{H_2O}$

4. $(CH_3)_2CHBr + AgNO_3 \longrightarrow$

5. $CaC_2 \xrightarrow{?} CH \equiv CH \xrightarrow{2Cl_2} ?$

6. $CH_3CH_2CH_2Br \xrightarrow[(C_2H_5)_2O]{Mg} \xrightarrow{HC \equiv CCH_3}$

7. $CH_3—CH = CH_2 \xrightarrow[500℃]{Cl_2} ? \begin{cases} \xrightarrow{Cl_2} \\ \xrightarrow{C_2H_5ONa} \end{cases}$

8. $CH_3—CH_2—\underset{\displaystyle Br}{\underset{|}{C}H}—CH(CH_3)_2 \xrightarrow{KOH/乙醇}$

六、简答题

1. 将下列化合物沸点按从高到低顺序排列：1－氯丁烷、1－溴丁烷、1－碘丁烷和丁烷

2. 怎样以乙烯为主要原料来制取 CH_2OHCH_2OH（乙二醇）？

3. 写出下图中发生反应的化学方程式。

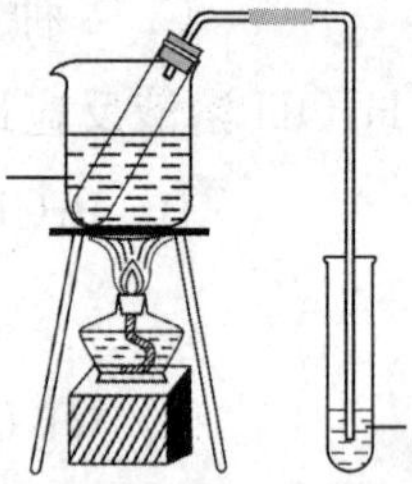

七、用化学方法鉴别下列两组化合物

1. 1－溴丙烷、1－碘丙烷

2. 1－氯丁烷、2－甲基－2－氯丙烷

八、某卤代烃 C_3H_7Br（A）与氢氧化钾的醇溶液共热，生成 C_3H_6（B）。B 与溴化氢作用，则得到 A 的异构体 C。试写出 A 的构造式，并写出各步反应式。

第十五单元
醇、酚和醚

单元概述

醇、酚、醚都属于烃的含氧衍生物。醇和酚的官能团都是羟基(—OH)。其中羟基取代饱和碳原子上的氢原子所得的化合物称为醇，官能团称为醇羟基；羟基取代苯环上的氢原子所得的化合物称为酚，官能团称为酚羟基。

醇的化学性质活泼，可与活泼金属反应生成醇钠，伯醇和仲醇能被氧化生成醛、羧酸和酮，还可发生脱水反应生成醚或烯烃。可通过与卢卡斯试剂的反应，鉴别伯、仲、叔醇。

在酚的分子中，苯基和羟基相互影响、相互作用，使得酚羟基的化学性质与醇羟基差别较大。苯酚呈现弱酸性，能溶于碱的溶液，一定条件下也可以成醚、成酯，但反应过程与醇不同。受羟基影响，苯环上邻、对位上的氢原子更容易被取代，发生溴化、硝化和磺化反应。苯酚的显色反应是可以和三氯化铁反应，呈现紫色，这是鉴别苯酚的方法之一。

醚键比较稳定，与碱、氧化剂、还原剂常温下不反应；但氧原子具有未共用电子对，可与酸反应，能溶于浓的强酸中，生成鎓盐，可用于醚的分离。

单元目标

● 了解饱和一元醇(—OH)、醚(—O—)和酚的结构特点，知道其结构和性质的关系；

● 能用习惯命名法和系统命名法进行醇、酚、醚的命名；

● 熟悉醇、酚、醚的物理性质特点及其递变规律，能判断氢键的存在，知道氢键对醇、酚、醚的熔点、沸点和水溶性的影响；

● 掌握醇、酚、醚的重要化学反应发生的条件和结果，并会书写反应方程式；

● 能利用醇、酚、醚的化学性质，鉴别醇、酚、醚；

● 了解醇、酚、醚在化工生产中的应用。

任务一　认识乙醇的性质

任务描述

通过化学实验操作、观察实验现象，认识乙醇的物理性质和化学性质，并能利用其性质鉴别乙醇。

任务目标

- 了解乙醇的颜色、物态、气味、溶解性等物理性质；
- 通过化学实验掌握乙醇的主要化学性质，并能用化学方程式准确描述和解释实验现象；
- 学会用化学方法鉴别乙醇，包括用什么试剂，根据什么现象进行判断等。

任务分析

醇的反应主要发生在羟基上。羟基上的氢原子比较活泼，可被金属钠置换，生成氢气和醇钠；羟基也可以被卤原子取代，生成不溶于水的卤代烃，呈现浑浊，可用来鉴别低级醇；伯醇和仲醇还可以被高锰酸钾或重铬酸钾氧化，呈现褪色和颜色变化等现象，这也是鉴别醇的常用方法。

乙醇是醇的典型代表物，也是常用的有机溶剂和重要的化工原料，通过实验认识乙醇的性质，也可以推知其他醇的化学性质。

任务实施

一、任务准备

1. 仪器和药品

仪器：试管、酒精灯、滤纸。

试剂：无水乙醇、四氯化碳、钠、蒸馏水、乙醇（95%）、铜丝。

2. 安全和环保措施

（1）四氯化碳蒸气有毒，应避免吸入；

（2）金属钠遇水反应十分剧烈，容易发生危险！所以试管中若有未反应完全的残余钠粒时，可用镊子将其取出放入酒精中，不能弃入水槽；

（3）闻气味时，一定用手轻轻扇闻，不能直接以鼻接触试管口；

（4）实验过程中产生的废液、废纸等放入准备好的废液桶和废纸桶。

二、任务过程

1. 乙醇的溶解性

在试管中加入 2 mL 无水乙醇，观察乙醇在常温下的颜色和物态，闻其气味。

将 2 mL 乙醇分别放在两支试管中，往其中一支试管中加入 2 mL 蒸馏水，振荡，静置；往另一支试管中加入 2 mL 四氯化碳，振荡，静置。

根据上述实验现象，说明乙醇的物理性质特点。

2. 乙醇与钠的反应

在一支干燥试管中加入 2 mL 无水乙醇，切取绿豆粒大小的一小块金属钠，用滤纸吸干附着的煤油，然后投入乙醇中。观察现象，写出反应方程式。用大拇指按住试管口片刻，再用点燃的火柴接近试管口，观察发生的现象，写出反应方程式。

3. 乙醇氧化生成乙醛

在一支试管中加入 5 mL 95%的乙醇，把一端弯成螺旋状的铜丝放在酒精灯火焰上灼烧，使铜丝表面生成一薄层黑色的氧化铜，立即把它插入乙醇中，这样反复操作几次，轻轻扇动试管口，闻一下生成的乙醛气味，并注意观察铜丝表面的变化，写出反应方程式。见图 15—1—1。

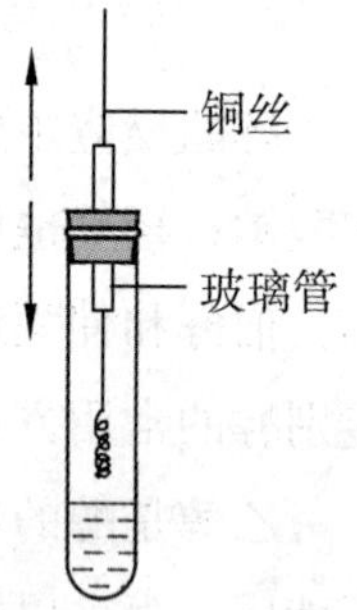

图 15—1—1 乙醇氧化生成乙醛

三、任务检测

1. 怎样检验无水乙醇中是否含有水？

2. 两支试管中分别盛有无色透明的乙醇水溶液和蒸馏水，怎样用化学方法鉴别？

相关知识

醇

羟基取代饱和碳原子上的氢原子所得的化合物称为醇，羟基(—OH)是醇的官能团，也称为醇羟基。

一、醇的结构、分类和命名

1. 乙醇的结构

醇常用通式 R—OH 表示，图 15—1—2 所示是乙醇的分子模型。乙醇在结构上可以看成是由羟基取代了乙烷分子中的一个氢原子后所得到的产物。

醇是烃分子中饱和碳原子上的氢原子被羟基(—OH)取代后的生成物。乙醇的空间构型如图 15—1—2 所示。

球棍模型

比例模型

图 15—1—2　乙醇分子的模型

分子式	电子式	构造式	构造简式
C_2H_5OH	$H:\underset{H}{\overset{H}{\underset{..}{\overset{..}{C}}}}:\underset{H}{\overset{H}{\underset{..}{\overset{..}{C}}}}:\underset{..}{\overset{..}{O}}:H$	$H-\underset{H}{\overset{H}{\underset{\vert}{\overset{\vert}{C}}}}-\underset{H}{\overset{H}{\underset{\vert}{\overset{\vert}{C}}}}-O-H$	CH_3-CH_2-OH

2. 醇的分类

(1) 根据醇分子中羟基数目可分为一元醇、二元醇、三元醇等。二元醇和三元醇以上的醇，统称多元醇。例如：

CH_3-OH
甲醇（一元醇）

$\underset{OH}{\underset{\vert}{CH_2}}-\underset{OH}{\underset{\vert}{CH_2}}$
乙二醇（二元醇）

$\underset{OH}{\underset{\vert}{CH_2}}-\underset{OH}{\underset{\vert}{CH}}-\underset{OH}{\underset{\vert}{CH_2}}$
丙三醇（三元醇）

(2) 根据与羟基相连的碳原子的种类分成伯醇、仲醇、叔醇。例如：

$CH_3CH_2CH_2\underline{C}H_2—OH$　　　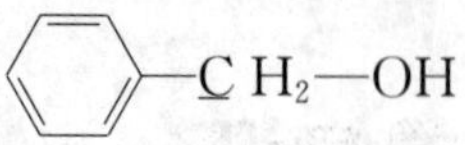

丁醇（伯醇，羟基连在伯碳原子上）　　苯甲醇（伯醇，羟基连在伯碳原子上）

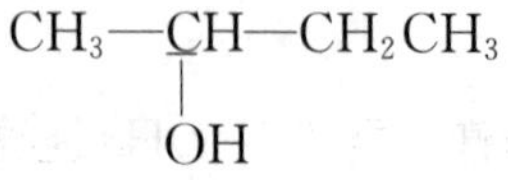　　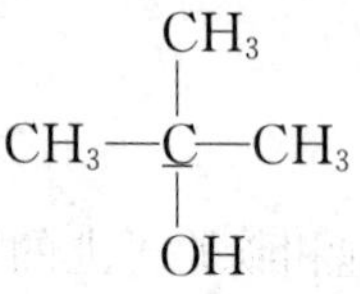

仲丁醇（仲醇，羟基连在仲碳原子上）　　叔丁醇（叔醇，羟基连在叔碳原子上）

3. 醇的命名

（1）俗名　醇是人类认识较早的物质，往往根据来源或其性状特点得名。

CH_3OH 木精　　C_2H_5OH 酒精　　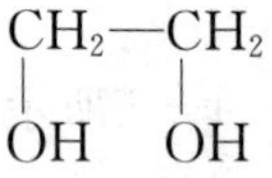 甘醇　　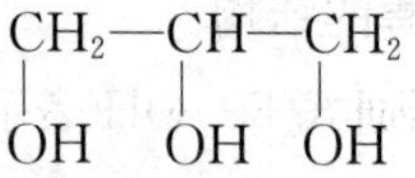 甘油

（2）习惯命名法　根据与羟基相连的烃基的名称命名，即烃基的名称后面加醇字。例如：

正丁醇

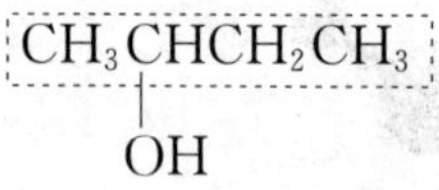

仲丁醇

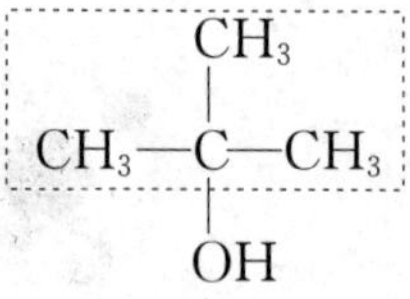

叔丁醇

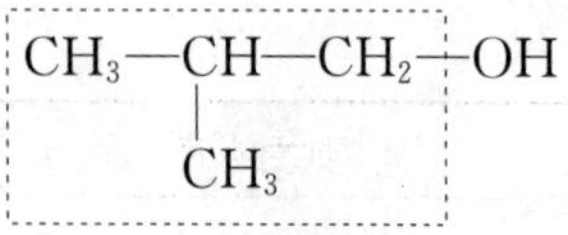

异丁醇

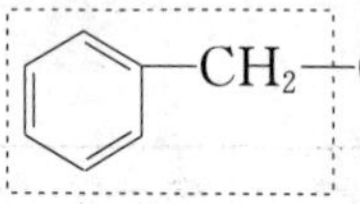

苄醇

烯丙醇

（3）系统命名法

①选主链　选择含有羟基的最长碳链作为主链，而把支链作为取代基；

②编号　从靠近羟基的一端开始给主链碳原子依次编号；

③写名称　根据主链所含碳原子数叫“某醇”，将取代基的位次、名称和羟基的位次写在醇的名称之前。例如：

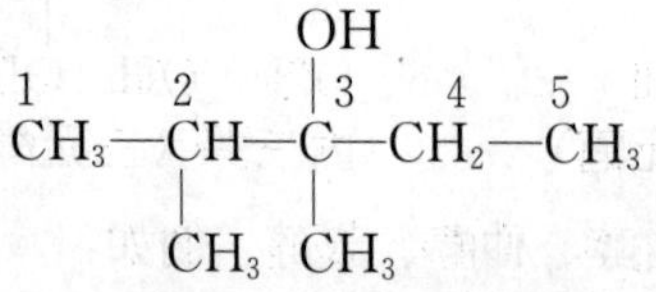

2，3－二甲基－3－戊醇

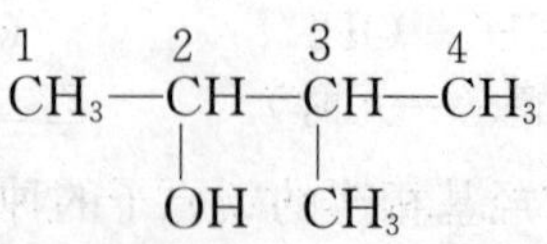

3－甲基－2－丁醇

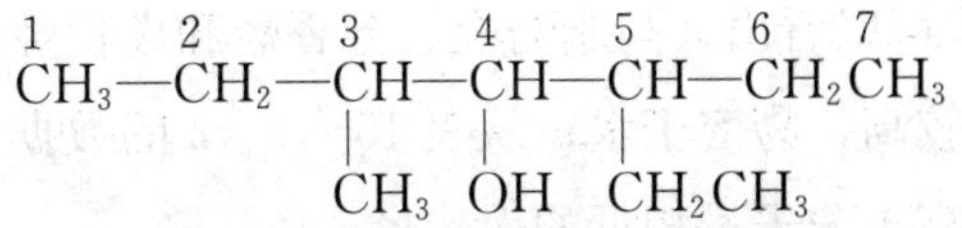

3－甲基－5－乙基－4－庚醇

练一练

丁烷有两种同分异构体。用羟基取代每一种同分异构体中的不同氢原子，可以得到 4 种不同的醇。写出这些醇的构造式，说明哪些是伯醇、仲醇和叔醇，并分别用系统命名法和习惯命名法命名。

二、醇的物理性质

直链饱和一元醇中，低级醇(C_4 以下)为有酒香味的流动液体，C_5～C_{11}的醇为具有不愉快气味的油状液体，C_{12}以上的醇则是无臭无味的蜡状固体。许多香精油中含有特殊香气的醇，如苯乙醇有玫瑰香气，可用于配制香精。

表 15－1－1　一些常见醇的物理常数

名称	构造式	熔点/℃	沸点/℃	密度(20℃)/(g/cm³)	溶解度(20℃)/(g/100 g H_2O)
甲醇	CH_3OH	−97.8	64.7	0.791 4	∞
乙醇	CH_3CH_2OH	−114.7	78.5	0.789 3	∞
正丙醇	$CH_3CH_3CH_2OH$	−126.5	97.4	0.803 5	∞
异丙醇	$CH_3CH(OH)CH_3$	−89.5	82.4	0.785 5	∞
正丁醇	$CH_3CH_3CH_2CH_2OH$	−89.5	117.3	0.809 8	8.0
仲丁醇	$CH_3CH_2CH(OH)CH_3$	−114.7	99.5	0.806 3	12.5
异丁醇	$(CH_3)_2CHCH_2OH$	−108	107.9	0.802 1	11.1
叔丁醇	$(CH_3)_3COH$	−25.5	82.2	0.788 7	∞
正戊醇	$CH_3(CH_2)_4OH$	−79	138	0.811 0	2.2
新戊醇	$(CH_3)_3CCH_2OH$	−53	114	0.812	∞
正己醇	$CH_3(CH_2)_5OH$	−51.6	157.2	0.813 6	0.7
乙二醇	$CH_2OH—CH_2OH$	−12.6	197	1.109	∞
甘油	$CH_2OH—CHOH—CH_2OH$	17.9	290	1.260	∞

从表 15－1－1 的数据可以看出，与脂肪烃、芳香烃和卤代烃相比较，醇的物理性质具有如下特点：熔点、沸点较高，易溶于水；从表 15－1－2 的数据可以看出，醇的沸点不但高于分子量相近的烃，也高于分子量相近的卤代烃。

表 15－1－2　醇与分子量相近的烷烃和卤代烃的沸点比较

化合物	构造式	分子量	沸点/℃
甲醇	CH_3OH	32.40	64.7
乙烷	CH_3CH_3	30.07	－88.6
乙醇	CH_3CH_2OH	46.07	78.5
丙烷	$CH_3CH_2CH_3$	44.09	－42.2
一氯甲烷	CH_3Cl	50.5	－24
1－丙醇	$CH_3CH_2CH_2OH$	60	97.4
氯乙烷	CH_3CH_2Cl	64.5	12.2

为什么醇具有反常的高沸点和溶解度呢？

（1）醇分子间能形成氢键

低级醇在液体状态时和水相似，分子间能通过形成氢键而缔合，它们的分子实际上是以缔合体存在的。见图 15－1－3。

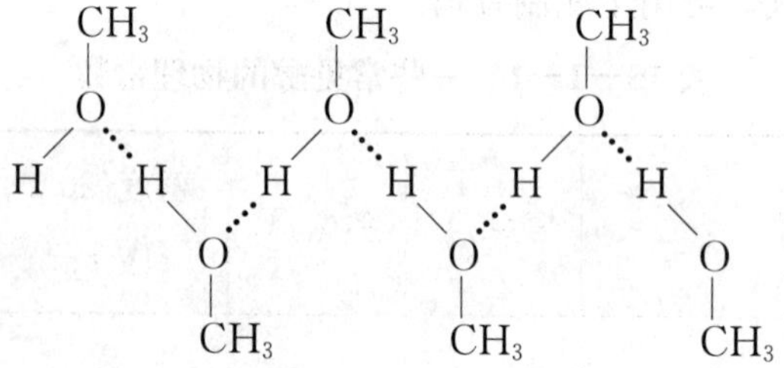

图 15－1－3　甲醇分子之间的氢键（虚线为氢键）

（2）醇分子与水分子之间形成氢键

甲醇、乙醇、丙醇能与水以任意比混溶。从正丁醇起在水中的溶解度显著降低，到癸醇以上则不溶于水。显然醇在水中的溶解度随碳原子数的增多而下降。

低级醇能与水形成氢键，故能与水混溶。见图 15－1－4。但是，随着烃基的增大，醇在水中的溶解度降低以至不溶。高级醇与烷烃极其相似，不溶于水，而可以溶于汽油中。

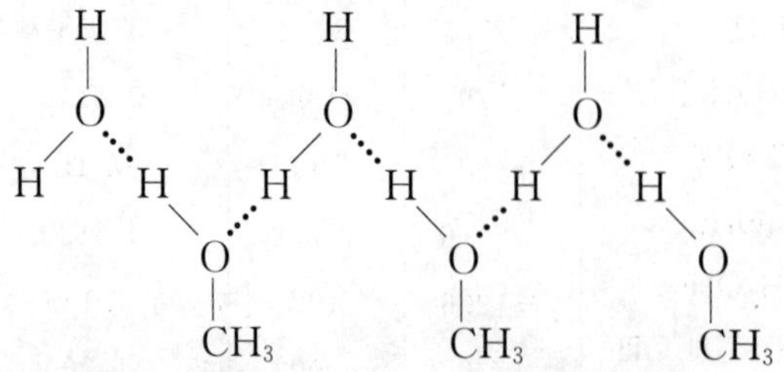

图 15－1－4　甲醇分子与水分子之间的氢键（虚线为氢键）

低级醇还能和一些无机盐类（如 $MgCl_2$、$CaCl_2$、$CuSO_4$ 等）形成结晶状的分子化合物，称为结晶醇，亦称醇化物，如 $MgCl_2 \cdot 6CH_3OH$，$CaCl_2 \cdot 4C_2H_5OH$，$CaCl_2 \cdot 4CH_3OH$ 等。结晶醇不溶于有机溶剂而溶于水，所以不能用无水 $CaCl_2$ 来除去甲醇、乙醇中的水分。但可利用这一性质使醇与其他有机物分开。例如：工业用的乙醚中，常混有少量乙醇，利用乙醇与 $CaCl_2$ 生成结晶醇的性质，加入 $CaCl_2$ 便可除去乙醚中的少量乙醇。

三、醇的化学性质

在醇羟基中，由于氧的电负性（3.5）大于氢的电负性（2.1），因此氧和氢共用的电子对偏向于氧，氢表现出一定的酸性；由于氧的电负性大于碳（2.5），碳氧键是极性共价键，其共用电子对偏向于氧，碳氧键可以断裂，羟基被取代；α—H，β—H 也容易发生反应。

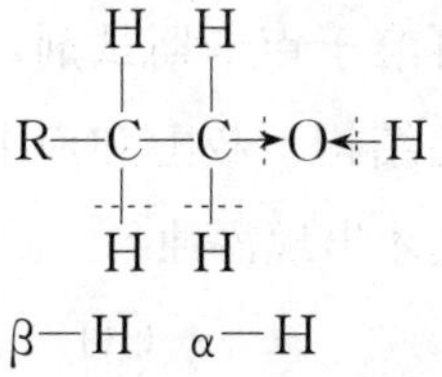

1. 与活泼金属反应

醇与水相似，可以与活泼的金属，如钾、钠、镁、铝等反应生成氢气和醇金属。

$$HO—H + Na \longrightarrow NaOH + \frac{1}{2}H_2 \quad（反应剧烈）$$

$$CH_3CH_2O—H + Na \longrightarrow CH_3CH_2O—Na + \frac{1}{2}H_2 \quad（反应缓和）$$

醇与活泼金属的反应比水与活泼金属的反应要温和得多，放出的热量也不足以使生成的氢气燃烧。所以，在实验室可利用这一性质处理某些反应中残余的金属钠屑。

醇钠极易水解，因此使用醇钠时必须隔绝水蒸气的侵入。

$$RONa + H_2O \longrightarrow ROH + NaOH$$

有机化工生产中醇钠作为非水体系中的碱使用。

其他活泼金属（如 K、Mg、Al）在高温下也可与醇作用生成醇金属和氢气。

试一试

写出甲醇和金属钠反应的方程式；乙醇和镁反应的方程式。

2. 与无机酸的反应

(1) 与氢卤酸作用

醇与氢卤酸反应生成卤代烃和水。

$$R-OH+H-X \rightleftharpoons R-X+H_2O$$

此反应是可逆反应，是卤代烃水解的逆反应，可运用化学平衡移动的原理使醇或氢卤酸过量，或移去一种生成物，使平衡向右移动，提高卤代烃的产量。

氢卤酸的反应活性次序为 HI＞HBr＞HCl；

不同的醇与相同的氢卤酸反应，其活性次序为叔醇＞仲醇＞伯醇。

实验室常用卢卡斯（H. J. Lucas）试剂（浓盐酸与无水氯化锌配成的溶液）来鉴别六个碳原子以下的一元醇的结构。

由于六个碳原子以下的一元醇可溶于卢卡斯试剂，生成的卤代烃不溶而出现浑浊，根据出现浑浊的快慢便可鉴别出该醇的结构。叔醇和卢卡斯试剂反应立即出现浑浊，仲醇要数分钟后才出现浑浊，而伯醇须加热才出现浑浊。

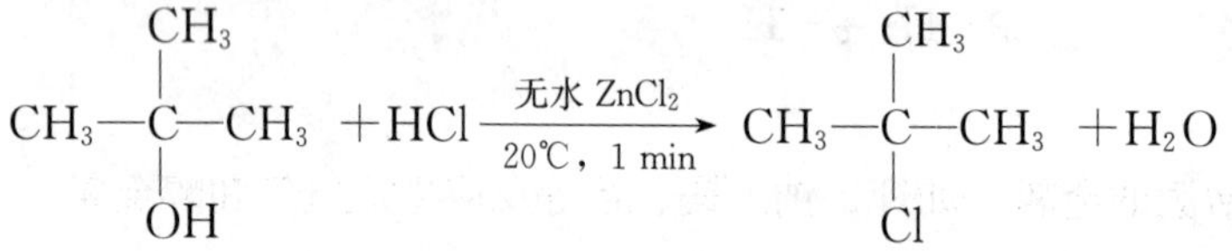

立即出现浑浊

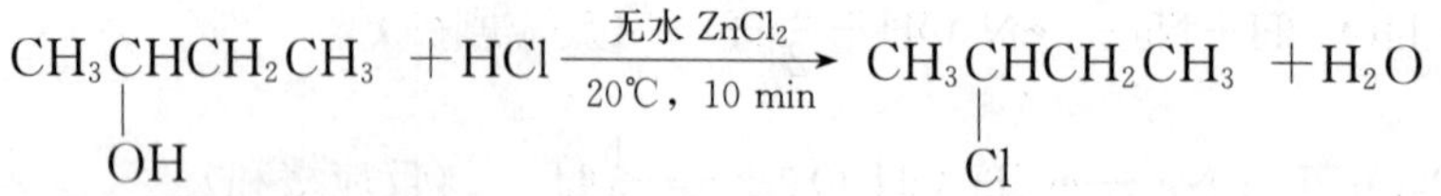

片刻后出现浑浊

$$CH_3CH_2CH_2CH_2OH+HCl \xrightarrow[\text{加热}]{\text{无水 }ZnCl_2} CH_3CH_2CH_2CH_2Cl+H_2O$$ 加热才出现浑浊

(2) 与硝酸反应

$$CH_3CH_2OH+HONO_2 \longrightarrow CH_3CH_2ONO_2+H_2O$$

硝酸乙酯

工业上用丙三醇（甘油）与浓硝酸反应制备三硝酸甘油酯。

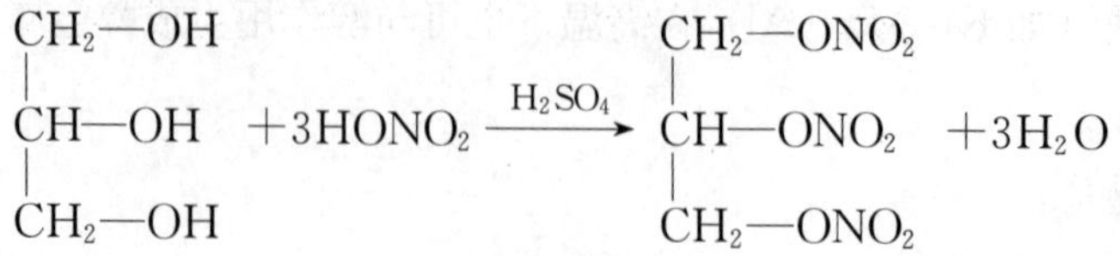

三硝酸甘油酯俗称硝化甘油，可作为烈性炸药，还应用于血管舒张，做治疗心绞痛和胆绞痛的药物。

3. 脱水反应

醇在酸性催化剂作用下，加热容易脱水，分子间脱水生成醚，分子内脱水则生成烯烃。

(1) 分子间脱水　醇在较低温度下加热，发生分子间的脱水反应，产物为醚。

$$CH_3CH_2-OH+H-O-CH_2CH_3 \xrightarrow[\text{或 } Al_2O_3 \quad 260℃]{\text{浓 } H_2SO_4,\ 130\sim150℃} CH_3CH_2-O-CH_2CH_3+H_2O$$

(2) 分子内脱水　醇在较高温度下加热，发生分子内的脱水反应，产物是烯烃。

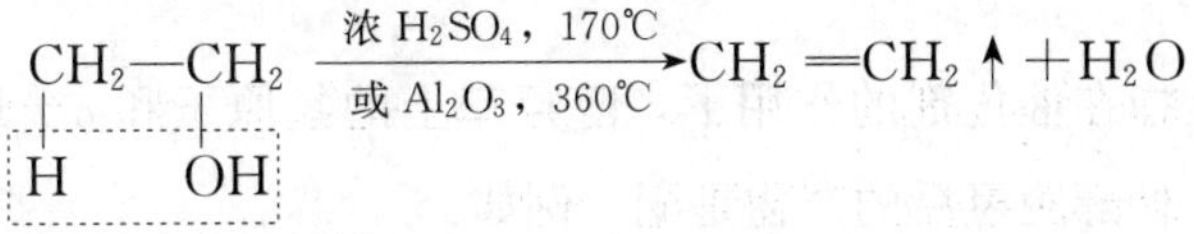

醇的分子内脱水属于消除反应，与卤代烃脱卤化氢的反应类似，产物遵循扎依采夫(Saytzeff) 规律。脱去羟基和含氢较少的β—C上的H原子。例如：

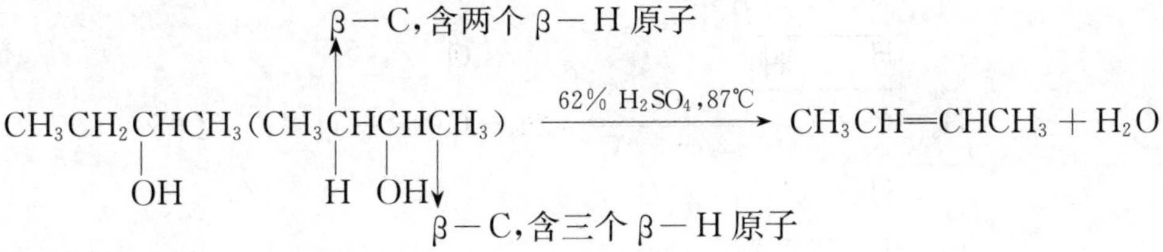

醇的分子内脱水，也是在分子中引入碳碳双键的方法之一。

不同结构的醇的脱水反应活性大小为叔醇>仲醇>伯醇。

醇的分子内脱水和分子间脱水是两种互相竞争的反应。一般来说，较低温度有利于分子间脱水成醚；较高温度有利于分子内脱水生成烯烃。控制好反应条件，可以使其中一种产物为主。实验室利用乙醇脱水制备乙烯需要将温度控制在170℃左右；如果控制在140℃左右，则主要产物是乙醚。

4. 氧化反应

在有机物分子中加入氧和脱去氢的反应都叫作氧化反应。由于羟基的影响，醇分子中的α—H比较活泼，容易被氧化剂氧化或在催化剂存在下脱氢。

(1) 氧化剂氧化

①伯醇　伯醇首先被氧化成醛，然后可以继续被氧化为羧酸。

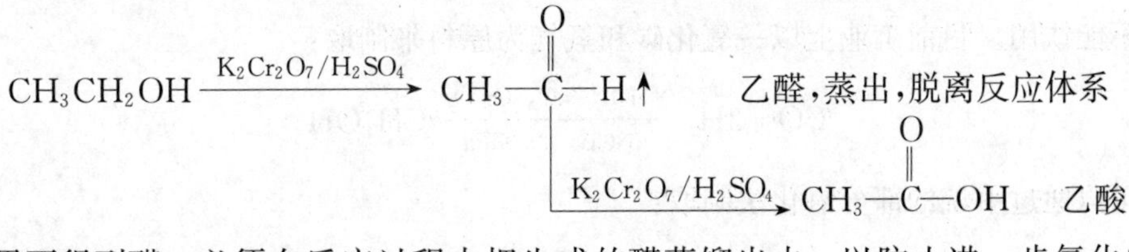

如果要得到醛，必须在反应过程中把生成的醛蒸馏出去，以防止进一步氧化成羧酸。由于醛的沸点比相应的醇低，因此这一过程可以实现。

②仲醇　仲醇可被氧化成酮。例如：

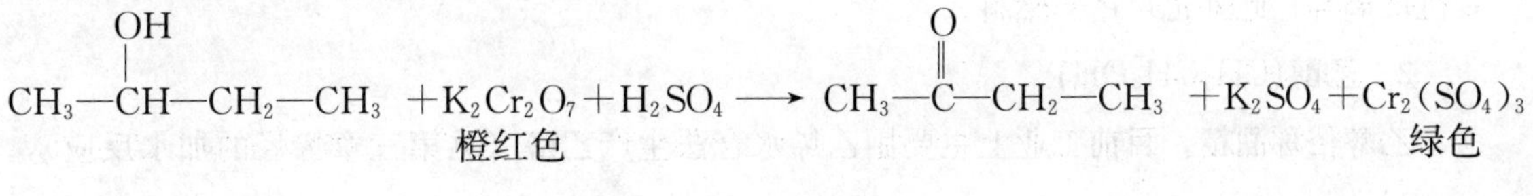

溶液由橙红色变为绿色，现象明显，可用于醇的检验。

③叔醇　仲醇的 α－C 上没有 H 原子，所以不能被氧化。

(2) 脱氢氧化

醇的脱氢反应是指在催化剂的作用下，醇羟基上的氢原子和 α－H 的脱除反应。伯醇脱氢后的产物是醛，仲醇脱氢后的产物是酮。例如：

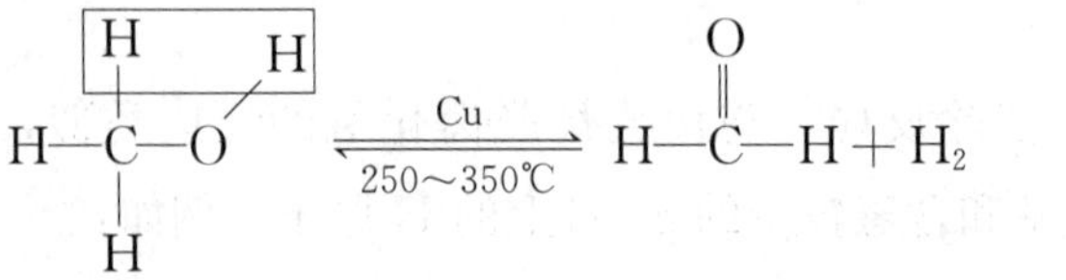

甲醛

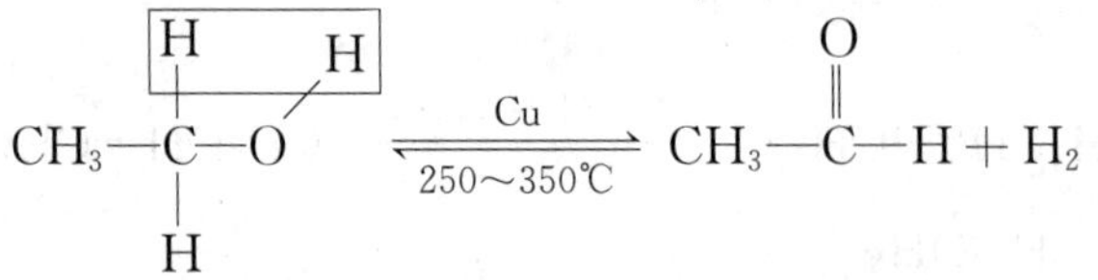

乙醛

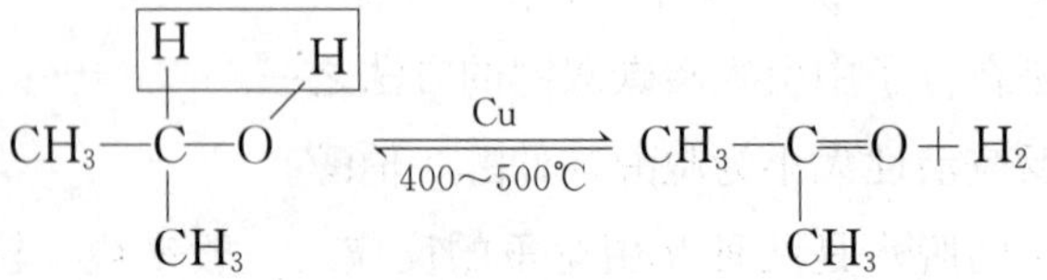

丙酮

一般醇的催化脱氢反应是可逆的，为了使反应完全，往往通入空气使消除下来的氢转化成水。现在工厂由甲醇制甲醛，乙醇制乙醛都是采用这个方法。

四、重要的醇

1. 甲醇(CH_3OH)

甲醇最初是由木材干馏得到的，又称木醇或木精。常温常压下，甲醇是易挥发易燃的无色液体，具有类似酒精的气味。甲醇的毒性较大，吸入其蒸气或饮用少量即可造成眼睛失明，严重的可导致死亡。工业酒精为防止饮用，常加入部分甲醇或有臭味的吡啶，故工业酒精不能饮用。目前工业上以一氧化碳和氢气为原料来制取：

$$CO + 2H_2 \xrightarrow[\text{380℃，30 MPa}]{\text{CuO，ZnO，}Cr_2O_3} CH_3OH$$

还可以通过甲烷的部分氧化法制取：

$$CH_4 + \frac{1}{2}O_2 \xrightarrow[\text{200℃，10 MPa}]{\text{通过铜}} CH_3OH$$

甲醇是优良的有机溶剂，也是重要的基础化工原料。工业上常用于生产甲醛、甲胺和有机玻璃等；此外也可用作燃料。

2. 乙醇(CH_3CH_2OH)

乙醇俗称酒精。目前工业上主要用乙烯水合法生产乙醇（见第三章烯烃的加水反应），但食用酒精仍以甘薯、谷物等为原料的发酵法生产，发酵法是指在微生物或酶的作用下，将复杂的有机物分解转化为简单有机物的过程。反应过程如下：

$$\underset{\text{淀粉}}{(C_6H_{10}O_6)_n} \xrightarrow{\text{淀粉酶}} \underset{\text{麦芽糖}}{C_{12}H_{12}O_{11}} \xrightarrow{\text{麦芽糖酶}} \underset{\text{葡萄糖}}{C_6H_{12}O_6} \xrightarrow{\text{酒化酶}} C_2H_5OH + H_2O + CO_2$$

发酵液中含乙醇 10%～15%，经分馏可得到度数较高的酒精，但最高只能得到 95.6% 的酒精。

检验乙醇中是否含有水分，可加入少量无水硫酸铜，如呈现蓝色（生成 $CuSO_4 \cdot 5H_2O$）就表明有水存在。

乙醇是具有酒香味的无色透明液体，沸点 78.5℃，易挥发，易燃烧，能与水及大多数有机溶剂混溶。在空气中的爆炸极限为 3.28%～18.95%（体积分数）。

乙醇的用途很广，它既是重要的有机溶剂，又是有机合成的原料，可用来制备乙醛、乙醚、氯仿、酯类等。75%的乙醇溶液在医药上用作消毒剂。

3. 乙二醇($HOCH_2—CH_2OH$)

乙二醇又称甘醇，有甜味的、有毒的黏稠液体，沸点 198℃，与水、乙醇和丙酮等混溶，但不溶于乙醚。工业上由乙烯催化氧化成环氧乙烷后水解制得。

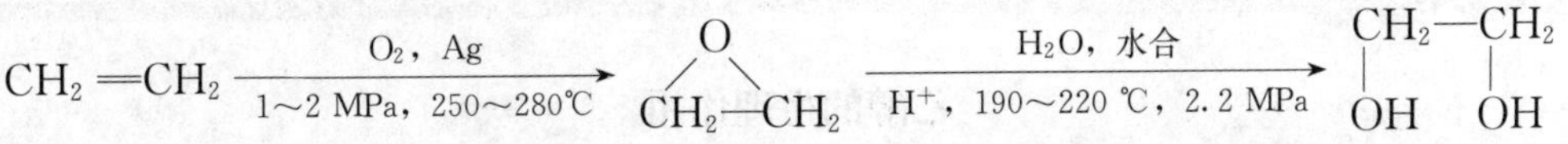

乙二醇是重要的化工原料，用于制造树脂、增塑剂、合成纤维（涤纶）；60%的乙二醇水溶液的凝固点为−49℃，可用作汽车水箱的防冻液。

4. 丙三醇($HOCH_2—CHOH—CH_2OH$)

丙三醇俗称甘油，无色黏稠、有甜味的液体，沸点很高（290℃），与水及乙醇互溶，但不溶于氯仿、乙醚等有机溶剂，吸湿性强，可吸收空气中水分，多用于保湿化妆品中。目前工业上以丙烯为原料经 α−H 氯代、与氯水加成、在碱作用下脱 HCl 生成环氧氯丙烷，最后水解即得甘油。

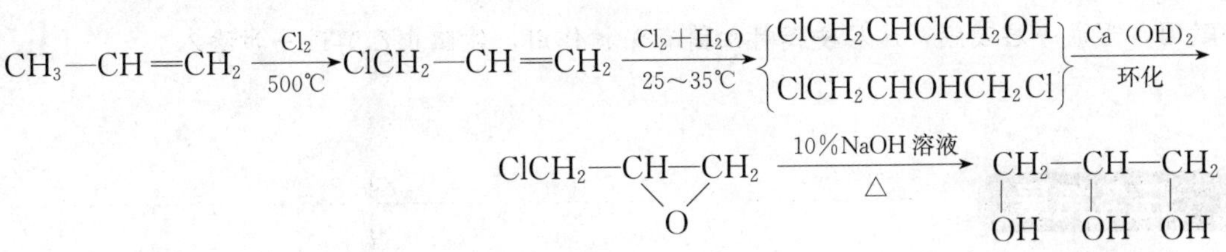

甘油是重要的化工原料，广泛用于军工、化工等工业中，用于生产多种树脂及硝化甘油。

在碱性条件下甘油与新制得氢氧化铜溶液反应，生成绛蓝色的甘油铜溶液，可用此反应鉴别丙三醇或多元醇。

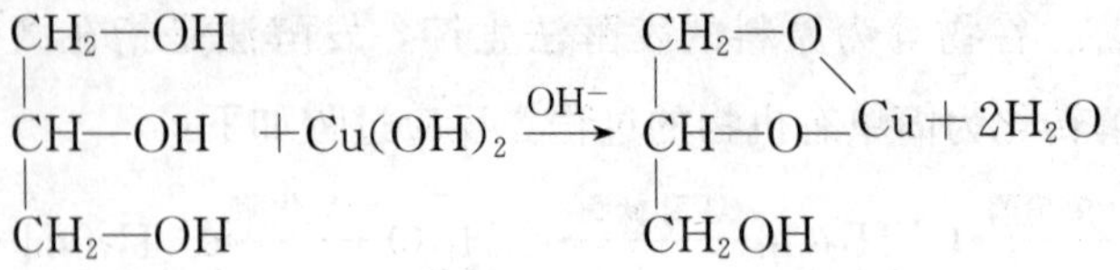

甘油铜（绛蓝色）

5. 苯甲醇

苯甲醇又叫苄醇，无色液体，沸点 205.4℃，可与乙醇、乙醚、苯等有机溶剂互溶，微溶于水。苯甲醇微有芳香气味，在空气中易氧化成苯甲醛，故有苦杏仁气味。

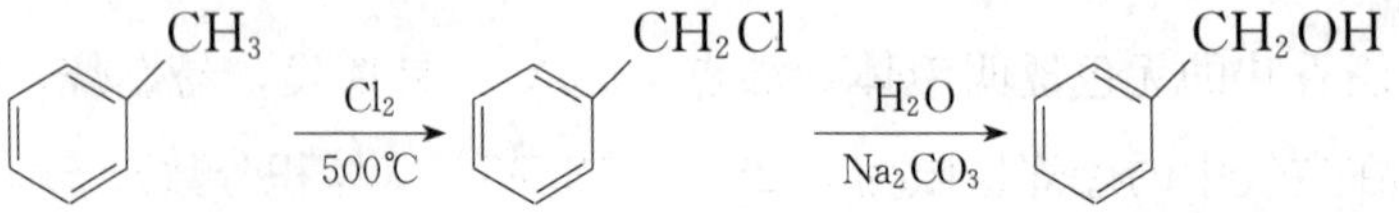

苯甲醇分子中的羟基易被取代。有机合成中作为制备含有苄基化合物的试剂和原料；用于制备酯类、香料、药物等；也广泛用于香料的溶剂和定香剂。苯甲醇具有微弱的麻醉作用，可用于医药。

小知识

乙醇的生理作用

中国有悠久的酿酒历史，也有饮酒的习俗。但是饮酒必须适量。因为酒中的主要成分乙醇对中枢神经系统有麻痹作用，产生中毒麻醉效应。乙醇对肠胃有刺激作用，易引起肝病变等。

75%的乙醇溶液具有很强的消毒杀菌能力。这是因为乙醇具有很强的渗透能力，能够钻到细菌体内，使细菌蛋白质变性凝固，立即死亡。因此，也可以用乙醇溶液浸泡生物标本。

需要注意的是，纯乙醇反而不能杀菌。这是因为纯乙醇会使细菌表面的蛋白质立即凝固，形成一层硬膜，这层硬膜对细菌有保护作用，能阻止乙醇进一步渗入。

任务拓展

使新配制的氢氧化铜和乙二醇、丙三醇反应，观察现象，说明原因。

任务评价

表 15－1－3　任务评价表

评价项目	评价要素
实验操作	取用金属钠的操作规范；取用和滴加试剂等实验操作方法正确，铜丝的灼烧和反应过程中颜色变化明显
实验记录	实验现象记录完整规范
任务检测	实验方法设计合理，结果正确，化学方程式书写规范
结束工作	实验台面清洁、仪器洗涤洁净、放置整齐、完成时间符合要求
安全与环保	试剂取用量合理，废液、废纸处理方法合适

任务二　认识苯酚的性质

任务描述

通过化学实验操作、观察实验现象，认识和掌握苯酚的重要物理性质和化学性质，学会用化学方法鉴别苯酚。

任务目标

- 通过实验，知道苯酚的颜色、物态、气味、溶解性等物理性质；
- 通过化学实验掌握苯酚的重要化学反应发生的条件和主要产物；
- 会用简便的方法鉴别苯酚。

任务分析

苯酚是一种重要的化工原料，广泛用于生产塑料（如酚醛树脂、环氧树脂等）、合成纤维（如尼龙－6、尼龙－66 等）、染料、农药、炸药等。化工系统和炼焦工业的废水中常含有酚类物质，这些物质是被监测控制的水污染物之一，在排放前必须经过处理。所以，要通过实验认识苯酚的性质，知道酚的检验方法和原理，初步了解酚的回收和处理方法，知道怎样安全使用酚类化学药品。

任务实施

一、任务准备

1. 仪器和药品

仪器：试管、烧杯、酒精灯。

试剂：苯酚、乙醇、NaOH 溶液（10%）、稀盐酸（$1\ mol \cdot L^{-1}$）饱和溴水、$FeCl_3$ 溶液（1%）、碳酸钠溶液（10%）、碳酸氢钠溶液（10%）、饱和食盐水。

2. 安全和环保措施

（1）苯酚有毒并对皮肤有很强的腐蚀性，如不慎沾及皮肤，应先用水冲洗，再用酒精擦拭，直至灼伤部位白色消失，然后涂上甘油；

（2）加热过程中，注意酒精灯的安全使用，避免烧伤和烫伤；

（3）实验过程中产生的废液、废纸等放入准备好的废液桶和废纸桶。

二、任务过程

1. 苯酚的溶解性

（1）观察试剂瓶中的苯酚在常温下的颜色、物态，闻其气味。

（2）在两支试管中分别加入一小粒苯酚，往其中一支试管中加入 1 mL 的蒸馏水，振摇并观察其溶解性；将试管在水浴中加热数分钟，取出，观察其中的变化；将热的液体冷却，观察现象。往另一支试管中加入 1 mL 乙醇，振荡，静置。

根据上述实验现象，说明苯酚的溶解性特点。

2. 苯酚的弱酸性

向实验 1 中的苯酚水溶液中滴加 10%的 NaOH 溶液并振摇，观察现象；再向其中滴加 $1\ mol \cdot L^{-1}$的稀盐酸，观察变化。解释实验现象，并写出化学方程式。

3. 苯酚与溴水的作用

试管中放入极少量苯酚，加水，振荡使其溶解制成澄清透明的苯酚溶液，分成两份。向其中一份滴加饱和溴水，观察现象并写出化学方程式。另一份备用。

4. 苯酚与 $FeCl_3$ 溶液的作用

向备用的澄清苯酚溶液的试管中加入 1% $FeCl_3$ 溶液，观察溶液颜色的变化。

三、任务检测

在两支试管中，各加入一小粒苯酚，再分别加入 1 mL 10%的碳酸钠溶液、1 mL 10%碳酸氢钠溶液，振摇并温热后，观察对比两试管中的现象并说明原因。

相关知识

苯酚

羟基与芳香环直接相连的化合物叫酚，酚中的羟基叫酚羟基，酚羟基是酚的官能团。

一、酚的结构和命名

1. 苯酚的结构

苯酚是酚类化合物中最简单的一元酚。苯酚在结构上可以看成是由羟基取代了苯环上的一个氢原子后所得到的产物，其空间构型如图 15−2−1 所示。

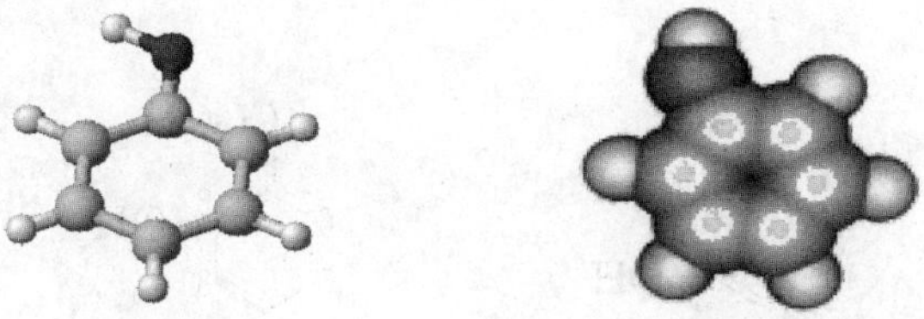

球棍模型　　　　比例模型

图 15−2−1　苯分子的模型

分子式	结构式	构造简式
C_6H_6O	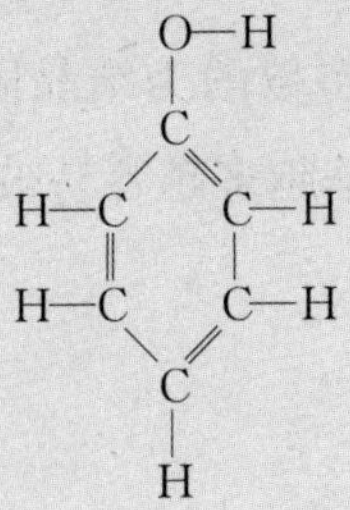	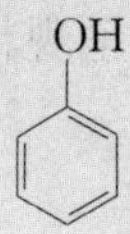 或 C_6H_5OH

2. 酚的命名

酚的命名是在芳香环名称之后加上“酚”字。

①多元酚要标注羟基的位次。例如：

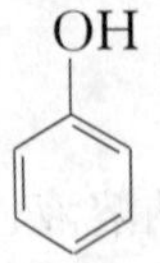

苯酚

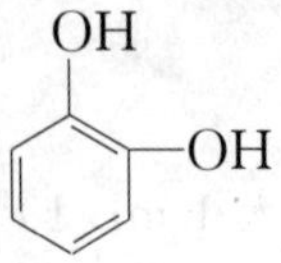

1，2—苯二酚
（邻苯二酚）

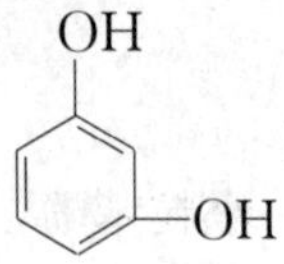

1，3—苯二酚
（间苯二酚）

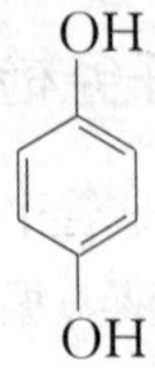

1，4—苯二酚
（对苯二酚）

②芳香环上有烷基、硝基、卤素、羟基时，酚羟基是官能团，酚为母体。例如：

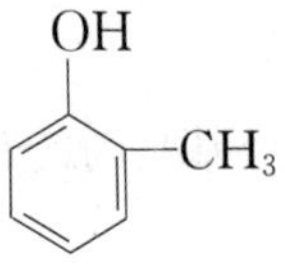

2—甲基苯酚
（邻甲基苯酚）

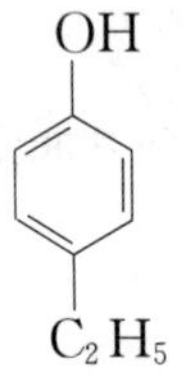

4—乙基苯酚
（对乙基苯酚）

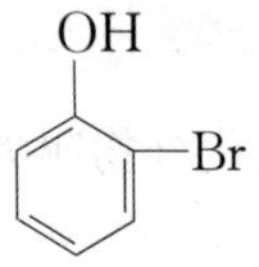

2—溴苯酚
（邻溴苯酚）

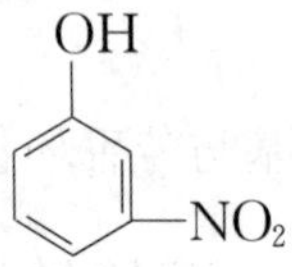

3—硝基苯酚
（间硝基苯酚）

③芳香环上有醛基、羧基、磺酸基时，以这些官能团为母体，编号为1，羟基为取代基。例如：

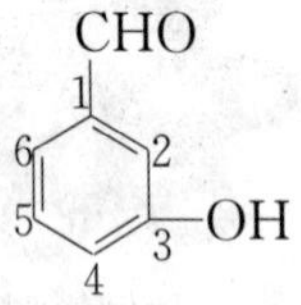

3—羟基苯甲醛

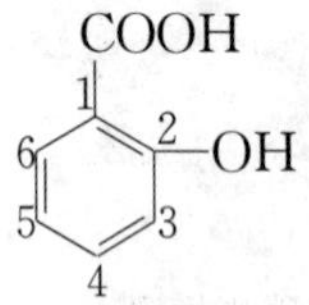

2—羟基苯甲酸

二、酚的物理性质

1. 物态

常温下，除了少数烷基酚为液体外，大多数酚为结晶固体，且具有特殊的气味；酚类在空气中易被氧化而呈现粉红色或红色，羟基越多越容易被氧化。

查一查

查阅表15—2—1，常温下哪种烷基酚是液体？

2. 熔点、沸点

由于酚分子中含有羟基，分子间可以形成氢键，其沸点和熔点都比相应的烃高很多。

查一查

查阅有机物的物理常数，比较相对分子量接近的甲苯和苯酚的熔点和沸点的高低，并说明原因。

3. 溶解度

酚也能与水分子形成氢键，但由于酚的分子中烃基（苯基等）所占比例较大，因此一元酚只是微溶于水。多元酚的水溶性随羟基的增多而增大。

4. 腐蚀性和毒性

苯酚有毒，浓溶液对皮肤有强烈的腐蚀性；但是，苯酚的稀溶液可直接用作防腐剂和消毒剂。市场上的衣物消毒液就是以对氯间二甲基苯酚（PCMX）（含量为1.5%～1.6%）为主的复方消毒液。

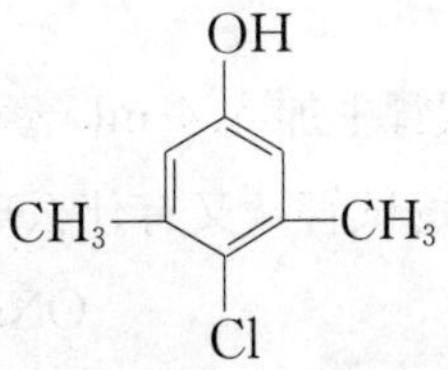

对氯间二甲基苯酚

一些酚的物理常数见表15－2－1。

表15－2－1　一些酚的物理常数

名称	熔点/℃	沸点/℃	溶解度(20℃)/(g/100 g H_2O)	pK_a (25℃)
苯酚	40.8	181.8	9.3	9.98
邻甲苯酚	30.5	191	2.5	10.28
间甲苯酚	11.9	202.2	2.6	10.08
对甲苯酚	34.5	201.8	2.3	10.14
邻苯二酚	105	245	45	9.48
间苯二酚	110	281	123	9.44
对苯二酚	170.5	286.2	8	9.96
1，2，3－苯三酚	133	309	62	7
α－萘酚	94	279	难	9.34
β－萘酚	123	286	0.1	9.55

（续表）

名称	熔点/℃	沸点/℃	溶解度(20℃)/(g/100 g H_2O)	pK_a (25℃)
邻硝基苯酚	44.5	217.2	0.2	7.21
间硝基苯酚	96	194 (9.3 kPa)	1.4	8.40
对硝基苯酚	114	295（分解，升华）	1.7	7.16

三、酚的化学性质

酚羟基的性质在某些方面与醇羟基相似，但由于酚羟基和苯环直接相连，受苯环影响，在性质上与醇羟基又有一定的差别。酚的芳香环被羟基活化，也比芳香烃更容易发生取代反应，酚的化学反应发生在羟基和芳香环上。

1. 弱酸性

受苯环的影响，酚羟基中的氢原子较活泼，不仅能与碱金属反应放出氢气，还能与 NaOH 发生中和反应，生成可溶于水的酚钠。

【演示实验 15－2－1】

①向一个盛有少量苯酚晶体的试管中加入 4 mL 蒸馏水，振荡试管，有什么现象发生？再逐滴滴入 10%的 NaOH 溶液并振荡试管，又有什么现象发生？

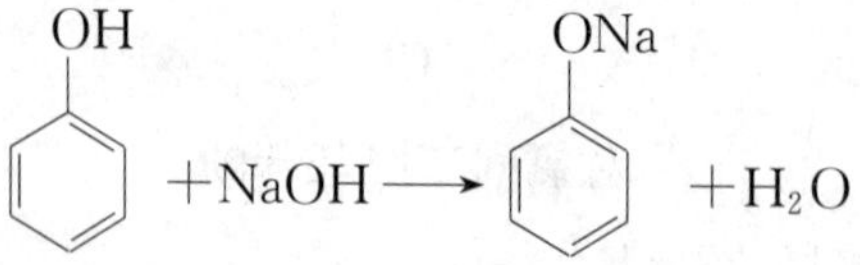

②将所得溶液分成两份，在一份中滴加少量稀盐酸，在另一份中通入二氧化碳气体，观察现象。

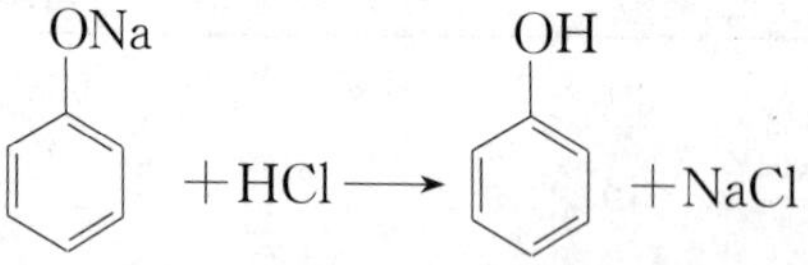

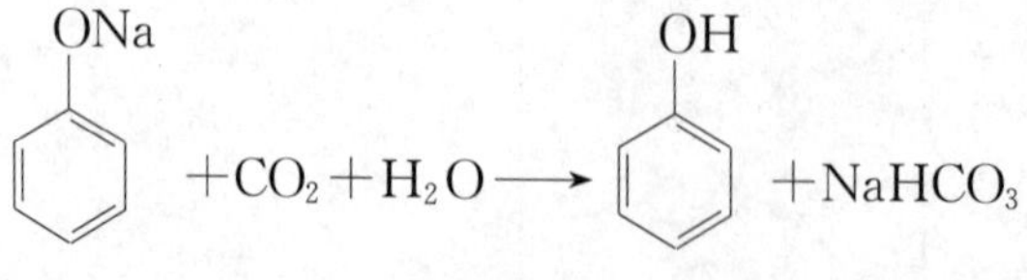

实验①说明，苯酚微溶于水，与 NaOH 反应生成可溶于水的苯酚钠。

实验②说明，向苯酚钠溶液中滴加少量稀盐酸或通入二氧化碳气体，澄清的苯酚钠溶液都会重新出现浑浊。苯酚有弱酸性，其酸性比碳酸还弱。

酚能溶于碱，又可用酸将它从碱溶液中游离出来，工业上常用这一性质来回收和处理含酚的废水。

2. 与氯化铁的显色反应

向盛有少量苯酚溶液的容器中滴加几滴 $FeCl_3$ 溶液，可以看到溶液呈紫色。可利用苯酚的显色反应检验苯酚的存在。

大多数酚都能与氯化铁溶液作用生成带颜色的络离子，不同的酚显示的颜色不同。

3. 酚醚和酚酯的生成

酚不能直接进行分子间的脱水反应生成醚，也不能直接与羧酸反应生成酯。通常是用酚盐与卤代烃反应来制备醚；用酚与活性更高的酰卤或酸酐反应来制备酯。例如：

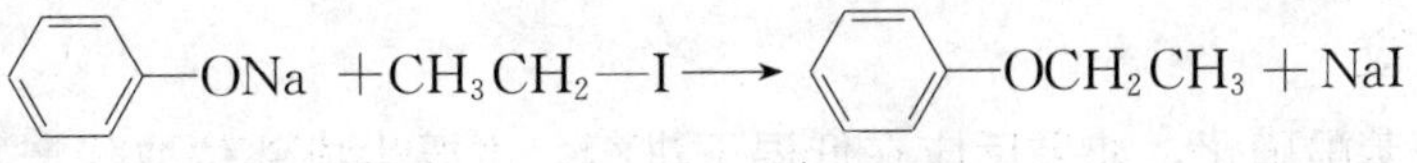

苯乙醚

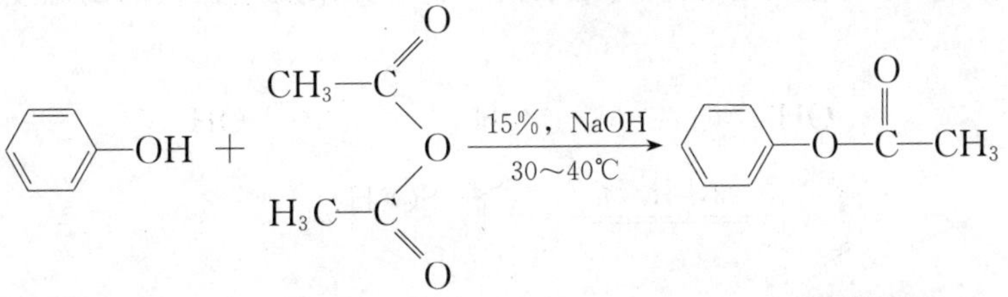

乙酸酐　　　　　　　　　　乙酸苯酯

4. 苯环上的取代反应

羟基是较强的邻、对位定位基，能活化苯环，使苯环上羟基的邻、对位氢原子更容易被取代。

(1) 卤化反应——与溴水的反应

苯酚与饱和溴水在常温下即可作用，生成白色沉淀。

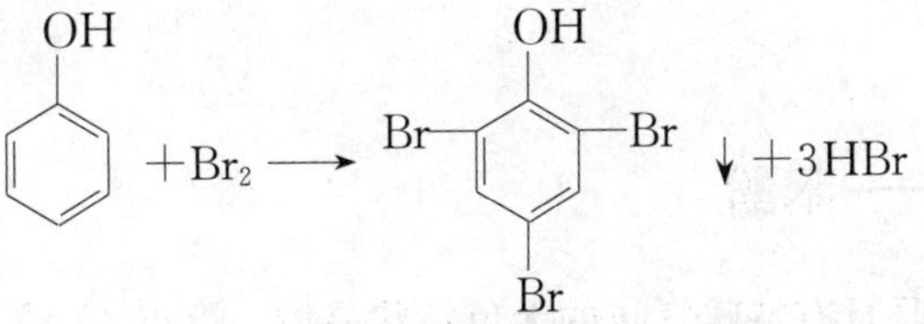

2，4，6-三溴苯酚，白色

苯酚与溴水的反应灵敏度高，一般溶液中苯酚含量达 10 mg/kg（十万分之一）即可检出，且反应是定量的，所以常用于苯酚的定性和定量分析以及饮用水的监测。

想一想

苯与溴在什么条件下才能发生反应？生成什么产物？

（2）硝化反应

苯酚的硝化反应在室温下即可进行。但因为苯酚易被氧化，即使使用 20%的稀硝酸进行硝化，产率也不高，无工业生产价值。

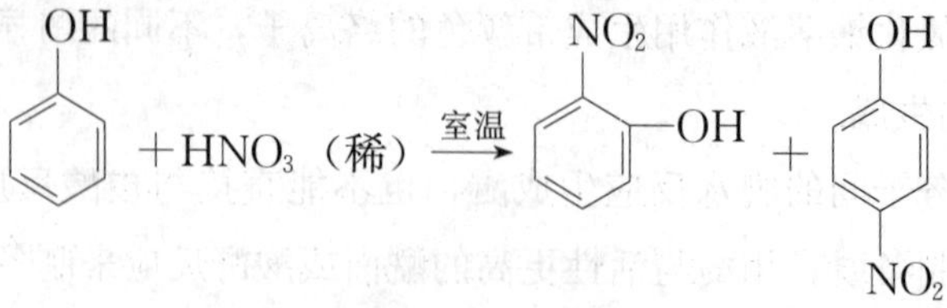

（3）磺化反应

浓硫酸易使苯酚磺化，如果反应在低温下进行，主要生成邻位取代产物；如果反应在室温下进行，生成几乎等量的邻位和对位取代产物；如果反应在较高的温度下进行，主要生成对位产物。

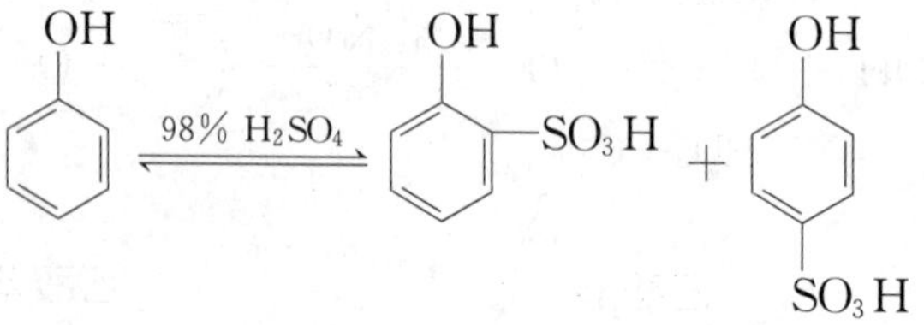

5. 苯环的氧化反应

酚容易被氧化，不同的氧化剂有不同的氧化产物。苯酚用重铬酸钠氧化生成黄色的对苯醌。

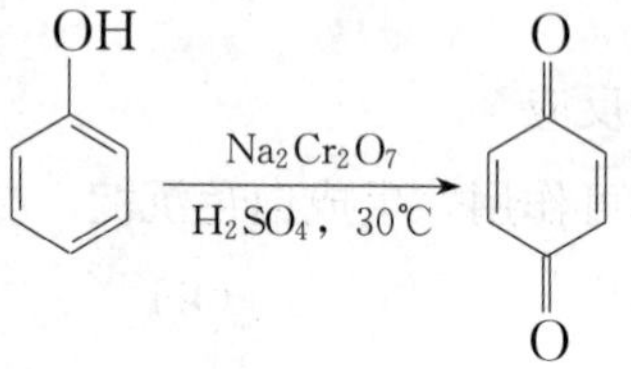

四、重要的酚——苯酚

苯酚俗称石炭酸，是具有特殊气味的无色针状晶体。熔点 40.8℃，沸点 181.8℃，微溶于水，当温度高于 65℃时可与水混溶。苯酚易溶于乙醇、乙醚等有机溶剂中，有腐蚀性，且有毒。

目前苯酚主要由合成法制取。

（1）由异丙苯法制备　首先在无水氯化铝催化下，使苯与丙烯发生烷基化反应生成异丙苯，然后用空气氧化异丙苯得到氢过氧化异丙苯，最后用稀硫酸分解过氧化物得到苯酚和丙酮。

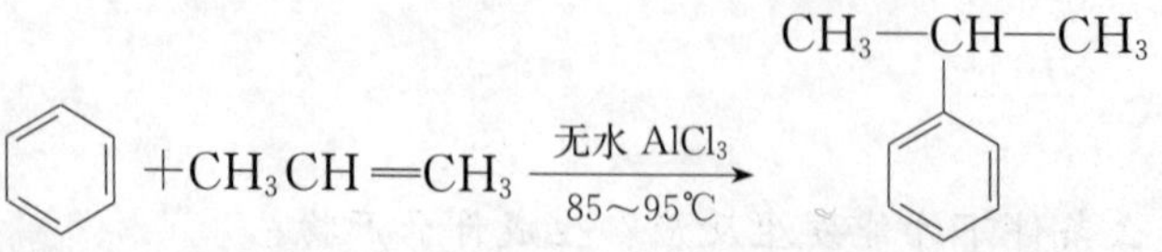

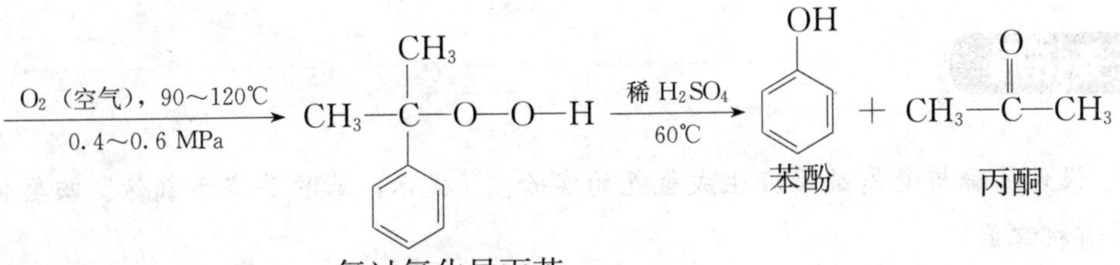

氢过氧化异丙苯

这是目前工业上生产苯酚的主要方法，同时联产丙酮。经济效益好，但对设备技术要求较高。

（2）氯苯水解　氯苯中的氯原子不活泼，需在高温、高压和催化剂的作用下，才能发生碱性水解，生成苯酚钠，苯酚钠酸化即得苯酚。

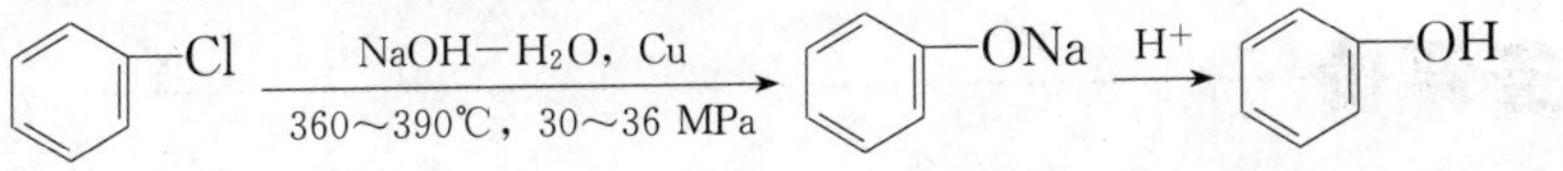

（3）碱熔法　碱熔法是以苯为原料，经磺化、中和制得苯磺酸钠；再将苯磺酸钠与氢氧化钠共熔制得苯酚钠；最后酸化即得苯酚。其中苯磺酸钠与碱共熔得到苯酚钠，叫碱熔。

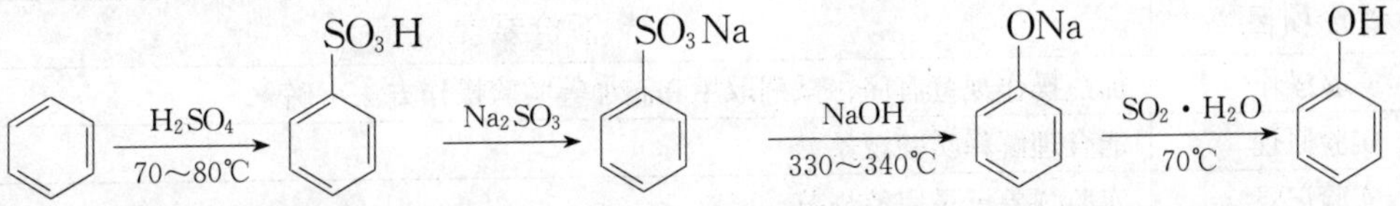

碱熔法消耗大量强酸、强碱，腐蚀性大，但因设备简单，产率和产品纯度高。

苯酚是重要的化工原料，大量用于生产塑料（如酚醛树脂、环氧树脂等）、合成纤维（如尼龙－6、尼龙－66 等）、医药、农药、染料、炸药等。在医药上可作防腐剂和消毒剂。

小知识

来苏水

甲苯酚有邻、间、对三种异构体：

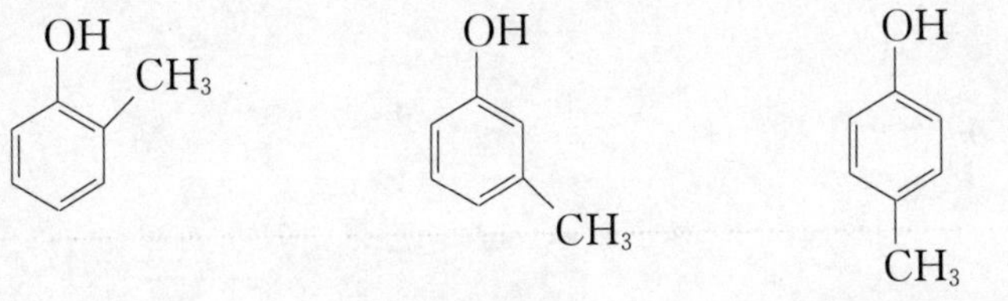

邻甲苯酚　　间甲苯酚　　对甲苯酚

上述三种异构体都来源于煤焦油中，由于沸点相近不易分离。所以实际中常将三种异构体的混合物称为粗甲苯酚。粗甲苯酚的肥皂水溶液的商品名称是“来苏水”，杀菌能力较强，常用作消毒剂。三种甲苯酚都是重要的化工原料，可用于制备染料、炸药、农药、树脂等，粗甲苯酚也可用作分析试剂及色谱分析试剂。

任务拓展

1. 设计苯酚与金属钠反应生成氢气的实验。（提示：苯酚易溶于氯仿、四氯化碳、乙醚等有机溶剂）

2. 苯酚容易被氧化，试验一下，向饱和的苯酚水溶液中加入高锰酸钾溶液，溶液的颜色会发生什么变化。

任务评价

表 15—2—2　任务评价表

评价项目	评价要素
实验操作	加热操作规范有序；试剂取用和滴加等实验操作方法正确
实验原理	能合理解释实验现象
实验记录	实验现象记录完整规范
任务检测	实验现象解释合理，化学方程式书写规范
结束工作	实验台面清洁、仪器洗涤洁净、放置整齐、完成时间符合要求
安全与环保	试剂取用量合理，废液、废纸处理方法正确

任务三　认识乙醚的性质

任务描述

通过化学实验操作、观察实验现象，认识乙醚的物理性质和化学性质，并能利用其性质鉴别乙醚。

任务目标

- 了解乙醚的颜色、物态、气味、溶解性等物理性质；

- 通过化学实验掌握乙醚的主要化学性质，并能用化学方程式准确描述和解释实验现象；
- 学会乙醚的分离和鉴别方法。

任务分析

醚是两个烃基通过一个氧原子结合在一起的化合物。醚的化学性质比较稳定，与强碱、强氧化剂、还原剂都不发生反应，其化学稳定性仅次于烷烃。但醚可以与强酸发生一些特殊的反应。乙醚是醚的典型代表物，也是常用的有机溶剂，通过实验认识乙醚的性质，也可以推知其他醚的性质。

任务实施

一、任务准备

1. 仪器和药品

仪器：试管、烧杯。

试剂：乙醚、无水乙醇、饱和食盐水、浓硫酸、硫酸亚铁铵溶液（2%）、硫氰化铵溶液（1%）、蒸馏水。

2. 安全和环保措施

（1）乙醚蒸汽具有麻醉性，避免吸入；

（2）浓硫酸具有强腐蚀性，取用浓硫酸时必须带好乳胶手套；

（3）实验过程中产生的废液、废纸等放入准备好的废液桶和废纸桶。

二、任务过程

1. 乙醚的溶解性

在试管中加入 3 mL 的乙醚，观察乙醚在常温下的颜色和物态。将 3 mL 的乙醚分别放在三支试管中，向三支试管中分别加入 2 mL 的蒸馏水、2 mL 饱和食盐水和 2 mL 无水乙醇，振荡、静置，观察现象。查阅乙醚的溶解度和密度，分析说明原因。

2. 鲜盐的生成与分解

在干燥的试管中加入 1 mL 乙醚，将试管置于冰水浴中冷却，再缓慢向其中滴加 2 mL 冰冷的浓硫酸，振摇后观察现象。将此溶液小心地倒入另一支盛有 5 mL 冰水的试管中，振摇后观察现象变化。记录现象并解释原因。

3. 过氧化物的检验

在试管中加入 1 mL 新配制的 2%硫酸亚铁铵溶液和几滴 1%硫氰化铵溶液，再加入 1 mL 工业乙醚，用力振摇后，观察溶液颜色有无变化，记录现象并解释原因。

三、任务检测

1－溴丁烷中混有少量丁醚，设计简便方法将其除去。

相关知识

醚

醚是两个烃基通过氧原子相连而成的化合物，可用通式表示为：R—O—R′、R—O—Ar、Ar—O—Ar′，其中—O—称为醚键，是醚的官能团。饱和一元醚和饱和一元醇互为官能团异构体，具有相同的通式：$C_nH_{2n+2}O$。

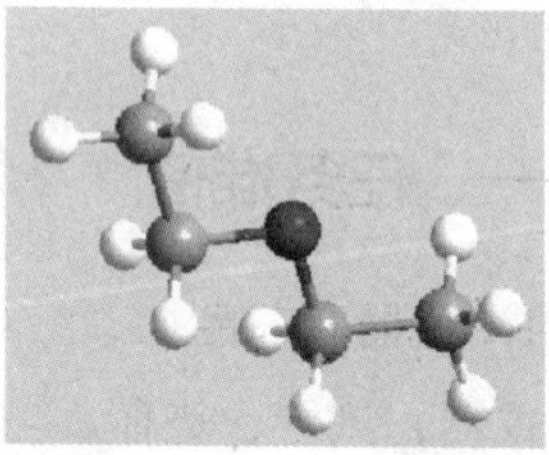

图 15－3－1 乙醚的球棍模型

乙醚是最常见、最重要的醚，其结构可看作是水分子中的两个氢原子被两个乙基取代，模型见图 15－3－1。

两个烃基相同的醚叫作单醚，不相同的叫作混醚。醚键是环状结构的一部分时，称为环醚。例如：

$CH_3OCH_2CH_3$
混醚

$CH_3CH_2OCH_2CH_3$
单醚

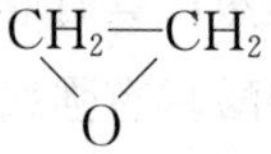
环醚

一、醚的命名

结构简单的醚一般采用普通命名法命名，即在烃基的名称后面加上“醚”字。两个烃基相同时，烃基的“基”字可省略。例如：

CH_3OCH_3
甲醚

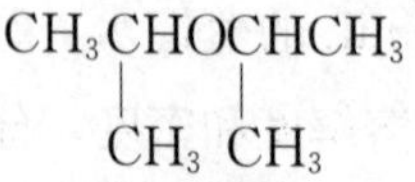
异丙醚

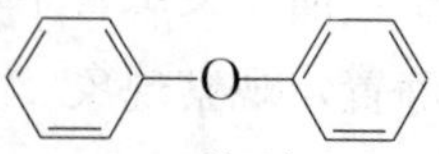
二苯醚

两个烃基不相同时，脂肪醚将小的烃基放在前面（先小后大），芳香醚则把芳基放在前面（先芳后脂）。例如：

$CH_3OCH_2CH_3$
甲乙醚

$CH_3CH_2OCH_2CH_3$
（二）乙醚

$CH_2=CH—O—CH=CH_2$
二乙烯基醚

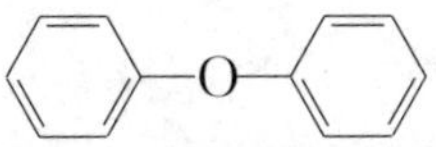
二苯醚

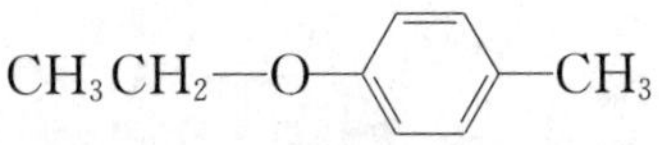
对甲苯乙醚

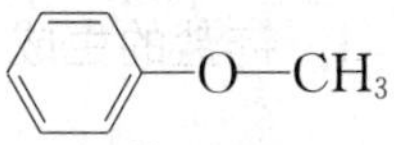
苯甲醚

结构复杂的醚可采用系统命名法命名，即选择较长的烃基为母体，将较小的烃基与氧原子一起看作取代基，叫作烷氧基（RO—）。甲氧基：$CH_3O—$；乙氧基：$C_2H_5O—$。例如：

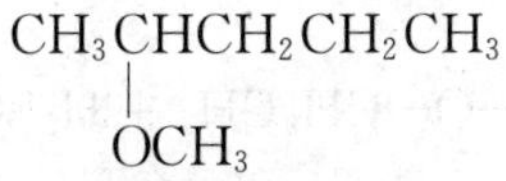
2－甲氧基戊烷

$CH_2=CH—CH_2—O—CH_3$

3－甲氧基－1－丙烯

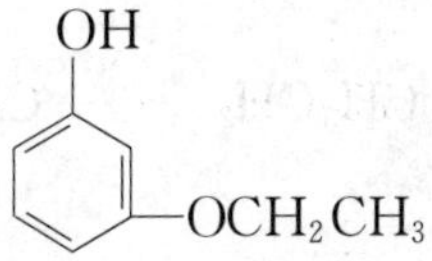
间乙氧基苯酚

二、醚的物理性质

常温下，甲醚、甲乙醚、环氧乙烷等为气体，大多数醚为易挥发、易燃烧、有香味的液体；醚分子中没有羟基，醚分子间不能形成氢键，因此醚的沸点比相应的醇低得多，与分子量相近的烷烃相当；醚分子能与水分子形成氢键，因此醚在水中的溶解度比烷烃大，低级醚在水中的溶解度与分子量相近的醇接近。例如：甲醚能与水混溶，乙醚与正丁醇在水中溶解度都约为 8 g/(100 g H_2O)，其他低分子量的醚微溶于水，大多数醚不溶于水。醚本身是良好的溶剂，可以溶解多种有机物。

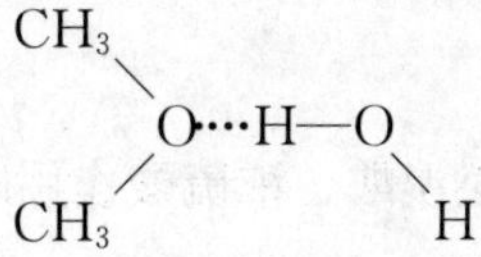
甲醚分子和水分子之间的氢键

表 15－3－1　一些醚的物理常数

名称	熔点/℃	沸点/℃	密度(20℃)/(g/cm³)	溶解度/(g/100 g H_2O)	物态
甲醚	－140	－24	0.661 6	1 体积水溶解 37 体积气体	气态
乙醚	－116	34.5	0.713	8 g/100 g 水	液态
正丙醚	－122	91	0.736	微溶	
正丁醚	－95	142	0.773	微溶	
正戊醚	－69	188	0.774	不溶	
二乙烯基醚	<－30	28.4	0.773	微溶	
环氧乙烷	－111	13	0.869 4	溶于水	

三、醚的化学性质

除某些环醚外，醚是一类很稳定的化合物，其化学稳定性仅次于烷烃。常温下，醚对于活泼金属、碱、氧化剂、还原剂等十分稳定。但醚仍可发生一些特殊的反应。

1. 鎓盐的生成

$$CH_3CH_2-\underset{\cdot\cdot}{\overset{\cdot\cdot}{O}}-CH_2CH_3+HCl\xrightarrow{\text{低温}}[CH_3CH_2-\underset{\cdot\cdot}{\overset{H}{O}}-CH_2CH_3]^+Cl^-$$

鎓盐是强酸弱碱盐，仅在浓酸中稳定，遇水很快分解为原来的醚。

$$CH_3CH_2-\underset{\cdot\cdot}{\overset{\cdot\cdot}{O}}-CH_2CH_3+H_2SO_4\rightleftharpoons[C_2H_5-\underset{\cdot\cdot}{\overset{H}{O}}-C_2H_5]^+HSO_4^-$$

$$\xrightarrow{H_2O}CH_3CH_2-\underset{\cdot\cdot}{\overset{\cdot\cdot}{O}}-CH_2CH_3+H_2SO_4$$

所以，不溶于水的醚能溶于强酸，利用醚的这种弱碱性，可鉴别醚类化合物，也可把醚从烷烃和卤代烃中分离出来，烷烃和卤代烃均不溶于冷的浓硫酸。

例如，庚烷中含有少量乙醚，向其中加入浓硫酸，振荡、静置、分层，上层是庚烷，下层是溶有乙醚的浓硫酸，可通过分液除去。

练一练

写出甲醚和浓硫酸反应生成鎓盐的方程式。

2. 醚键的断裂

醚与浓的无机酸，如氢碘酸、氢溴酸、浓硫酸作用时，醚键易断裂，生成醇和卤代烃。例如：

$$CH_3CH_2-O\,\vdots\,CH_2CH_3+HI\longrightarrow C_2H_5OH+C_2H_5I$$

脂肪族混合醚与氢卤酸作用时，一般是较小的烷基生成卤代烷，较大的烷基生成醇。例如：

$$CH_3OCH_2CH_3+HI\longrightarrow CH_3I+CH_3CH_2OH$$

3. 过氧化物的生成

醚类化合物虽然对氧化剂很稳定，但许多烷基醚在和空气长时间接触下，会缓慢地被氧化生成过氧化物。过氧化物不稳定，受热时容易分解而发生猛烈爆炸，因此在蒸馏或使用前必须检验醚中是否含有过氧化物。常用的检验方法是用碘化钾的淀粉溶液，过氧化物会将碘化钾氧化为碘单质，并与淀粉作用呈现蓝色；或用硫酸亚铁与硫氰化钾溶液，过氧化物会将亚铁离子氧化为三价铁离子，并与硫氰化钾溶液作用呈血红色。

$$KI\text{—淀粉}\xrightarrow{\text{过氧化物}}I_2\text{—淀粉（蓝色）}$$

$$\underset{\text{无色}}{K_4Fe(SCN)_6}\xrightarrow{\text{过氧化物}}\underset{\text{血红色}}{K_3Fe(SCN)_6}$$

除去过氧化物的方法是向醚中加入还原剂（如 $FeSO_4$ 或 Na_2SO_3），使过氧化物分解。为了防止过氧化物的形成，实验室通常使用棕色瓶避光贮存醚，也可在醚中加入微量铁屑或对苯二酚阻止过氧化物生成，而市售无水乙醚中则加有 0.05 μg/g 二乙基氨基二硫代甲酸钠做抗氧剂。

四、重要的醚

1. 乙醚

乙醚是最常见、最重要的醚。在工业上，乙醚是以浓硫酸或氧化铝为脱水剂，将乙醇脱水而制得，此法制得的乙醚常含有微量的水和乙醇，在有机合成中有时需用无水无醇的乙醚，可将普通乙醚用无水氯化钙处理（除去乙醇），再用金属钠干燥（除去水），即得到无水无醇的绝对乙醚（又叫干醚）。

乙醚为易挥发、有特殊气味的无色液体，比水轻，易燃，其蒸气与空气可形成爆炸混合物，爆炸极限为 1.85%～36.5%（体积分数）。乙醚蒸汽比空气重 2.5 倍，实验时反应中逸出的乙醚应引入水沟排出户外。乙醚是一种良好的常用有机溶剂和萃取剂。它具有麻醉作用，在医药上可作麻醉剂。使用乙醚时，要远离火源以防事故发生。

2. 环氧乙烷(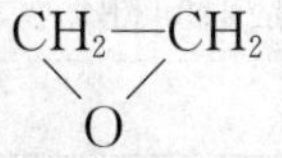)

环氧乙烷是最简单的环醚，工业上以乙烯为原料，可用直接氧化法或氯乙醇法制得：

乙烯氧化法 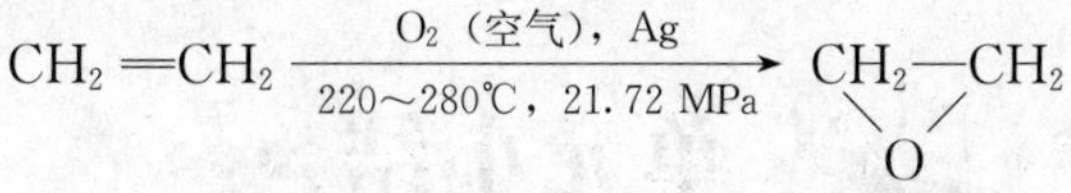

氯乙醇法 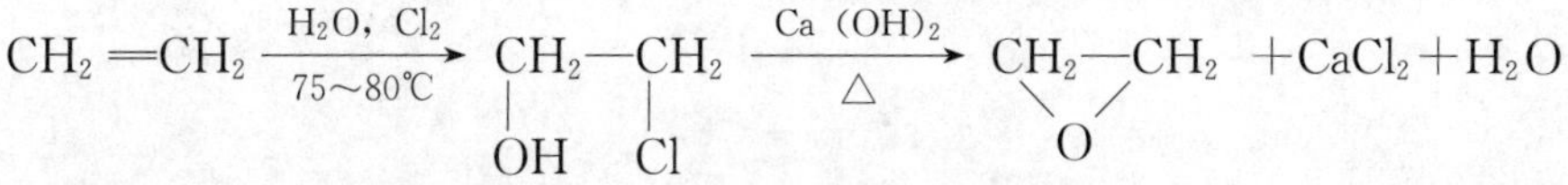

环氧乙烷在常温下是无色气体，有毒。它的沸点为 13℃，熔点为－111℃，易液化，可溶于水、乙醇和乙醚中。能与空气形成爆炸混合物，爆炸极限为 30%～80%（体积分数）。

环氧乙烷是三元环状化合物，它的化学性质特别活泼，能与含活泼氢的化合物发生开环加成反应。开环加成反应时氢加到氧环断裂的氧原子上，其余部分加到碳原子上，例如：

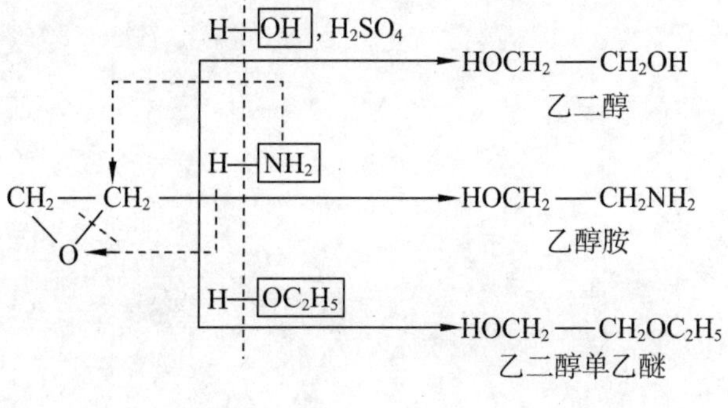

任务拓展

用化学方法鉴别乙醇和乙醚。

任务评价

表 15－3－2 任务评价表

评价项目	评价要素
实验操作	冷却方法的选择和操作规范有序；取用浓硫酸时采取安全防护措施；试剂取用和滴加等实验操作方法正确
实验原理	实验现象解释合理
实验记录	实验现象记录完整规范
任务检测	实验方法设计合理，化学方程式书写规范
结束工作	实验台面清洁、仪器洗涤洁净、放置整齐、完成时间符合要求
安全与环保	试剂取用量合理，废液、废纸处理方法合适

单元小结

一、醇

醇的官能团是醇羟基(—OH)，醇的化学性质很活泼。

1. 醇的化学反应

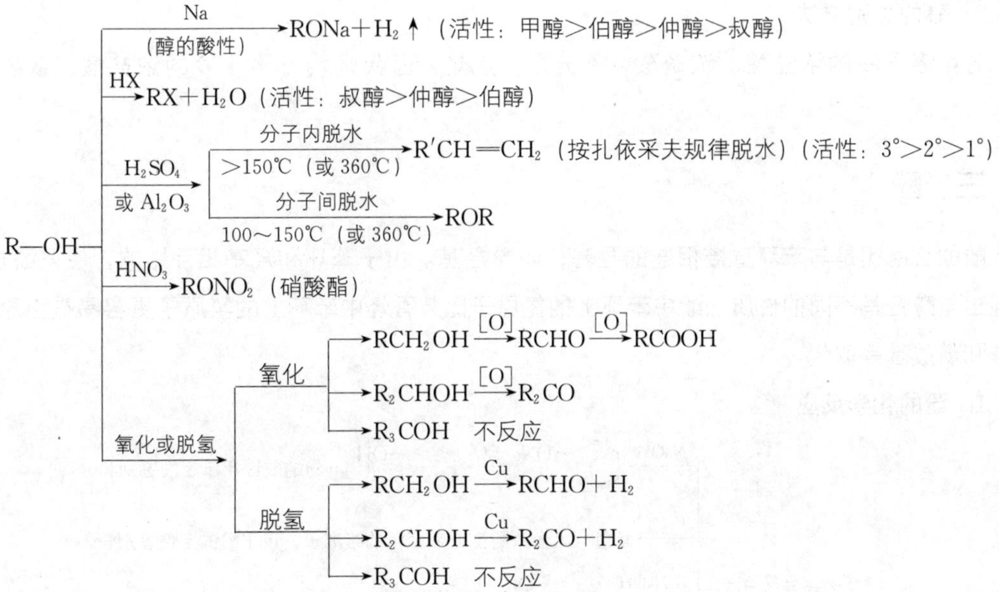

[O]：$K_2Cr_2O_7+H_2SO_4$；$KMnO_4/OH^-$ 或 H^+，加热。

2. 醇的鉴别方法

(1) 金属钠实验　低级醇和金属钠反应放出氢气。但应注意含有活泼氢的化合物都可发生该反应，如苯酚、羧酸等。

(2) 重铬酸钾的硫酸溶液实验　伯醇和仲醇加入橙黄色的重铬酸钾的硫酸溶液后，变为绿色；叔醇无此反应。

(3) 高锰酸钾的酸性或碱性溶液实验　加热时，伯醇和仲醇可以使高锰酸钾的酸性溶液或碱性溶液的紫色褪去；叔醇无此反应。

(4) 卢卡斯试剂(无水 $ZnCl_2$+浓 HCl)实验　根据出现浑浊或分层快慢来区别 C_6 以下的伯、仲、叔醇。

* (5) 氢氧化铜实验　丙三醇、乙二醇及具有邻二醇结构的多元醇与新制备的氢氧化铜作用，生成绛蓝色可溶于水的醇铜溶液。

二、醚

醚的官能团是醚键(—O—)，醚的化学性质比较稳定。

1. 醚的化学反应

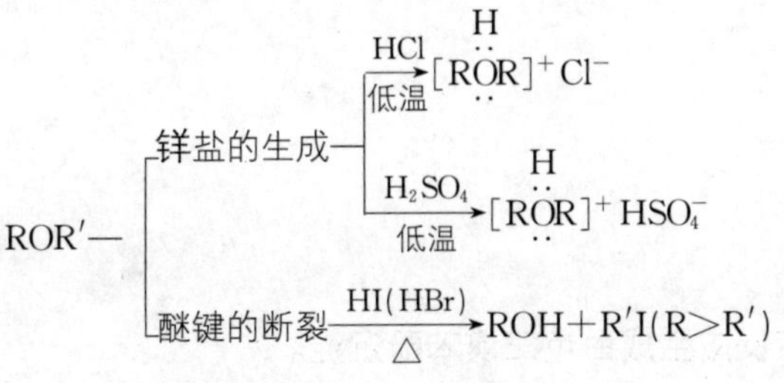

2. 醚的鉴别方法

醚可溶于冷的浓盐酸、浓硫酸，不分层；烷烃、卤代烃均不溶于冷的浓盐酸、浓硫酸，分层。

三、酚

酚的官能团是与苯环直接相连的羟基，叫酚羟基。由于苯环和羟基相互影响，使得酚羟基呈现出与醇羟基不同的性质；酚中苯环上的氢原子比芳香烃中苯环上的氢原子更容易被卤原子、硝基和磺酸基等取代。

1. 酚的化学反应

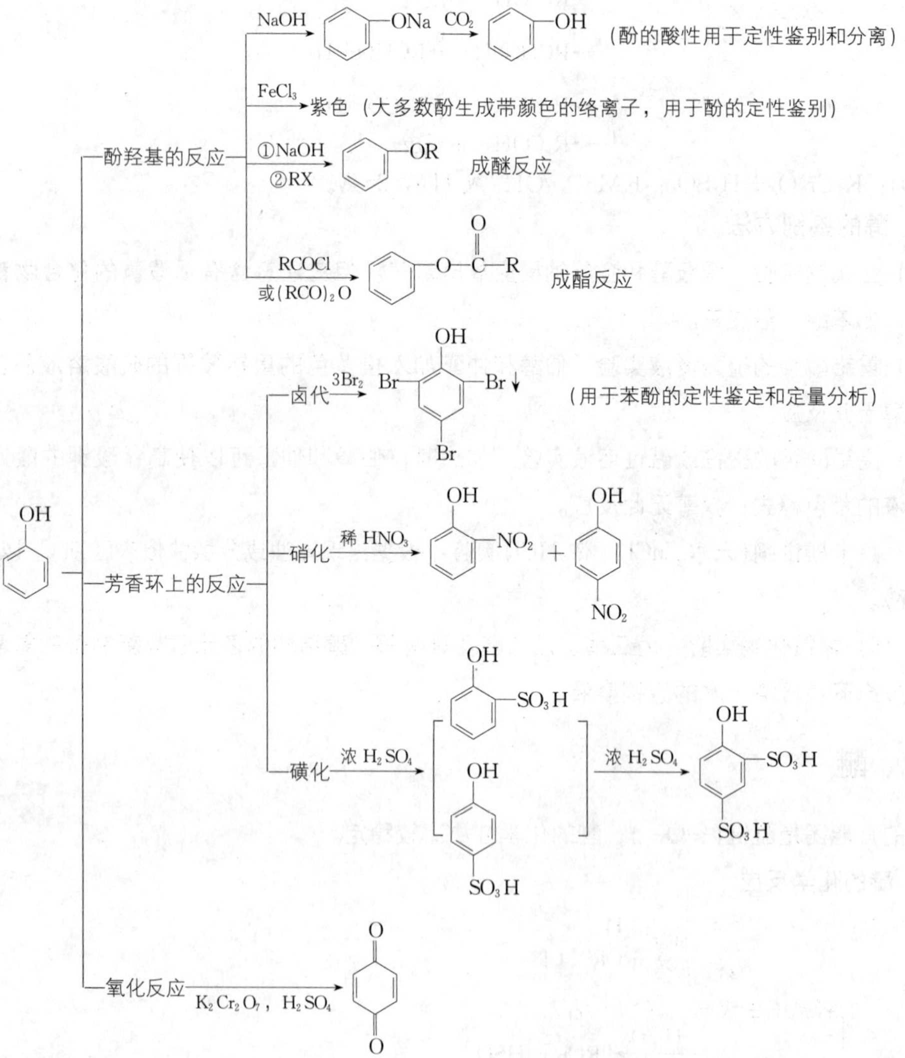

2. 酚的鉴别方法

（1）溴水实验　苯酚与饱和溴水在常温下反应生成白色三溴苯酚沉淀。

(2) 氯化铁实验　苯酚与氯化铁反应呈现紫色，大多数酚与氯化铁反应都会发生显色反应，不同的酚显示不同的颜色。

综合测试

一、解释下列名词

(1) 醇、酚和醚　(2) 伯醇、仲醇和叔醇　(3) 醇的分子内脱水　(4) 卢卡斯试剂　(5) 硝化甘油　(6) 氢键　(7) 单醚和混醚　(8) 锌盐　(9) 酚醚和酚酯

二、命名下列化合物

(1) 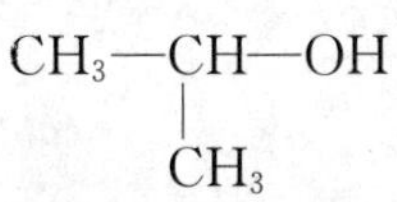　(2) 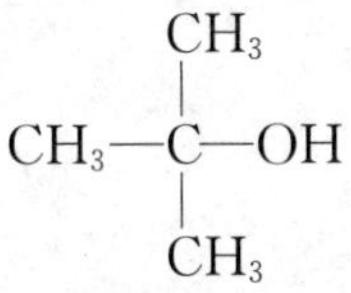　(3) 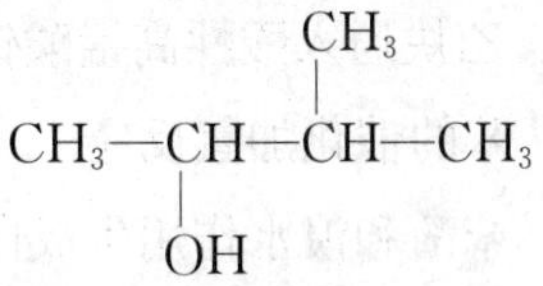

(4) 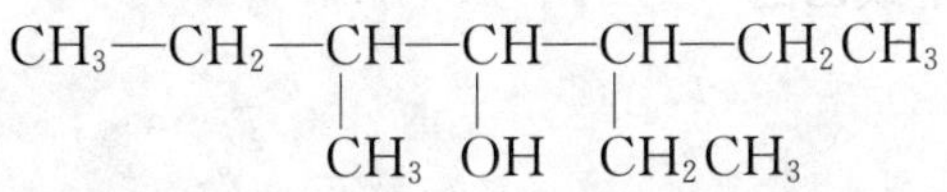　(5) 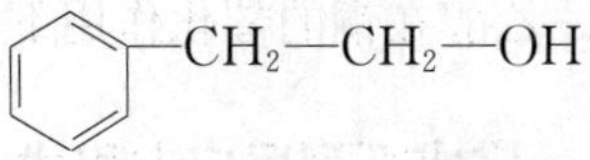

(6) 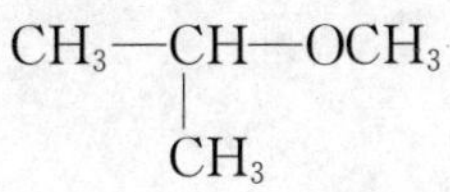　(7) 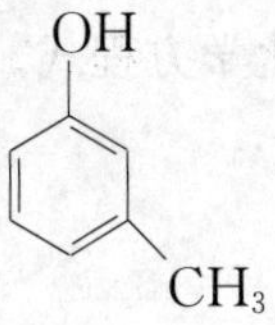　(8) 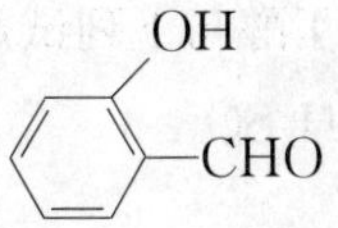

(9) 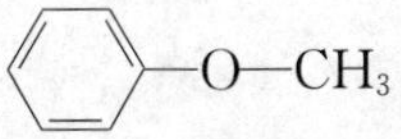　(10) 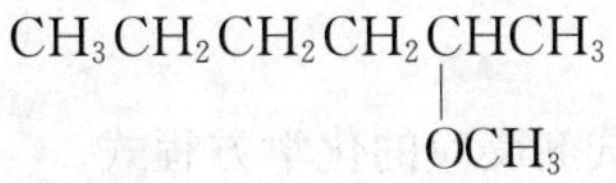

三、写出下列物质的构造式

(1) 乙丙醚　(2) 二苯醚　(3) 环氧乙烷　(4) 苄醇　(5) 邻硝基苯酚　(6) 对苯二酚　(7) 仲丁醇　(8) 2-苯基乙醇

四、选择题

1. 下列各组物质中，只用溴水可鉴别的是（　　）。

A. 苯、乙烷　　B. 乙烯、乙烷、乙炔

C. 乙烯、苯、苯酚　　D. 乙烷、乙苯、1，3-己二烯

2. 下列实验中，能证明苯酚的酸性极弱的是（　　）。

A. 跟氢氧化钠溶液反应生成苯酚钠

B. 跟 $FeCl_3$ 溶液作用显紫色

C. 二氧化碳通入苯酚溶液能游离出苯酚

D. 常温下苯酚在水中溶解度不大

3. 下列各组物质中，互为同分异构体的是（　　）。

A. 甲醇和甲醚　　B. 乙醇和乙醚

C. 甲醚和乙醇　　D. 苯酚和苯甲醇

4. 能与三氯化铁溶液发生显色反应的是（　　）。

A. 乙醇　　B. 甘油　　C. 苯酚　　D. 乙醚

5. 下列反应属于取代反应的是（　　）。

A. 乙炔通入酸性高锰酸钾溶液

B. 苯的催化加氢反应

C. 苯酚和溴水作用生成白色沉淀

D. 乙醇在铜的催化作用下，经加热生成乙醛

五、完成下列反应方程式

1. 写出 2－丁醇与下列试剂反应的化学方程式。

（1）NaBr、H_2SO_4

（2）金属钠

（3）$K_2Cr_2O_7$—H_2SO_4

（4）H_2SO_4/△

2. 写出甲丙醚与下列试剂反应的化学方程式。

（1）浓硫酸

（2）HI

3. 写出苯酚与下列试剂反应的化学方程式。

（1）5%NaOH

（2）稀硝酸

（3）$K_2Cr_2O_7$—H_2SO_4

（4）溴水

六、用化学方法鉴别下列各组化合物

1. 1－溴丁烷、正丁醇、正丁醚

2. 1－丁醇、2－甲基－2－丁醇、2－丁醇

3. 苯甲醚、邻甲苯酚、苯甲醇

4. 苯甲醚、甲苯、对甲苯酚

七、简答题

1. 怎样检验乙醇中是否含有水分？

2. 贮存醚类化合物时，可采取什么措施避免过氧化物生成？

3. 怎样除去乙醚中含有的少量乙醇？

4. 怎样除去汽油中含有的少量乙醚？

八、完成下列物质的合成路线

1. $CH_3CH_2CH_2OH \longrightarrow \underset{\displaystyle Br}{\underset{|}{CH_2}}-\underset{\displaystyle Br}{\underset{|}{CH}}-\underset{\displaystyle Br}{\underset{|}{CH_2}}$

2. 乙烯合成乙二醇（两种方法）

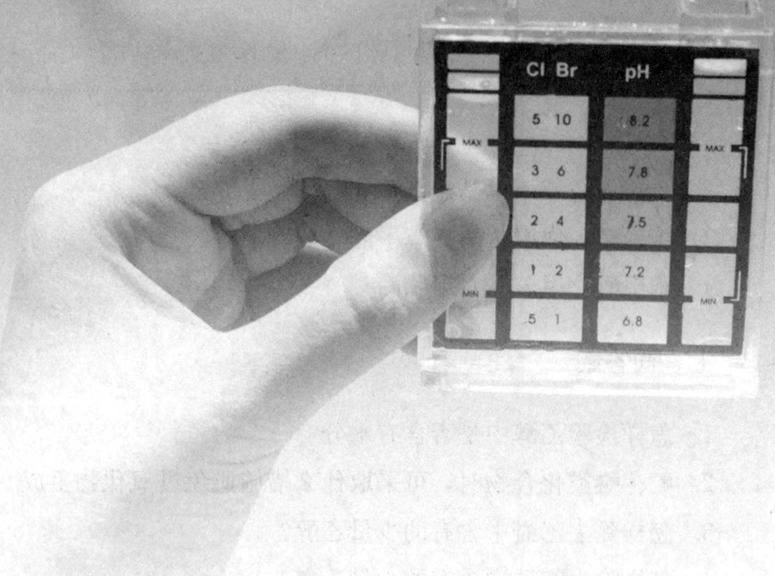

第十六单元

醛、酮和羧酸

单元概述

醛、酮和羧酸都是烃的含氧衍生物。

醛是烃基和醛基(—CHO)相连而构成的化合物，醛基是醛的官能团。乙醛是醛类化合物的代表。醛既可以被氧化为羧酸，也可以被还原为伯醇。

酮是羰基直接与两个烃基相连的化合物，丙酮是最简单、最典型的酮，可以被还原为仲醇，但不容易被氧化。

醛和酮分子中都含有羰基($C=O$)，是不饱和的碳氧双键，既可以发生催化加氢反应，还可以与氢氰酸、饱和亚硫酸氢钠溶液、格氏试剂、醇以及氨的衍生物等发生加成反应，这些加成反应在有机化合物的分离、鉴别和合成制备方面有广泛应用。

羧酸是烃基与羧基(—COOH)相连而构成的化合物。乙酸是最常见、最重要的羧酸。乙酸是一种弱酸，具有酸的通性；乙酸与不同的试剂反应能生成乙酰卤、乙酸酐、乙酸乙酯和乙酰胺等羧酸衍生物。

本单元的学习方式是在完成各项任务的过程中，认识醛、酮和羧酸及其衍生物的性质。

单元目标

- 认识醛、酮和羧酸的官能团，知道醛、酮和羧酸及其衍生物的结构特点；
- 了解醛、酮和羧酸的命名方法，能对简单的醛、酮和羧酸进行命名；
- 能够理解并说明醛、酮和羧酸的物理性质特点；
- 会书写乙醛、丙酮进行加成反应、氧化还原反应和碘仿反应的化学方程式，并能利用这些反应进行醛酮的鉴别和分离；
- 掌握羧酸的弱酸性特点，能利用其弱酸性进行羧酸的鉴别和分离；
- 知道什么是酯化反应、皂化反应、酯交换反应和霍夫曼降级反应。

任务一 认识乙醛、丙酮的性质

任务描述

通过化学实验操作，观察实验现象，认识、掌握乙醛和丙酮的主要物理性质和化学性质。

任务目标

- 通过化学实验了解乙醛和丙酮的颜色、气味、溶解性等物理性质；
- 通过化学实验掌握乙醛和丙酮的化学性质；
- 能利用化学方法分离提纯并鉴别醛和酮。

任务分析

通过观察分析实验现象，认识乙醛和丙酮的物理性质和化学性质，并学会利用这些性质进行醛和酮的鉴别。

任务实施

一、任务准备

1. 仪器和药品

仪器：试管，酒精灯，玻璃棒，大烧杯，铁架台，三脚架，铁夹，温度计。

试剂：$AgNO_3$（2%），氨水（2%），乙醛（40%），丙酮，氢氧化钠溶液（10%），斐林试剂 A，斐林试剂 B，无水乙醇，饱和亚硫酸氢钠溶液，2，4－二硝基苯肼，高锰酸钾（1%）、蒸馏水、稀硫酸（3 mol/L）、碘－碘化钾溶液。

2. 安全环保措施和注意事项

（1）硝酸银溶液与皮肤接触，立即形成难以洗去的黑色金属银，滴加和振摇时应小心操作；

（2）配制银氨溶液时，切忌加入过量的氨水，否则会生成受热后发生爆炸的雷酸银（AgONC），也会使试剂本身失去灵敏性。银氨溶液久置后会析出具有爆炸性的黑色氮化银沉淀，因此需在实验前配制，不可贮存备用；

（3）进行银镜反应的试管必须十分洁净，否则不能形成光亮的银镜，只能产生黑色单质银沉淀。可将试管用铬酸洗液或洗涤剂清洗后，再用蒸馏水冲洗至不挂水珠为止。

二、任务过程

1. 乙醛和丙酮的物理性质

（1）在两支试管中分别注入 1 mL 乙醛，观察其色、态，嗅其气味。然后，在一支试管中加入 1 mL 蒸馏水，另一支试管中加入 1 mL 无水乙醇。振荡试管，观察现象。

（2）在两支试管中分别注入 1 mL 丙酮，观察其色、态，嗅其气味。然后，在一支试管中加入 1 mL 蒸馏水，另一支试管中加入 1 mL 无水乙醇。振荡试管，观察现象。

2. 加成反应

（1）在两支试管中分别加入 2 mL 饱和亚硫酸氢钠溶液，再分别加入 1 mL 丙酮和 1 mL 40%的乙醛水溶液，振荡。将试管用冰水浴冷却，比较两支试管内的现象有何不同，并说明原因。

（2）在两支试管中分别加入 1 mL 新配制的 2，4－二硝基苯肼，再分别加入 5 滴 40%的乙醛溶液和丙酮，振摇后静置。观察并记录现象，说明沉淀的颜色。

3. 银镜反应

在一支洁净的试管中加入 2 mL 2% $AgNO_3$ 溶液，振荡试管，逐滴加入 2%氨水，直到最初生成的沉淀刚好溶解为止，此时得到的溶液叫作银氨溶液。将此澄清透明的银氨溶液分装在两支洁净的试管中，分别滴入 3 滴 40%乙醛溶液和 3 滴丙酮，把试管放入事先已准备好的 60～70℃的热水浴中。

观察银镜的生成，写出反应方程式，比较乙醛和丙酮的差别。

4. 与斐林试剂反应

取两支试管，每支加入 0.5 mL 斐林试剂 A 和 0.5 mL 斐林试剂 B，混匀后分别加入 5 滴 40%乙醛溶液和 5 滴丙酮，置于沸水浴中加热。

观察现象，写出反应方程式，比较乙醛和丙酮的差别。

5. 与酸性高锰酸钾溶液反应

在两支试管中各滴加 1%的高锰酸钾溶液，再各加入几滴 3 mol/L 的稀硫酸酸化，然后分别滴加 40%的乙醛溶液和丙酮，观察高锰酸钾溶液的紫色是否褪去。写出反应方程式。

6. 碘仿反应

在两支试管中分别加入 5 滴 40%的乙醛溶液和 5 滴丙酮，再各加入 1 mL 碘—碘化钾溶液，边振摇边分别滴加10%氢氧化钠溶液至碘的颜色刚好消失，反应液呈微黄色为止。观察现象，写出反应方程式。

三、任务检测

1. 描述乙醛和丙酮的物理性质。
2. 用化学方法鉴别乙醇、乙醛和丙酮。

相关知识

醛和酮

醛和酮是烃的含氧衍生物。醛和酮分子中的氧原子和碳原子以双键相连，称为羰基，表示为 $>C=O$ ，因此，醛和酮统称为羰基化合物。

羰基碳原子连接一个氢原子后，称为醛基，表示为 $-\overset{H}{C}=O$ ，简写作—CHO。

H—CHO　甲醛　　CH_3-CHO　乙醛　　CH_3-CH_2-CHO　丙醛

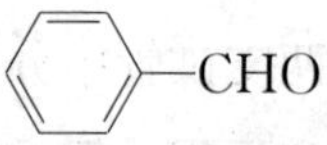

苯甲醛

醛基与脂肪烃基相连，则称为脂肪醛；与芳香烃基相连，则称为芳香醛，简称为芳醛。

羰基碳原子连接两个烃基，则称为酮；若两个烃基都是脂肪烃基，则称为脂肪酮；若其中有一个烃基是芳香烃基，则称为芳香酮，简称为芳酮。

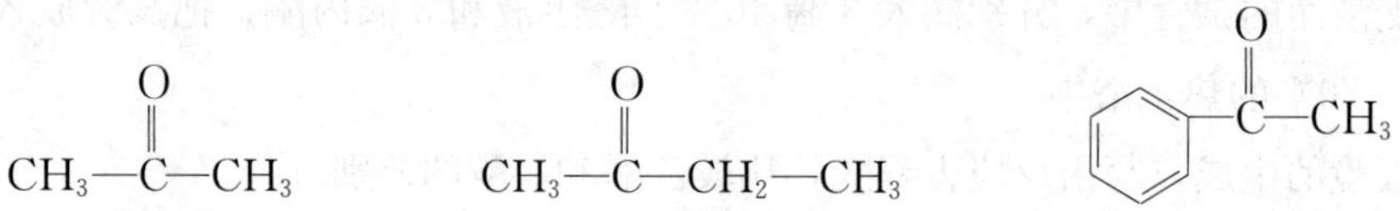

丙酮　　2—丁酮　　苯乙酮

一、醛、酮的命名

结构简单的醛、酮一般用习惯命名法，结构复杂的醛、酮一般用系统命名法。

1. 习惯命名法

(1) 醛的习惯命名法与醇相似，只要将醇字改为“醛”字即可。例如：

$CH_3CH_2CH_2CHO$　正丁醛

$CH_3CH(CH_3)CHO$　异丁醛

（2）酮的习惯命名法是根据羰基所连的两个烃基命名，简单的烃基放在前面，复杂的放在后面，然后加上“酮”字即可。例如：

$$CH_3-CH_2-\overset{\overset{\displaystyle O}{\|}}{C}-CH_3 \qquad\qquad CH_3-CH_2-\overset{\overset{\displaystyle O}{\|}}{C}-CH_2-CH_3$$

甲（基）乙（基）酮　　　　二乙（基）酮

2. 系统命名法

选择含有羰基的最长碳链为主链，主链碳原子的编号从靠近羰基一端开始，根据主链的碳原子数目叫某醛、某酮。注意，羰基碳必须包含在最长碳链内。在母体名称之前依次写出取代基的位置及名称，醛基总是处在第一位，醛基位置可省略，酮羰基的位置必须注明。例如：

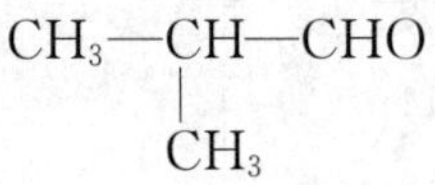

2－甲基丙醛

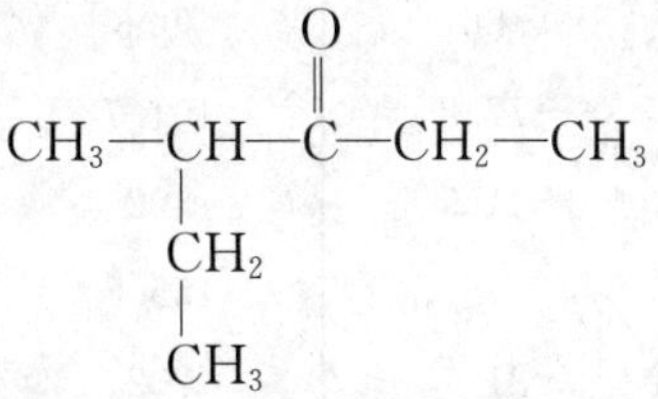

4－甲基－3－己酮

芳香族醛、酮和脂环族醛、酮命名时，一般将芳烃及环烃基看作取代基，命名原则同上。

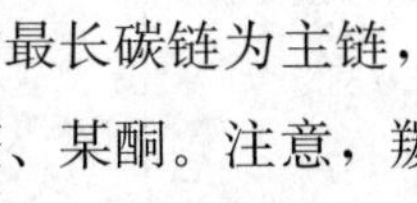

苯乙酮

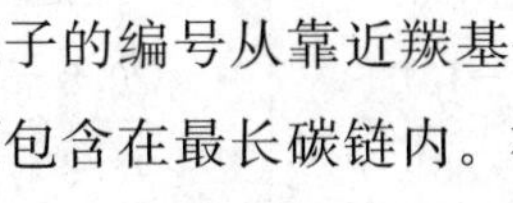

对甲苯甲醛

二、醛、酮的物理性质

在常温常压下，除甲醛是气体，十二个碳原子以下的醛、酮都是液体，高级醛、酮是固体。因为醛、酮分子间不能形成氢键，所以较碳原子数相同的醇或酚的熔点、沸点低。但羰基是极性基团，醛、酮是极性较强的化合物，因此醛和酮较分子量相近的烃的沸点高。例如：

	$CH_3CH_2CH_2CH_3$ 丁烷	CH_3CH_2CHO 丙醛	CH_3COCH_3 丙酮	$CH_3CH_2CH_2OH$ 正丙醇
b. p.	−0.5℃	48.8℃	56.1℃	97.2℃

醛酮羰基的氧原子可以与水分子中的氢原子形成氢键，所以低级的醛、酮易溶于水。例如：丙酮和乙醛能以任意比例与水混溶。C_5 以上的醛、酮则水溶性降低，微溶或不溶于水。

低级醛具有强烈刺激气味，低级酮则具有令人感到愉快的气味，中级醛有花果香味，含八至十三个碳原子的醛常应用于香料工业。

常见醛和酮的物理常数如表16－1－1所示。

表16－1－1　常见醛和酮的物理常数

名称	熔点/℃	沸点/℃	密度 d_4^{20}	溶解度(g/100 g H_2O)
甲醛	－92	－21	0.815（－20℃）	∞
乙醛	－121	20.8	0.781	∞
丙醛	－81	48.8	0.807	16
苯甲醛	－26	178.1	1.046	0.3
丙酮	－94.8	56.1	0.792	∞
丁酮	－86	79.6	0.805	35.5
2－戊酮	－77.8	101.7	0.809	6.3
3－戊酮	－41.5	102	0.814	5
环己酮	－45	155.6	0.948	2
苯乙酮	21	202	1.028	微溶
二苯甲酮	48	306	1.098	—

三、醛、酮的化学性质

根据乙醛的构造式，可以推知，乙醛主要发生三类化学反应：①羰基是不饱和双键，与碳碳双键类似，碳氧双键由一个牢固的碳氧σ单键和一个容易断开的碳氧π键组成。所以容易发生加成反应，生成饱和的有机化合物。②α－H原子性质活泼，容易被卤素原子取代。③醛基容易被氧化成羧基(—COOH)。

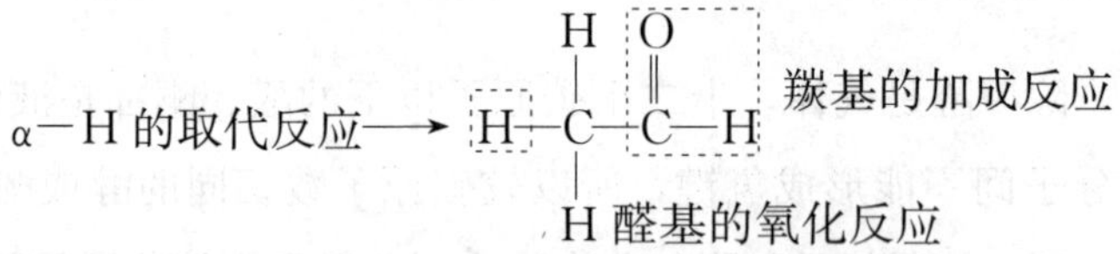

1. 加成反应

(1) 催化加氢

醛、酮在Pt、Pd、Ni等金属催化剂存在下，与氢气发生加成反应，分别生成伯醇和仲醇。其实这也是醛、酮的还原反应。例如：乙醛催化加氢生成乙醇。

$$CH_3CHO+H_2 \xrightarrow{Pt} CH_3CH_2OH$$

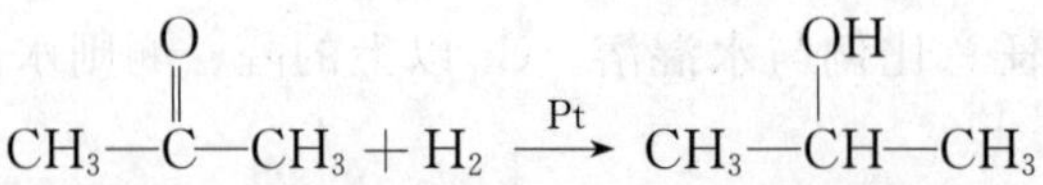

（2）和氢氰酸的加成

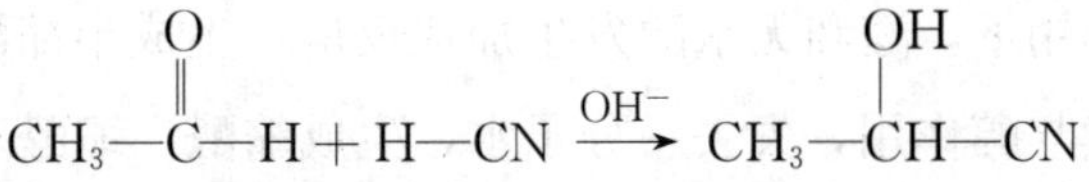

α—羟基丙腈

这个反应在有机合成上有重要应用。由于产物比原料醛、酮增加了一个碳原子，是有机合成上增长碳链的方法；加成产物中的氰基（—C≡N）是一类较活泼的官能团，可通过水解进一步转化为羧基，然后脱水转化为α，β—不饱和羧酸。例如，丙酮和氢氰酸，先加成，然后水解、脱水、酯化，得到有机玻璃的单体——α—甲基丙烯酸甲酯。

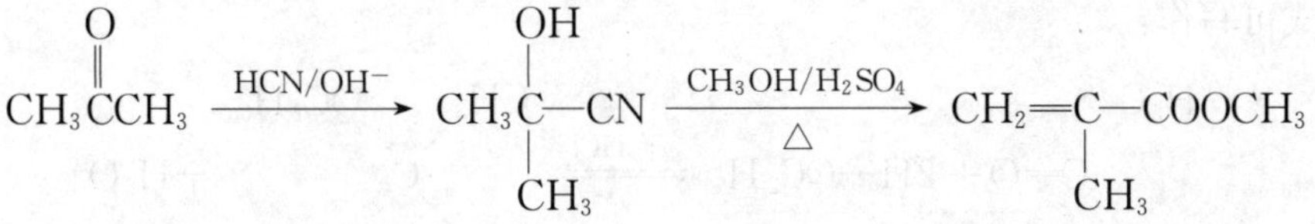

α—甲基丙烯酸甲酯

（3）和饱和亚硫酸氢钠溶液的加成

醛和脂肪族甲基酮及 C_8 以下的环酮，可以与亚硫酸氢钠饱和溶液（40%）发生加成反应，生成α—羟基磺酸钠，白色晶体从溶液中析出。

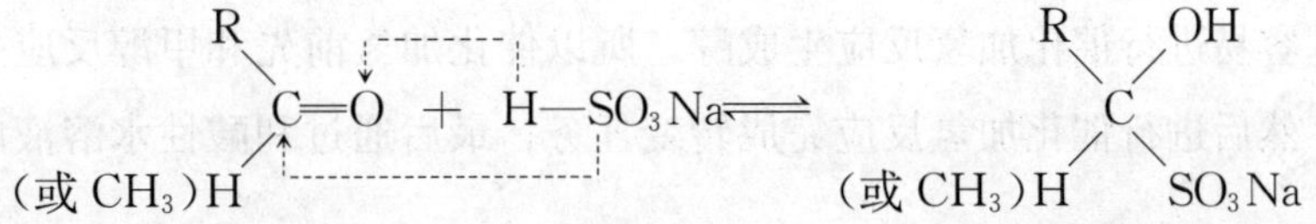

α—羟基磺酸钠

产生的α—羟基磺酸钠易溶于水，但不溶于饱和的亚硫酸氢钠水溶液，因而析出结晶。这是一个可逆反应，在稀酸或稀碱的作用下，反应逆向进行，分解为原来的醛和酮。所以，可以利用这一性质来分离、提纯醛和甲基酮。

【例 16—1—1】试将苯乙酮和苯乙醛混合物分离。

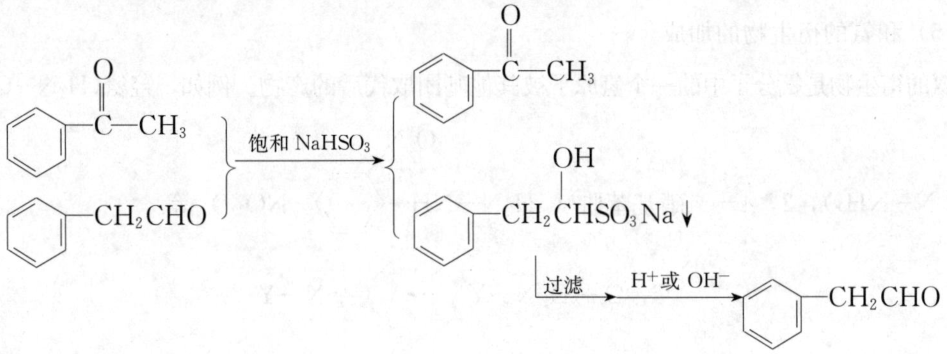

（4）和醇的加成

在干燥的氯化氢作用下，醛和无水醇发生加成反应，生成半缩醛；半缩醛不稳定，在酸的催化作用下，继续与醇作用，失去一分子水，生成缩醛。缩醛对碱、氧化剂和还原剂都比较稳定。但在酸催化下，可以水解成原来的醛和醇。例如，乙醛可以和乙醇发生加成：

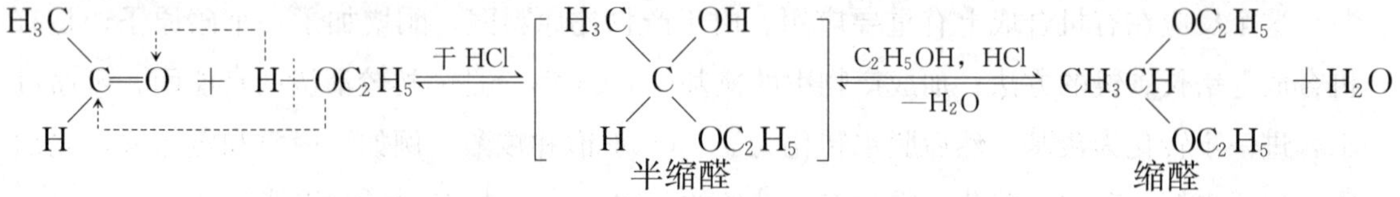

方程式可写作：

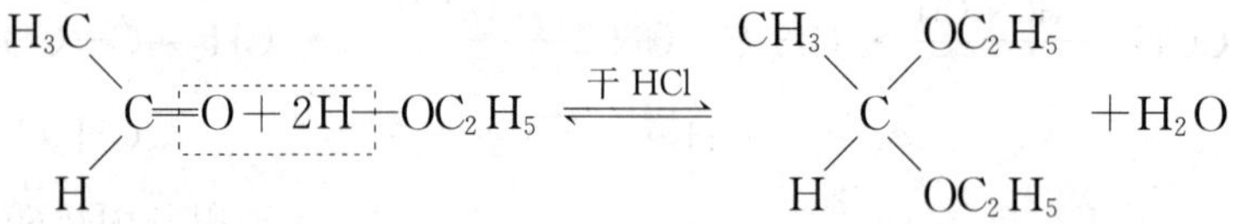

这个性质在有机合成中常用来“保护”活泼醛基，使醛基避免在反应中受到氧化剂或碱性试剂的破坏。

【例 16－1－2】 实现下列转变：$CH_2=CH—CHO \rightarrow CH_3CH_2CHO$。

由于醛基容易进行催化加氢反应生成醇，所以催化加氢前先和甲醇反应生成稳定的缩醛保护醛基，然后进行催化加氢反应完成转变任务；最后通过和酸性水溶液的水解反应释放出醛基。

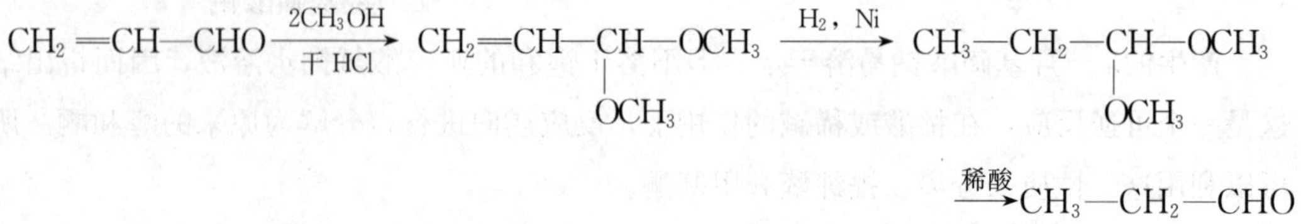

酮也能和醇反应生成半缩酮和缩酮，但反应比较困难。

（5）和氨的衍生物的加成

氨的衍生物是氨分子中的一个氢原子被其他基团取代后的产物。例如，羟氨($H_2N—OH$)，肼($H_2N—NH_2$)，2，4－二硝基苯肼（ 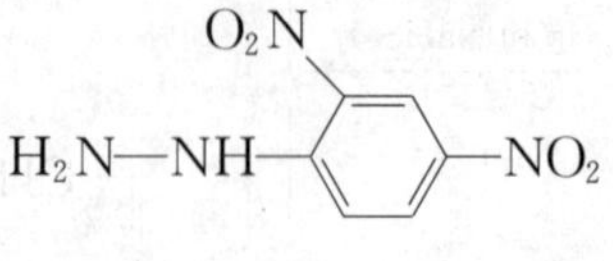 ）等。

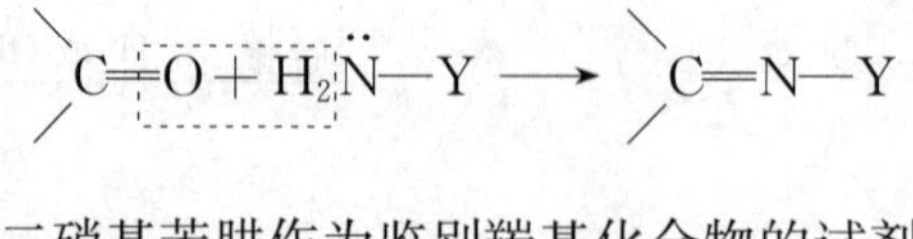

在实验室常用 2，4－二硝基苯肼作为鉴别羰基化合物的试剂，因为生成的 2，4－二硝基苯腙是黄色结晶，便于观察。

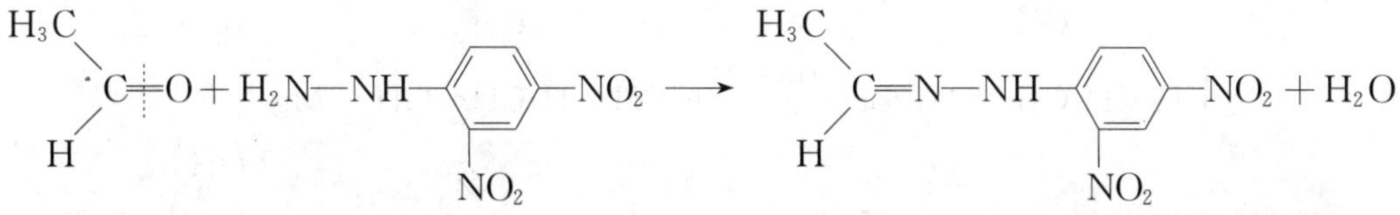

乙醛—2，4—二硝基苯腙，黄色

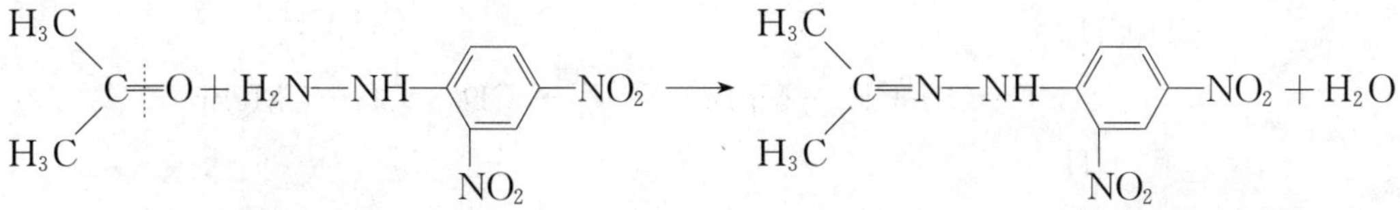

丙酮—2，4—二硝基苯腙，黄色

（6）与格氏试剂的加成

格氏试剂非常容易与醛、酮进行加成反应，加成的产物不必分离便可直接水解生成相应的醇，是制备醇的最重要的方法之一。

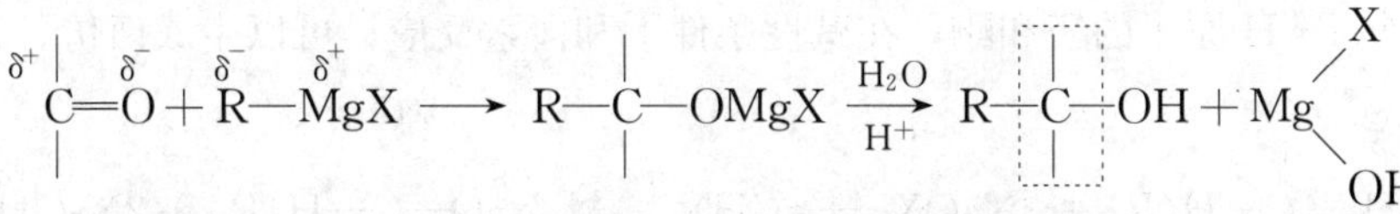

①如果羰基碳原子上连有两个氢原子，即甲醛和格氏试剂反应，则制得比格氏试剂多一个碳原子的伯醇；②如果羰基碳原子上连有一个氢原子和一个烃基 R′，即醛与格氏试剂反应，则制得仲醇；③如果羰基碳原子上连有两个烃基 R′和 R″，即酮与格氏试剂反应，则会制得叔醇。

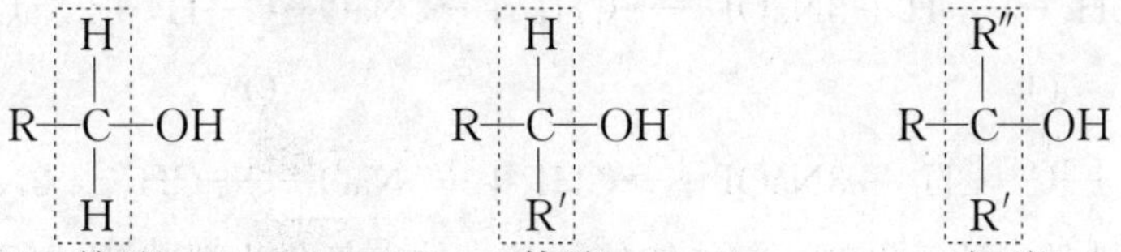

伯醇　　　　仲醇　　　　叔醇

虚线框内氢原子和烃基分别来源于甲醛、醛和酮；R 则来源于格氏试剂。

【例 16—1—3】 选用适当的原料合成 $CH_3CH_2-\overset{\displaystyle CH_3}{\overset{|}{C}H}-OH$ 。

目标产物是仲醇，可以选择醛和格氏试剂加成制备；其中的两个烃基可以由格氏试剂和醛提供。所以，有两种方法可供选择。

①甲基由乙醛提供，乙基由格氏试剂提供：

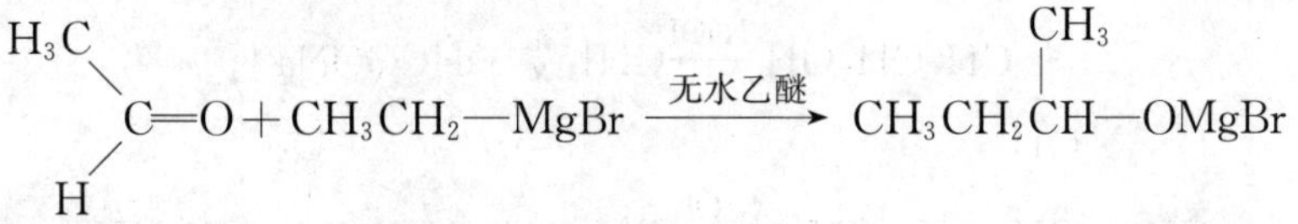

$$CH_3CH_2\underset{}{\overset{CH_3}{\overset{|}{C}}}H—OMgBr \xrightarrow{H_2O/H^+} CH_3CH_2\overset{CH_3}{\overset{|}{C}}H—OH + Mg(Br)OH$$

②乙基由丙醛提供，甲基由格氏试剂提供：

$$CH_3CH_2(H)C=O + CH_3—MgBr \xrightarrow{无水乙醚} CH_3—\overset{CH_2CH_3}{\overset{|}{C}}H—OMgBr$$

$$CH_3—\overset{CH_2CH_3}{\overset{|}{C}}H—OMgBr \xrightarrow{H_2O/H^+} CH_3—\overset{CH_2CH_3}{\overset{|}{C}}H—OH + Mg(Br)OH$$

2. 碘仿反应

含有三个 α—H 原子的醛和酮，在碱性条件下和卤素反应，可以生成卤仿。

$$CH_3—\overset{O}{\overset{\|}{C}}—H(R) + 3NaOX \longrightarrow CHX_3\downarrow + NaO—\overset{O}{\overset{\|}{C}}—H(R) + 2NaOH$$

若用次碘酸钠或碘的氢氧化钠溶液做反应试剂，则生成具有特殊气味的亮黄色沉淀——碘仿。因此，可用碘仿反应鉴别含有三个 α—H 原子的乙醛和甲基酮。

$$CH_3—\overset{O}{\overset{\|}{C}}—H + 3NaOI \longrightarrow CHI_3\downarrow + NaO—\overset{O}{\overset{\|}{C}}—H + 2NaOH$$

$$CH_3—\overset{O}{\overset{\|}{C}}—CH_3 + 3NaOI \longrightarrow CHI_3\downarrow + NaO—\overset{O}{\overset{\|}{C}}—CH_3 + 2NaOH$$

由于次碘酸钠是一种氧化剂，它能够使伯醇、仲醇氧化为醛或酮；所以也可用来鉴别能被氧化成乙醛或甲基酮的醇，如 CH_3CH_2OH，$CH_3\underset{OH}{\underset{|}{C}}HCH_2CH_3$ 等。

$$CH_3CH_2OH \xrightarrow{NaOI} CH_3CHO \xrightarrow{NaOI} CHI_3\downarrow + HCOONa$$

$$CH_3—\overset{OH}{\overset{|}{C}}H—CH_2CH_3 \xrightarrow{NaOI} CH_3—\overset{O}{\overset{\|}{C}}—CH_2CH_3 \xrightarrow{NaOI} CHI_3\downarrow + NaO—\overset{O}{\overset{\|}{C}}—CH_2CH_3$$

上述反应也可直接写作：

$$CH_3CH_2OH \xrightarrow{NaOI} CHI_3\downarrow + HCOONa$$

$$CH_3—\overset{OH}{\overset{|}{C}}H—CH_2CH_3 \xrightarrow{NaOI} CHI_3\downarrow + NaO—\overset{O}{\overset{\|}{C}}—CH_2CH_3$$

3. 氧化反应

醛很容易被氧化，酮则不易被氧化；这是醛和酮的化学性质最不一致之处，可用于鉴别醛和酮。

（1）被托伦试剂氧化——银镜反应

托伦试剂是硝酸银的氨溶液，是较弱的氧化剂，可写作 $Ag(NH_3)_2OH$。甲醛、乙醛和芳香醛（如苯甲醛）都可以被托伦试剂氧化，生成光亮的银镜。但是酮不能被托伦试剂氧化，不能发生银镜反应。例如：乙醛可被氧化生成乙酸铵，银离子被还原为单质银，形成光亮的银镜，现象明显，可用于醛和酮的鉴别。

$$CH_3CHO + 2Ag(NH_3)_2OH \xrightarrow{\triangle} CH_3COONH_4 + 2Ag\downarrow + 3NH_3 + H_2O$$

可以用如下通式表示醛的银镜反应：

$$R\text{—}\overset{\overset{\displaystyle O}{\|}}{C}\text{—}H + 2Ag(NH_3)_2OH \xrightarrow{\triangle} R\text{—}\overset{\overset{\displaystyle O}{\|}}{C}\text{—}ONH_4 + 2Ag\downarrow + H_2O + 3NH_3$$

（2）被斐林试剂氧化

斐林试剂是由硫酸铜溶液与酒石酸钾钠的碱溶液等体积混合的蓝色溶液，使用前两种溶液分开存放。脂肪醛可与斐林试剂反应，被氧化成相应的羧酸，而斐林试剂被还原为砖红色的 Cu_2O 沉淀。反应如下表示：

$$R\text{—}\overset{\overset{\displaystyle O}{\|}}{C}\text{—}H + 2Cu^{2+} + 5OH^- \xrightarrow{\triangle} R\text{—}COO^- + Cu_2O\downarrow + 3H_2O$$

芳香醛不与斐林试剂反应。所以可用斐林试剂鉴别脂肪醛和芳香醛。

托伦试剂和斐林试剂都是较弱的氧化剂。醛分子中若含有不饱和 $C=C$ 双键和 $C\equiv C$ 叁键，托伦试剂和斐林试剂不能被其氧化。因此可用托伦试剂和斐林试剂除去含有不饱和碳碳键的醛类化合物中的醛基，而保留不饱和碳碳键。

想一想

实验室里盛有苯甲醛的滴瓶，同学们做实验时滴管却拿不出来了，好像滴管和滴瓶粘在了一起，解释原因。你会用什么办法打开？

四、重要的醛、酮

表 16－1－2 列举了几种重要醛、酮的制备方法、用途及使用安全知识。

表 16－1－2　常见重要醛、酮的制备方法、用途及使用安全知识

名称、构造式	制备方法	用途	安全知识
甲醛 （蚁醛） $H-\overset{\overset{O}{\|}}{C}-H$	目前主要制备甲醛的方法是甲醇氧化法： $CH_3OH+\frac{1}{2}O_2\xrightarrow[600℃]{Ag或Cu}HCHO+H_2O$	甲醛用于制酚醛树脂、脲醛树脂、合成纤维及季戊四醇；37%～40%的甲醛溶液用作消毒剂和防腐剂等	有刺激性气味，能强烈刺激黏膜，其蒸气与空气形成爆炸性混合物，爆炸极限体积分数为 7%～73%。允许浓度 2 mg/m^3，着火点 430℃，如遇火灾，可用水和干粉灭火剂进行灭火
乙醛 $CH_3-\overset{\overset{O}{\|}}{C}-H$	乙醛的合成方法有： ①乙炔水和法（见炔烃的性质） ②乙醇氧化法（见醇的性质） ③乙烯直接氧化法： $CH_2=CH_2+\frac{1}{2}O_2\xrightarrow{PdCl_2\sim CuCl_2}CH_3CHO$	在工业上大量用于合成乙酸、丁醇、季戊四醇等有机产品	乙醛是无色、有刺激性气味的液体，密度比水小，沸点是 20.8℃，易挥发，易燃烧，能和水、乙醇、乙醚、氯仿等互溶，其蒸气与空气形成爆炸性混合物，爆炸极限体积分数为 4%～57%
丙酮 $CH_3-\overset{\overset{O}{\|}}{C}-CH_3$	生产丙酮的方法很多。例如： ①由异丙醇脱氢制备 ②由丙烯直接氧化制备 ③由乙炔制备	重要的溶剂，广泛用于油漆工业、炸药、电影胶片生产及化学纤维纺丝；有机合成原料，用来合成有机玻璃、环氧树脂、聚碳酸酯、聚异戊二烯橡胶、氯仿、碘仿等	丙酮是无色、具有香味的液体，沸点 56.2℃，易挥发，易溶于水和有机溶剂，易燃烧，其蒸气与空气能形成爆炸性的混合物，爆炸极限体积分数为 2.5%～13.0%
苯甲醛 （苦杏仁油） 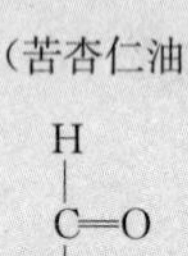	苯甲醛的合成方法： ①甲苯在气相被氧化 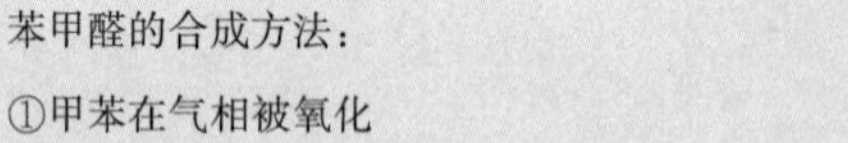 $+2H_2O$ ②在光催化下发生侧链氯代，然后水解 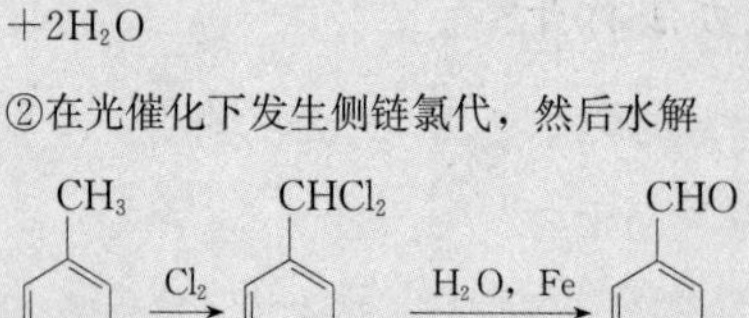	苯甲醛是重要的化工原料，用于制备肉桂醛、肉桂酸和苯乙酮等有机产品	苯甲醛是最简单的芳醛。它是无色、有杏仁气味的液体，沸点 179℃，微溶于水，易溶于甲醛、乙醚等有机溶剂

任务评价

表 16－1－3　任务评价表

评价项目	评价要素
实验操作	试剂取用和滴加、实验方法等符合实验操作规范，银镜反应中能得到光亮的银镜
实验原理	实验现象解释合理
反应方程式	化学方程式书写规范，物质结构式书写正确
任务检测	方法、结果正确，现象明显
结束工作	实验台面清洁、仪器洗涤洁净、放置整齐、完成时间符合要求
安全与环保	取用试剂数量合理，是否将废液倒入指定的废液桶等

任务二　认识乙酸及其衍生物的性质

任务描述

通过化学实验操作，观察实验现象，认识乙酸的弱酸性，知道乙酸衍生物乙酸酐、乙酸乙酯和乙酰胺的水解、醇解反应的条件和产物。

任务目标

- 通过化学实验了解乙酸、乙酸酐、乙酸乙酯的颜色，气味，溶解性等物理性质；
- 通过实验熟悉乙酸的弱酸性及其酯化反应；
- 能用化学语言和化学方程式，准确描述和解释相关实验现象。

任务分析

乙酸、乙酸酐和乙酸乙酯都是重要的化工原料，用化学实验验证乙酸的弱酸性、乙酸酐、乙酸乙酯和乙酰胺的水解产物，并在化学实验过程中观察实验现象，分析归纳实验结果，帮助我们更好地进行羧酸及其衍生物理论知识的学习，熟练化学实验技能，积累更多的实践经验，提高化工职业素养。

任务实施

一、任务准备

1. 仪器和药品

仪器：试管，玻璃棒，胶头滴管，酒精灯，铁架台，铁夹，量筒。

试剂：蒸馏水、镁条、无水乙醇，乙酸，乙酸酐，乙酰胺（固体），Na_2CO_3（固体），饱和 Na_2CO_3 溶液，碳酸钠溶液（10%），碳酸氢钠溶液（10%），浓硫酸，硫酸（6 mol/L），氢氧化钠溶液（20%），紫色石蕊试液。

2. 安全和环保措施

（1）乙酸易挥发，刺激性较强，应在通风橱中取用；

（2）乙酸酐有毒，使用时应避免直接与皮肤接触或吸入其蒸汽；

（3）实验过程中产生的废液、废纸等放入准备好的废液桶和废纸桶。

二、任务过程

1. 乙酸的性质

（1）酸性

①向试管中加入 2 mL 乙酸，用手在试管口轻轻扇动，闻其气味；滴加入几滴紫色石蕊试液，观察溶液颜色变化；再滴加 20%的氢氧化钠溶液，观察溶液颜色变化情况。说明原因，写出反应方程式。

②向两支试管中分别加入 2 mL 10%碳酸钠溶液和 2 mL 10%碳酸氢钠溶液，然后向两支试管中分别滴加乙酸。观察现象，说明原因，写出反应方程式。

（2）酯化反应

在一支干燥的试管中加入 2 mL 无水乙醇，2 mL 冰醋酸，再慢慢加入 6 滴浓硫酸。用带有导气管的塞子塞住试管口，小火加热 3～5 分钟，将产生的蒸气通入盛有饱和碳酸钠溶液的试管中，观察液面有无分层现象？是否有酯的香味？记录现象，写出相关反应方程式。

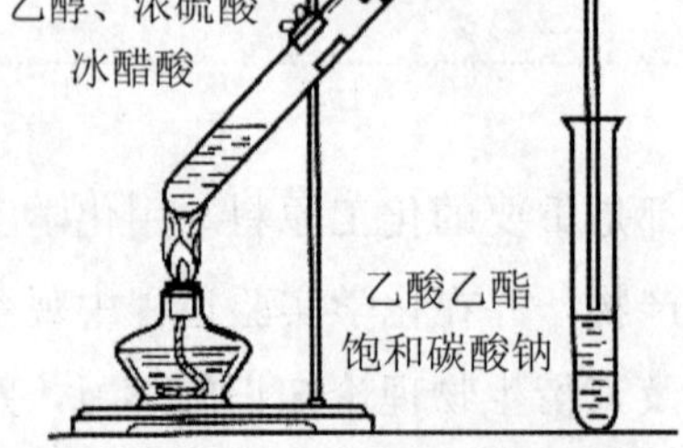

图 16－2－1　生成乙酸乙酯的反应

2. 乙酸衍生物的性质

（1）乙酸酐的水解

在盛有 1 mL 蒸馏水的试管中，加 3 滴乙酸酐。乙酸酐不溶于水，呈珠粒状沉于管底。将试管略加热，可以闻到醋味。写出相关反应方程式。

（2）酯的水解对比实验

实验内容	实验条件	实验现象
1 mL 乙酸乙酯＋1 mL 蒸馏水	70～80℃的水浴加热	
1 mL 乙酸乙酯＋1 mL 蒸馏水＋0.5 mL 6 mol/L 硫酸	70～80℃的水浴加热	
1 mL 乙酸乙酯＋1 mL 蒸馏水＋0.5 mL 20% NaOH 溶液	70～80℃的水浴加热	
结论		

（3）乙酸酐的醇解

在试管中加入 2 mL 无水乙醇和 1 mL 乙酸酐，混合后加入 1 滴浓硫酸，振荡。这时混合物逐渐发热，以至沸腾。然后冷却，慢慢加入 2 mL 饱和的碳酸钠溶液，同时轻微地振荡，试管中的液体分为上、下两层，并能闻到乙酸乙酯的香味。写出化学反应方程式。

三、任务检测

将试管横放，取一段打磨好的镁条，放入试管口，竖立试管，使镁条缓慢滑入试管底部。用滴管吸取乙酸溶液，滴入盛有镁条的试管中。观察并解释现象，写出化学反应方程式。

相关知识

一、羧酸

羧酸可以看作是烃分子中的氢原子被羧基(—COOH)取代的化合物（甲酸除外），羧基是羧酸的官能团。可以用 R—COOH 表示脂肪族羧酸，用 Ar—COOH 表示芳香族羧酸。日常生活、化学实验和工业生产常见的羧酸如下：

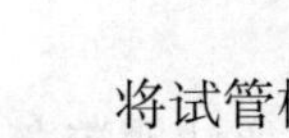

甲酸（蚁酸）

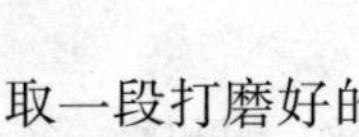

乙酸（醋酸）

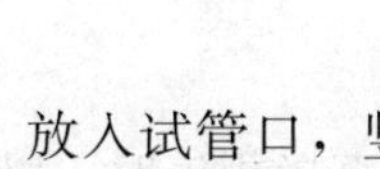

苯甲酸（安息香酸）

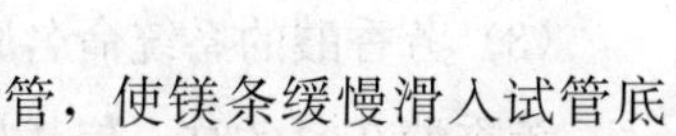

丁酸（酪酸）

1. 羧酸的命名

(1) 羧酸的俗名

羧酸常以酯或盐的形式广泛存在于自然界中，往往根据它们的天然来源而有其俗名。甲酸最初是从一种蚂蚁中得到，称为蚁酸；乙酸存在于食醋中，称为醋酸；丁酸存在于奶油中，称为酪酸；十八酸存在于油脂中，称为硬脂酸等。

$CH_3(CH_2)_{16}COOH$

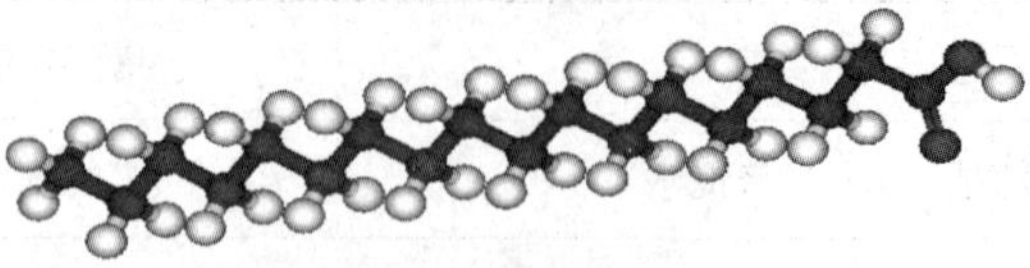

十八酸（硬脂酸）

(2) 脂肪酸的系统命名原则

选择含有羧基碳在内的最长碳链为主链，根据主链碳原子的数目称某酸，由羧基碳原子开始用阿拉伯数字给主链编号，将取代基的位次、数目、名称写在母体羧酸名称之前。例如：

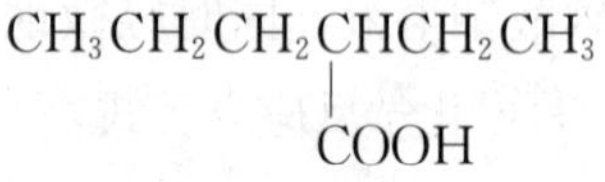

2－乙基戊酸

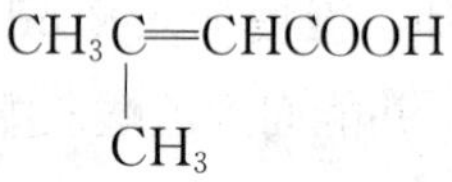

3－甲基－2－丁烯酸

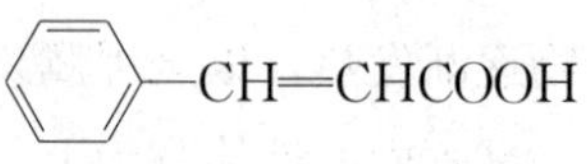

3－苯基－2－丙烯酸

(3) 芳香酸的系统命名原则

芳香酸在命名时，羧基与苯环直接相连时，以芳甲酸作为母体；多元芳酸要注明羧基的相对位置。羧基连在芳环的侧链上时，则芳基作为取代基来命名。如：

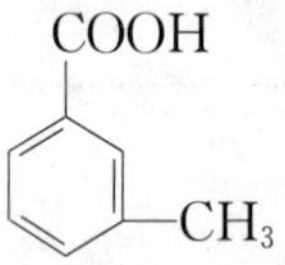

间甲苯甲酸

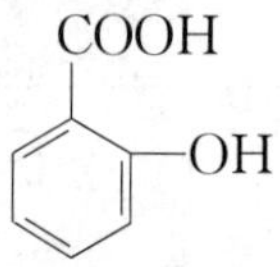

邻羟基苯甲酸

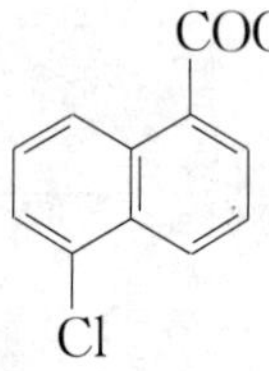

5－氯－1－萘酸

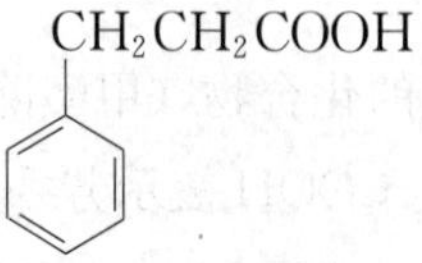

3－苯基丙酸

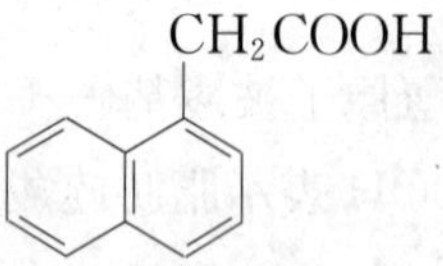

1－萘乙酸

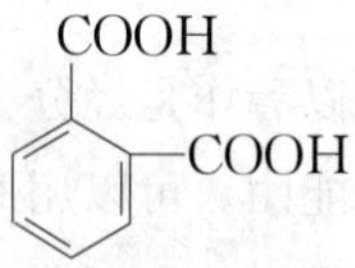

邻苯二甲酸

2. 羧酸的物理性质

直链的脂肪酸中，甲酸、乙酸、丙酸是具有刺激性气味的液体；正丁酸至正壬酸是具有腐败气味的油状液体，丁酸是变酸的啤酒发臭的主要原因；癸酸以上是石蜡状固体。二元酸和芳酸一般为结晶固体。

饱和一元羧酸的沸点随着分子量的增加而升高。而且，羧酸的熔点、沸点高于分子量相近的醇的熔点和沸点。见下列两组数据。

名称（分子量）	熔点/℃	沸点/℃
甲酸（46）	8.4	100.5
乙醇（46）	−114	78.3
乙酸（60）	16.6	118
丙醇（60）	−126	97.2

这是因为羧酸分子之间能通过两个氢键互相结合起来，形成双分子缔合的二聚体。在固态和液态时，羧酸主要以二聚体形式存在。据测定，低级羧酸即使气态时仍然保持双分子缔合。

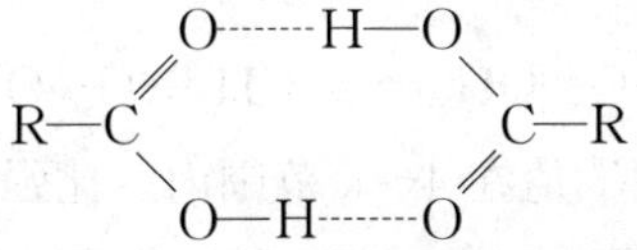

羧酸在水中的溶解度也比分子量相近的醇更大，同时羧酸在水中的溶解度随分子量的增加而减小，分子中含有十个碳原子以上的羧酸不溶于水，芳香酸在水中的溶解度都很小。一些羧酸化合物的物理常数见表 16−2−1。

表 16−2−1　一些羧酸化合物的物理常数

化合物名称	沸点/℃	熔点/℃	相对密度 d_4^{20}	溶解度/(g/100 g 水)	pK_a^θ	
					pK_{a1}^θ	pK_{a2}^θ
甲酸（蚁酸）	100.5	8.4	1.220	∞	3.77	
乙酸（醋酸）	118	16.6	1.049	∞	4.76	
丙酸（初油酸）	141	−22	0.992	∞	4.88	
丁酸（酪酸）	162.5	−6	0.959	∞	4.82	
戊酸（缬草酸）	187	−34.5	0.939	3.7	4.86	
乙二酸（草酸）	>100（升华）	189	1.90	10.2	1.23	4.19
丙二酸（缩苹果酸）	—	135	1.63	140	2.83	5.69
丁二酸（琥珀酸）	235（失水）	185	1.57（15℃）	6.8	4.19	5.45
戊二酸	—	97.5	1.43（15℃）	—	4.34	5.42
己二酸（肥酸）	—	151	1.36	2	4.43	5.41
苯甲酸（安息香酸）	249	121.7	1.226	0.34	4.17	

3. 羧酸的化学性质

羧酸的化学性质主要取决于官能团羧基。羧基虽然由羰基和羟基组成，但羧酸的性质不是这两类官能团特性的简单加和。由于羰基和羟基彼此之间相互影响，羧基具有某些特殊性质。羧酸的化学性质主要发生在羧基和 α−碳原子上。

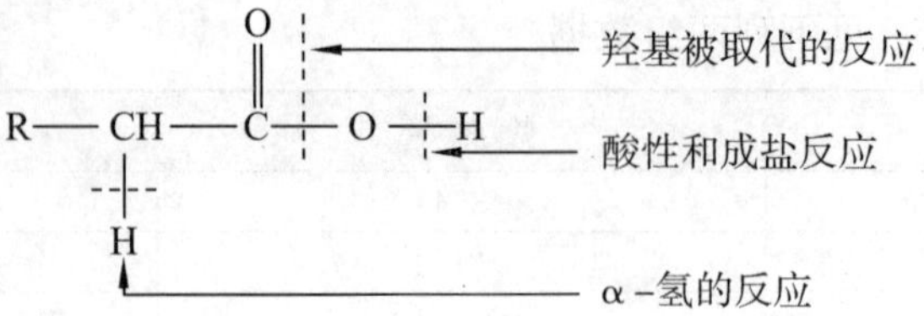

（1）酸性

能溶于水的羧酸在水溶液中可离解出氢离子而呈酸性，使蓝色石蕊试纸变红。例如：乙酸在水中解离出乙酸根负离子和氢离子。

$$CH_3-\overset{\overset{\displaystyle O}{\|}}{C}-OH \rightleftharpoons CH_3-\overset{\overset{\displaystyle O}{\|}}{C}-O^- + H^+$$

大多数脂肪族一元羧酸的 pK_a^θ 值在 4～5 范围内。比强的无机酸（$pK_a^\theta=1\sim3$）弱，但比碳酸（$pK_a^\theta=6.38$）和一般的酚（$pK_a^\theta\approx10$）强。芳香酸及二元酸的酸性强于一元脂肪族羧酸。所以羧酸可以和强碱甚至弱碱发生反应。例如：

$$CH_3COOH+NaOH \longrightarrow CH_3COONa+H_2O$$

$$CH_3COOH+NaHCO_3 \longrightarrow CH_3COONa+H_2O+CO_2\uparrow$$

$$2CH_3COOH+Na_2CO_3 \longrightarrow 2CH_3COONa+H_2O+CO_2\uparrow$$

羧酸和碳酸钠、碳酸氢钠反应有气体产生的现象，可用于鉴别羧酸。

还可以利用该反应将不溶于水的羧酸转变为可溶性的盐，然后制成溶液使用。例如：农业生产中使用的植物生长调节剂 α－萘乙酸钠就是先用 α－萘乙酸与氢氧化钠反应生成可溶性的钠盐，然后再配制成所需的浓度使用。

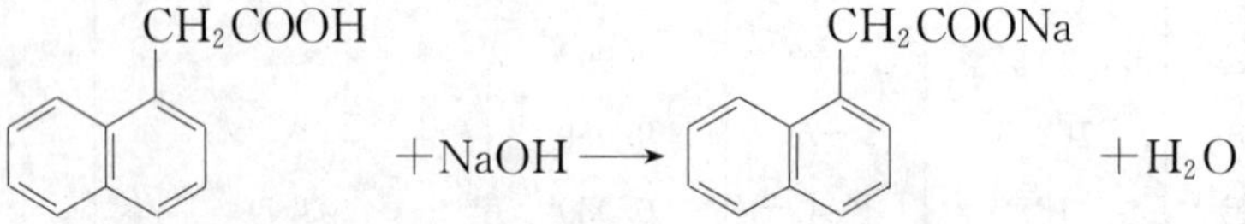

羧酸的碱金属盐具有一般无机盐的性质，不挥发，在水中能完全离解为离子，加入无机强酸又可以使羧酸重新游离出来。该性质可用于羧酸的分离提纯。

$$RCOONa+HCl \longrightarrow RCOOH+NaCl$$

练一练

写出甲酸和氢氧化钠、碳酸钠、碳酸氢钠反应的方程式。

（2）羧酸衍生物的生成

羧酸分子中的羟基被卤素原子、酰氧基、烷氧基和氨基取代后的产物，分别称为酰卤、酸酐、酯和酰胺，统称为羧酸衍生物。

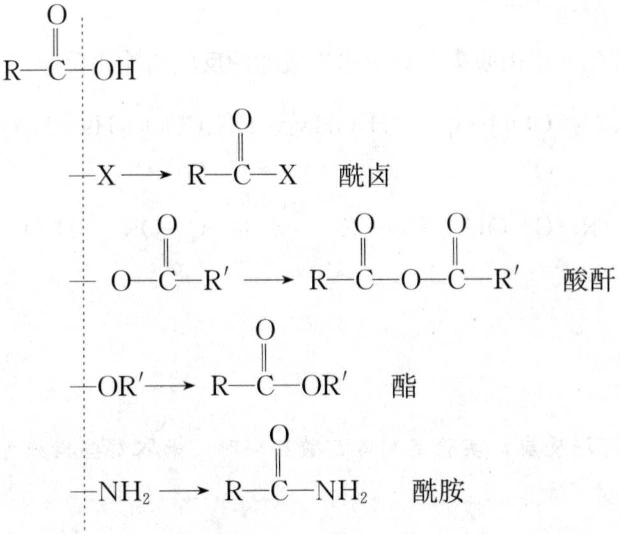

①酰氯的生成

羧酸与三氯化磷、五氯化磷或亚硫酰氯作用时，羧基中的羟基被氯原子取代生成酰氯。

$$3CH_3COOH+PCl_3 \rightarrow 3CH_3COCl+H_3PO_3$$

$$CH_3(CH_2)_4COOH+SOCl_2 \rightarrow CH_3(CH_2)_4COCl+HCl\uparrow+SO_2\uparrow$$

亚硫酰氯在实验室中常用来制备酰氯，由于生成的 HCl 和 SO_2 易于从反应体系中移出，所以反应的转化率很高，酰氯的产率可达 95%以上。

②酸酐的生成

两分子羧酸在加热或脱水剂作用下，羧酸分子间脱去一分子水生成的产物叫羧酸酐。

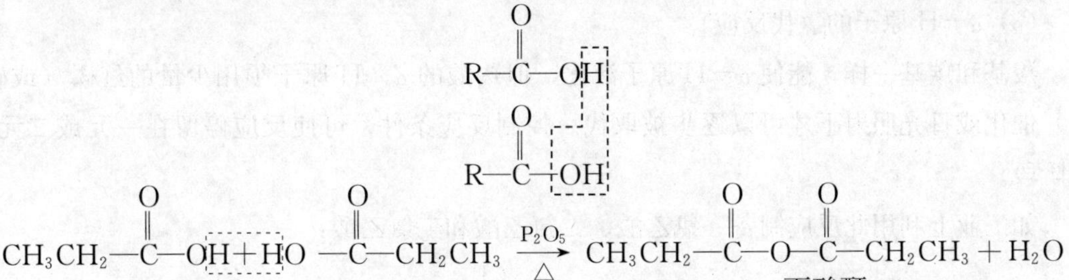

丙酸酐

加热某些二元酸，也可发生分子内脱水形成环状酸酐，不过生成的必须是五元或六元环的酸酐。例如：

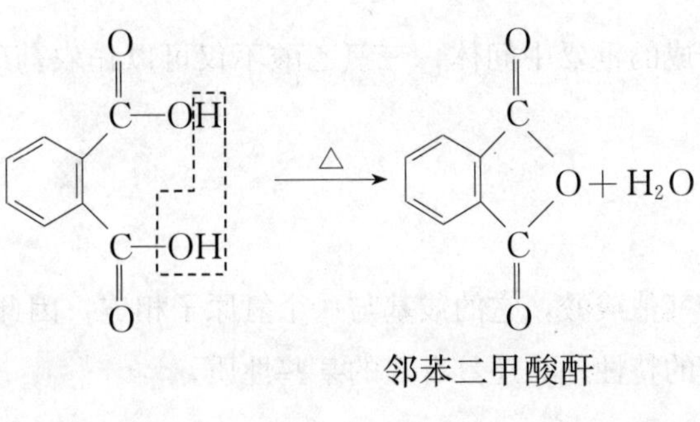

邻苯二甲酸酐

③酯的生成——酯化反应

羧酸与醇在酸催化下作用脱去一分子水生成酯的反应叫酯化反应。

$$CH_3COOH + CH_3CH_2OH \xrightleftharpoons{H^+} CH_3COOC_2H_5 + H_2O$$

$$R-\overset{\overset{\large O}{\|}}{C}-OH + HO-R' \underset{\triangle}{\overset{H^+}{\rightleftharpoons}} R-\overset{\overset{\large O}{\|}}{C}-OR' + H_2O$$

想一想

酯化反应是可逆反应，实验室制备乙酸乙酯时，采取哪些措施可以提高产率？

④酰胺的生成

羧酸可与氨或碳酸铵反应，生成羧酸铵盐，铵盐受热分解，生成酰胺。

$$CH_3COOH + NH_3 \rightarrow CH_3COONH_4 \rightarrow CH_3CONH_2 + H_2O$$

$$2CH_3-\overset{\overset{\large O}{\|}}{C}-OH + (NH_4)_2CO_3 \longrightarrow 2CH_3-\overset{\overset{\large O}{\|}}{C}-ONH_4 + CO_2\uparrow + H_2O$$

$$\xrightarrow{\triangle} CH_3-\overset{\overset{\large O}{\|}}{C}-NH_2 + H_2O$$

(3) α—H 原子的氯代反应

羧基和羰基一样，能使 α—H 原子活化，但羧酸的 α—H 原子须用少量的红磷（或碘、硫）催化或日光照射下才可以逐步被取代。控制反应条件，可使反应停留在一元或二元取代阶段。

如工业上利用此反应制备一氯乙酸、二氯乙酸和三氯乙酸：

$$CH_3COOH \xrightarrow[P]{Cl_2} \underset{\underset{\large Cl}{|}}{CH_2}COOH \xrightarrow[P]{Cl_2} \underset{\underset{\large Cl}{|}}{\overset{\overset{\large Cl}{|}}{C}}HCOOH \xrightarrow[P]{Cl_2} Cl-\underset{\underset{\large Cl}{|}}{\overset{\overset{\large Cl}{|}}{C}}COOH$$

一氯乙酸是有机合成的重要中间体，三氯乙酸不仅可以作农药的原料，也是重要的生化试剂。

4. 重要的羧酸

(1) 甲酸

甲酸的结构不同于其他羧酸，它的羧基与一个氢原子相连，因此又可看成有一个醛基。所以，甲酸除具有羧酸的特性外，还具有醛的某些性质。

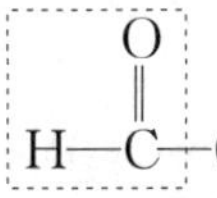

①银镜反应

$$HCOOH + 2[Ag(NH_3)_2]^+ + 2OH^- \longrightarrow 2NH_4^+ + CO_3^{2-} + 2Ag\downarrow + H_2O + 2NH_3$$

②被高锰酸钾氧化

$$H\text{—}COOH \xrightarrow{KMnO_4} [HO\text{—}\overset{\overset{O}{\|}}{C}\text{—}OH] \longrightarrow CO_2\uparrow + H_2O$$

(2) 乙酸

乙酸(CH_3COOH)俗称醋酸，是食醋的主要成分，普通食醋中含乙酸约为6%～10%。无水乙酸在常温下是具有强烈刺激性气味的无色液体，沸点118℃，当低于熔点时，无水乙酸就呈冰状结晶析出，所以无水乙酸又称冰醋酸，乙酸能与水混溶，具有羧酸的典型化学性质。

醋酸最早的制备方法是谷物发酵法，此法至今仍用于食醋工业。工业上制备乙酸均采用以氧化法为主的合成方法，目前大部分乙酸采用乙醛氧化法制得。

$$CH_3\text{—}CHO + \frac{1}{2}O_2 \xrightarrow[70\sim80℃,0.8\ MPa]{(CH_3COO)_2Mn} CH_3\text{—}COOH$$

还可用石油产品丁烷为原料，乙酸钴为催化剂，乙酸为溶剂，在一定温度和压力下用空气氧化制备乙酸。

$$CH_3\text{—}CH_2\text{—}CH_2\text{—}CH_3 + \frac{5}{2}O_2 \xrightarrow[165℃,2\ MPa]{(CH_3COO)_2Co} 2CH_3COOH + H_2O$$

乙酸是重要的化学工业原料，常用来合成许多化工产品，如乙酸乙酯、乙酐、氯乙酸、醋酸纤维素、维尼纶纤维等，还可用作橡胶凝聚剂及氧化反应的溶剂。

(3) 乙二酸

乙二酸(HOOC—COOH)通常以盐的形式存在于某些植物中，所以俗称草酸。草酸是无色固体，无水草酸的熔点为189.5℃。草酸溶于水和乙醇，但不溶于乙醚。草酸的酸性比乙酸强。乙二酸可以还原高锰酸钾，由于这一反应是定量进行的，乙二酸又极易精制提纯，所以被用作标定高锰酸钾的基准物质。

$$5\begin{array}{c}COOH\\|\\COOH\end{array} + 2KMnO_4 + 3H_2SO_4 \longrightarrow K_2SO_4 + 2MnSO_4 + 10CO_2\uparrow + 8H_2O$$

(4) 苯甲酸

苯甲酸(—COOH)是典型的芳香酸，俗称安息香酸。苯甲酸是白色片状或针状晶体，熔点121.7℃，微溶于水，溶于乙醇及乙醚，能升华，也能随水蒸气蒸馏。目前工业上由甲苯氧化或甲苯氯化后水解制得。

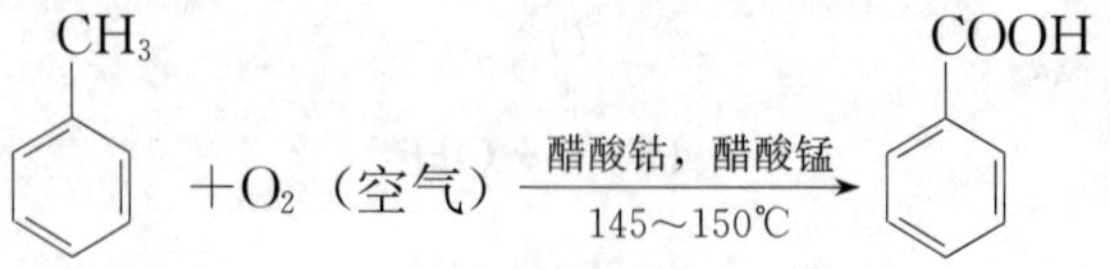

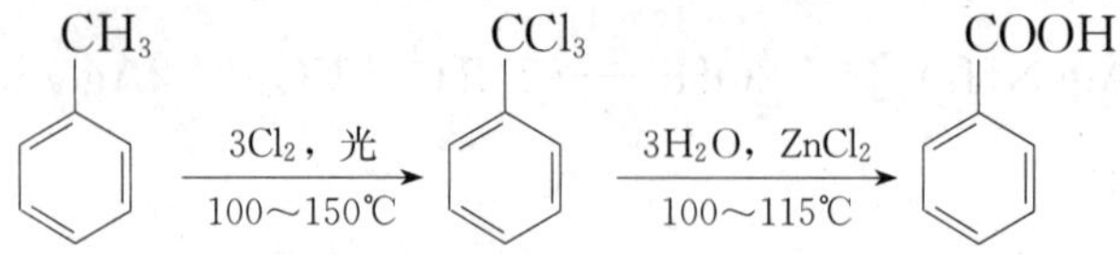

苯甲酸的酸性比甲酸弱但比其他的饱和一元酸强，具有较强的抑菌、防腐作用，其钠盐是食品和药品中常用的防腐剂。苯甲酸也可用于制备药物、香料和染料等。

二、羧酸的衍生物

羧酸的衍生物主要有酰卤、酸酐、酯和酰胺，它们都是含有酰基的化合物。羧酸衍生物的反应活性很高，可以转变成多种其他化合物，是十分重要的有机合成中间体。

酰卤　　酸酐　　酯　　酰胺

（R 或 R′可以是 Ar 或 H）

常见羧酸衍生物的物理常数见表 16－2－2。

表 16－2－2　常见羧酸衍生物的物理常数

名称	熔点/℃	沸点/℃	密度(20℃)/(g/cm³)	名称	熔点/℃	沸点/℃	密度(20℃)/(g/cm³)
乙酰氯	－112	51	1.104	乙酸酐	－73	140	1.082
乙酰溴	－96	76.7	1.520	苯甲酸酐	42	360	1.199
乙酰碘	—	108	1.980	丁二酸酐	119.6	261	1.104
丙酰氯	－94	80	1.065	邻苯二甲酸酐	131	284	1.527
苯甲酰氯	－1	197	1.212	甲酸甲酯	－99.0	32	0.974
甲酰胺	2.5	195	1.130	甲酸乙酯	－81	54	0.917
乙酰胺	81	222	1.159	乙酸甲酯	－98	57	0.928
丙酰胺	80	213	1.042	乙酸乙酯	－83	77	0.900
丁酰胺	116	216	1.032	乙酸丁酯	－77	126	0.882
苯甲酰胺	130	290	1.341	苯甲酸乙酯	－34	213	1.050

1. 酰卤

（1）酰卤的命名

将相应酸名中的“酸”换成“酰卤”即可。

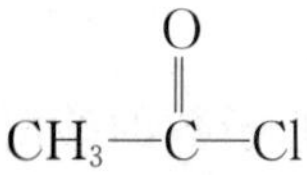
乙酰氯

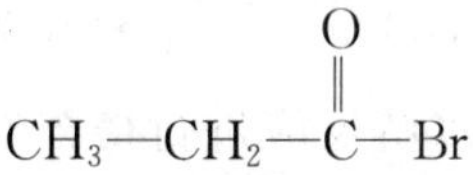
丙酰溴

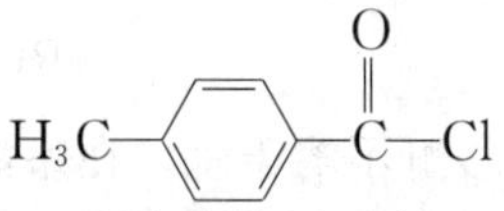
对甲基苯甲酰氯

（2）物理性质

室温下，低级的酰氯是无色且对黏膜有刺激性的液体，高级的酰氯是白色固体。乙酰氯的沸点是52℃，比分子量相近的羧酸低，因为它们的分子间不能形成氢键。最简单而又稳定存在的酰氯是乙酰氯。

（3）化学性质

酰氯可以发生水解、醇解和氨解反应，分别生成羧酸、酯和酰胺。

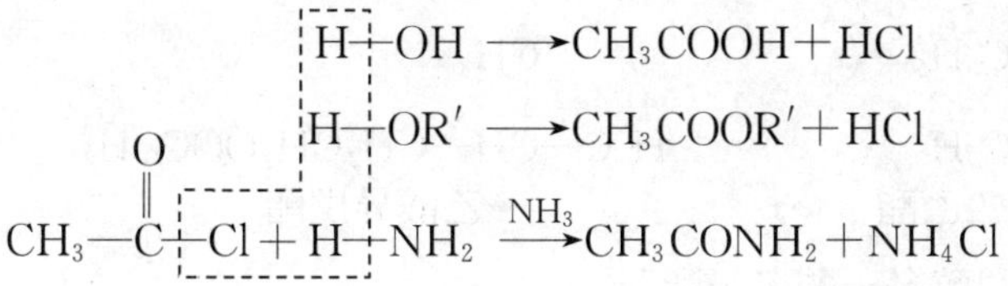

低碳原子数的酰氯在常温下与水反应剧烈，生成羧酸和氯化氢；高碳原子数的酰氯和芳香酰氯与水的作用比较缓慢。

想一想

为什么乙酰氯会发烟并有强烈刺激性气味？

2. 酸酐

（1）酸酐的命名

按形成酸酐的两种羧酸的名称来命名。

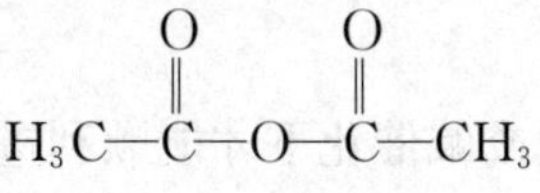
乙（酸）酐

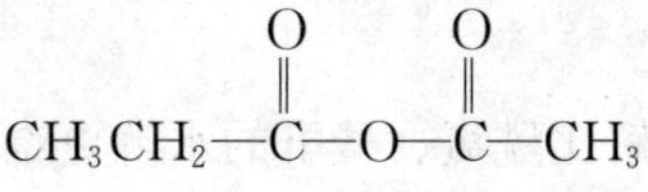
乙丙酐

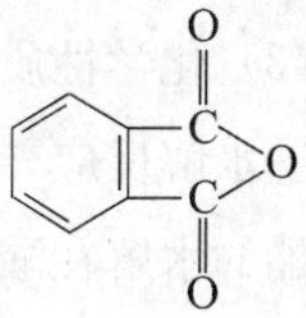
邻苯二甲酸酐（苯酐）

（2）物理性质

最简单的酸酐是乙酸酐。低级酸酐是具有刺激性气味的液体，高级酸酐是固体。酸酐的沸点也比分子量相近的羧酸低，同样是因为它们的分子间不能形成氢键。

（3）化学性质

酸酐水解生成两分子羧酸。

$$(RCO)_2O + H_2O \xrightarrow{H^+ \text{或} OH^-} 2RCOOH$$

由于酸酐不溶于水，在室温下酸酐水解反应进行得很慢。低碳原子数的酸酐在加热下较易水解，高碳原子数的酸酐在酸或碱催化下才能顺利的水解。

3. 酯

(1) 酯的命名

①一元醇酯的命名："相应的酸名＋相应的醇名"，并将"醇"字换为"酯"。

$CH_3COOC_2H_5$

乙酸乙酯

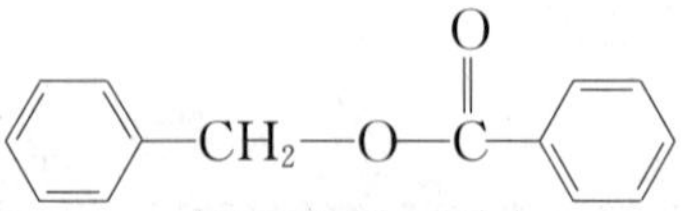

苯甲酸苯甲酯

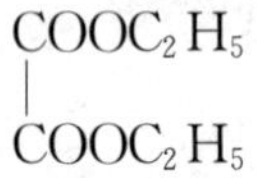

乙二酸二乙酯

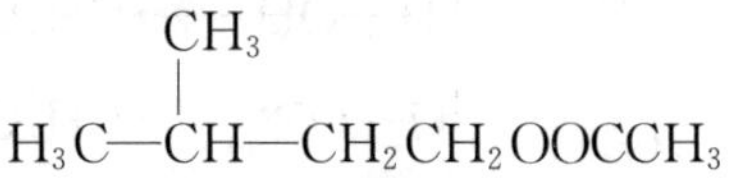

乙酸异戊酯

②多元醇酯的命名："醇名＋酸名＋酯"

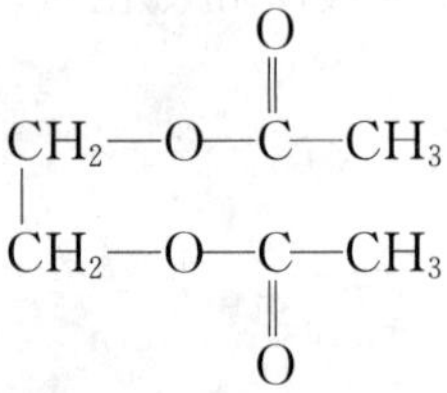

乙二醇二乙酸酯

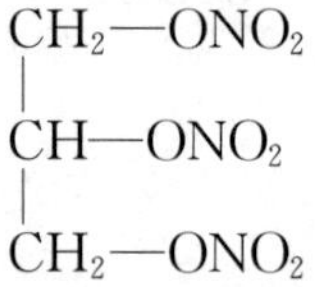

丙三醇三硝酸酯

(2) 物理性质

低级酯是有香味的液体。例如：乙酸异戊酯，具有香蕉味，俗称香蕉油，主要用作溶剂；正戊酸异戊酯具有苹果香味；丁酸乙酯具有菠萝—玫瑰香味，主要用作食用香精。高级酯为蜡状固体。例如：蜂蜡分子式为 $C_{15}H_{31}COOC_{30}H_{61}$。低碳原子数的酯在水中有一定的溶解度，其沸点同样比分子量相近的羧酸低。

(3) 化学性质

①水解反应　酯的水解比酰氯、酸酐的水解更难，需在酸或碱催化下才能顺利进行。

酯的水解在酸催化条件下进行时，反应是可逆的。在碱性条件下进行酯的水解，反应不可逆，因为碱催化下水解生成的羧酸可与碱生成盐而从平衡体系中除去，所以水解反应可以进行到底。酯的碱性水解反应又称为酯的皂化反应。

$$CH_3COOCH_2CH_3 + NaOH \xrightarrow{H_2O} CH_3COONa + CH_3CH_2OH$$

$$CH_3COOCH_2CH_3 + NaOH \xrightarrow{OH^-} CH_3COONa + CH_3CH_2OH$$

练一练

写出乙酸甲酯在碱性条件下发生水解反应的方程式。

②酯交换反应　酯的醇解反应也叫酯交换反应，即醇分子中的烷氧基取代了酯中的烷氧基。酯交换反应需要酸催化，而且反应是可逆的，它可用于由较活泼的低碳原子数酯制备其他的酯。

例如：下列反应，由于低级醇(CH_3OH)沸点较低（64.7℃），反应过程中不断被蒸出，平衡向右移动。

$$\underset{\text{低级醇酯}}{CH_2{=}CH{-}\overset{\overset{\displaystyle O}{\|}}{C}{-}OCH_3} + CH_3CH_2CH_2CH_2OH \xrightleftharpoons[\text{酯交换反应}]{H^+,\ 94\%} \underset{\text{高级醇酯}}{CH_2{=}CH{-}\overset{\overset{\displaystyle O}{\|}}{C}{-}OCH_2CH_2CH_2CH_3} + CH_3OH$$

4. 酰胺

(1) 酰胺的命名

按相应酸的名称改为“某酰胺”。

$$CH_3{-}\overset{\overset{\displaystyle O}{\|}}{C}{-}NH_2$$

乙酰胺

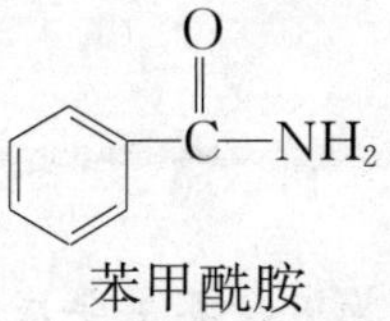

苯甲酰胺

(2) 物理性质

由于酰胺分子间可以形成氢键，所以除甲酰胺在常压下为高沸点液体外，其余的酰胺都是有固定熔点的固体。由于酰胺可与水形成氢键，所以低级酰胺易溶于水，随着分子量的增大，在水中的溶解度逐渐减小。

(3) 化学性质

①水解反应

酰胺是羧酸的衍生物，能发生与酰卤、酸酐和酯相似的反应。但酰胺的反应活性低于其他羧酸的衍生物。酰胺的水解反应必须在强酸或强碱催化下才能进行。

$$R{-}\overset{\overset{\displaystyle O}{\|}}{C}{-}NH_2 + H_2O \xrightarrow{H^+} R{-}\overset{\overset{\displaystyle O}{\|}}{C}{-}OH + NH_4^+$$

$$R-\overset{\overset{\large O}{\|}}{C}-NH_2 + H_2O \xrightarrow{OH^-} R-\overset{\overset{\large O}{\|}}{C}-O^- + NH_3\uparrow$$

练一练

写出乙酰胺在酸性和碱性条件下水解反应的方程式。

②霍夫曼（Hofmann）降级反应

酰胺与次氯酸钠或次溴酸钠的碱溶液作用时，失去羰基可得到少一个碳原子的伯胺，此反应称为霍夫曼（Hofmann）降级反应。该反应产率高，产品纯度高，可用于制备伯胺，还可用于缩短碳链。

$$R-\overset{\overset{\large O}{\|}}{C}-NH_2 + NaOBr + 2NaOH \longrightarrow RNH_2 + Na_2CO_3 + NaBr + H_2O$$

想一想

要利用霍夫曼降级反应制备 $CH_3CH_2NH_2$，需要哪种酰胺做原料？

小知识

蜡广泛存在于动植物中，其主要成分是高级脂肪酸和高级饱和一元醇形成的酯。天然蜡还含有少量游离高级脂肪酸、高级醇和烷烃等。组成蜡的脂肪酸和醇都是直链的、含十六个碳原子以上的，且含偶数个碳原子。常见的酸是软脂酸和二十六酸；常见的醇是十六醇，二十六醇和三十醇。

蜂蜡——$C_{15}H_{31}COOC_{30}H_{61}$；白蜡——$C_{25}H_{51}COOC_{26}H_{53}$

值得注意的是，蜡和石蜡不能混淆，石蜡是石油中得到的直链烷烃（C_{26}～C_{30}）的混合物，它们的物态、物性相近，而化学成分完全不同。

任务拓展

查阅资料，设计实验方法，在实验室制备肥皂。

任务评价

表 16－2－3　任务评价表

评价项目	评价要素
实验操作	试剂取用和滴加、实验方法等符合实验操作规范
反应方程式	化学方程式书写规范，物质构造式书写正确
任务检测	实验方法正确，现象记录完整规范，结果正确
结束工作	实验台面清洁、仪器洗涤洁净、放置整齐、完成时间符合要求
安全与环保	取用试剂数量合理，将废液倒入指定的废液桶等

单元小结

一、结构特点

1. 醛

醛的官能团是—CHO，通式为 $\mathrm{R{-}\overset{\overset{\large O}{\|}}{C}{-}H}$；酮的官能团是 C═O，通式为 $\mathrm{R{-}\overset{\overset{\large O}{\|}}{C}{-}R'}$；C═O是极性双键，醛、酮都是极性分子。

2. 羧酸

羧酸的官能团是—COOH，通式为 $\mathrm{R{-}\overset{\overset{\large O}{\|}}{C}{-}OH}$；羧酸衍生物分子中都含有酰基（$\mathrm{R{-}\overset{\overset{\large O}{\|}}{C}{-}}$），表示为 RCOX（酰卤）、$(RCO)_2O$（酸酐）、RCOOR′（酯）和 $RCONH_2$（酰胺）。

二、命名

1. 饱和一元醛、酮的系统命名法

选择含羰基的最长碳链为主链；从靠近羰基的一端开始编号；取代基位次、取代基名称、某醛，取代基位次、取代基名称、羰基位次、某酮。

2. 饱和一元羧酸的系统命名法

与醛类似，把“醛”字改为“酸”字即可。

3. 羧酸衍生物的命名

酰卤和酰胺根据相应的羧酸命名为“某酰卤”或“某酰胺”；酸酐根据形成酸酐的两个羧酸命名为“某酸酐”；酯根据成酯的羧酸和醇命名为“某酸某酯”。

三、化学反应

1. 醛、酮的化学反应

(1) 加成反应

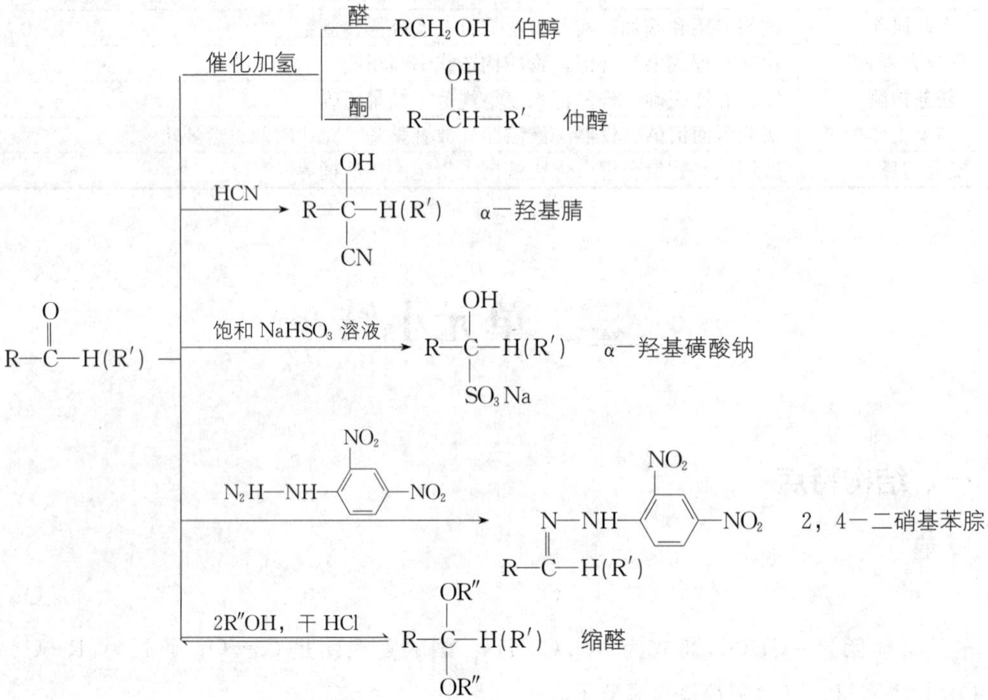

(2) 碘仿反应

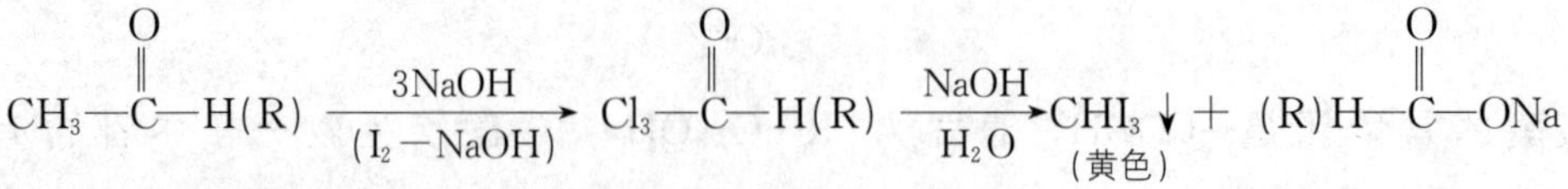

(3) 氧化反应

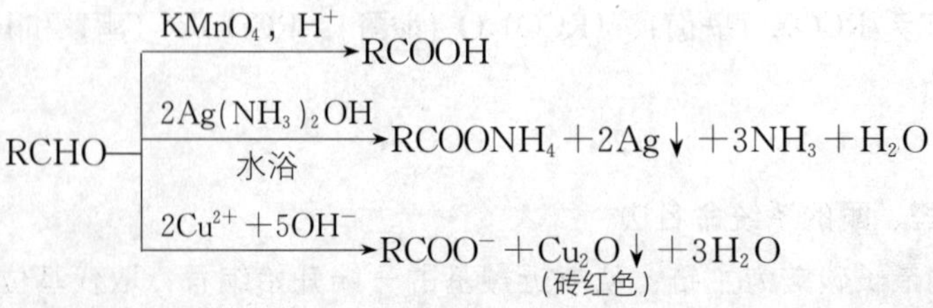

$$HCHO + Cu^{2+} + NaOH \xrightarrow{\triangle} HCOONa + Cu + 2H^{+}$$ （铜镜反应）

2. 羧酸的化学反应

RCH_2COOH——
- 酸性 $\xrightarrow[\text{或 } Na_2CO_3]{NaHCO_3} RCH_2COONa + CO_2\uparrow + H_2O$
- 羟基的取代——
  - 酯化 $\xrightleftharpoons{R'OH,\ H^{+}} RCH_2COOR' + H_2O$
  - 生成酰卤 $\xrightarrow{PX_3\ (PX_5,\ SOCl_2)} RCH_2COX$
  - 生成酸酐 $\xrightarrow[\triangle]{P_2O_5} (RCH_2CO)_2O + H_2O$
  - 生成酰胺 $\xrightarrow[\triangle]{NH_3} RCH_2CONH_2 + H_2O$
- α－H 卤代 $\xrightarrow{X_2,\ P} RCHXCOOH \xrightarrow{X_2,\ P} RCX_2COOH(X_2 = Cl_2, Br_2)$

3. 羧酸衍生物的化学反应

羧酸衍生物
- 水解⟶生成羧酸
- 醇解⟶生成酯
- 氨解⟶生成酰胺

酰胺的特殊反应：霍夫曼降级反应，生成比酰胺少一个碳原子的胺

四、鉴别方法

1. 醛、酮的鉴别

(1) 2，4—二硝基苯肼实验　醛酮均与其反应生成黄色沉淀，是鉴定羰基的特征反应。

(2) 托伦（Tollens）试剂实验　醛类有银镜生成，酮类则无此反应。

(3) 斐林（Fehling）试剂实验　脂肪族醛类有氧化亚铜红色沉淀生成，甲醛有铜镜生成。芳香醛、酮无此反应。

(4) 次碘酸钠实验　乙醛、甲基酮类及“ $CH_3\text{—}\underset{}{\overset{OH}{\overset{|}{CH}}}\text{—}$ ”构造的醇类，均可生成淡黄色结晶的碘仿。其他构造的酮类无此反应。

(5) 饱和亚硫酸氢钠溶液实验　醛类、脂肪族甲基酮及八个碳原子以下的环酮均生成无色结晶。其他酮无此反应。

2. 羧酸的鉴别

(1) 和碳酸钠或碳酸氢钠溶液反应，放出气体；

(2) 使紫色石蕊试液变红。

综合测试

一、解释下列名词并举例说明

（1）醛、酮　（2）芳香酮　（3）甲基酮　（4）脂肪酸　（5）饱和脂肪酸和不饱和脂肪酸　（6）醛基保护　（7）托伦试剂　（8）斐林试剂　（9）羧酸的衍生物　（10）芳香酸　（11）一元羧酸和二元羧酸　（12）酰卤　（13）酸酐　（14）酯　（15）酰胺

二、命名下列化合物

（1）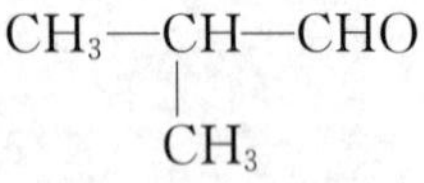　（2）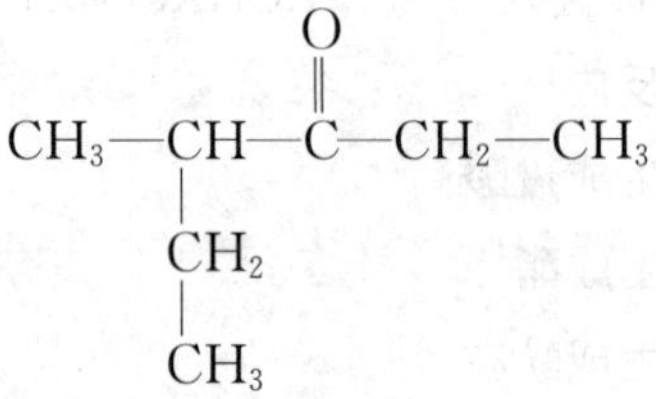

（3）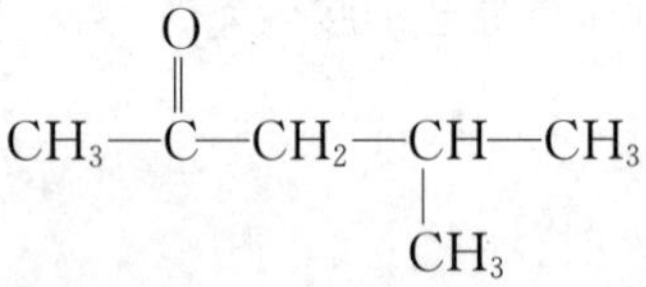　（4）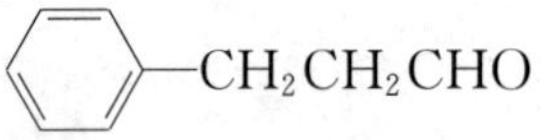

（5）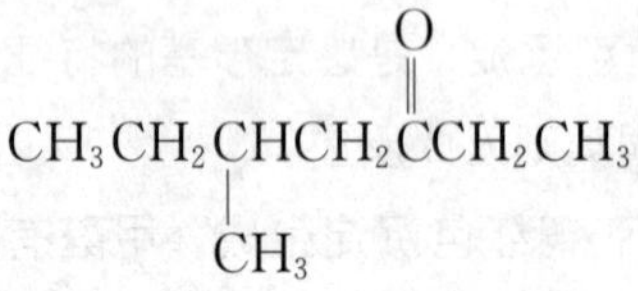　（6）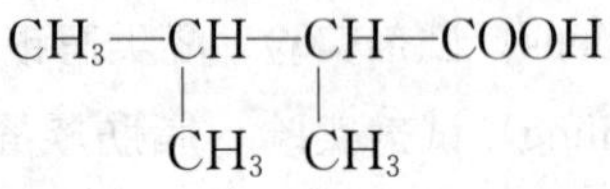

（7）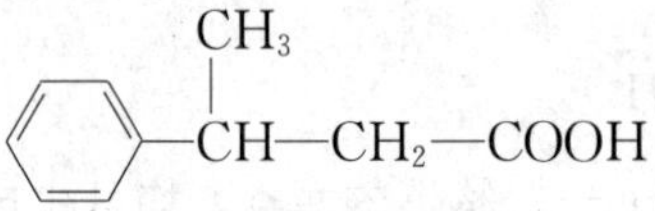　（8）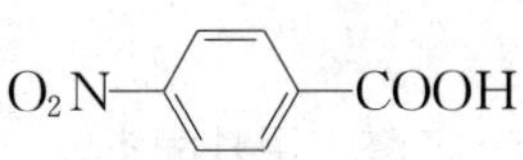

三、写出下列物质的构造式

苯甲醛　苯乙酮　丁酸　丁二酸　丙酸酐　苯酐　邻苯二甲酸　乙酸甲酯　乙酰胺　丙酰氯　水杨酸

四、选择题

1. 下列有关银镜反应的说法正确的是（　　）。

A. 托伦试剂即银氨溶液，具有较弱的氧化性

B. 1 mol 甲醛发生银镜反应最多生成 2 mol Ag

C. 银镜反应可以用酒精灯直接加热

D. 银镜反应后的试管一般采用稀硝酸洗涤

2. 下列各化合物中，可以发生碘仿反应的是（　　）。

A. $CH_3CH_2CH_2OH$　　B. $CH_3CH_2CH_2CHO$

C. CH_3CH_2OH　　D. C_6H_5CHO

3. 下列各化合物中，不能与氢氰酸加成的是（　　）。

A. $CH_3CH_2CH_2OH$　　B. $CH_3CH_2CH_2CHO$

C. CH_3CHO　　D. 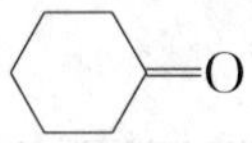

4. 下列化合物酸性最强的（　　），酸性最弱的是（　　）。

A. CH_3CH_2OH　　B. H_2O

C. H_2CO_3　　D. CH_3COOH

5. 下列物质不能发生银镜反应的是（　　）。

A. 甲醛　　B. 乙醛　　C. 甲酸乙酯　　D. 丙酮

6. 油脂属于下列哪类有机物（　　）。

A. 羧酸　　B. 酯　　C. 醇　　D. 酸酐

五、完成下列反应方程式

1. $CH_3CH=CHCHO+2H_2 \xrightarrow{Ni}$

2. $CH_3CH_2\overset{\overset{O}{\|}}{C}CH_3 + H_2 \xrightarrow{Ni}$

3. $CH_3CHO+2Ag(NH_3)_2OH \longrightarrow$

4. $CH_3CHO \xrightarrow{KMnO_4,\ H^+}$

5. $CH\equiv CH \xrightarrow{?} CH_3CHO \xrightarrow{?} CHI_3$

6. 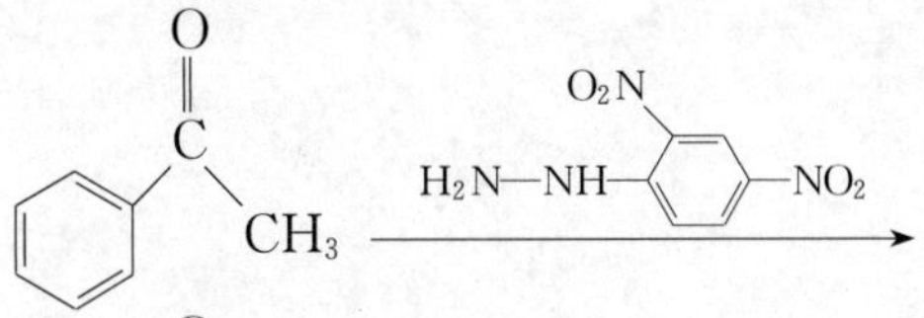

7. $CH_3-\overset{\overset{O}{\|}}{C}-CH_3 \xrightarrow{HCN}$

8. 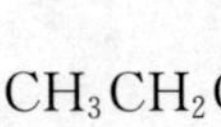$-CH_2COOH + NaOH \longrightarrow$

9. $CH_3CH_2COOH+Cl_2 \xrightarrow{红\ P}$

10. $CH_3-\overset{\overset{\Large O}{\|}}{C}-Cl + H_2O \longrightarrow$

11. $(CH_3)_2C{=}O + CH_3CH_2-MgBr \xrightarrow{\text{无水乙醚}} ? \xrightarrow{H^+,\ H_2O} ?$

12. $CH_3-\underset{\underset{\large CH_3}{|}}{CH}-COOH \xrightarrow{CH_3CH_2OH/H_2SO_4}$

六、用化学方法鉴别下列各组化合物

1. 乙醇、乙醛、乙酸
2. 甲酸、乙酸、乙二酸
3. 苯酚、苯甲醛、苯甲酸

七、举例说明什么是碘仿反应、银镜反应、酯化反应、皂化反应和酯交换反应?

八、以乙醇为原料合成下列化合物

1. 丙酸酐　2. 丙酰胺　3. 乙胺　4. 丙酸丙酯　5. 丙烯酸

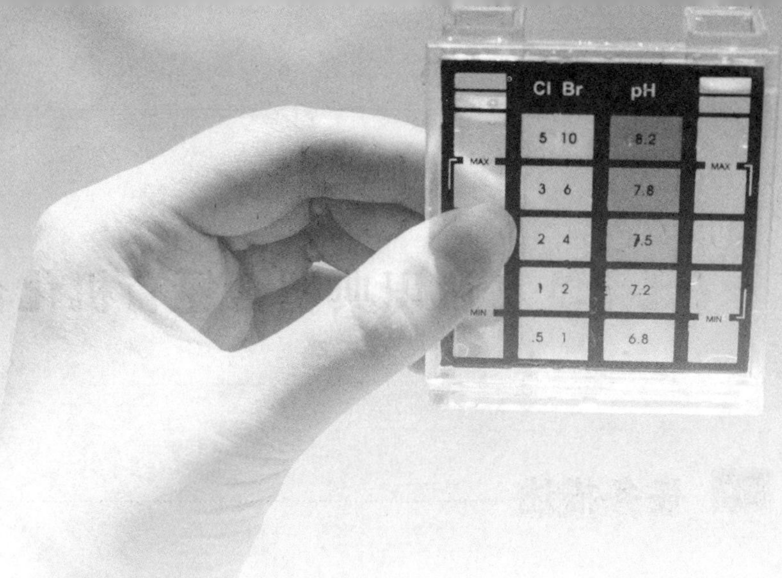

第十七单元

含氮化合物

单元概述

从广义上讲，分子中含有氮元素的有机化合物统称为含氮有机化合物，简称含氮化合物。含氮有机化合物类型很多，本单元主要讨论硝基化合物、胺、腈以及重氮和偶氮化合物，而且重点学习硝基苯、苯胺以及氯化重氮苯等芳香族的含氮化合物。

本单元的知识主线和重点是通过硝化反应在苯环上引入硝基，得到硝基苯；通过还原反应将硝基还原为氨基制得苯胺；从苯胺通过重氮化反应制得重氮盐；从重氮盐通过偶合反应制得偶氮化合物（偶氮染料）。所以硝化反应、还原反应、重氮化反应和偶合反应是本单元的重点反应。

本单元的学习方式是在完成各项任务的过程中，认识硝基化合物、胺、腈、重氮和偶氮化合物的性质。

单元目标

- 知道在苯环上引入硝基的方法，了解硝基化合物的主要性质；
- 掌握胺的分类、结构及其性质，会利用胺的碱性进行胺的鉴别和分离提纯；
- 知道重氮化反应和偶合反应的反应条件、原料和产物，了解它们在有机合成中的重要应用；
- 了解腈的主要物理性质和化学性质。

任务一 认识典型含氮有机化合物的性质

任务描述

观察硝基苯、苯胺的物态，进行化学实验操作，分析化学实验现象，认识并掌握硝基化合物、胺类的主要物理性质和化学性质。

任务目标

- 观察硝基苯、苯胺的颜色、物态，通过实验了解其溶解性等物理性质；
- 通过化学实验认识苯胺容易被氧化和容易发生取代反应的化学性质，并知道怎样用化学方法鉴别苯胺。

任务分析

硝基苯和苯胺是两种非常重要的含氮有机化合物。硝基苯是有机合成的原料，最重要的用途是生产苯胺染料，还是重要的有机溶剂。苯胺是最重要的胺类物质之一，主要用于制造染料、医药和农药等，它本身也可作为黑色染料使用。含有硝基苯和苯胺的废水严重污染环境。

在实验过程中认识、学习硝基苯和苯胺的性质，熟练有毒物质的实验操作技能，强化安全和环保意识，提高化学职业素养。

任务实施

一、任务准备

1. 仪器和药品

仪器：滴瓶、试管、试管架、长滴管、量筒等。

试剂：硝基苯，苯胺，盐酸（6 mol/L），氢氧化钠（10%），硫酸亚铁溶液（5%），饱和溴水，95%乙醇，蒸馏水，漂白粉，重铬酸钾（饱和溶液），硫酸（3 mol/L），石蕊试液。

2. 安全和环保

（1）避免硝基苯和苯胺与皮肤直接接触；

（2）硝基苯和苯胺都有毒，实验过程中试剂用量要尽量少，并且争取能多次使用，如实验溶解性的试剂可以用来进行下一步的性质实验；

（3）实验过程中产生的废液、废纸等放入准备好的废液桶和废纸桶。

二、任务过程

1. 硝基苯的物理性质实验

在一支试管中加入约 1 mL 硝基苯，观察其颜色，闻其气味。向试管内加入约5 mL 蒸馏水，观察现象。如果硝基苯不溶于水，试管内的液体将会分层，试着用长滴管吸出上层的水，然后向试管中滴加乙醇，观察现象并记录。

（硝基苯的乙醇溶液可以留用做拓展实验）

2. 苯胺的性质实验

（1）向一支试管中加入 10 mL 蒸馏水，滴加 4 滴苯胺，充分振荡后，再滴加 2 滴石蕊试液，观察现象。

（2）在试管中加入 2 滴苯胺和 1 mL 蒸馏水，振摇，观察现象并记录。再向试管中滴加 6 mol/L 的盐酸溶液，边滴加边振摇，观察现象并记录。最后向其中滴加 10%的氢氧化钠溶液，观察现象并记录。

（3）向一支试管中加入 10 mL 蒸馏水，滴加 4 滴苯胺，充分振荡后，滴加饱和溴水，观察现象并记录。

（4）在两支试管中各加入 1 mL 蒸馏水和 1 滴苯胺，向其中一支试管中加入 3 滴新配制的漂白粉溶液，观察试管中溶液颜色的变化；向另一支试管中加入 3 滴饱和重铬酸钾溶液和 6 滴 3 mol/L 的硫酸溶液，振摇后观察溶液颜色的变化。

三、任务检测

根据以上实验结果，总结硝基苯和苯胺的物理性质和化学性质特点，并写出相关反应方程式（苯胺的氧化反应除外），说明怎样用化学方法鉴别苯胺。

相关知识

一、芳香族硝基化合物

烃分子中的氢原子被硝基（$—NO_2$）取代的化合物称为硝基化合物。硝基（$—NO_2$）是它的官能团。其中芳环上一个或几个氢原子被硝基取代后的化合物称为芳香族硝基化合物；脂肪烃上一个或几个氢原子被硝基取代后的化合物称为脂肪族硝基化合物。芳香族硝基化合物比脂肪族硝基化合物应用广泛，因此，下面重点介绍芳香族硝基化合物。

1．芳香族硝基化合物的结构和命名

芳香族硝基化合物的官能团是$—NO_2$，表示为 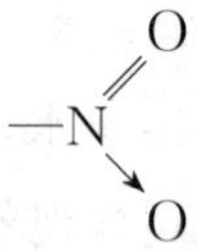 。

芳香族硝基化合物命名时，硝基总是作为取代基。例如：

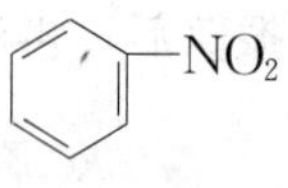

硝基苯

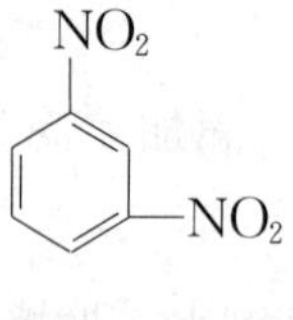

间二硝基苯

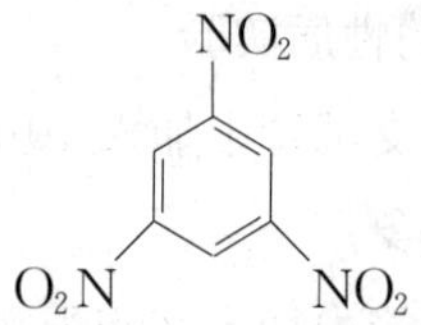

1，3，5－三硝基苯（TNB）

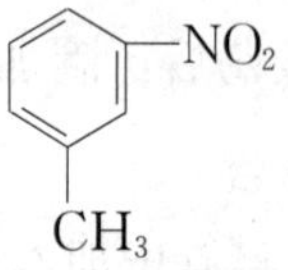

3－硝基甲苯
或间硝基甲苯

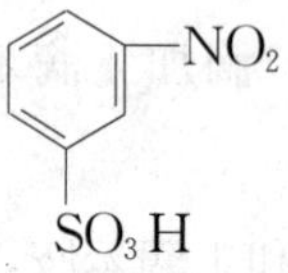

3－硝基苯磺酸
或间硝基苯磺酸

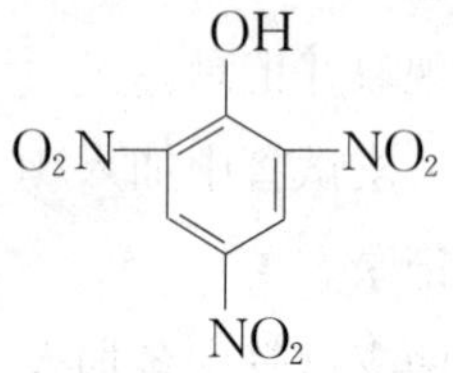

2，4，6－三硝基苯酚

2．芳香族硝基化合物的物理性质

芳香族硝基化合物除一硝基化合物为高沸点液体外，一般是无色或淡黄色的结晶固体；多硝基化合物通常具有爆炸性，可用作炸药；有的多硝基化合物有香味，可用作香料，如二甲苯麝香等。硝基化合物不溶于水，易溶于有机溶剂，液态的硝基化合物是许多有机化合物的优良溶剂，但硝基化合物有毒，它的蒸气能透过皮肤使人中毒，因此应尽量避免使用硝基化合物做溶剂。常见硝基化合物的物理常数见表 17－1－1。

表 17－1－1　一些芳香族硝基化合物的物理常数

名称	熔点/℃	沸点/℃	密度(20℃)/(g/cm³)	名称	熔点/℃	沸点/℃	密度(20℃)/(g/cm³)
硝基苯	5.7	210.8	1.203	间二硝基苯	89.8	303 (102.7 kPa)	1.571 (0℃)
邻二硝基苯	118	319 (99.2 kPa)	1.565 (17℃)	对二硝基苯	174	299 (103.6 kPa)	1.625
邻硝基甲苯	－9.3	222	1.168	1，3，5－三硝基苯	122	分解	1.688
间硝基甲苯	16	231	1.157	2，4－二硝基甲苯	70	300	1.521 (15℃)
对硝基甲苯	52	238.5	1.286	2－硝基萘	61	304	1.332

3. 芳香族硝基化合物的化学性质

(1) 还原反应

硝基的还原反应是芳香族硝基化合物最重要的反应，硝基($—NO_2$)被还原成氨基($—NH_2$)，是制备芳香族伯胺的方法之一。常用的还原方法有催化加氢法和化学还原法。

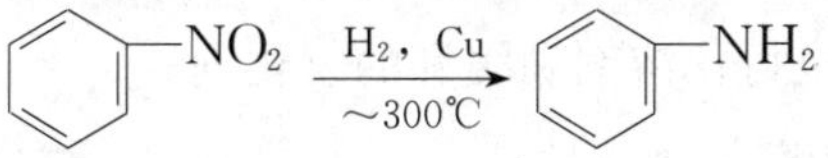

催化加氢法是清洁工艺，产品质量和收率等方面都优于化学还原法。

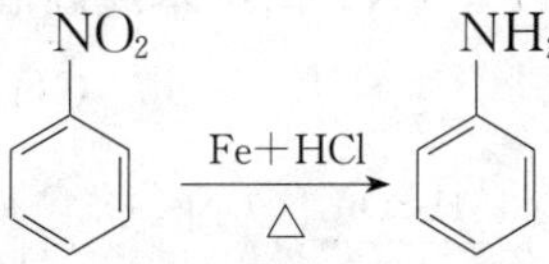

化学还原法虽然工艺简单，操作方便，但生产能力低，尤其三废排放量大，有些废渣中夹带有产品，对环境造成严重污染。

现代工业生产中，一般采用催化加氢的方法将硝基还原成氨基。

(2) 苯环上的取代反应

硝基是使苯环钝化的间位定位基。硝基苯环上的卤代、硝化、磺化等取代反应主要发生在间位，且比苯难以进行。由于硝基的钝化作用较强，硝基苯不能发生烷基化和酰基化反应。

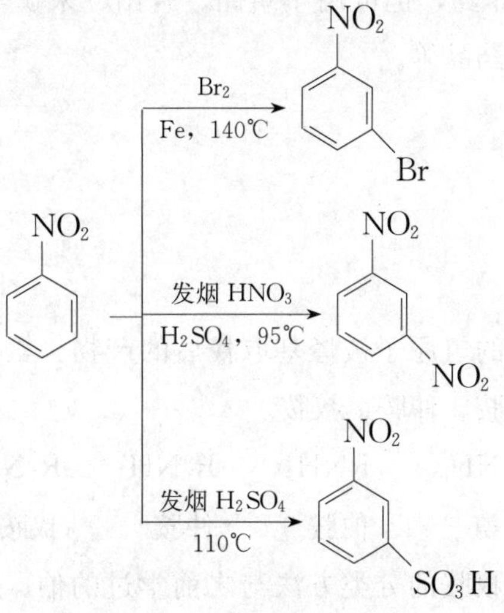

想一想

将硝基苯的溴化、硝化和磺化的反应条件与苯发生溴化、硝化和磺化的反应条件比较，有什么不同？说明原因。

4. 重要的芳香族硝基化合物

(1) 硝基苯

硝基苯（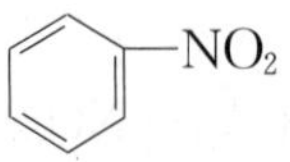）为浅黄色油状液体，熔点 5.7℃，沸点 210.8℃，密度 1.197 g/cm³，具有苦杏仁气味，有毒。它不溶于水，溶于有机溶剂。硝基苯是制备苯胺、染料和炸药等的重要原料，也可作溶剂和缓和的氧化剂。

(2) 2，4，6—三硝基甲苯

2，4，6—三硝基甲苯俗称 TNT。TNT 由甲苯经高温硝化反应制取，反应式如下：

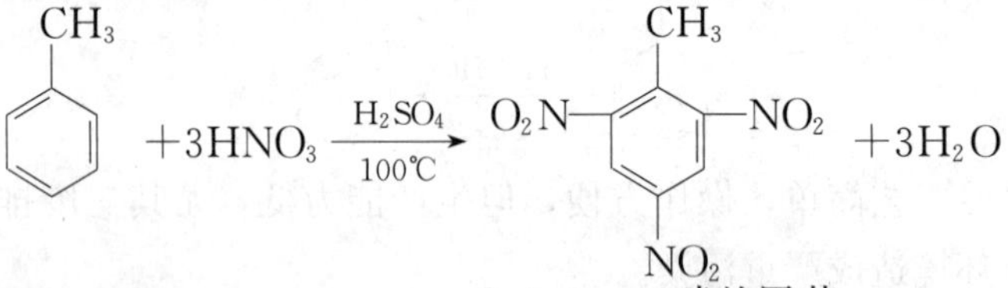

2,4,6—三硝基甲苯

TNT 是黄色结晶，熔点 80.6℃，不溶于水，可溶于苯、甲苯和丙酮，有毒，味苦。

TNT 是一种猛烈的炸药。因其熔融后不分解，受振动也相当稳定，所以装弹运输比较安全。经引爆剂引发，就会发生爆炸。原子弹、氢弹的爆炸威力常用 TNT 的万吨级当量来表示。TNT 是重要的军用炸药，也可用于筑路、开山、采矿等爆破工程中。此外，TNT 还可用于制造染料和照相用药品等。

二、胺

1. 胺的分类和命名

(1) 胺的分类

胺可以看作是氨分子中的氢原子被烃基取代后的产物。氨分子中一个、二个、三个氢原子被烃基取代分别得到伯胺、仲胺、叔胺。

NH_3	RNH_2	R_2NH	R_3N
氨	伯胺	仲胺	叔胺

需要注意的是伯、仲、叔胺的分类方法与之前学过的伯、仲、叔卤代烃和伯、仲、叔

醇的分类方法是不同的。例如：

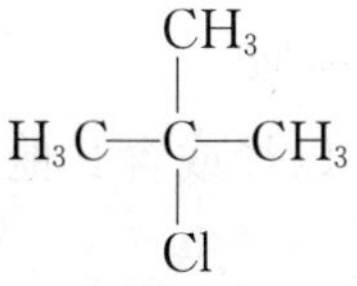
叔卤代烃

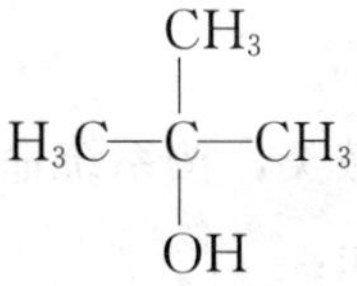
叔醇

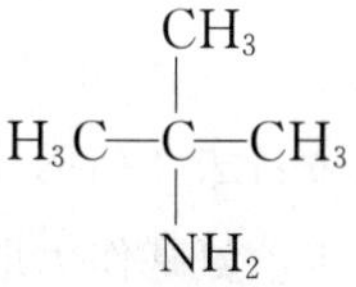
伯胺

伯、仲、叔胺是根据氮原子上烃基的数目进行分类的，而伯、仲、叔醇是根据与羟基相连的碳原子的种类分类的。

根据氮原子所连接烃基的不同，可分为芳香胺和脂肪胺。氮原子上至少连有一个芳基的胺叫芳香胺，简称芳胺。这里主要讨论芳香胺。

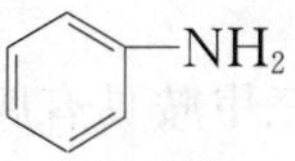
芳香胺

$CH_3CH_2NH_2$
脂肪胺

想一想

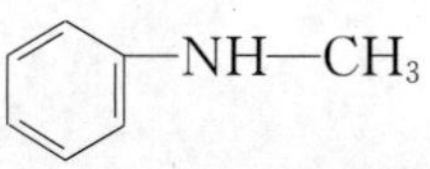 和 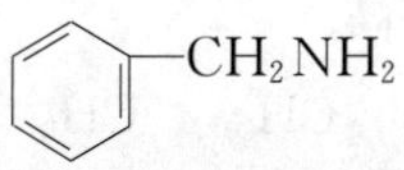 都是芳胺吗？

应该注意“氨”“胺”“铵”字的用法，氨气、氨水和氨基(—NH_2)用“氨”字，氨分子上的氢原子被烃基取代以后得到的物质用“胺”字，铵盐和铵碱则用“铵”字。

(2) 胺的命名

①习惯命名法

简单的伯胺是把和氮原子相连的烃基名称后面加上“胺”字；如果是仲胺和叔胺，烃基不同时，把简单烃基的名称放在前面，复杂烃基的名称放在后面，烃基相同时，用数字二、三表明个数。例如：

$CH_3CH_2—NH_2$
乙胺

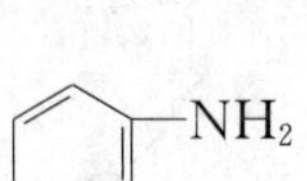
苯胺

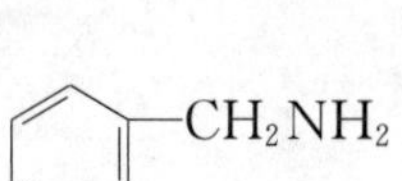
苯甲胺（苄胺）

$CH_3CH_2—NH—CH_3$
甲乙胺

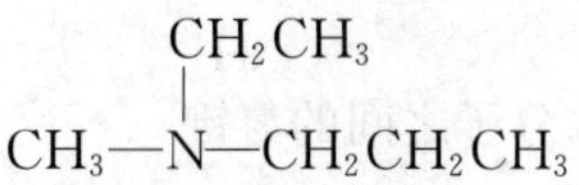
甲乙正丙胺

CH_3NHCH_3
二甲胺

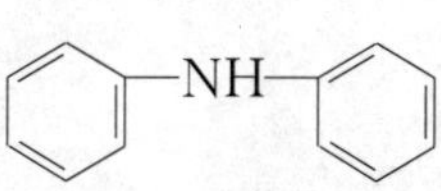
二苯胺

在氨基氮原子上同时连有芳基和烷基的芳胺，命名时须在烷基的名称之前加字母“N”，表示烷基直接连在氨基的氮原子上。例如：

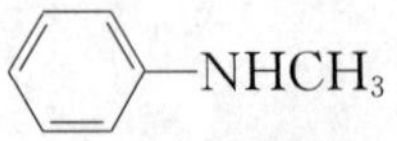
N—甲基苯胺

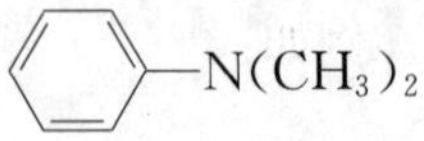
N，N—二甲基苯胺

②系统命名法　结构比较复杂的胺类，按系统命名法命名，以烃或含其他官能团的化合物作为母体，氨基作为取代基。例如：

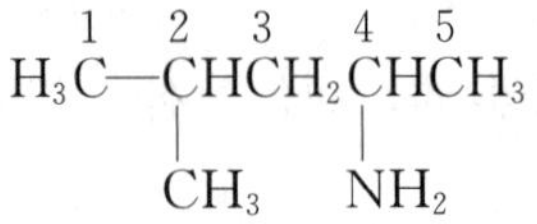
2—甲基—4—氨基戊烷

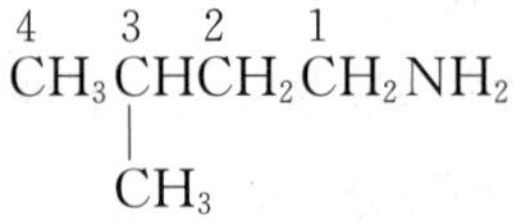
3—甲基—1—氨基丁烷

2. 胺的物理性质

（1）特殊气味

低级胺具有类似氨的气味，二甲胺有鱼腥味，三甲胺具有腐烂鱼的恶臭味，肉腐烂时能产生恶臭且极毒的1，4—丁二胺（腐胺）和1，5—戊二胺（尸胺）；芳香胺为高沸点液体或低熔点固体，有特殊气味，高级胺几乎没有气味。

（2）沸点

由于胺是极性化合物，除叔胺外，其他胺分子间可通过氢键缔合，因此胺的熔点和沸点比分子量相近的非极性或弱极性化合物要高。

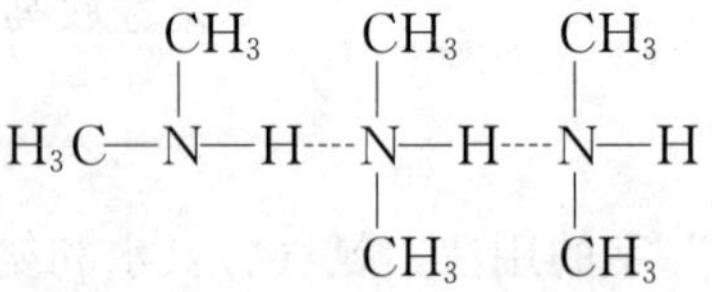
二甲胺分子之间的氢键

（3）溶解度

低级脂肪胺，如甲胺、乙胺、二甲胺、三甲胺、三乙胺等易溶于水，原因是它们与水能够形成分子间氢键。六个碳原子以上胺难溶于水，易溶于有机溶剂。芳香胺水溶性也很小。

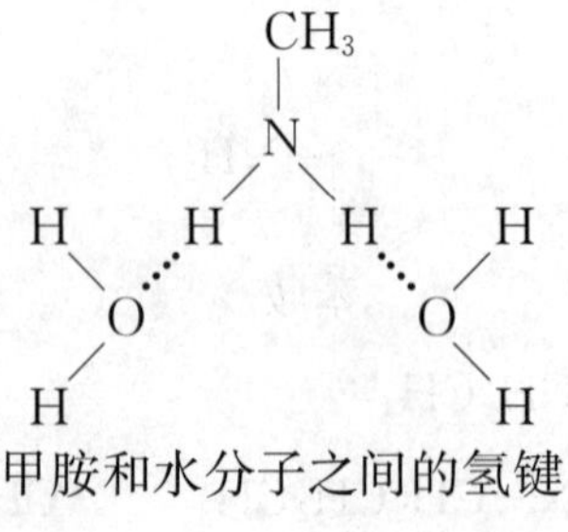
甲胺和水分子之间的氢键

（4）毒性

胺类物质大多有毒，有些可能是致癌物质，如β—萘胺和联苯胺是致癌物。一些常见胺的物理常数见表17—1—2。

表 17—1—2 一些常见胺的物理常数

名称	熔点/℃	沸点/℃	密度(20℃)/(g/cm^3)	溶解度(20℃)/(g/100 g H_2O)	pK_b(20～25℃)
氨	−77.7	−33	0.711 6	易溶	4.76
甲胺	−93.5	−6.3	0.796 1 (−10℃)	易溶	3.38
二甲胺	−96	7.3	0.660 4 (0℃)	易溶	3.27
三甲胺	−117	3.5	0.722 9 (25℃)	91	4.21
乙胺	−80.5	16.6	0.706 (0℃)	∞	3.36
乙二胺	−50	116.5	0.899	溶	4.07 (pK_{b_1})
1，6—己二胺	42	204.5	—	易溶	3.07 (pK_{b_1})
苯胺	−6.3	184	1.022	3.7	9.30
对甲苯胺	44	200	—	0.7	8.92
对硝基苯胺	148～149	331.7	—		12.9
N—甲基苯胺	−57	196.3	0.989	微溶	9.15
N，N—二甲基苯胺	2.5	194	0.956	1.4	8.93

3. 胺的化学性质

胺的化学性质主要发生在官能团氨基(—NH_2)上。

(1) 碱性

与氨相似，胺分子中氮原子上的未共用电子对能与质子结合形成铵离子，所以胺具有碱性。

$$NH_3 + H_2O \rightleftharpoons NH_4^+ + OH^-$$

$$RNH_2 + H_2O \rightleftharpoons RNH_3^+ + OH^-$$

从实验测知：氨的 pK_b^θ 为 4.75；脂肪胺的 pK_b^θ 为 3～5；芳香胺的 pK_b^θ 为9～10。

因此其碱性强弱顺序为脂肪胺＞氨＞芳香胺。

胺可以和大多数酸反应生成盐。例如：

$$(CH_3)_2NH + HCl \longrightarrow [(CH_3)_2NH_2]^+Cl^-$$

氯化二甲基铵

氯化二甲基铵是强酸弱碱盐，因此它的盐与强碱作用时，可释放出游离胺。

$$[(CH_3)_2NH_2]^+Cl^- + NaOH \longrightarrow (CH_3)_2NH + NaCl + H_2O$$

与下列反应类似：

$$NH_4Cl + NaOH \longrightarrow NaCl + NH_3 + H_2O$$

利用胺的这个性质，可以将胺与其他有机物分离。对于不溶于水的胺，可以通过形成盐而溶于稀盐酸中，然后再用强碱从铵盐中置换出来。

【例题 17－1－1】 分离苯酚和苯胺的混合物

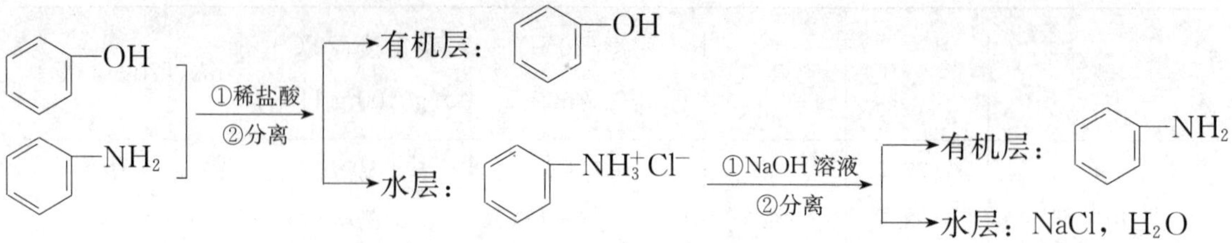

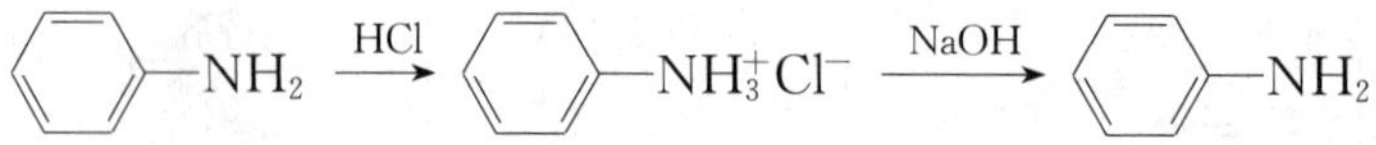

（2）氧化反应

脂肪胺常温下不易氧化，而芳香胺却容易被氧化。例如：纯的苯胺是无色油状液体，在空气中放置，会逐渐被氧化，颜色加深，由无色变成黄色、棕色、红棕色。苯胺用漂白粉氧化呈现紫色，该反应常用于苯胺的鉴定。

（3）酰基化反应

酰基化反应指伯胺和仲胺分子中氨基上的一个氢原子被酰基取代的反应，由于叔胺分子中氨基上没有氢原子，所以不能发生酰基化反应。酰卤和酸酐是常用的酰基化试剂。例如：常用的退热药"扑热息痛"就是通过芳香族伯胺的酰基化反应制得的。

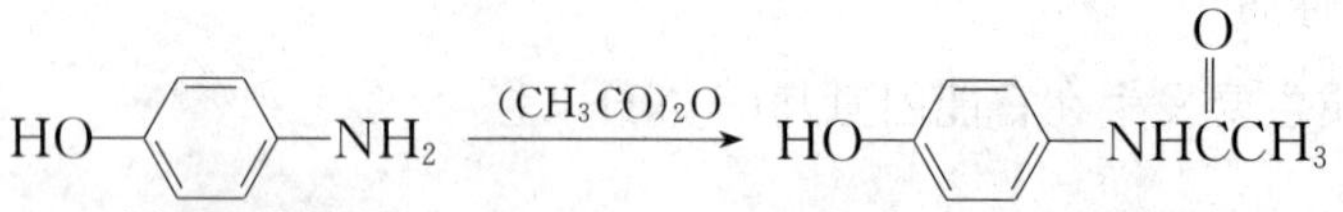

对氨基苯酚　　　　对乙酰氨基酚

有机合成中常利用酰基化反应进行氨基保护。例如：对氨基苯甲酸可由对甲苯胺经下列化学反应合成。

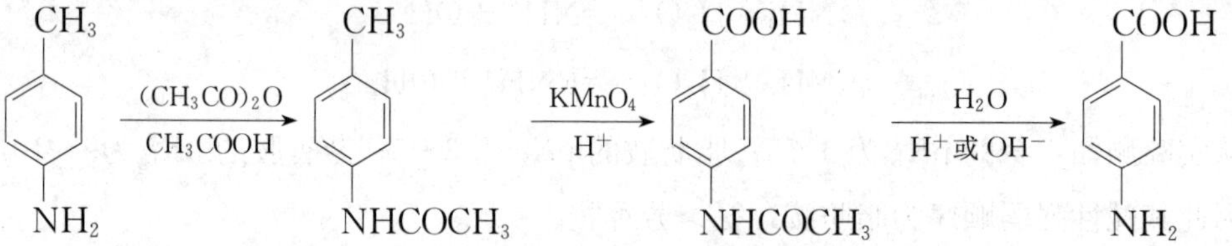

首先易被氧化的氨基（—NH_2）通过酰基化反应转化为不易被氧化的酰胺基（—$NHCOCH_3$），然后甲基（—CH_3）被氧化剂氧化为羧基（—COOH），再经过水解反应将酰胺基（—$NHCOCH_3$）转变为氨基（—NH_2）。

（4）重氮化反应

芳香族伯胺在低温下与亚硝酸的强酸性水溶液反应，生成重氮盐，该反应称为重氮化反应。重氮化反应在有机合成中具有重要作用，其化学反应式如下：

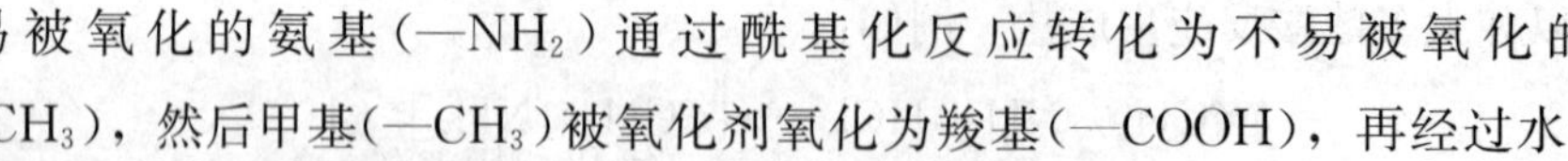

氯化重氮苯

（5）芳胺环上的取代反应

氨基是强的邻、对位定位基，活化苯环，所以氨基邻、对位上的氢原子容易被其他原子或基团取代。

①卤化

芳胺很容易与氯或溴发生取代反应。例如：

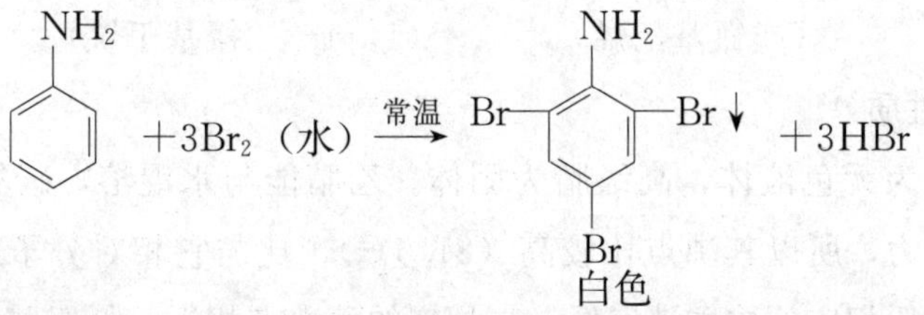

该反应灵敏且定量进行，为此可用于苯胺的定性和定量分析。

②硝化

苯胺直接用硝酸硝化时，常伴着氧化反应。在对苯胺进行硝化时，为防止苯胺的氧化，可先对苯胺进行酰基化，把氨基“保护”起来再硝化，待苯环上导入硝基后，再水解除去酰基，可得到对硝基苯胺。

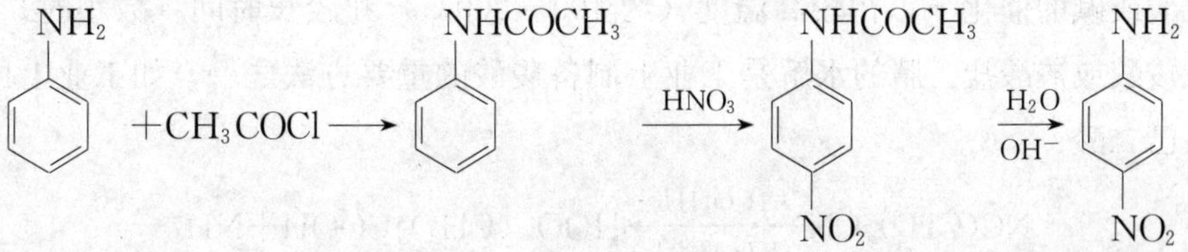

③磺化

苯胺用浓硫酸磺化时，首先生成盐，在加热下失水生成对氨基苯磺酸。例如：

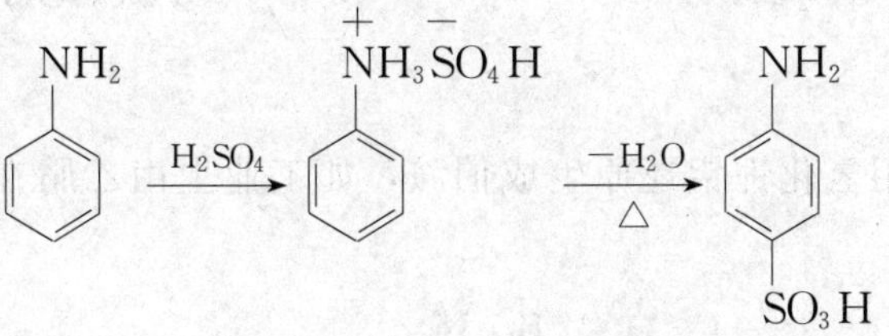

对氨基苯磺酸分子中同时存在酸性和碱性基团，是以内盐的形式存在：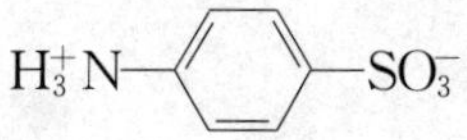 ，它是无色晶体，是任务二中制备甲基橙的原料。

三、腈

腈可以看作是烃分子中的氢原子被氰基(—CN)取代后的生成物，通式为 R—CN 或 Ar—CN。—CN 是腈的官能团，氰基中碳原子和氮原子以叁键相连，即为 —C≡N ，简写作—CN。氰基是较强的极性键，因而腈是具有极性的化合物。

1. 腈的命名

腈的命名常根据腈分子中所含碳原子的数目（包括—CN 中的碳原子）叫某腈或某二腈；或以烃作为母体，氰基作为取代基称为“氰基某烃”。例如：

CH_3CH_2CN	$CH_2=CH—CN$	$NC(CH_2)_4CN$	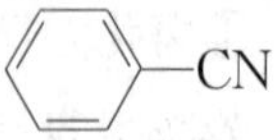
丙腈	丙烯腈	己二腈	苯甲腈
（或氰基乙烷）	（或氰基乙烯）	（1，4—二氰基丁烷）	（或苄氰）

2. 腈的物理性质

脂肪族低级腈为无色液体，高级腈为固体。乙腈能与水混溶，碳氮键有较强的极性，分子间有较大的引力，所以其沸点比较高（81.6℃），比与它相对分子质量相近的烃、醚、醛和酮等都高。但比相应的羧酸沸点低，与相应的醇沸点相近。低级腈不仅可以与水混溶，而且可以溶解许多无机盐类。所以，腈是个很好的溶剂。随着相对分子质量的增加，丙腈、丁腈在水中的溶解度迅速减小，戊腈以上的腈类难溶于水。

3. 腈的化学性质

（1）水解反应

腈在酸或碱的催化下，在较高温度（约 100～200℃）和较长时间（数小时）加热下，水解生成羧酸或羧酸盐。腈的水解是工业上制备羧酸的重要方法之一，如工业上由己二腈水解制备己二酸：

$$NC(CH_2)_4CN \xrightarrow[100\sim200℃]{H_2O,H^+} HOOC(CH_2)_4COOH + NH_4^+$$

又如由苯乙腈制备苯乙酸：

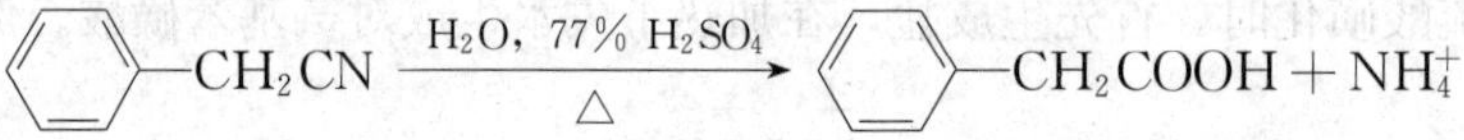

（2）还原反应

腈经催化加氢或用氢化锂铝还原生成伯胺，如工业上由乙腈在高压下催化加氢制取乙胺：

$$CH_3CN \xrightarrow[高压]{H_2,\ Ni} CH_2CH_2NH_2$$

4. 重要的腈

（1）乙腈

乙腈($CH_3—CN$)是最简单的腈，又名甲基氰，无色液体，极易挥发，有类似于醚的特殊气味。乙腈有一定毒性，使用时需加强防护。由于碳氮键有较强的极性，分子间作用力较大，因此其沸点（81.6℃）比与它相对分子质量相近的烃、醚和醛等都高，与醇相近，较羧酸低。有优良的溶剂性能，与水和醇无限互溶，能溶解多种有机、无机和气体物质。

查一查

填写表格中的沸点数值，说明乙腈的沸点较高的原因。

化合物	CH_3CN	$C_2H_5NH_2$	CH_3CHO	C_2H_5OH	$HCOOH$
相对分子质量	41				
沸点/℃	81.6				

(2) 丙烯腈

丙烯腈为无色液体，沸点 77.3～77.4℃，微溶于水，易溶于有机溶剂。其蒸气有毒，能与空气形成爆炸性混合物，爆炸极限为 3.05%～17.0%（体积分数）。工业上由乙炔和氢氰酸直接加成或丙烯通过氨氧化法制得丙烯腈，氨氧化法是目前生产丙烯腈的主要方法。

$$\underset{（过量）}{HC\equiv CH}+HCN\xrightarrow[70℃]{Cu_2Cl_2}CH_2=CH—CN$$

$$CH_2=CH—CH_3+NH_3+\frac{3}{2}O_2\xrightarrow[470℃，0.2\sim0.3\ MPa]{磷钼酸铋}CH_2=CH—CN+3H_2O$$

丙烯腈在引发剂（如过氧化苯甲酰）的存在下，可聚合成聚丙烯腈。

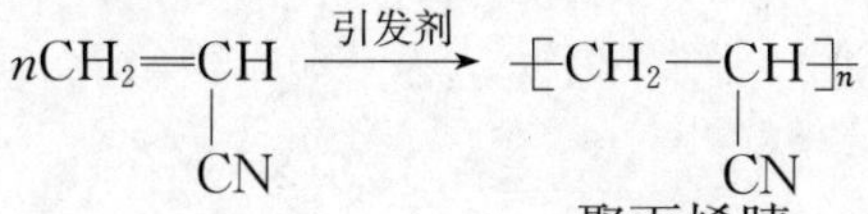

聚丙烯腈

聚丙烯腈纤维即腈纶，又称人造羊毛。它具有强度高、保暖性好、着色性好、耐日光、耐酸和耐溶剂等特性。

任务评价

表 17－1－3　任务评价表

评价项目	评价要素
实验操作	实验操作规范，现象明显；试剂取用和滴加等实验操作方法正确
实验记录	实验现象记录完整规范
任务检测	化学方程式书写规范；产物构造式书写正确
结束工作	实验台面清洁、仪器洗涤洁净、放置整齐、完成时间符合要求
安全与环保	取用试剂数量合理，安全防护措施得当，废液、废纸和固废处理方法合理

任务二　实验室制备甲基橙

任务描述

通过实验掌握甲基橙的制备方法，充分认识重氮化反应和偶合反应的反应条件和反应产物；学习使用冰水浴控制反应温度的操作方法，并在实验过程中进一步熟练抽滤、重结晶和干燥等化学实验基本操作技能。

任务目标

- 熟悉重氮化反应、偶合反应发生的原理和条件，掌握制备甲基橙的方法；
- 用化学反应方程式表示合成路线；
- 学会冰水浴低温操作技术，熟练抽滤、重结晶、干燥等基本操作；
- 得到合格产品。

任务分析

人类使用染料的历史十分悠久。远古时代人们就可从多种植物中提取天然染料。19 世纪开始，人们开始利用化学反应人工合成各种有机染料。其中偶氮染料是由芳香族伯胺发生重氮化反应生成重氮盐，重氮盐再与芳胺偶合而成的有色物质。

本实验以对氨基苯磺酸为原料制备重氮盐，然后再与N，N－二甲基苯胺在酸性介质中发生偶合反应，制得橙黄色的物质，叫作甲基橙。甲基橙由于颜色不稳定且不坚牢，没有作为染料的价值。但它在酸碱溶液中结构会发生变化，显示不同颜色，所以可被用作酸碱指示剂。甲基橙的制备过程中涉及的化学反应如下：

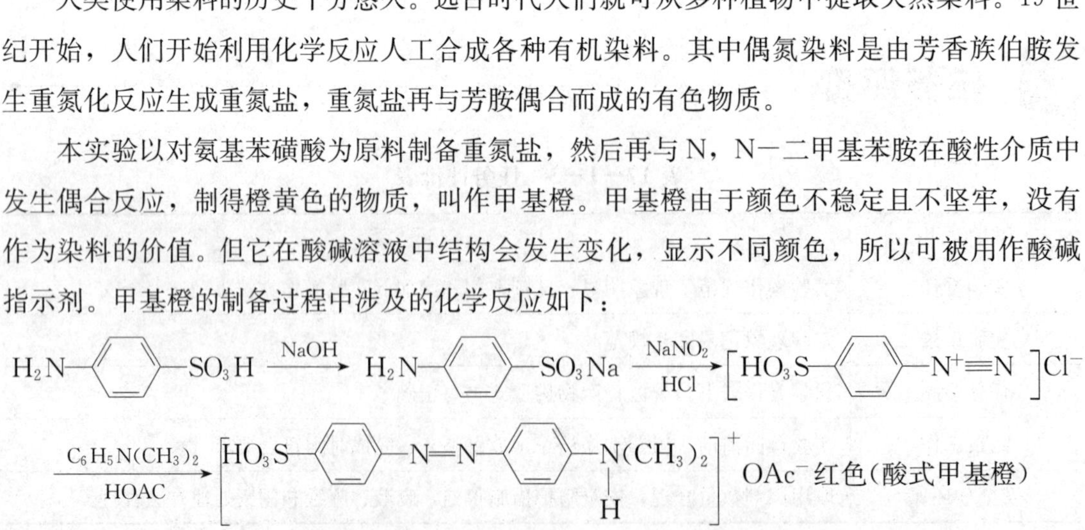

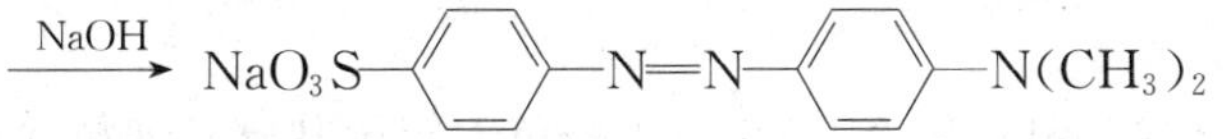

橙色（甲基橙）

任务实施

一、任务准备

1. 仪器和药品

仪器：烧杯、温度计、表面皿、布氏漏斗、水浴锅。

试剂：对氨基苯磺酸、氢氧化钠溶液（5%）、亚硝酸钠、浓盐酸、冰醋酸、蒸馏水、N，N－二甲基苯胺、乙醇、淀粉－碘化钾试纸。

2. 安全、环保和注意事项

（1）重氮化过程中，应严格控制温度，反应温度若高于5℃，生成的重氨盐易水解为酚，降低产率；

（2）N，N－二甲基苯胺有毒，相关操作应在通风橱内进行；

（3）重结晶操作要迅速，否则由于产物呈碱性，在温度高时易变质，颜色变深；

（4）实验过程中产生的废液、废纸等放入准备好的废液桶和废纸桶。

二、任务过程

1. 重氮盐的制备

（1）在100 mL烧杯中、加入2.1 g对氨基苯磺酸结晶和10 mL 5%氢氧化钠溶液，热水浴温热溶解后冷至室温。

对氨基苯磺酸是白色或灰色结晶，微溶于冷水。它是两性化合物，酸性略强于碱性，所以它能溶于碱而不溶于酸中。

（2）另称取0.8 g亚硝酸钠溶于6 mL水中，加入上述烧杯中，用冰盐水浴冷却至0～5℃。

（3）在搅拌下，将3 mL浓盐酸与10 mL水配制成的溶液缓慢滴加到上述混合液中。此间应注意控制反应液温度在5℃以下（可用温度计间歇测温）。

（4）滴加完毕，用淀粉－碘化钾试纸检验反应终点。试纸显蓝色，视为反应终点；若试纸不显蓝色，需要补加亚硝酸钠，并充分搅拌，至试纸显蓝色。然后在冰盐水浴中继续搅拌15 min，以保证反应完全。

2. 偶合

（1）在一支试管中加入1.3 mL N，N－二甲基苯胺和1 mL冰醋酸，振荡混合。

（2）在搅拌下，将此溶液慢慢加入上述冷却的重氮盐中（此间应始终保持低温操作），搅拌 10 min。

(3) 继续搅拌，慢慢加入 25 mL 5% NaOH 至为橙色，粗甲基橙呈细粒状沉淀析出。

3. 盐析、抽滤

(1) 将烧杯从冰水浴中取出恢复至室温。加入 5 g NaCl，搅拌并于沸水浴加热 5 min，冷却至室温后再置于冰水浴中冷却。

(2) 待甲基橙全部重新结晶析出后，抽滤收集结晶。用少量水洗涤滤饼，压紧抽干。

4. 重结晶

(1) 将滤饼连同滤纸移到装有 50 mL 含有少量氢氧化钠（约 2%）的沸水中搅拌，全溶后，冷却至室温，冰水浴冷却至甲基橙结晶全部析出，抽滤；

(2) 滤饼用少量无水乙醇洗涤，压紧抽干；

(3) 产品转移至表面皿上，于 50℃以下自然晾干，得到橙色的叶片状甲基橙结晶。

(4) 称重。

三、任务检测

1. 产品颜色：正常颜色应为橙色，偏黄色或偏紫红色说明实验过程存在问题；

2. 将极少量甲基橙溶于水中，加几滴稀盐酸，然后再用稀碱中和，观察并记录颜色变化；

3. 计算产品质量和产率（理论产量 3.2 g）。产率>50%，合格；产率>70%，优秀。

相关知识

重氮化合物和偶氮化合物

分子中含有“—N_2—”原子团的化合物为重氮化合物或偶氮化合物。“—N_2—”的两端都和碳原子相连的化合物称偶氮化合物，可表示为(Ar)R—N═N—R(Ar)。例如：

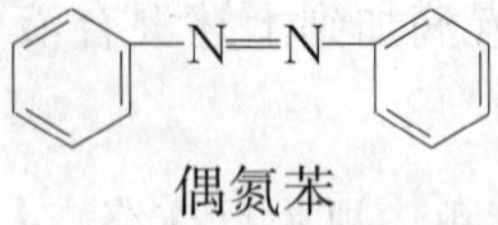

偶氮苯

CH_3—N═N—CH_3

偶氮甲烷

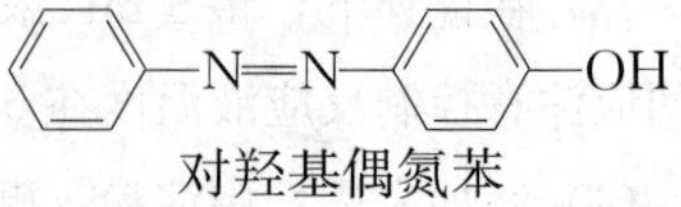

对羟基偶氮苯

“—N_2—”基团的一端与烃基碳原子相连，另一端与非碳原子相连的化合物，叫作重氮化合物。例如：

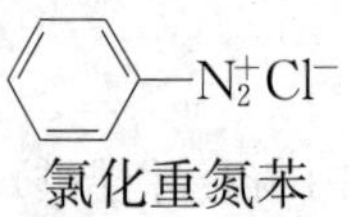

氯化重氮苯

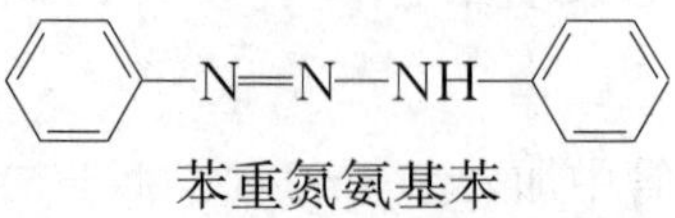

苯重氮氨基苯

1. 重氮化反应

强酸性溶液中、较低温度下（0～5℃），芳香族伯胺与亚硝酸作用，生成重氮盐的反应称为重氮化反应。

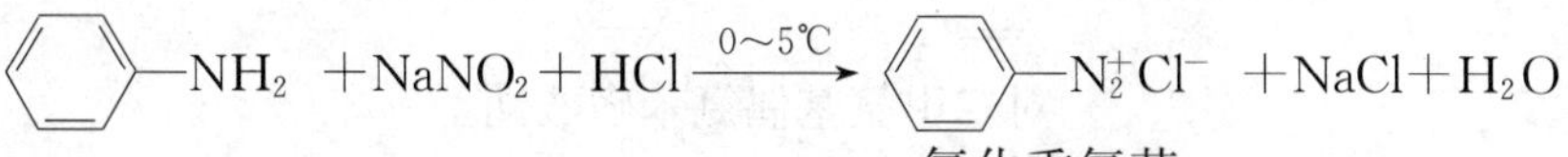

氯化重氮苯

进行重氮化反应时，先把芳伯胺溶于强酸溶液中，将其冷却至0～5℃，再将冷却到同样温度的亚硝酸钠溶液慢慢加入，亚硝酸钠与酸作用生成的亚硝酸立即与胺发生重氮化反应。用淀粉一碘化钾试纸检验过量的亚硝酸以确定反应终点，生成的重氮盐不用分离，可直接用于反应中。

重氮化反应时若用硫酸，则生成硫酸氢重氮苯。

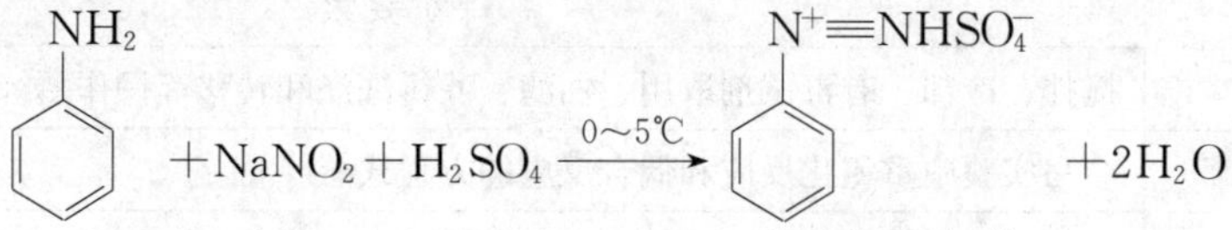

硫酸氢重氮苯

重氮盐具有盐的性质，易溶于水，其水溶液可导电，不溶于有机溶剂；干燥的重氮盐极不稳定，受热或振动时易爆炸，需要保存在低温水溶液中。

重氮盐在一定条件下，重氮基可以被羟基、氢原子、卤素、氰基等取代，生成相应的芳香族衍生物，并放出氮气。

2. 偶合反应和偶氮化合物

芳香族重氮盐与酚、芳胺等在一定的条件下作用生成有鲜艳颜色的各种偶氮化合物，这种反应称为偶合反应，也叫偶联反应。

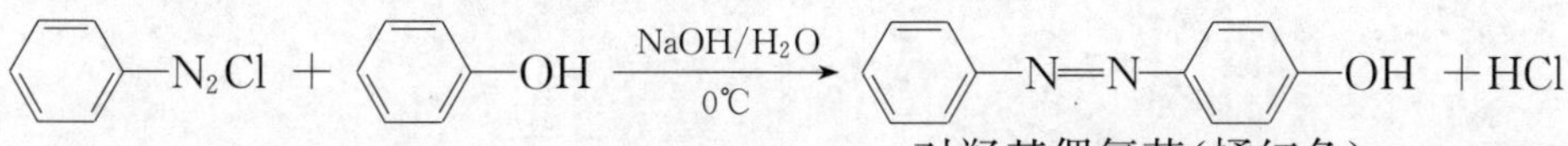

对羟基偶氮苯(橘红色)

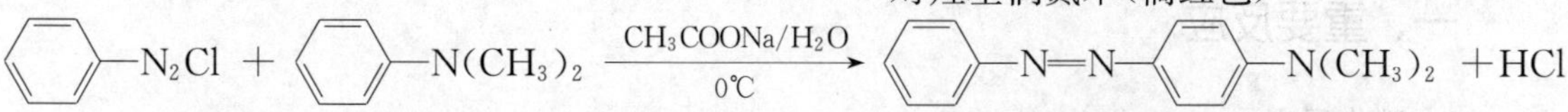

对二甲氨基偶氮苯(黄色)

偶合反应不能在强酸或强碱性介质中进行。重氮盐与酚类的偶合反应通常在弱碱性溶液中进行（pH＝8～10），与芳胺的偶合反应通常在弱酸性溶液中进行（pH＝5～7）。

参加偶合反应的重氮盐，称为重氮组分，与其偶合的酚和芳胺称为偶合组分。偶合反应通常发生在羟基或氨基的对位，如果对位已经被其他原子团所占据，则发生在邻位。

芳香族偶氮化合物都具有颜色，性质稳定，广泛用作染料。偶氮染料是品种最多、应用最广的一类合成染料。偶氮染料是以分子内具有一个或几个偶氮基为特征的合成有机染料，它的颜色几乎包括全部色谱，在所有的染料品种中，偶氮染料占一半以上，广泛用于棉、毛、丝、麻织品以及合成纤维的染色，也用于塑料、皮革、橡胶制品的染色。

有些偶氮化合物的颜色能随溶液的 pH 不同而发生灵敏且显著的颜色变化，这样的偶氮化合物，在分析化学中可用作酸碱指示剂。例如：甲基橙的构造简式为

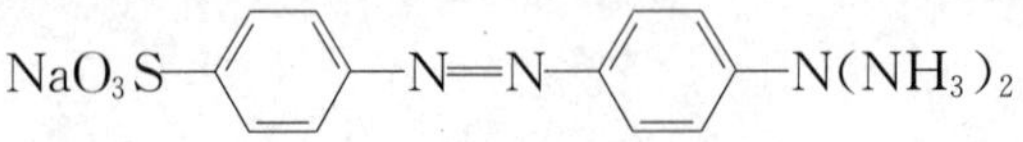

对二甲氨基偶氮苯磺酸钠

pH＞4.4 时呈黄色，pH＜3.1 时呈红色，pH 在 3.1～4.4 时呈橙色。

任务评价

表 17－2－1　任务评价表

评价项目	评价要素
实验操作	搅拌、冷却、有毒试剂取用、抽滤、滤饼洗涤和转移等操作熟练、规范
实验原理	会写实验中重氮化反应和偶合反应的方程式
实验记录	记录详细、完整
任务检测	产品外观和颜色、产品质量（g）和产率
结束工作	实验台面清洁、仪器洗涤洁净、放置整齐、完成时间符合要求
安全与环保	取用试剂数量合理，废液、废纸和固废处理方法合理

单元小结

一、重要反应

1. 硝化反应

苯与浓 H_2SO_4 和浓 HNO_3（混酸）在加热时反应，苯环上的一个氢原子被硝基取代，生成硝基苯的反应。

2. 还原反应

硝基苯在催化剂存在下被氢气还原生成苯胺的反应（或 Fe＋HCl 等还原剂）。

3. 重氮化反应

在强酸性溶液中、较低温度下（0～5℃），芳香族伯胺与亚硝酸作用，生成重氮盐的反应。

4. 偶合反应

芳香族重氮盐与酚、芳胺等发生反应，生成偶氮化合物的反应。

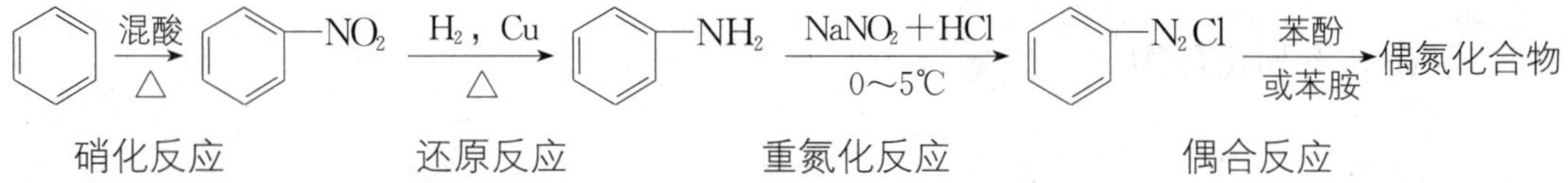

二、胺的性质

1. 胺具有弱碱性，可以溶于稀酸溶液，生成铵盐，与其他有机物分离。

2. 鉴别苯胺

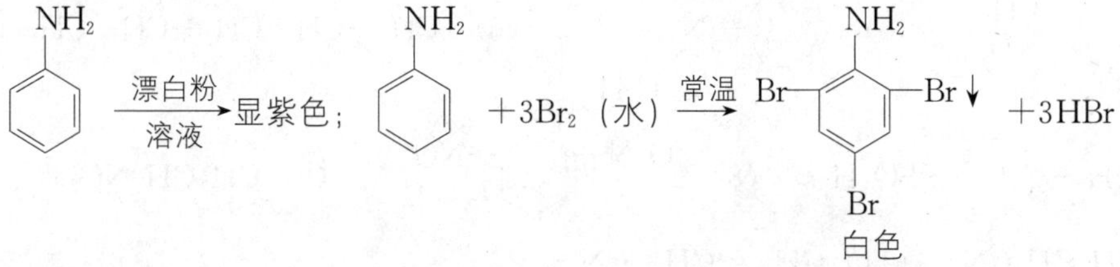

3. 氨基保护

$$—NH_2 \xrightarrow{\text{乙酸酐或乙酰卤}} —NHCOCH_3$$

（逆向：H_2O,H^+）

容易被氧化　　　　不易被氧化

三、腈的性质

1. 水解反应

在酸或碱的催化作用下，腈发生水解生成羧酸，工业制备羧酸的方法之一。

$$—CN \xrightarrow[H^+\text{或}OH^-]{H_2O} —COOH$$

2. 还原反应

腈催化加氢或用还原剂还原，生成相应的伯胺，这是制备伯胺的一种方法。

$$—CN \xrightarrow{[H]} —CH_2NH_2$$

综合测试

一、解释下列名词

（1）硝基化合物　（2）胺　（3）伯胺、仲胺、叔胺　（4）重氮化合物和偶氮化合物　（5）腈　（6）氨基保护

二、命名下列化合物

（1） 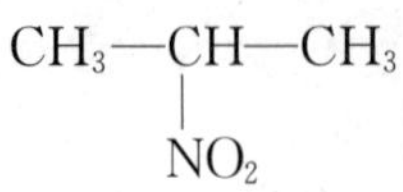 （2） 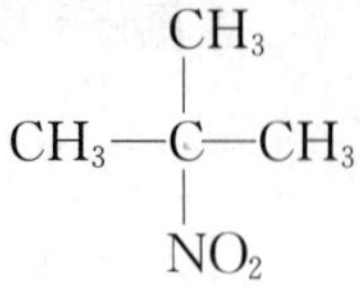 （3） 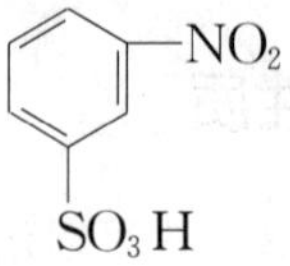

（4）  （5） 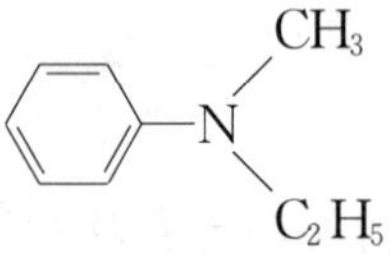 （6） 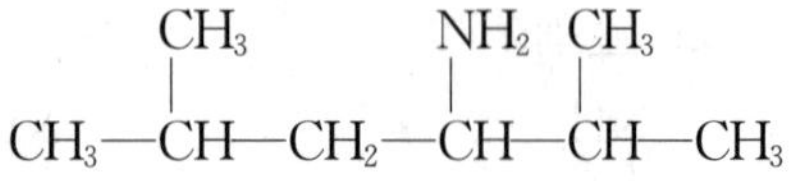

（7） 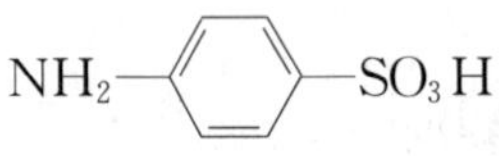 （8） 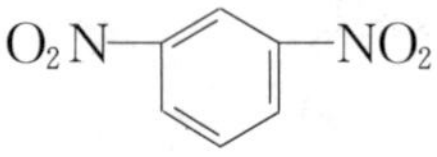 （9）$CH_3CH_2NO_2$

（10）CH_3CH_2CN （11）$CH_2{=}CH{-}CN$

三、写出下列化合物的构造式

（1）二甲胺　（2）仲丁胺　（3）N－甲基苯胺　（4）乙腈　（5）对硝基甲苯　（6）苦味酸　（7）氯化重氮苯

四、选择题

1. 下列胺中不属于仲胺的是（　　）。

A. $CH_3CH_2CH_2NHCH_3$

B. 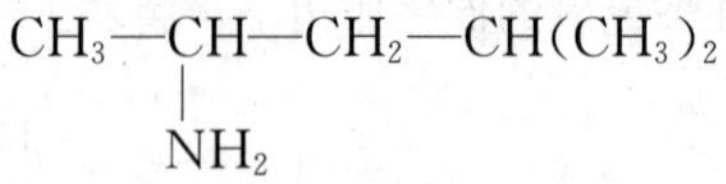

C. 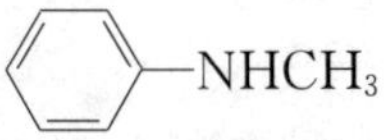

D. 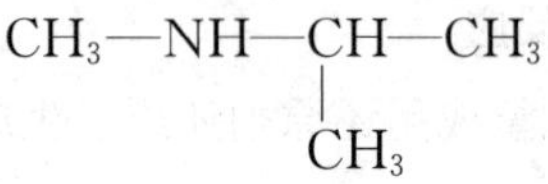

2. 下列说法错误的是（　　）。

A. 由于硝基钝化苯环，硝基苯不能发生烷基化和酰基化反应

B. 苯酚中苯环上的氢原子被硝基取代后，该苯酚的酸性增强

C. 苯甲酸中苯环上的氢原子被硝基取代后，该苯甲酸的酸性增强

D. 硝基苯具有苦杏仁气味，无毒

3. 下列物质中，沸点最高的是（　　）。

A. 正丁胺　　B. 正戊烷

C. 乙醚　　D. 二乙胺

4. 重氮化反应必须在（　　）溶液中进行。

A. 强酸性　　B. 强碱性

C. 弱酸性　　D. 弱碱性

5．重氮盐与酚的偶合反应必须在（　　）溶液中进行；与芳胺的偶合反应必须在（　　）溶液中进行。

A．强酸性　　B．强碱性　　C．弱酸性　　D．弱碱性

五、完成下列化学反应，说明反应类型。

（1）$CH_3CH_2CN \xrightarrow{H_2O，H^+} ?$

（2）$(CH_3)_3C-\overset{\overset{O}{\|}}{C}-NH_2 \xrightarrow[NaOH]{NaClO} ?$

（3）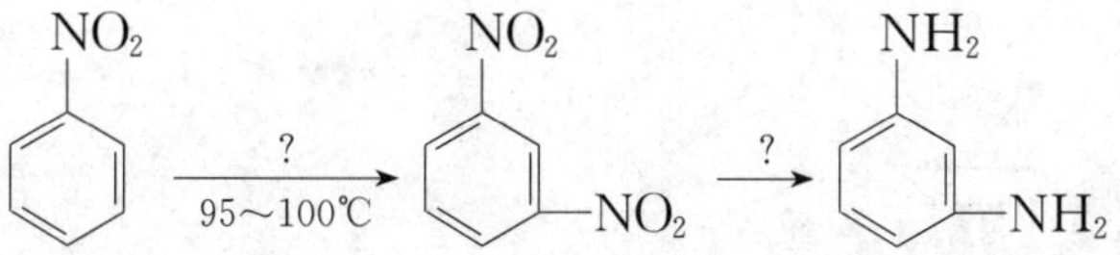

（4）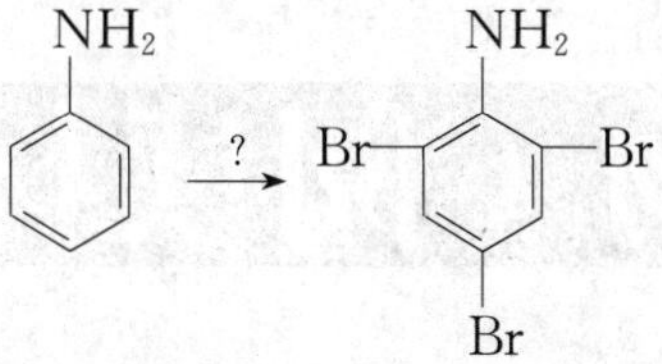

（5）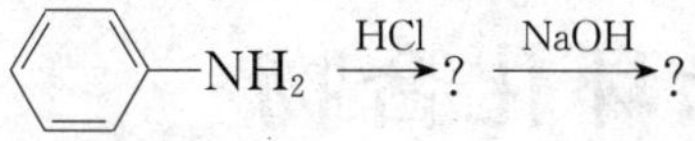

（6）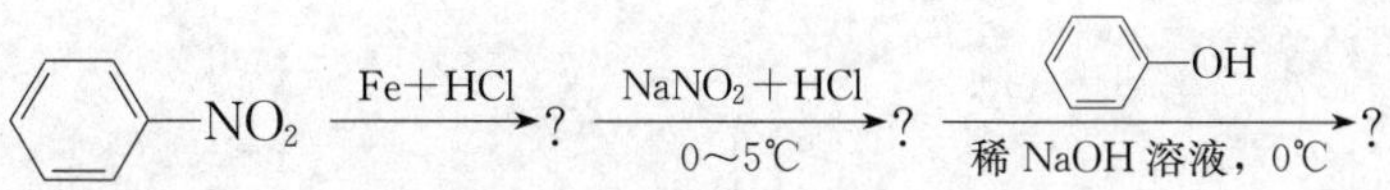

六、鉴别下列各组物质

（1）苯酚、苯胺和苯甲酸

（2）乙醛、乙酸和乙胺

七、对甲基苯酚中混有苯胺，如何将其分离出来并回收？

八、由甲苯合成苯乙酸（提示：α－H 的卤代、引入氰基）

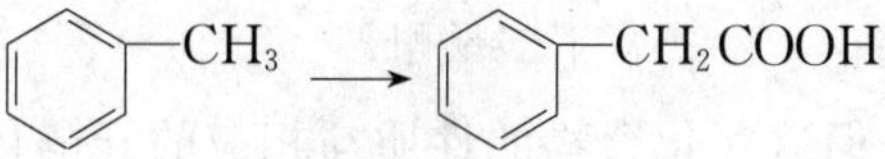

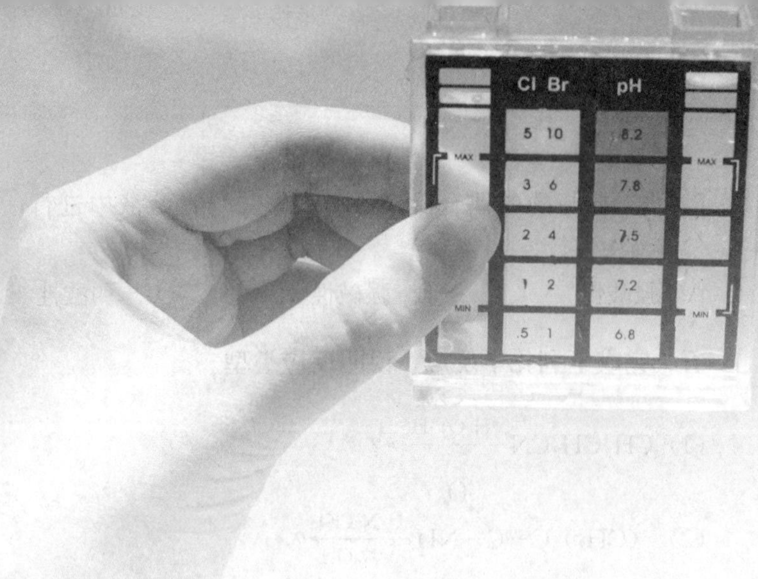

第十八单元

其他有机化合物（阅读材料）

任务一　认识杂环化合物

所谓杂环化合物是指分子中具有类似苯环，但形成环的原子除了碳元素原子之外还有其他元素原子的环状化合物。参与成环的非碳原子常见的有氧、硫、氮等，称为杂原子。而下列化合物：

环氧乙烷

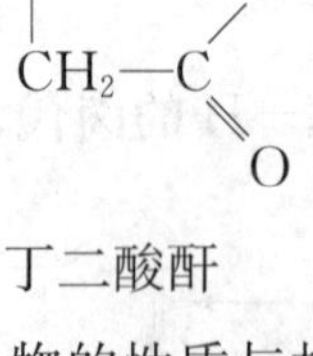

丁二酸酐

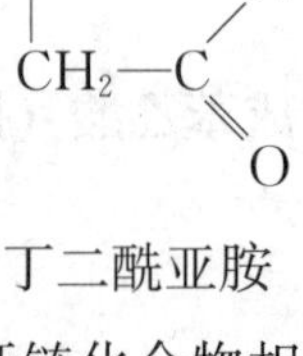

丁二酰亚胺

虽然也有含氧或含氮的环，但这些化合物的性质与相应的开链化合物相似，因此它们一般在脂肪族化合物中讨论，而不归在杂环化合物的范围内。在这里主要讨论环比较稳定、在结构上与芳香族化合物相似，具有芳香性的杂环化合物。

杂环化合物在自然界分布极广，数量上大约占整个有机物的三分之一左右，应用范围极其广泛。例如：中草药的有效成分生物碱大多是含有氮杂环的化合物；在动物体内有着重要的生理作用的血红素、叶绿素、核酸等都是含有氮杂环的化合物；一部分维生素、抗菌素及一些植物色素和植物染料都含有杂环；很多合成药物和合成染料也含有杂环。

一、杂环化合物的分类

杂环化合物一般可分为单杂环和稠杂环两大类。常见的单杂环有五元杂环及六元杂环；稠杂环常由苯环与单杂环或由两个以上单杂环稠合而成。见表 18－1－1。

表 18－1－1　常见的杂环化合物

类别		含 1 个杂原子	含 2 个杂原子
单杂环	五元杂环	 呋喃  噻吩 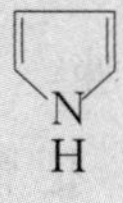 吡咯	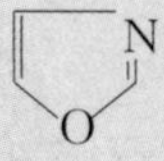 噁唑 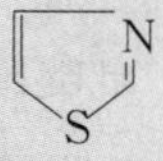 噻唑 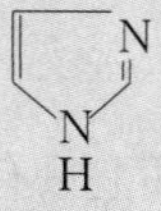 咪唑
	六元杂环	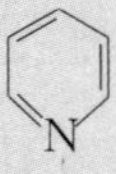 吡啶 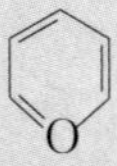 吡喃	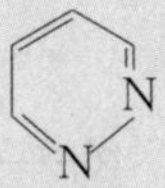 哒嗪 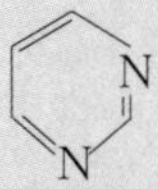 嘧啶 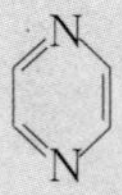 吡嗪
稠杂环		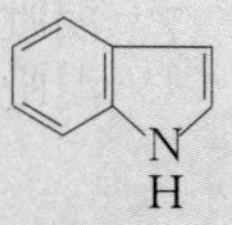 吲哚 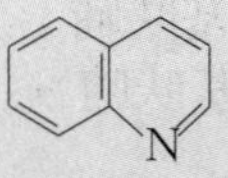 喹啉	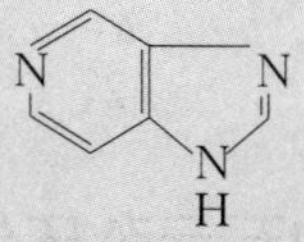 嘌呤

二、杂环化合物的命名

杂环化合物的命名方法有两种，一种按照英文名称的读音，选用同音汉字加“口”旁组成音译名。例如：

		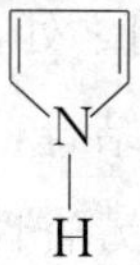	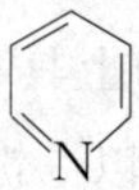	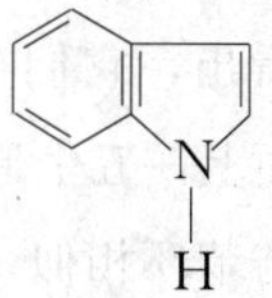	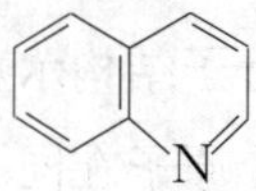
呋喃	噻吩	吡咯	吡啶	吲哚	喹啉
(furan)	(thiophene)	(pyrrole)	(pyridine)	(indole)	(quinoline)

环上有取代基的杂环化合物，若取代基是烃基、硝基、卤素、氨基（或烷氨基）、烷酰基、羟基等，则以杂环做母体；若取代基是磺酸基、醛基、羧基等，则以杂环做取代基。杂环编号的一般原则是：从杂原子开始编号，杂原子位次为 1。当环上含有两个或两个以上相同的杂原子时，应从连有取代基（或氢原子）的那个杂原子开始编号，并使其他杂原子

的位次尽可能最小。当环上有不同的杂原子时，则按 O、S、N 的顺序编号。例如：

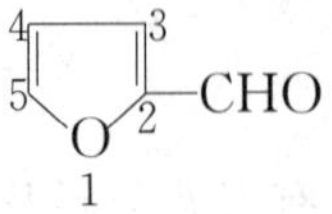
2—呋喃甲醛

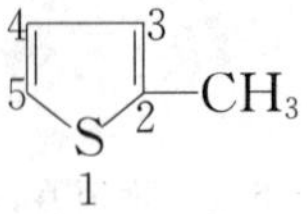
2—甲基噻吩

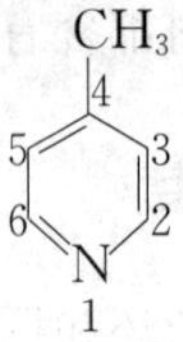
4—甲基吡啶

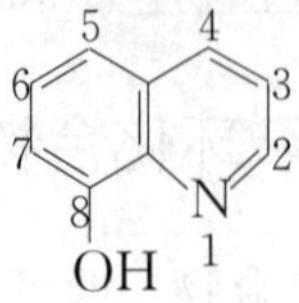
8—羟基喹啉

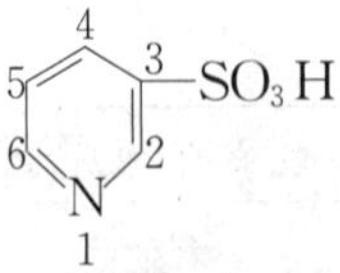
3—吡啶磺酸

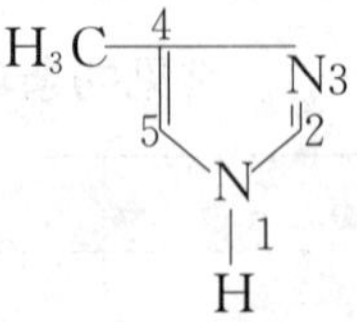
4—甲基咪唑

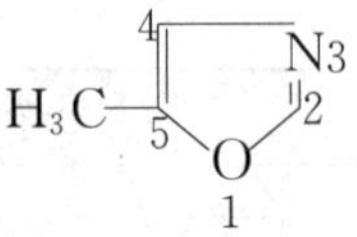
5—甲基噁唑

环上只有一个杂原子，也可用希腊字母编号，把靠近杂原子的位置叫 α 位，其后依次为 β 位和 γ 位。五元杂环只有 α 位和 β 位，六元杂环有 α、β、γ 位。例如：

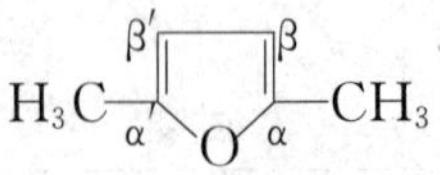
α，α′—二甲基呋喃
（2，5—二甲基呋喃）

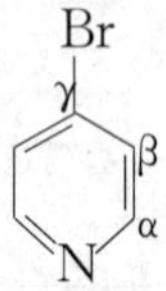
γ—溴吡啶
（4—溴吡啶）

三、重要的五元杂环化合物

呋喃、噻吩、吡咯是含一个杂原子的五元杂环化合物，它们的分子结构示意图如下：

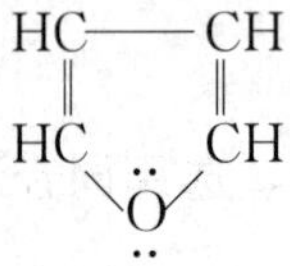
呋喃

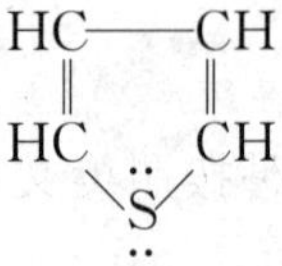
噻吩

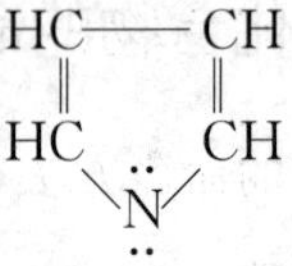
吡咯

从分子结构示意图看出，它们在结构上具有共同之处，根据近代物理方法测定表明，环上五个原子在同一平面上，五个原子间以 σ 键相互结合，杂环中还存在与苯环一样的闭合大 π 键。因此，它们与苯环相似，具有芳香性，但芳香性比苯弱，杂环化合物比苯容易发生卤化、硝化等取代反应，主要得到 α—位取代物，它们与苯取代反应的活性顺序如下：

吡咯＞呋喃＞噻吩＞苯

1. 呋喃、吡咯和噻吩的物理性质

呋喃是无色、易挥发液体，沸点 32℃，有类似氯仿的气味。吡咯是无色液体，但易被空气氧化而变成褐色或黑色，沸点 131℃，有类似苯胺的气味。噻吩也是无色液体，沸点 84℃，是三种五元杂环化合物中最稳定的一种。三者均难溶于水，易溶于乙醇、乙醚等有机溶剂。

呋喃、吡咯都能与浸过盐酸的松木片发生不同的颜色反应，其中呋喃显绿色，吡咯显红色。噻吩与靛蓝一起加热则显蓝色。由此可检验这三种五元杂环化合物。

呋喃可以由 α－呋喃甲醛（糠醛）气相催化脱羰基得到。

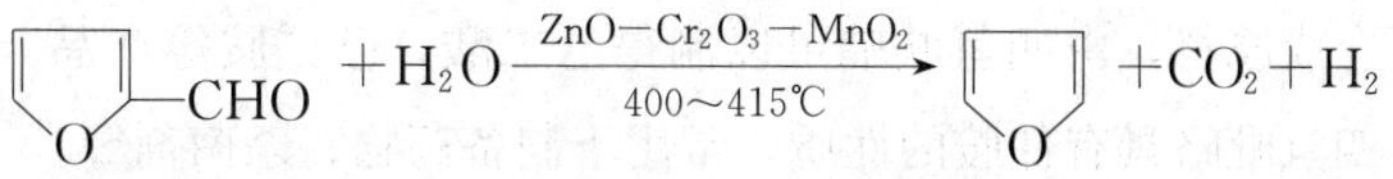

吡咯及其同系物主要存在于煤焦油、骨油中，吡咯的衍生物在自然界分布很广，且大多数具有特殊的生理活性。工业上可由呋喃与氨在氧化铝催化下制得。

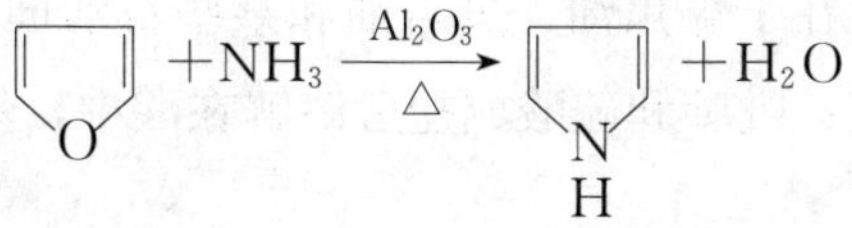

噻吩主要存在于煤焦油的粗苯中，约含 0.5%，石油中也含有少量噻吩及其衍生物。工业上可以由 C_4 馏分与硫蒸气迅速通过 600～650℃的反应器，然后迅速冷却而制得。

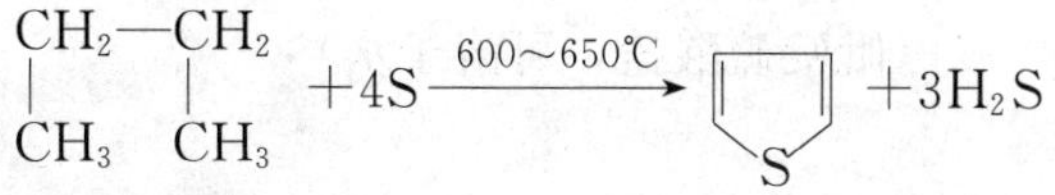

2. 呋喃、吡咯和噻吩的化学性质

（1）取代反应　呋喃、吡咯和噻吩由于比苯活性大，必须在较温和的条件下进行卤代，否则容易生成多卤代物。例如：

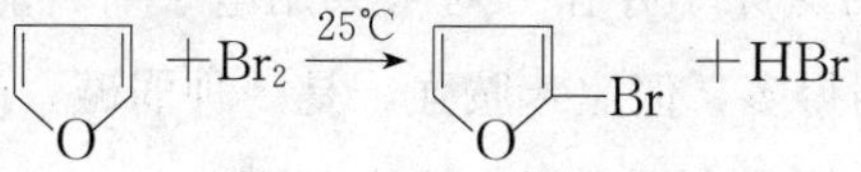

2－溴呋喃

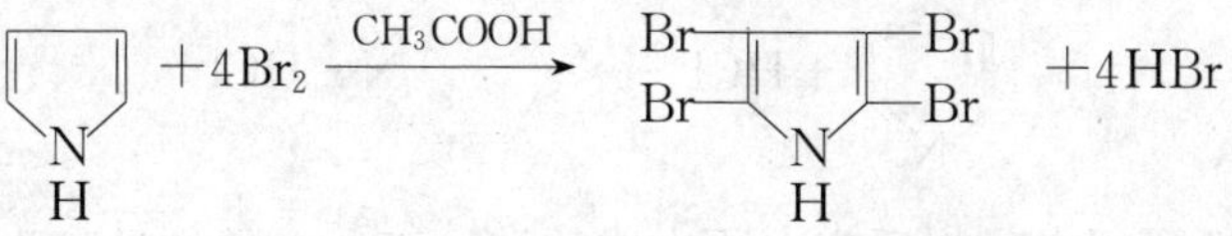

2,3,4,5－四溴吡咯

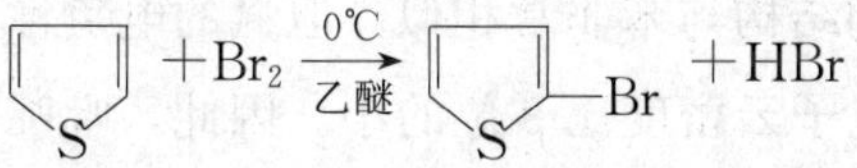

2－溴噻吩

（2）加成反应

在催化剂存在下，呋喃、吡咯和噻吩都能进行加氢反应，生成相应的四氢化物。例如：

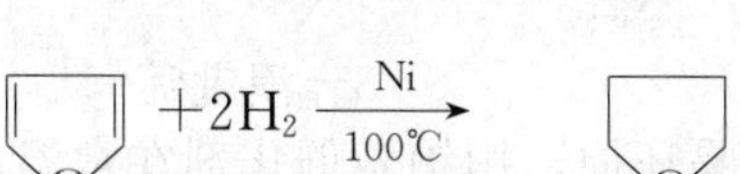

四氢呋喃(THF)

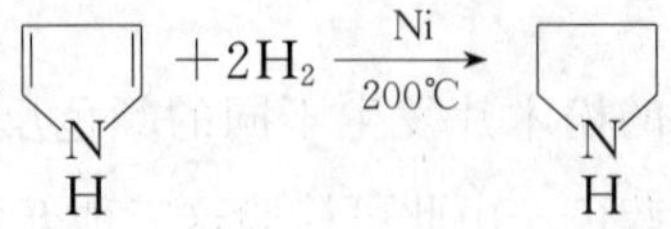

四氢吡咯

四氢呋喃为无色、有乙醚气味的液体，沸点 65℃，溶于水及有机溶剂，是良好的溶剂，也是重要的有机合成原料，由四氢呋喃可以制得已二酸、已二胺等产品。它又是医药、合成橡胶的原料。四氢吡咯具有仲胺的性质，常用于制备药物、杀菌剂等。

四、重要的六元杂环化合物——吡啶（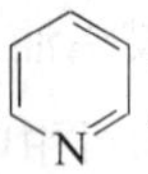）

吡啶及其同系物广泛存在于煤焦油、页岩油和某些石油催化裂化的煤油馏分中。工业上一般从煤焦油中提取吡啶：吡啶和硫酸成盐后溶解在酸中，然后加碱中和，游离出吡啶，再经蒸馏制得。

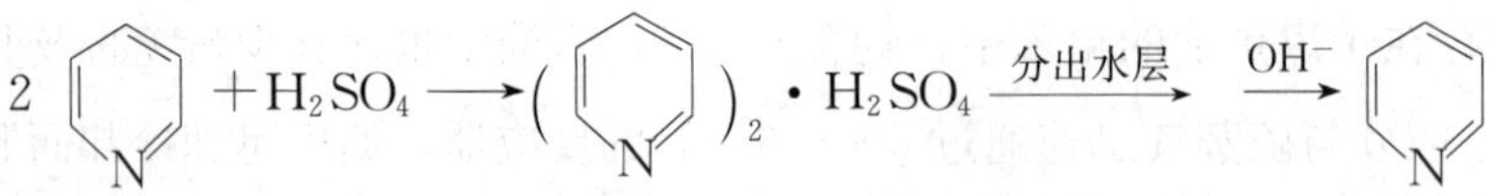

（吡啶硫酸盐，可溶于水）

1. 物理性质

吡啶是无色液体，有特殊臭味，沸点 115℃，熔点－42℃，相对密度 0.982，可与水、乙醇、乙醚等混溶，还能溶解多种有机物和无机盐，是一种良好的溶剂。

2. 化学性质

（1）碱性　吡啶环上的氮原子存在一对未共用电子对，能与质子结合，表现出碱性。吡啶的碱性比氨和脂肪胺弱得多，但比苯胺强，是一种弱碱，$pK_b^\theta=8.8$。吡啶可以和强酸（如盐酸）、弱酸（如乙酸）等反应生成相应的盐。例如：

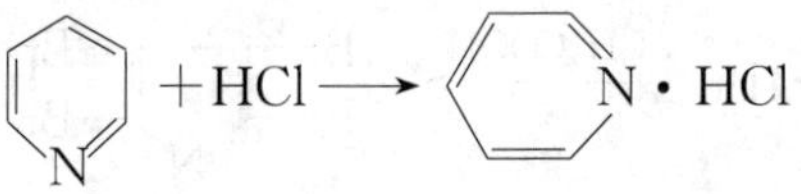

利用吡啶的碱性可用来吸收反应中所生成的酸，工业上常称吡啶为缚酸剂。

（2）取代反应　吡啶的结构与苯非常相似，但氮的电负性比碳大，吡啶环上的电子云密度较苯环小，且 α 位的电子云密度比 β 位的小。因此，吡啶与硝基苯类似，一般要在强烈条件下才能发生亲电取代反应，且主要发生在 β 位。

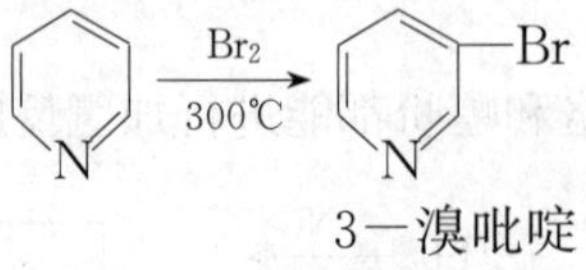

3－溴吡啶

（3）催化加氢　吡啶比苯容易还原，用铂做催化剂在常温、常压下加氢可得高产率的六氢吡啶（又称哌啶）。

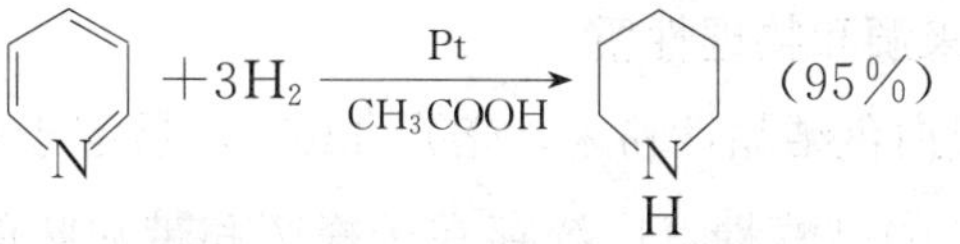

（4）氧化反应　吡啶环对氧化剂稳定，一般不被高锰酸钾、酸性重铬酸钾氧化，通常是侧链烃基被氧化成羧酸。

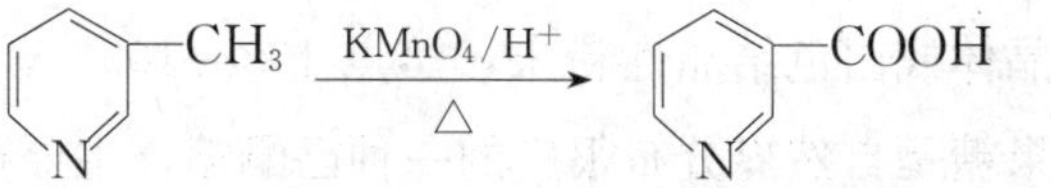

β—吡啶甲酸（烟酸）

任务二　认识糖类

糖类化合物由 C、H、O 三种元素组成，分子中 H 和 O 的比例通常为 2∶1，与水分子中的比例相同，可用通式 $C_m(H_2O)_n$ 表示。因此，人们曾把这类化合物称为“碳水化合物”。后来人们发现，有些有机物在结构和性质上与碳水化合物十分相似，但组成不符合 $C_m(H_2O)_n$ 的通式，如鼠李糖（$C_6H_{12}O_5$），脱氧核糖（$C_5H_{10}O_4$）等；而有些化合物，如乙酸（$C_2H_4O_2$），乳酸（$C_3H_6O_3$）等，分子组成虽然符合上述通式，但其结构和性质与碳水化合物相差甚远。可见“碳水化合物”这一名称是不确切的。由于这一名称沿用已久，故至今仍在使用。糖类在生命活动中起着重要的作用，是一切生物体维持生命活动所需能量的主要来源。

从化学构造上看，糖类化合物是多羟基醛、多羟基酮以及它们的缩合物。例如：葡萄糖是多羟基醛，其构造简式为 $CH_2OH—CHOH—CHOH—CHOH—CHOH—CHO$。

糖类化合物可根据其水解的情况分为三类：单糖、二糖和多糖。

一、单糖

单糖是指不能发生水解的糖。单糖的通式是 $C_m(H_2O)_n$。单糖都是无色晶体，味甜，有吸湿性。极易溶于水，难溶于乙醇，不溶于乙醚。单糖中最重要的是葡萄糖和果糖。

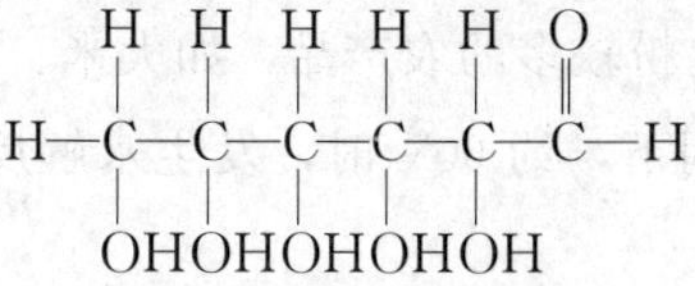

葡萄糖（多羟基醛糖）

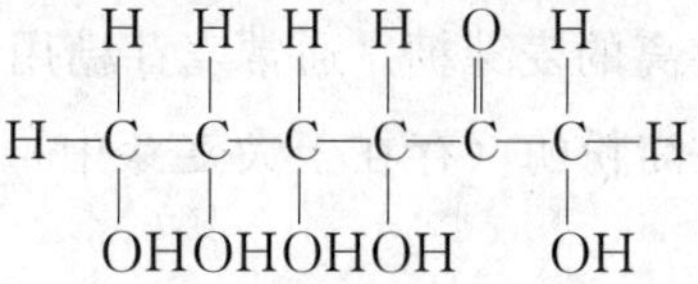

果糖（多羟基酮糖）

1. 葡萄糖和果糖的来源和物理性质

葡萄糖是无色晶体或白色结晶性粉末，熔点 146℃，易溶于水，难溶于乙醇，有甜味。葡萄糖是自然界分布最广的己醛糖，广泛存在于蜂蜜和带甜味的水果以及植物的根、茎、叶和花等部位。尤其在成熟的葡萄中含量较高，因而得名。人体和动物体内都含有游离的葡萄糖，人体血液中的葡萄糖叫作血糖。正常人的血液血糖含量为 3.9～6.1 mmol/L。

纯净的果糖是无色晶体或白色结晶性粉末，熔点 103～105℃，通常为黏稠性液体，易溶于水、乙醇和乙醚。果糖是自然界分布很广的一种己酮糖，主要存在于蜂蜜和水果中。

单糖都有甜味，但相对甜度不同。一般以蔗糖的甜度为 100，葡萄糖的甜度为 74，果糖的甜度为 173。果糖是已知单糖和二糖中甜度最大的糖。

2. 葡萄糖和果糖的化学性质

葡萄糖和果糖均能和托伦试剂、斐林试反应，分别生成银镜和氧化亚铜砖红色沉淀。

$$\begin{array}{l}\mathrm{CHO}\\ |\\ \mathrm{(CHOH)_4}\\ |\\ \mathrm{CH_2OH}\end{array} + 2Ag(NH_3)_2OH \longrightarrow \begin{array}{l}\mathrm{COONH_4}\\ |\\ \mathrm{(CHOH)_4}\\ |\\ \mathrm{CH_2OH}\end{array} + 2Ag\downarrow + 3NH_3 + H_2O$$

葡萄糖酸铵

$$\begin{array}{l}\mathrm{CHO}\\ |\\ \mathrm{(CHOH)_4}\\ |\\ \mathrm{CH_2OH}\end{array} + 2Cu^{2+} + NaOH + H_2O \xrightarrow{\triangle} \begin{array}{l}\mathrm{COONa}\\ |\\ \mathrm{(CHOH)_4}\\ |\\ \mathrm{CH_2OH}\end{array} + Cu_2O\downarrow + 4H^+$$

葡萄糖酸钠

果糖是酮糖，虽不含醛基，但在碱性溶液中能转变成醛糖，所以果糖也能发生银镜反应和菲林反应。

二、二糖

二糖是最重要的低聚糖，可以看成是一个单糖分子中的半缩醛羟基与另一个单糖分子中的醇羟基或半缩醛羟基之间脱水的缩合物。凡是经水解能生成两分子单糖的化合物称为二糖。最重要的二糖是蔗糖和麦芽糖，分子式为 $C_{12}H_{22}O_{11}$，二者互为同分异构体。

1. 麦芽糖

自然界不存在游离的麦芽糖。通常麦芽糖用含有淀粉较多的农产品，如大米、玉米、薯类等作为原料，在淀粉酶（存在于大麦芽中）的作用下，约 60℃时，发生水解反应而生成。

$$2(C_6H_{10}O_5)_m + nH_2O \xrightarrow[60℃]{\text{淀粉酶}} nC_{12}H_{22}O_{11}$$

麦芽糖

唾液中也有淀粉酶，也能使淀粉水解为麦芽糖，所以细嚼淀粉食物后常有甜味感。

麦芽糖为无色结晶，熔点 102～103℃，易溶于水，甜味不及蔗糖。

麦芽糖在无机酸或酶的作用下发生水解，得到两分子葡萄糖。

$$\underset{\text{麦芽糖}}{C_{12}H_{22}O_{11}} + H_2O \xrightarrow{H^+\text{或酶}} \underset{\text{葡萄糖}}{2C_6H_{12}O_6}$$

麦芽糖是饴糖的主要成分，主要用于食品工业中。麦芽糖易被动物消化，是一种廉价的营养剂，也可作为微生物的培养剂。

2. 蔗糖

蔗糖也叫甜菜糖，是自然界中分布最广的糖，广泛存在于植物的茎、叶、种子、根和果实内，其中以甘蔗的茎和甜菜的块根含量较多。工业上将甘蔗或甜菜经榨汁、浓缩、结晶等操作可制得食用蔗糖。

蔗糖为白色结晶，熔点 160～186℃，易溶于水，其甜味超过葡萄糖，但不及果糖。

蔗糖属于非还原性糖，不能被托伦试剂、斐林试剂氧化，也不能与苯肼作用成糖脎。蔗糖在无机酸或酶作用下水解，生成一分子葡萄糖和一分子果糖。

$$C_{12}H_{22}O_{11} + H_2O \xrightarrow{H^+\text{或酶}} \underset{\text{葡萄糖}}{C_6H_{12}O_6} + \underset{\text{果糖}}{C_6H_{12}O_6}$$

蔗糖是人类生活中不可缺少的食用糖，在医药上用作矫味剂，常制成糖浆应用。蔗糖高浓度时能抑制细菌生长，因此可用作医药上的防腐剂和抗氧剂。

三、多糖

多糖是高分子化合物，其水解后生成的最终产物是多个分子的单糖。多糖广泛存在于动植物体中，是重要的天然高分子化合物。多糖的性质与单糖和低聚糖有较大的差别，一般为无定形固体，不溶于水，不具有还原性。淀粉和纤维素是最重要、最常见的多糖，分子式为$(C_6H_{10}O_5)_n$，但由于二者的 n 值不同，二者不互为异构体。

1. 淀粉

淀粉是绿色植物进行光合作用的产物，存在于植物的种子、块根和茎中，谷类植物中含淀粉较多。淀粉是无色、无味和无臭的颗粒。淀粉由直链淀粉和支链淀粉两部分组成。一般直链淀粉的含量为 10%～30%，支链淀粉的含量为 70%～90%。直链淀粉不溶于冷水，但能溶于热水，遇碘溶液显蓝色。支链淀粉易溶于冷水，遇热水则因膨胀而成糊状，遇碘溶液显蓝紫色。一般淀粉以含支链淀粉为主，故遇碘溶液呈深蓝色。这一性质可用于淀粉的检验。

淀粉在酸或酶的催化作用下，可逐步水解，依次生成糊精，麦芽糖和葡萄糖。

$$\underset{\text{淀粉}}{(C_6H_{10}O_5)_n} \xrightarrow[\text{酸或酶}]{H_2O} \underset{\text{糊精}}{(C_6H_{10}O_5)_m} \xrightarrow[\text{酸或酶}]{H_2O} \underset{\text{麦芽糖}}{C_{12}H_{22}O_{11}} \xrightarrow[\text{酸或酶}]{H_2O} \underset{\text{葡萄糖}}{C_6H_{12}O_6}$$

糊精是相对分子质量比淀粉小的多糖，能溶于水，可作糨糊及纸张布匹等的上浆剂。

淀粉除供食用外，也是工业上的重要原料。淀粉经发酵可制得乙醇、丙酮和丁醇等。近年来还用淀粉氧化制备草酸。淀粉还可用作纺织品的上浆及医药上用于生产葡萄糖。

2. 纤维素

纤维素是自然界分布最广的一种多糖，是构成植物茎干的主要成分。例如：木材含纤维素约 50%，亚麻约含 80%，棉花中约含 90%以上。纤维素的相对分子质量比淀粉大得多，如木纤维素的相对分子质量为 30 万～50 万。

纯净的纤维素无色、无味、无臭，不溶于水和一般有机溶剂。纤维素比淀粉难水解，在高温、高压和无机酸存在下完全水解得到葡萄糖。因此，纤维素和淀粉都可看成是葡萄糖的聚合体。

虽然纤维素水解最终的产物也是葡萄糖，但在人体消化道中不含能水解纤维素的酶，因此，纤维素不能作为人类的营养物质。然而食物中的纤维素在人体消化过程中却起着重要的作用。它能刺激肠道蠕动，分泌消化液，有助于食物的消化，促进粪便的排泄，防止便秘，有助于预防结肠炎及结肠癌的发生。有些食物纤维还能与食物中的胆固醇及甘油三酯结合，减少脂类的吸收，降低血液中胆固醇及甘油三酯的含量，从而降低冠心病的发病率。因此，膳食纤维被列为蛋白质、脂肪、碳水化合物、维生素、无机盐和水之外的第七营养素，是其他营养素无法代替的物质。为此，人类应多吃蔬菜、水果、粗粮等，保持足量的纤维素有益于身体健康。不过，对于患有肠胃溃疡的人，要少吃纤维素食物。

牛、马、羊等食草动物，其消化道能分泌纤维素酶，使纤维素水解生成葡萄糖，所以纤维素可作为食草动物的营养物质。

纤维素除直接用于纺织、造纸和建筑外，还可用于制造硝酸纤维、醋酸纤维和黏胶纤维等许多有用的人造纤维。

任务三　认识蛋白质

蛋白质广泛存在于生物体内，是组成细胞的基础物质。动物的肌肉、皮肤、毛发、蹄、角的主要成分都是蛋白质。蛋白质是构成人体的物质基础，它约占人体除水分外剩余物质量的一半。蛋白质几乎在所有的生物过程中都起着关键作用，从最简单的病毒、细菌等微生物到各种动植物，直至高等动物和人类，一切生命过程和种族的繁衍活动都与蛋白质的合成、分解和变化密切相关。蛋白质不仅决定物种的性状和新陈代谢的类型，而且在构成生命的呼吸、心跳、消化、排泄、营养运输、神经传导以及遗传信息控制等生命现象中，最终都是通过蛋白质来表达和实现的。因此，没有蛋白质就没有生命。

一、蛋白质的元素组成

蛋白质是一类含氮的高分子化合物，相对分子质量从 10 000 到 10 000 000 以上。蛋白质分子结构复杂，种类繁多，在人体内约有 1 000 000 种以上的蛋白质，其质量占人体干重的 45%。蛋白质的组成因来源不同而有所差别，但从各种生物组织中提取的蛋白质都含有碳元素（50%～55%）、氢元素（6.0%～7.0%）、氧元素（20%～24%）和氮元素（15%～17%）；大多数蛋白质还含有硫元素（0%～4%）；有些蛋白质含有磷元素；还有少量蛋白质含有微量金属元素（如铁、铜、锌、锰等）；个别蛋白质还含有碘元素。

二、蛋白质的基本单位——α－氨基酸

羧酸分子中烃基碳原子上的氢原子被氨基取代后的生成物叫氨基酸。氨基位于羧酸分子 α 位上的称为 α－氨基酸。蛋白质是以氨基酸为基本单位构成的生物大分子。

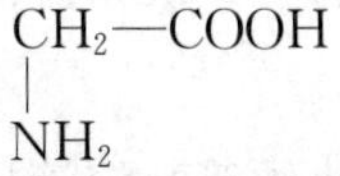

氨基乙酸（甘氨酸）

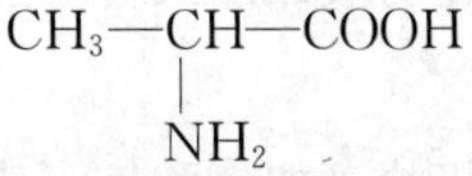

α－氨基丙酸（丙氨酸）

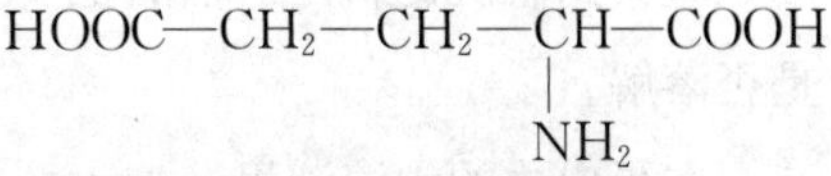

α－氨基戊二酸（谷氨酸）

氨基酸分子中含有羧基和氨基，是两性化合物。它与酸和碱作用都可以生成盐。

两个氨基酸分子中一个 α－氨基酸分子中的氨基可以和另一个 α－氨基酸分子中的羧基发生缩合反应失去一分子水，生成以酰胺键连接的化合物叫二肽。形成的酰胺键又叫肽键

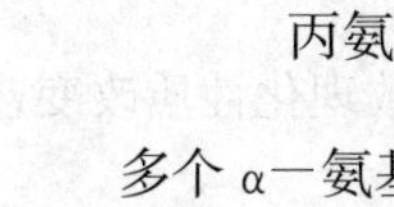

。例如：

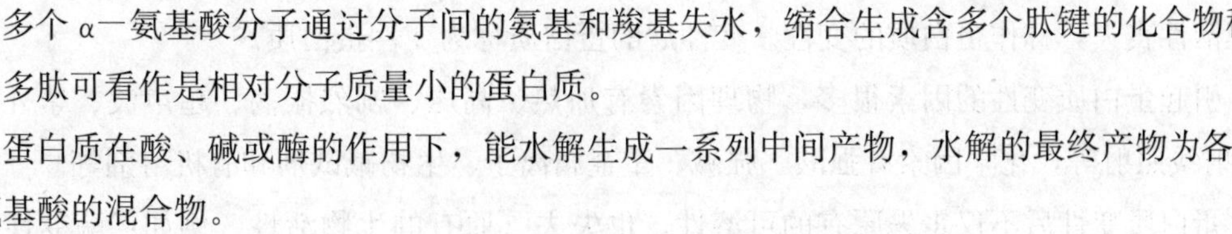

丙氨酸　　甘氨酸　　丙氨酰甘氨酸

多个 α－氨基酸分子通过分子间的氨基和羧基失水，缩合生成含多个肽键的化合物称多肽。多肽可看作是相对分子质量小的蛋白质。

蛋白质在酸、碱或酶的作用下，能水解生成一系列中间产物，水解的最终产物为各种 α－氨基酸的混合物。

$$蛋白质 \xrightarrow{水解} 多肽 \xrightarrow{水解} 二肽 \xrightarrow{水解} \alpha-氨基酸$$

不同蛋白质水解后所得的 α－氨基酸，种类和数量各不相同。由蛋白质水解得到的 α－氨基酸主要有二十多种，其中许多是人体必需的氨基酸。

可见 α—氨基酸是组成蛋白质的结构单元，是构成蛋白质的基石。蛋白质是由许多 α—氨基酸通过分子间氨基与羧基间的脱水反应，缩合成以酰胺键相连，具有复杂空间结构的高分子化合物，相对分子质量可高达数千万，一般也在一万以上，其基本构造可表示为：

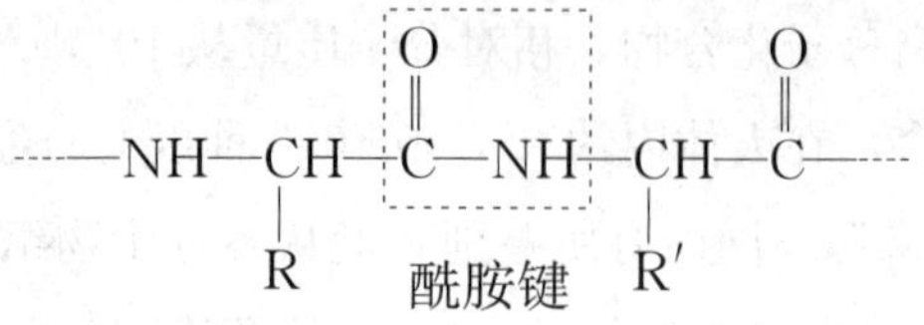

三、蛋白质的性质

多数蛋白质易溶于水及极性溶剂，不溶于有机溶剂。有些难溶于水，如丝、毛等。蛋白质除了能水解为各种 α—氨基酸外，还具有如下性质：

1. 盐析

【演示实验 18—3—1**】**在盛有鸡蛋白溶液的试管中，缓慢加入饱和硫酸铵或硫酸钠溶液，观察到有沉淀析出。然后把少量带有沉淀的液体加入盛有蒸馏水的试管里，观察沉淀是否溶解。

在蛋白质的水溶液里，加入一定量的无机盐（如硫酸铵、硫酸镁、氯化钠等）溶液后可使蛋白质的溶解度降低，而从溶液中析出，这种作用称为盐析。这是一个可逆过程，盐析出来的蛋白质仍可再溶于水中，并且其结构和性质不发生变化。所有的蛋白质在浓的盐溶液中都可沉淀出来，但是不同的蛋白质盐析出来时，盐的最低浓度是不同的。利用这个性质采用多次盐析和溶解，可以分离、提纯不同的蛋白质。

2. 变性

【演示实验 18—3—2**】**在两支试管中各加入 3 mL 鸡蛋白溶液，将其中一支试管加热，同时向另一支试管加入少量乙酸铅溶液，观察到一支试管中的蛋白质凝结，另一支试管中有沉淀生成，然后把凝结的蛋白质和生成的沉淀分别放入两支盛有清水的试管中，观察是否溶解。

由于物理或化学因素的影响，蛋白质分子的内部结构发生了变化，导致理化性质改变，生理活性丧失，称作蛋白质的变性。变性后的蛋白质称为变性蛋白质。

引起蛋白质变性的因素很多，物理因素有加热、高压、剧烈振荡、超声波、紫外线或X—射线照射等，化学因素有强酸、强碱、重金属离子、生物碱试剂和有机溶剂等。

蛋白质变性后不仅丧失原有的可溶性，也失去了原有的生物活性。例如：酶变性后失去了催化功能；激素变性后失去了相应的生理调节功能；血红蛋白变性后失去了输送氧的功能等。

蛋白质的变性作用对工农业生产、科学研究都具有十分广泛的意义。例如：通常利用加热、紫外线照射、酒精、杀菌剂等杀菌消毒，其结果就是使细菌体内的蛋白质变性。菌种、生物制剂的失效，种子失去发芽能力等均与蛋白质的变性有关。

在医疗上抢救误服重金属盐中毒的患者时，会给患者服用大量含蛋白质丰富的生鸡蛋、牛奶或豆浆，使重金属与蛋白质结合生成变性蛋白质，减少人体蛋白质的受损，再用催吐剂将结合的重金属盐吐出，达到解毒目的。

3. 显色反应

蛋白质能和许多试剂发生特殊的颜色反应，常用于蛋白质的鉴别。

（1）缩二脲反应　蛋白质分子中含有多个酰胺键，当在蛋白质溶液中加入氢氧化钠溶液及数滴硫酸铜稀溶液时，蛋白质呈现紫色。

（2）蛋白黄反应　分子中含有苯环的蛋白质，与浓硝酸作用立即呈现黄色，这是由于苯环发生了硝化反应，生成了硝基化合物。若再用氨水处理，则又变成橙色。皮肤接触硝酸，立即变黄，就是蛋白质黄色反应的实例。

（3）水合茚三酮反应　蛋白质与水合茚三酮（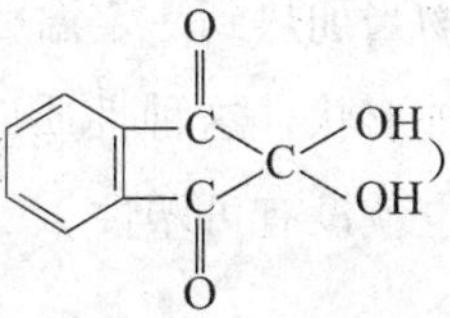）加热反应，呈现紫蓝色，反应非常灵敏，其灵敏度可达十万分之一的浓度。该反应在蛋白质的鉴定上极为重要。

此外，蛋白质被灼烧时，如羊毛、蚕丝等会产生具有烧焦羽毛的气味，这一性质也可用于鉴别蛋白质。

任务四　认识高分子化合物

由众多原子或原子团主要以共价键结合而成的相对分子质量在一万以上、具有重复结构单元的有机化合物叫作高分子化合物。由于高分子化合物多是由小分子通过聚合反应而制得的，因此也常被称为聚合物或高聚物。

高分子化合物按其来源可分为天然有机高分子化合物（如淀粉、纤维素、蛋白质、天然橡胶等）和合成有机高分子化合物（如聚乙烯、聚氯乙烯、合成橡胶等）。高分子是以一定数量的结构单元重复组成的，如聚乙烯：$n\mathrm{CH_2{=}CH_2} \to \cdots\mathrm{-CH_2-CH_2-CH_2-CH_2-}\cdots \to \mathrm{[CH_2-CH_2]}_n$

其中，$\mathrm{CH_2{=}CH_2}$ 称为单体；$\mathrm{-CH_2-CH_2-}$为聚乙烯的链节；n 称为聚合度。

高分子的分子结构有线型结构和体型结构。线型结构的特征是分子中的原子以共价键互相连结成一条很长的卷曲状态的“链”（叫分子链），它卷曲呈不规则的线团状。体型结构的特征是分子链与分子链之间还有许多共价键交联起来，形成三维空间的网络结构。

一、高分子化合物的特性

高分子化合物的结构不同于一般小分子化合物，高分子比一般有机化合物的分子大得多，所以在物理、化学和力学性能上与低分子化合物有很大差异。高分子具有如下的特殊性能：

1. 弹性与塑性

线型高分子化合物的分子在通常情况下是卷曲的，当受到外力作用时，可稍被拉直。当外力去掉后，分子又恢复了原来卷曲的形状，这种性质叫作弹性。生胶是一种线型高分子化合物，有很大的弹性。体型高分子里的长链，如果彼此交联不多，也有一定的弹性。如果交联过多，就会失去弹性而成坚硬的物质，如硬橡皮等。

线型高分子化合物当加热到一定温度，就渐渐软化，这时可以把它们制成一定的形状，冷却以后就保持了那种形状，这种性质叫作可塑性。体型高分子化合物因交联很多，当加热时不能软化，因此也就没有可塑性。

2. 电绝缘性

高分子链里的原子是以共价键结合的，一般没有自由电子，不能导电，所以一般有良好的绝缘性。电线的包皮、电插座等都是用塑料制成。此外，高分子化合物对多种射线，如X射线有抵抗能力，可以抗辐射。

3. 密度和机械强度

高分子材料相对密度小，但强度高，有的工程塑料的强度超过钢铁和其他金属材料，如玻璃钢的强度比合金钢大1.7倍，比钛钢大1倍。由于质轻、强度高、耐腐蚀、价廉，所以高分子材料在不少场合已逐步取代金属材料，如全塑汽车的问世就是典型的例子。

4. 化学稳定性

高分子化合物的分子链缠绕在一起，活泼性原子团少，活泼的官能团又包在里面，不易和化学试剂反应，化学性质通常很稳定。高分子化合物具有耐酸、耐腐蚀等特性。著名的“塑料王”聚四氟乙烯，在王水中煮也不会变质，其耐酸程度远超过金。

高分子材料的缺点是它们不耐高温，易燃烧，不易分解，如废弃的快餐盒和塑料袋等对环境形成的污染称为“白色污染”。此外，它还容易老化。

二、三大合成材料

通常把塑料、合成橡胶和合成纤维叫作三大合成材料。它们是用人工方法，由低分子化合物合成的高分子化合物，又叫高聚物，相对分子质量可在10 000以上。

1. 塑料

塑料是以合成树脂为主要成分，再加入填料、增塑剂和其他添加剂，在加热、加压下可塑制成型，而在通常条件下能保持固定形状的合成高分子材料。塑料按用途可分为通用塑料和工程塑料。常见的通用塑料有聚乙烯、聚丙烯、聚氯乙烯、酚醛塑料等；常见的工程塑料有聚四氟乙烯、聚碳酸酯、聚酰胺等。

2. 合成橡胶

橡胶是一类线型柔性高分子聚合物。其分子链柔性好，在外力作用下可产生较大形变，除去外力后能迅速恢复原状。常见合成橡胶有丁苯橡胶、氯丁橡胶、氟橡胶等，其中的氟橡胶具有高度的热稳定性和化学稳定性，可制造飞机零件、高真空设备及宇宙飞行器中最重要的橡胶部件等。

3. 合成纤维

合成纤维是以合成高分子为原料，通过拉丝工艺获得的纤维。合成纤维的品种很多，最重要的品种有聚酯（涤纶）、聚酰胺（尼龙）、聚丙烯腈（腈纶），它们占世界合成纤维总产量的90％以上。合成纤维一般都具有强度高、弹性大、耐磨、耐化学腐蚀、耐光、耐热等特点，广泛用作衣料等生活用品。

三、功能高分子材料

功能高分子材料一般指具有传递、转换或储存物质、能量和信息作用的高分子及其复合材料，或具体地指在原有力学性能的基础上，还具有化学反应活性、光敏性、导电性、催化性、生物相容性、药理性、选择分离性、能量转换性、磁性等功能的高分子及其复合材料。功能高分子材料是20世纪60年代发展起来的新兴领域，是高分子材料渗透到电子、生物、能源等领域后开发涌现出的新材料。

1. 高分子分离膜

高分子分离膜是用高分子材料制成的具有选择性透过功能的半透性薄膜。利用离子交换膜电解食盐可减少污染；利用反渗透膜进行海水淡化和脱盐；采用高分子富氧膜能简便地获得富氧空气，以用于医疗；还可用于制备电子工业用超纯水和无菌医药用超纯水；用分离膜装配的人工肾、人工肺，能净化血液，治疗肾功能不全患者以及做手术用人工心肺机中的氧合器等。

2. 光功能高分子材料

光功能高分子材料是能够对光进行透射、吸收、储存、转换的一类高分子材料。目前，这一类材料已有很多，主要包括光导材料、光记录材料、光加工材料、光学用塑料（如塑料透镜、接触眼镜等）、光转换系统材料、光显示用材料、光导电用材料、光合作用材料等。光功能高分子材料可以制成普通的安全玻璃、各种透镜、棱镜等；还可以制成塑料光导纤维、光盘、光固化涂料、光弹材料、防伪材料、电子产品、光学开关、彩色滤光片等。

3. 高吸水性高分子材料

高吸水性高分子可吸收超过自重上百倍甚至上千倍的水，体积虽然膨胀，但加压却挤不出水来。高吸水性高分子已广泛用于尿不湿、土壤保湿材料等，另外还可用作保鲜包装材料，也适宜做人造皮肤的材料。有人建议利用高吸水性高分子来防止土地沙漠化。

4. 医用高分子材料

医用高分子材料主要用于人造器官、医疗器械和药物剂型。人造器官：除了脑、胃和部分内分泌器官外，人体中几乎所有器官都可用高分子材料制造，如人造心脏、人造血管、人造肾、人造骨等。医疗器械：一般医疗及看护用具，如眼带、洗肠器、注射针等；麻醉及手术室用具，如吸引器、缝线、咽头镜、血管注射用具等；检查及检查室用具，如采血管、采血瓶等。药物剂型：如退热贴，创可贴等。

5. 导电高分子材料

高分子具有绝缘性，这是由它的结构所决定的。20 世纪 70 年代，人们合成了聚乙炔，发现它有导电性，之后又发现一些高分子具有导电性，这时导电高分子材料引起人们的重视。目前用导电塑料做成的塑料电池已进入市场，硬币大小的电池，一个电极是金属锂，另一个电极是聚苯胺导电塑料，电池可多次重复充电使用，工作寿命长。